E. von Cyon

Das Ohrlabyrinth

als Organ der mathematischen Sinne
für Raum und Zeit.

Vorrede:
Das Ende der apriorischen Lehre
von Kant.

Springer-Verlag Berlin Heidelberg GmbH
1908

Das Ohrlabyrinth.

Physiologische Hauptwerke des Verfassers.

De Choreae Indole, sede etc. Dissert. Inaug. Berlin 1864. (Deutsch in den Wiener med. Jahrbüchern. 1865.)

Die Lehre von der Tabes dorsalis. Berlin 1867, S. Liebrecht. (Fortsetzung in Virchows Archiv. 1867.)

Principes d'Électrothérapie. (Von der Pariser Akademie d. Wissenschaften gekrönte Preisschrift.) Paris 1873, J. B. Baillière et fils.

Lehrbuch der Physiologie. (Russisch.) 2 Bde. Petersburg 1873—74, Karl Ricker.

Arbeiten aus dem Physiologischen Laboratorium der Med. Chirurg. Akademie. (Russisch.) St. Petersburg 1874, Karl Ricker.

Methodik der physiologischen Experimente und Vivisektionen. Mit Atlas. Petersburg und Gießen 1876, Karl Ricker.

Recherches expérimentales sur les fonctions des canaux semi-circulaires et sur leur rôle dans la formation de la Notion de l'Espace. Thèse. Paris 1878.

Wissenschaftliche Unterhaltungen. (Russisch.) I. Bd. Petersburg 1880. Karl Ricker.

Gesammelte Physiologische Arbeiten. Berlin 1888, August Hirschwald.

Beiträge zur Physiologie der Schilddrüse und des Herzens. Bonn 1898, Martin Hager.

Les nerfs du coeur. Avec une préface: Sur les rapports de la médecine avec la physiologie et la bactériologie. Paris 1905, Félix Alcan.

Die Nerven des Herzens. Ihre Anatomie und Physiologie. Neue, vom Verfasser umgearbeitete und vervollständigte Ausgabe mit einer Vorrede für Kliniker und Ärzte. Berlin 1907, Julius Springer.

Das Ohrlabyrinth

als Organ der mathematischen Sinne für Raum und Zeit.

Von

E. von Cyon.

Mit 45 Textfiguren, 5 Tafeln
und dem Bildnis des Verfassers.

Springer-Verlag Berlin Heidelberg GmbH
1908

ISBN 978-3-662-40767-7 ISBN 978-3-662-41251-0 (eBook)
DOI 10.1007/978-3-662-41251-0

Additional material to this book can be downloaded from http://extras.springer.com

Den Manen

von

J. P. M. Flourens, E. H. Weber und K. Vierordt

gewidmet.

Vorrede.

Die Wissenschaft ist ewig in ihrem Quell, nicht begrenzt in Zeit und Raum, unermeßlich in ihrem Umfange, endlos in ihrer Aufgabe, unerreichbar in ihrem Ziele.
Karl Ernst von Baer.

Den Manen von J. P. M. Flourens, E. H. Weber und Karl Vierordt habe ich dieses Werk gewidmet. Diesen huldigenden Dank will ich jenen großen Physiologen darbringen, deren intensive, bahnbrechende Vorarbeit ermöglichte, daß das Raum- und Zeitproblem, an welchem seit Jahrtausenden fast alle Philosophen sich ergebnislos versucht hatten, endlich durch exakte physiologische Forschung gelöst ist. Das Unwahrscheinliche oder richtiger das Unerwartete dieser Lösung wird bei den Philosophen, die der physiologischen Forschung fern stehen, durch den Hinweis gemildert werden, daß die ihr zugrunde liegenden wissenschaftlichen Entdeckungen nicht das Werk eines einzelnen Menschen, sondern die Frucht gemeinsamer, intensiver Arbeit vorangegangener und zeitgenössischer Forscher sind. Die berühmten Versuche von Flourens an den Bogengängen der Tauben und die dabei von ihm beobachteten Phänomene, die während Jahrzehnten als ein unentwirrbares Rätsel dastanden, dienten als Ausgangspunkt für meine Studien über das Ohrlabyrinth. Bei Gelegenheit einer Demonstration der Wirkungsweise der unlängst entdeckten Herznerven, die ich auf Aufforderung von Longet im Frühling des Jahres 1869 im Amphitheater der École de Médecine machte, lenkte Vulpian zuerst meine Aufmerksamkeit auf diese rätselhaften Phänomene. Meine Neugier wurde durch die Kenntnisnahme der außerordentlichen Versuche von Flourens so gespannt, daß ich sofort mit Dr. Löwenberg in Paris mehrere der wichtigsten von ihnen wiederholte und letzteren veranlaßte, sie weiter fortzuführen. Erst im Wintersemester 1872—73 unternahm ich in meinem Laboratorium in Petersburg die Ausarbeitung exakter Versuchsmethoden und führte die Untersuchungen aus, die in Kap. I wiedergegeben sind. Flourens gebührt jedenfalls das große Verdienst, zuerst den direkten Einfluß der drei Bogengangspaare auf unsere Bewegungen in den drei Kardinalrichtungen beobachtet und genau beschrieben zu haben.

Dem genialen Ernst Heinrich Weber verdankt die Physiologie des Raumsinns den ersten Nachweis der Möglichkeit, mit Hilfe des physiologischen Experiments die anatomischen Einrichtungen festzustellen, die uns die räumlichen Wahrnehmungen liefern. Gestützt auf die Erfahrungen seiner während Jahrzehnten verfolgten Untersuchungen bewies Weber, daß den vermeintlichen Empfindungen des Muskelsinns keinerlei ernste Bedeutung bei der Bildung unserer Vorstellungen eines dreidimensionalen Raumes zukommen könne (Kap. VI § 2). Viel wichtiger noch war seine Unterscheidung zwischen der physiologischen Bestimmung der fünf Spezialsinne und der des von ihm als Generalsinn bezeichneten Raumsinns (Kap. VII § 2). Durch die sinnreiche Hypothese von den drei spezifischen Ausdehnungsempfindungen der Netzhaut versuchte später sein eminenter Nachfolger E. Hering der Unzulänglichkeit der Weberschen Empfindungskreise der Tastorgane abzuhelfen.

Karl Vierordt endlich gebührt das große Verdienst, die grundlegenden Methoden für das Studium des Zeitsinns geschaffen und durch deren zahlreiche experimentelle Anwendungen die Bedeutung der verschiedenen Zeitwerte bestimmt zu haben. Der Auffassung von Weber sich anschließend, betrachtete er den Zeitsinn ebenfalls als einen mathematischen Generalsinn (Kap. VII § 2). Er war auch der erste, der im Ohrlabyrinth das vorzüglichste Organ für Meßversuche an den Zeitwerten erkannte (Kap. VII § 4).

In der geschichtlichen Einleitung (Kap. I) wird gezeigt, daß schon gegen Ende des 18. und zu Anfang des 19. Jahrhunderts mehrere Naturforscher, wie Spallanzani, Venturi und besonders Autenrieth, auf Grund experimenteller Forschungen dazu gelangt waren, dem Ohrlabyrinth eine gewisse Bedeutung für die Wahrnehmung der Richtungen bei der Orientierung im Raume zuzuschreiben. Leider beherrschte noch zu jener Zeit die Kantsche Lehre allzusehr den Geist der Naturforscher, als daß man an Beziehungen dieses Sinnesorgans zu unseren räumlichen Vorstellungen denken konnte. Einige Angaben über den Weg, auf dem ich dazu gelangte, die Funktionen der in den drei Ebenen des Raumes senkrecht zueinander gelegenen Bogengänge mit der Lösung des Raumproblems zu assoziieren, bieten ein gewisses psychologisches Interesse.

Im Jahre 1872—73, wo ich die experimentellen Untersuchungen über die Verrichtungen der Bogengänge begonnen hatte, hielt ich zum erstenmal Vorlesungen über physiologische Optik und behandelte dabei ausführlich die Theorien des binokulären Sehens. Um den Gegensatz zwischen der empiristischen und der nativistischen Lehre klarzulegen, mußte ich auch die betreffende Literatur nochmals genauer durcharbeiten. Mein Geist war also gleichzeitig von dem Raumproblem und den wunderbaren Ergebnissen der Versuche an den Bogengängen erfüllt. Der Gedanke, daß die Empfindungen der letzteren Richtungsempfindungen seien und demgemäß die Bildung unseres Begriffs eines dreifach ausgedehnten Raumes bewirken könnten, war also sehr naheliegend. An der Unmöglichkeit, den Ursprung des Ausdehnungsbegriffs anzugeben, scheiterten ja bis dahin sämtliche empiristischen Theorien. Die neue Ideen-Assoziation war so überzeugend, so einleuchtend in ihrer Einfachheit, daß mir im Augenblick nur ein einziges Bedenken kam, nämlich die Unwahrscheinlichkeit, daß bis dahin noch niemand an eine so natürliche Lösung gedacht haben sollte. Glücklicherweise hatten eigene und fremde Erfahrungen mich schon längst darüber belehrt, daß man durch Unwahrscheinlichkeiten dieser Art sich nicht abschrecken lassen darf. Bei vielen meiner wissenschaftlichen Forschungen gelangte ich zu Lösungen, die anfänglich immer den Eindruck von Unwahrscheinlichkeit machten, und zwar nur, weil sie mit den augenblicklich herrschenden Ansichten und Lehren in Widerspruch standen. Später staunte man im Gegenteil darüber, daß die Richtigkeit so augenscheinlicher, einfacher und auf der Hand liegender Lösungen jemals unwahrscheinlich erscheinen konnte. Wie dem auch sei: schon in der am 25. August 1873 an Pflüger abgesandten ausführlichen Beschreibung der tatsächlichen Ergebnisse meiner Untersuchungen an den Bogengängen zögerte ich nicht, in vorsichtiger aber dennoch klarer Weise die augenscheinliche Bedeutung ihrer Verrichtungen für unsere Vorstellungen des dreidimensionalen Raumes hervorzuheben. Seitdem habe ich meine experimentellen Forschungen auf diesem Gebiete fortgesetzt, deren Ergebnisse in zahlreichen Abhandlungen veröffentlicht wurden. Jetzt erscheinen diese in systematischer Ordnung und definitiver Gestalt.

Die ersten fünf Kapitel dieses Werkes sind fast ausschließlich der Darlegung der experimentellen Forschungen und deren Ergebnissen, die seit dem Jahre 1873 an den verschiedensten Wirbeltieren, an Wirbellosen und an Menschen angestellt wurden, gewidmet. Es soll nur erwähnt werden, daß die Richtigkeit der von mir gefundenen Tatsachen von anderen Forschern nie bestritten, sondern im Gegenteil allseitig bestätigt worden ist. Die polemischen Auseinandersetzungen bezogen sich nur auf ihre Deutung und auch darin haben die meisten kompetenten Forscher sich allmählich meiner Ansicht angeschlossen.

Das sechste Kapitel ist dem synthetischen Aufbau der Euklidischen Geometrie auf der Grundlage der nachgewiesenen Verrichtungen des Bogengangsapparates als Sinnesorgans für die Wahrnehmung der drei Kardinalrichtungen des Raumes gewidmet. Der Richtungssinn wurde am Schluß als geometrischer Sinn bezeichnet. Um den Philosophen und Mathematikern die Orientierung in der Darlegung der sehr komplizierten physiologischen Experimente zu erleichtern, wurden in § 2 dieses Kapitels die wichtigsten tatsächlichen Ergebnisse resumiert, deren Kenntnis für das Verständnis der gefundenen wissenschaftlichen Lösung des Raumproblems durchaus erforderlich ist.

Das siebente Kapitel behandelt den Ursprung der Zeitwahrnehmungen und des Zahlenbewußtseins. Die genauere Analyse eigener und fremder Untersuchungen über die Verrichtungen des Ohrlabyrinths mit Berücksichtigung der Resultate zahlreicher Meßversuche, die seit Vierordt bis auf die neueste Zeit sowohl von Physiologen als von Psychologen an den verschiedensten Zeitwerten ausgeführt worden sind, führte zu der Schlußfolgerung, daß dieser Ursprung ebenfalls den Verrichtungen des Ohrlabyrinths zugeschrieben werden muß. Die Zahlenkenntnis, welche für die messenden Verrichtungen des Ohrlabyrinths, die zeitlichen wie die räumlichen, sowohl für die Empfindungs- als für die Bewegungssphäre durchaus erforderlich ist, konnte dabei ebenfalls auf einen sinnlichen Ursprung zurückgeführt werden. Die physiologischen Tatsachen, die darauf hinweisen, daß dieser Ursprung in den Schallerregungen der Schnecke zu suchen sei, sind dort ausführlich auseinandergesetzt worden. Wir besitzen in der Schnecke ein peripheres Sinnesorgan, welches den zugehörigen Nervenzentren, sensorischen und motorischen, gestattet, sowohl die wahrgenommenen Empfindungen als auch die den motorischen Nerven zu erteilenden Innervationen ihrer Intensität, Zeitdauer und Zeitfolge nach zu berechnen und abzumessen. Das Ohrlabyrinth kann somit als der Sitz zweier Sinnesorgane gelten: eines geometrischen, dank den drei Richtungsempfindungen der Bogengänge, und eines arithmetischen, dank den Tonempfindungen. Mit Hilfe dieser beiden mathematischen Sinne gelangen wir zur Vorstellung eines dreidimensionalen Raumes und bilden unsere Begriffe von Zeit und Zahl. In mehreren Sätzen habe ich am Schluß die wichtigsten Ergebnisse der in dem Kap. VII geschilderten und gedeuteten Tatsachen kurz resumiert.

Ich mußte auf die weitere Entwicklung der Verrichtungen des arithmetischen Sinnes in der Richtung, wie dies für den geometrischen Sinn in den vorhergehenden sechs Kapiteln geschehen, verzichten. Es bedurfte mehrerer Jahrzehnte experimenteller Studien und Untersuchungen zum Aufbau der Lehre von den Verrichtungen des Ohrlabyrinths als Organs für den Raumsinn. Damit der Ursprung und der Mechanismus der hier entwickelten Lehre vom Zeitsinn und vom Zahlenbewußtsein ebensolch breite und feste Grundlagen erhalte, sind noch jahrelange Studien und experimentelle Untersuchungen erforderlich. Soviel kann aber schon jetzt als feststehend behauptet werden: von einem apriorischen Ursprung der Zeit und Zahl kann von nun an ebenso wenig die Rede sein, wie von dem des Raumes.

Naturforscher und Mathematiker waren bei ihren Angriffen auf die Kantsche Lehre bis jetzt außerstande, auch nur annähernd die Sinnesorgane anzugeben, deren Wahrnehmungen uns durch Abstraktion die Bildung der betreffenden Begriffe ermöglichen könnten. Sämtliche Bestrebungen, eine lebensfähige nativistische oder empiristische Lehre der Kantschen apriorischen Hypothese entgegenzustellen, scheiterten daher an dieser Unmöglichkeit. „Es gibt eine Trägheit des Denkens — sagt Stumpf —, die alles, was ist, für ursprünglich zu nehmen geneigt ist“; sie führt zum „falschen Nativismus...“ „Es gibt aber auch eine Geschäftigkeit des Erklärens, die den Gedanken ursprünglicher Elemente nicht ertragen kann.“ Bis zu den 70-er Jahren des vorigen Jahrhunderts vermochte diese „Geschäftigkeit“ ebenfalls, was unsere Raumvorstellungen betrifft, nur zu einem „falschen Empirismus“ zu gelangen. Auch die apriorische Hypothese von Kant, zu der er übrigens erst gegriffen, nachdem er Jahrzehnte lang sich vergeblich bemüht hatte, den Ursprung der Vorstellungen von Raum und Zeit durch die Erfahrungen unserer bekannten fünf Sinne zu erklären, war eigentlich nichts als ein Gemisch von einem falschen Nativismus und den Resten seiner früheren empiristischen Bestrebungen. Diese Hypothese hatte er freilich in meisterhafter Weise zum Ausgangspunkt der „Kritik der reinen Vernunft“ verwendet. Ein so eklatanter Beweis ihrer Fruchtbarkeit für philosophische Erörterungen mußte ihr bei den Metaphysikern eine unbestrittene Autorität verschaffen. Dem Naturforscher dagegen erschien eine derartige Hypothese von Anfang an unannehmbar, weil sie ihrem Wesen nach den Weg zu weiterer wissenschaftlicher Forschung über die Entwicklung der Raum- und Zeitvorstellungen versperrte. In der ihr von Kant gegebenen Form hat sie daher bei den Physiologen meistens wenig Anklang gefunden.

Es muß aber zugegeben werden, daß, nachdem Helmholtz in den 70-er Jahren in der Polemik mit den Kantianern über den Ursprung der Euklidischen Geometrie nicht den Sieg davon getragen hatte, die Lehre vom apriorischen Ursprung des Raumes und der Zeit auch bei manchem Naturforscher von neuem Boden zu fassen begann. In der Tat aber ist Helmholtz in dieser Polemik gar nicht als Physiologe, sondern als Mathematiker aufgetreten, dem hauptsächlich daran gelegen war, für die imaginäre Geometrie die Gleichberechtigung mit der Euklidischen zu erringen. Er mußte dabei den apriorischen Ursprung der Axiome der letzteren Geometrie zu widerlegen suchen. Dabei zeigte sich nun, daß, wenn die Kantianer keinerlei tatsächliche Beweise für diesen Ursprung beibringen konnten, andererseits auch Helmholtz das Geständnis machen mußte, daß die Empiriker außerstande seien, den Ursprung unserer Vorstellungen eines dreidimensionalen Raumes zu beweisen. In diesem Kampfe zwischen zwei transzendentalen Lehren, wie übrigens bei allen rein metaphysischen Kontroversen, konnte es daher weder Sieger noch Besiegte geben.

Leider glaubte Helmholtz, in dem Wunsche eine Anknüpfung an Kant zu finden, mehrere Konzessionen machen zu dürfen, denen die Physiologie schon damals und noch weniger jetzt beipflichten kann. Namentlich stimmte er darin Kant zu, daß die „Zeit als die gegebene notwendige transzendentale Form der inneren, der Raum als die entsprechende Anschauung der äußeren Form bezeichnet werden muß." Hier hat Helmholtz den Kantianern sogar mehr zugestanden, als der Wortlaut und der Sinn der Erörterungen von Kant notwendig machten.

„Vermittelst des äußeren Sinnes (einer Eigenschaft unseres Gemütes) stellen wir uns Gegenstände als außer uns, und diese insgesamt im Raume vor. Darin ist ihre Gestalt, Größe und Verhältnis gegeneinander bestimmt, oder bestimmbar."

Mit diesen Worten leitet Kant den dem Raume gewidmeten Abschnitt ein. Weiter lesen wir unter den Schlüssen:

„Der Raum ist nichts anderes, als nur die Form aller Erscheinungen äußerer Sinne, d. h. die subjektive Bedingung der Sinnlichkeit, unter der allein uns äußere Anschauung möglich ist. Weil nun die Rezeptivität des Subjekts, von Gegenständen affiziert zu werden, notwendiger Weise vor allen Anschauungen dieser Objekte vorhergeht, so läßt sich verstehen, wie die Form aller Erscheinungen vor allen wirklichen Wahrnehmungen, mithin a priori, im Gemüte gegeben sein könne. . ."[1])

Jeder der hier angeführten Sätze zeigt auf das evidenteste, daß Kant an einen äußeren Sinn als Ursache unserer räumlichen Anschauungen gedacht hat. Nur die zu seiner Zeit selbstverständliche Unkenntnis der Funktionsweise der Sinnesorgane, der wahren Beziehungen zwischen Erregungen, Empfindungen und Wahrnehmungen veranlaßte ihn, den äußeren Sinn als „Erscheinung unseres Gemütes" zu betrachten und zur konditionell formulierten Annahme zu greifen, daß im Gemüte „die Form aller Erscheinungen a priori gegeben sein könne." Auch die Zeit ist nach Kant „Form des inneren Sinnes, d. i. des Anschauens unserer selbst und unseres inneren Zustandes." Also auch hier Unkenntnis der physiologischen Bedeutung der Sinnesverrichtungen. Wie könnte jetzt von einer inneren Anschauung der Zeit die Rede sein, wenn wir die Geschwindigkeit sehen und die Dauer und den Rhythmus der Töne hören?

Kant leugnete auch nie die initiale Bedeutung der Erfahrung. „Daß alle unsere Erkenntnis mit der Erfahrung anfange, daran ist gar kein Zweifel", mit diesen Worten beginnt der erste Satz der

---

[1]) Sämtliche Zitate sind der 6. Auflage der „Kritik der reinen Vernunft", Leipzig 1818 bei Johann Friedr. Hartknoch, entnommen.

„Kritik der reinen Vernunft." ... „Der Zeit nach geht also keine Erkenntnis in uns vor der Erfahrung vorher, und mit dieser fängt alle an", schließt der betreffende Passus. ...„Unsere Behauptungen lehren demnach empirische Realität der Zeit, d. i. objektive Gültigkeit in Ansehung aller Gegenstände, die jemals unsern Sinnen gegeben werden mögen. Und da unsere Anschauung jederzeit sinnlich ist, so kann uns in der Erfahrung niemals ein Gegenstand gegeben werden, der nicht unter die Bedingung der Zeit gehörte." In der „Erläuterung" lesen wir: „diese Realität des Raumes und der Zeit läßt übrigens die Sicherheit der Erfahrungserkenntnis unangetastet. . ."

Nicht allein um die nicht unbedenklichen Folgen der Helmholtzschen Konzessionen hervorzuheben, wurden die Zitate aus Kant angeführt; sie bezwecken auch an die von den Kantianern[1]) immer im Dunkeln gelassene Tatsache zu erinnern, daß Kant selbst seine apriorische Lehre nur als eine notwendige Aushilfshypothese betrachtet hat, weil er bei der zu seiner Zeit noch in den Windeln liegenden Sinnesphysiologie nicht zu einer befriedigenden Erklärung der Zeit und des Raumes zu gelangen vermochte.

„Wenn aber gleich alle unsere Erkenntnis mit der Erfahrung anhebt, so entspringt sie darum doch nicht eben alle aus der Erfahrung. Denn es könnte wohl sein, daß selbst unsere Erfahrungserkenntnis ein Zusammengesetztes aus dem sei, was wir durch Eindrücke empfangen, und dem, was unser eigenes Erkenntnisvermögen (durch sinnliche Eindrücke bloß veranlaßt), aus sich selbst hergibt, welchen Zusatz wir von jenem Grundstoffe nicht eher unterscheiden, als bis lange Übung uns darauf aufmerksam und zur Absonderung desselben geschickt

---

[1]) Noch neuestens rief R. Hönigswald den Empiristen zu: „Sie vergessen aber, uns die sinnlichen Erlebnisse anzugeben, von denen die Geometrie abstrahiert sein sollte. Die Geometrie — so erkennen wir im Gegensatz zu ihnen — kann nicht das Produkt einer Abstraktion sein, weil es schlechterdings kein entsprechendes sinnliches Erlebnis gibt" (a. a. O. S. 89). Diese im Jahre 1906 geschriebenen Zeilen beweisen, daß Hönigswald die physiologischen Untersuchungen der letzten Jahrzehnte entgangen sind. Der schon im Jahre 1901 gemachte Versuch, die physiologischen Grundlagen der Euklidischen Geometrie mit Hilfe der Wahrnehmungen des Bogengangsapparates zu erklären, besaß eine ganz andere Beweiskraft, als der mit Hilfe von bloßen Definitionen, Behauptungen und Erörterungen synthetische Aufbau der Geometrie von Kant.

Der scharfsinnige Kritiker der „Philosophie von Mach" hätte aus meinen Schriften auch ersehen können, welch heillose Verwirrung ein Metaphysiker bei rein erkenntnistheoretischen Erörterungen über tatsächliche Ergebnisse von Experimenten, die durch Wiederholung zu kontrollieren er nicht imstande ist, in der Wissenschaft zu schaffen vermag! (Siehe Kap. III und Anhang zu § 5 des Kap. VI.)

gemacht hat." [1]) (Siehe auch die Worte Kants (S. 383) über die Vorzüge der Erkenntnis aus Erfahrung vor der „aus bloßem Verstand").

Es wäre ein leichtes, noch viele andere Zitate aus Kant anzugeben, welche beweisen, daß Kant himmelweit davon entfernt war, seine „benötigte" Hypothese als unfehlbares Dogma hinzustellen, zu welchem seine fanatischen Anhänger sie gemacht haben. Wenn Kant den großen Aufschwung der Physiologie der Sinne erlebt oder wenn er auch nur hätte ahnen können, daß wir mathematische Sinne besitzen, die uns die Bildung der Begriffe von Raum, Zeit und Zahl ermöglichen, so hätte er sicherlich nicht gezögert, auf die Hypothese von deren apriorischem Ursprung zu verzichten. Statt die Axiome und Definitionen der Euklidischen Geometrie für apriorisch zu erklären, hätte er gewiß vorgezogen, sie direkt aus den Erfahrungen des Richtungssinnes abzuleiten. Dies wäre ihm um so erwünschter gewesen, als die apodiktische Gewißheit dieser Axiome bei ihrem Ursprung aus den sinnlichen Erfahrungen sich viel präziser erklären läßt.

Ob Kants Lehre ohne den Apriorismus lebensfähig bleibt, haben kompetente Kantianer[2]), die, wie z. B. Hermann Cohen in seinem neuen „Kommentar", sich nicht scheuen, auch Schwächen und Widersprüche in der „Kritik der reinen Vernunft" hervorzuheben, zu entscheiden. „Das Werk Kants ist über ein Jahrhundert alt, die Wissenschaft ist seither nicht stehen geblieben, und so darf auch die Philosophie nicht bei Kant stehen bleiben." Mit diesen Worten bezeichnet Riehl die Grenze, bis zu welcher die Philosophie bei der Wiederan-

[1]) Es ist vielleicht nicht überflüssig daran zu erinnern, daß in den „Träumen eines Geistersehers", die kurze Zeit vor der „Kritik der reinen Vernunft" erschienen waren, Kant erklärt hatte: „Die Verstandeswage ist doch nicht ganz unparteiisch" und ein Arm derselben, der die Aufschrift führt „Hoffnung der Zukunft" hat einen mechanischen Vorteil, welcher macht, daß auch leichte Gründe, welche in die ihm angehörige Schale fallen, die Spekulationen von an sich größerem Gewichte auf der anderen Seite in die Höhe ziehen. „Dieses ist die einzige Unrichtigkeit, die ich nicht wohl heben kann und die ich in der Tat auch niemals heben will." Die von mir gesperrten Zeilen sollen doch heißen, daß Kant nur im Interesse der Sittlichkeit und der Religion ausnahmsweise seinen Trieb zur Wahrheit zu opfern bereit war!

[2]) Einige englische Meta-Mathematiker, wie neuestens B. Russel, glaubten die mathematischen Grundlagen Kants mit Hilfe des Booleschen Versuchs, eine neue Mathematik zu begründen, wo von Größen und Quantitäten ganz abgesehen werden soll, zu widerlegen. Couturat ist überzeugt, dieser Versuch sei gelungen! Auf Seite 339 ist über eine derartige Mathematik ein humoristisch-paradoxer Ausspruch zitiert worden, den nur Couturat wiedergegeben, der aber Russel selber gehört. Dieses vermeintliche Paradoxon charakterisiert in der Tat sowohl diese neue Mathematik wie auch die ganze Raumlehre von B. Russel.

knüpfung mit der Wissenschaft auf dem Wege „Zurück zu Kant!“ gehen soll. Eine derartige Wiederanknüpfung an Kant ist aber nur möglich, wenn mehrere Grundlagen der „Kritik“ als hinfällig anerkannt werden. Man zerstört jedoch nur, was man ersetzen kann. Es sollte scheinen, daß der Ersatz längst verwitterter Hypothesen, die als Pfeiler des Kantischen Gebäudes dienten, durch ein festes, nach den experimentell erprobten Regeln der Wissenschaft errichtetes Fundament die „Kritik der reinen Vernunft“ nur konsolidieren könnte. Der apodiktische Charakter der Axiome der Geometrie ist, wie schon hervorgehoben, jetzt auf sinnliche Erfahrungen zurückgeführt und dadurch bewiesen. Die Architektonik des Gebäudes war mit mathematischer Präzision entworfen und von meisterhafter Hand ausgeführt. Viele Bausteine sind auch heute noch von bewährter Solidität und Resistenz. Sie benötigen aber eines Ersatzes des Berkeleyschen Zementes, das für ein wissenschaftliches Werk unbrauchbar ist, von dem Kant leider nur zu ausgiebigen Gebrauch gemacht hat. Das „Ding an sich“ ist für ein Gebäude, das, auf festem Fundament errichtet, für eine lange Dauer bestimmt ist, ebenfalls nicht mehr ausreichend. Die Wiederanknüpfung der Philosophie an die Naturwissenschaft kann nur auf dem festen Boden der Wirklichkeit geschehen. Die Anerkennung der vollen Realität der Naturerscheinungen, deren Gesetze der Naturforscher zu ergründen sucht, ist das erste Gebot für ein fruchtbares Schaffen. Daher würde der Naturforscher williger dem andern Rufe der Philosophen „Zurück zu Leibniz!“ entgegenkommen. Der geniale Erfinder der Differentialrechnung wird immer eine größere Anziehungskraft auf die Mathematiker ausüben, und der große Denker, der die Lehre von der prästabilierten Harmonie und von den Monaden geschaffen hat, steht dem Geiste des Zeitalters der Entropie von Clausius, der Zellenlehre von Schwann und der Bakteriologie von Pasteur und Koch näher, als Kant[1]).

An der Spitze des letzten Paragraphen dieses Werkes werden mehrere Zeilen von Vierordt angeführt, die mit prophetischer Weitsicht die Konsequenzen einer wissenschaftlichen Lösung des Zeit- und Raumproblems voraussagten „Dies würde zu nichts Geringerem führen, als zur Erkenntnis der Natur und Wesenheit der Seele und ihrer Wechselbeziehungen zur Nerven- und Muskeltätigkeit; denn die allmähliche Entstehung der Zeit-Empfindungen und -Wahrnehmungen begreifen,

---

[1]) Die Rufe „Zurück zu Kant!“ oder „Zurück zu Leibniz!“ haben in der Tat aber eine viel weitergehende Bedeutung, als das bloße Bestreben der Philosophen zur Wiederanknüpfung an die Wissenschaft. Sie zeigen eine Evolution des wissenschaftlichen Geistes im Beginne des 20. Jahrhunderts an und sollten eigentlich „Zurück zu Gott!“ lauten. Wenn das Wort dabei nicht ausgesprochen wird, so geschieht dies nicht aus Rücksicht auf das zweite Gebot.

heißt nichts anderes, als die Psyche von ihren ersten Regungen an genetisch konstruieren".

Ob wir je zur Erkenntnis des Wesens der Seele gelangen werden, ist eine Frage der Zukunft. Solange das Wesen einfacher Empfindungen und Wahrnehmungen, geschweige denn das der Denkprozesse, für uns ein unbegreifliches Rätsel bleibt, können die meisten Errungenschaften der Hirnphysiologie hauptsächlich nur für anatomische Lokalisierungen gewisser psychischer Vorgänge verwertet werden. Nur über die „Wechselbeziehungen der Seele zur Nerven- und Muskeltätigkeit" waren bis jetzt auch psychologisch wichtige Tatsachen gewonnen und erörtert worden. Die hier mitgeteilten Untersuchungen haben für die Aufklärung der funktionellen Natur dieser Beziehungen ausgedehnte Beiträge geliefert. Aber erst die Lösung des Raum- und Zeitproblems gestattet eine tiefe und direkte Einsicht in den Mechanismus gewisser seelischer Vorgänge, besonders derjenigen, die, um mit Vierordt zu sprechen, „zur Unterscheidung des bewußten Ichs und zur Kenntnis der räumlichen und zeitlichen Beziehungen eben der Dinge dieser Außenwelt" führen. Das mit Hilfe der drei Richtungsempfindungen der Bogengänge konstruierte ideale Koordinatensystem, dessen 0-Punkt dem bewußten Ich entspricht und auf welches wir sämtliche Wahrnehmungen unserer fünf speziellen Sinne projizieren, gibt uns eine anschauliche Vorstellung von den wichtigsten psychischen Geschehnissen. So z. B. konnte endlich die so rätselhafte Verwertung der umgekehrten Netzhautbilder für die aufrechte Wahrnehmung der äußeren Gegenstände, die bei dieser Projektion geschieht, eine einfache und anschauliche Erklärung finden (Kap. V § 13, Kap. VII usw.).

Durch den Nachweis der Existenz besonderer Generalsinne für Raum und Zeit erscheint jetzt der kausale Zusammenhang zwischen unserem Bewußtsein und der Entstehung der Raum- und Zeitbegriffe in einem ganz anderen Lichte, wie dies in der Philosophie seit Kant angenommen war. Die Frage Kants „wie ist reine Mathematik möglich" kann beim Ursprung der Geometrie und der Arithmetik aus sinnlichen Erfahrungen ebenfalls nicht mehr in der von ihm angegebenen Weise beantwortet werden. Die Konsequenzen der weiteren Entwicklung und Begründung der physiologischen Lösung des Raum- und Zeitproblems werden für die Philosophie und die Mathematik von noch nicht zu übersehender Tragweite sein. Der Philosophie ist jetzt die Rückkehr zur Welt der Wirklichkeit erleichtert. Früher oder später wird sie genötigt sein, sich von der Metaphysik endgültig loszusagen, wie seit langem die Astronomie der Astrologie den Laufpaß gegeben. Die Metamathematiker werden allmählich zu einer richtigeren Würdigung der Errungenschaften der experimentellen Wissenschaft zurückkehren und auf die Phantastereien verzichten, die das Ansehen der

Mathematik nicht erhöhen. Die unzähligen Triumphe der fruchtbaren Empirie über die ewig sterile Metaphysik haben den Glauben an die Möglichkeit mathematischer Weltformeln endgültig zerstört.

Der Geist von den Schranken befreit, die seiner Tätigkeit durch den Zwang der gegebenen Anschauungsformen und der Last der Wahrnehmungsinhalte von Kant auferlegt waren, bietet jedenfalls ein unerschöpfliches und ergiebiges Forschungsobjekt für den Physiologen und den Psychologen. Psychiater und Ohrenkliniker, Pädagogen, besonders Erzieher schwachsinniger Kinder, und Taubstummenlehrer gewinnen durch die Feststellung der wirklichen Verrichtungen des Ohrlabyrinths ein neues Forschungsgebiet, das eine reiche Ernte auch für die Physiologie verspricht.

Prof. Rawitz, dem die Physiologie des Ohrlabyrinths als Organs für die Orientierung im Raume eine der schönsten Entdeckungen der letzten Jahrzehnte verdankt, hat aus Interesse für die in diesem Werke behandelten Fragen die große Güte gehabt, dessen Korrektur zu übernehmen. Mit welcher Sorgfalt er diese Aufgabe erfüllt hat, wird der Leser wohl am besten beurteilen. In erprobtem Vertrauen auf die Worte Kants „Durch Entwicklung der geistigen Kraft soll man das physische Übel besiegen", habe ich es unternommen, dieses Werk meist von meinem Krankenlager aus in die Maschine zu diktieren. Dafür, daß ich ohne Gefährdung meiner Gesundheit es zu Ende führen konnte, sage ich Rawitz öffentlich meinen freundschaftlichen Dank.

Paris, November 1907.

E. C.

Inhaltsverzeichnis.

III. Kapitel.

Entwicklung und Aufbau der Lehre vom Raumsinn.

IV. Kapitel.

Versuche an Wirbeltieren mit zwei und einem Bogengangspaare und an Wirbellosen.

V. Kapitel.

Täuschungen in der Wahrnehmung der Richtungen durch das Ohrlabyrinth.

VI. Kapitel.

Die physiologischen Grundlagen der Geometrie von Euklid.

VII. Kapitel.

Der Zeitsinn und das Zahlenbewußtsein.

Berichtigung.

Seite 7 Zeile 10 von oben lies: 1869 statt 1879.
„ 59 „ 21 „ „ „ Beobachtung statt Baobachtung.
„ 60 „ 12 „ „ „ hervorgehobenen statt hervorvorgehobenen.
„ 61 „ 17 „ unten „ Visionen statt Visonen.
„ 137 „ 3 „ „ „ Bayliss statt Bayliess.
„ 321 „ 29 „ „ „ bezügliche statt beziehende.

I. Kapitel.

Die experimentellen Grundlagen der Lehre vom Raumsinn.

§ 1. Einleitung. Geschichtliches über den Raumsinn.

Der Ursprung unserer Raumvorstellungen ist eines der ältesten Probleme, das seit Jahrtausenden den menschlichen Geist beschäftigt. Die älteren Philosophen, wie Plato und Aristoteles, suchten schon vergebens die Herkunft unserer Begriffe über den Raum zu erkennen. Wie bei allen Problemen, die man mit alleiniger Hilfe von metaphysischen Betrachtungen zu lösen suchte, vermochten die Philosophen bis in die neueste Zeit nicht einmal eine durchaus befriedigende Definition des Wortes „Raum" zu geben. John Locke in seinem berühmten „Essay on the Human Understanding" gestand offen die Unmöglichkeit ein, eine derartige präzise Definition zu geben; nachdem er die Worte von König Salomo zitiert hat „der Himmel und der Himmel der Himmel können dich nicht fassen" (den Raum) und die des hl. Paulus „in Dir haben wir das Leben, die Bewegungen, das Wesen", suchte er durch folgende Worte der Schwierigkeit zu entgehen: „Wenn jemand mich fragt, was eigentlich der Raum ist, von dem ich spreche, bin ich bereit ihm zu sagen, daß ich ihm die Antwort geben werde, wenn er mir vorher erklärt, was die Ausdehnung ist." Ein Gegner jeder angeborenen Vorstellung, begnügte sich Locke mit der Behauptung, daß der Ursprung des Raumsinns in unseren Gesichts- und Tastempfindungen zu suchen sei. Entgegen der Ansicht von Aristoteles, der zu Lockes Zeiten noch die gesamte Philosophie beherrschte, der Raum sei eine Eigenschaft der Materie, betrachtete Locke den Raum als eine absolute Leere, die von der Substanz ganz verschieden ist.

Philosophen wie Descartes und Leibniz, die gleichzeitig auch geniale Mathematiker waren, vermochten ebensowenig sich über das Wesen des Raumes zu einigen. Descartes schloß sich fast gänzlich der Ansicht von Aristoteles an; Leibniz dagegen unterschied zwischen dem leeren Raum und der Materie und betrachtete den Raum als eine Relation zwischen den verschiedenen Körpern.

Für den Naturforscher sind reine Definitionen und auf bloße geistige Spekulationen gegründete Lösungen von Weltproblemen nur von nebensächlicher Bedeutung. Nur was mit Hilfe seiner vervollkommneten und erweiterten Sinnesorgane der Beobachtung zugänglich ist, kann Gegenstand seiner Betrachtungen werden. Und wenn er in der Lage ist, sich mit bloßen Beobachtungen nicht begnügen zu brauchen, sondern wenn er zur Erklärung der Naturerscheinungen übergehen will, so greift er zum Experiment, als dem einzigen Mittel, das ihm vollgültige Beweise zu liefern vermag. Eine naturwissenschaftliche Lösung des Raumproblems konnte daher erst im neunzehnten Jahrhundert gegeben werden, das in der Geschichte der menschlichen Kultur als das Jahrhundert der experimentellen Wissenschaften bezeichnet werden wird.

Am Ende des XVIII. Jahrhunderts hatte Kant nach langjährigen, vergeblichen Bemühungen, den Ursprung unserer Raumbegriffe durch die Erfahrungen unserer Sinnesorgane zu erklären, die Lehre begründet, der Raum sei eine notwendige Vorstellung a priori, „die allen äußeren Anschauungen zum Grunde liegt. Man kann sich niemals eine Vorstellung davon machen, daß kein Raum sei, ob man sich gleich ganz wohl denken kann, daß keine Gegenstände darin angetroffen werden. Er wird also als die Bedingung der Möglichkeit der Erscheinungen, und nicht als eine von ihnen abhängende Bestimmung angesehen und ist eine Vorstellung a priori, die notwendigerweise äußeren Erscheinungen zum Grunde liegt.“

Diese Hypothese, die gleichzeitig ein Geständnis war, daß die Erfahrungen unserer fünf Sinne unzureichend seien, um die Bildung unserer Raumvorstellungen zu deuten, wurde von Kant auch benutzt, um den Ursprung der geometrischen Grundsätze zu erklären. So behauptete er das Axiom, daß der Satz, „daß in einem Triangel zwei Seiten zusammen größer seien, als die dritte, niemals aus allgemeinen Begriffen von Linie und Triangel, sondern aus der Anschauung und zwar a priori mit apodiktischer Gewißheit abgeleitet wird.“

Die Lehre Kants war eine geistreiche Hypothese, für die eigentlich keine anderen Beweise beigebracht wurden, als die Unmöglichkeit, ihren Ursprung durch sinnliche Erfahrungen zu erklären. Diese Lehre besaß aber den großen Vorteil, daß sie als Ausgangspunkt weitgehender und fruchtbarer Erörterungen über unsere Verstandesoperationen dienen konnte.

Die Vertreter des empirischen Ursprungs unserer Raumvorstellungen, sowohl unter den Philosophen als unter den Mathematikern, suchten vergeblich die Kantsche Auffassung zu entkräften. Für den reinen Naturforscher blieb sie in der ihr von Kant gegebenen ursprünglichen Form von Anfang an unannehmbar. Erst der große Physiologe Johannes Müller vermochte die Kantsche Hypothese in eine naturwissenschaftliche Form zu kleiden. Er sagt: „der Begriff des Raumes kann nicht erzogen werden, vielmehr ist die Anschauung des Raumes und der Zeit eine notwendige Voraussetzung, selbst Anschauungsform für alle Empfindungen. Sobald empfunden wird, wird auch in jenen Anschauungsformen empfunden. Was aber den erfüllten Raum betrifft, so empfinden wir überall nichts, als nur uns selbst räumlich, wenn lediglich von Empfindung, vom Sinn die Rede ist; und so viel unterscheiden wir von einem objektiven erfüllten Raum durch das Urteil, als Raumteile unserer selbst im Zustande der Affektion sind, mit dem begleitenden Bewußtsein der äußeren Ursache der Sinneserregung. Die Netzhaut sieht in jedem Sehfelde nur sich selbst in ihrer räumlichen Ausdehnung im Zustande der Affektion; sie empfindet sich selbst in der größten Ruhe und Abgeschlossenheit des Auges räumlich dunkel". Dank einer derartigen Formulierung wurde die Kantsche Auffassung des Raumproblems zuerst in das Bereich der exakten Naturforschung und zwar in die Physiologie der Sinnesorgane übertragen.

Der Kantsche Versuch, auch den Ursprung der geometrischen Axiome durch seine Lehre zu erklären, verhinderte keinen Augenblick die berühmtesten Mathematiker des vorigen Jahrhunderts, wie Legendre, Gauss, Lobatschewski, Riemann u. a., nach mathematischen Beweisen für die Gültigkeit dieser Axiome zu forschen oder eventuell deren allgemeine Gültigkeit zu bekämpfen. (Näheres darüber siehe Kapitel VI.)

Die seit Jahrtausenden anhaltenden Erörterungen, die Lösung des Raumproblems betreffend, drehten sich um die Frage, ob unsere geometrischen Vorstellungen nur auf den Erfahrungen unserer Sinnesorgane beruhen, oder ob sie in letzter Instanz erst durch gewisse, unserem Geiste oder Gehirn innewohnenden aprioristischen Ideen oder Anschauungen bedingt werden. Die Entscheidung zwischen diesen beiden Alternativen konnte nur die experimentelle Physiologie geben, wie es auch Aufgabe der Physiologen war, eventuell den Mechanismus aufzuklären, dank welchem die Erregungen unserer Sinnesorgane uns bestimmte geometrische Formen erkennen lassen.

Mit welchem Erfolge mehrere hervorragende Physiologen im Laufe des vorigen Jahrhunderts dieser Aufgabe nachzukommen suchten, ist bekannt. Es genügt, nur an die Namen von Purkinje, Johannes Müller, Donders, Helmholtz, Hering und Wundt zu erinnern. Wenn es ihnen trotz der erzielten Erfolge doch nicht gelingen wollte, eine definitive Lösung des Problems zu geben, so lag dies vorzugsweise daran, daß sie ihre Studien über die Wahrnehmungen unserer Sinnesorgane fast ausschließlich auf den Gesichtssinn beschränkten. Ihre Lösungen galten also nur dem Sehraume. Die wirkliche Lösung lag aber nicht im Gesichtssinne, überhaupt in keinem der fünf geläufigen Sinnesorgane, sondern in einem sechsten Sinne, dem Raumsinne. Dieser ursprünglichste und in der Tierwelt verbreitetste Sinn ist außer acht gelassen worden, weil seine Tätigkeit eine fast ununterbrochene ist, weil seine Empfindungen, von immer gleicher Art und gleicher Intensität, uns nur Anschauungen über drei unveränderliche Qualitäten (oder Eigentümlichkeiten) des unendlichen Weltenraumes geben. Seine Empfindungen sind die der drei Richtungen, der sagittalen (vorn und hinten), der transversalen (rechts und links) und der vertikalen (oben und unten). Auf den Wahrnehmungen der drei Richtungsempfindungen beruhen unsere Vorstellungen und Begriffe der drei Ausdehnungen des Raumes resp. der drei Abmessungen der in ihnen sich bewegenden festen Körper.

Die Empfindungen dieser drei Richtungen sind uns so geläufig, so frühzeitig angewöhnt, daß sie meistens unbewußt bleiben. Im Laufe der ontogenetischen — vielleicht sogar der phylogenetischen — Entwicklung sind sie meistens instinktiv geworden. Sogar der Physiologe fragte sich kaum, worauf diese Empfindungen beruhen. Und wenn ihrem Ursprung nachgeforscht wurde, so lautete die geläufige Antwort: in unseren Bewegungs- und Innervationsempfindungen. Die einfache Überlegung, dies sei schon darum unmöglich, weil die Richtung der Bewegung vorausgeht, die Richtungsempfindung schon da sein muß, damit eine Bewegung in einer bestimmten Richtung stattfinde, ist nicht gemacht worden. Der Begriff der Bewegungsempfindung ist auch an sich unbestimmt. Gewisse Empfindungen, die man darunter versteht, sind überhaupt nicht vorhanden. Die Vorhandenen sind kaum imstande, Aufschluß über die Richtung der Bewegung zu geben.

In Wirklichkeit werden uns die Empfindungen der drei Grundrichtungen durch ein spezielles Sinnesorgan ad hoc geliefert, das, wie meine seit beinahe vier Jahrzehnten verfolgten Versuche und Beobachtungen in unzweifelhafter Weise festgestellt haben, seinen Sitz im Ohrlabyrinth hat. Bei den ersten Wiederholungen der berühmten Versuche von Flourens über die Folgen der Durchtrennung der häutigen Bogengänge wurde meine besondere Aufmerksamkeit einerseits auf die große Gesetzmäßigkeit gelenkt, mit welcher Verletzungen oder Reizungen eines Bogengangspaares Bewegungen der Tiere in der Ebene, in welcher das Paar gelegen ist, hervorrufen, andererseits auf die eigentümliche Lage der drei Bogengangspaare in drei senkrecht zueinander stehenden Ebenen, entsprechend den drei Ausdehnungen des Raumes. Ich vermochte durch gewisse Operationen sowohl Tauben als Frösche dazu zu zwingen, ihre Bewegungen nur in bestimmten Richtungen auszuführen. Künstlich erzeugte, ungewohnte Kopfstellungen sowie Verwirrungen des Sehraumes, hervorgerufen durch prismatische Brillen, veranlaßten bei Tieren analoge Zwangsbewegungen. In der ersten Mitteilung dieser Versuche sprach ich daher die Vermutung aus, daß die Bogengänge mit den Raumempfindungen und Raumvorstellungen in Beziehung stehen.

Die Entdeckung des dominierenden Einflusses, welchen die Bogengänge auf den oculomotorischen Apparat auszuüben vermögen (1875), indem jede Erregung eines Bogenganges Bewegungen der Augäpfel auslöst, die durch die Achse des Bogenganges bestimmt werden, sowie das gleich darauf (1877) festgestellte Vermögen des Ohrlabyrinths, die Innervationsstärken des gesamten Muskelsystems zu bestimmen und zu regulieren, ließen die im Jahre 1873 ausgesprochene Vermutung zur Gewißheit werden. Mit Hilfe der darauf folgenden Untersuchungen vermochte ich dann die Existenz eines sechsten Sinnesorgans im Ohrlabyrinth festzustellen, welches uns die drei Kardinal-Richtungsempfindungen liefert. In der im Jahre 1878 erschienenen ausführlichen Mitteilung meiner darauf bezüglichen Untersuchungen entwickelte ich die Theorie dieses Sinnesorgans, nach welcher die Bogengänge das periphere Organ des sechsten Sinnes, des Richtungs- und Raumsinnes, seien. Der N. vestibularis wurde als Raumnerv, der N. cochlearis als alleiniger Hörnerv bezeichnet[1]). Die Wahrnehmungen dieses Sinnesorgans dienen den Tieren zur Orientierung ihrer Bewegungen in den drei Richtungen des Raumes und zur Lokalisierung der Gegenstände im äußeren Raume. Der Mensch verwendet diese Wahrnehmungen noch außerdem zur Bildung seiner Vorstellungen von den drei Ausdehnungen des Raumes. Sämtliche Empfindungen unserer anderen Sinnesorgane, soweit sie auf die Anordnungen der uns umgebenden Gegenstände im Raume und auf die Stellung unseres eigenen Körpers in ihm Bezug haben, werden auf das ideale System von drei rechtwinkligen Koordinaten übertragen, das uns direkt durch die Empfindungen des Bogengangsapparates geliefert wird.

Die nachgewiesene Existenz eines derartigen Sinnesorgans ermöglichte die Lösung desjenigen Teils des allgemeinen Raumproblems, der bis dahin für den Philosophen und den Mathematiker die Klippe bildete, an der alle Erklärungsversuche scheiterten: Wodurch ist der menschliche Geist gezwungen, seine sämtlichen Wahrnehmungen sich in der geometrischen Form eines dreidimensionalen Raumes vorzustellen? Für den Naturforscher lag in dieser Frage der wahre Angriffspunkt der Forschung (siehe Kap. VI).

Wie jede neue wissenschaftliche Errungenschaft, die dem angewöhnten Ideengang und den herrschenden Auffassungen widerspricht, hat auch die Demonstration eines speziellen Sinnesorgans für die Raumempfindungen im Beginne einiges Befremden hervorgerufen. So eindeutig die betreffenden experimentellen Ergebnisse auch waren, deren tatsächliche Richtigkeit von niemand bestritten, im Gegenteil von allen Seiten bestätigt und erweitert wurde, so konnte man die Existenz eines speziellen Sinnesorgans, dazu bestimmt, uns Raumempfindungen zu geben, nicht leicht anerkennen. Auch herrschten zu jener Zeit ganz sonderbare Hypothesen über die Funktionen des Ohrlabyrinths, die zwar nur auf einer kleinen Anzahl mißverstandener Beobachtungen roh ausgeführter Versuche und auf Spekulationen von zweifelhaftem Werte beruhten, aber trotzdem (oder eben deswegen) schnell populär geworden waren.

Die polemischen Auseinandersetzungen mit den Vertretern dieser Hypothesen erforderten neue experimentelle Forschungen, deren Er-

[1]) Schon Flourens hatte diese beiden Nerven für funktionell verschieden erklärt.

gebnisse sämtlich die Grundlagen meiner Theorie befestigt und erweitert haben. Mehrere wichtige Voraussetzungen, die ich auf Grund der früheren Ergebnisse formuliert habe, sind seitdem, teils durch meine eigenen teils auch durch die experimentellen Untersuchungen anderer Forscher vollauf bestätigt worden. So z. B. durch die Untersuchungen von Yves Delage über die Rolle der Otocysten bei Wirbellosen, die von mir über die Fähigkeit der Neunaugen, mit nur zwei Bogengangspaaren sich in nur zwei Richtungen des Raumes zu orientieren, die von Rawitz über die Orientierung der japanischen Tanzmäuse, die nur ein Paar normaler Bogengänge besitzen, die Versuche an Taubstummen (James, Strehl, Brück) und endlich meine Studien über die Täuschungen in den Wahrnehmungen unserer Richtungsempfindungen.

So haben sich mit der Zeit so ziemlich alle überhaupt in Betracht kommenden Forscher, die auf diesem Gebiete selbständig experimentiert haben, allmählich zu der Überzeugung bekehrt, das Ohrlabyrinth sei ein Sinnesorgan für die Orientierung der Tiere in den verschiedenen Richtungen des Raumes. Auch daß der Bogengangsapparat die Innervation des gesamten Systems der willkürlichen Muskeln beherrscht — wie ich dies im Jahre 1876 festgestellt habe —, wird jetzt allgemein anerkannt.

Seit der ersten Entwicklung meiner Raumtheorie hat gleichzeitig auch das allgemeine Raumproblem, wenn nicht eine volle Umgestaltung, so doch eine gewaltige Verschiebung durch die Entwicklung der Nicht-Euklidischen Geometrie erfahren.

Die Mathematiker, welche seit Jahrtausenden bemüht waren, die natürlichen Grundlagen der Geometrie von Euklid zu suchen und Beweise für die absolute Gewißheit ihrer Axiome zu häufen, machten plötzlich kehrt. Seit der Begründung der Nicht-Euklidischen Geometrie sollen diese Axiome nur für bestimmte Raumformen gelten. Es sind neue Raumformen von Lobatschewsky und Riemann ausgedacht worden, auf welche die Axiome Euklids nicht anwendbar sein sollen. Diesen Raumformen wird jetzt bei der Lösung des allgemeinen Raumproblems die Gleichwertigkeit mit dem Euklidischen Raume vindiziert. Ja es wird sogar die Frage gestellt, ob der Weltenraum nicht ein vier- oder fünfdimensionaler sei, oder ob er nicht etwa die Form einer pseudosphärischen Fläche besitze (Clifford). (Näheres darüber siehe Kap. VI.)

Unter solchen Umständen mußte bei der Verwertung der Funktionen des Raumsinnesorgans zur Lösung des Raumproblems ganz besondere Rücksicht auf diejenigen Lösungen genommen werden, welche die eminentesten Vertreter der neuen, „imaginären" Geometrie, dem Beispiele von Helmholtz folgend, vorgeschlagen haben. So kam es, daß ich den Untersuchungen der Nicht-Euklidischen Raumformen meine volle Aufmerksamkeit widmen mußte, natürlich nur insofern deren Geometrie für das allgemeine Raumproblem in Betracht kommt.

Meine wichtigste Aufgabe war nämlich, an der Hand der festgestellten Verrichtungen des Ohrlabyrinths zu entscheiden, ob unsere sinnlichen Wahrnehmungen der Eigenschaften des äußeren Raumes mit den Sätzen der Geometrie von Euklid oder mit denen der neuen Geometrie von Lobatschewsky und Riemann-Helmholtz übereinstimmten.

Die Lösung dieser Aufgabe wurde von mir in der Arbeit vom Jahre 1901 „Die physiologischen Grundlagen der Geometrie von Euklid“ versucht (im Kap. VI mit mehreren Zusätzen wiedergegeben). Dadurch wurde gleichzeitig der Physiologie ein Gebiet zurückerstattet, das Helmholtz durch seinen berühmten Vortrag, gehalten im Dozenten-Verein in Heidelberg (1879), ganz den Mathematikern überliefert hatte. Wie unten gezeigt werden wird, gab diese Rede von Helmholtz Veranlassung zu heftigen polemischen Auseinandersetzungen mit mehreren Neo-Kantianern. Der große Physiologe, Mathematiker und Denker ist aus dem Kampfe nicht als Sieger hervorgegangen, und zwar, weil er in seiner Rede das Geständnis machen mußte, die Physiologie sei noch nicht imstande zu erklären, wo der Begriff des Raumes „als einer ausgedehnten Größe von drei Dimensionen“ herrühre. Daher war er also gezwungen, ein Kompromiß mit der Lehre Kants zu suchen. In Wirklichkeit hatte aber Helmholtz den Kantianern gegenüber doch insofern Recht, als das in der Zwischenzeit entdeckte Sinnesorgan für die Orientierung in den drei Richtungen des Raumes gestattete, eben den empirischen Ursprung unserer drei-dimensionalen Raumvorstellungen in evidentester Weise zu demonstrieren, und zwar ohne jede Beihilfe der Kantschen Anschauungen. Unsere Raumvorstellungen beruhen nach unserem jetzigen Wissen nicht auf aprioristischen Anschauungen, sondern auf Erfahrungen des Raumsinnes, der es gestattet, die Empfindungen unserer andern fünf Sinne im Raume zu ordnen und zu verwerten.

Einige Jahre später gelang es mir, durch eine längere Reihe von Versuchen und Beobachtungen über die Täuschungen unserer Wahrnehmungen der Richtungen durch den Bogengangsapparat (Kap. V) auch beim Menschen unwiderlegliche Beweise für die Richtigkeit der früher entwickelten Lehre zu liefern.

In der Vorrede wurden die näheren Umstände auseinandergesetzt, welche zur Entdeckung des Raumsinnes geführt haben. Das vorliegende Werk bezweckt eine vollständige Wiedergabe der langjährigen experimentellen Untersuchungen, welche zur Begründung und Entwicklung der Lehre von den Verrichtungen des Ohrlabyrinths dienen sollten. Es ist daher selbstverständlich, daß die zahlreichen Untersuchungen, die ich in einem Zeitraum von mehreren Jahrzehnten dem Aufbau der Lehre vom Raumsinn gewidmet, den Löwenanteil in diesem Werke einnehmen.

In den letzten Dezennien des vorigen Jahrhunderts hat das Interesse an den Verrichtungen des Ohrlabyrinths eine große Anzahl experimenteller Forschungen zutage gefördert, von denen die meisten durch die berühmten Versuche von Flourens und dann durch das Problem des Raumsinnes angeregt wurden. Die hohe Tragweite der entdeckten Funktionen eines Sinnesorgans im Ohrlabyrinth und deren intime Beziehungen zu den wichtigsten Problemen der Mathematik und Philosophie brachte es mit sich, daß ersprießliche experimentelle Forschung auf diesem Gebiete nicht jedermanns Sache war. Ein Teil der bezüglichen Forschungen ist daher für die Lehre des Raumsinns ganz ohne Belang. Der Neuheit dieser Lehre wegen und um der von Unberufenen geschaffenen Verwirrung ein Ende zu machen, hielt ich es für angezeigt, mehrere Schriften, von welchen die Physiologie des Ohrlabyrinths in den letzten Dezennien überflutet war, energisch zu bekämpfen. Es wäre aber ganz nutzlos, dieses Werk jetzt noch mit der Aufzählung sämtlicher verfehlter Untersuchungen und bodenloser Hypothesen, die nur eine ephemere Existenz hatten, zu belasten. Nur diejenigen Untersuchungen sollen hier genauer berücksichtigt und besprochen werden, welche wirklich Neues und Wichtiges für das Verständnis der Verrichtungen des Ohrlabyrinths als Organs für die Richtungsempfindungen geliefert haben. Nur wenige meiner Gegner, deren Forschungen entweder zum Teil verfehlt waren oder von ihren Urhebern aus Mißverständnis als meinen Ansichten widersprechend betrachtet wurden, können dennoch das Recht beanspruchen, an dem Aufbau der Lehre vom Raumsinn mitgearbeitet zu haben.

Während des jahrelangen Kampfes gegen die Verwirrungen von Mach, Breuer, Goltz, Ewald u. a. vermochte ich einige Gegner von der Richtigkeit meiner tatsächlichen Ergebnisse zu überzeugen. Auch ihre mehr oder weniger stichhaltigen Einwände haben mich gezwungen, wiederholt über mehrere Detailfragen neue Untersuchungen anzustellen und dabei manche Lücke auszufüllen und einige Versehen zu korrigieren. Die Existenz eines besondern Sinnesorgans, das im Ohrlabyrinth seinen Sitz hat, hat übrigens keiner von ihnen bestritten. Nur suchten sie diesem Sinnesorgane entweder ganz phantastische Verrichtungen zuzuschreiben oder durch meistens ungeeignete Bezeichnungen ihnen in der Physiologie das Bürgerrecht zu erringen. Im Laufe der mehrjährigen polemischen Auseinandersetzungen haben diese Forscher auch diese Bezeichnungen fallen lassen müssen und schlossen sich tatsächlich, wenn auch nicht ausdrücklich, meiner Auffassung der Bogengänge als Sinnesorgans für die Raumempfindungen an.

Es ist für eine neue wissenschaftliche Lehre von großem Werte, wenn sie Anhaltspunkte und Stützen in den Forschungen hervorragender Geister früherer Perioden findet. Als Beweise dürfen derartige historische Belege natürlich nicht betrachtet werden; solche können nur in streng methodisch durchgeführten Experimenten gesucht werden. Exakte Beweise genügen aber auch selten[1]), um einer neuen Lehre das Heimatsrecht in der Wissenschaft zu erwerben, schon weil neue Wahrheiten stets gegen Voreingenommenheit, Unverständnis und hauptsächlich gegen persönlichen Antagonismus zu kämpfen haben. In einem solchen Kampf ist es aber von Bedeutung, das Ungewohnte einer neuen Lehre durch den Hinweis zu beseitigen, sie sei eben nicht in Allem

[1]) Meistens nur, wenn es sich um Entdeckungen handelt, die sofort praktische Verwendung finden.

so ganz neu, wie dies den Anschein habe und wie sie oft dem Urheber selbst anfangs erschienen sei. Auch findet letzterer in den Anschauungen und sogar in den Vorahnungen seiner Vorgänger häufig frische Anregung zur Verteidigung seiner Entdeckungen. Aus diesem Grunde habe ich im Laufe meiner Studien mit großer Genugtuung auch von den Gegnern gewisse Hinweise auf die Untersuchungen von Autenrieth über die Schallrichtung, sowie auf die Originaluntersuchung von Purkinje über den Schwindel entgegengenommen. Endlich war ich bei weiterem Suchen nach noch anderen eventuellen Vorgängern auf diesem Gebiete schon am Schlusse meiner eigenen Untersuchungen auf Arbeiten gestoßen, die noch aus dem XVIII. Jahrhundert stammten und über den sechsten Sinn handelten. Bei Gelegenheit der 100jährigen Todesfeier von Spallanzani 1899 veröffentlichte Mosso mehrere Manuskripte voll interessanter Mitteilungen über diesen Gegenstand. So wurden in der Sitzung der Turiner Akademie der Wissenschaften vom 12. Januar 1794 die Versuche Spallanzanis „Sopra il sospetto di un nuovo senso nei pipistrelli" mitgeteilt. „Il professore Vassalli comunico la scoperta fatta dall' abate Spallanzani, e da lui medesimo verificata, che i pipistrelli privati della facoltà visiva conservano tuttavia la potenza di evitare gli ostacoli frapposti a lor cammino, non meno che se fossero veggenti."

Dies ist Alles, was in den Akten der Akademie von diesen Versuchen gedruckt wurde. Aus den von Mosso aufgefundenen Briefen Spallanzanis mag hier der wichtigste Auszug gegeben werden, der das Wesentlichste seiner Experimente darstellt. Die Fledermäuse wurden entweder durch das Anbrennen der Cornea oder durch Extraktion der Augäpfel geblendet. „Qualche volta il pipistrello per tal modo gravemento offeso, stenta a volare, ma in seguito, faccendolo prendere il volo in una stanza chiusa o di giorno, o di notte, veggiamo, che col ministero dell' ali vola francamente in essa stanza, prima di giungere alle laterali pareti sa piegare, e tornare addietro, sa destramente scansare gli ostacoli, quelli voglio dire delle muraglie, d'una pertica presentagli per attraversagli il cammino, della volta della stanza, degli uomini che si trovano dentro di essa, e d' altri corpi che posti venissero nel vasto di essa per cercare d' imbrazzarlo; a fa breve cosi mostrasi bravo ed esperto nei suoi movimenti in aria, come fa un altro che abbia gli occhi."

Der vorläufige Schluß, den Spallanzani aus diesen Versuchen zog, war, daß der Mangel der Augen bei Fledermäusen ersetzt wird „durch ein anderes Organ oder einen Sinn, die wir nicht besitzen, und wovon wir folglich keine Idee werden haben können" („e del quale in conseguenza non potremo mai avere idea").

Diese Schlußfolgerung Spallanzanis war nicht definitiv. Ohne weitere Versuche ausgeführt zu haben, erklärte G. Cuvier, daß die Deutung der Spallanzanischen Beobachtung keinesfalls der Annahme eines sechsten Sinnes bedürfe. Die außerordentliche Entwicklung der Tastorgane an den Flügeln und Ohrmuscheln der Fledermäuse befähige diese Tiere, Unterschiede der Temperatur, Bewegungen und Widerstände der Luft sowie auch leiseste Berührungen fremder Körper zu erkennen. Diese Befähigung soll nach Cuvier vollkommen ausreichen, um die Orientierung geblendeter Fledermäuse zu erklären.

Einige Jahre darauf veröffentlichte Jurine aus Genf Versuche, welche die Spallanzanische Beobachtung zwar bestätigten, sie aber ebenfalls ohne Zuhilfenahme eines sechsten Sinnes zu deuten suchten. Wenn Jurine nämlich die äußeren Gehörgänge der geblendeten Fledermäuse durch Stärkekleister verstopfte, beobachtete er, daß sie ihre Orientierungsfähigkeit einbüßten und sich viel ungegeschickter bewegten. Er zog daraus den Schluß, der Gehörsinn als solcher vermöge die mangelnden Gesichtsempfindungen bei der Orientierung zu ersetzen.

Spallanzani beeilte sich auf Grund dieses Schlusses, seine Annahme eines sechsten Sinnes bei Fledermäusen aufzugeben . . . „Cet animal," schrieb er darauf, „n'est point pourvu d'un sixième sens. Le tact, quelque exquis qu'on le suppose, ne pouvrait l'avertir du voisinage éloigné d'un plafond, d'une muraille, d'une fenêtre . . . Des experiences plus exactes ont démontré (à Jurine) que l'ouie remplace véritablement chez la chauves-souris l'organe de la vue". Der Rückzug Spallanzanis war etwas voreilig; die Wände, die Decke und die Fenster sind ja keine schallerzeugenden Körper, sie konnten auch keine Gehörsempfindungen erzeugen.

Die Deutung Cuviers war daher nicht einfach zurückzuweisen. Die Tastorgane konnten sehr gut an der bei geblendeten Fledermäusen fortbestehenden Orientierungsfähigkeit beteiligt sein. Wie ja, unseren jetzigen Kenntnissen nach, auch die Bogengänge sicherlich dabei eine große Rolle spielen, natürlich im Sinne der später in Kapitel IV zu gebenden Auseinandersetzungen.

Auch die eigentümliche Entwicklung der Nasenschleimhaut und ihrer Falten mit ihren zahlreichen Talgdrüsen und Nervenendigungen des Trigeminus, welche besonders Redtel bei Fledermäusen näher studiert hat, muß bei der Deutung der uns hier beschäftigenden Orientierung berücksichtigt werden. Diese Schleimhautfalten scheinen ganz besonders dazu geeignet, Winde, Luftzüge und auch feinere Temperaturunterschiede der Luft zu unterscheiden.

Die Versuche von Spallanzani müssen jedenfalls wieder aufgenommen werden. Es ist mir leider bis jetzt nicht gelungen, zu solchen Versuchen taugliche Fledermäuse in genügender Anzahl mir zu verschaffen. Bei der anatomischen Untersuchung ihres Labyrinths fand ich ganz außerordentlich stark entwickelte Bogengänge für so kleine Tiere. Bei dem schnellen Fluge dieser Tiere sowie bei der großen Geschwindigkeit, mit der sie jeden Augenblick ihre Richtung wechseln (der Raum, in welchem sich Fledermäuse gewöhnlich bewegen, ist ja relativ sehr beschränkt), muß der Orientierungsapparat ihres Ohrlabyrinths besonders mächtig entwickelt sein.

Die Untersuchungen eines anderen ausgezeichneten italienischen Forschers, J. B. Venturi, eines Zeitgenossen Spallanzanis, beschäftigten sich direkt mit dem Raumsinn, sie stehen also noch in viel näherer Beziehung zu meiner Theorie des Raumsinns. Auf diese Untersuchungen bin ich letztens ganz zufällig aufmerksam gemacht worden durch ein zum Jubiläum Spallanzanis erschienenes Blatt: „Nelle Feste centenarii di Lazzaro Spallanzani. Reggio Emilio 1899“, wo beiläufig von den Arbeiten von Battisto Venturi und auch von seinen Studien „Sul senso dello spazio“ die Rede war. Dr. Barbéra war so freundlich, auf mein Ersuchen in der Bibliothek der Bologner Universität diese Studien herauszusuchen: es handelte sich in der Tat, wie ich vermutete, um ein Organ des Raumsinns, das im Gehörorgan seinen Sitz haben soll!

Die betreffende Studie findet sich als Beilage zur zweiten Auflage seiner „Indagine Fisica sui colori“ und heißt: Riflessioni sulla conoscenza dello Spazio, che noi possiamo ricavar dall' adito [1]). Die Versuche von Venturi beziehen sich sämtlich auf die Bestimmung der Schallrichtungen. „Comment donc l'Oreille nous indique-t-elle cette direction? Et quel rapport y a-t-il du sens de l'Ouie à la connaissance des différents lieux de l'espace? De grands génies ont traité un semblable problème à l'égard de la Vue: l'éclaircir de même à l'égard de l'Ouie, ce serait avancer d'un degré l'analyse des sentiments et la connaissance de nous même“.

Die vier Versuchsweisen, welche Venturi angibt, sind von geringerem Interesse; sie sollen beweisen, daß jedes Ohr gesondert die Richtung des Schalles anzugeben vermag und daß die von den beiden Ohren empfangenen Eindrücke sich im Gehirn nicht vereinigen. Was Venturi eigentlich untersuchte, war also die Fähigkeit des Ohres, den Schall zu lokalisieren; er stellte auch Versuche mit der Lokalisationsfähigkeit der übrigen Sinne, des Gesichts, des Geschmacks, des Geruchs und der Tastorgane, an. Er gibt ferner allgemeine Betrachtungen über die Bildung der Vorstellungen vom Raume, die nicht ohne Interesse sind. Von der Kantschen Auffassung ausgehend, daß „l'idée de l'étendue est . . . la Connaissance *a priori*“, schreibt er: „Cette étendue primitive n'était qu'un espace confus, obscur, indéfini, immense, tel qu'on l'aperçoit au moment ou l'on tombe en défaillance . . . Sur la base de cette idée primitive nous avons bâti toutes les connaissances qui sont venues ensuite“. Folgt eine Auseinandersetzung, wie die fünf Sinne diesen Raum durch ihre Eindrücke ausfüllen.

Sehr bemerkenswert ist, daß Venturi, der gleichzeitig mit Autenrieth die Fähigkeit des Ohres untersuchte, die Schallrichtungen zu erkennen, nicht auf den Gedanken kam, die eigentümliche Lagerung der

---

[1]) Diese Abhandlung erschien auch in wörtlicher französischer Übersetzung im Magasin Encyclopédique, ou Journal des Sciences des Lettres et des Arts Tom. 3 p. 29. Paris 27 Thermidor. An 4. Ich ziehe es vor, die Zitate aus der französischen Ausgabe wiederzugeben.

Bogengänge zur Erklärung der Vorstellung vom Raume zu benutzen. Er schloß sich im Gegenteil einfach der aprioristischen Auffassung des Raumes von Kant an und leugnete dabei ausdrücklich jede Möglichkeit, daß unsere Erfahrungen irgend etwas mit dem Raumsinne zu tun haben, und verspottet Lockes Einwände gegen das Vorhandensein angeborener Vorstellungen. Aber auch Autenrieth, der doch die Studie von Venturi kannte, dachte nicht daran, die Beziehungen der Bogengänge zu „den drei Dimensionen des Kubus“ für die Bildung unserer Raumvorstellungen zu verwerten.

Aus dem Mitgeteilten folgt jedenfalls, daß diese beiden Forscher sehr nahe an die Wahrheit streiften. Es hätte vielleicht die Kenntnis der Flourensschen Versuche genügt, um ihnen die wahrhafte Rolle der Bogengänge als peripherer Organe des Raumsinns zu offenbaren.

In einer jetzt schon absehbaren Zeit wird der Physiologe staunen, daß eine so einfache Erklärung der Verrichtungen des Ohrlabyrinths, wie sie meine Lehre vom Raumsinne gibt, die, schon aus rein morphologischen Gründen an sich so wahrscheinlich, dazu noch auf zahllose experimentelle Beweise gegründet war, während verschiedener Jahre bei mehreren Fachgenossen auf Widerspruch stoßen konnte. Es wird wahrscheinlich viel längerer Zeit bedürfen, ehe die Metaphysiker, die während Jahrtausenden das Raumproblem erörtert hatten, ohne es auch nur um einen Schritt der Lösung näher zu bringen, sich meine Raumlehre aneignen werden. Stellten sich doch fast immer auch bedeutende Philosophen allen Errungenschaften der Naturforschung feindselig gegenüber, wenn diese es gestatteten, Weltprobleme zu lösen, die ihren eigenen Bemühungen widerstanden hatten.

§ 2. Die Versuche von Flourens an den Bogengängen.

Die berühmten Versuche über die Bewegungsstörungen, welche nach Verletzung der Bogengänge auftreten, wurden von Flourens im Jahre 1828 in einem der Akademie der Wissenschaften in Paris vorgetragenen Mémoire mitgeteilt. Die Versuche von Flourens wurden hauptsächlich an Tauben ausgeführt. Als vorzüglicher Experimentator hatte er die Versuche an den einzelnen Bogengängen in so geschickter und präziser Weise ausgeführt, wie es nur wenige seiner Nachfolger zu tun vermochten. Seine dabei gemachten Beobachtungen und deren genaue Beschreibung sind nicht weniger wertvoll; sie sind ausführlicher in seinem klassischen Werk veröffentlicht worden (Recherches expérimentales sur les propriétés et les fonctions du système nerveux chez les animaux vertébrés). In den Hauptzügen sind die Erscheinungen, welche Flourens als Folgen der Verletzung der einzelnen Bogengänge, besonders am Kopfe, beschrieben hat, von allen spätern zuverlässigen Experimentatoren bestätigt worden.

Das erste Ergebnis seiner Versuche bestand darin, daß die Durchschneidungen oder Erregungen der Bogengänge keineswegs das Gehörsvermögen aufheben. Dagegen rufen sie allgemeine, sehr heftige Bewegungsstörungen hervor, die es dem Tiere unmöglich machen, das Gleichgewicht zu erhalten. Flourens gebührt auch das große Verdienst, zuerst konstatiert zu haben, daß die nach Durchschneidung von zwei gleichnamigen Bogengängen eintretenden Bewegungen gesetzmäßig in verschiedenen Richtungen geschehen.

Nur einige Sätze aus den ersten Mitteilungen des berühmten Forschers sollen hier wörtlich wiedergegeben werden: „La section du canal horizontal des deux côtés est suivie d'un mouvement brusque et impétieux de la tête de droite à gauche et de gauche à droite; la section du canal vertical inférieur des deux côtés est suivie d'un brusque mouvement vertical de bas en haut et de haut en bas; et la section du canal vertical supérieur, toujours des deux côtés, est suivie d'un mouvement vertical inverse, c'est à dire de haut en bas et de bas en haut". . . . . . Sein Schluß wurde folgenderweise formulirt: „La section de chaque canal détermine donc une suite de mouvements lesquels s'exécutent dans le sens même de la direction du canal. Il y a donc un rapport donné, un rapport constant entre la direction de chaque canal semi-circulaire et la direction du mouvement produit par la section de chaque canal". Von den späteren Versuchen von Flourens sollen diejenigen zitiert werden, die auf die Verhältnisse der Bogengänge zu den Großhirn-Hemisphären Bezug haben: „Je viens à mes nouvelles expériences. Le cerveau (lobes ou hémisphères cérébraux) ayant été retranché sur plusieurs pigeons, la section de chaque canal a produit son effet ordinaire, celle des canaux horizontaux des mouvements horizontaux; celle des canaux verticaux antéro-postérieurs des mouvements verticaux d'avant en arrière, et celle des canaux verticaux postéro-antérieurs des mouvements verticaux d'arrière en avant".

Die außerordentliche Heftigkeit, mit der die Zwangsbewegungen der Tiere nach Durchschneidung sämtlicher Bogengänge aufzutreten pflegen, veranlaßte Flourens zu dem Schluß, daß die mäßigenden Kräfte der Bewegungen (les forces modératrices des mouvements) ihren Sitz in den Kanälen haben. Dieser Schluß enthält den Keim der Wahrheit, und man muß die Schärfe seiner Beobachtungsgabe bewundern, wenn man bedenkt, zu welcher Zeit Flourens seine Versuche angestellt hatte. Wie ersichtlich, können die Verdienste dieses Forschers bei der Feststellung der wahren Verrichtungen der Bogengänge in keiner Weise zu hoch geschätzt werden. Es wäre daher ungerecht, hier auf einige Mängel seiner Versuchsergebnisse sowie auf die Unzulässigkeit gewisser Erklärungen, wie z. B. über die Beziehungen zwischen den Richtungen der Zwangsbewegungen — oder gar der Kanäle — und dem Verlaufe gewisser Faserzüge im Gehirn, Gewicht zu legen.

Während einer Zeit von 40 Jahren waren die Versuche von Flourens so ziemlich in Vergessenheit geraten. Mehrere Forscher wie Schiff, Brown-Séquard, Harless, Czermak und andere machten wohl Anläufe zur Wiederholung seiner Versuche. Deren mangelhafte Ausführung verhinderte aber die Physiologen, ihnen besondere Aufmerksamkeit zu schenken. In der Vorrede wurde schon erzählt, unter welchen Umständen Vulpian mir im Frühling 1869 die Versuche von Flourens zur Wiederaufnahme empfohlen hatte. Dieser Forscher war geneigt, die von Flourens beobachteten Erscheinungen nach Verletzungen der Bogengänge auf einen Gehörsschwindel zurückzuführen. Ich veranlaßte daher den Dr. Löwenberg in Paris, die Grundversuche von Flourens zu wiederholen und eventuell weiter zu verfolgen.

Die Ergebnisse dieser Versuche, deren Ausführung ich beigewohnt habe, wurden schon im Sommer desselben Jahres der Pariser Akademie der Wissenschaft zu einer Preisbewerbung mitgeteilt. Infolge der Kriegszustände gelangten sie aber erst im Jahre 1872 zur Veröffentlichung in deutscher Sprache..

So kam es, daß Goltz zuerst das Interesse der deutschen Physiologen für die Versuche von Flourens hat erwecken können. Daher das Zutrauen, welches seine Sätze und Hypothesen über die Funktionen der Bogengänge in Deutschland errangen: ein Zutrauen, das in gar keinem Verhältnis zum Werte seiner eignen Experimente stand. Anstatt sorgfältig an den einzelnen Bogengängen zu operieren, wie es schon Flourens und nach ihm Schiff, Brown-Séquard, Vulpian, Loewenberg u. a. gethan haben, zog Goltz folgendes summarische Verfahren vor: Durch Trepanation trug er bei Tauben an beiden Seiten die Labyrinthe samt Occipitalknochen und den sie bedeckenden Muskeln ab. Starke Blutungen und nicht unbeträchtliche Verletzungen des Kleinhirns waren bei dieser Operationsweise natürlich unvermeidlich. Diese „unzulässigen und keinerlei Schlüsse gestattenden Versuche“, wie sie v. Stein mit Recht bezeichnet, sind von Goltz allen seinen Hypothesen über die Funktionen der Bogengänge zugrunde gelegt worden. Allein sie berechtigen keinesfalls Goltz, die Bogengänge als Organe für das Gleichgewicht zu erklären; dies um so weniger, als bei seinen Versuchen das Kleinhirn stark in Mitleidenschaft gezogen worden war.

Nicht mit Unrecht hat dieses grobe Versehen der Goltzschen Versuche Böttcher u. a. dazu veranlaßt, jeden direkten Einfluß der Bogengänge auf das Zustandekommen der beobachteten Bewegungsstörungen überhaupt zu leugnen. Die bei der Trepanation entstehenden Blutungen in dieser zarten Region genügen allein, um auch ohne Verletzung der Bogengänge die größten Störungen hervorzurufen. Die Blutungen wurden dazu noch durch ein Glüheisen gestillt! Dr. Samper hat in der Tat in seiner Schrift ein spezielles Kapitel „Unreine Versuche“ den Folgen solcher Blutungen gewidmet, in welchem nachgewiesen wird, daß auch bei intakten Bogengängen der bloße Bluterguß in die Schädelhöhle unter der Arachnoidea schon Zwangsbewegungen auslöst. Noch schärfer verurteilt Ewald die Goltzschen Versuche, indem er wegen der dabei eintretenden Blutung jede Verletzung des Blutsinus bei der Durchschneidung der Bogengänge für „eine rohe Methode, die zu verwerfen ist“ erklärt. Die aus so rohen Versuchen gezogenen Schlüsse konnten natürlich nur zu Irrtümern führen. So ist es auch geschehen. Richtig war zwar, daß die Bogengänge für die Aufrechterhaltung des Körpergleichgewichts nützlich sind. Im Grunde enthält aber diese Schlußfolgerung nichts wie die einfache Bestätigung der Tatsache, daß Tauben nach Durchschneiden der halbzirkelförmigen Kanäle das Gleichgewicht verlieren. Flourens hat dies schon ausdrücklich hervorgehoben,

Nur über die Art und Weise, wie die Bogengänge an der Wahrung des Körpergleichgewichts sich beteiligen können, hat Goltz persönliche Angaben gemacht. Sie beeinflussen das Gleichgewicht nur indirekt, indem ihre unmittelbare Funktion einzig und allein in der Erhaltung des Gleichgewichts des Kopfes bestehen soll. Diese letztere Funktion erfüllen sie in folgender Weise: Die in den Kanälen befindliche Endolymphe übe einen stärkeren Druck auf die Wandungen der Ampullen aus, wenn bei Bewegungen des Kopfes die Ampullen eine tiefere Lage einnehmen. Dieser Druck soll seinerseits die Nerven der Ampullen erregen und die durch diese Erregung hervorgerufenen Empfindungen sollen dazu dienen, den Kopf zu äquilibrieren. Die unkoordinierten Körperbewegungen, welche an Tauben nach Verletzungen dieser Kanäle wahrgenommen werden, müßten, dieser Hypothese zufolge, als sekundäre angesehen werden, d. h. als solche, die indirekt, durch den Verlust der Fähigkeit, den Kopf zu äquilibrieren, hervorgerufen worden sind!

Die Versuche von Goltz waren auch in der Hinsicht ein großer Rückschritt gegen die von Flourens angestellten, daß, anstatt an den einzelnen Bogengängen zu experimentieren, dieser Forscher mit einem Mal das ganze Ohrlabyrinth zerstörte. Er hat leider in dieser Beziehung Schule gemacht. Auch diejenigen seiner Schüler, die wie Ewald sonst viel sorgfältiger operierten, vermieden möglichst, die einzelnen Kanäle gesondert zu durchschneiden und zu reizen. Wie noch des öfteren gezeigt werden soll, lag darin einer der Hauptgründe der großen Verwirrung, welche von derartigen Experimentatoren während mehrerer Dezennien in der Physiologie des Ohrlabyrinths unterhalten wurde.

Viel sorgfältiger hat Löwenberg experimentiert. Er führte isolierte Durchschneidungen der horizontalen und vertikalen Bogengänge aus. Ohne sich auf einfache Verletzungen dieser Kanäle zu beschränken, versuchte er, sie bald auf mechanischem Wege, bald durch chemische Agentien zu reizen. In anderen Versuchsreihen veranstaltete Löwenberg absichtlich neben Exstirpationen auch Verletzungen der Kanäle sowie verschiedener Hirnteile; er wiederholte diese selben Experimente während der Narcose, usw.

Die wichtigsten Ergebnisse seiner Arbeit waren die folgenden:

1. Die durch die Verletzung der Kanäle erzeugten Lokomotionsstörungen sind durch Erregung und nicht durch Lähmung bedingt.

2. Die Erregung der Kanäle erzeugt die konvulsivischen Bewegungen auf reflektorischem Wege, ohne jegliche Beteiligung des Bewußtseins.

3. Die Übertragung der reflektorischen Reizung geschieht in den Sehhügeln.

§ 3. Meine ersten Versuche an den Bogengängen (1872—1873).

Die erste Mitteilung, betreffend die Ergebnisse meiner Untersuchungen, erschien in Pflügers Archiv im Jahre 1873. Sie beruhte auf Versuchen, die ich während des Winters 1872 in Gemeinschaft mit einem meiner Schüler, Dr. Solucha, ausgeführt hatte, Aber schon lange vor dieser Mitteilung hatten meine Studien mich darauf geführt, die Frage vom Gleichgewicht unseres Körpers und von der Koordination unserer Bewegungen näher zu studieren. Bereits in der Dissertation über die Chorea und ihre Beziehungen zu den Herzkrankheiten habe ich die bei Physiologen und Ärzten in Ansehen stehenden Theorien der Koordination einer eingehenden Kritik unterzogen und auch gleichzeitig den Mechanismus des Gleichgewichts des Körpers studiert. Bei der Vorbereitung der bald darauf folgenden Monographie über die Tabes dorsalis sah ich mich veranlaßt, im Laboratorium von Ludwig eine größere Reihe physiologischer Versuche über einen der Faktoren, welcher bei der Unterhaltung des Gleichgewichts und der Koordination der dabei in Betracht kommenden Muskeln eine entscheidende Rolle spielt, anzustellen. Dieser Faktor ist die Abstufung der Innervationsstärken. Im Laufe der hier auseinanderzusetzenden Untersuchungen über die Verrichtungen der Bogengänge werde ich ausführlich auf diesen Faktor zurückkommen müssen. Es ist daher angezeigt, hier gleich die schon im Jahre 1866 erworbenen Gesichtspunkte und Ergebnisse kurz wiederzugeben. Man hat nämlich unter Inkoordination der Bewegungen zwei ganz verschiedene und nur dem äußern Effekte nach gleich erscheinende Vorgänge zusammengeworfen: erstens den Mangel an notwendiger Übereinstimmung unter den verschiedenen Muskeln, die zusammenwirken müssen, um eine gewisse Bewegung hervorzurufen, zweitens die infolge unregelmäßiger Innervation der verschiedenen Muskeln eintretenden Ausschreitungen im Maße der Muskelkontraktionen. Diese zwei Vorgänge sind streng voneinander zu sondern. Zum Zustandekommen einer zweckmäßigen Bewegung ist nämlich zweierlei notwendig: erstens, daß gleichzeitig eine gewisse Gruppe von Muskeln innerviert wird, und zweitens, daß diese Innervation verschiedener Muskeln in gewissen Verhältnissen bleibe, d. h. daß der eine Muskel stärker, der andere schwächer innerviert werde, je nachdem dieser oder jener die Hauptrolle bei der beabsichtigten Bewegung spielt. Der Unterschied zwischen dem ersten und zweiten Vorgang ist der, daß der eine darüber entscheidet, welcher Muskel bei einer gegebenen Bewegung in Kontraktion versetzt werden soll, der andere, wie stark jeder dieser Muskeln sich kontrahieren muß. Wenn jemand eine Last so aufhebt, daß vorzugsweise der Biceps dabei tätig ist, dann muß auch der Triceps innerviert werden, weil sonst die Bewegung schleudernd wird; die Einwärts- und Auswärtsroller des Armes müssen sich ins Gleichgewicht setzen, damit der Arm nicht umschnappe. Die gleichzeitige Innervation dieser Muskeln ist eben die Koordination der Bewegungen. Das

Zustandekommen der Innervation allein ist aber nicht ausreichend, um diese Bewegung zweckmäßig zu machen; dazu ist noch erforderlich, daß die Innervation in einer für jeden Muskel bestimmten Stärke geschehe, daß also der Biceps stärker innerviert werde als der Triceps, die Einwärts- und Auswärtsroller gleichstark innerviert werden, sonst könnte eine der beabsichtigten entgegengesetzte Bewegung eintreten. Die Bewegung würde krampfhaft, zwecklos, herumschleudernd werden und der oberflächliche Beobachter könnte sich verleiten lassen, diese Bewegungen für Koordinationsstörungen zu halten.

Ich stellte damals fest, daß unter Inkoordination oder Ataxie nur diejenigen Bewegungen begriffen werden dürfen, die auf einer unnötigen Innervation der Antagonisten oder auf der ausgefallenen Innervation zum Zustandekommen der Bewegung notwendiger Muskeln beruhen. Zu dieser Kategorie gehören z. B. die Bewegungsstörungen bei der Chorea. Von dieser Inkoordination müssen scharf diejenigen Störungen unterschieden werden, die von mangelhafter Abstufung der Innervationsstärken herrühren, wie dies bei der Tabes Teilen der Fall ist.

Meine experimentellen Studien bezogen sich vorzüglich auf den Mechanismus der Abstufung der Innervationsstärken. Sie haben mir bekanntlich gestattet, die Existenz eines reflektorischen Tonus der willkürlichen Muskeln, dadurch erzeugt, daß die Erregungen von den hinteren Wurzeln aus auf die vorderen übertragen werden, und nicht nur allein im Rückenmark (Brondgeest), sondern auch in verschiedenen Teilen des Gehirns, nachzuweisen.

Beim Beginn meiner Versuche über die Bewegungsstörungen, welche nach den Angaben von Flourens sowohl in den Muskeln des Kopfes als denen des Körpers nach Verletzungen der Bogengänge einzutreten pflegen, erachtete ich es für erforderlich, zuerst zu eruieren, welcher Art diese Bewegungsstörungen seien: Koordinations- oder Innervationsstörungen. Diesem Gedankengange folgend, mußte ich zuerst die Frage entscheiden, inwiefern eine anormale Kopfhaltung imstande ist, das Gleichgewichtsgefühl des Tieres zu stören und Bewegungsanomalien zu erzeugen. In dieser Beziehung existierten schon sehr interessante Versuche von Longet, die noch aus den 40er Jahren datierten, aber zurzeit so ziemlich der Vergessenheit anheimgefallen waren.

Longet zeigte damals, daß die eintretenden Bewegungsstörungen nichts mit dem Abfluß der cerebrospinalen Flüssigkeit zu tun haben, sondern eine Nebenerscheinung bilden, welche nur als Folge der bei der Operation durchschnittenen Nackenmuskulatur auftritt. In der Tat, wenn Longet nur diese Nackenmuskeln allein durchtrennte, ohne den Wirbelkanal zu eröffnen, so traten dieselben Erscheinungen sofort ein. Andererseits fehlten die Erscheinungen vollständig, wenn man die cerebrospinale Flüssigkeit durch einen feinen Stich in die Occipitalbänder ausfließen ließ, ohne irgendwelche bedeutenden Verletzungen der Nackenmuskeln dabei zu veranlassen. Die Erklärung, welche Longet seinen Beobachtungen gab, bestand darin, daß die nach Durchschneidung der Nackenmuskeln eintretende ungewohnte Kopfstellung den Verlust des Gleichgewichtsgefühls zur unmittelbaren Folge hat; dieser Verlust ist aber die Ursache der eintretenden Bewegungsstörungen. Es ist zur Erzielung desselben Erfolges nicht einmal durchaus notwendig, sämtliche Nackenmuskeln zu durchschneiden. Die Durchtrennung der Mm. recti posteriores genügt schon vollständig, um den Gang der Tiere unsicher und schwankend zu machen.

Bei Wiederholung dieser Longetschen Versuche beobachtete ich mit Leichtigkeit die von ihm beschriebenen Erscheinungen. So fort nach Durchschneidung der Mm. recti capitis poster. maj. et minor. zeigte sich bei den meisten Hunden ein Schwanken nach beiden Seiten hin. Wenn man sie zum Gehen zwang, so spreizten sie die Beine aus, gingen meistens sehr langsam, den Kopf ein wenig nach unten gebeugt. Die Tiere stellten die Beine sehr vorsichtig auf den Boden und zwar immer so, daß die Vorderpfoten möglichst voneinander entfernt waren. Beim Laufen, das sehr erschwert war, stürzten die Tiere oft hin und es bedurfte einiger Anstrengungen, bis sie wieder auf die Beine kamen. Nach 5 bis 6 Tagen hörten die Erscheinungen gewöhnlich auf; der Kopf, welcher früher immer mit dem Kinn an die Brust gedrückt war, wurde wieder in der normalen Stellung gehalten und gleichzeitig wurden auch die Gangbewegungen wieder ganz normal.

Um noch sicherer zu entscheiden, ob die ungewohnte Kopfhaltung an der Unsicherheit des Ganges allein schuld war, versuchte ich, nach der Operation den Kopf durch ein ganz besonders konstruiertes Halsband, welches am Rücken und Sternum seine Stützpunkte hatte, wieder in normale Stellung zu bringen. Die hierauf bezüglichen Versuche gaben aber nicht den erwünschten Erfolg und zwar einzig und allein deswegen, weil es nicht gelingen wollte, ein Halsband zu konstruieren, das den Kopf ganz fixiert, ohne gleichzeitig das Tier in den Bewegungen des vorderen Körperteils zu belästigen.

Sollten Versuche letzterer Art wieder aufgenommen werden, so müßte das Tier einige Wochen vor der Operation an das Tragen des Halsbandes erst gewöhnt werden. Wie dem auch sei: die von Longet beobachtete Tatsache sowohl als auch die aus ihr gezogenen Schlußfolgerungen wurden vollkommen bestätigt und somit also die Wichtigkeit, welche die normale Kopfhaltung für das Erhalten des Gleichgewichts hat, klar dargetan. Wenn die eintretenden Gleichgewichts- und Bewegungsstörungen auch nicht so bedeutend waren, wie nach Durchtrennung der halbzirkelförmigen Kanäle, so ist dabei zu berücksichtigen, daß die Veränderung der Kopfhaltung auch bei weitem nicht den Grad erreichte, wie bei dieser letztgenannten Operation.

Eine zweite Versuchsreihe, die demselben Ideengange entsprungen war, bestand darin, Tauben künstlich, ohne irgend welche Verletzung wichtiger Teile, eine Kopfstellung zu geben. welche der bei Zerstörung der Bogengänge am häufigsten eintretenden gleichkommen sollte. Diese ziemlich verwickelte Kopfhaltung ist dadurch charakterisiert, daß der Schnabel aufwärts, das Occiput dagegen nach unten, meistens gegen den Boden gerichtet ist. Man kann Tieren leicht diese Kopfhaltung geben, indem man mittels einiger Nähte durch die Haut den Kopf an die Brustgegend fixiert. Tiere mit so befestigtem Kopfe verhalten sich nun teilweise ganz wie solche, denen sowohl die horizontalen als auch die vertikalen Bogengänge zerstört wurden: sie können das Gleichgewicht nicht halten, indem sie fortwährend beim Stehen auf beiden Beinen hin- und herschwanken und einen dritten Stützpunkt, gewöhnlich durch Anstemmen des Schwanzes, zu gewinnen suchen. Dies mißlingt ihnen aber meistens, sie stürzen dabei um, häufig indem sie um die Querachse des Körpers über den Kopf herumpurzeln. Sie machen auch Manegebewegungen, meistens in ein und derselben Richtung, mit einem Worte: man beobachtet bei ihnen die ausgesprochensten Störungen in der ganzen Lokomotionssphäre. Sobald die Nähte gelöst sind und der Kopf seine frühere Haltung einnimmt, verschwinden sämtliche Störungen und die Lokomotion wird wieder ganz normal. Auch diese Versuche zeigen uns also unzweideutig, wie wichtig die normale Stellung des Kopfes ist, damit das Tier imstande sei, sowohl seine Gleichgewichtslage zu bewahren als zweckmäßige, koordinierte Bewegungen auszuführen[1]).

Es fragt sich nun, in welcher Weise und wodurch ist diese Abhängigkeit des Gleichgewichtsgefühls von einer normalen Kopfstellung bedingt? Die Antwort auf diese Frage muß meiner Ansicht nach wenigstens zum größten Teil in den Veränderungen gesucht werden, welche unsere Gesichtswahrnehmungen über Lage und Entfernungen der äußeren Gegenstände in bezug auf unseren eigenen Körper erleiden.

Helmholtz beschreibt (Physiologische Optik S. 723 u. flgd.), wie sehr auch beim Menschen durch eine ungewohnte Kopfstellung sowohl die Tiefenwahrnehmung als auch die Schätzung der Entfernung unsicher wird und zu Täuschungen veranlaßt. Daß unsere Gehörswahrnehmungen durch eine falsche Kopfstellung auch unsicher werden, ist bekannt.

Bei einer solchen Kopfumstellung, wie sie bei den in Rede stehenden Versuchen einzutreten pflegt, muß aber unser Urteil über die Quellen des Schalles nicht weniger getäuscht werden, als über Lage und Entfernung der gesehenen Gegenstände. Daß Täuschungen in den Gesichtswahrnehmungen, wenigstens wenn sie plötzlich eintreten, zu einer Unsicherheit des Ganges und zu Störungen des Gefühls des Gleichgewichts führen können, hat uns folgender Versuch am evidentesten gezeigt. Wenn man einer Taube eine Brille mit prismatischen Gläsern vor die Augen bindet, welche bei ihr einen künstlichen Strabismus hervorruft, so zeigt das Tier eine Reihe von Bewegungsstörungen, welche mit den leichteren Graden derjenigen Störungen unzweideutige Analogien haben, die nach Durchschneidung der Bogengänge zum Vorschein

[1]) Auf die große Bedeutung dieses letzteren Versuchsergebnisses für die Umkehr unserer Netzhautbilder wird noch mehrmals ausführlich zurückzukommen sein (siehe Taf. I, Fig. 1 u. 6).

kommen. In einigen Fällen von solchem Strabismus sind sogar (und das scheint mir sehr wichtig zu sein) pendelartige Bewegungen des Kopfes beobachtet worden, welche ganz denjenigen entsprechen, die nach Durchschneidung der beiden horizontalen Bogengänge eintreten. Bei einer Taube mit künstlich erzeugtem Strabismus sind während der ersten Augenblicke auch Manegebewegungen beobachtet worden. Die Täuschungen in den Gesichts- und Gehörswahrnehmungen scheinen also die wichtigsten zu sein, welche hier in Betracht kommen.

Wie aus den vorangehenden Zeilen, die meiner ersten Abhandlung (1873) entlehnt sind, hervorgeht, habe ich schon damals die Rolle der Kopfbewegungen bei den physiologischen Verrichtungen der Bogengänge in ganz anderer Weise als Goltz aufgefaßt[1]). Letzterer betrachtete die vermeintlichen Strömungen der Lymphe in den Kanälen bei den verschiedenen Bewegungen des Kopfes als Ausgangspunkt dieser Verrichtungen. Die Kopfbewegungen sollten nur als Erregungsmittel wirken. Die Bewegungsstörungen, die er nach der in der bekannten rohen Weise ausgeführten Zerstörung des Ohrlabyrinths beobachtete, sollten nach ihm die Folgen des Verlustes des Gleichgewichtsorgans sein. Meine Auffassung dagegen ging schon im Jahre 1873 dahin, daß diese Bewegungsstörungen die direkte Folge der Täuschungen in Gesichts- und Gehörswahrnehmungen sind, die uns sonst über die Lagerung der Gegenstände im äußern Raume und über die Stellung unseres Körpers in diesem Raum zu orientieren vermögen. Die Stellungen des Kopfes spielen also in den Verrichtungen der Bogengänge nur insofern eine Rolle, als sie zu Täuschungen in diesen Wahrnehmungen Veranlassung geben können.

Bei der weiteren Verfolgung meiner Versuche wurde diese Auffassung noch weiter entwickelt und durch die wichtige Beobachtung gestützt, daß die allerausgesprochensten Gleichgewichtsstörungen bei den Tauben beobachtet werden können, ohne daß die geringste Pendelbewegung des Kopfes stattfindet. Im nächsten Paragraphen komme ich weitläufiger auf diese Frage zurück; hier soll nur noch hinzugefügt werden, daß auch die Goltzsche Lehre von den Lymphströmungen durch unzählige Experimente später von mir, Bornhardt, Spamer und Ewald als unhaltbar erwiesen worden ist.

§ 4. Versuche an den einzelnen Bogengängen der Taube.

Nachdem in dieser Weise die Rolle der Kopfstellungen bei den Bewegungsstörungen aufgeklärt war, konnte ich zum Experimentieren an den einzelnen Bogengängen übergehen. Zu diesen Versuchen wurden sowohl Tauben als Frösche benutzt. Die wichtigsten Erscheinungen, welche dabei zutage gefördert worden sind, sollen hier fast wörtlich

[1]) Die Goltzschen Versuche waren mir übrigens bei der Anstellung der meinigen noch unbekannt.

nach den Mitteilungen aus den Jahren 1874—78 wiedergegeben werden. Will man bei solchen Durchtrennungen reine, unzweideutige Beobachtungen machen, so muß die größte Sorgfalt auf eine saubere Ausführung der Operation verwendet werden. Hauptsächlich sind Blutungen zu vermeiden; wenn eine solche Blutung einmal eingetreten ist, kann man nie mehr sicher sein, daß nur der gewünschte Kanal und in gewünschter Ausdehnung eröffnet worden ist. Daher ist es zweckmäßig, bei der Operation jede Muskelverletzung zu vermeiden (siehe die Operationsmethoden in § 6).

Hat man auf die in § 6 genau zu beschreibende Weise die Kreuzungsstelle der zwei Bogengänge bloßgelegt, so entfernt man die ganz dünnen Knochenlamellen, welche diese Stelle noch bedecken; und wenn die Kanäle ganz frei gelegt sind, durchschneidet man sie mit einer scharfen Schere. Den horizontalen Kanal durchschneidet man am besten außerhalb der Kreuzungsstelle, den vertikalen oberhalb von ihr. Bei Durchtrennung des letzteren vermeide man sorgfältig die ihn begleitende kleine Vene mit zu verletzen. Durchschneidet man auf die beschriebene Weise den einen horizontalen Bogengang, so macht das Tier, sobald es den Kopf frei bekommt, einige seitliche Bewegungen des Kopfes, die aber sogleich aufhören. Die Bewegungen beginnen von derjenigen Seite, welche operiert wurde; so z. B. wenn der linke Bogengang durchtrennt wurde, macht das Tier zuerst eine Kopfbewegung von links nach rechts, dann zurück usw. Die Bewegungen machen den Eindruck, als wollte das Tier irgend eine unangenehme Empfindung loswerden. Sie sind genau pendelartig und geschehen bei Durchtrennung des horizontalen Kanals in einer horizontalen Ebene um eine vertikale Achse. Wie gesagt: das Tier macht bei einseitiger Durchschneidung nur einige Bewegungen, die aber sofort aufhören, um nicht mehr wieder zu erscheinen. Es kommen sogar solche Fälle vor, wo diese paar Bewegungen auch ganz ausbleiben.

Sowie man aber auch den entsprechenden Kanal der anderen Seite durchschnitten hat, treten die pendelartigen Bewegungen des Kopfes mit viel größerer Heftigkeit wieder auf, diesmal aber, um sehr lange anzuhalten. Die Heftigkeit der Bewegungen steigert sich von Beginn an; und wenn sie ihr Maximum erreicht haben, verliert das Tier das Gleichgewicht, fällt um, macht Manegebewegungen usw.

Nimmt man das Tier in die Hand, so genügt es, durch Fixierung des Schnabels die Kopfbewegungen unmöglich zu machen, damit das Tier sofort beruhigt wird; und es bleibt auch ruhig, so lange man den Kopf unbeweglich hält. Setzt man es nun ganz vorsichtig auf den Tisch, so macht es zuerst einige leichte Bemühungen, um das Gleichgewicht zu behalten, wobei es am häufigsten einen dritten Stützpunkt durch Aufsetzen des Schwanzes oder eines der Flügel auf den Boden zu gewinnen strebt. So kann es einige Augenblicke ruhig bleiben, bis der Kopf eine leise Erschütterung erlitten hat. Meistens tritt diese von selbst dadurch ein, daß der Kopf sich allmählich infolge seiner eigenen Schwere nach vorn senkt. Damit fangen aber die pendelartigen Bewegungen von neuem an, und zwar wieder zuerst mit geringer, dann mit immer sich steigernder Heftigkeit und gehen endlich, wenn sie das Maximum der Heftigkeit erlangt haben, in allgemeine Bewegungen des Körpers über.

Hat man aber nach dem vorsichtigen Hinsetzen des Tieres ihm eine, wenn auch noch so leichte, Stütze des Kopfes gegeben, z. B. indem man den Schnabel auf einem Stab oder Finger ruhen läßt, so bleibt das Tier sehr lange ganz ruhig. Ja in solchem Falle bleibt es oft schon auf den beiden Beinen allein ruhig stehen, ohne einen dritten Stützpunkt zu suchen. Sobald aber dem Schnabel die Stütze entzogen wird, fängt das Spiel der beschriebenen Erscheinungen in derselben Weise von neuem an. Dasselbe findet Platz, wenn man das Tier, anstatt es allmählich und vorsichtig hinzusetzen, plötzlich auf den Tisch fallen läßt. Dann macht es vergebliche Versuche, das Gleichgewicht zu behalten, spreizt die Beine, oft auch die Flügel aus, sucht sich auf den Schwanz zu stützen, fällt dabei ein paar Mal um, die pendelartigen Bewegungen des Kopfes stellen sich ein und mit ihnen alle übrigen beschriebenen Erscheinungen. Wenn die Taube sich beruhigt hat, kann sie, vorsichtig auf den Finger aufgesetzt, oft einige Zeit darauf sitzen bleiben, nur muß man mit dem eignen Finger etwas balancieren und so dem Tiere bei seinen Versuchen, das Gleichgewicht zu behalten, zu Hilfe kommen.

Das Fliegen ist, wenn überhaupt möglich, sehr erschwert und auf eine ganz kurze Dauer beschränkt; wenn das Tier dabei auf einen Widerstand stößt, fällt es plötzlich zu Boden. Das Tier ist auch nicht imstande, selbst Nahrung zu sich zu nehmen, und muß künstlich gefüttert werden. Nur in seltenen Fällen lernt es nach 4—6 Tagen, sich selbst zu füttern. Ein solches Bild bietet das Tier die ersten Stunden und, mit etwas verminderter Heftigkeit, auch 1—2 Tage nach der Operation. Am dritten bis vierten Tage ist das Bild ganz verändert und zwar treten meistens folgende zwei Fälle ein. In den gelungenen Fällen nehmen die Erscheinungen an Heftigkeit ab; die pendelartigen Bewegungen des Kopfes persistieren, werden aber nie zu heftig und gehen nicht mehr in allgemeine krampfhafte Bewegungen des Körpers über. Das Tier fällt nur bei schnellem Laufen um und behält mit wenig Anstrengung das Gleichgewicht, wenn es sich wieder emporrichtet. Der Flug ist noch ungeschickt, aber doch möglich. Das Tier nimmt von selbst Nahrung zu sich und erholt sich allmählich vollständig. Einige Tiere wurden noch mehrere Wochen nach der Operation beobachtet. Sie konnten meistens nur an den dann und wann auftretenden pendelartigen Bewegungen des Kopfes von nicht operierten Tieren unterschieden werden.

Wie erwähnt: einen so günstigen Ausgang beobachtet man nur in solchen Fällen, wo die Durchtrennungen der Kanäle ganz rein und ohne jede Blutung gelungen waren. Im entgegengesetzten Falle aber sieht man am vierten bis fünften Tage das Tier in irgend einem Winkel ruhig liegend mit der für alle ähnlichen Operationen an den

Bogengängen charakteristischen Stellung des Kopfes. Der Kopf ist derart gedreht, daß der Schnabel nach oben gewendet (am häufigsten nach links) und das Hinterhaupt nach unten fest an den Boden gestemmt ist. In dieser Lage bleibt das Tier ganz ruhig (Taf. I, Fig. 5). Wird es aber aus der Ruhelage gestört, besonders wenn man versucht, dem Kopfe die normale Haltung zu geben, so fangen heftige pendelartige Bewegungen an, die bald in Manegebewegungen, heftiges Herumschleudern des ganzen Körpers usw. übergehen.

Diese Bewegungen dauern so lange, bis das Tier ganz erschöpft zufällig an einen Widerstand stößt und dann seine frühere ruhige Haltung mit der beschriebenen Kopfstellung wieder einnimmt.

Das Bild, welches die Tiere nach Durchtrennung der vertikalen Kanäle darbieten. ist insofern dem bei Verletzung der horizontalen eintretenden ähnlich, daß auch bei ihnen Durchschneidung der beiderseitigen Kanäle zur Erzielung anhaltender Bewegungen notwendig ist. Der wesentlichste Unterschied der Erfolge der Durchschneidungen dieser beiden Kanäle besteht in dem Charakter der Bewegungsstörungen selbst. Sowohl die Kopf- als die Rumpfbewegungen unterscheiden sich augenfällig von den früher beschriebenen.

Was zuerst die Kopfbewegungen betrifft, so ist deren Richtung ganz verschieden. Während nach der Durchschneidung der horizontalen Bogengänge der Kopf sich in einer horizontalen Ebene von rechts nach links und zurück bewegte, macht das Tier nach Durchschneidung der vertikalen Kanäle pendelartige Bewegungen des Kopfes von oben nach unten und zurück, also in einer vertikalen Ebene, welche zu der früheren senkrecht ist. Die Achse, um welche die Bewegungen bei der erstgenannten Operation stattfinden, ist der Richtung des vertikalen Bogenganges parallel; diejenige, um welche der Kopf bei der Verletzung der vertikalen Bogengänge sich bewegt, ist der Richtung des horizontalen Bogenganges parallel. In einigen Fällen, wenn die Durchtrennung von Blutung begleitet ist, bemerkt man anfangs ein Einknicken des Kopfes nach hinten, so daß das Occiput fast an den Nacken angestemmt wird; nach einiger Zeit fangen aber meistens die beschriebenen pendelartigen Bewegungen um eine horizontale Achse in der gewöhnlichen Weise an. Diese pendelartigen Bewegungen sind anfangs noch schwach, werden aber allmählich heftiger, so daß sie schon nach 6 bis 8 Bewegungen ihr Maximum erreichen. Dann treten auch allgemeine Bewegungen des ganzen Körpers ein und es bestehen diese am häufigsten darin, daß der ganze Rumpf um seine quere Achse herumpurzelt, und zwar immer von vorn nach hinten. Diese Bewegungen sind so heftig, daß man den Eindruck erhält, als werde der ganze Körper nach hinten um den Schwanz herübergeschleudert infolge des Schwunges, welchen er bei der heftigen Bewegung des Kopfes nach hinten erhalten hat.

Der Flug ist auch bei so operierten Tieren, wenn überhaupt, so doch immer nur während einer kurzen Zeit möglich, und dabei ist er zugleich sehr ungeschickt. Die so operierten Tiere bleiben ruhig, wenn man ihrem Kopfe eine Stütze verleiht, obgleich sie auch einige Schwierigkeit zeigen, das Gleichgewicht zu erhalten, und sich gern dabei noch auf ihren Schwanz oder Flügel stützen. Die Fütterung muß, wenigstens während der ersten Tage, künstlich ausgeführt werden. Nach 3 bis 4 Tagen bieten solche Tiere ganz dasselbe Bild dar, wie Tiere mit durchtrennten horizontalen Bogengängen. Natürlich haben aber die Bewegungen, welche in dieser Periode bei ihnen durch die Störung ihrer ruhigen Lage (mit der oben beschriebenen Kopfhaltung) eintreten, ganz den oben beschriebenen Charakter. Werden sämtliche vier Kanäle durchtrennt, so treten beim Tiere sofort heftige Bewegungen des Kopfes ein, welche alsbald von allgemeinen Zwangsbewegungen des ganzen Körpers begleitet werden. Die Kopfbewegungen unterscheiden sich von denen, die ich bis jetzt beschrieben habe. Sie finden hauptsächlich in der Richtung von vorn und rechts nach hinten und links und zurück, oder auch umgekehrt, statt; die Bewegungen möchte ich als schraubenförmige bezeichnen, da die Tiere dabei den Eindruck machen, als wollten sie ihren Schnabel in den Fußboden hinein bohren. Die Bewegungen des Rumpfes sind ein Gemisch von heftigen krampfhaften Manegebewegungen mit Herüberschleudern des ganzen Körpers entweder um den Schwanz oder um den Kopf herum. Das Vermögen, das Gleichgewicht zu erhalten, scheint völlig eingebüßt zu sein; bei jedem Versuch, irgend eine Bewegung auszuführen, stellen sich sofort sämtliche eben beschriebenen Bewegungen wieder ein. Drei oder vier Tage nach der Operation liegen die Tiere ruhig, den Kopf in der mehrfach erwähnten Stellung, mit dem Hinterhaupt gegen die Brust und den Schnabel nach oben gerichtet (Taf. I, Fig. 1).

Der dritte Bogengang, der sagittale, ist schwerer für die Operation zugänglich; bei einiger Übung gelingt es aber, Operationen an diesem Kanale mit derselben Sicherheit und Präzision wie an den beiden anderen auszuführen. Sobald man diesen sagittalen Kanal auf einer Seite durchschneidet, führt die Taube eine oder zwei Kopfbewegungen aus, die von hinten nach vorn und von rechts nach links gerichtet sind, oder vice versa. Diese Bewegungen erinnern an die pendelnden Kopfbewegungen einherschreitender Tauben, nur erfolgen sie nicht in der geraden Richtung von hinten nach vorn, sondern in einer diagonalen Ebene. Die Durchschneidung des korrespondierenden Kanals der anderen Seite ruft dieselbe Kopfbewegung hervor, jedoch in viel heftigerer und anhaltenderer Weise. Der Gleichgewichtsmangel beim Gehen ist viel ausgesprochener, als nach der Durchtrennung der beiden anderen Kanäle. Der Körper schwingt, wie nach der Durchtrennung der hinteren senkrechten Kanäle, um seine transversale Achse; aber anstatt Purzelbäume um den Schwanz zu schlagen, schlägt er sie um den Kopf. Die Bewegungsstörungen sind im allgemeinen viel heftiger und verlieren sich nur sehr allmählich. Hinsichtlich alles übrigen ist der weitere Verlauf dieser Phänomene fast identisch mit den nach Durchschneidung der beiden anderen Kanäle beobachteten. Somit tragen also die nach Durchschneidung des dritten Kanalpaares eintretenden unwillkürlichen Bewegungen einen von dem der anderen Bogengänge durchaus verschiedenen Charakter an sich. Wenn wir den Charakter derjenigen Kopfbewegungen bestimmen wollen, welche bei der Taube am ausgesprochensten zur Beobachtung gelangen, so werden wir sagen, daß die Durchschneidung je zweier symmetrischer Bogengänge pendelnde Kopfbewegungen in der Ebene der operierten Kanäle hervorruft. Dieses Gesetz ist ein absolutes und gestattet keinerlei Ausnahmen. In anderer Formulierung hat Flourens ähnliches ausgesprochen.

Die Bewegungen des Gesamtkörpers halten dieselbe Richtung ein, aber ihre Analyse ist ein wenig schwieriger. Wir haben eben gesehen, daß nach Durchschneidung der beiden wagerechten Kanäle die Taube um ihre senkrechte Körperachse sich dreht, sei es, daß sie auf derselben Stelle verharre, sei es, daß sie Manegebewegungen ausführe; die Bewegungen gehen mithin in einer horizontalen Ebene vor sich. Nach der Durchschneidung der vertikalen Kanäle führt der Gesamtkörper Purzelbäume um den Schwanz aus. Analysiert man diese Purzelbäume recht genau, so überzeugt man sich leicht, daß sie in folgender Weise hervorgerufen werden. Der Körper der Taube wird von unten nach oben geschnellt, wobei er in eine fast senkrechte Stellung gerät und gewissermaßen auf den Schwanz zu sitzen kommt; da aber zu gleicher Zeit die von unten nach oben erfolgenden Kopfbewegungen fortdauern, so wird der ganze Körper nach hinten mit umgerissen, meist vollendet die Taube den Purzelbaum und fällt auf den Rücken. Wie man sieht, vollzieht sich die Hauptbewegung des Körpers in einer senkrechten, dem hinteren senkrechten Bogengange parallelen Ebene.

Was die Folgen der Durchschneidung des sagittalen Kanals anbetrifft, so haben wir bereits gesehen, daß sie diagonale Kopfbewegungen bewirkt, welche von hinten und rechts nach vorn und links gerichtet sind, oder vice versa. Der Körper hat die Neigung nach vorn umzufallen; aber durch die heftigen Pendelbewegungen des Kopfes mit fortgerissen, schießt er über das Ziel hinaus und schlägt häufig einen Purzelbaum über den Kopf. Im allgemeinen wird die Bewegung in einer Ebene ausgeführt, welche zu der Richtung der sagittalen Kanäle parallel verläuft.

§ 5. Einseitige Zerstörungen der Bogengänge.

Eine andere Versuchsreihe bezweckte, die Wirkungen einer einseitigen Durchtrennung der Bogengänge zu studieren. Die genaue Kenntnis dieser Wirkungen ist von fundamentaler Wichtigkeit für meine Auffassung der Bogengänge als Organ des Raumsinns. Die sauber ausgeführte Durchschneidung aller Bogengänge auf der einen Seite ruft bei der Taube außer den vorübergehenden Kopfbewegungen unmittelbar nach der Durchschneidung jedes einzelnen Kanals hauptsächlich Verstellungen des Kopfes, der nach der operierten Seite geneigt ist, und außerdem ein Stolpern während des raschen Gehens hervor. Häufig treten auch Manegebewegungen ein, wobei der Kopf die erwähnte Neigung behält. In vielen Fällen verschwinden allmählich alle diese Bewegungsstörungen und in ruhigem Zustande unterscheiden sich solche Tauben dem Anscheine nach nur sehr wenig von den normalen. Bei anderen Tieren beobachtet man eine anhaltend schiefe Stellung des Kopfes auch während der Ruhe. Bei fast allen aber treten, wenn die Tiere plötzlich zu Bewegungen gezwungen werden, die genannten Störungen wieder ein. Solche Störungen sind jedoch nicht notwendig von einer Änderung der schiefen Kopfstellung begleitet (Taf. I, Fig. 1, 3 u. 7).

Bei allen Operationen, die an den Kanälen einer und derselben Seite oder an den nicht symmetrischen beider Kopfhälften ausgeführt werden, beobachtet man ein eigentümliches Phänomen während des Ganges: bei jedem Schritte, den die Taube macht, knickt eines ihrer Beine unter dem Körper ein; ein nicht darauf vorbereiteter Beobachter erhält den Eindruck, daß das Bein gebrochen sei. Oft ist es mir selbst schwergefallen, mich eines solchen Verdachtes zu erwehren, und ich sah mich genötigt, durch die Inspektion zu bestätigen, daß das Bein unversehrt war. Diese Erscheinungen würden den Arzt an den charakteristischen Gang der Ataktiker erinnern, bei welchen die Beine beim Gehen gleichfalls infolge excessiver Muskelkontraktionen einknicken. Im Falle unilateraler Verletzungen wird diese Einknicknng des Beines auf derjenigen Seite beobachtet, auf welcher sich die lädierten Kanäle befinden; in den Fällen bilateraler, aber nicht symmetrischer Läsionen befindet sie sich auf derjenigen Seite, auf welcher die größere Zahl von Kanälen verletzt worden ist; und wenn auf jeder Seite die Verletzung nur an einem einzigen Bogengange vorgenommen wurde, dann tritt das Phänomen auf derjenigen Seite ein, auf der der vertikale Kanal durchschnitten wurde.

Es soll hier hervorgehoben werden, daß es Hermann Munk gelungen ist, einen sehr seltenen Fall des angeborenen Mangels der Bogengänge auf der einen Seite zu beobachten; er konstatierte bei dieser Taube die eigentümliche Umkehr der Kopfstellung, von der oben die Rede war, wobei der Schnabel nach oben gerichtet war, etwa wie er in Fig. 1 dargestellt ist. I. R. Ewald, welcher etwa 15 Jahre später die einseitigen Durchschneidungen des Labyrinths bei Tauben studiert und beschrieben hat, gelangte im allgemeinen zu denselben tatsächlichen Ergebnissen. Bei der großen Wichtigkeit, welche, wie wir unten sehen werden, die Umkehr der Kopfhaltung für die Lehre vom Raumsinn hat, entlehne ich seinen Untersuchungen noch drei Figuren, (Fig. 2, 3 u. 7) welche die Kopfhaltung bei einseitiger Durchschneidung darstellen. Die Fig. 1, 4, 5 u. 6 auf Taf. I (auch Ewald entnommen), beziehen sich ebenso auf Tauben mit beiderseitiger wie mit einseitiger Zerstörung der Bogengänge. Nur treten derartige Stellungen des Kopfes bei den ersteren viel früher auf.

§ 6. Entfernung aller sechs Bogengänge bei Tauben. Operationsmethoden.

Die weitaus größte Anzahl der Experimentatoren, welche an den Bogengängen gearbeitet haben, vermieden es, wie schon gesagt, an den einzelnen Kanälen zu arbeiten. Sie begnügten sich meistens, um den schwierigen Operationen zu entgehen, damit, sämtliche Bogengänge mit einem Mal auszuschalten. Ja, um ihre Operationen noch mehr zu vereinfachen, zogen sie es vor, das ganze Ohrlabyrinth zu zerstören und eine derartig eingreifende Operation als gleichbedeutend mit einem Ausfall der Bogengänge zu betrachten. Goltz war der erste, der in der schon angegebenen rohen Weise das Ohrlabyrinth zerstörte und aus einer derartigen Operation, die von vielen Nebenverletzungen begleitet war, die weitestgehenden Schlüsse zog. Seine Nachfolger, sein Schüler Ewald nicht immer ausgeschlossen, haben sich zwar etwas sorgfältigerer Methoden für die Zerstörung des Ohrlabyrinths bedient, begingen aber dabei dieselbe Verwechselung zweier verschiedener Eingriffe. Dies verhinderte sie übrigens nicht, die weitestgehenden Schlüsse über die Verrichtungen der halbzirkelförmigen Kanäle aus derartigen Versuchen zu ziehen. Im vollen Vertrauen auf die Zuverlässigkeit der Versuchsergebnisse, welche Flourens, ich und meine Schüler Solucha und Bornhardt beim Experimentieren an den einzelnen Bogengängen erhalten hatten, glaubten Ewald, Breuer u. a., es genüge die Behauptung, sie hätten dieselben Ergebnisse mit ihren vieldeutigen summarischen Operationen entdeckt, um die Existenz neuer Sinnesorgane nachweisen zu können, denen sie schlechtgewählte Namen beilegten (s. unten). Und doch bieten die von mir, meinen Schülern und auch von Spamer gebrauchten Methoden wirklich keine unüberwindlichen Schwierigkeiten, um mit Erfolg angewendet werden zu können. Meine Operationsmethoden wurden mehrmals sowohl in meinen Arbeiten über den Raumsinn als auch in der „Methodik der physiologischen Experimente und Vivisektionen“ bis in die kleinsten Details genau angegeben. Sie sollen hier wörtlich aus der Methodik wiedergegeben werden, und zwar zuerst für Operationen an den Bogengängen der Tauben.

„Die verborgene Lage der Bogengänge sowohl wie die unmittelbarste Nachbarschaft des Kleinhirns, eines Organs, dessen Verletzungen mit so ausgesprochenen Bewegungsanomalien verknüpft sind, erheischen bei solchen Experimenten die größte Vorsicht. Dies um so mehr, als die Operation meistens bei Tauben ausgeführt wird und bei diesen Tieren wegen der Kleinheit der Teile und wegen der Anastomosen, welche zwischen den Blutgefäßen der zarten Knochenwand, in welche die Bogengänge eingebettet sind, mit den Blutgefäßen des Kleinhirns bestehen,. eine Blutung beim Aufsuchen der Bogengänge unvermeidlich zu Blutinfiltrationen der Schädelknochen, der Hirnhäute und des Kleinhirns führt. Die erste Bedingung für beweisfähige Versuche an den Bogengängen ist also deren Bloßlegung ohne den geringsten Blutverlust. Eine solche Bloßlegung ist auch darum unumgänglich notwendig, weil nur sie es gestattet, an den einzelnen Bogengängen isoliert und elegant zu experimentieren, also die mannigfachen Bewegungsanomalien rein zu beobachten, welche von den einzelnen Kanälen aus hervorgerufen werden.

„Tauben befestigt man am besten, indem man sie in ein Handtuch einwickelt und durch ein paar Nadelstiche den freien Rand des Handtuches fixiert. Notwendig ist es, um den Hals die Öffnung so weit zu verengen, daß der Vogel weder seinen Kopf zurückziehen noch den Körper durch diese Öffnung vorzuschieben vermag. Den Kopf fixiert man, indem man den Schnabel zwischen Zeige- und Mittelfinger einklemmt, und zwar so, daß die Dorsalfläche des Zeigefingers unter dem Unterkiefer, die Volarfläche des Mittelfingers auf die Nasenseite des Schnabels zu liegen kommt. (Man muß dabei acht geben, daß man die Nasenlöcher nicht zuschließt). Mit dem Daumen und dem Ringfinger derselben Hand kann man dann die Kopfhaut spannen, Wundränder auseinanderziehen usw. Bei länger dauernden Operationen, wo der Kopf genau fixiert werden muß, ohne durch Beengung der Tiere ihre Atmung zu hemmen, ist es oft vorteilhafter, den Kopf an den beiden Schläfenknochen mit dem Daumen und Zeigefinger der linken Hand festzuhalten. Will man beide Hände bei der Operation freibehalten, so steckt man den Schnabel in einen kleinen, an beiden Seiten offenen Holztrichter und fixiert ihn dort mittels eines Kautschukbändchens oder durch ein Paar Nähte durch die Kopfhaut. Bei Durchschneidung der Haut muß man sich vor Verletzung der feinen, unter ihr in der Verbindungslinie der Nackenmuskulatur beider Seitenhälften liegenden Blutgefäße hüten. Um sich davor zu schützen, bildet man eine Querfalte aus dieser Haut und durchschneidet sie mit einer Schere oder man verschiebt die Kopfhaut auf den muskellosen Teil des Schädeldachs und durchschneidet sie hier mit einem scharfen Messer.

„Die sich am Hinterkopfe ansetzenden Muskeln sind sehr gefäßreich und ihre Verletzung mit scharfen Instrumenten führt starke Blutungen herbei. Die Gefäße sind besonders stark entwickelt in der Medianlinie und dann in der Mitte des Längsverlaufs ihrer Fasern. Man beobachte daher beim weiteren Operieren die Regel, weder der Mittellinie sich zu nähern, noch die Muskeln weiter als etwa 3 bis 5 Millimeter tiefer als ihr oberer Ansatz zu verletzen. Am besten ist es, man dringt zur knöchernen Hülle an der Grenze zwischen dem äußeren Rande des breiten Nackenmuskels und dem innern eines schmäleren Muskels vor, welcher sich nahe an ihn ansetzt. Diese Grenze wird durch einen weisslichen Streifen deutlich angezeigt. Man trennt mit einer stumpfen Nadel die beiden Muskeln vorsichtig voneinander, und indem man den äußern Rand des breiteren Muskels nach innen leise verschiebt, bekommt man die Knochenhülle und die unter ihr durchschimmernde Kreuzungsstelle des horizontalen Kanals mit dem kleineren (unteren) vertikalen zu Gesicht. Will man den Knochen noch weiter bloßlegen, was für das Operieren an dem größeren (oberen) Vertikalkanal durchaus erforderlich ist, so muß man auf einer Strecke von 2 Millimetern den oberen Ansatz des breiteren Muskels, von seinem äußern Rande beginnend, vom Knochen abschaben oder mit einer feinen Schere abtragen. In beiden Fällen muß aber die Knochenhaut gleichzeitig mitgenommen werden, so daß die Muskelfasern nicht verletzt werden.

„Werden alle die beschriebenen Manipulationen sauber ausgeführt, so darf bei vorsichtigem Operieren kein Tropfen Blut verloren gehen. Die erhaltene Wunde genügt für jedes weitere Operieren an den Kanälen, das ebenfalls ohne Blutungen vollzogen werden muß. Die ganz feine glashelle Knochenlamelle, die als Dach für die aus Knochenzellen gebildete Höhle dient, in welcher die Kanäle liegen, enthält ein Blutgefäß, das man bei Abhebung des Daches sorgfältig vermeidet. Dieses Gefäß hat einen gekrümmten Verlauf; es läuft zuerst parallel dem unterhalb der Kreuzungsstelle liegenden Teil des kleinen vertikalen Kanals, biegt dann, sich nach hinten oben wendend, um und verläuft eine kleine Strecke oberhalb des hintern Teiles des horizontalen Ganges. An diesen Stellen ist daher das Dach zu schonen. Man eröffnet es am besten im vorderen oberen Winkel des Kreuzes, welchen der horizontale mit dem vertikalen Kanal bildet. Die Eröffnung geschieht am besten, indem man zuerst die Spitze des einen Armes einer feinen Pinzette sanft einsticht und ein Stückchen Knochen abhebt. Mit derselben Pinzette werden dann sowohl der Rest des Daches, in den durch den Verlauf des Blutgefäßes gesetzten Grenzen, als auch die Knochenzellen entfernt, welche die Kanäle umgeben. In den vorderen beiden Winkeln des Kreuzes kann man diese Knochenzellenentfernung dreist vornehmen und kann hier in die Tiefe so weit dringen, daß die besonders durch den unteren vorderen Winkel leicht zugänglichen Ampullen frei vorliegen.

„Vorsichtiger muß man zu Werke gehen beim Bloßlegen der hinteren Winkel. Der untere von ihnen wird besser ganz umgangen, indem die Dachentfernung hier ohne Blutung fast unmöglich ist. Bei der Präparation des oberen Winkels muß man nur die Vorsicht bewahren, am hintern Rande das dem knöchernen Kanal anliegende Blutgefäß zu schonen. Dieses Blutgefäß biegt sich genau an der Kreuzungsstelle nach unten und verläuft dann dem hintern Teile des horizontalen Ganges von unten anliegend. Auch durch den hinteren oberen Winkel des Kreuzes kann man leicht bis zu den Ampullen dringen. Der sagittale Bogengang (den ich früher wegen Mitverletzung des Kleinhirns für schwer erreichbar erklärt habe, weil die hintere Wand seines knöchernen Kanals unmittelbar dem Kleinhirne anliegt) ist, wie ich mich bei größerer Übung jetzt überzeugt habe, auch leicht zugänglich. Insofern das ihn begleitende Gefäß beim Operieren leichter zu vermeiden ist, als das dem horizontalen Kanal anliegende Blutgefäß, ist seine Durchtrennung oft sogar leichter, als die des letzteren. Nur darf er nicht zu weit nach hinten aufgesucht werden, sondern im oberen hinteren Winkel nahe der sichtbaren Umbiegungsstelle des kleinen vertikalen Bogenganges.

„Sind die knöchernen Gänge soweit bloßgelegt, so kann man die weiteren Operationen an ihnen mit großer Reinheit vollführen. Wenn bloß die Folgen der reinen Durchschneidung beobachtet werden sollen, so verfährt man am besten in der Weise, daß man mit einer feinen, spitzen, aber gut federnden Pinzette den knöchernen Kanal vorsichtig an einer Stelle aufmacht. Man darf dabei den Knochen nicht mit einem Mal durchbrechen, sondern muß ihn durch leises Schaben immer dünner machen, bis ein kleines Loch entsteht. Die Lymphe fließt aus einer solchen Öffnung nicht aus und man kann bei günstiger Beleuchtung ein Pulsieren dieser Flüssigkeit wahrnehmen, das wahrscheinlich durch das in dem membranösen Gang verlaufende Blutgefäß bedingt wird (ähnlich wie die an der Cerebrospinalflüssigkeit sichtbaren Pulsationen). In die so gemachte Öffnung wird mit einer feinen Schere eingedrungen, deren Spitzen in einer Weise voneinander entfernt werden, daß sie den gegenüberliegenden Rändern der Öffnung anliegen und beim weiteren Eindringen den häutigen Kanal zwischen sich erfassen und durchschneiden. Auf diese Weise wird die reinste Durchschneidung des Bogenganges erzielt. Weniger elegant, aber fast ebenso rein ist es, mit einer feinen Schere den knöchernen mit dem häutigen Kanal gleichzeitig zu durchtrennen. Dies kann ohne jede Gefahr von Blutungen geschehen, wenn man den kleinen vertikalen Kanal unterhalb und den horizontalen vor der Kreuzungsstelle durchtrennt, wo sie von keinen Blutgefäßen begleitet sind. Werden der große (obere) vertikale Kanal oder die letztgenannten Kanäle an andern Stellen durchschnitten, so muß man die Bewegungen der Scherenblätter sicher beherrschen, um nicht die Gefäße mit zu durchschneiden. Man führt zuerst vorsichtig die Spitzen der Schere um den knöchernen Bogengang bis zur knöchernen Hülle der ihn begleitenden Gefäße vor und drückt die Schere erst zusammen, wenn man sicher ist, das Gefäß nicht mitzunehmen. Ist man seiner Hand nicht sicher, so muß man eine kleine an sich übrigens ganz unschuldige Zerrung des häutigen Bogenganges nicht scheuen und folgendermaßen verfahren. Nachdem auf die oben beschriebene Weise eine kleine Öffnung in den knöchernen Bogengang gebohrt ist, erweitert man sie ein wenig, indem man mit der Pinzette kleine Stückchen Knochen an den Rändern abbricht, führt eine feine Nadel unter den häutigen Gang und hebt ihn ein wenig empor. Dieser kann dann mit einer feinen Schere sicher durchtrennt werden. Bei Demonstrationsversuchen kann man die Bogengänge auch durchtrennen, indem man sie samt der knöchernen Hülle mit einer Pinzette zerdrückt."

Außer Durchschneidungen lassen sich an den bloßgelegten Bogengängen auch viele andere Eingriffe mit großer Eleganz und Sicherheit ausführen. Einführung feiner hakenförmiger Elektroden aus Goldfäden durch zwei feine Öffnungen in den knöchernen Gang, Aussaugen der Lymphe mit einer feinen Pravazschen Spritze oder Einspritzungen in diese Kanäle, Anlegung erwärmter oder abgekühlter Stäbchen, mechanische Reizungen durch Nadelstiche usw. lassen sich sehr gut anwenden, wenn einmal die Bloßlegung ohne Blutung geschehen ist. Jede, auch die geringste Blutung erzeugt dagegen durch Infiltration des spongiösen Knochens eine unreine Wunde, in welcher feineres Operieren mit großen Schwierigkeiten verbunden ist. Kleine Blutungen beim Entfernen des Muskels müssen mit angedrückten Schwämmchen oder Pengavar gestillt werden, ehe zur Abtragung des knöchernen Daches geschritten wird.

Die sonst leichten Manipulationen an diesen Teilen werden nur durch ihre ganz außerordentliche Zartheit und Kleinheit erschwert. Mit guten Augen und mit Fingern, deren Bewegungen man bis zu den feinsten Nuancen immer in seiner Gewalt behält, lassen sich hier die erstaunlichsten Resultate erzielen. So kann man sämtliche häutigen Bogengänge im Zusammenhange mit ihren Ampullen (auf beiden Seiten) mittels einer feinen Pinzette durch kleine Öffnungen in den knöchernen Gängen herausziehen. Wie die Untersuchung unter dem Mikroskop zeigt, gelingt dies, ohne sonstige Kontinuitätstrennungen an ihnen zu veranlassen. Aufbrechen der knöchernen Bogengänge ohne Blutungen ist aber dazu unumgängliches Erfordernis.

Die unmittelbare Wirkung einer derartigen Zerstörung sämtlicher häutigen Bogengänge ist eine über alle Beschreibung stürmische. Es ist fast unmöglich, von den der Tiere sich bemächtigenden unaufhörlichen Bewegungen eine genaue Beschreibung zu geben.

Die Taube vermag sich jetzt weder aufrecht zu erhalten, noch liegen zu bleiben, noch zu fliegen, noch überhaupt irgend eine kombinierte Bewegung auszuführen, noch auch, und wäre es nur für einen Augenblick, eine ihr gegebene Stellung zu bewahren. Alle Muskeln ihres Körpers kontrahieren sich gewaltsam, sie führt die heftigsten Purzelbäume bald nach vorn, bald nach hinten aus, sie rollt um ihre Längsachse, macht Sprünge in die Luft und fällt zu Boden, um von neuem in dieselben Bewegungen zu verfallen. Hielte man sie nicht zurück, so würde sie sehr bald am ersten besten Gegenstande sich den Kopf zerschmettern. Um sie in Ruhe zu erhalten, bedarf es eines relativ beträchtlichen Kraftaufwandes.

Um die Tauben nach dieser Operation aufzubewahren, hüllte ich sie in Servietten derart ein, daß selbst die pendelnden Kopfbewegungen weder fortdauern, noch sich erneuern konnten. Auf solche Weise immobilisiert, legte ich sie in einer Hängematte nieder, welche speziell zur Aufnahme für die mit Läsionen der Bogengänge behafteten Tauben bestimmt war. Trotz dieser Vorsichtsmaßregeln ist es mir wiederholt begegnet, die Tauben in irgend einer Ecke des Laboratoriums tot anzutreffen. Die Sektion ergab reichliche, von den Stößen des Kopfes gegen den Fußboden herrührende Blutergüsse unter den Hirnhäuten. Die Heftigkeit der Muskelkontraktionen war eine so außerordentliche gewesen, daß die Tauben, obwohl sie in eine Serviette eingewickelt waren, sich dennoch hatten aus der Hängematte auf den Fußboden stürzen und hier umherrollen können, bis die tödlichen Hirnverletzungen ihrem Leiden ein Ende machten. Eine solche Vehemenz der Bewegungen hält nur während der ersten drei oder vier Tage nach der Operation an. Nach Verlauf dieser Zeit kann man die Taube ohne alle Gefahr von ihren Bandagen befreien und in ihrer Hängematte frei sich selbst überlassen. Die Unmöglickeit, sich aufrecht zu erhalten oder zu gehen, dauert fort, aber die durch jeden Versuch einer Ortsveränderung erzeugten Konvulsionen sind um vieles weniger heftig; es gelingt dem Tier sich ohne fremde Hilfe zu beruhigen. Während dieses Zustandes, dessen Dauer 5 bis 10 Tage beträgt, erlernt die Taube nach einigen fruchtlosen Versuchen, in einer beabsichtigten Stellung ruhig zu verharren. Bedient sie sich dreier Unterstützungspunkte, so vermag sie sogar zu stehen. Die unwillkürlichen Bewegungen kehren zwar noch jedesmal wieder, so oft sie ihre Stellung ändern will, aber es gelingt ihr schon sehr viel leichter, ihrer Herr zu werden. Hat die Taube sich bis zu diesem Grade erholt, so lasse ich sie auf der Diele umherspazieren; besonders während dieses Zustandes ist es interessant, sie zu beobachten: der durch sie hervorgebrachte allgemeine Eindruck ist derjenige eines Tieres, welches sich zu bewegen, zu stehen usw. erst zu erlernen anfängt. Während dieses Erlernens bedarf die Taube der Mitwirkung ihrer übrigen Sinnesorgane, zumal des Sehorgans. Bedeckung der Augen vermittels einer kleinen ihr über den Kopf gezogenen Kapuze genügt, um sie augenblicklich alle noch so unreifen Erziehungsfrüchte einbüßen zu lassen: sie verfällt wieder in den Zustand, in welchem sie sich einige Tage nach der Operation befand. Erst innerhalb des Zeitraums einiger Monate kehrt die Taube zu einem ziemlich normalen Zustande zurück. Sie kann dann wieder gehen und stehen, *die Fähigkeit zu fliegen aber hat sie vollständig und ein für alle Mal eingebüßt.* Auch behalten alle ihre Bewegungen ein gewisses Gepräge der Ungewißheit, eines Mangels an Sicherheitsgefühl. Ihr Gang ist ein langsamer; *bei jedem Schritte scheint sie den Boden zu betasten.* Am liebsten hält sie sich regungslos in irgend einer dunklen Ecke auf und nur schwer entschließt sie sich, ihren Platz zu wechseln; man sollte meinen, sie traue nicht recht den eigenen Kräften. Es bedarf übrigens nur einer geringen ihr erteilten Erschütterung, um unmittelbar einen Anfall unwillkürlicher Bewegungen ausbrechen zu sehen, dessen sie sich nur mit größeren oder geringeren Anstrengungen erwehrt. Durch jede Erschütterung zur Flucht oder doch zu einem sofortigen Ortswechsel genötigt, findet sie nicht Zeit, überlegte Bewegungen zu bewerkstelligen; daher jener Ausbruch unkoordinierter unwillkürlicher Bewegungen.

Alle Durchschneidungen sämtlicher sechs Kanäle gewähren nicht einen solchen relativ günstigen Ausgang. Oft erliegen die Tauben einige Tage nach der Operation einer Entzündung und Vereiterung der die Kanäle umgebenden Gewebe. In anderen Fällen überleben sie zwar die Operation und deren Folgen, aber der stürmische Charakter der Bewegungen persistiert sehr viel länger und die Tauben gelangen niemals wieder dahin, gehen oder auch nur stehen zu können.

Meine eigenen Beobachtungen an Tieren, bei denen die Bogengänge zerstört worden waren, erstrecken sich auf eine Zeitdauer von höchstens fünf Monaten, und zwar weil mir die Gelegenheit fehlte, längere Beobachtungen an ihnen anzustellen. Andern Forschern ist es gelungen, nach voller Zerstörung des Labyrinths die Tiere noch länger als ein Jahr (Ewald) und sogar bis zu $3^1/_2$ Jahren (Marikowsky) zu beobachten. Abgesehen von den Gehörstörungen, die selbstverständlich von der Abtragung der Schnecke usw. abhängig sind, hat Ewald an überlebenden Tieren ganz dieselben Beobachtungen gemacht, die von mir nach Entfernung sämtlicher häutigen Bogengänge in den siebziger Jahren beschrieben worden waren. Bei seinen Bemühungen, eine Abnahme der Muskelkraft als unmittelbare Folge der Zerstörung des Ohrlabyrinths hinstellen zu wollen, legt Ewald besonderes Gewicht auf eine gewisse Schlaffheit der Muskeln bei seinen Tauben. Die „auffallende Beweglichkeit“ ihrer Gliedmaßen soll von dieser abnormen Schlaffheit abhängen. Auf derselben Seite seiner Abhandlung beschreibt er aber eine Erscheinung, die gerade das Gegenteil beweist! „Sehr auffallend ist diese Unabhängigkeit der labyrinthlosen Tiere, wenn man sie einfängt oder wenn man sie zum Zwecke des Fütterns in ein Tuch wickeln will. Während man in diesen Fällen mit den normalen Tieren leicht fertig wird, da sie den Widerstand aufgeben, sobald sie sich gefesselt fühlen, hat man mit den operierten Tauben oft die größten Schwierigkeiten, und kann es häufig nicht verhindern, daß sie viele Federn dabei verlieren.“

Wirklich neue und interessante Beobachtungen an labyrinthlosen Tieren hat Marikowsky an seinen Tauben 37—40 Monate nach der Operation beschrieben. Wir wollen einige von ihnen hier wiedergeben, welche für die Lehre vom Raumsinn eine besondere Bedeutung haben. „Die Richtung des Ganges, schreibt Marikowsky, ist keine gerade; sie weicht davon abwechselnd bald nach rechts, bald nach links ab, so daß die operierten Tauben beim Gehen eine Zickzack-Linie beschreiben.“ Nicht minder interessant ist folgende Beobachtung von Marikowsky: „ . . . während aber der Kopf des normalen Tieres bei jedem Schritt nur um die Querachse des Kopfes pendelt, bewegt sich der Kopf der operierten Tauben auch um ihre Längsachse.“

Sogar nach dem Verlauf von drei Jahren zeigten die Tauben Marikowskys noch die Eigentümlichkeit, daß die Bewegungsstörungen bedeutend zunehmen, „wenn sie aufgeregt werden,“ ganz wie dies in den ersten Minuten nach der Operation von mir beobachtet worden war. Auch das so charakteristische Einknicken der Beine, von der soeben in meinen Versuchen die Rede war, bleibt bei den labyrinthlosen Tauben eine permanente Bewegungsstörung sogar nach drei Jahren. Besonders hervorzuheben sind noch die Beobachtungen über den Verlust der Flugfähigkeit bei labyrinthlosen Tauben. Schon Flourens hat diesen Verlust konstatiert. In den vorhergehenden Auseinandersetzungen meiner Versuche aus den 70er Jahren wurde mehrmals auf diese Erscheinung hingewiesen; „die Fähigkeit aber zu fliegen — sagte ich soeben — hat sie vollständig ein für alle Mal eingebüßt." Nach Marikowsky vermögen die Tauben $1^1/_2$ Jahre nach ihrer Operation zwar wieder zu fliegen, der Flug bleibt aber lebenslänglich unvollkommen. Dieser Widerspruch mit meiner Behauptung ist aber nur ein scheinbarer. In folgenden Worten beschreibt Marikowsky die wiedergewonnene Möglichkeit, unvollkommen zu fliegen: „Wirft man sie z. B. in die Luft, so mäßigen sie ihren Fall durch Flügelschläge, spontan fliegen sie aber nie. Wenn sie nach langem Jagen und Hetzen doch zu fliegen anfangen, so ermüden sie sehr bald und fallen herab; auch fliegen sie nicht dorthin, wohin sie wollen, sondern stoßen z. B. an die Wand an."

Diese Beobachtungen sind nach zwei Richtungen hin von Interesse: 1. Das spontane Fliegen ist wirklich ein für alle Mal eingebüßt worden; das Mäßigen ihres Falles durch Flügelschläge kann nicht als wirkliches Fliegen betrachtet werden. 2. Wenn die Tauben durch Jagen und Hetzen zur Flucht gezwungen werden, so beginnen sie zwar zu fliegen, fallen aber bald herab und vermögen nicht dorthin zu fliegen, wo sie hinwollen. Diese letzte Beobachtung ist deshalb so belehrend, weil sie erklärt, warum die labyrinthlosen Tauben nicht fliegen können. Sie vermögen nämlich nicht die gewollte Richtung einzuschlagen, weil sie die Orientierungsfähigkeit im Raume eingebüßt haben. Sie vermögen wohl die zum Fliegen notwendigen Flügelschläge auszuführen, aber nicht, sie zu regulieren und zu richten. Sie gleichen einem Dampfschiffe, das zwar seine Bewegungsmechanismen intakt bewahrt hat, aber wegen des Verlustes seines Steuerruders nicht mehr zu seinem Ziele gelangen kann. Alle Bewegungen der labyrinthlosen Taube, schrieb ich, „behalten ein gewisses Gepräge der Ungewißheit, eines Mangels an Sicherheitsheitsgefühl" Mit der Zeit vermögen nun die Tauben, sich dennoch vorwärts zu bewegen, aber nur durch das Gehen, nicht durch das Fliegen.

Die Ursache des verschiedenen Verhaltens des Gehens und Fliegens beim Mangel der Orientierungsfähigkeit ist leicht zu erkennen: Beim Gehen vermag sich die Taube der Tastempfindungen zu bedienen: „bei jedem Schritte scheint sie den Boden zu betasten." Anders ist es beim Fliegen: hier fehlt der Taube jeder Anhaltspunkt, um die gewollte Richtung zu erkennen; ihre Netzhautbilder sind unklar und verworren und die Tastempfindungen fehlen. Dann kommt noch folgender wichtiger Unterschied zwischen dem Gange und dem Fliegen hinzu: Beim Gange bewegt sich die Taube auf horizontaler Ebene, hier mangelt ihr nur die Kenntnis der sagittalen Richtung; daher geht sie ja im Zickzack. Beim Fliegen dagegen kommt in erster Linie die Kenntnis der vertikalen Richtung in Betracht, und diese fehlt ebenfalls der labyrinthlosen Taube, ganz wie sie gewissen japanischen Tanzmäusen mangelt. (Siehe Kap. IV.)

Daher vermögen labyrinthlose Tauben, wenn sie in die Luft geschleudert werden, noch ihren Fall durch Flügelschläge zu mäßigen und auch, wenn sie durch Hetzen zur Flucht gezwungen werden, einige

Flügelschläge auszuführen, aber das eigentliche Fliegen in gewollter Richtung ist ihnen unmöglich. Sie schlagen an eine Wand an und fallen herunter.

Es ist unmöglich, in anschaulicherer Weise zu demonstrieren, daß die Zerstörung der drei Bogengangspaare den vollen Verlust der Orientierungsfähigkeit im äußeren Raume nach sich zieht, als dies die zitierten Beobachtungen v. Marikowskys tun. Seine Beobachtungen beweisen nämlich, daß die Orientierungsfähigkeit auch nach Jahren nicht mehr zurückkehrt, daß also die Gesichtseindrücke keinen Ersatz für den erlittenen Verlust des Raumsinnes zu leisten vermögen. Dies habe ich schon im Jahre 1900 behauptet: „Die Fähigkeit der Tiere, sich in den verschiedenen Richtungen des Raumes zu bewegen, d. h. sich im äußeren Raume zu orientieren. wird durch die Raumempfindungen des Ohrlabyrinths erzielt. Die Gesichts- und Tastempfindungen sind nicht imstande, diese Fähigkeit zu ersetzen".

§ 7. Versuche an den Bogengängen von Fröschen. Operationsmethoden.

Die Ausführung von Operationen an den isolierten Bogengängen der Frösche ist wegen deren außerordentlicher Zartheit ganz besonders schwierig. Sie wurde zuerst sehr sorgfältig von Böttcher und seinem Schüler Bloch und darauf von mir und von Solucha ausgeführt. Meistens bedienten wir uns beim Operieren einer Lupe. Die sehr nachgiebige knorpelige Umgebung der Bogengänge macht wegen der Beschränktheit des Raumes das Operieren noch besonders schwierig. Die hier in Betracht kommende knöcherne Hülle des Gehörganges liegt an der äußeren Seite des Os occip. lat., von ihm (bei Rana esculenta) durch einen Knorpel getrennt. Bei R. temporaria ist dieser Knorpel oft verknöchert. Ihr vorderer Rand grenzt an die Orbita. Man sieht das Os petr. als kleine erhabene Fläche, die in der Richtung zu den am höchsten liegenden Condyli oss. occip. etwas nach unten sich neigt. Auf dieser Fläche sind drei schwache Erhebungen erkennbar, welche die bogenförmigen Kanäle bedecken. Die höchste dieser Erhebungen, welche am meisten nach hinten liegt, entspricht dem vertikalen Kanal. Dieser Kanal wird zuerst aufgesucht. Zu dem Zwecke wird die Haut oberhalb des Os petr. mittels eines bogigen, mit der Konkavität nach dem äußeren Gehörgange gerichteten Schnittes durchtrennt und eine an der konvexen Seite nach hinten zu gelegene Vene doppelt unterbunden und durchschnitten. Man muß sich vor ihrer Verletzung hüten, da sie sonst während der ganzen weiteren Operation störende Blutungen bedingt. Indem man den Kopf des Frosches etwas nach hinten neigt, wird unmittelbar vor dieser Vene das zarte Knochenstück, welches den vertikalen Kanal bedeckt, abgehoben. Die ausfließende Lymphe zeigt die Eröffnung an. Der sehr feine häutige Kanal wird mit einer Nadel hervorgehoben und durchschnitten. Eine

Lupe ist zu seiner Auffindung, wie auch der übrigen Kanäle, oft unumgänglich notwendig und sichert jedenfalls das Gelingen der Operation.

Schwieriger ist die Auffindung des horizontalen Kanals; dagegen gelingt dessen Durchschneidung ohne Blutverlust, der bei der ersteren Operation meistens auch nach Unterbindung der Vene nicht ganz zu vermeiden ist. Der ihm entsprechende Vorsprung in der besagten Fläche des Os petros. ist sehr flach und verläuft an deren vorderem Rande von vorn oben nach hinten unten. Der zweite vertikale Kanal befindet sich teilweise zwischen diesen beiden und ist von vorn außen nach hinten innen gerichtet. Durchschneidung der Kanäle auf der einen Seite erzeugt keinen Effekt. Nach Durchtrennung der beiden horizontalen Kanäle tritt meistens, ebenso wie nach Durchschneidungen der übrigen Kanäle, eine Verzerrung des Kopfes nach der einen Seite hin ein, wobei die eine Kopfhälfte auch etwas nach vorn gewendet ist. Der Frosch macht selten Sprünge, die aber fast ebenso energisch wie vor der Operation sind. Nach jedem Sprung fällt das Tier nach der einen Seite hin, so daß es nicht gerade vor sich hinspringt, sondern unter einem gewissen Winkel nach rechts oder links; infolgedessen beschreibt das Tier nach mehreren Sprüngen einen fast regelmäßigen Kreis. Nach jedem Sprung nimmt das Tier nicht sofort seine frühere Stellung ein, sondern wälzt sich zuerst 2—3 mal um seine Längsachse. Sehr charakteristisch ist das Schwimmen des Tieres; bei einer Schwimmbewegung senkt es z. B. die rechte Körperhälfte nach unten, während die linke sich nach oben hebt, bei der folgenden umgekehrt, die rechte nach oben und die linke nach unten, so daß es beim Schwimmen fortwährend paddelnde Bewegungen um die Längsachse des Körpers macht. In selteneren Fällen tritt auch Manegeschwimmen ein.

Nach der Durchschneidung der beiden kleineren Vertikalkanäle (was nie ohne Blutung geschieht) sind die Bewegungsstörungen bedeutender. Die Sprünge geschehen meistens gerade in die Höhe, so daß das Tier gewöhnlich auf dieselbe Stelle zurückfällt; jeder Sprung ist dabei viel kräftiger als gewöhnlich und hat etwas Krampfhaftes an sich. Bei den meisten Sprüngen in die Höhe macht der Frosch eine Drehung um die Querachse des Körpers, wobei er die Drehung selten vollendet, sondern entweder auf den Rücken oder auf den Kopf fällt; Manegeschwimmen.

Nach Durchtrennung der sagittalen Bogengänge sind die Sprünge noch heftiger und auch von Umdrehungen des Körpers um seine Querachse begleitet; auch diese Sprünge geschehen fast vollständig vertikal in die Höhe. Der Frosch fällt meistens auf den Rücken, richtet sich nur mit Schwierigkeit empor und wälzt sich mehrmals um seine Längsachse. Das Schwimmen ist erschwert und geschieht oft in demselben Kreise. Sehr auffallend ist bei solchen Tieren die Neigung, im Wasser die vertikale Stellung des Körpers nicht nur während der Ruhe, sondern oft auch während des Schwimmens einzunehmen. Das Schwimmen geschieht dabei oft in einer Weise, daß das Tier Drehungen um seine Längsachse ausführt; die Bewegungen ähneln ganz den gewöhnlichen

Walzerbewegungen. Noch verwickelter werden die Bewegungen, wenn man mehrere Kanäle gleichzeitig durchschneidet. Auf die Folgen der vollständigen Zerstörung des Ohrlabyrinthes bei Fröschen wird im nächsten Kapital bei Gelegenheit der an solchen Tieren beobachteten Drehbewegungen zurückgekommen.

§ 8. Meine erste Deutung der Verrichtungen der Bogengänge als Organ des Raumsinns (1873).

Die zahlreichen experimentellen Erfahrungen, die in den vorhergehenden Paragraphen auseinandergesetzt worden sind, gestatteten schon bei ihrer ersten Mitteilung eine klare Einsicht in die physiologischen Verrichtungen der Bogengänge. Um eine genauere Analyse der beobachteten Phänomene zu erleichtern, teilten wir die durch Verletzung der Bogengänge erzeugten Erscheinungen in drei Gruppen. Die erste Gruppe, welche wir als Gleichgewichtsstörungen bezeichnet haben, sollte folgende Erscheinungen zusammenfassen: das Ausspreizen der Beine, das Aufsuchen eines dritten Stützpunktes, die Unmöglichkeit, auf glattem Boden auch bei drei Stützpunkten das Gleichgewicht zu bewahren. Zur zweiten Gruppe gehörten alle Zwangsbewegungen des Tieres, welche sofort nach der Operation oder die ersten Tage danach erscheinen, also pendelartige und schraubenförmige Bewegungen des Kopfes, Manegebewegungen, das Rollen des Körpers und Herüberstürzen um seine Querachse. Endlich zur dritten Gruppe sind die konsekutiven Stellungen des Tieres gezählt worden, welche 3 bis 4 Tage nach der Operation erschienen: Anstemmen des Hinterkopfes am Boden, die unregelmäßigen Bewegungen, welche das Tier macht, wenn es aus seiner zusammengekauerten Stellung herausgebracht wurde. Daß die Gleichgewichtsstörungen als unmittelbare Folge der Durchtrennung der Bogengänge zu betrachten sind, ging mit Gewißheit daraus hervor, daß diese Störungen sofort nach dieser Operation eintraten, und zwar auch dann, wenn letztere von keinem anderen Eingriff wie Muskeldurchschneidung, Blutung, Mitverletzung des Kleinhirns usw. begleitet war.

Die Bewegungsstörungen der zweiten Gruppe, nämlich die Kopf- und Rumpfbewegungen, welche durch das Ausschalten der Bogengänge erzeugt werden, bedurften einer genaueren Besprechung. Das wichtigste Resultat der Zerstörung einzelner Bogengangspaare war, daß die durch deren Ausfall erzeugten Bewegungen mit einer absoluten Gesetzmäßigkeit immer in der Ebene dieser Bogengänge geschehen. Die Zerstörung der beiden horizontalen Bogengänge zwingt die Tiere, sich um eine vertikale Achse zu bewegen (pendelartige Bewegungen von rechts nach links und Manegebewegungen); die der vertikalen Bogengänge erzeugt Bewegungen um eine horizontale (transversale) Achse, pendelartige Bewegungen des Kopfes von oben nach unten und umgekehrt und das Schlagen von Purzelbäumen um den Schwanz. Die Durchschneidung der beiden sagittalen Kanäle erzeugt Purzelbäume um den Kopf in einer diagonalen Ebene in der Richtung von hinten nach vorn. Die anatomische Lage der Bogengänge, welche den drei Ausdehnungen des Raumes genau entspricht, hatte schon längst die Aufmerksamkeit der Forscher (Autenrieth, Flourens) auf sich gelenkt. Es wurde schon in der Vorrede näher auseinandergesetzt, unter welchen Umständen ich im Jahre 1873 darauf geleitet wurde, diese anatomische Lagerung der Bogengänge und die beobachteten Bewegungen der Tiere nach deren Verletzungen in physiologischen Zusammenhang mit dem Raumproblem zu bringen. Die Gesetzmäßigkeit der Bewegungen, die Versuchsergebnisse bei den Verstellungen des Kopfes und dem künstlichen Strabismus begründeten und befestigten meine Überzeugung, daß die Bogengänge mit gewissen räumlichen Empfindungen und Vorstellungen in Beziehung sind. Als vorläufiger Deutung der Beziehungen zwischen den Bogengängen und unseren Raumvorstellungen begnügte ich mich mit folgender Formulierung, die wenigstens annähernd in die hier herrschenden Verhältnisse einzudringen gestattete: Durch Vermittlung der in den häutigen Bogengängen endenden Nervenfasern erhalten wir eine Reihe von Empfindungen, deren Wahrnehmungen uns direkte Aufschlüsse über die Lage des Kopfes im Raume geben.

Es ist schon hervorgehoben worden, daß meine Auffassung der Rolle der Kopfstellung bei der Regulierung unserer Bewegungen eine ganz andere war wie die von Goltz aufgestellte. Nach ihm sollten die Kopfbewegungen Erregungen der Bogengänge erzeugen, und zwar durch Vermittlung von Strömungen der Endolymphe in den Bogengängen. Keinen Augenblick ließ ich die Möglichkeit einer solchen Erregung aufkommen. Nur durch Beeinflussung unserer Netzhautbilder und der durch diese erzeugten Gesichtsempfindungen sollten, meiner Ansicht nach, die Verstellungen des Kopfes wirken.

Als unmittelbare Ursache der Kopfbewegungen, welche nach beiderseitiger Durchschneidung eines Bogengangspaares auftreten, war ich damals geneigt, eine Art Gehörschwindel anzunehmen. Der Umstand, schrieb ich, „daß die einseitige Durchtrennung sämtlicher Bogengänge keine solchen Bewegungen veranlaßt, während die Durchschneidung eines gleichnamigen Bogengangspaares dies zu tun vermag, deutet darauf hin, daß das Erhaltensein der entsprechenden Kanäle auf der anderen Seite genügt, um den Effekt dieses Gehörschwindels aufzuheben". Dies schien mir darauf hinzuweisen, daß die Empfindungen, welche bei Intaktheit der Bogengänge dazu dienen, das Tier über die Stellungen seines Kopfes im Raume zu unterrichten, wahrscheinlich durch Schallwellen erregt werden. Bei dieser Gelegenheit führte ich mehrere Beispiele aus dem gewöhnlichen Leben an, wo gewisse, in bestimmter rhythmischer Weise sich wiederholende Schallerregungen auch rhythmische sich regelmäßig wiederholende Bewegungen (Tanzen, Marschieren usw.) auszulösen vermögen. „Werden dagegen unsere Gehörnerven gleichzeitig durch zwei Musikstücke erregt, von denen jedes ein verschiedenes Tempo hat (z. B. zwei Märsche mit verschiedenen Rhythmen von zwei Orchestern gleichzeitig ausgeführt), so wird der Gang schwankend, man hat die größte Schwierigkeit, die gerade Richtung einzuhalten. Die unwillkürlichen Kopf- und Körperbewegungen, welche nicht nur der Ausführende sondern auch die Zuhörer oft mitmachen, gehören zu derselben Reihe von Erscheinungen".

Auch Fälle von Gehörschwindel mit Zwangsbewegungen verbunden, die den Otiatern geläufig sind, wurden schon damals mit angeführt.

Bei der Wiedergabe dieser Versuchsreihe in den Arbeiten aus meinem physiologischen Laboratorium der Medizinischen Akademie (russisch) habe ich einen kurzen Zusatz über die inzwischen erschienenen Arbeiten von Mach, Böttcher und Breuer über das Ohrlabyrinth hinzugefügt. Bei allem Interesse, welches die Machschen im Jahre 1874 veröffentlichten Versuche mit Drehungen seines eigenen Körpers um verschiedene Achsen darzubieten schienen, mußte ich schon damals den Mangel jedes Beweises, daß seine Beoachtungen mit den halbzirkelförmigen Kanälen in irgendwelchem Zusammenhang stehen, ausdrücklich hervorheben. Breuers Mitteilungen, gestützt auf theoretische Auseinandersetzungen ohne irgendwelche persönliche Beobachtungen oder Versuche, erschienen mir von mehr als zweifelhaftem Werte. Die falschen Grundlagen seiner Hypothese machten letztere kaum diskussionsfähig.

Auf Grund mangelhaft ausgeführter Versuche mit Zerstörungen der Bogengänge, die mit Verletzungen des Kleinhirns verbunden waren, gelangte Böttcher zu dem sonderbaren Schluß: die nach Verletzung der Bogengänge auftretenden Bewegungsstörungen seien Folgen dieser Nebenverletzungen. Ich konnte ihm nur den Rat erteilen, mit mehr Sorgfalt und Sauberkeit gesondert an den Bogengängen und am Kleinhirn zu operieren, um sich vom Gegenteil zu überzeugen.

§ 9. Die Entdeckung der physiologischen Beziehungen zwischen dem N. acusticus und dem okulomotorischen Apparat (1875).

Aus den Ergebnissen und Deutungen meiner ersten, im Jahre 1873 ausgeführten Versuche folgte schon mit großer Wahrscheinlichkeit, daß die zuerst von Flourens beschriebenen Phänomene in gewissen Beziehungen zu den Augenstellungen und -bewegungen stehen müssen; ich erinnere nur an meine Versuche an Tauben mit den prismatischen Brillen und den künstlichen Verdrehungen des Kopfes. Eine nähere Aufklärung des Wesens dieser Beziehungen erschien also als erste Forderung, um die Rolle der Bogengänge als Organ bei der Bildung unserer Raumvorstellungen zu eruieren. Tauben schienen für derartige Versuche wenig brauchbar zu sein, da die Erregung und der Ausfall der Bogengangsfunktionen sich bei diesen Tieren hauptsächlich in den Bewegungen des Kopfes äußern, während im Gegenteil beim Frosche die Körperbewegungen die Hauptrolle spielen. In der Voraussetzung, daß die Kopfbewegungen nur durch die Verstellungen der Augäpfel die räumlichen Empfindungen beeinflussen können, entschloß ich mich, das Kaninchen als Versuchstier zu wählen. Ich schritt vorerst zur Ausbildung sicherer Operationsmethoden für das Kaninchen, die gestatten sollten, mit Leichtigkeit bei diesem Tiere die Gehörnerven zu durchschneiden.

Am besten gelangt man beim Kaninchen zu den Bogengängen, wenn man den Zitzenfortsatz des Felsenbeins eröffnet. Dadurch kommt man in eine zylindrische Höhle, welche den als Flocculus bezeichneten Teil des Kleinhirns enthält. Diesen Flocculus kann man, ohne irgendwelche Bewegungsstörungen zu veranlassen, entfernen. (Die Behauptung Hitzigs, er habe durch Einführung von Eisstückchen in diese Höhle den Flocculus gereizt, beruht auf einem Irrtum: die von ihm dabei beobachteten Bewegungsstörungen rührten von der Reizung der in dieser Höhle gelegenen Bogengänge durch das Eisstück her.) Ist nun der Flocculus entfernt, so hat man vor sich alle drei Bogengänge frei; ihre Erregung kann leicht geschehen durch die Ausübung eines leisen Druckes auf ihre freiliegenden knöchernen Hüllen. Diese kann man beim horizontalen und vertikalen Kanal auch durchbrechen und dann die häutigen Bogengänge direkt durchschneiden. Beim sagittalen Kanal ist letztere Operation schwieriger auszuführen, weil dieser Kanal direkt an die Hirnteile grenzt. Man wählt für solche Operationen am besten ganz junge Kaninchen. Zur Eröffnung des Felsenbeins operiert man in folgender Weise: Ein Hautschnitt wird in der Mitte zwischen dem hinteren Rande des Unterkiefers und dem Rande des knöchernen Gehörganges, dem ersteren entlang, geführt. Der Muskel, welcher den äußeren Rand des Felsenbeins bedeckt, wird mit Schonung der auf dem Wege liegenden größeren Vene in der Richtung des Hautschnittes getrennt. Die zum Vorschein kommende Knochenfläche hat die Form eines Dreiecks, dessen Spitze nach unten gerichtet ist und dessen vordere Seite von dem knöchernen Gehörgange gebildet wird. Auf der gleichen Höhe mit der Öffnung dieses Ganges liegt der horizontale Kanal. Der Knochen wird in diesem Dreieck vorsichtig mit einem Messer oder einer Zange aufgebrochen; der etwas hervorstehende horizontale Kanal liegt an der unteren Wand der eröffneten Höhle, der vertikale Kanal wird an der Kreuzungsstelle mit dem horizontalen in der hinteren Wand der Höhle aufgesucht.

Für die Durchschneidung des Acusticus beim Kaninchen habe ich drei Methoden ausgebildet. Bei der ersteren Methode gelangte ich durch die oben beschriebene Höhle zum Nerven. Ich führte unterhalb des Flocculus ein kleines schneidendes Instrument ein, dessen Klinge fast unter einem rechten Winkel gekrümmt und nur am freien Ende scharf war. Dieses Endstück war etwas breiter als die übrige Klinge und konnte den Hörnerv mit einem einzigen Schnitt durchtrennen, wozu es nur eines kräftigen Druckes bedurfte. Die Einführung der Klinge geschah, indem man diese auf dem Boden des in Rede stehenden Hohlraums fortgleiten ließ, bis ihre Spitze dessen inneren Rand berührte. Alsdann hatte man die Spitze nur zu senken, um unter gleichzeitigem Andrücken gegen die Schädelbasis den Hörnerv genau dort, wo er in den Fallopischen Kanal eintritt, zu durchschneiden. Es ist von Nutzen, während der Operation einen von oben eröffneten Kaninchenschädel vor sich zu haben, um den Nervus facialis, welcher an der bezeichneten Stelle dem Nervus acusticus sehr nahe anliegt, mit größerer Sicherheit zu vermeiden.

Beim zweiten Verfahren macht man zwei kleine Öffnungen im Hinterhauptsbein zu beiden Seiten der hinteren vom Atlas zum Hinterhaupt streichenden Bänder. Durch diese Öffnungen entdeckt man mit Leichtigkeit die letzten Paare der Hirnnerven; durch sie geleitet, gelangt man zu den beiden Gehörnerven. Bei diesem Verfahren sieht man die Nerven, bevor man zu ihrer Durchschneidung schreitet. Wenn man nach öfterer Anwendung dieses Verfahrens dahin gelangt ist, in der betreffenden Region sich gut zurecht zu finden, kann man das dritte Operationsverfahren wählen, welches der Mühe überhebt, den Schädel zu trepanieren. Es erfordert nur die Entfernung eines Teiles der soeben erwähnten Ligamente. Bei Benutzung eines Messers in der Art desjenigen, welches Claude Bernard für die Durchschneidung der Schädelnerven angegeben hat, kann man den Hörnerven erreichen, indem man längs der Schädelbasis vordringt und sich davor hütet, die übrigen Nerven zu verletzen[1]).

Dieses letztere Verfahren war es, dem ich den Vorzug gab, so oft ich nicht genötigt war, behufs gleichzeitiger Operation an den Kanälen die schon bezeichnete zylindrische Höhle zu eröffnen.

Gleich bei den ersten Versuchen an Kaninchen stellten sich zwei sehr bezeichnende Unterschiede zwischen den Bewegungsstörungen dieser Tiere und denen der Tauben ein: nämlich 1. daß schon die Zerstörung eines einzelnen Bogenganges genügt, um stürmische Bewegungsstörungen von anhaltender Dauer zu erzeugen; 2. daß diese Störungen am aus-

---

[1]) Wie oben angedeutet, habe ich meine Versuche an den Kanälen mit Dr. Solucha begonnen, der ein sehr geschickter Operateur war. Leider hatte er seine Versuche unterbrochen, weil er als Militärarzt den Feldzug nach Chiwa mitmachen mußte. Die Versuche wurden von mir beendet und im August 1873 in Pflügers Archiv beschrieben. Die letzte Nachricht, die ich von Solucha erhalten habe, datierte aus dem Anfang des Feldzuges, er zeigte mir nur an, daß er sehr durch die plötzlichen Temperaturwechsel leide; seitdem ist er vollständig verschollen. Nachdem ich mehr als ein Jahr ohne jede Nachricht von ihm geblieben war, mußte ich leider schließen, daß er während des Krieges verunglückt sei. Im Herbst 1874 habe ich, um wenigstens sein Andenken zu bewahren, die betreffende Mitteilung unter seinem Namen russisch in der Sammlung der Arbeiten aus dem physiologischen Laboratorium der Akademie veröffentlicht. Darauf beauftragte ich mit der Fortsetzung der Versuche den Arzt Bornhardt, der sämtliche in meinem physiologischen Laboratorium geläufigen Versuchsmethoden sich ziemlich gut angeeignet hatte. In der Vorrede zu seiner in russischer Sprache erschienenen Dissertation „Materialien zur Frage über die halbzirkelförmigen Kanäle" (1875) bezeichnete er in folgenden Worten die Aufgabe, die ich ihm gestellt hatte: „Die Ausarbeitung der Frage soll in der Gewinnung

gesprochensten in den Bewegungen der Augapfelmuskeln sind; in den Rumpfmuskeln treten sie mit geringerer Heftigkeit auf und die Kopfmuskeln erweisen sich nur wenig von ihnen betroffen. Die Körperbewegungen bestehen hauptsächlich in Manegebewegungen, wenn ein horizontaler Kanal verletzt ist; in Umwälzungen um die Längsachse des Körpers, wenn die Läsion einen der senkrechten Kanäle betrifft. Der Kopf ist mehr oder weniger gewaltsam nach der verletzten Seite verzogen und den hinteren Gliedmaßen genähert, so daß sämtliche Bewegungen eine Rotation des Körpers um dessen Längsachse herbeiführen. Während der ersten Stunden nach der Verletzung eines Bogenganges ist jede kombinierte Bewegung oder jeder Ortswechsel dem Tiere unmöglich. Selbst in der Ruhe ist das Kaninchen unfähig, in normaler Stellung sich auf den Beinen zu erhalten; es verharrt in halber Bauchlage. Unter allen durch die Bogengangsverletzungen hervorgerufenen Bewegungen sind die interessantesten und die am meisten ausgesprochenen diejenigen der Augäpfel. Bereits Flourens erwähnt beiläufig einen Augennystagmus nach Verletzung der Bogengänge beim Kaninchen; merkwürdigerweise behauptet er aber, dieser Nystagmus stelle sich erst während der Kopfbewegungen ein und verschwinde augenblicklich, wenn der Kopf zur Ruhe gelangt. Dies ist entschieden unrichtig, wie übrigens die meisten Punkte der von ihm gelieferten Beschreibung der Bewegungsstörungen bei Kaninchen nach Verletzung der Bogengänge.

Es ist schon oben mehrmals hervorgehoben worden, daß man bei Tauben häufig sehr heftige Bewegungsstörungen des Rumpfes bei vollständig ruhigem Kopfe beobachtete. Bei Kaninchen fällt eben am meisten die Erscheinung auf, daß auch bei vollkommen befestigtem Kopfe, wie dies mit Hilfe des Czermakschen Kopfhalters erreicht wird, die Bewegungen der Augäpfel am heftigsten und genau in der gesetzmäßigen Weise geschehen.

---

möglichst zahlreicher tatsächlicher Versuchsergebnisse bestehen, wobei Prof. Cyon mir empfohlen hatte, mich durch keine der herrschenden Theorien über die Verrichtungen der Bogengänge beeinflussen zu lassen, sondern möglichst genau die Erscheinungen zu beobachten und möglichst sauber die Versuche auszuführen". Den Gewohnheiten meines Laboratoriums gemäß kontrollierte ich die Versuche meiner Schüler und redigierte selbst deren Beschreibung, die in den Sitzungsberichten der Petersburger Akademie der Wissenschaften oder in Pflügers Archiv zu erscheinen pflegten. Da ich bald nach Beginn der ersten Versuche von Bornhardt nach Leipzig übersiedelte, wo ich den Druck der „Methodik" überwachte, setzte Bornhardt seine Versuche selbständig in meinem Laboratorium fort; er ist allein für deren Ausführung und Veröffentlichung verantwortlich. Bei der großen Bedeutung, welche gerade die Beziehungen der Bogengänge zu den Bewegungen der Augäpfel besitzen, nahm ich in Leipzig und dann in Paris deren experimentelle Prüfung in meine eigene Hand. Im Frühling 1875 demonstrierte ich sie häufig im Leipziger physiologischen Laboratorium vor Ludwig, Zöllner u. a. und teilte sie im August 1876 der Pariser Akademie der Wissenschaften mit.

Selbstverständlich ist jede Kopfbewegung des Kaninchens wie eines jeden anderen Tieres selbst bei unversehrten Bogengängen von einer Augapfelbewegung begleitet. Wie wir dies weiter unten gelegentlich der Purkinjeschen Experimente konstatieren werden, folgt immer der Augapfel mit einer geringen Verspätung den Bewegungen des Kopfes. Der Nystagmus, von welchem wir hier reden wollen, hat mit der Notwendigkeit, daß der Augapfel den Kopfbewegungen folge, nichts zu tun; denn er erscheint eben vorzugsweise und mit einer gewissen Heftigkeit, wenn der Kopf immobilisiert ist. Diese Heftigkeit nimmt sogar merklich ab, wenn man den Kopf frei läßt, und der Nystagmus hört ganz und gar auf, wenn das Kaninchen, losgebunden, in die weiter oben beschriebenen heftigen Körperbewegungen verfällt. Oft genügt die geringste Reizung, um ein Pendeln der Augäpfel hervorzurufen: man sieht einen längere Zeit anhaltenden Nystagmusanfall eintreten schon infolge des leichten Druckes auf den knöchernen Kanal, wenn man z. B. mit einem Schwamme die in der Umgebung angesammelten Bluttröpfchen entfernen will.

Diese Pendelbewegungen werden immer an beiden Augen beobachtet, selbst wenn die Reizung nur einen einzigen Kanal betroffen hat. Ihre Richtung ist eine verschiedene, je nach dem operierten Kanale. Sie treten immer serienweise auf, in Serien von mehrere Sekunden langer Dauer, selbst wenn man dafür Sorge trägt, daß nur eine einmalige und schwache Reizung des Kanals stattfindet. Eine heftige Reizung, wie z. B. die Kompression des häutigen Kanals oder seine Torsion, erzeugt Anfälle, welche einige Minuten, öfter selbst eine Stunde und noch länger anhalten.

Die Frequenz dieser Pendelbewegungen wechselt je nach der Intensität der ausgeübten Reizung; man kann oft 20 bis 150 Schwingungen in der Minute zählen. Durch diese Frequenz wird das Studium dieser Schwingungen sehr erschwert, zumal wenn man genötigt ist, gleichzeitig die Bewegungen beider Augäpfel zu beobachten. Versuche, sie mittels der graphischen Methode zu fixieren, haben keine befriedigenden Resultate gegeben.

Jeder Bogengang übt in spezieller Weise seinen Einfluß auf die Augapfelbewegungen aus. Durch Erregung des horizontalen Kanals beim Kaninchen bewirkt man eine derartige Rotation des gleichseitigen Augapfels, daß die Pupille nach vorn und unten gerichtet wird. Die Erregung des senkrechten Kanals bewirkt eine Deviation des Auges mit nach hinten und ein wenig nach oben gerichteter, die des sagittalen Kanals mit nach hinten und unten gerichteter Pupille.

Um die drei Richtungen des Nystagmus anzugeben, welche man während der Erregung der drei Bogengänge beobachtet, werden wir also sagen, daß die des horizontalen Kanals eine nach vorn und unten, die des senkrechten eine nach hinten und oben, die des sagittalen eine nach hinten und unten gerichtete Bewegung des Augapfels bewirkt. In dieser Angabe handelt es sich um das Auge derselben Seite, auf welcher sich der gereizte Kanal befindet. Am anderen Auge hat der Nystagmus die entgegengesetzte Richtung, d. h. er ist nach hinten und oben gerichtet während der Erregung des horizontalen Kanals, nach vorn und unten während derjenigen des senkrechten und nach vorn und oben, wenn man den sagittalen Kanal reizt.

Bekanntlich unterscheiden die Ophthalmologen vier Arten von Nystagmus: den horizontalen Nystagmus, den vertikalen, den diagonalen und den rotatorischen. Bei einer jeden dieser Formen erfolgen die Bewegungen beider Augen immer in derselben Richtung. Das Entgegengesetzte beobachten wir bei den Kaninchen während der unilateralen Erregung eines Kanales. Es würde keine Schwierigkeiten haben, die verschiedenen, durch Erregung der Bogengänge und des Hörnerven künstlich erzeugten Nystagmusformen auf die vier genannten Arten zurückzuführen. Der horizontale Nystagmus würde der während der Erregung des horizontalen Kanals beobachteten Bewegung entsprechen, der vertikale Nystagmus der Erregung des hinteren senkrechten, der diagonale Nystagmus derjenigen des vorderen senkrechten, der rotatorische Nystagmus der Erregung des Nervus acusticus.

Um diese Reduktion durchzuführen, müßte man vor allem die eigentümliche Lage der Augäpfel beim Kaninchen in Betracht ziehen. Ferner müßte bei den soeben beschriebenen Pendelbewegungen der Anteil in präziser Weise bestimmt werden, der bei einer jeden Bewegung jeder speziellen Richtung zukommt, um z. B. angeben zu können, welche Richtung vorherrscht, die von oben nach unten oder die von vorn nach hinten usw. Ohne eine solche Bestimmung sind offenbar die Richtungen „nach vorn und unten" und „nach hinten und oben" nicht notwendigerweise durchaus einander entgegengesetzte. Im Momente der Reizung hat die Kontraktion der den Augapfel bewegenden Muskeln einen tetanischen Charakter, die Augen bleiben gewaltsam nach den angegebenen Richtungen abgelenkt; unmittelbar darauf fangen sie an, pendelnde Bewegungen in entgegengesetzter Richtung auszuführen. Die Frequenz dieser Pendelbewegungen variiert zwischen 20 und 150 in der Minute. Ihre Dauer hängt von der Stärke der Reizung ab, beträgt aber selten mehr als eine halbe Stunde. Diese Pendelbewegungen verschwinden, wenn man den Nervus acusticus der entgegengesetzten Seite durchschneidet. Neue Erregungen eines halbzirkelförmigen Kanals erzeugen nur noch tonische Krämpfe. Diese letztere Tatsache ist von weittragender Bedeutung für die hemmende Natur der durch Erregungen der Bogengänge erzeugten Bewegungen. Auch für das Verständnis des Mechanismus der Hemmungen sind die eben auseinandergesetzten Bewegungen der Augäpfel von hohem Interesse. Sie legen davon Zeugnis ab, daß man willkürlich tetanische in rhythmische und in tonische zu verwandeln vermag.[1])

---

[1]) Von diesem Standpunkt aus besprach ich die Versuche im § 7 des Kap. 5 meiner „Nerven des Herzens". Berlin, 1907. Julius Springer.

In den folgenden Kapiteln wird auf diese Augapfelbewegungen als Folge der Erregungen und Durchschneidungen der Bogengänge noch vielfach zurückzukommen sein. Hier sollen noch die Ergebnisse der Versuche über die Reizungen und Durchtrennungen der Acustici bei Kaninchen in der Form wiedergegeben, wie sie schon im Jahre 1876 veröffentlicht wurden.

Die Reizung eines Nervus acusticus erzeugt heftige Rotationen der beiden Augäpfel. Die Durchschneidung eines Nervus acusticus bewirkt eine derartig starke Ablenkung des Augapfels der gleichnamigen Seite, daß die Pupille nach unten gerichtet ist, während das andere Auge nach aufwärts blickt. Diese Ablenkung verschwindet nach der Durchschneidung des zweiten Nervus acusticus. Dem Verschwinden gehen heftige Rotationen voraus, welche durch die immer von starker Erregung begleitete Durchschneidung hervorgebracht werden.

Was die Bewegungen des Kopfes und des Rumpfes beim Kaninchen anbetrifft, so erzeugt hier Reizung eines Nervus acusticus heftige Drehungen um die Längsachse des Körpers in der Richtung nach der operierten Seite. Die durch ein Zerquetschen der beiden Acustici bewirkte Reizung der Nerven ruft sehr unregelmäßige Bewegungen hervor: das Tier hat die Neigung, sich zu wälzen, bald nach der einen Seite bald nach der anderen. Aus diesen beiden einander entgegengesetzten Neigungen resultiert für das Tier die vollständige Unfähigkeit, sich zu bewegen oder sich aufrechtzuerhalten. Tauben, bei welchen man die sechs häutigen Kanäle nebst deren Ampullen exstirpiert, bieten sogleich nach der Operation analoge Erscheinungen dar.

Ist die intrakranielle Durchschneidung beider Acustici gut gelungen, ohne von einem Blutergusse oder anderen ungünstigen Zufällen begleitet zu sein, so bleiben die operierten Tiere am Leben und die weiter oben beschriebenen Erscheinungen verlieren sich allmählich. Nach Verlauf von sechs bis zehn Tagen hält das Tier sich aufrecht; es kann sich von der Stelle rühren, umhergehen usw., aber es behält einen gewissen Mangel an Sicherheit in den Bewegungen, infolgedessen es nur dann seinen Standort verläßt, wenn man es dazu nötigt. Es sucht immer eine Mauer oder eine Ecke auf, wo es einen Stützpunkt finden kann. Bei diesem Ortswechsel wählt jedes Tier immer ein und dieselbe Richtung: das eine bewegt sich vorzugsweise rückwärts, das andere seitwärts usw. Ähnliche Erscheinungen hat auch Bechterew nach Durchtrennungen der Acustici bei Hunden beschrieben.

Versetzt man ein Kaninchen, dessen beide Acustici durchschnitten sind, auf einer exzentrischen Drehscheibe in rotatorische Bewegungen, so beobachtet man an ihm analoge Phänomene wie die von Purkinje angegebenen und als Gehörschwindel bezeichneten. Die Purkinjeschen Phänomene müssen also den cerebralen Störungen zugeschrieben werden, welche aus den schweren Zirkulationsanomalien resultieren, die unter den angegebenen Bedingungen zumal in den von der Rotationsachse am meisten entfernten intrakraniellen Gefäßen eintreten. Die Beobachtungen, die man an Derwischen sowie an den amerikanischen Shakers und an gewissen russischen religiösen Sekten macht, welche diese Bewegungen mit großer Lebhaftigkeit während mehrerer Stunden und selbst ganzer Tage auszuführen pflegen, beweisen, daß die Störungen der Hirnzirkulation zu Halluzinationen, zu vollständigem Verluste des Bewußtseins usw. führen können. Die hier besprochenen sehr innigen physiologischen Beziehungen zwischen den Gehörnerven und dem okulomotorischen Apparate müssen notwendigerweise eine hohe physiologische Bedeutung haben, auf die in den folgenden Kapiteln mehrmals zurückzukommen sein wird.

II. Kapitel.

Der Kampf gegen die Irrlehren über die Verrichtungen der Bogengänge. Drehversuche an Menschen und verschiedenen Tieren.

§ 1. Einleitung.

Ausgehend von Goltz' Versuchen über die Funktionen der Bogengänge haben fast zu gleicher Zeit drei Forscher sich die Aufgabe gestellt, deren Verrichtungen zu studieren: der Metaphysiker Mach, der Chemiker Crum-Brown und der praktische Arzt Breuer. So verschiedenartig die Berufe dieser drei Autoren auch waren, so versuchten sie doch auf demselben Wege die physiologische Rolle des Ohrlabyrinths zu entscheiden; und merkwürdig genug, sie gelangten fast ganz unabhängig voneinander zu fast identischen Resultaten. Diese Übereinstimmung der Ansichten erklärt sich zum Teil daraus, daß alle drei durch ihre Hypothesen auf rein spekulativer Basis, ohne direkte Versuche an den Bogengängen anzustellen, die so verwickelten Phänomene von Flourens zu erklären versuchten. Merkwürdigerweise nahmen sie zum Ausgangspunkt ihrer theoretischen Betrachtungen weder die so schönen Versuche von Flourens selbst, noch diejenigen von mir und Solucha, welche mit großer Sorgfalt an den Bogengängen ausgeführt waren, sondern die von Goltz mit summarischer und roher Zerstörung des ganzen Ohrlabyrinths nebst den umgebenden Organen. Den Anregungspunkt für ihre eigenen Untersuchungen fanden sie nämlich in der ganz unbegründeten Hypothese von Goltz, die Kopfbewegungen seien die normalen Erreger der Bogengänge, indem sie Strömungen der Endolymphe in diesen erzeugten. Diese rein spekulative Hypothese von Goltz mußte natürlich einen gewissen Reiz auf Forscher ausüben, welche sich vorgenommen hatten, ebenfalls auf rein spekulativem Wege ein so schwieriges physiologisches Problem zu enträtseln.

Bei der grossen Vieldeutigkeit der Goltzschen Versuche und der Leichtigkeit, mit welcher schon durch meine ersten Versuche die Haltlosigkeit seiner Hypothese über die Rolle der Kopfbewegungen nachgewiesen wurde, hätte ich mir eigentlich die Mühe ersparen können, bei den weiteren experimentellen Untersuchungen über die Verrichtungen der Bogengänge diese Hypothesen zu berücksichtigen. Leider hat aber dank der Übereinstimmung, mit welcher drei verschiedene Autoren zu derselben Hypothese gelangt sind, letztere einen sehr großen Anklang gefunden. Außerdem hat Mach einige Tage nach der Veröffentlichung meiner ersten Mitteilung über die Funktionen der halbzirkelförmigen Kanäle vom August 1873 (Pflügers Archiv 1874) sich beeilt, in den Berichten der Wiener Akademie der Wissenschaften am 22. Januar 1874 eine Mitteilung über den Gleichgewichtssinn zu veröffentlichen, die jedenfalls bewies, daß Mach sofort verstanden hatte, worauf meine Untersuchungen hinausgingen. „Cyon schließt aus seinen Versuchen, — schreibt er — daß die Bogengänge Raumorgane seien.“ Er fügt hinzu, daß, wenn ich für unbewußte Empfindungen weniger eingenommen wäre, ich „wahrscheinlich ähnliche Folgerungen gezogen hätte,“ wie Breuer und er. In einer kurz vorhergehenden Mitteilung hatte Mach einige Drehversuche angegeben, aus denen er mit Goltz geschlossen hatte, daß „die Bogengänge Organe zur Perzeption der Kopfdrehungen sind.“ Gleich nach dem mich betreffenden Passus teilte er aber die Absicht mit, zu neuen Versuchen überzugehen, für die er einen Ausgangspunkt wählte, welcher nur zu sehr bewies, daß er im Grunde meine Anschauungen über die Bedeutung der drei Bogengänge als Empfindungsorgane für die drei Dimensionen nicht nur verstanden, sondern auch sofort als richtig erkannt hatte! „Den sechs Bewegungsgleichungen eines festen Körpers entsprechen wahrscheinlich sechs Empfindungen mit den zugehörigen physiologischen Prozessen. Die Empfindungen der drei Winkelbeschleunigungen werden wahrscheinlich durch die Ampullennerven der drei Bogengänge, die Empfindungen der Progressiv-Beschleunigungen mutmaßlich durch den Sacculus vermittelt“ schrieb Mach. Bei seinen weiteren Versuchen mußte also Mach unvermeidlich eine große Konfusion zwischen meiner Auffassung der Verrichtungen der Bogengänge als Sinnesorgane für die drei Richtungen des Raumes und den von ihm schon angedeuteten Drehempfindungen, die aus dem Ohrlabyrinth herstammen sollten, schaffen, weil er tatsächlich meine Grundlagen annahm, aber dem Scheine nach sie zu bekämpfen suchte! Die Veröffentlichung seiner „Grundlinien der Lehre von den Bewegungsempfindungen“ im folgenden Jahre hat die schlimmsten Befürchtungen in dieser Beziehung weit übertroffen. Bei der weiteren Verfolgung meiner Untersuchungen war ich also gezwungen, auf die „Grundlinien“ Machs ausführlich einzugehen, um die völlige Haltlosigkeit seiner Erörterungen auf experimentellem Wege zu beweisen. Dies um so mehr, als Breuer und auch Crum-Brown sich in den Hauptzügen den Machschen Entwicklungen angeschlossen hatten, um ebenfalls meine Richtungs- und Raumempfindungen durch neue und nichtssagende Bezeichnungen zu ersetzen.

Zwei Ausgangspunkte wurden von Mach als Grundlagen für seine Theorie genommen: der eine war die Goltzsche Endolymph-Hypothese, als zweiter dienten die klassischen Versuche von Purkinje über den Drehschwindel. Wir wollen mit der Endolymph-Hypothese beginnen.

§ 2. Die experimentelle Widerlegung der Goltz-Machschen Endolymph-Hypothese.

Goltz stützte seine Hypothese über die Art, wie das Ohrlabyrinth seine Rolle als Gleichgewichtsorgan ausübt, auf die Strömungen der Endolymphe, welche die Ampullen mehr oder weniger anschwellen machen, je nach der Höhe der auf ihnen lastenden Flüssigkeitssäule. Die Bogengänge würden also funktionieren nach Art einer Wasserwage, mittels welcher die Kopfstellungen signalisiert werden sollen. Da es sich um Kanäle von kapillärem Durchschnitt handelt und da die Endolymphe eine zähe Flüssigkeit ist, deren spezifisches Gewicht gleich dem der Perilymphe ist, so kann weder von Strömungen in den häutigen Bogengängen noch von deren Erweiterung die Rede sein. Die Reibung der Flüssigkeitsschichten untereinander macht jede Bewegung unmöglich. Sowohl Crum-Brown als Breuer glaubten den physikalischen Fehler von Goltz durch die Voraussetzung umgehen zu können, daß sie die in jedem Bogengang enthaltene Flüssigkeit während der Kopfbewegungen in eine der Richtung des Kanals entgegengesetzte Bewegung geraten ließen. Es braucht wohl kaum hinzugefügt zu werden, daß es für die Flüssigkeit ebenso unmöglich ist, sich in der einen wie in der anderen Richtung zu bewegen; dies mußte auch Mach zugeben. Um aber die Hauptstütze seiner Betrachtungen über die Rolle der Bogengänge nicht aufzugeben, nahm er an, daß die Endigungen der Nerven in den Bogengängen weder durch die Strömungen noch durch die Druckänderungen erregt würden, sondern „durch den Drehungsmoment der Flüssigkeit, welcher durch die Reibung an der Wand vernichtet wird, wobei aber gegen diese, vor allem aber gegen die in die Flüssigkeit vorragenden Hörhaare ein momentaner Druck oder Stoß ausgeübt wird.“ Es soll also nach Mach dieser momentane Druck oder diese „Tendenz zur Bewegung“, welche durch die Reibung vernichtet wird, die Nervenenden in den Bogengängen erregen.

Breuer, der im Jahre 1874 sich successive der Goltzschen Strömungs-Hypothese, dann der Gegenströmungs-Hypothese von Crum-Brown angeschlossen hatte, verzichtete auch auf die letztere und nahm die Machsche an. Gleichzeitig gab er die frühere Goltzsche Hypothese, die Bogengänge enthielten ein Gleichgewichts-Sinnesorgan, auf. Noch im Jahre 1874 schrieb er: „Ob ein solches rapides Arbeiten (wie beim Seiltänzer) denkbar wäre, wenn die auslösenden Sensationen in der Summe aller Tast-, Gelenk- und Muskelempfindungen beständen, wie wir bisher meinten, muß dahingestellt werden. Jedenfalls sind wir, hoffe ich, nunmehr berechtigt anzunehmen, daß die auslösende Perzeption in den Bogengängen entsteht, und daß eben die Auslösung der Balancierreflexe der Zweck dieses Apparates ist.“ Im nächsten Jahre, nach dem Erscheinen der Machschen Arbeit, gab er das Gleichgewichtsorgan für Seiltänzer auf. „Zur Gleichgewichtserhaltung, schrieb er, tragen außer dem Vestibularapparat noch bei: einerseits Tast- und Muskelempfindungen, andererseits der motorische Apparat.“ Er wurde

Anhänger der Machschen Hypothese, der Vestibularapparat sei der Sitz eines Drehsinns; er sollte dazu dienen, Walzerbewegungen auszuführen. Auf diesen sonderbaren Sinn komme ich noch weiter zurück.

Hier soll nur hervorgehoben werden, daß ebenso wie die Goltz-, Breuer-, Crum-Brownschen Hypothesen vom physikalischen Standpunkte unzulässig sind, die Machsche sonderbare Erregungshypothese es vom physiologischen Standpunkte ist; dies wurde schon in meiner Arbeit vom Jahre 1878 genügend dargetan. Übrigens haben schon damals sämtliche Forscher, welche eine große Anzahl von beachtenswerten Experimenten an diesen Kanälen vorgenommen haben, wie Curschmann, Barthold, Bornhardt u. a., sich stets geweigert, die Goltzsche Hypothese in irgend einer Form anzuerkennen.

Nichtsdestoweniger habe ich für nötig erachtet, einige Versuche zu dem speziellen Zwecke zu veranstalten, diese Hypothese auf ihren reellen Wert zu prüfen. In Anbetracht der Unmöglichkeit, den im Innern der membranösen Kanäle bestehenden Druck in direkter Weise Veränderungen zu unterwerfen, ohne dabei Gefahr zu laufen, die Wandungen der Kanäle zu verletzen, habe ich mich darauf beschränken müssen, diesen Druck auf indirektem Wege zu modifizieren. Es leuchtet ein, daß, wenn die geringste Änderung des inneren Druckes zur Hervorrufung der Flourensschen Phänomene hinreichte, wir diese Phänomene jedesmal beobachten mußten, so oft wir den äußeren Druck auf die Kanalwandungen steigerten oder verminderten. Jeder äußere Druck auf die Wandungen der membranösen Kanäle muß an der entsprechenden Stelle einen Teil der Endolymphe verdrängen und folglich jene „Tendenz zur Bewegung“ erzeugen, welche nach Mach die Nervenendigungen erregen soll.

Das einfachste Mittel, eine solche Druckveränderung zu erzielen, besteht darin, daß man mit Vorsicht die knöchernen Kanäle an verschiedenen Stellen und in recht beträchtlicher Ausdehnung eröffnet; die Perilymphe wird in solchem Falle mit großer Leichtigkeit auslaufen und Luft an ihre Stelle treten. Mit Hilfe eines kleinen Schwammes oder eines Stückes Fließpapiers kann man dieses Auslaufen beschleunigen. Es ist einleuchtend, daß ein solches Ausfließen, welches nicht immer in gleichförmiger Weise vor sich geht, den inneren Druck in den häutigen Kanälen, deren Wandungen so zart und so leicht ausdehnbar sind, ändern muß. Nun, dieser von mir unzählige Male wiederholte Versuch hat immer dasselbe Resultat ergeben: kein einziges der Flourensschen Phänomene stellt sich unmittelbar nach dem Auslaufen der Perilymphe ein. Erst einige Tage später, wenn die umgebenden Teile sich zu entzünden beginnen und wenn das Blut oder der Eiter in die offengelassenen Kanäle eindringt, können einige Lokomotionsstörungen beobachtet werden. Aber es ist leicht, selbst diesen Zufällen vorzubeugen, wenn man dafür Sorge trägt, daß das Auslaufen nur aus zwei kleinen Öffnungen des knöchernen Kanals erfolgt, welche man nachträglich mit ein wenig Leim wieder verschließt.

Ein anderer von mir angestellter Versuch war noch beweiskräftiger. Anstatt die knöchernen Kanäle selbst zu eröffnen, entfernte ich mit Hilfe einer kleinen, sehr feinen Zange mit vieler Vorsicht die knöcherne Lamelle, welche den Vorhof in dem äußeren und unteren, durch die Kreuzung des wagerechten und des hinteren senkrechten Kanals gebildeten Winkel bedeckt, wonach ich mit einer Stecknadel den Utriculus oder den Sacculus eröffnete. Die Peri- wie die Endolymphe fließen dann reichlich aus; und wenn man hierauf eine kleine Öffnung im knöchernen Kanal anbringt, ist es leicht, sich von der eingetretenen Schrumpfung und Abflachung des membranösen Kanales zu überzeugen. In diesem Falle erfährt das System der membranösen Kanäle, dessen innerer Druck bedeutend abgenommen hat, eine relativ recht beträchtliche Verengerung. Wenn die Hypothesen von Goltz und Mach begründet wären, so müßten die Flourensschen Phänomene bei diesem Experimente mit äußerster Heftigkeit sich kundgeben: es ist aber kein einziges dieser Phänomene eingetreten,

In mehreren Versuchen ließ ich die Perilymphe durch einige im knöchernen Kanale angebrachte Öffnungen ausrinnen und ersetzte sie durch eine beim Erkalten erstarrende Flüssigkeit. Zu solchen Einspritzungen wählte ich eine lauwarme Gelatinelösung. Die Schwierigkeit, durch eine Öffnung Einspritzungen in einen knöchernen Kanal zu bewerkstelligen, ist eine ziemlich große, da die Flüssigkeit zwischen dem freien Ende der Injektionskanüle und den Rändern der Öffnung ausläuft und nur zum Teil ins Innere des Kanals gelangt. Andererseits mußte darauf verzichtet werden, allzu warme Lösungen zu verwenden, in Anbetracht der großen Empfindlichkeit der membranösen Kanäle gegen hohe Temperaturen. Oft nötigte dieser Umstand wegen eingetretener Gerinnung der erkalteten Gelatine die Einspritzung zu unterbrechen.

Trotz dieser Schwierigkeiten ist es doch mehrmals gelungen, Injektionen auszuführen, die hinreichend vollständig waren, um die membranösen Kanäle in einen starren Abguß einzubetten. Diese Immobilisierung der Kanäle erzeugte an sich kein einziges der Flourensschen Phänomene. Dagegen genügte es, den häutigen Kanal zu stechen, um sofort die charakteristische Kopfbewegung hervorzurufen. Die Durchschneidung der immobilisierten membranösen Kanäle ließ alle die von uns weiter oben beschriebenen Gleichgewichts- und Lokomotionsstörungen zum Ausbruch kommen.

In noch anderen Versuchen führte ich in den knöchernen Kanal sehr feine Laminariastengelchen ein, selbstverständlich ohne jede Verletzung der häutigen Kanäle. Die Imbibition und Quellung dieser Stengelchen komprimiert in recht beträchtlicher Weise die membranösen Kanäle; aber, da diese Kompression sich sehr langsam vollzieht, gelangt während der ersten Tage nach dem Experiment keines der Flourensschen Phänomene zur Beobachtung. Es genügt dagegen eine Durchschneidung der in solcher Weise komprimierten häutigen Kanäle, um augenblicklich diese Phänomene hervorzurufen.

Sämtliche hier aus meiner Arbeit vom Jahre 1878 wiedergegebenen Versuchsergebnisse entzogen also der Goltz-Machschen Hypothese jeden Boden. Es soll noch hinzugefügt werden, daß Spamer im Jahre 1886 in einer sehr sorgfältig ausgeführten experimentellen Arbeit, trotz seiner Sympathien für die Drehempfindungen Machs, mit Bedauern gezwungen war, seine Flüssigkeitshypothesen durch den meinigen ähnliche Versuche ebenfalls zu widerlegen. Diese Versuche wurden später auch von Ewald wiederholt, mit der unwesentlichen Modifikation, daß er, statt die Laminariastifte in die knöchernen Bogengänge einzuführen, zum zahnärztlichen Plombieren seine Zuflucht nahm. Seine Ergebnisse waren ebenso entscheidend zuu ngunsten der Endolymph-Hypothese, wie die meinigen. Ewald hat auch einen neuen, ganz in diesem Sinne sprechenden Versuch hinzugefügt, der im künstlichen Eintrocknen der häutigen Bogengänge bestand; auch das volle Vertrocknen des Bogengangs, sogar auf beiden Seiten, vermochte keinerlei Bewegungsstörungen zu erzeugen. Im Jahre 1893 hat Breuer versucht, meine und Ewalds Widerlegungen zu entkräften, und zwar nicht etwa durch Wiederholung unserer Versuche oder Anführung neuer experimenteller Belege, sondern durch rhetorische Wortklauberei und polemische Auseinandersetzungen von sehr zweifelhaftem Werte. In meiner Antwort: „Die Funktionen des Ohrlabyrinths" hat seine ganz eigentümliche Art, physiologische Fragen zu diskutieren, die verdiente Zurückweisung erfahren. Es wäre unnütz, die Polemik über diese totgeborene Endolymph-Hypothese hier nochmals wiederzugeben.

§ 3. Die Beobachtungen Purkinjes über den Schwindel und die Drehversuche von Mach.

Mit der Widerlegung der Endolymph-Hypothese fällt eigentlich die wichtigste Grundlage der Lehren von Crum-Brown, Breuer und Mach über die vermeintlichen Verrichtungen der Bogengänge als Sinnesorgan für die Drehempfindungen weg. Wenn hier dennoch näher auf den sogenannten Drehsinn eingegangen wird, so geschieht dies hauptsächlich, um die wahre Bedeutung der Schwindelerscheinungen, welche bei der Drehung unseres Körpers um seine vertikale Achse entstehen, genauer experimentell feststellen zu können, da sie von größtem Interesse für das Verständnis der Funktionen des Ohrlabyrinths sind. Fast zu derselben Zeit, als Flourens seine Untersuchungen bekannt machte, ließ ein anderer bedeutender Physiologe, Purkinje, eine Reihe von Beobachtungen über den Schwindel erscheinen, welche, obwohl sie einem verschiedenen Gedankengange entsprungen waren, nichtsdestoweniger viele Berührungspunkte mit den eben besprochenen, die Bogengänge betreffenden Experimenten darbieten.

Die von Purkinje der Diskussion unterworfenen Experimente gehören zu der Klasse von Selbstbeobachtungen, die den meisten Menschen geläufig sind. Wenn wir mit einer gewissen Schnelligkeit uns mehrere

Male um uns selbst drehen, (d. h. wenn wir bei aufrechter Stellung um die Längsachse unseres Körpers rotieren), erscheinen uns alle umgebenden Gegenstände als in einer Rotation begriffen, deren Richtung derjenigen der von uns selbst ausgeführten Bewegung entgegengesetzt ist. Diese scheinbare Bewegung dauert in derselben Richtung noch einige Zeit fort, nachdem wir zum Stillstehen gekommen sind. Während dieser scheinbaren Drehung alles uns Umgebenden nehmen die von uns betasteten Gegenstände an der Bewegung teil. Es läßt sich für die Empfindungen, die wir dabei haben, kein bezeichnenderer Ausdruck finden, als wenn wir sagen, daß der unseren Augen sichtbare Raum innerhalb eines anderen Raumes sich zu drehen scheine. Diese in der Wissenschaft unter dem Namen des Gesichts- und Tastschwindels bekannte Empfindung ist eine um so länger anhaltende, je längere Zeit unser Körper in Rotation verharrt hatte. Sie bewirkt ein Gefühl von Unbehagen und Ungewißheit über die von unserem Körper eingenommene Stellung, welches uns meistens nötigt, die letztere zu wechseln und Stützpunkte zu suchen.

Purkinje sowohl als Darwin (der Ältere) haben festgestellt, daß die Achse dieser imaginären Rotation des uns umgebenden Raumes bestimmt wird durch die Achse der tatsächlich von unserem Kopfe ausgeführten Rotationen. Ändern wir, nachdem die drehende Bewegung des Körpers unterbrochen worden ist, die Stellung des Kopfes, so beobachten wir, daß die Richtung der Achse der imaginären Bewegung dabei unverändert bleibt, d. h. daß, welche Stellung wir unserem Kopfe auch geben, jene Achse immer durch sie geht.

„Wenn man beim Anfange des Sich-Herumdrehens genau auf sein Gesichtsfeld achtet, — schreibt Purkinje, — so beharren die Gegenstände erst in relativer Ruhe, indem das Auge durch seine Bewegungen die sich vermöge der Drehung des Körpers immerfort ändernden Raumverhältnisse derselben ausgleicht. Bald aber fangen die Augenmuskeln an zu ermüden und starr zu werden, teils wegen der wiederholten gleichartigen Bewegungen, teils infolge von einem eigentümlichen krampferregenden Einflusse des Gehirns; sie folgen nicht mehr in gleichem Maße der Drehung des Körpers, sondern nur absatzweise, indem die Gegenstände jetzt bewegt, jetzt ruhend erscheinen, endlich hört auch dieser Krampf auf, und das unwillkürlich fixierte Auge bewegt sich gleichmäßig mit dem übrigen Körper, indes die sichtbaren Gegenstände nach entgegengesetzter Richtung immer schneller und schneller umlaufen, jedoch nicht durchaus gleichmäßig, indem das Auge noch von Zeit zu Zeit an einzelnen schwach haften bleibt und dadurch eine Retardierung der Scheinbewegung, aber keinen völligen Stillstand hervorbringt. Wenn man beim Sichdrehen gleich anfangs die Augen fixiert, z. B. durch starres Anblicken eines nahe dem Auge gehaltenen Fingers, so vertritt dies die oben bemerkte krampfhafte Fixierung des Auges, und die sichtbaren Gegenstände drehen sich sogleich der Bewegung des Körpers gemäß, und ihre Bewegung wird nur dann wieder ungleichmäßig, wenn man das fixierte Auge wieder frei läßt.“

Die sehr geistreiche Erklärung, welche Purkinje dieser so genauen Beschreibung der Empfindungen, welche den Schwindel begleiten, gegeben hat, läßt sich folgendermaßen wiedergeben. Während der Drehung des Körpers um seine Längsachse muß dem Gehirn vermöge seiner weichen Beschaffenheit die Tendenz innewohnen, hinter der Schädelkapsel ein wenig zurückzubleiben. Es handelt sich um dieselben Erscheinungen, welche wir an einer Flüssigkeit wahrnehmen, deren Gefäß in rotierende Bewegung versetzt wird. Die Flüssigkeitsteile behalten ihre Lage bei, bis ihre Adhäsion an den Wandungen des Gefäßes sie in die Bewegungen dieses letzteren mit fortreißt. Die Kohäsion des Gehirns ist eine allzu beträchtliche, als daß genau dasselbe Phänomen sich hier wiederholen könnte. Da indessen seine Substanz eine weiche ist und infolgedessen bis zu einem gewissen Grade eine in seinem Innern vor sich gehende Verschiebung der Teile zuläßt, muß es notwendigerweise gewisse Eigenschaften mit den Flüssigkeiten gemein haben. Man ist also genötigt, einzuräumen, daß im Falle einer mehr oder weniger intensiven Bewegung die Teile des Gehirns sich verschieben und spannen müssen, ohne daß es jedoch hierbei zu einer wirklichen Trennung ihrer Kontinuität kommen könnte. Derartige Zerrungen müssen dieselben Störungen herbeiführen, wie wirklich mechanische Verletzungen und nur dem Grade nach von ihnen sich unterscheiden.

„Nach den bekannt gewordenen Resultaten von an Tieren angestellten Versuchen möchte ich diese Störungen vor allem einer Störung des Kleinhirns und der Hirnschenkel zuschreiben; die Betäubung müßte den großen Hemisphären zugeschrieben werden“ schrieb Purkinje.

An einer anderen Stelle seiner beachtenswerten Arbeit kommt Purkinje auf diese Erklärung zurück und fügt ihr neue Einzelheiten hinzu. Der Schwindel würde erzeugt durch eine Veränderung derjenigen Empfindungen, welche die Gehirnteile im normalen Zustande ihres gegenseitigen Kontaktes perzipieren. Indem dieser Kontakt während der durch die Rotation des Körpers bedingten Verschiebung dieser Teile sich ändert, müssen diese Empfindungen notwendigerweise andere werden.

„Bei gewöhnlicher Körperhaltung und während der gewöhnlichen Bewegungen unseres Körpers wird der Einfluß der Schwere in jedem Teile empfunden, und diese Empfindung dient dazu, die Bewegungen zu regulieren und das Gleichgewicht des Körpers zu sichern. Wenn also in irgend einem Teile unseres Körpers, zumal in deren edelstem, dem Kopfe, welchem die unbewußten Empfindungen des Körpers zugute kommen, die Schwere ihre Richtung ändert, verwirren sich die in sämtlichen Körperteilen perzipierten Empfindungen, es treten unbewußte Bewegungen ein, welche dazu dienen, die normale Richtung des Kopfes wiederherzustellen und seiner scheinbaren Bewegung Einhalt zu tun“. Es ist gleichfalls die durch den Kopfschwindel erzeugte scheinbare Bewegung, welche den Tastschwindel hervorruft.

Nach Purkinje sind es also die von den Muskeln unseres Körpers und unserer Augäpfel — zum Zwecke der Fixierung und behufs eines

Entgegenwirkens gegen die scheinbare Rotation — ausgeführten unbewußten Bewegungen, welche die Empfindungen des Schwindels hervorrufen.

Wenn wir uns ein Urteil über die Bewegung der Gegenstände je nach dem Ortswechsel ihrer Bilder auf unserer Netzhaut und je nach der zum Zwecke ihrer Fixierung von uns ausgeführten Kontraktionen der Augenmuskeln bilden, so ist es klar, daß im Schwindelanfalle die Gegenstände uns in Bewegung begriffen erscheinen werden. Nach Purkinje also ist der Schwindel in dem psychischen Akte begründet, vermöge dessen wir die durch die Bewegungen unserer Augen gewonnenen Eindrücke einer Bewegung der uns umgebenden Gegenstände zuschreiben.

Wir werden weiter noch sehen, daß Purkinje ebenso richtig die wirkliche Ursache des Drehschwindels erkannt wie er dessen Symptome beschrieben hat. Es wird dabei gezeigt werden, wie sehr sich seine Auffassungen der scheinbaren Bewegungen mit denen decken, zu denen wir am Schlusse unserer ersten Untersuchungen über den Raumsinn gelangt sind (siehe Kap. III). Es war einem zur Metaphysik angelegten Physiker wie Mach nicht zu verdenken, daß er eine gewisse Analogie zwischen den Phänomenen von Flourens und den Beobachtungen über den Schwindel von Purkinje hat finden wollen. Im Zusammenhange mit der Endolymph-Hypothese veranlaßte ihn diese Analogie, eine Reihe von Drehversuchen an sich selbst anzustellen. Bei diesen Versuchen mit einem Drehkasten, der sich mit beliebiger Geschwindigkeit um eine vertikale Achse drehen ließ, glaubte Mach in präziser Weise seine Bewegungsempfindungen studieren zu können und so Beweise für die Abhängigkeit der Bewegungsempfindungen von den Bogengängen zu finden. Daß die Endolymph-Hypothese unhaltbar ist, haben wir schon gesehen; es wird gleich unten auseinandergesetzt werden, daß die von ihm vermutete Analogie ebenso haltlos ist. Am unglücklichsten war aber eine dritte Voraussetzung Machs, die eine geradezu verhängnisvolle Rolle bei der Verwirrung über die Verrichtungen des Ohrlabyrinths gespielt hatte und in manchen Köpfen noch jetzt zu spielen fortfährt.

Mach analysierte zuvörderst die Empfindungen, die wir während einer solchen Bewegung unseres Körpers wahrnehmen, welche dessen vollständigen Ortswechsel herbeiführt. Er suchte nachzuweisen, daß wir imstande sind, nur die Beschleunigung dieser Bewegung und nicht die gleichmäßige Bewegung zu perzipieren, d. h. daß unsere Empfindungen erzeugt werden nicht durch die Schnelligkeit der Bewegung, sondern durch die Abwechselungen in dieser Schnelligkeit.

Bei Gelegenheit dieser Analyse der vermeintlichen Beschleunigungsempfindungen versuchte er sich Rechenschaft von den Empfindungen zu geben, die man während der Eisenbahnfahrt erfährt.

„Befindet man sich auf einem mit konstanter Geschwindigkeit bewegten Eisenbahnzuge, schreibt er, so fühlt man nur die kleinen Erschütterungen, welche in geringen abwechselnden Beschleunigungen und Verzögerungen unseres Körpers bestehen, die sich, weil die mittlere Geschwindigkeit eben konstant bleibt, die Wage halten. Diese Erschütterungen bleiben dieselben, ob der Zug vor- oder rückwärts fährt. In der Tat kann man sich bei geschlossenen Augen beides gleich leicht vorstellen und kann ohne Schwierigkeit von der einen Vorstellung zur anderen übergehen. Dies ist nicht mehr möglich, wenn der Zug im Abfahren oder Anhalten begriffen ist, also die mittlere Beschleunigung von Null verschieden ist und einen bestimmten Sinn hat. Fährt man auf der Eisenbahn durch eine starke Krümmung, so scheinen die Häuser und Bäume oft beträchtlich von der Vertikalen abzuweichen, und zwar scheint sich der Gipfel der Bäume auf der konvexen Seite der Krümmung von der Bahn wegzuneigen. Andererseits bemerkt man sehr oft auch eine Schiefstellung des Wagens und hält nun die Häuser und Bäume für vertikal".

Für einen nicht metaphysisch angelegten Geist wäre diese Beobachtung sehr einfach zu deuten. Mach war aber von der Goltzschen Endolymph-Hypothese zu sehr befangen, um den wahren Sachverhalt zu erkennen. Er baute auf dieser altbekannten Beobachtung eine Reihe von Hypothesen auf, die darauf hinauszielten, zu erweisen, daß die Bogengänge dazu bestimmt seien, die Winkelbeschleunigungen uns zum Bewußtsein zu bringen. Wir sollen dank diesen Organen bei den Vorwärtsbewegungen nicht Geschwindigkeiten sondern nur die Beschleunigungen empfinden. Alle diese Auseinandersetzungen waren weder klar noch überzeugend; sie wurden absichtlich in nebelhafte, den Metaphysikern eigentümliche Phrasen gehüllt, wurden dann und wann von mathematischen Gleichungen begleitet, die nichts mit der Sache zu schaffen hatten. Auf Laien in der Psychologie wie Crum-Brown und Breuer u. a. machten sie Eindruck. Breuer resumierte kurz die Machsche Hypothese: „Diese Erscheinung (des Schieferscheinens der Telegraphenstangen) hat Mach zur Beobachtung des Gegenstandes angeregt. Sie beruht darauf, daß unter solchen Umständen eine Raddrehung der Augen eintritt, deren Meridiane sich mit ihrer oberen Hälfte dem Zentrum der durchfahrenen Kurve zuneigen. Diese Drehung ist eine Teilerscheinung der veränderten Perzeption der Vertikalrichtung, die unter solchen Umständen eintritt. Man glaubt die Vertikale noch gegen das Zentrum der Kurve geneigt, und wenn man dabei steht oder die Kurve in aktiver Bewegung beschreibt, neigt man den ganzen Körper in derselben Linie gegen das Zentrum derselben. Man sieht sie bei jedem Ringlauf, beim Schlittschuhlaufen, an den Pferden in der Manege usw. . . ."

Kreidl schreibt: „Es war vor allem Aufgabe, ein Symptom zu finden, das einerseits gewiß im Zusammenhange mit dem Otolithenapparat stand, andererseits einer objektiven Beobachtung zugänglich war. Es ist eine bekannte Tatsache, daß wir bei Neigung des Kopfes eine kompensatorische Raddrehung der Augen vollführen und daß es die veränderte Stellung des Kopfes gegen die Vertikale ist, welche diese Reflexe auslöst. Ebenso bekannt ist es, daß, wenn man im

Eisenbahnwagen durch eine Kurve fährt, Häuser und Kirchtürme schief gestellt erscheinen. Dies beruht darauf, daß bei vertikaler Haltung des Kopfes auf denselben außer der Schwerkraft eine horizontale Beschleunigung — die Zentrifugalkraft — wirkt. Die Zentrifugalkraft wirkt auf den Otolithenapparat usw.“

Die Erklärungen Breuers und Kreidls waren weniger klar als die Machschen; die Übereinstimmung bestand darin, daß die Abhängigkeit der Täuschung von den Bogengängen als aprioristische Wahrheit angenommen wurde, die keiner weiteren Begründung bedurfte. In Wirklichkeit war diese Übereinstimmung noch viel vollkommener; alle drei Erklärungen waren gleich irrtümlich und beruhten auf einer ungenügenden Prüfung des Täuschungsphänomens. Gleichzeitig mit der Beschleunigung des Zuges beim Durchfahren einer Kurve findet auch Schiefstellung der Waggons statt. Da die Schienen bei Kurven an der äußeren Seite entsprechend den größeren Kreisen höher gelegt werden, so tritt eine Neigung des Waggons gegen das Zentrum der Kurve ein. Dabei bilden die Waggons nebst Türen, Fensterrahmen usw. einen Winkel mit den Bäumen, Telegraphenstangen und Türmen, und zwar hat dieser Winkel an der äußeren Seite der Kurve seine Spitze nach unten, an der inneren Seite seine Spitze nach oben. Da wir gewöhnt sind, die Waggons für vertikal zu halten, so schließen wir, daß die Telegraphenstangen und Bäume schief gegen die Vertikale des Waggons stehen. Es handelt sich also hier eigentlich gar nicht um eine Sinnestäuschung, sondern um eine Urteilstäuschung. Um sich von der Richtigkeit dieser Erklärung zu überzeugen, genügt es, sich aus dem Waggon derart hinauszulehnen, daß man die Fensterrahmen und die Waggonwände nicht mehr als Vergleichsobjekte vor den Augen hat; sofort erscheinen die Telegraphenstangen wieder ganz aufrechtstehend. Ja, es genügt, die schief erscheinenden Bäume oder Stangen durch einen Operngucker anzuschauen, um sie wieder vertikal zu sehen. Natürlich dürfen die Fensterrahmen nicht im Gesichtsfeld erscheinen.

Wenn man mit der Abtschen Bahn einen Berg hinauffährt, so erscheinen Berge, Häuser und Telegraphenstangen schief, sobald die Steigung merklich wird, und zwar schief nach der Richtung der Steigung. Von Kurven und Beschleunigung des Zuges ist hier natürlich keine Rede; die Bogengänge können also in keiner Weise dabei beteiligt sein. Natürlich erfolgt die gleiche Täuschung auch beim Herunterfahren.

Ich habe diese Beobachtungen hundertmal, unter anderem bei der Auffahrt von Glion nach Caux, gemacht. Bei der letzten Steigung, wenn man sich Caux nähert, erscheinen einige ganz frei stehende Gebäude (von einem Irrtum wegen des Terrainunterschiedes ist also keine Rede) ganz schief, ebenso auch das Hotel von Caux. Macht man die Auffahrt in einem offenen Waggon, der weder Fenster noch Fensterrahmen besitzt, so tritt die Täuschung nicht auf. Sie fehlt auch, wenn man beim Auffahren auf der vorderen Plattform steht. Mehrmals habe ich Mitreisende in beiderlei Waggons nach ihren Eindrücken befragt; das Resultat war immer dasselbe: im offenen Waggon keine Täuschung, im geschlossenen — Täuschung. Mein vierjähriger Sohn — wie auch einige andere Kinder — unterlag dieser Täuschung nicht und sah auch bei der größten Steigung die Häuser und Telegraphenstangen immer vertikal. Ich habe ihm darauf die Zöllnerschen Muster gezeigt; sofort bemerkte er, daß die parallelen Linien entweder oben oder unten sich einander nähern bezw. entfernen. Es handelt sich also beim Schiefstehen der Körper und Stangen nicht um eine Sinnestäuschung, sondern um eine Urteilstäuschung, die bei unbefangenen Kindern nicht immer auftritt. Derselbe Knabe sah auch Häuser auf den Bergen schief, welche dadurch dem Horizonte zu nach einer Seite geneigt erscheinen, weil man aus der Ferne von einer Seite mehrere Stockwerke, von der anderen nur ein Stockwerk sieht.[1]) Hier handelt es sich wirklich um eine optische Täuschung.

Durch eine Art Experimentum crucis kann man sich auf derselben Fahrt von der Richtigkeit der oben gegebenen Erklärung der Urteilstäuschung überzeugen. Glion und Territet sind durch eine Drahtseilbahn verbunden, deren Steigung viel bedeutender ist, als diejenige der Abtschen Bahn zwischen Glion und Rocher de Naye: trotzdem erscheinen die Telegraphenstangen auf dieser Strecke immer ganz vertikal. Der Grund ist sehr einfach: die Waggons der Drahtseilbahn enthalten aus mehreren Stufen gebaute Abteilungen, welche bei gleicher Neigung der Bahn horizontal bleiben, infolgedessen die seitlichen Rahmen der Türen und Fenster lotrecht stehen, also parallel den gleichfalls vertikalen Telegraphenstangen usw.

Die Erklärung, welche Mach und seine Nachfolger der Täuschung beim Durchfahren von Kurven gegeben haben, trotzdem ihm wenigstens die Tatsache bekannt war, daß die Schiene auf der konvexen Seite der Krümmung höher gelegt wird „um die Wirkung der Zentrifugalkraft zu kompensieren“, war also ganz irrtümlich. Beeinflußt durch derartige irrtümliche vorgefaßte Meinungen vermochte Mach daher seinen sonst nicht uninteressanten Versuchsergebnissen nur irrige Deutungen geben.

Der Hauptzweck dieser Versuche war, wie schon gesagt, auf eine mehr exakte Weise die Empfindungen des Schwindels sowie diejenigen der Bewegungen zu studieren. Der wichtigste Schluß, zu welchem diese Untersuchungen geführt haben, war der, daß wir die Winkel-Beschleunigung, nicht aber die Winkel-Geschwindigkeit empfinden sollen. Anderen Versuchen hat er die Überzeugung entnommen, daß die durch die Winkel-Beschleunigung erzeugten Empfindungen länger anhalten als die Beschleunigung selbst, und daß die Stellung des Kopfes während dieser Bewegungen einen vorwiegenden Einfluß ausübt auf die Natur dieser Empfindungen sowie auf die uns gegebene Möglichkeit, deren Richtung zu bestimmen. Indem er den Winkel

[1]) Im Schlafcoupé fragte er mich beim Durchfahren einer Kurve ganz spontan, warum der Boden des Waggons plötzlich schief steht.

variierte, den miteinander der Sessel, auf welchem er sich befand, und der Rahmen, in welchem die Rotationsachse dieses Sessels fixiert war, bildeten, indem er auch die Beleuchtung des Zimmers, in welchem der Rahmen aufgestellt war, modifizierte, d. h. bald das Zimmer verdunkelte, bald Licht einströmen ließ, indem er endlich die Stellung des Kopfes während der Rotation wechselte, gelangte Mach im Laufe seiner zahlreichen Untersuchungen zu einigen nicht uninteressanten Resultaten. Die obige Erklärung aber, welche Purkinje von dem Ursprunge dieser beim Schwindel auftretenden Sensationen gegeben hat, befriedigte Mach nicht. Er versuchte daher eine andere ausfindig zu machen. In dieser Absicht durchmusterte er alle Organe, welche der Sitz der betreffenden Empfindungen sein könnten, und glaubte die sensiblen Nerven der Haut sowie die des Bindegewebes, der Knochen und der Muskeln ausschließen zu können.

Hierauf ging er zur Analyse der beträchtlichen Verschiebungen über, welche die Blutmasse während der Rotation des Körpers erfahren muß, und fand es wenig wahrscheinlich, daß die von dieser Verdrängung herrührenden Empfindungen uns die Richtung dieser Rotation mit Genauigkeit anzugeben gestatten würden. Diese letztere Exklusion gab Mach Gelegenheit, die während der Rotation unseres Körpers zur Baobachtung gelangenden visuellen Phänomene ausführlicher zu diskutieren und zu untersuchen, ob die Ortsveränderungen der Augäpfel zu deren Erklärung nicht genügen würden.

Purkinje legte auf diese Ortsveränderungen ein großes Gewicht. Seiner Ansicht nach bewirkt die Tendenz der Augäpfel, die Gegenstände während der Rotation des Kopfes zu fixieren, daß die Augen dieser Bewegung nicht mit derselben Schnelligkeit folgen; sie bleiben gewissermaßen unterwegs etwas zurück und nehmen ihre normale Stellung in der Augenhöhle erst ein wenig später wieder ein. Nach dieser Theorie Purkinjes würde der Schwindel, der uns glauben macht, daß die uns umgebenden Gegenstände sich um uns zu drehen fortfahren, in einem Ortswechsel des Gesichtsfeldes bestehen, welcher durch die Bewegung der Augäpfel erzeugt wird und welchen wir in völlig unbewußter Weise den Gegenständen selbst zuschreiben, infolge unserer Gewohnheit, Ortsveränderungen der umgebenden Gegenstände je nach den Empfindungen zu beurteilen, welche die Kontraktion der Augapfelmuskeln, während wir mit den Augen diesen Gegenständen folgen, in uns erzeugt.

Mach hielt mit Unrecht diese so einleuchtende Erklärung Purkinjes für nicht genügend; er war vielmehr geneigt, sich der von Breuer jener Erklärung gegebenen Modifikation anzuschließen. Hiernach wären es nicht mehr die Trägheit der Augäpfel und die Tendenz unserer Augen, zu fixieren, welche die Verspätung in der Bewegung der Augäpfel verursachten; sondern diese Bewegungen sollten reflektorischen Ursprungs sein, hervorgerufen durch die Erregung der Ampullennerven. Nach Breuer sollten diese Augenbewegungen dazu bestimmt sein, die Drehung des Kopfes zu kompensieren, sie sollten daher eine dieser

Drehung entgegengesetzte Richtung haben. Wir werden noch Gelegenheit erhalten, diese Kompensations-Hypothese von Breuer zu prüfen und deren Unhaltbarkeit, soweit die Kompensation als durch die Vermittelung der Ampullennerven erzeugt betrachtet wird, nachzuweisen. Sie befriedigte übrigens keineswegs Mach. Er fand sie mit Recht ungenügend, um die Schwindelerscheinungen zu erklären; seine eigenen etwas verwickelten Erklärungen lassen sich in folgenden zwei Punkten zusammenfassen: 1. Die Flourenschen Phänomene sollen durch dieselben Ursachen erzeugt werden, wie der Purkinjesche Schwindel; 2. Nach dem Gesetze der spezifischen Energie soll jede Erregung der Ampullennerven eine Drehungsempfindung erzeugen. Dabei schließt sich Mach der von mir hervorvorgehobenen Bedeutung der anatomischen Lagerung der Bogengänge in den drei Dimensionen des Raumes an. Wie aus seinen an der Spitze dieses Kapitels wörtlich zitierten Worten hervorgeht, wurde er auf diese als Grundlage seiner neuen Drehversuche genommene Voraussetzung durch meine Veröffentlichung vom Jahre 1873 geleitet. Meine Annahme, es handle sich um Richtungs- und Raumempfindungen, hatte er nicht annehmen wollen; er glaubte in seinen Versuchsergebnissen den Hinweis gefunden zu haben, es handle sich um Empfindungen der Winkelbeschleunigung, die von der Erregung der Bogengänge bei den Drehungen des Kopfes erzeugt werden; dies in Übereinstimmung mit der Goltzschen Endolymp-Hypothese.

Mach gab sich sehr gut Rechenschaft, daß seine zwei theoretischen Erörterungen nicht genügend seien, um aus den vieldeutigen Ergebnissen seiner Drehversuche so weitgehende Schlüsse zu gestatten und dabei noch meine auf Hunderten von Versuchen gestützte Lehre zu erschüttern. Er machte daher auch einige Versuche an Kaninchen, die er der passiven Rotation auf einer Drehscheibe aussetzte. Diese Rotation erzeugte bei den Kaninchen einen Schwindel, welcher sich folgendermaßen zu erkennen gab: Sobald das passive Rotieren unterbrochen wurde und man die Kaninchen frei ließ, führten sie noch mehrere unwillkürliche Umdrehungen um ihre longitudinale Körperachse oder einige Manegebewegungen aus. Mit Recht hat Mach diese Schwindelsymptome mit den von Purkinje geschilderten verglichen. Aber indem er diese Phänomene durchaus mit den durch die Körperrotation in den Bogengängen hervorgerufenen Störungen in Verbindung bringen wollte, machte er den Vorschlag, den Beweis für die Richtigkeit einer solchen Auffassung in folgendem Experiment zu suchen: „ein wichtiger Versuch endlich würde darin bestehen, Tiere mit durchschnittenem Acusticus in Rotation zu versetzen. Diese sollten keinen Drehschwindel bekommen. Breuer hat an einer Taube mit vollständig entfernten Bogengängen bei Drehung in der Hand die Schwindelserscheinungen vermißt. Solche Versuche muß ich anderen überlassen, da mir zur Ausführung von Vivisektionen die Kenntnisse fehlen und die Erwerbung derselben mit einem unverhältnismäßigen Aufwande an Zeit verbunden wäre.“

Wie man sieht, glaubte Mach, Breuer habe an einer labyrinthlosen Taube die Beobachtung gemacht, daß die Schwindelerscheinungen weggefallen wären. Wir werden gleich zeigen, daß die betreffende Beobachtung Breuers gerade das Gegenteil bewiesen hat. Zuerst soll das wichtigste Versuchsergebnis der Drehbewegungen bei Kaninchen mitgeteilt werden, denen vorher beiderseits die Acustici durchschnitten wurden: solche Kaninchen zeigen, wenn man sie auf einer Zentrifugalmaschine Rotationen aussetzt, ganz dieselben Schwindelphänomene, welche Mach an gehenden Kaninchen beobachtete," schrieb ich schon in meiner Mitteilung an die Pariser Akademie der Wissenschaften vom Jahre 1876. „Das ganze System von Erörterungen, durch welches Mach und Crum-Brown dazu gelangt waren, in dieser Beobachtung einen Beweis dafür zu erblicken, daß die Bogengänge die Aufgabe hätten, jede Kopfrotation durch eine spezifische Rotationssensation anzuzeigen, welche ihrerseits dazu bestimmt wäre, kompensierende Bewegungen hervorzurufen: dieses ganze System, schrieb ich, wird durch die Tatsache umgeworfen, daß eben dieselben Bewegungen auch dann sich einstellen, wenn jede Verbindung zwischen diesen Kanälen und dem Gehirn abgeschnitten ist. Die Purkinjeschen Phänomene hängen also nicht von den halbzirkelförmigen Kanälen ab; die Erklärung, die dieser Physiologe von ihnen gegeben hat, indem er sie den im Gehirn selbst durch die Kopfrotation erzeugten Störungen zuschrieb, ist also die einzig und allein zulässige. Vielleicht sind diese Störungen nur eine Folge der Zirkulationsanomalien in den von der Rotationsachse am meisten entfernten intrakraniellen Gefäßen. Aus dem, was man an den Derwischen und den amerikanischen Shakers beobachtet hat, sowie an gewissen russischen religiösen Sekten, welche die Rotationsbewegungen mit großer Lebhaftigkeit stundenlang und selbst während ganzer Tage fortsetzen, geht hervor, daß die größten psychischen Alterationen, wie Hallucinationen, Visonen, vollständiger Schwund des Bewußtseins usw. die Folge dieser stürmischen Bewegungen sein können. Es ist also das Gehirn selbst, an welchem in erster Linie die Wirkung dieser Bewegungen sich geltend macht".

Die geschilderten Experimente haben die Hypothese Machs schon hinreichend widerlegt. Nur noch einige Worte, um besser hervortreten zu lassen, wie unwahrscheinlich die Theorie von Mach, Crum-Brown u. a. schon a priori erscheinen mußte. Wie sollte man zugeben, daß die halbzirkelförmigen Kanäle dazu dienen, uns von der Rotation des Kopfes Kenntnis zu geben, wenn wir dieselben Organe vollständig gut entwickelt bei Tieren antreffen, die, wie z. B. Frösche oder Fische, einen fast unbeweglichen Kopf besitzen, und welche übrigens in der Regel ebensowenig wie die übrigen Tiere Rotationsbewegungen ausführen!

Und steht es denn übrigens ganz zweifellos fest, daß wir nur die Beschleunigung der Bewegung und nicht die Geschwindigkeit selbst empfinden? schrieb ich im Jahre 1878. Es hält nicht schwer, sich vom Gegenteil zu überzeugen. So z. B. ist es mir, wenn ich mich in einem dahinbrausenden Eisenbahnzuge befinde, bei geschlossenen Augen durchaus unmöglich, dessen Richtung zu bestimmen, mag er nun seine Geschwindigkeit wechseln oder aber mit konstanter Geschwindigkeit sich fortbewegen. Dieselbe Unmöglichkeit ist für mich vorhanden, wenn ich in einem Ballon aufsteige oder mich abwärts bewege. Dagegen können wir vermöge der uns durch Waggonstöße etc. mitgegeteilten Erschütterungen recht wohl in approximativer Weise die Schnelligkeit eines Zuges bestimmen, selbst wenn diese eine konstante ist. Natürlich werden diese Erschütterungen, wenn die Schnelligkeit wechselt, unregelmäßiger werden und wir empfinden in diesem Falle die Beschleunigung oder die Verlangsamung. Die Beweise, die Mach selbst zugunsten der Meinung anführt, daß die Nerven unserer Gelenke, unserer Muskeln, der Haut, der Tegumente etc. an den Bewegungssensationen teilnehmen, haben trotz seiner Einwürfe eine ungleich bessere Begründung als die Hypothese, welche diese Empfindungen in den Bogengängen lokalisiert.

Es genügt übrigens, während der gewöhnlichen Bewegungen Selbstbeobachtungen zu machen, um sich davon zu überzeugen, wie sehr verschieden die Ursachen sind, die auf unsere Beurteilung der Schnelligkeit der Bewegungen bestimmend einwirken. So z. B. hat man, wenn man ein Pferd reitet, welches einen sehr langsamen Trab geht und mithin große aber seltene Schritte macht, die Empfindung einer sehr langsamen Bewegung; während ein Pferd, dessen Schritte häufiger aber kürzer sind, uns die Empfindung einer raschen Bewegung erteilt, obgleich im Grunde das erste Pferd uns sehr viel schneller weiter befördert. Hier beurteilen wir die Geschwindigkeit nach der Anzahl der Erschütterungen, welche jeder Schritt unseren Gelenken, unseren Muskeln usw. mitteilt. Befinden wir uns in einem Eisenbahnzuge, welcher mit einer Geschwindigkeit von 20—30 Kilometern sich fortbewegt, so haben wir dabei eine recht unangenehme Empfindung langsamer Bewegung. In einem Wagen oder Schlitten, in welchen man mit der Geschwindigkeit von 20 Kilometern in der Stunde befördert wird, empfindet man im Gegenteil die Sensationen schneller Fortbewegung. Hier rühren unsere Empfindungen von dem unbewußten Vernunftschluß her, welcher uns sagt, daß wir im ersten Falle noch weit davon entfernt sind, das Maximum der möglichen Geschwindigkeit erreicht zu haben, während im zweiten die Pferde das Maximum der Anstrengung leisten.

Aus denselben Gründen empfindet man, wenn man die Schweizer Seen in Ruder- oder Segelböten befährt, das Gefühl der Schnelligkeit, während in Dampfböten die Empfindung der Langsamkeit oft unerträglich wird. Es würde nicht schwer fallen, noch andere Beispiele aufzufinden, aus denen sich ersehen ließe, daß die durch die Bewegung hervorgerufenen Empfindungen noch andere Eigentümlichkeiten und andere Ursachen haben können. So z. B. erzeugt das rasche Hinabfahren von den russischen Eisbergen durchaus keine Beschleunigungsempfindung, wohl aber das Gefühl einer durch den ganzen Körper verbreiteten Leichtigkeit, verbunden mit einem leichten, sehr angenehmen Benommensein. Diese Empfindungen rühren zum Teil von der Abnahme des Druckes her, welchen die oberen Körperteile auf die unteren ausüben, und vor allem von der Verringerung des vom Gehirn auf die Schädelbasis ausgeübten Druckes.

§ 4. Die Drehversuche von Yves Delage.

Nachdem die Haltlosigkeit der Goltz-, Mach- und Breuerschen Hypothese über die Rolle des Ohrlabyrinths als Organs für Gleichgewichts-, Bewegungs- und Drehempfindungen schon im Jahre 1878 durch zahlreiche eindeutige Versuche erwiesen worden war, hätte man glauben sollen, daß damit der entstandenen Verwirrung ein Ende gemacht wäre. Dem war aber nicht so. Der Spuk mit den sonderbaren Sinnesorganen hat nach einigen Jahren, dank besonders den Untersuchungen von Delage, von neuem begonnen und erzeugt auch bis jetzt viel Unheil. Mach war der einzige, welcher seine Hypothese über die Funktionen der Bogengänge aufgegeben hat. In seiner Schrift von 1886 lesen wir: „Meine Ansichten über die Bewegungsempfindungen sind bekanntlich mehrfach angefochten worden, wobei allerdings die Polemik immer nur gegen die Hypothese gerichtet war, auf welche ich selbst keinen besonderen Wert gelegt habe. Daß ich sehr gern bereit bin, meine Ansichten nach Maßgabe der bekannt gewordenen Tatsachen zu modifizieren, dafür mag eben die vorliegende Schrift den Beweis liefern.“ . . . „Die Ansicht ist nicht haltbar, daß wir zur Kenntnis des Gleichgewichtes und der Bewegungen durch die Halbzirkelkanäle gelangen“ . . .

In der Tat, wie wir weiter unten sehen werden, näherte sich Mach in seiner neuen Schrift meiner Auffassung der Funktionen der Bogengänge. Nicht so seine Jünger; Breuer, Ewald, Kreidl u. a. blieben lange den früheren Machschen Ansichten treu, trotz der so entscheidenden Resultate der Acusticusdurchschneidungen. Nicht etwa weil sie die Richtigkeit meiner Versuchsresultate bestritten: im Gegenteil. Breuer selbst hat die Erscheinungen des sogenannten Drehschwindels auch nach der Exstirpation beider Labyrinthe auftreten sehen. Und dennoch sollte das Ohrlabyrinth ein spezielles Sinnesorgan für den Drehschwindel oder die Drehempfindungen sein!

Die Ursache der fortdauernden Verwirrung liegt erstens in dem Umstande, daß Mach sich nicht aufrichtig genug von der Theorie der Drehempfindungen losgesagt hatte, sondern, wie wir noch mehrmals sehen werden, durch viele rhetorische Umschweife sich allmählich meinen Anschauungen anschloß. Wenn seine Jünger noch an ihr mit dem Schein einiger Berechtigung festhielten, so lag dies zweitens an den Versuchen von Yves Delage, welche Aubert ins Deutsche übertragen und als bahnbrechend dargestellt hat. Diese Versuche verdienen jedenfalls ernstlich berücksichtigt zu werden. Als hervorragender Naturforscher und gedankenvoller Experimentator hat Delage zuerst die Versuche über die Drehempfindungen beim Menschen mit dem nötigen wissenschaftlichen Ernst angestellt. Er begann seine Untersuchung damit, Anhaltspunkte für den Ursprung der Fähigkeit unseres Körpers, sich bei Ausschluß der Gesichtswahrnehmungen über seine Lage im Raume zu orientieren, durch das Studium von Täuschungen im Dunkeln zu gewinnen. Auf diese Versuche kommen wir im fünften Kapitel noch zurück. Dabei gelangte er zum Schluß, daß die sogenannten statischen Täuschungen im Sinne Breuers nichts mit den Bogengängen zu schaffen hätten.

Delage verneint auch auf Grund seiner Versuche die Existenz eines speziellen Organs für die Empfindung der progressiven Fortbewegung. Auch in dieser Beziehung schließt er sich also meinen Ansichten an, im Gegensatz zu Mach und Breuer. „Jedesmal, sagt er, wenn ich, seit ich mich mit diesen Fragen beschäftige, auf der Eisenbahn gefahren bin, habe ich mit großer Sorgfalt meine Empfindungen analysiert, und ich erkläre, daß ich ganz und gar der Meinung des letzteren (Cyon) bin“.

Die Differenz zwischen Delage und mir beginnt erst bei den Drehempfindungen. Hier schließt sich unser Autor den Ansichten Machs und Breuers an. Nicht etwa, weil seine Versuche irgend welche direkte Beweise für den Zusammenhang dieser Empfindungen mit den Bogengängen geliefert hätten. „Die Ursache der dynamischen Täuschungen und Empfindungen,“ schreibt Delage, „scheint mir in den halbzirkelförmigen Kanälen und in dem Utriculus gesucht werden zu müssen. Ebensowenig wie Mach und die anderen bin ich imstande, dies augenblicklich beweisen zu können, aber ich glaube, für die Beurteilung der Täuschungen einige neue Gründe beibringen zu können“.

Diese Gründe bestehen darin, daß Delage die Purkinjesche Erklärung des Schwindels nicht für jene Fälle versteht, wo „die Empfindung von Drehen im entgegengesetzten Sinne entsteht, nach dem Anhalten einer passiven Bewegung, wenn die Augen geschlossen sind“.

Die Veranlassung zur Verlegung der Drehempfindungen in die Bogengänge sieht Delage in den schon oben widerlegten Voraussetzungen Machs. Haben etwa spätere Versuche meine Ergebnisse widerlegt und so der Mach-Goltzschen Hypothese zur Auferstehung verholfen? Nicht im mindesten! Die von deren Anhängern selbst, wie Spamer, Ewald u. a., ausgeführten, den meinigen analogen Versuche haben zu den gleichen Resultaten geführt, was um so wertvoller ist, als diesen Autoren meine Versuche wahrscheinlich unbekannt blieben; wenigstens erwähnen sie sie nicht. Die aus seinen Versuchen mit Evidenz hervortretende Unhaltbarkeit der Strömungs-Hypothese betont Ewald zwar nicht; er bedient sich aber auch ihrer nicht bei seiner eigenen Erklärung des Erregungsvorganges in den Bogengängen.

Die Annahme, daß Veränderungen in der Kopfstellung zu Erregungen in den Bogengängen führen müssen, beruht ganz und gar auf der Endolymph-Hypothese. Sie fällt also mit dem Nachweis von deren Irrtümlichkeit. So wurden denn der Mach-Delageschen Hypothese, daß die von ihnen bei Drehversuchen an Menschen beobachteten Erscheinungen von den halbzirkelförmigen Kanälen abhängen, allmählich die letzten Stützen entzogen. Wir werden nun zeigen, daß durch Drehversuche an Tieren diese Hypothese auch direkt widerlegt werden kann.

Es soll hier nur erwähnt werden, daß Yves Delage seitdem durch seine Studien über die Orientierung der wirbellosen Tiere eine glänzende Revanche genommen. Ausgehend von meiner postulierten Annahme, diese Orientierung werde durch die in den Otozysten enthaltenen Nervenapparate vermittelt, welche in den drei Richtungen des Raumes gelagert sein sollen (Riedinger), hat Delage durch zahlreiche Versuche die Bedingungen dieser Orientierung festgestellt. Dadurch hat er zum Aufbau der Lehre vom Raumsinn wertvolle Stützen beigetragen (s. Kap. IV).

§ 5. Meine Drehversuche an Tieren.

Trotz der allgemeinen Gleichartigkeit der wenigen von verschiedenen Autoren an Tieren gemachten Drehversuche konnte keine Übereinstimmung in deren Deutung erzielt werden. Noch widerspruchsvoller sind die am Menschen bei Drehempfindungen gemachten Beobachtungen. Die daraus entstandene Verwirrung beruhte teilweise darauf, daß mehrere Autoren, besonders Dilettanten in der Experimentierkunst, gleichzeitig mit der Beschreibung der von ihnen beobachteten Erscheinungen diesen Bezeichnungen beilegten, welche schon die Deutung vorausbestimmten: kompensatorische Bewegungen, Drehschwindel, Drehempfindungen, statische und Gleichgewichts-Empfindungen wurden den verschiedensten Erscheinungen zugeschrieben. Da die meisten der beobachteten Erscheinungen für die Lehre vom Raumsinn von großer Bedeutung sind, so erachtete ich es für angezeigt, in der ausführlichen Darlegung meiner Drehversuche an Tieren einige Aufklärung über die gebrauchten Ausdrücke zu geben.

Beim Experimentieren an Tieren kommen uns nur Bewegungserscheinungen zur Beobachtung. Über die Empfindungen der Tiere erhalten wir, streng genommen, keine direkten Anzeigen. Es ist uns nur gestattet, wenn wir bei Tieren Bewegungen beobachten, die beim Menschen unter gleichen Umständen von gewissen Empfindungen begleitet sind, ähnliche Empfindungen auch bei den Tieren vorauszusetzen. Beweisen können wir dies nicht. Wenn ein Mensch zu Versuchszwecken Drehungen ausführt oder auf der Rotationsmaschine passiv gedreht wird, so tut er dies willkürlich und bewußt. Er kann seine Empfindungen analysieren, seine Bewegungsimpulse beherrschen und sie Prüfungen unterziehen, welche objektive Beobachtungen zulassen. Ganz anders verhält es sich mit Tieren. Diese werden gezwungen bewegt; die ersten Empfindungsäußerungen bestehen daher in Sträuben gegen die unbekannten Bewegungen und in dem Bestreben, ihnen entgegenzuwirken, bezw. der Drehmaschine zu entweichen. Unter diesen Umständen sind die von ihnen ausgeführten Bewegungen ganz verschieden von den beim Menschen beobachteten, und wir haben nicht den geringsten Anhalt, um von den Empfindungen dieser Versuchstiere zu sprechen. Wenn die Autoren von Drehempfindungen, von Schwindelempfindungen bei Tieren sprechen, so haben sie also meistens gar keine ernste Berechtigung hierzu. Es ist sogar höchst wahrscheinlich, daß gewisse Tiere, wie z. B. der Frosch, außer einem leichten Gesichtsschwindel überhaupt keinen Schwindel kennen.

Mit diesem Vorbehalt wollen wir nun zur Beschreibung der Erscheinungen übergehen, welche man bei Tieren (Fröschen, Tauben und Kaninchen; meine Versuche beschränkten sich vorerst auf diese drei Tierarten), beobachtet, wenn man sie Drehungen auf einer Rotationsscheibe aussetzt.

Bewegt man leise die Scheibe um ihre vertikale Achse, etwa in einem Winkel von 10 bis 15 Grad bei Fröschen, 25 bis 40 Grad bei Tauben und Kaninchen, so beantworten ausnahmslos sämtliche Tiere diese Bewegung mit einer deutlich ausgesprochenen Wendung des Kopfes. Und zwar geschieht diese Wendung nach links, wenn die Scheibe nach rechts in der Richtung des Uhrzeigers, nach rechts, wenn sie in entgegengesetzter Richtung gedreht wird. Die Richtung der Kopfwendung ist ganz unabhängig von der Stellung des Tieres auf der Drehscheibe, ob es z. B. mit dem Kopfe oder dem Schwanze zur Achse bezw. zur Peripherie der Scheibe gekehrt ist, ob es in der Mitte der Scheibe steht oder die Drahtglocke berührt, ob es endlich mit dem Kopfe nach vorwärts oder nach rückwärts gedreht wird.

Ich füge gleich hinzu, daß dieselbe Gesetzmäßigkeit der Kopfwendung sich auch ohne Schwierigkeit aus den Beschreibungen der meisten früheren Beobachter ablesen läßt. Wenn das Gesetz in dieser Form, wenigstens vor mir, nicht ausgesprochen wurde, so rührt dies daher, daß die meisten Beobachter die Wendung des Kopfes in Bezug zur Achse oder zur Peripherie der Scheibe beschrieben haben. In solchem Falle scheint wirklich ein Unterschied in den Kopfwendungen zu bestehen, je nachdem die Taube z. B. mit dem Kopfe oder dem Schwanze zur Richtung der Drehung steht. Schäfer hat besonders diese Unterschiede hervorgehoben. Es genügt aber, seine Zeichnungen anzusehen, um von der Gültigkeit des oben formulierten Gesetzes auch für seine Beobachtungen überzeugt zu sein.

Wir haben kurzweg den Ausdruck „Wendung des Kopfes“ gewählt, weil er nichts betreffend der Deutung der Erscheinung präjudiziert. Will man dieser auf den Grund gehen, so überzeugt man sich leicht, daß es sich nicht um eine aktive Drehung des Kopfes handelt;

der Kopf macht einfach die Körperbewegung nicht mit, sondern das Tier hält ihn passiv zurück, soweit ihm die Befestigungsweise des Kopfes an den Körper es gestattet. Das Gesetz müßte also genauer folgendermaßen formuliert werden: Im Beginn der Drehung des Tieres auf einer horizontalen Drehscheibe um eine vertikale Achse bleibt der Kopf zurück, und zwar in der Richtung nach links, wenn die Rotation nach rechts geschieht, und umgekehrt, und dies ganz unabhängig von der Stellung des Tieres auf der Drehscheibe. Um sich von dieser Unabhängigkeit in leichtester Weise zu überzeugen, genügt es, mehrere Frösche gleichzeitig auf die Drehscheibe zu bringen.

Wir begnügen uns vorläufig, nur diese Kopfwendung als Folge der Drehbewegung zu analysieren, und zwar, weil sie allein bei allen drei zu Versuchen verwendeten Tierarten auftritt, weil sie die erste Folge der Drehung ist und auch bei ganz langsamer Drehung auftritt, wo von einem Drehschwindel überhaupt noch keine Rede sein kann. Die Erscheinungen des Kopf- und Augennystagmus, welche dieser Kopfwendung folgen und die von Breuer, Ewald u. a. in die Rubrik „kompensierende Bewegungen" oder „Drehschwindel" zusammengeworfen werden, wollen wir später gesondert behandeln. Hier wollen wir nur die weiteren Erscheinungen, welche bei fortgesetzter Drehung auftreten, verfolgen. Diese variieren von nun an bei den verschiedenen Tieren.

Der normale Frosch behält gewöhnlich seine bei Beginn der Drehung eingenommene Haltung weiter; er kauert sich etwas zusammen, indem er seine Extremitäten stärker an sich heranzieht und den ganzen Körper samt Kopf der Scheibe nähert. In dieser Stellung kann er natürlich der Drehung am besten widerstehen, ohne fortgeschleudert zu werden. Die Kopfwendung bleibt meistens während der ganzen Drehung — wenn diese nicht zu heftig ist — unverändert. Im Moment, wo die Scheibe angehalten wird, geht die Kopfwendung plötzlich in die entgegengesetzte über; statt der Kopfwendung nach links erhält man eine nach rechts, und umgekehrt. Diese Umwandlung macht den Eindruck, als wollte das Tier beim Aufhören der Drehung seinen Kopf in die normale Stellung zurückbringen, daß es aber über das Ziel hinausschieße und über die Normale hinweg den Kopf auf die andere Seite wende. In 5 bis 10 Sekunden kehrt dann der Kopf zur normalen Stellung zurück. Geschieht die Rotation der Scheibe so schnell, daß der Frosch seine Stellung nicht mehr behaupten kann und, von der Zentrifugalkraft fortgerissen, an die Wand geschleudert wird, so kehrt er beim Anhalten der Scheibe meistens sofort zu seiner früheren Stellung zurück, wobei die Kopfwendung nach der entgegengesetzten Seite in derselben Weise wie bei langsamer Drehung auftritt. Dann und wann macht er ein paar ungeschickte Bewegungen, ehe er diese Stellung wieder einzunehmen vermag. Das Auftreten wirklicher Zwangsbewegungen habe ich nicht beobachtet (s. Fig. 9, Taf. I).

Bei der Taube erzeugt die nicht zu heftige Rotation folgende Erscheinungen. Die Taube, anstatt aufrecht zu bleiben, setzt sich hin und stemmt sich gegen den Boden. Die Kopfwendung wird geringer und verschwindet allmählich ganz. Wird dann die Rotation plötzlich sistiert, so findet man meistens den Kopf in der normalen Stellung (von Kopf- und Augennystagmus sehen wir vorläufig ab). Wird dagegen die Rotation so stark beschleunigt, daß die Taube ihre sitzende Stellung nicht mehr beibehalten kann, so stemmt sie sich gewöhnlich mit dem Schwanze gegen die Scheibe, mit Kopf und Schnabel gegen das Gitter der Glocke und verharrt fast unbeweglich in dieser Stellung, auch bei den schnellsten Umdrehungen. Wird dann die Drehung plötzlich sistiert, so wird die Taube von dem Gitter der Glocke fortgeschleudert, wobei sie gewöhnlich mit dem Schwanz nach hinten herüberfällt. Sehr oft, wenn die Rotation lange angehalten hat, purzelt die Taube um ihren Schwanz mehrere Male, ehe sie ihr Gleichgewicht wieder zu erlangen vermag. Bei allmählichem Anhalten, nach vorheriger Verlangsamung der Drehung, nimmt die Taube ihre frühere sitzende Stellung von neuem ein.

Etwas komplizierter sind die Erscheinungen beim Kaninchen, wenn die Rotation längere Zeit fortgesetzt wird. Es kauert sich anfangs sitzend in der Weise zusammen, daß es den Kopf dem Hinterteile nähert in der Richtung der Kopfwendung, und in dieser Stellung sucht es sich an die Wand anzulehnen. Sodann ändert es oft seine Stellung ganz und gar: mit der Längsachse des Körpers legt es sich in den Radius der Scheibe, wobei es den Kopf, welcher seine normale Stellung wieder eingenommen hat, gegen den Drehungsmittelpunkt, das Hinterteil zur Wand der Glocke richtet. Kaninchen, welche mehrere Male der Rotation ausgesetzt waren, nehmen gewöhnlich schon bei deren Beginn diese behaglichere Stellung ein. Wird bei dieser Stellung die Scheibe angehalten, so bleibt das Tier ruhig sitzen, Dagegen führt es eine Kopfwendung nach der entgegengesetzten Seite aus, wenn die Scheibe während der früheren, zusammengekauerten Stellung des Tieres angehalten wird. Ist die Drehung der Scheibe so stark beschleunigt, daß das Kaninchen von der Zentrifugalkraft fortgerissen und gegen die Wand der Glocke geschleudert wird, so bleibt es in seiner ganzen Körperlänge an diese (gewöhnlich mit der Rückenseite) angeheftet. Beim plötzlichen Anhalten führt das Tier mehrere Rollungen um seine Längsachse aus, und zwar in der Richtung von links nach rechts bei der Rechtsdrehung, und umgekehrt. Die Zahl dieser Bewegungen variiert von 2 bis 8; Manegebewegungen sind beim Kaninchen sehr selten. Verwandelt man dagegen die schnelle Rotation allmählich in eine viel langsamere, so gelangt das Tier schnell wieder auf die Beine, nimmt die radiäre Stellung ein und verhält sich beim Anhalten wie oben beschrieben.

Wenn die Tiere mehrere Tage hintereinander der Rotation ausgesetzt wurden, so nehmen gewöhnlich die beschriebenen Erscheinungen viel an Stärke ab. Die Taube fängt oft damit an, daß sie der Drehung zu widerstehen versucht, indem sie in entgegengesetzter Richtung sich mit den Beinen bewegt, als stünde sie auf einem Tretrade und setze es selbst in Bewegung. Erst bei einer größeren Beschleunigung tritt die Kopfwendung auf und das Tier nimmt die beschriebenen Stellungen ein.

Setzt man die Drehung der Tauben oder Kaninchen nach dem Eintritt der Kopfwendung fort, so beobachtet man an ihnen ruckartige Stöße des Kopfes in der Richtung der Drehung, also entgegengesetzt der Richtung der Kopfwendung. Der Eindruck, den diese Stöße machen, ist der, als ob ein reflektorisch wirkender Reiz den Kopf in die Richtung der Drehung, d. h. in die normale Stellung zu bringen suche; das Tier wendet aber den Kopf immer zurück und erreicht von neuem die größte Ablenkung, die es bei der Wendung annahm. Dieser Kopfnystagmus macht nur bei oberflächlicher Betrachtung den Eindruck des Pendelns, in der Tat geschieht der ruckartige Stoß in der Richtung der Drehung viel schneller, als die zurückgehende Bewegung. Die Größe der Kopfwendung erreicht einen Winkel von 80 bis 120 Grad, die des Nystagmus etwa ein Viertel dieser Zahl (20 bis 30 Grad). Bei Fröschen ist von diesem Nystagmus keine Spur bemerkbar; er ist bei Tauben viel stärker als bei Kaninchen. Bei fortgesetzter Rotation verschwindet der Kopfnystagmus, indem er allmählich schwächer wird. Nach plötzlichem Anhalten der Rotation tritt — auch wenn der Kopfnystagmus ganz verschwunden ist — ein ausgesprochen pendelnder Nachnystagmus auf. Dieser Nachnystagmus ist um so heftiger, je länger und schneller die Rotation war; er überdauert bei Kaninchen (bezw. tritt bei ihnen erst auf) nach dem Aufhören der rollenden Zwangsbewegungen. Hält man den Kopf während dieses Nachnystagmus fest, so tritt ein ebenso starker Augennystagmus auf, sowohl bei Kaninchen als auch bei Tauben.

Auch der anfängliche Kopfnystagmus kann bei Tauben durch einen Augennystagmus ersetzt werden. Um dies beobachten zu können, muß man den Kopfnystagmus nicht mittels der rotierenden Scheibe, sondern in der Weise erzeugen, daß der Beobachter das Tier in der Hand hält und einige Drehungen um seine eigene Körperachse ausführt. Man fixiert dann den Kopf einfach durch Festhalten des Schnabels. (Auf das vikariierende Ersetzen des Kopfnystagmus durch den Augennystagmus habe ich schon in den vorhergehenden Paragraphen wiederholt aufmerksam gemacht.)

Die sämtlichen beschriebenen Kopfwendungen sowie den Kopf- und Augennystagmus betrachten Breuer u. a. als Symptome des Drehschwindels bei Tieren. Sie sollten reflektorisch von den Bogengängen ausgelöst werden und den sogenannten „kompensatorischen Augenbewegungen“ entsprechen, die man am Menschen bei der Drehung seines Körpers beobachtet und die dazu bestimmt sein sollen, uns zu gestatten, den Winkel zu berechnen, welchen der Kopf dabei beschrieben hat!

Wir haben schon mehrmals den Vorschlag Machs angeführt, der zur Entscheidung der Frage, ob diese Bewegungen wirklich von den Bogengängen abhängig seien, führen müßte. Man sollte dieselben Drehversuche bei Tieren vornehmen, denen die Acustici durchschnitten sind. Treten bei so operierten Tieren diese Bewegungen dennoch auf, so würde dadurch direkt bewiesen werden, daß es die Bogengänge nicht sind, welche auf reflektorischem Wege diese Bewegungen hervorrufen. Ich habe, diesem Vorschlag gemäß, im Jahre 1878 solche Durchschneidungen ausgeführt; in dem vorhergehenden Paragraphen wurde mitgeteilt, daß die Machschen Zwangsbewegungen nach der Durchschneidung weiter fortdauerten.

Ehe wir die Wege prüfen, mit Hilfe deren Breuer, Delage u. a. das unleugbare Resultat meiner Acusticusdurchschneidung vergeblich zu entkräften suchten, wollen wir beiläufig bemerken, daß, wenn das Fortbestehen der Zwangsbewegungen nach Durchschneidung beider Acustici unzweifelhaft beweist, daß die Bogengänge nicht an ihnen Schuld sind, das gegenteilige Resultat, d. h. das Wegfallen dieser Bewegungen nicht im geringsten zugunsten der Mach-Breuerschen Hypothese ausgesagt hätte. Die Zerstörung der Bogengänge sowie die Durchschneidung der Acustici rufen so gewaltige Störungen in der Bewegungssphäre hervor, daß es nicht im mindesten auffällig wäre, wenn Tiere, welche ihre Bewegung nur noch sehr lückenhaft beherrschen können, die stets gesetzmäßig auftretenden Kopfwendungen und Nystagmuserscheinungen nicht mehr zu vollbringen imstande wären.

Delage und Aubert waren die ersten, zu gestehen, daß meine Versuche mit den Acusticus-Durchtrennungen ihr ganzes Bauwerk umzustürzen drohen. „Ein wichtiger Einwand,“ schreiben sie, „ist dieser Theorie gemacht worden. Cyon gibt an, er habe festgestellt, daß die Durchschneidung der Gehörnerven bei Kaninchen nicht die Erzeugung des Purkinjeschen Schwindels vermindere. Wenn diese Beobachtung sich bestätigt, so wird man wirklich auf die Theorie verzichten müssen, wenigstens wenn man nicht in den Augen allein oder in irgend einer Empfindung anderer Ordnung die Ursache von Bewegungen, welche die operierten Kaninchen machen, finden kann. Aber ich gestehe, daß der Versuch von Cyon mich nicht vollständig überzeugt hat. Erstens hat der Autor den Fehler begangen, die Kaninchen nicht zu blenden.“ Der zweite Einwand besteht in der sonderbaren Bemerkung, daß „der Autor nichts davon sagt, daß er durch die Autopsie festgestellt hat, ob die Durchschneidung eine vollkommene gewesen sei“. Um das Sonderbare dieser Einwände noch mehr hervorzuheben, schreiben gleich darauf Delage-Aubert: „Breuer hat festgestellt, daß die kompensatorischen Drehbewegungen bei Tauben auftreten, welche ihres häutigen Labyrinthes beraubt waren.“ Also gleichzeitig werden meine Resultate bei Acusticus-Durchschneidungen bestätigt (Entfernung der häutigen Labyrinthe sind ja für diese Frage mit der Durchtrennung der Gehörnerven identisch) und der Beweis gegeben, daß der zweite Einwand mindestens überflüssig war. Freilich fügt Delage hinzu, Breuer hätte beobachtet, daß die kompensatorischen Bewegungen aufhören, wenn die labyrinthlosen „Tiere außerdem geblendet“ sind! Das könnte doch höchstens beweisen, daß diese Bewegungen vom Opticus abhängig seien. Daß aber der Acusticus bei ihnen unbeteiligt ist, folgt mit Sicherheit sowohl aus meinen Versuchen als auch aus denen Breuers.

Trotz der Evidenz dieser Schlußfolgerung besteht Breuer selbst noch immer darauf, daß die Bogengänge ein Sinnesorgan für die Drehempfindungen bilden. In seiner Schrift von 1891 gesteht er selbst, „daß nach Exstirpation des Bogengangsapparates die kompensierenden Augenbewegungen ausbleiben, wenn die Gesichtswahrnehmungen durch Verdecken der Augen ausgeschlossen sind“; und anderswo: da „ließ sich konstatieren, daß die Tauben, welche nunmehr (nach Exstirpation der Bogengänge) sehr selten Schwindelanfälle haben, doch, in die Hand genommen und um die Längsachse gedreht, nicht die geringste kompensierende Kopfdrehung machten, wenn ein die Augen bedeckendes Häubchen die Gesichtseindrücke ausschloß“. Das sagt ja, trotz der absichtlich unklaren Redewendung, deutlich genug, daß bei labyrinthlosen Tauben die kompensierenden Kopfbewegungen fortbestehen bleiben, wenn die Gesichtswahrnehmungen nicht ausgeschlossen sind; sie können also unmöglich von den nicht mehr existierenden Bogengängen veranlaßt werden! Ihr Verschwinden bei Blendung der Tiere beweist wieder einmal deren Abhängigkeit von den Gesichtswahrnehmungen!

Schrader war wenigtens konsequent, wenn er behauptete, daß beim Frosche nach Zerstörung des Ohrlabyrinths die Kopfwendungen bei der Rotation wegfallen. Aber Ewald korrigiert selbst mit Recht diese Behauptung: „Diese Angabe ist wieder nicht ganz genau. Sie wird es erst, wenn man dafür sorgt, daß bei der Rotation keine Verschiebung des Netzhautbildes stattfindet. Kann nämlich die Rotation direkt auf das Auge wirken, so macht nicht nur dieses, sondern auch noch der Kopf — gewissermaßen dem Auge zu Liebe (!) — nystagmusähnliche Bewegungen“.

Bei erhaltenen Bogengängen werden also die Kopf- und Augenbewegungen von ihnen ausgelöst; sind sie zerstört, so entstehen die Kopfbewegungen dem Auge zu Liebe und die Augenbewegungen wohl dem Kopfe zu Liebe!

Steiner, Baginsky und besonders Bechterew, welcher sorgfältige Durchschneidungen der Acustici beim Hunde ausgeführt hat, beobachteten ziemlich analoge Erscheinungen wie ich. Breuer, Ewald, Kreidl konstatierten das Fortbestehen der Rotationserscheinungen nach Exstirpation der beiden Ohrlabyrinthe bei Fischen, wie es übrigens Frl. Tomaszewitcz schon vor ihnen getan hat. Es herrscht also volle Übereinstimmung darin, daß die kompensatorischen und Zwangsbewegungen auch bei Tieren ohne Acustici bezw. ohne Ohrlabyrinthe bei der Rotation auftreten; und trotzdem bestehen noch einige Autoren (Kreidl-Kobe z. B.) darauf, daß die betreffenden Bewegungen von den Bogengängen abhängig seien. Mit derartigen Schlüssen könnte man ja beweisen, daß der Acusticus der eigentliche Sehnerv sei. Nach Durchschneidung der Acustici sehen die Tiere nicht mehr, „wenn die Gesichtswahrnehmungen durch Verdecken der Augen ausgeschlossen sind“ (Breuer), oder wenn die Tiere bei offenen Augen dabei noch sehen, „so tun es die Augen nur den Ohren zu Liebe“ (Ewald).

Dabei wirft Breuer mir und den genannten Forschern vor, wir „haben den Fehler begangen“, die Tiere nach der Acusticusdurchschneidung nicht zu blenden! „Bei keinem von ihnen sind, soviel mir bekannt, die Augen der Tiere verdeckt worden und immer wieder wurden dieselben heftig (?) rotiert. Da Tiere mit durchschnittenen Acusticis auf jede aufregende Störung ihrer Ruhe Rollbewegungen machen, so ist nicht zu verwundern u. s. w.“? Und warum ruft dieselbe „Ruhestörung“ nicht dieselben Rollbewegungen bei denselben Tieren hervor, wenn man ihnen die Augen verdeckt? Darüber schweigt Breuer; er vergißt auch, daß bei seinen eigenen Versuchen mit zerstörtem Ohrlabyrinth es sich ja gar nicht um „Rollbewegungen“, sondern um die bekannte Kopfwendung und den Nystagmus handelt. Noch einen zweiten Vorwurf machte uns Breuer: „Den Versuch von Mach, während der Rotation den Kopf des Tieres in verschiedener Stellung zu fixieren und dadurch die Ebene des Drehschwindels zu variieren (?), hat niemand nach durchschnittenen Acusticis gemacht . . . Ein solcher Versuch hätte allerdings entschieden, daß auch labyrinthlose Tiere Drehschwindel haben.“ Warum hat Breuer diese seiner Ansicht nach „entscheidenden Versuche“ nicht selbst ausgeführt? Sowohl Delage als Kreidl haben es vermieden, Drehversuche an Tieren mit durchschnittenen Gehörnerven auszuführen.

Ewald hat die Kopfbewegungen der Tiere bei der Rotation ausführlich beschrieben und auch durch Abbildungen versinnlicht. Mit Breuer schreibt er die Kopfwendung einem Reflexe von den Bogengängen zu, während der Kopfnystagmus von diesen Organen unabhängig sein soll. Dies ist um so auffallender, als die Ewaldschen Versuche geradezu die Unabhängigkeit der Kopfwendung von den Bogengängen beweisen und auch seine Auffassung der Funktionen dieses Organs ihn nicht im entferntesten dazu zwingt, den Tatsachen solche Gewalt anzutun. Das VII. Kapitel seines Buches „Der Drehschwindel“ (warum Schwindel?) ist ganz dieser Frage gewidmet. Seine Beobachtungen stimmen im allgemeinen mit den oben von uns beschriebenen überein. Die Bezeichnungen allerdings sind meistens verschieden; so gebraucht er das Wort Rotationsbewegung anstatt Kopfwendung usw. Unter den Versuchen Ewalds gibt es, wie gesagt, mehrere, welche direkt die Unrichtigkeit der Breuerschen Hypothese beweisen. So z. B. der Versuch 33. Einer Taube werden beide Labyrinthe zerstört. Auf die Drehscheibe gebracht, beobachtet Ewald bei offenen Augen sowohl Augennystagmus als auch die Reaktionsbewegung (Kopfwendung) obwohl etwas schwächer. Nun werden bei dem Tiere die Gesichtswahrnehmungen ausgeschlossen, und jetzt „fehlt jede Spur eines Drehschwindels oder Nachschwindels". Der Schluß ist klar: die Reaktionsbewegung hängt nicht von dem Labyrinthe ab. Für Ewald dagegen ist diese Bewegung „rein mechanisch durch die Trägheit des Kopfes entstanden". Also bei labyrinthlosen Fröschen bewegt sich der Kopf „den Augen zu Liebe", bei ebensolchen Tauben „aus Trägheit"! Noch belehrender ist der Versuch 34. Eine normale Taube zeigt einen Reaktionswinkel von 110 Grad und eine „Nystagmusphase" von 40 Grad. „Über das Tier wird jetzt ein undurchsichtiger Zylinder gestülpt, der nur oben eine Öffnung im Deckel hat, um dadurch die Taube sehen zu können." In dem Zylinder bleibt außerdem eine brennende Kerze stehen. Resultat der Rotation: keine Reaktionsbewegung und kein Nystagmus, oder eine Reaktionsbewegung von 3 Grad! Und doch sollen es nicht die Gesichtswahrnehmungen — nämlich nicht die Verschiebung der Netzhaut oder das Streben des Tieres, das Netzhautbild festzuhalten —, sondern die Bogengänge sein, welche die Bewegungen hervorrufen! Und warum? Weil bei einer anderen Taube (Versuch 35), der beide Augen exstirpiert waren, zwar sämtliche Reaktionsbewegungen verschwanden, aber nach mehreren Tagen sollten sie, wenn auch bedeutend (um mehr als die Hälfte) geschwächt, wieder erschienen sein!

Außer der Erregung der Bogengänge bleibt für Ewald nur noch „die infolge von Trägheit eintreffende Bewegung des Kopfes und seines Inhalts übrig. Die Rotationsbewegung überträgt sich von dem Rumpfe des Tieres auf den Kopf; da aber dieser beweglich mit dem ersten verbunden ist, so wird er infolge der Trägheit seiner Masse das Bestreben haben, in der Bewegung zurückzubleiben. Dadurch entsteht eine Bewegung (?), welche, relativ zum Körper, die entgegengesetzte Richtung der Drehung hat und welche ich die Remanenzbewegung (sic!) nennen werde." Darauf folgen mehrere ziemlich unklare Versuche und auf Seite 151 der Schluß: „Die Rotationsremanenz muß also den Drehschwindel auslösen. Den Kopf kann man während der Rotation festhalten, das Großhirn und Kleinhirn entfernen, ohne dadurch die Bewegung (des festgehaltenen Kopfes?) wesentlich zu beeinträchtigen, und so kommen wir denn per exclusionem und ohne andere Operationen oder Reizungen an dem Labyrinth zu der Überzeugung, daß von letzgenanntem Organ der Drehschwindel ausgeht und daß dieses im Sinne von Mach und Breuer durch die Rotation erregt werde!"

Mit anderen Worten: Die Reaktionsbewegung des Kopfes kann von der Trägheit abhängen und nur ein Zurückbleiben sein: sie ist also eine Remanenzbewegung (?). Diese Rotationsremanenz existiert wirklich — auch bei fixiertem Kopfe — und kann sogar Drehschwindel erzeugen. Folglich muß die Rotationsbewegung von den Bogengängen abhängen und das Labyrinth muß, dem Wunsche Breuers gemäß, ein Sinnesorgan für den Drehschwindel sein!

Dagegen weicht Ewald von Breuer in der Auffassung der „Nystagmusphase" ab; diese soll von den Bogengängen unabhängig sein. Die Gründe, welche Ewald hierzu angibt, sind wenig zwingend.

Als Hauptbeweis, daß die Nystagmusphase nicht von den Bogengängen abhängig sei, führt Ewald folgende Betrachtung an: Beim Frosche tritt „nur eine ganz unbedeutende Nystagmusphase bei seinen Augenbewegungen" auf; „so scheint schon hieraus die Unabhängigkeit der Nystagmusphase von dem Labyrinth hervorzugehen. Die anatomische Anordnung und die physiologische Bedeutung des Bogengangsapparates" ist analog; „es ist deshalb schon im hohen Maße unwahrscheinlich, daß dasselbe Organ beim Frosch nur eine Bewegung des Kopfes in einer Richtung, bei den Vögeln aber zwei Bewegungen in entgegengesetzter Richtung auslösen sollte". Diese Überlegung würde schon wenig überzeugend sein, wenn auch bewiesen wäre, daß die „Kopfwendung" wirklich von den Bogengängen ausgelöst werde. Wir haben aber zur Genüge gezeigt, daß gerade das Gegenteil bewiesen worden ist, nämlich, daß diese „Kopfwendung" vom Ohrlabyrinth unabhängig ist. Die Überlegung Ewalds verliert also jeden Wert.

A priori wäre die Abhängigkeit des Kopf- und Augennystagmus von den Bogengängen viel zulässiger als die der Kopfwendung. Denn die Flourensschen Versuche hatten schon ergeben, daß ein Kopfnystagmus bei Operationen an den Bogengängen wirklich entsteht; für den Augennystagmus haben unsere Versuche gezeigt, daß die Reizung der Bogengänge ihn in sehr gesetzmäßiger Weise hervorruft, indem von jedem Bogengang ein ganz bestimmter Augennystagmus ausgelöst wird. „Von allen Versuchen der bemerkenswerten Arbeit von Cyon ist in meinen Augen folgender der wichtigste: die Reizung jedes halbzirkelförmigen Kanals ruft pendelnde Augenbewegungen hervor, deren Richtung durch die Wahl des gereizten Kanals bestimmt wird", geben ja selbst Delage-Aubert zu. Dieses Ergebnis ist seitdem von vielen Autoren, wie z. B. von Ewald u. a., denen meine Untersuchungen entgangen sind, neu entdeckt worden; es ist also über jeden Zweifel erhaben. Die Möglichkeit, daß der bei Rotation auftretende Kopf- und Augennystagmus von einer Erregung der Bogengänge abhänge, ist also wirklich gegeben (im Gegensatz zu der „Kopfwendung"). Um diese Möglichkeit zu einer Gewißheit werden zu lassen, mußte nur der Nachweis geliefert werden, daß Kopfbewegungen die Bogengänge in den Zustand der Erregung versetzen können oder müssen. Goltz, Breuer, Ewald nehmen diesen Satz als Axiom an, das keines Beweises bedarf, und gründen darauf ihre ganze Theorie des Schwindels.

Es ist ihnen dabei eine einfache Überlegung entgangen, die ihren ganzen Bau zu nichte macht. Wenn die Kopfbewegungen die Bogengänge erregen und die Erregung der letzteren den Drehschwindel erzeugen würden, so müßten Tiere und Menschen ununterbrochen diesem Schwindel ausgesetzt sein. Denn Erregung der Bogengänge ruft nachgewiesenermaßen pendelnde Bewegungen des Kopfes hervor; sollten nun letztere ihrerseits die Bogengänge erregen, so würden wir ein Perpetuum mobile ganz sonderbarer Art erhalten, das zu einer fortdauernden rhythmischen Erregung des Ohrlabyrinths führen müßte! Wir könnten also den Schwindel und die Beschleunigungsempfindungen nur durch zwangsartiges Fixieren des Kopfes los werden! Man beobachte nur z. B. die Flugbewegungen der Turteltauben oder, noch besser, der Möven, wenn letztere den in die Luft geworfenen Speisestücken nachfliegen; sie beschreiben da mit blitzschneller Geschwindigkeit große und kleine Kreise, und doch ist bei ihnen keine Spur von Kopfwendungen, Schwindel oder Augennystagmus zu beobachten. Dies läßt sich nicht nur durch direktes Zusehen, sondern auch durch die Tatsache leicht konstatieren, daß die Möven mit der größten Präzision im Fluge Speisestücke aufzufangen vermögen, auch wenn sie dabei die Richtung des Fluges mehrmals mit der größten Geschwindigkeit wechseln müssen.

§ 6. Meine Drehversuche an geblendeten Tieren.

Die Deutungen der Drehversuche von Mach, Delage und anderen Experimentatoren werden in Zusammenhang mit gewissen Schwindelerscheinungen gebracht, um auf diesem Wege deren Ursprung vom Nervus acusticus beweisen zu können. Bei der Auseinandersetzung meiner Versuche, die darauf gerichtet waren, diesen Ursprung zu widerlegen, mußte ich einiges über diese Schwindelphänomene aussagen. Die meisten Ergebnisse der in den vorgehenden Paragraphen mitgeteilten Versuche beweisen im Gegenteil ganz klar, daß der Acusticus an diesen Erscheinungen direkt nicht beteiligt ist; die meisten wurden als vom Gesichtsschwindel abhängig erkannt. Es wäre daher angezeigt, näher auf meine Theorie des Gesichtsschwindels einzugehen, so wie sie in den 70er Jahren bei dem Aufbau der Lehre vom Raumsinn entwickelt wurde. Diese Theorie hat in der Tat den wahren Zusammenhang des Gesichtsschwindels mit den Verrichtungen des Ohrlabyrinths klargelegt. Aus gewichtigen Gründen ist es aber vorteilhafter, die ausführliche Besprechung meiner Versuche über den Gesichtsschwindel auf das nächste Kapitel zu verschieben, wo ausführlich die Formulierung der Lehre vom Raumsinn wiedergegeben wird. Dies wird das Verständnis des Wesens dieser Schwindelform bedeutend erleichtern. Hier sollen nur die Ergebnisse meiner Drehversuche an geblendeten Tieren mitgeteilt werden, als neues Beweismaterial gegen die Irrlehren von Mach, Breuer u. a. und zugunsten meiner Auffassung der Verrichtungen des Bogengangsapparates.

Zur Erzielung der Blendung sahen wir von den grausamen Operationen, wie sie Ewald u. a. ausführten, ganz ab. So schwere operative Eingriffe wie die Exstirpationen der Augäpfel sind nicht nur überflüssig, sondern durch ihre Folgen sogar störend. Sie gestatten außerdem auch nicht die Beobachtung, wie die geblendeten Tiere auf die Rotation reagieren, wenn sie wieder in den Besitz ihrer Gesichtswahrnehmungen gelangen. Ich benutzte zur Blendung Kappen aus festem und dunklem Stoffe, die immer mit Baumwolle ausgefüllt wurden. Für Frösche genügt es, leichte Kappen aus Handschuhfingern herzustellen, die vorn geschlossen sind. Einen Teil meiner Versuche habe ich in dunklem Raume ausgeführt.

Setzt man gesunde Frösche, welche durch leichte lederne Kappen geblendet sind, auf die Drehscheibe, so geben sie, gleichgültig ob schnell oder langsam rotiert wird, gar keine Reaktion. Der Kopf bleibt ganz in der normalen Haltung sowohl beim Beginn als beim Anhalten der Drehung. Wird der Frosch so heftig rotiert, daß er an die Wand der Drahtglocke geworfen wird, so nimmt er beim Anhalten seine frühere zusammengekauerte Position an, ohne vorher Zwangsbewegungen zu zeigen. Vielleicht ist er bei dieser Rückkehr zur normalen Stellung nur etwas unbeholfen. Oft macht das Tier sowohl vor als nach der Drehung vergebliche Versuche, die Kappe vom Kopfe loszureißen. Es gibt aber auch Fälle, wo es wie hypnotisiert unbeweglich auf der Scheibe verharrt und diese Position während der Dauer der Drehung bewahrt.

Der Ausschluß der Gesichtswahrnehmungen genügt also schon beim normalen Frosche, um die bekannten Kopfwendungen bei der Drehung nicht zum Vorschein kommen zu lassen. Wenn die Unabhängigkeit dieser Kopfwendung von den Bogengängen noch eines weiteren Beweises bedürfte, so liefert ihn diese Tatsache so vollkommen wie nur möglich. Um genauer festzustellen, welchen Einfluß die Verschiebung des Netzhautbildes auf die Kopfwendung hat, genügt folgender sehr einfache Versuch: Ein Frosch wird in der Bauchlage auf das Brettchen befestigt, und zwar derart, daß sein Kopf und Vorderkörper beweglich bleiben. Auf die Drehscheibe gebracht, zeigt er bei der leisesten Drehung die bekannte Kopfwendung. Nun wird derselbe Frosch auf dem Brettchen in der Rückenlage in der gleichen Weise befestigt. Keine Spur von Kopfwendung, auch wenn die Drehung noch so lange fortgesetzt wird. In dieser Lage bleibt bei der Drehung das Netzhautbild des Frosches (die entsprechenden Teile des Brettchens) unverschoben und der Kopf behält seine normale Stellung zum Körper.

Bei Gelegenheit dieser Versuche wollte ich noch das Verhalten labyrinthloser Frösche auf der Drehscheibe beobachten. Die Zerstörung der Labyrinthe wurde entweder nach der Schraderschen oder Hasseschen Methode ausgeführt. Die erstere ist vorzuziehen, weil sie sicherer zum Ziele führt und keiner Verletzung von Muskeln bedarf. Die Wunde der Mundschleimhaut heilt auch viel leichter und schneller als die Hautwunde. Für das Studium der Funktionen der halbzirkelförmigen Kanäle sind natürlich beide Methoden unzureichend. Dazu sind Operationen an den einzelnen Kanälen, wie sie Böttcher, Bloch, Solucha und ich ausgeführt haben, durchaus erforderlich. Es handelte sich aber bei meinen Versuchen nur darum, das Verhalten labyrinthloser Frösche auf der Drehscheibe zu studieren, und dazu reichte das Schradersche Verfahren vollkommen aus.

Die Erscheinungen, welche die ein- und beiderseitigen Zerstörungen der Labyrinthe erzeugen, sind oben dargelegt worden und brauchen hier nicht von neuem beschrieben zu werden. Nur auf drei Symptome möchte ich aufmerksam machen, die bis jetzt den Experimentatoren entgangen zu sein scheinen. Das eine besteht in einer ganz außerordentlichen Hautsekretion, welche sehr oft sofort nach der Zerstörung der beiden Labyrinthe entsteht; in kaum einer Minute wird das Wasser einer großen Schale, in welcher der Frosch sich befindet, stark schäumend von dieser scharf riechenden Sekretion erfüllt, die, bei mir wenigstens, sehr heftiges Niessen hervorruft.

Die zweite Erscheinung ist das fast fortwährende Quaken der labyrinthlosen Frösche, das sehr lange anhält. Es genügt, einen solchen Frosch in die Hände zu nehmen, um das unausstehliche Quaken, in welches seine Leidensgenossen sofort mit einstimmen, zu erzeugen. Die Angaben Ewalds über die Schwächung der Stimmorgane nach Exstirpation der Labyrinthe sind also, wenigstens für Frösche, nicht zutreffend. Das dritte Symptom scheint mir viel wichtiger zu sein. Es tritt häufig sofort nach der Operation ein deutlicher Exophthalmus auf beiden Seiten auf, der wochenlang anhält. (Ich glaube, daß ähnliche Exophthalmen schon früher von einem Beobachter bei anderen Tieren beschrieben wurden, bin aber dessen nicht ganz sicher). Dieses Auftreten verdient genauer untersucht zu werden, besonders in Anbetracht der unten beschriebenen Erscheinungen bei Kaninchen nach Durchschneidung des Acusticus.

Das Verhalten der labyrinthlosen Frösche auf der Drehscheibe ist im allgemeinen ein viel unruhigeres als dasjenige normaler Frösche. Die Kopfwendung stellt sich nur bei jenen Fröschen ein, bei welchen nach der Operation die bekannte Verdrehung des Kopfes entweder gar nicht aufgetreten ist oder nur zeitweise entsteht: bei diesen letzteren meistens nur, wenn man sie den Kopf beim Beginn der Drehung in normaler Stellung halten läßt. Dies gilt sowohl für einerseits als wie für beiderseits operierte Frösche. Die Kopfwendung ist immer schwächer ausgeprägt als bei gesunden Fröschen und immer bei der Drehung in der einen Richtung stärker als in der anderen. Beim Anhalten der Drehung tritt **nie** die Kopfwendung nach der entgegengesezten Seite auf, es mag die Drehung noch so lange gedauert haben. Die Frösche behalten viel schwieriger ihre oben beschriebene zusammengekauerte Haltung bei. Beim Anhalten nach längerer Drehung führen sie häufig heftige Bewegungen (Manegebewegungen oder Springen in die Höhe mit Herumpurzeln um die Querachse des Körpers usw.) aus, je nach der Art ihrer durch die Operation erzeugten Zwangsbewegungen. Sie kehren auch viel schwieriger zur Ruhe zurück.

Wenn man gesunde Frösche in der Schwimmschale auf die Drehscheibe bringt, so schwimmen sie meistens in der Richtung der Drehung, wobei die Kopfwendung sehr deutlich ausgesprochen ist. Labyrinthlose Frösche schwimmen auf der Drehscheibe entweder wie gewöhnlich um ihre Längsachse sich drehend (Walzerbewegungen), oder nur paddelnd. Die Kopfwendung habe ich beim Schwimmen nicht beobachten können. Dagegen suchen sie häufig gegen die Richtung der Drehung zu schwimmen, wenn sie außerhalb der Drehscheibe in dieser Richtung zu schwimmen pflegen. Gewöhnlich schwimmen labyrinthlose Frösche in der gleichen Richtung, in welcher sie ihre Sprünge oder Manegebewegungen ausführen. Nach Blendung der labyrinthlosen Frösche konnte natürlich keine andere Erscheinung auftreten, als wir bei ungeblendeten gefunden. Die Zwangsbewegungen sind oft etwas heftiger und die Schwierigkeit das Gleichgewicht zu erlangen ist noch größer. Aufgefallen ist mir bei geblendeten, labyrinthlosen Fröschen die große Geschicklichkeit, mit welcher einige die komplizierten Bewegungen noch auszuführen vermögen, durch welche sie, wie normale Frösche, die Kappe loszureißen versuchen.

Auch bei Tauben hebt gewöhnlich das Blenden mittels einer gut schließenden Haube die bekannte Kopfwendung beim Drehen ganz auf. Nachdem die Taube mehrere vergebliche Versuche gemacht hat, die Kappe loszuwerden, bleibt sie auf der Scheibe ganz ruhig; der Schnabel verharrt aber selten ganz genau in der Mittellinie. Die leise Rotation verändert an dieser Stellung nichts. Dann und wann, besonders an Tauben, an welchen schon oft Drehversuche ausgeführt wurden, beobachtet man bei fortgesetzter Drehung eine ganz schwache Kopfwendung. Der Kopfnystagmus kommt dagegen bei geblendeten Tauben schon etwas häufiger vor, fehlt aber auch in der Mehrzahl der Fälle. Ich beobachtete ihn auch einmal, wenn ich, mit einer normalen Taube in der Hand, mich in einem dunklen Raume um meine Längsachse drehte. Man fühlt leichte Stöße des Schnabels, wenn man den Zeigefinger an der entsprechenden Seite des Taubenkopfes vorstreckt, Stöße, die vom Kopfnystagmus herrühren.

Bei fortgesetzter schneller Drehung sind die Erscheinungen an einer geblendeten Taube ziemlich die nämlichen, wie bei einer normalen Taube. Beim plötzlichen Anhalten nimmt sie fast ebenso schnell ihre ruhige Lage ein — ohne Nachnystagmus. Nimmt man dagegen beim Anhalten schnell die Haube weg, so treten einzelne sehr deutliche Nystagmusschläge sowohl des Kopfes als auch der Augen auf. Das Kopfüberschlagen beim plötzlichen Anhalten nach sehr rascher Drehung ist sowohl bei geblendeten Tauben wie auch im dunklen Raume merklich schwächer als bei offenen Augen. Natürlich sind solche Vergleiche nur an denselben Tauben statthaft. Ist der Raum nicht vollkommen verdunkelt, so daß man noch die Kopfhaltung der Taube beim Beginne der Drehung beobachten kann, so ist die Kopfwendung sehr schwach, aber noch bemerkbar. Auch in solchem Falle treten bei plötzlichem Annähern des Lichtes im Momente des Anhaltens der Drehung einige Nystagmusschläge auf.

Wenn man eine normale Taube, anstatt sie im Kreise zu drehen, schnell seitlich, aber in gerader Linie bewegt, so sind ihre Kopfbewegungen sehr unregelmäßig; sehr häufig eilt der Kopf sogar dem Körper voraus, der Kopfnystagmus tritt fast regelmäßig auf, welches auch die Kopfstellung sein mag. Wird dieser Versuch an derselben Taube, der durch eine Kappe die Augen geblendet waren, ausgeführt, so bleibt der Kopf meistens etwas zurück; der Kopfnystagmus fehlt.

Auch bei Drehungen der gesunden Taube (mit der Hand) um die Längs- oder Querachse gelingt es nie, bestimmte Kopfstellungen festzustellen. Dagegen ist dabei ein Augennystagmus ganz deutlich zu konstatieren. Wird die Taube bei diesen Drehungen mit der Kappe geblendet, so gelingt es natürlich ebensowenig, an ihr irgend eine konstante „kompensierende" Kopfbewegung zu beobachten. Merkwürdigerweise sucht Breuer auch diesen Umstand zugunsten des bekannten Ursprunges der „kompensierenden" Bewegungen zu verwerten. Da „ließ sich konstatieren, daß die Taube (nach Exstirpation der Labyrinthe), welche nunmehr sehr selten Schwindelanfälle hatte, doch in die Hand genommen und um die Längsachse gedreht, nicht die geringste kompensierende Kopfdrehung machte, wenn ein die Augen bedeckendes Häubchen die Gesichtseindrücke ausschloß." „Eine normale Taube hält, während man den Körper dreht, den Kopf aufrecht und kompensiert die Lageveränderung vollkommen (?) und zwar ist das nicht der pendelnde Kopfnystagmus, welcher Rotationen kompensiert, sondern eine veränderte Haltung des Kopfes. Man darf also von der operierten Taube sagen, daß sie den Reflex nicht zeige, womit die normalen Tiere die veränderte Lage des Kopfes gegen die Vertikale beantworten." Um den Wert dieser Schlußfolgerung noch genauer zu kennzeichnen, wollen wir nur noch hinzufügen, daß Breuer selbst in einer Anmerkung anführt, daß manchmal die normale Taube, anstatt zu kompensieren, die Drehungen des Körpers mitmacht. „Es dürfte dies vom psychischen Zustande des Tieres abhängen". Der Wegfall kann als auf Benommenheit bezogen werden."

Um das Verhalten der Kaninchen zu verdeutlicheu, wollen wir einen Versuch anführen, in dem die Erscheinungen vor, während und nach der Blendung an demselben jungen Kaninchen beobachtet wurden. Dasselbe Kaninchen hatte schon zwei Tage vorher zu Drehversuchen gedient. Bei einer Umdrehung in fünf Sekunden trat die Kopfwendung schon im Beginn der Drehung auf und war sehr ausgesprochen. Der Kopfnystagmus war sehr schwach, aber bemerkbar. Bei verdoppelter Geschwindigkeit der Umdrehung wurde der Kopfnystagmus häufiger und heftiger. Bei längerer Rotation mit einer Geschwindigkeit von vier Umdrehungen in fünf Sekunden traten bei plötzlichem Anhalten einige heftige Körperbewegungen auf. Das Nämliche bei sechs Umdrehungen in fünf Sekunden. Nach zwei Minuten langer Rotation nach rechts (in Uhrzeigerrichtung) mit einer Geschwindigkeit von zuletzt drei Umdrehungen in der Sekunde traten bei plötzlichem Anhalten fünf bis sechs heftige Rollbewegungen des ganzen Körpers nach rechts auf. Die Kopfwendung nach rechts hielt minutenlang an; Zittern am ganzen Körper.

Nach einer Viertelstunde wurde der nämliche Versuch mit Rotation nach links gemacht; das Resultat blieb das gleiche, nur im umgekehrten Sinne. Nach einer Unterbrechung von fünfzehn Minuten wurde derselbe Versuch mit Rotation nach rechts ausgeführt; Geschwindigkeit wie früher. Das Kaninchen wechselt mehrmals seine Stellung, ist aufgestanden, hat sich mit dem Rücken gegen die Drahtglocke gestemmt und ist in dieser Lage bei der größten Geschwindigkeit verblieben. Nun wurde, statt die Scheibe plötzlich anzuhalten, die Rotation allmählich, im Verlaufe von zehn Sekunden, verlangsamt. Beim Anhalten weder Zwangsbewegungen noch Kopfwendung nach rechts. Derselbe Versuch wurde noch zweimal in verschiedenen Richtungen mit dem gleichen Resultate ausgeführt. Bei der Rotation nach links wurden beim Anhalten einige Kopfbewegungen nach links gemacht, es kam aber nicht zur wirklichen Kopfwendung.

Nach einer Pause von einer Viertelstunde wurde das Kaninchen mittels der Kappe geblendet. Bei langsamer Drehung eine ganz schwache, kaum merkliche Kopfwendung. Bei Wiederholungen des Versuches mit leiser Drehung nach rechts wendete das Kaninchen den Kopf anstatt nach links ein wenig nach rechts; diese Rechtswendung wurde verstärkt, wenn die Rotation (immer nur sehr langsam, etwa eine halbe Umdrehung in zwei bis drei Sekunden) in entgegengesetzter Richtung (nach links) geschah. Nur wenn diese Drehung plötzlich in eine Rechtsdrehung umgewandelt wurde, erhielt man eine ganz leichte Kopfwendung nach links. Wurde das Tier frei auf den Boden gelegt, so blieb es unbeweglich und war nicht einmal durch Stöße von der Stelle wegzubringen.

Bei Wiederholung der früheren Versuche (zwei Minuten lange Drehung mit großer Geschwindigkeit) sah ich nach plötzlichen Anhalten, wie oben beschrieben, mehrere Rollbewegungen. Das Kaninchen fiel bei den Rollbewegungen auf den Rücken, die Beine nach oben gestreckt, und verharrte einige Sekunden in dieser Lage, ehe es wieder die Normalhaltung annehmen konnte.

Im dunklen Raume verhält sich das Kaninchen so ziemlich wie bei Blendung durch eine Kappe. Rollbewegungen traten beim plötzlichen Anhalten nach schneller Drehung ein; sie waren aber schwach und kurzdauernd. Nähert man den Augen des Kaninchens sofort beim Anhalten der Drehscheibe schnell ein Licht, so tritt ein schwacher aber deutlicher Nystagmus auf.

Es ist mir ein paar Mal bei Drehversuchen an Kaninchen im dunklen Raume vorgekommen, daß, wenn die Rollbewegungen beim Anhalten nicht auftraten, sie sofort hervorgerufen wurden, wenn den Tieren schnell ein Licht vor die Augen vorgehalten wurde.

Diese Erscheinung ist für die Deutung des Gesichtsschwindels in dem von mir oben angedeuteten Sinne noch viel bezeichnender, als das bloße Auftreten des Kopf- oder Augennystagmus nach plötzlicher Abnahme der Kappe. Denn es zeigt klar, daß auch der Gehirnschwindel (der Purkinjesche Schwindel) durch Hinzutreten des Gesichtsschwindels verstärkt werden kann.

Nachdem so festgestellt wurde, daß die sogenannten „kompensatorischen“ Kopfbewegungen bei geblendeten Kaninchen sich entweder gar nicht oder nur durch eine schwache Kopfwendung von unbestimmter Richtung manifestieren, und daß die Zwangsbewegungen nach schnellem

Drehen beim Anhalten ganz deutlich, wenn auch nur in geschwächter Form auftreten, der Augennystagmus aber nur beim plötzlichen Einfallen von Licht erscheint, war es von keinem besonderen Interesse, noch Rotationsversuche an geblendeten Kaninchen *mit durchschnittenen Acusticis anzustellen.* Das Resultat war nicht schwer vorauszusehen. Ich habe dennoch ein Paar solcher Kontrollversuche ausgeführt, von welchen ich hier nur einen anführen will, bei dem die Durchschneidung besonders gut gelungen war.

Versuch vom 30. Juni 1896. Ein großes Kaninchen. Vor der Durchschneidung der Acustici auf die Drehmaschine gebracht, zeigte sich die Kopfwendung besonders bei Rechtsdrehung nur schwach ausgesprochen: dagegen war der Kopfnystagmus sehr deutlich. Bei plötzlichem Anhalten nach schneller Drehung in Uhrzeigerrichtung heftige Rollbewegungen von links nach rechts und heftiger Augennystagmus.

Der linke Acusticus wird durchschnitten. Sofort nach der Durchschneidung heftiger Augennystagmus und die bekannten Rollbewegungen von außerordentlicher Heftigkeit. Der rechte Acusticus durchschnitten: der Augennystagmus hört sofort auf, um einer tetanischen Verdrehung der Augäpfel Platz zu machen. Ein Paar Rollbewegungen des abgebundenen Tieres, die aber bald aufhören. Das Kaninchen bleibt ruhig auf der Seite liegen, in der bekannten hilflosen Lage, mit nach links gedrehtem Kopfe, wie dies so oft beschrieben worden ist. Nach einer viertelstündigen Ruhe auf die Drehscheibe gebracht, *bekommt es bei leiser Drehung deutlichen Augennystagmus;* der Kopf bleibt bewegungslos in der früheren Haltung. Beim Aufhören der schnellen Drehung einige schwache, aber vollständige Rollbewegungen und ein sehr heftiger und anhaltender Augennystagmus.

Nun werden dieselben Versuche im dunklen Zimmer angestellt, und zwar nur mit plötzlichem Anhalten nach schneller Drehung. Bei sechs Versuchen traten zweimal anscheinend heftige, aber kurzdauernde Rollbewegungen ein. *Viermal fehlten diese Rollbewegungen, traten aber sofort auf, sobald Licht in die Augen geworfen wurde.* Heftiger Augennystagmus war in allen sechs Versuchen zu konstatieren.

Das Kaninchen wurde am nächsten Tage getötet; die Sektion ergab die vollständige Durchtrennung der beiden Acustici, auf der rechten Seite mit innerer Blutung.

Bei beiden operierten Kaninchen beobachtete ich an der linken Seite (wo die Acustici zuerst durchschnitten wurden) einen leichten Exophthalmus, Unempfindlichkeit der Cornea und Unmöglichkeit, das Augenlid zu schließen. Beim zweiten Kaninchen, das ich 24 Stunden am Leben ließ, war außerdem auch eine Eiterung der Cornea aufgetreten, ganz wie nach Durchschneidung des Trigeminus. Das Tier brachte die Nacht im Kasten mit Stroh zu, hatte auf der linken Seite gelegen, die linke Gesichtshälfte war stark im Stroh verhüllt. Bei der makroskopischen Betrachtung fand ich keine Verletzung des Facialis vor. Ich führe diese Tatsache nur an, weil, mit Ausnahme des Exophthalmus, ähnliches schon Baginsky beobachtet hat und die Sache mir einer weiteren Untersuchung würdig erscheint. Ich verzichtete vorläufig darauf, irgend eine Erklärung zu geben. Die Acustici wurden nach dem in meiner Methodik angeführten zweiten Verfahren durchschnitten.

Schreiten wir nun zur Deutung der bei der Rotation der Tiere eintretenden Kopfbewegungen. Der aufmerksame Leser wird wohl schon selbst den richtigen Schluß gezogen haben. Es handelt sich sowohl bei den Kopfwendungen als auch beim Kopf- und Augennystagmus um reine Gesichtsphänomene. Was zuerst die Kopfwendung betrifft, welche auch bei der leisesten Drehung um einen Winkel von 10^0 bis 20^0 auftritt, so gibt schon das bloße Anschauen der Tiere die richtige Erklärung: die Tiere bleiben mit den Augen an das Netzhautbild gefesselt und suchen es festzuhalten. Man sehe nur von unstatthaften Analogien mit den Drehversuchen am Menschen ab. Letzterer gibt sich Rechenschaft von der stattfindenden Rotation; er denkt auch nicht an einen Widerstand dagegen, sein Kopf folgt den Bewegungen des Körpers ebenso vollkommen, wie der Kopf der Tiere bei den willkürlich von ihnen ausgeführten Drehungen. Im Beginn der Drehung empfindet das Tier nur die Verschiebung des Netzhautbildes; dieser Verschiebung sucht es eben zu widerstehen, indem es sich mit den Augen an dem Gesehenen festzuhalten strebt. Tritt die Drehung ohne solche Verschiebung der Netzhaut auf — wie bei dem oben beschriebenen Versuch an dem in der Rückenlage befestigten Frosch —, so fällt auch die Kopfwendung weg; der gleiche Wegfall zeigt sich bei geblendeten Tieren. Die ganz unbedeutende Wendung, welche man dann und wann auch an geblendeten Tauben bemerkt, ist der Trägheit zu verdanken. Der leicht bewegliche Kopf bleibt etwas hinter dem Körper zurück.

Das Festhalten des Netzhautbildes beobachtet man ja auch beim Menschen, dessen Augapfel dank der Unabhängigkeit seines Muskelapparates und seiner freien Beweglichkeit in der Orbita bei den Bewegungen des Kopfes etwas hinter diesen zurückbleibt. Die sogenannten kompensatorischen Augenbewegungen beim Menschen entstehen nicht nur, weil man das Netzhautbild festzuhalten sucht, sondern auch, weil die Innervation der Augenmuskeln von derjenigen der Körpermuskulatur ganz gesondert erfolgt; daher man auch mit geschlossenen Augen häufig ein deutliches Nachbleiben des Augapfels bei der Bewegung des Kopfes beobachtet.

Tauben und Kaninchen, welche mehrmals der Rotation ausgesetzt wurden, also an die Verschiebung des Netzhautbildes gewöhnt sind, verzichten auch meistens auf die Kopfwendung und suchen der unliebsamen Bewegung auf andere Weise entgegenzuwirken, indem sie sich entgegen der Drehrichtung zu bewegen streben (Tauben), oder eine solide Körperstellung mit dem Kopfe gegen das Zentrum einnehmen (Kaninchen), welche die Folgen der Drehung vermindert. Daher verschwindet auch die Kopfwendung bei Tauben und Kaninchen, wenn die Drehung längere Zeit fortgesetzt wird; mehrere Kaninchen schlossen dabei die Augen. Das Festhalten des Netzhautbildes durch die Kopfwendung ist also zum größten Teile ein willkürlicher, überlegter Akt. Es ist daher leicht erklärlich, daß Verletzungen der Hemisphären des Großhirns große Störungen in der Auslösung dieser Bewegungen veranlassen, wie dies v. Koranyi und Loeb bei ihren Versuchen konstatiert haben.

Die ruckartige Bewegung des Kopfes nach der Richtung der Rotation, welche einen nur scheinbar pendelnden Kopfnystagmus erzeugt, ist rein reflektorischer Natur, wie schon Ewald, Breuer gegenüber, richtig behauptet hat. Er wird offenbar von der Erregung der Netzhaut durch die schnelle Verschiebung der Netzhautbilder ausgelöst. Nur dadurch, daß die willkürliche Kopfwendung dieser ruckartigen, reflektorischen Bewegung entgegenwirkt, wird diese anscheinend pendelartig und gestattet dem Kopfe nicht, über die natürliche Lage hinaus eine Kopfwendung nach der Richtung der Rotation anzunehmen. Diese Erregung durch Verschiebung des Netzhautbildes steigert sich bei fortdauernder Rotation zum Gesichtsschwindel, der sich bei anhaltender Drehung in einer Kopfwendung nach der Richtung der Rotation und bei Tauben und Kaninchen in einem Kopfnystagmus manifestiert. Da das Gesichtsfeld sich in einer der Drehung entgegengesetzten Richtung zu bewegen scheint, so erhalten sowohl die Kopfwendung als der Kopfnystagmus eine der Drehung entsprechende Richtung.

Beim Frosche, der wegen der geringen Beweglichkeit seines Kopfes keinen Kopfnystagmus zeigt, beobachtet man nur die Kopfwendung. Er sucht bei der Drehung nach rechts z. B. das frühere Gesichtsfeld zu fixieren und muß dazu den Kopf nach links drehen. Beim Anhalten der Drehung, während das Gesichtsfeld sich scheinbar nach links bewegt, dreht er den Kopf nach rechts, um das Gesichtsfeld festzuhalten und so den Gesichtsschwindel zu bekämpfen. Sind seine Bogengänge zerstört, so kann dies natürlich auf seine Reaktion gegen die reelle Bewegung des Gesichtskreises keinen Einfluß haben, daher erscheint die initiale Kopfwendung. Dagegen kommt die Kopfwendung beim Anhalten der Drehung nicht mehr zum Vorschein, weil ein labyrinthloser Frosch keinem Gesichtsschwindel mehr unterliegen kann, in Übereinstimmung mit meiner oben wiedergegebenen Auffassung des Gesichtsschwindels.

Beiläufig gesagt scheinen Frösche dem wirklichen Gehirnschwindel, den wir als den Purkinjeschen Schwindel bezeichnen wollen, nicht zu unterliegen. Wenigstens beobachtet man bei ihnen keines der Symptome bei der Rotation (Rollbewegungen usw.), die man bei anderen Tieren als von solchen Schwindelanfällen abhängig zu bezeichnen pflegt. Haben Tauben diesen Gehirnschwindel? Ich würde nicht wagen, dies mit Bestimmtheit zu behaupten. Beim Anhalten der Drehscheibe, auch nach der schnellsten Rotation, erlangen sie sofort ihr Gleichgewicht; höchstens überschlagen sie sich ein- oder zweimal um die Querachse des Körpers, was auch sehr leicht durch den mechanischen Effekt der Zentrifugalkraft erklärt werden könnte. Wenn ein Mensch ungewohnter Weise aus einem Eisenbahnzuge, ja sogar aus einem schnell fahrenden Wagen herausspringt, wird er auch umstürzen, mitunter sogar ein paar Mal. Von Schwindelempfindungen ist dabei keine Rede. Wenn man bei Fröschen die Abwesenheit des Gehirnschwindels durch die anatomischen Lageverhältnisse erklären kann, so muß man bei Tauben wohl mehr die große Gewohnheit an Drehbewegungen als Ursache ihrer Immunität in Anspruch nehmen.

Kaninchen dagegen scheinen dem Gehirnschwindel ebenso wie Menschen zu unterliegen, wie dies die heftigen Zwangsbewegungen, das Zittern am ganzen Körper und auch die längere Zeit andauernde Unsicherheit der Bewegungen beweisen, die man nach längerer Rotation an diesen Tieren beobachtet, und zwar auch wenn sie geblendet sind. Daß die Schwindelbewegungen dabei schwächer ausfallen, darf kein Wunder nehmen, da der hinzukommende Gesichtsschwindel die Bewegungsstörungen natürlich doch nur zu verstärken vermag. In dieser Hinsicht ist eine Beobachtung an Kaninchen, die im dunklen Raume der Rotation ausgesetzt werden, sehr bezeichnend: in den selteneren Fällen, wo beim Anhalten der Rotation die Rollbewegungen nicht hervortreten, erscheinen diese sofort, wenn man plötzlich Licht in die Augen der Tiere fallen läßt. Der als neuer Reiz hinzukommende Gesichtsschwindel ist unzweifelhaft an diesen Bewegungen schuld. (Daß dieselbe Erscheinung auch beim Kaninchen mit durchschnittenen Acusticis beobachtet ward, kann nicht als Widerspruch gegen meine Auffassung des Gesichtsschwindels angesehen werden, da ja im Gehirn die gewonnene Vorstellung des idealen uns umgebenden Raumes nicht so schnell, wenn überhaupt, ausgelöscht werden kann).

Um mich davon zu überzeugen, machte ich folgende Selbstbeobachtung. Wie schon oben erwähnt, bin ich für den Rotationsschwindel außerordentlich empfindlich und kann bei offenen Augen mich nicht drei- bis viermal um meine Längsachse drehen, ohne von Schwindel befallen zu werden; nur durch das Steifwerden der Beine werde ich gezwungen, innezuhalten. Bei geschlossenen Augen im hellen Raume kann ich es bis zu einer zehn bis zwölf Sekunden dauernden Drehung bringen. Die Schwindelempfindungen beim Öffnen der Augen sind aber um so heftiger. Im dunklen Raume und mit geschlossenen Augen habe ich es bis zu 50 Sekunden langer Rotation bringen können. Den Empfindungen der Spannung in den Beinen und später im Brustkasten, welche ich nicht besser bezeichnen kann, als daß sie einer Tendenz der Zwangsbewegungen in der der Rotation entgegengesetzten Richtung entsprechen, konnte ich, obgleich nicht ohne Mühe, widerstehen und die Rotation fortsetzen; das Gefühl des Schwirrens im Kopfe unter dem Schädeldache wurde auch höchst peinlich. Der Gesichtsschwindel trat aber nur auf, als ich die Augen aufmachte und eine Öffnung im Fensterladen fixierte. Dabei wurden alle Empfindungen so überwältigend, daß ich mich auf einen Stuhl werfen und an ihm festhalten mußte, um nicht umzufallen. Ich versuchte, um die bekannte Helmholtzsche Behauptung zu kontrollieren, die Augen erst fünf bis sechs Sekunden, nachdem ich mit der Drehung aufgehört hatte, aufzumachen; der Gesichtsschwindel war nicht weniger heftig. Die entgegengesetzte Behauptung von Helmholtz wird wohl auf einer individuellen Verschiedenheit beruhen, da nirgends die individuellen Differenzen so häufig sind, wie bei Selbstbeobachtungen, die den Schwindel betreffen. Beobachtete ja auch Helmholtz, daß nach der Drehung um die Längsachse die Objekte sich noch eine Zeitlang in der Richtung fortzubewegen scheinen, in der man sich gedreht hat, während bekanntlich die scheinbare Drehung sonst immer in entgegengesetzter Richtung stattfindet.

Aus den in diesem Kapitel beobachteten Erscheinungen bei Tauben und Kaninchen, sowie auch aus der erwähnten Selbstbeobachtung geht jedenfalls hervor, daß der Gesichtsschwindel erst auftritt, wenn bei der Rotation oder nach deren Beendigung Gesichtseindrücke auf die Retina einwirken. Diese Tatsache genügt schon allein, um die Breuersche Auffassung der „kompensierenden Bewegungen", welche von den Bogengängen ausgehen sollen, als unzulässig darzustellen. Sie zwingt uns auch, den Gesichtsschwindel als gesonderte Folge der Rotation zu betrachten, die nicht notwendig den Gehirnschwindel begleitet und noch weniger als mit diesem identisch betrachtet werden darf. Bekanntlich hat Purkinje gezeigt, daß die Ebenen der scheinbaren Drehung beim Schwindel mit den Verstellungen des Kopfes während der Rotation wechseln. Der regelmäßige Zusammenhang dieser scheinbaren Drehungsebenen mit gewissen Stellungen des Kopfes hat ja auch die Veranlassung zu der verlockenden Hypothese gegeben, daß die Verstellungen des Kopfes erst durch Erregung der in den entsprechenden Ebenen gelegenen Bogengänge diese Drehtäuschungen erzeugen. So kam man allmählich zu der irrtümlichen Induktion, sämtliche Erscheinungen des Drehschwindels auf diese Erregung zurückzuführen und die Bogengänge als Organ für Dreh- und Beschleunigungsempfindungen zu bezeichnen. (Siehe in Kapitel IV die Versuche von Loeb, E. Lyon usw.)

§ 7. Die Machsche Bestimmung der Vertikalen. Das Ende des statischen Sinnes.

Im Verlaufe seiner Drehversuche hat Mach mehrmals versucht, mit Hilfe einer speziellen Vorrichtung die Vertikale zu bestimmen. Bei einer bestimmten Geschwindigkeit der Umdrehung schien ihm die Vertikale schief gestellt zu sein. Er deutet diese Täuschung folgendermaßen: „man empfindet die Richtung der resultierenden Massenbeschleunigung und hält diese für die Vertikale". In einem der vorhergehenden Paragraphen haben wir schon gezeigt, daß diese Deutung ganz unhaltbar ist. Sie beruht auf einer Analogie mit der mißdeuteten optischen Täuschung bei dem Durchfahren einer Eisenbahnkurve. Es entging nämlich Mach, daß er bei seinen Drehungen im

Sessel durch die Zentrifugalkraft schief gestellt wird: „Wir bringen den Beobachter ein Meter weit von der Rotationsachse in nahe vertikale Stellung, lassen ihn gegen die Achse hinsehen und bringen ihn in Rotation . . . Der Beobachter meint also mehr auf dem Rücken zu liegen, als dies wirklich der Fall ist", schreibt Mach. Der wahre Grund der scheinbaren Schiefstellung der Vertikale springt geradezu in die Augen. Der bekannte Versuch mit dem Pendel soll die Täuschung bei dem Durchfahren der Kurve geben: „dieses Pendel hält man nun bei der Rotation für vertikal, den Kasten und sich selbst aber für schief; doch schien es mir zuweilen, als ob die Vertikale zwischen der Richtung des Pendels und der Achse meines Körpers enthalten wäre". Mach schien also die wahre Ursache des Schiefstellens der Vertikale geahnt zu haben; nur war er so sehr von dem Gedanken beherrscht, diese Täuschung, die doch nur auf einem falschen Urteil beruhte, sei die Folge eines von den Bogengängen erzeugten Drehschwindels, daß er darin Beweise für die Empfindung der Winkelbeschleunigung, sowie der Progressivmassenbeschleunigungen sehen wollte und die betreffenden Versuche als „wichtigsten Beitrag" für seine Lehre von den Bewegungsempfindungen in den Bogengängen betrachtete!

Breuer hat die freilich nicht ganz klaren Gedanken Machs zwar mißverstanden, hielt es aber doch für seine Pflicht, sich der Lehre von dem Drehsinn anzuschließen. Nach seiner Auffassung soll die Zentrifugalkraft beim Durchfahren einer Eisenbahnkurve „eine Schiefstellung der Massenbeschleunigungsvorrichtung des Kopfes" veranlassen und „darum sehen wir die vertikalen Linien schief", was wieder bei Breuer den Glauben erweckt, daß die Otolithen-Apparate „das Organ" für Empfindungen der Massenbeschleunigung seien. In dieser Form wurde die Mach-Breuersche Hypothese kaum diskussionsfähig. Die Zentrifugalkraft soll beim Durchfahren einer Kurve, deren Radius viele hundert Meter lang ist, die Nervenendigungen der Säckchen erregen, in derselben Weise wie bei den Rotationsversuchen Machs in einem Lehnstuhl! Die tatsächliche Schiefstellung der Waggons durch die höher gelegten Schienen an der äußeren Seite der Kurve wurde von ihm übersehen, und wenn man ihn darauf aufmerksam macht, wird sie einfach totgeschwiegen. Die bekannte Täuschung verschwindet, wenn der Waggon offen ist, wenn man durch das Waggonfenster oder durch einen Operngucker hinausschaut; das hieße ja für Breuer, daß die Zentrifugalkraft plötzlich ihre Wirkung auf die Nervenendigungen durch die von uns angegebenen Beobachtungsbedingungen eingebüßt hat! Die nämliche Täuschung tritt auch auf, wenn man mit einer Zahnradbahn geradlinig den Berg hinauffährt. Breuer hat dies „auch gesehen" (natürlich!), „will aber darüber ohne weitere eigene Beobachtung nicht diskutieren". „Aber wie es sich auch damit verhalte, mit dem von uns für die Theorie verwerteten Phänomen hat die Schiefstellung der Waggons als reines Accidens nichts zu tun."

Diese letzteren Zeilen sind einer polemischen Schrift Breuers über „Bogengänge und Raumsinn“ entnommen (S. 645), in welcher er die Ergebnisse meiner Drehversuche, die in den vorhergehenden Paragraphen dargelegt wurden, zu entkräften suchte. „Reelle Tatsachen, — schrieb ich in meiner Antwort auf diese Schrift, „die Funktionen des Ohrlabyrinths (Pflügers Archiv, Nr. 71, S. 91), — können natürlich für reine, „aus sich selbst geschaffene“ spekulative Theorien nur störend sein“. Breuer übergeht daher auch mit Stillschweigen mein Zitat aus der Machschen Schrift, aus dem hervorgeht, daß auch bei seinen Versuchen mit der Rotation im Lehnstuhl dieselbe Schiefstellung übersehen worden ist. Auch verschweigt er, daß ich meinen Einwand, daß noch niemand die problematische Raddrehung des Auges, weder bei der Durchfahrt von Kurven noch bei Drehungen im Sessel, beobachtet hat, aufrecht erhalte. Und doch beruht die ganze Hypothese Machs auf der Annahme, daß eine derartige Raddrehung eine Reflexinnervation sei, abhängig von der Richtung der Massenbeschleunigung, welche auf die Bogengänge erregend wirken soll.

Bis in die kleinsten Details verschmähte es Breuer, der tatsächlichen Beobachtung Rechnung zu tragen. Die schiefe Stellung des Pferdes beim Galoppieren im Zirkus wurde von den Anhängern des Drehsinnes als Beweis für den Sitz dieses Sinnes im Ohrlabyrinth angeführt. Der Zusammenhang dieser Beweisführung ist mir nie recht klar geworden; ich fand es dennoch für ratsam, darzulegen, auf welche Weise der Reiter dem Pferde diese Haltung aufzwingt.

Meine Erklärung hat für Breuer keinen Wert, weil sie mir meine „Erfahrung als Reiter geliefert hat“. Nach ihm, der keine Erfahrungen darüber besitzt, hängt die schiefe Stellung des Pferdes von „der eben besprochenen, durch die Zentrifugalkraft veränderten Perzeption der Vertikalen ebenso wie beim Schlittschuhläufer“ ab. Der Vergleich und die Erklärung sind im vollen Widerspruch mit den Tatsachen, wie jeder Schlittschuhläufer es Breuer klar machen wird. Letzterer muß beim Beschreiben einer Kurve von kleinem Radius sich mit dem Oberkörper nach innen der Kurve beugen, um nicht durch die Zentrifugalkraft nach außen geworfen zu werden. Dasselbe muß auch jeder Radfahrer, sogar auf dem Tricycle, tun, sonst wird er samt seiner Maschine nach außen umgestürzt werden. Die Perzeption der Vertikalen und das Ohrlabyrinth haben nichts damit zu schaffen. Für diejenigen, die Breuers ungenügende Beachtung der Tatsachen bei wissenschaftlichen Diskussionen nicht billigen, will ich noch hinzufügen, daß in den Zirkusmanegen der Fußboden an der Peripherie höher gestellt wird, und zwar teilweise aus analogen Gründen wie bei Eisenbahnkurven die äußeren Schienen höher gelegt werden.

Breuer hat auch eine Konsequenz seiner Deutung der betreffenden Täuschung übersehen. Wenn diese zutreffend wäre, d. h. wenn das Befahren einer Eisenbahnkurve uns Drehempfindungen gäbe, so müßten wir beim häufigen Durchfahren von Kurven, wie z. B. auf den Schweizer Bahnen, fortwährend dem Schwindel unterliegen. Dasselbe müßte eigentlich auch beim Rundfahren im Wagen auf einem Marsfelde, ja beim häufigen Umbiegen in den Straßen geschehen.

In derselben Streitschrift suchte Breuer durch spitzfindige Sophistereien und Zitate von zweifelhafter Richtigkeit mich zu widerlegen. Sie wurden schon in meiner Antwort genügend beleuchtet, und es ist daher unnütz, hier darauf wieder zurückzukommen. Von meinen Versuchen mit geblendeten Tieren gibt er wörtlich nur den einen wieder, welcher den Einfluß der Verschiebung der Netzhaut auf die Kopfbewegungen beim Frosche darstellt, der abwechselnd in der Bauch- und Rückenlage gedreht wurde. „Dies klingt so peremptorisch, — fügt er hinzu, — daß mir nichts übrig blieb, die alten experimentalen Versuche mußten wiederholt werden". „Er vermeidet es aber diesen so einfachen Froschversuch in der von mir angegebenen Form zu wiederholen", schrieb ich. „Er zieht es vor, sich auf fremde Zeugen, wie Exner und Kreidl, zu stützen. Als reine Zeugenaussagen müssen sie hier beiseite gelassen werden; das Ergebnis meiner Versuche bleibt als richtig fest bestehen. Dies um so mehr, als Breuer auf derselben Seite, freilich nur in der Anmerkung, selbst Versuche mitteilt, die dieses Ergebnis in evidentester Weise bestätigen. Wir lesen nämlich auf Seite 637: „Ich will noch einige Versuche hier anführen: Ein Frosch wird in Bauchlage aufgebunden; ist bei Drehung reaktionslos, reagiert nach 5 Minuten; Kopfwendung mäßig stark. Wenn das Brettchen umgedreht wird, so daß der Rücken des Tieres nach abwärts sieht, ist es wieder vollständig reaktionslos. Losgebunden, locker in der Hand gehalten: reagiert; in der Hand; umgedreht, mit dem Bauch nach oben, aber freiem Kopfe: reaktionslos. Ein Frosch auf der Hand sitzend, reagiert; auf der Hand auf den Rücken gelegt, aber mit freiem Gesichtsfeld (sic): reaktionslos".

Das sind in weniger präziser Ausführung meine oben zitierten Versuche mit den absolut gleichen Ergebnissen, die Breuer selbst für peremptorisch erklärte! Wogegen streitet er also? Wozu die Behauptung, daß in meinem Versuch der in der Bauchlage befindliche Frosch keine Kopfwendungen machte, weil er hypnotisiert war? Warum soll das „Gefesseltsein" den Frosch hypnotisieren, wenn er auf dem Bauche und nicht auf dem Rücken liegt? Tausende von Fröschen werden täglich in Laboratorien „gefesselt", in allen möglichen Lagen, ohne daß man etwas von der Hypnose gemerkt hat. Dies sind lauter willkürliche Voraussetzungen; denn am Schlusse adoptiert ja Breuer selbst meine Ansicht, daß die Verschiebung der Netzhautbilder die Kopfwendung verursacht. Nur will er durchaus, daß auch das Ohrlabyrinth dabei mit beteiligt sei. Daß eine so unwahrscheinliche Behauptung doch irgend eines wissenschaftlichen Beweises bedarf, entgeht Breuer. Denn wie bisher, so wird auch jetzt nirgends von ihm auch nur der Versuch gemacht, irgend welche Beweise anzugeben. Das Ohrlabyrinth soll durch Drehung des Tieres erregt werden: dies ist ein Dogma geworden, das keiner Beweise bedarf.

Es soll noch hinzugefügt werden, daß in dieser polemischen Schrift Breuer seine successiv angenommenen Sinne, Gleichgewichts-, Balancier-Sinn und den statischen Sinn, aufgibt und als mit dem Machschen Drehsinn identisch erklärt. Wie im nächsten Kapitel gezeigt werden soll, schloß er sich am Ende auch vollständig meiner Lehre vom Raumsinn an. Er soll dies sogar schon im Jahre 1875 getan haben!

„Die Vertreter der Theorie vom statischen Sinne (welcher kurze, wenn auch nicht gute Name unterdes beibehalten werden mag) meinen, der Vestibular-Apparat sei ein Sinnesorgan der Bewegungs- und Lageempfindungen und man sollte glauben, die Meinung Cyons und die eben bezeichnete wäre nahe verwandt. Denn darüber trennen sich die Meinungen: ob der Vestibular-Apparat funktionell Gehörorgan sei oder Sinnesorgan räumlicher Perzeptionen. Teilt ein Autor die letztere Ansicht, so können die Differenzpunkte zwischen ihm und den Vertretern der Lehre vom statischen Sinn nur sekundärer Natur sein" (Breuer 1898). Der Unterschied zwischen den Bewegungs- oder Lageempfindungen und den Richtungs- und Raumempfindungen, von denen ich schon im Jahre 1873 gesprochen, ist prinzipieller Natur. Wenn Breuer sich meiner Raumlehre im Jahre 1875 aufrichtig angeschlossen hätte, warum hat er damals meinem Sinn den nicht guten Namen „statischer" Sinn gegeben?

§ 9. Meine Drehversuche an Kindern, Affen, Schildkröten usw.

Meine Drehversuche, die in den vorhergehenden Paragraphen wiedergegeben worden sind, haben den langjährigen Streit über die wahre Bedeutung der Drehempfindungen definitiv zu Ungunsten der Machschen Lehre entschieden. In den Paragraphen des nächsten Kapitels über die elektrische Reizung des Ohrlabyrinths und über Beobachtungen an Taubstummen werden noch neue Argumente gegen den Sitz der Drehempfindungen und des Drehschwindels in den Bogengängen und gegen die Annahme, die Kopfbewegungen vermögen ein Erregungsmoment für die Nervenenden des Labyrinths abzugeben, entwickelt.

Hier sollen noch die Ergebnisse mehrerer Drehversuche vom Jahre 1900 mitgeteilt werden, die auf Veranlassung einer experimentellen Untersuchung „über die scheinbare Drehung des Gesichtsfeldes während der Einwirkung einer Zentrifugalkraft" von J. Breuer und Alois Kreidl unternommen wurden, die es verdienten, als Beitrag zur Streitfrage berücksichtigt zu werden. Es ist gewiß nicht aus bloßem Hang zum Polemisieren, daß ich die Schriften meiner Gegner nie stillschweigend zu übergehen pflegte. Ein solches Verschweigen der gegnerischen Argumente hat meistens nur den einen Beweggrund: man erkennt die Gewichtigkeit dieser Argumente und vermeidet auf sie einzugehen, um nicht seinen eigenen Irrtum gestehen zu müssen. Man trägt Mißachtung des Gegners zur Schau, während man im Grunde zu seinen eigenen Arbeiten kein rechtes Vertrauen besitzt; wenn man nicht gar, um mit Hensen zu sprechen, einfach „längst bekannte Dinge immer wieder entdecken" will,

Die Veranlassung zu dieser Untersuchung sollen, der Angabe dieser Autoren nach, meine Worte gegeben haben: „Die problematische Raddrehung der Augen hat übrigens bei der Durchfahrt von Kurven Niemand bemerkt“. . . „Wir müssen anerkennen, daß hier wirklich eine Lücke bestand“, schreiben die Autoren. Die Raddrehung war erschlossen, aber nicht direkt bewiesen worden.

Es handelt sich um die vermeintliche Raddrehung der Augen, die während der Durchfahrt von Eisenbahnkurven entstehen und die bekannte Täuschung erzeugen soll, eine Täuschung, die, wie ich gezeigt habe, einfach von der realen Schiefstellung der Wagen in den Kurven abhängt.

Um diese Frage zu entscheiden, wiederholten die Autoren mit einigen Modifikationen die Rotationsversuche Machs und Kreidls in einem Apparat, welcher „aus einem ungefähr 4 m hohen Balken“ bestand, der „um seine vertikale Achse drehbar ist und einen 2 m langen Arm trägt, an dessen freiem Ende ein Sitzbrett befestigt ist“. Zu ihren Messungen benutzten sie die Nagelsche Nachbildmethode, deren „Genauigkeit zu wünschen lassen“ soll, aber „auf sehr große Genauigkeit kann man bei Versuchen unter den hier bestehenden Bedingungen überhaupt nicht hoffen“.

„Wenn man sich in den Apparat einschließt und drehen läßt, so tritt der horizontale Augennystagmus, welchen die horizontale Rotation kompensiert, mit großer Stärke auf; zugleich glaubt sich der Beobachter samt der betrachteten Scheibe nach außen zu neigen. Solange der Nystagmus besteht, ist genaue Fixation und damit jede genauere Beobachtung unmöglich. Er schwindet aber bald mit dem Gefühl der Rotation, während die Empfindung des Geneigtseins fortbesteht. Nur andeutungsweise bei den kaum vermeidlichen leichten Schwankungen der Rotationsgeschwindigkeit treten die horizontalen Augenbewegungen wieder auf. Beim Anhalten des Apparates entwickelt sich natürlich der entgegengesetzte Nystagmus und überdauert die Schrägstellung ziemlich lange“. Unter diesen Umständen haben Breuer und Kreidl mit Hilfe der nicht ganz genauen Nachbildmethode Abweichungen in der Bestimmung der Vertikalen von 7—8^0 konstatiert. Dies soll beweisen, „daß der scheinbaren Schiefstellung des Gesichtsfeldes eine reale unbewußte Raddrehung der Augen zugrunde liegt“.

Auch zugegeben daß dieser Beweis wirklich geliefert ist, welche Beziehung hat dieser Versuch zu dem Durchfahren einer Eisenbahnkurve mit realer Schrägstellung des Wagens? Die Beobachter haben sich so lange in einem kleinen Kreise (Radius = 2 m) gedreht, bis sie schwindlig wurden. Dieser Schwindel wird ebensowohl durch den horizontalen Augennystagmus im Beginn und den terminalen entgegengesetzten Nystagmus beim Anhalten, sowie durch „die Empfindung des Geneigtseins“ demonstriert. Das zeitweilige Aufhören des Augennystagmus ist ja bei den stärksten Äußerungen des Schwindels bei Tieren eine bekannte Tatsache im Momente der heftigen Rotation. Während dieses heftigen Schwindels zeigte sich nun eine ganz geringe Raddrehung der Augen! Wie soll dies meiner Aufforderung genügen (oder „diese Lücke ausfüllen"), die Raddrehung der Augen bei der Durchfahrt von Kurven zu beweisen? In diesem Falle handelt es sich ja nicht um eine „scheinbare Schiefstellung des Gesichtsfeldes". Ist bei solcher Durchfahrt jemand schwindlig geworden? Ist je auch nur eine Spur von Augennystagmus dabei beobachtet worden? Der bekannten Täuschung unterliegen aber alle Reisenden. Auf meine direkten Demonstrationen der wahren Ursachen dieser Täuschungen brauche ich wohl hier nicht von neuem einzugehen: in den betreffenden beiden Paragraphen sind solche Beweise im Überfluß geliefert worden. Ich erinnere nur an die Mittel, dieser Täuschung zu entgehen, und an die Beobachtungen bei der Fahrt auf den Abtschen Bergbahnen.

Die Autoren behaupten ferner, daß Purkinje schon „im voraus" meine Deutung der bei Eisenbahnfahrten entstehenden Täuschungen widerlegt habe. Das wäre schon darum höchst wunderbar, weil Purkinje wohl kaum je Eisenbahnfahrten gemacht hat. Er soll aber diese Pränumerandowiderlegung durch seine Beobachtung bei der Karussellfahrt gegeben haben. Der von den Autoren zitierte Satz bezieht sich eben auf die Schwindelempfindungen, die man bei schneller Drehung auf der Scheibe eines Karussells hat: „Das Gefühl des senkrechten Standes des Körpers, mit dem der Schwungkraft verbunden, macht, daß die ganze gedrehte Scheibe (des Karussells) nach der Seite stark geneigt erscheint, welche Erscheinung so auffallend und lebhaft ist, daß man sich unwillkürlich stark nach der Seite neigt, aus Besorgnis, aus der Scheibe herausgeschleudert zu werden oder vielmehr (der Täuschung gemäß) von der stark geneigten Scheibe herabzugleiten".

Die Richtigkeit dieser Beobachtung kann jeder bestätigen, der nur einmal Karussell gefahren ist. Sie hat aber auch nicht die entfernteste Analogie mit der Täuschung bei der Durchfahrt von Kurven. Die Theorie des Gesichtsschwindels von Purkinje ist ja mit der meinigen identisch, worauf ich mit Genugtuung selbst mehrmals ausführlich hingewiesen habe.

Aber noch mehr. In dem Versuche von Breuer und Kreidl handelt es sich um Raddrehungen der Augen bei längerer Rotation auf einer Drehscheibe. Zu dem Ohrlabyrinth selbst haben diese Versuche aber nicht die geringste Beziehung. Das hindert die Autoren nicht, zu schließen: „Wir halten für richtig, daß die ‚kompensierenden' Augenbewegungen von den Ampullen, die durch die Zentrifugalkraft hervorgerufenen in den Otolithenapparaten ausgelöst werden. Wir gehen aber hier nicht weiter auf die Frage ein, bezüglich welcher die vorliegende Untersuchung kein neues Argument gebracht hat." Das alte Argument wird neu herbeigezogen: „Sie (die Augenbewegungen) entspringen also einem Organe im Kopfe, welches Winkelbeschleunigungen perzipiert". Organe im Kopfe gibt es sehr viele, warum gerade das Ohrlabyrinth beschuldigen? Der Mangel an neuen Argumenten kann nicht selbst als Argument betrachtet werden; dekretieren lassen sich wissenschaftliche Sätze nicht. Es soll nur noch erinnert werden, daß sowohl aus Ewalds als aus meinen Drehversuchen hervorgeht, daß die Ursache der Augenbewegungen in erster Linie ein psychischer Akt ist: die Tiere nämlich sind bestrebt, bei der ungewohnten und unwillkürlichen Bewegung ihr Netzhautbild festzuhalten.

Die Hoffnung, in der Untersuchung von Breuer und Kreidl ernste Anhaltspunkte für die Möglichkeit zu finden, daß das Ohrlabyrinth durch die Kopfstellungen in Erregung versetzt werden könne, mußte also aufgegeben werden. Ich versuchte daher, auf anderem Wege nach solchen Anhaltspunkten zu suchen. Daher die Drehversuche an den sehr beweglichen Affen, an den indolenten Schildkröten und auch die Beobachtungen an Säuglingen und größeren Kindern beim Karussellfahren.

Das Resultat der letzteren Beobachtungen ist negativ ausgefallen. Ebensowenig wie beim erwachsenen Menschen beobachtet man bei Kindern irgend welche regelmäßige Kopfwendungen beim Karussellfahren[1]).

Bei Kindern, die sich Rechenschaft von der ihnen bevorstehenden Drehung geben und sich ihr mit Vergnügen aussetzen, sind natürlich Abwehrbewegungen nicht zu erwarten. Unter der großen Zahl von Kindern, die ich beobachtet habe, müßte man dagegen auf solche stoßen, welche die charakteristische Kopfwendung zeigen, wenn letztere wirklich von den Bogengängen auf reflektorischem Wege ausgelöst wäre. Nie habe ich aber solche Kopfwendungen in bestimmter Richtung beobachtet, nicht einmal bei Säuglingen, die nur der Amme wegen aufs Karussell genommen wurden, und die oft dabei schliefen. Ich ließ den Säuglingen die verschiedensten Stellungen zur Drehachse geben; ohne jeden Erfolg. Die Gewöhnung an passive Bewegungen in den verschiedenen Richtungen allein vermag wohl kaum diese Reaktionslosigkeit zu erklären.

Affen, auf die Drehscheibe gebracht und in Drehung versetzt, hören nicht auf, den Beobachter zu fixieren. In welcher Richtung die Drehung auch stattfinden möge, sie suchen ihn bezw. ihren Wärter nicht aus den Augen zu verlieren. Ihre Kopf- und Augenbewegungen hängen also ganz von der Stellung der umgebenden Personen ab. Wird die Drehung sehr schnell, so stemmen sie sich mit den Pfoten an die Scheibe oder stützen ihren Körper gegen die Wand.

---

[1]) Man darf sich nicht durch die Kopfhaltung der Kinder täuschen lassen, welche sie im Moment annehmen, wo sie sich den Ringeln nähern, die sie mit dem in der rechten Hand gehaltenen Spieß aufzufangen suchen. Die Karussells werden meistens in einer dem Uhrzeiger entgegengesetzten Richtung gedreht; die Ringel sind also außerhalb des Kreises angebracht, um dem rechten Arm zugänglicher zu sein. Die Kinder müssen deswegen nach rechts fixieren, also eine Kopfhaltung einnehmen, die dem von mir formulierten Gesetze entspricht, nach welchem Tiere bei der Drehung in dieser Richtung den Kopf wenden.

Eine eigentümliche Stellung nahm ein Macacus dabei ein; er drückte seinen Kopf heftig an das Drahtdach der Drehmaschine und hielt sich mit den beiden Vorderpfoten daran fest, mich dabei jedesmal mit wütenden Blicken fixierend, wenn die Umdrehung der Scheibe ihn mir gegenüberstellte. Von Kopf- und Augennystagmus, konnte ich weder im Beginn noch am Ende der Drehung, bei den drei den Versuchen ausgesetzten Affen (wovon zwei Paviane) irgend eine Spur bemerken.

Es läßt sich leicht verstehen, warum die Affen beim Beginn der Drehung nicht die bei anderen Tieren unausbleibliche Kopfwendung machen; sie geben sich ebenso wie der Mensch Rechenschaft von dem Geschehenden und anstatt sich vergeblich durch Fixierung des Netzhautbildes festhalten zu wollen, nehmen sie Stellungen ein, welche es ihnen ermöglichen, den Folgen der ungewollten Drehung zu entgehen. Wäre nicht das eiserne Drahtgitter zum Schutze des Beobachters da, so würden sich die Abwehrbewegungen der Affen sicherlich durch einen Angriff auf ihn kundgeben. So konzentrieren sie ihre ganze Wut in dem Ausdrucke ihrer Augen.

Woher es aber kommt, daß bei ihnen weder Augennystagmus noch Zwangsbewegungen auch bei den schnellsten Umdrehungen beobachtet werden, ist viel schwieriger zu erklären. Die Vermutung, sie vermeiden den Augennystagmus durch das gespannte Fixieren der Augäpfel, ist wohl kaum haltbar. Wahrscheinlicher ist die Annahme, die sehr beweglichen und an alle möglichen Stellungen gewöhnten Affen seien gegen den Schwindel viel resistenter als andere Tiere.

Es wäre in Anbetracht dessen in hohem Grade interessant, ihr Labyrinth einer experimentellen Prüfung zu unterziehen. Die betreffenden Affen waren auch dazu bestimmt, um an ihnen die Augenbewegungen bei Reizungen der einzelnen Bogengänge zu studieren. Durch äußere Umstände mußte ich auf diese Versuche verzichten.

Die Drehversuche an den weit weniger beweglichen Schildkröten hatten noch positivere Ergebnisse. Sobald die leise Drehung begann, zeigte der nach außen befindliche Kopf des Tieres die bekannte Wendung, und zwar nach links, wenn die Drehung im Sinne des Uhrzeigers geschah, und nach rechts im entgegengesetzten Fall. Begann dagegen die Drehung in einem Augenblick, wo der Kopf der Schildkröte in die Schale zurückgezogen war, so behielt der Kopf seine Stellung, ohne irgendwelche Neigung nach rechts oder links zu zeigen. In diesem letzteren Falle fand keine Verschiebung der Netzhautbilder statt, und das Tier wendete seinen Kopf nicht. Die Schildkröte befand sich annähernd in derselben Lage wie in meinen Drehversuchen die Frösche, die auf dem Rücken befestigt waren.

Der runde Kasten aus Gitterdraht wurde nun auf der Drehscheibe ersetzt durch einen etwa 1 Meter hohen, oben offenen Zylinder aus im Innern schwarz angestrichenem Kartonpapier. Ich konnte das Tier von oben beobachten. Trotzdem hier von einer Verschiebung des Netzhautbildes kaum die Rede sein konnte, trat eine geringe, aber doch noch gut merkliche Kopfwendung ein. Sollte diese von der Trägheit des leicht beweglichen Kopfes abhängen, der dem Rumpf nicht mit derselben Geschwindigkeit nachfolgte?

Die Frage konnte beantwortet werden, indem man statt der Schildkröte einige Frösche unter denselben Umständen auf die Drehscheibe brachte. Trotz der starren Befestigung des Kopfes bei diesen Tieren konnte auch bei ihnen eine ganz geringe seitliche Biegung des Kopfes wahrgenommen werden.

Es ist also bei der betreffenden Kopfwendung noch ein drittes Moment beteiligt außer dem Bestreben, das Netzhautbild zu behalten, und der Trägheit des Kopfes, nämlich die bewußte Abwehr des unerwartet und unwillkürlich einer ungewohnten Bewegung ausgesetzten Tieres. Die Kopfwendung tritt zuerst auf; darauf folgt eine Reihe anderer Abwehrbewegungen, wenn die Drehung etwas heftiger wird. Ist letztere so schnell geworden, daß das schwindlig gewordene Tier seine Bewegungen nicht mehr zu beherrschen vermag, dann treten die Zwangsbewegungen auf.

Die Berechtigung dieser Deutung wird durch eine andere Beobachtung unterstützt, die ebenfalls bei den Drehversuchen an Schildkröten gemacht wurde. Ein Kaninchen wurde zum ersten Male auf die Drehscheibe gebracht, während eine Schildkröte darauf lag. Sofort lief das Kaninchen zu dem unbekannten Tier heran, legte ihm seine Vorderpfoten auf den Rücken und beschnüffelte es von allen Seiten. In diesem Augenblick wird die Drehscheibe leise in Bewegung gesetzt: bei der Schildkröte tritt sofort die Kopfwendung auf, nicht aber beim Kaninchen, bei dem sie ja sonst nie fehlt. Die Aufmerksamkeit des Kaninchens war ganz durch das sonderbar aussehende Tier beansprucht; es hat deswegen die ungewohnte Bewegung gar nicht gemerkt und auch die übliche Abwehrbewegung nicht gemacht. Wäre letztere ein rein reflektorischer Akt, so konnte sie nicht ausbleiben. Die Aushilfe, der reflektorische Akt werde in diesem Falle durch anderweitige Inanspruchnahme des Sensoriums inhibiert, würde ja im Grunde auf dasselbe hinauskommen.

Im allgemeinen haben also die neuen Drehversuche nur die früher von mir gegebene Deutung der Kopfwendungen sowie der nystagmischen Augen- und Kopfbewegungen, die bei der Rotation der Tiere auf der Drehscheibe entstehen, bestätigt. Irgend welche Andeutungen auf eine Erregung des Ohrlabyrinths durch Verstellungen des Kopfes haben die Drehversuche auch jetzt nicht geliefert. Vielleicht würde es gelingen, solche Anhaltspunkte zu erhalten, wenn man versuchen würde, einen Menschen solchen Drehungen um verschiedene Achsen plötzlich zu unterziehen, ohne daß er sich von deren Natur und Ursache Rechenschaft geben könnte. Selbstbeobachtungen bei Erdbeben könnten in dieser Beziehung ebenfalls instruktiv sein. Ich habe mehrere Personen, welche vor einigen Jahren ein solches Erdbeben durchgemacht haben, auf ihre Empfindungen ausgefragt. Die eine, welche im Zimmer stehend die Schwankungen der Möbelstücke (unter anderen auch eines schweren

Bettes, in welchem eine Kranke lag) merkte, wurde etwas schwindlig; sie hatte „die Empfindung der Leere im Schädel“. Die im Bette befindliche Person, als sie samt dem Bette geschaukelt wurde, war von einer solchen Angst befallen, daß sie sich keinerlei Rechenschaft vom Geschehenen geben konnte. Eine am Schreibtisch sitzende Person erinnerte sich genau, zuerst die Schwankungen der auf dem Tisch stehenden schweren Bronzefiguren und dann erst die Schwankungen ihres eigenen Körpers bemerkt zu haben; auch sie empfand ein Schwindelgefühl und eine Schwere im Hinterkopf, etwa in der Gegend der Zitzenfortsätze. Eine vierte Person endlich, die im selben Haus an der Schwelle stand und nach außen auf die Straße blickte, hatte keine Ahnung von dem Vorgefallenen. Aus diesen Angaben scheint mit einiger Gewißheit hervorzugehen, daß die wahrgenommenen Gesichtseindrücke zuerst den Schwindel erzeugt haben, daß die auf dem Boden stehende Person keine Bewegungen ihres eigenen Körpers empfand und daß beim Mangel von entsprechenden Gesichtseindrücken man überhaupt von jeder besonderen Empfindung frei bleibt. Ob die unbedeutende Erschütterung nur durch ihr plötzliches Auftreten allein auch bei geschlossenen Augen ein Schwindelgefühl erzeugen könnte, darüber würden nur aus dem Schlafe durch ein Erdbeben geweckte Personen Auskunft geben.

§ 9. Die Zwecklosigkeit eines Sinnesorgans für Drehempfindungen und Drehschwindel.

Teleologische Beweisführungen sind in der Physiologie, ganz mit Unrecht übrigens, in schlechten Ruf gekommen. Die beispiellose Popularität, welche sich die Darwinsche Lehre unter den Naturforschern im Beginn erworben hat, beruhte zum großen Teile auf der Hoffnung, daß diese Lehre ein für alle Mal das Studium der Natur von den teleologischen Auffassungen befreien würde. Und doch war der Darwinismus mit der natürlichen Selektion und mit der Vererbung erworbener zweckmäßiger Vorrichtungen nichts anderes wie angewandte Teleologie. Der physiologische Forscher, wenn er an die Prüfung der Funktion eines Nerven oder einer Drüse geht, macht doch auch, wenn nicht ausdrücklich, die Voraussetzung, daß der Nerv oder die Drüse einem vernünftigen Zweck entspricht.

Wenn man neue Sinnesorgane entdecken will, so ist daher die knappste Forderung, welche man an den Entdecker stellen kann, die, daß dieses Organ auch irgend eine Bestimmung, ein Ziel haben, irgend einem Bedürfnisse entsprechen soll. Ein spezielles Organ für Schwindelempfindungen ist geradezu ein Unding. Und nun erst für Drehempfindungen! Ohrlabyrinthe befinden sich bei Tieren, die nie Drehbewegungen ausführen. Frösche haben wohl zum ersten Male Walzerbewegungen in meinem Petersburger Laboratorium im Jahre 1872 ausgeführt. Von Tanzunterhaltungen der Neunaugen oder Haifische ist in den zoologischen Handbüchern auch wenig zu lesen. Und selbst der Mensch bewegt sich normal nur nach vorwärts.

Die Nutzlosigkeit eines solchen Organes für Drehempfindungen wurde in meinen Untersuchungen mehrmals behandelt. Breuer ist die Gewichtigkeit meiner Einwände nicht entgangen, nur suchte er sie in folgender Weise zu entkräften: „Ob ein solches rapides Arbeiten (wie beim Seiltänzer) denkbar wäre, wenn die auslösenden Sensationen in der Summe aller Tast-, Gelenk- und Muskelempfindungen beständen, wie wir bisher meinten, muß dahingestellt werden (warum?). Jedenfalls sind wir, hoffe ich, nunmehr berechtigt anzunehmen, daß die auslösende Perzeption in den Bogengängen entsteht, und daß eben die Auslösung der Balancierreflexe der Zweck dieses Apparates ist".

Kreidl kam ebenfalls ausdrücklich auf diese Bestimmung der Bogengänge zurück. Mit Hilfe der durch die Kopfbewegungen entstehenden statischen und Drehempfindungen soll dem Seiltänzer das Balancieren ermöglicht werden. Analoges hat ja auch Goltz bei den Balancierversuchen an labyrinthlosen Fröschen vorgeschwebt.

Die Bogengänge sollen also zur Förderung der Kunst des Seiltänzers dienen, indem sie es ermöglichen, durch die Kopfbewegungen „rapide" genug die Reflexbewegungen auszulösen, welche ihn vor dem Genickbrechen bewahren. Diese Breuersche Irrlehre war bei mehreren Physiologen so tief eingewurzelt, besonders seitdem deren Begründer durch die „Otolithentheorie" sie in so scheinbar einfacher Weise zu erklären versuchte, daß wir es für notwendig hielten, nach allen den direkten Widerlegungen dieser Lehre in den früheren Kapiteln, auch noch diese scheinbar unwesentlichen Stützen näher zu prüfen.

Das erste, was uns bei der Beobachtung eines Seiltänzers auffällt, wenn er auf dem Seile vorwärts schreitet, ist die starre Haltung seines Kopfes. Er fixiert mit der größten Präzision den Endpunkt des Seiles und auch keinen Augenblick verliert er diesen Punkt aus den Augen, welches auch die Nebenexerzitien sein mögen, die er ausführt. Dies ist auch ganz natürlich; die größte ihm drohende Gefahr besteht im Gesichtsschwindel. Wenn wir auf einem schmalen Bergpfade an einem Abgrunde entlang gehen, tun wir das nämliche: wir sehen gerade hinaus vor uns dem Endziele des Pfades zu und kümmern uns sehr wenig um unsere Füße. Hätten die Bogengänge wirklich zur Funktion gehabt, die Dreh- und Schwindelempfindungen hervorzurufen, so wären Taubstumme mit funktionsunfähigen Bogengängen ja geborene Seiltänzer! Rapides Auslösen von Reflexbewegungen ist z. B. auch beim Fechten und Velozipedfahren ebenso notwendig wie beim Seiltanzen, und doch wird beides bei unbeweglichem Kopfe ausgeführt. Gerade beim Degenfechten kann man sich davon leicht überzeugen, daß die Gesichts- und Tastempfindungen für die Ausführung wirklich blitzschneller Reflexbewegungen allein in Betracht kommen. Denn die kompliziertesten Paraden mit den darauf folgenden Gegenangriffen (Ripostes) werden rein reflektorisch (natürlich von geübten Fechtern) ausgeführt, indem man die Absichten des Gegners ihm an den Augen abliest oder die fast unsichtbaren Bewegungen seines Degens mit dem eigenen Degen, dank dem Tastsinne, durchfühlt.

Man täuscht daher auch am leichtesten seinen Gegner auf dem Fechtboden, wo die Maske die Augen verhüllt, wenn man ihm die Berührung seines Degens versagt. So schnell der Gedanke auch abläuft, man würde immer mit der Parade zu spät kommen, wenn man sie erst eine Frucht der Überlegung sein ließe. Es ist sehr leicht zu demonstrieren, daß die bloße geistige Aufmerksamkeit schon die Auslösung der Reflexbewegung hemmt, oder richtiger gesagt verzögert. Beim Velozipedfahren genügen die Tast-, Gelenk- und Muskelempfindungen vollständig zur raschen Auslösung der zur Erhaltung des Gleichgewichtes der Maschine notwendigen Reflexbewegungen.

Die Anhänger des Drehsinnes und der kompensierenden Rolle der Bogengänge unterlassen es auch selten, zugunsten ihrer Ansichten die „bekannten Haltungen“ des Pferdes in der Manege anzuführen, ohne übrigens auf Einzelheiten einzugehen. In der Tat nimmt ein im Zirkus oder in der Manege regelrecht galoppierendes Pferd eine Kopfhaltung ein, welche der Richtung nach ganz der Kopfwendung entspricht, welche Tiere bei passiver Rotation auf der Drehscheibe machen, nämlich nach links beim Galoppieren in der Richtung der Uhrzeiger und umgekehrt. Auch an dieser Kopfhaltung sind die Bogengänge ebenso unschuldig wie an der beschriebenen Kopfwendung der Frösche, Tauben und Kaninchen. Dies beweist schon der Umstand, daß Pferde die bekannte Kopfhaltung schon einnehmen, bevor sie die Bewegungen ausführen können. Der Druck der Schenkel des Reiters, die Reizung gewisser Partien der Mundschleimhaut, bei der Amazone sogar die Reitpeitsche zwingen das Pferd, die obenerwähnte Kopfhaltung einzunehmen. Es gehört eine lange Dressur dazu, um dem Pferde das regelrechte Galoppieren mit dem rechten oder linken Beine voran (auf die rechte oder linke Schulter) beizubringen. Beim Galoppieren auf der rechten Schulter erleichtert die Neigung des Kopfes nach links die springende Bewegung des Pferdes, und umgekehrt. Nun galoppiert man in der Manege oder im Zirkus aus leicht verständlichen Gründen[1]) regelrecht auf dem rechten Beine, wenn man in der Richtung der Uhrzeiger reitet und umgekehrt. Dies der alleinige Grund der geneigten Kopfhaltung des Pferdes. Bei ungeübten Reitern galoppiert das Pferd auch nach rechts mit gerader oder verkehrter Kopfhaltung. Auch bei dem schnellsten Trab in der Manege behält das Pferd trotz der Drehung im Kreise seine gerade Kopfhaltung, wie es auch beim Kurzgalopp im Freien, wenn er in gerader Linie sich fortbewegt, die beschriebene Kopfhaltung beibehalten kann.

In den russischen Troïkas galoppieren gleichzeitig die beiden Seitenpferde, das linke mit dem Kopfe nach links gedreht, das rechte nach rechts. Die Tiefstellung der Köpfe ist dabei oft so stark, daß die Unterkiefer der Pferde nur um einige Händebreiten vom Fußboden

[1]) Um das Stolpern bei den Wendungen in den Ecken zu vermeiden.

entfernt bleiben. Beiläufig gesagt, gehen die auf diese Weise martyrisierten Tiere gewöhnlich an Hirnhautentzündungen zugrunde.

Da es sich hier um Organe handelt, welche rapide Reflexbewegungen auslösen, so soll eine Beobachtung angeführt werden, welche direkt den Weg bezeichnet, auf welchem die blitzschnelle Reflexbewegung ausgelöst wird; das Ohrlabyrinth bleibt dabei ganz unbeteiligt. Es ist sicherlich jedem geübten Reiter bekannt, daß, wenn man plötzlich den Einfall hat, die Allüren des Pferdes zu wechseln, das Pferd die zu der neuen Allüre gehörige Stellung einnimmt und sogar diese Allüre selbst einschlägt, noch ehe man die zur Veranlassung der neuen Allüre notwendigen Hand- und Schenkelbewegungen ausgeführt hat; ja oft sogar, ehe man entschieden hat, ob man die neue Allüre wirklich einschlagen werde. Diese blitzschnelle Übertragung der Gedanken vom Reiter zum Pferde kommt natürlich dadurch zustande, daß der Gedanke an die neue Allüre durch eingeübte Assoziation bestimmte imperzeptible Kontraktionen, oder richtiger gesagt, Spannungen in den Muskeln der linken Hand und der Schenkel auslöst, welche schon genügen, um beim Pferde Tastempfindungen hervorzurufen, die ihrerseits sofort auf reflektorischem Wege die gedachten Bewegungen veranlassen. Die Auslösung aller dieser Vorgänge geschieht oft in einem Zeitraume, der fast ebenso kurz ist wie die Übertragszeit einer bewußten Idee zum Willensorgane.

Wir haben hier also eine Rapidität der Auslösung von Bewegungen, welche diejenige beim Seiltänzer bedeutend übertrifft, da es sich um Übertragung durch zwei individuelle Organismen handelt; und doch sind die Bogengänge bei allen diesen Vorgängen ganz unbeteiligt geblieben. Man hat also nicht die geringste Veranlassung, in ihnen ein Sinnesorgan zu sehen, das den Zweck haben soll, rapide Reflexbewegungen auszulösen.

Die wirkliche Rolle der Bogengänge beim Auslösen zweckmäßiger Bewegungen wird im nächsten Kapitel ausführlich behandelt werden. Diese Rolle als Regulator der Innervationsstärken ist an sich schon eingreifend genug, um beim Ausfall oder auch bei Störungen der normalen Funktionen dieser Organe die Bewegungen des Tieres unsicher, unpräzise zu machen. Kompliziertere Bewegungen, wie z. B. der Flug der Tauben, werden ganz unmöglich gemacht, wie dies schon oben bei der Deutung der Versuche von Marikowsky erklärt wurde (s. S. 34). Bei erkrankten oder fehlenden Bogengängen würde das Seiltanzen, das Fechten, Velozipedfahren usw. wirklich unmöglich sein, aber aus ganz anderen Gründen wie die Anhänger der Machschen Irrlehre es glauben. Ihre vermeintlichen Sinne haben damit nichts zu schaffen.

Mach, Crum-Brown u. a. sollen nur folgende einfache Betrachtung nicht unterlassen: die Drehbewegungen um eine vertikale Achse und die Manegebewegungen sind im Grunde genommen nur anhaltende bezw. progressive Bewegungen in horizontaler Ebene in der ausschließlichen Richtung nach rechts oder nach links. Wozu also noch ein spezieller Sinn für Drehungen, wenn der allgemeine Sinn für die Bewegungen in den Richtungen des Raumes auch für diese Art Bewegungen vollkommen ausreicht? Man bedürfte dann noch besondere Sinne für das Schlagen von Purzelbäumen um die verschiedenen Achsen! Schon im Jahre 1900 veröffentlichte ich einen Versuch, der sehr leicht ausführbar ist und der die Grundlosigkeit der Annahme eines besonderen Drehsinns bis zur Evidenz beweist. Diese Annahme sowie sämtliche darauf gegründeten theoretischen Ausführungen stützen sich auf Beobachtungen der Kopfwendungen und der pendelnden Augen- und Kopfbewegungen bei der Drehung um eine vertikale Achse. Man mache nur folgenden Versuch: Eine Taube wird in beide Hände genommen, wie dies geschieht, wenn man die Folgen der Rotationsbewegungen demonstrieren will. Statt aber sich mit der Taube zu drehen, mache man eine rasche Bewegung mit den Händen gerade nach rechts oder nach links; man beobachtet dann genau die nämlichen pendelnden Kopfbewegungen, die sogenannte „Nystagmusphase“ wie bei der Rotation.

Die schnelle Bewegung in der Richtung nach rechts oder nach links ruft also denselben Nystagmus hervor, wie die Rotation um eine vertikale Achse!

III. Kapitel.

Entwicklung und Aufbau der Lehre vom Raumsinn.

§ 1. Einleitung.

Meine erste Darstellung der Lehre vom Raumsinn (1877).

Wir schreiten jetzt zur Diskussion der zahlreichen von mir angeführten Tatsachen.

Die im Jahre 1872/3 ausgeführten Experimente hatten mich, wie oben angegeben worden ist, zu dem Schluß geführt, daß die Funktionen der halbzirkelförmigen Kanäle mit unseren Raumbegriffen in Verbindung stehen, und daß jeder Kanal eine bestimmte Beziehung zu einer Raumdimension hat. Damals kannte ich noch nicht den dominierenden Einfluß, welchen die Kanäle auf den Bewegungsapparat des Auges ausüben, einen Apparat, der in unseren Vorstellungen von der Form und der Verteilung der Gegenstände im Raum eine anschauliche Rolle spielt. Nichtsdestoweniger habe ich schon damals die Rolle, welche etwaige von den Augenmuskeln oder von ihrem Innervationszentrum herstammenden Empfindungen beim Zustandekommen unserer Raumvorstellungen spielen könnten, betont und ich neigte zu der Auffassung, daß das System der Bogengänge seinen Anteil an der Verwertung dieser wahrgenommenen Empfindungen habe.

Die Hauptmotive meiner Ansicht waren folgende: 1. die anatomische Anordnung dieser Kanäle; 2. die absolute Regelmäßigkeit, mit welcher die Reizung eines jeden Kanals Bewegungen des Kopfes wie des Körpers in einer zu der eigenen Ebene des Kanals parallelen Ebene auslöst; 3. der Einfluß, welchen die abnormen Kopfstellungen auf diese Bewegungen und auf das Körpergleichgewicht ausüben; 4. endlich die Wahrscheinlichkeit, daß dieser letztere Einfluß n u r den Störungen der Gesichtsempfindungen zuzuschreiben sei.

In jenem Augenblicke, wo diese Zeilen niedergeschrieben wurden, besaß ich noch keine direkten Argumente zugunsten des Vorhandenseins physiologischer Beziehungen zwischen den Bogengängen und dem Innervationszentrum des okulomotorischen Apparates. Ehe ich zu einer tieferen Analyse der Art und Weise, wie die Bogengänge sich an der Bildung unserer Raumvorstellungen beteiligen, schreiten konnte, mußten erst die Versuche mit Reizungen der einzelnen Kanäle bei Tieren ausgeführt werden, deren Ergebnisse in Paragraph 9 des ersten Kapitels wiedergegeben sind.

Diese Ergebnisse, die Yves Delage mit Recht als die wichtigsten meiner ersten Versuchsreihen bezeichnet, gestatteten mir schon im Dezember 1877, durch Claude Bernard, in dessen Laboratorium die letzten Versuche vervollständigt wurden, der Pariser Akademie die Hauptzüge meiner Raumlehre mitzuteilen[1]). Wir wollen hier die wichtigsten Sätze wiedergeben:

1. Die halbzirkelförmigen Kanäle sind die peripheren Organe des Raumsinns, die Erregungen der Nervenenden in den Ampullen dieser Kanäle rufen Empfindungen hervor, welche uns die drei Richtungen des Raumes wahrnehmen lassen; die Empfindungen eines jeden Bogengangs entsprechen einer der Kardinal-Richtungen des Raumes.

2. Mit Hilfe dieser Richtungsempfindungen bildet sich in unserm Gehirn die Vorstellung eines idealen dreidimensionalen Raumes, auf den sämtliche Perzeptionen unserer übrigen Sinne, welche die Verteilung der uns umgebenden Gegenstände sowie die Stellung unseres eigenen Körpers im Raume betreffen, bezogen werden.

3. Das Vorhandensein eines speziellen Organs für den Raumsinn vereinfacht in hohem Grade die zwischen den Vertretern der zwei Theorien des binokularen Sehens zwischen v. Helmholtz, als Vertreter der empiristischen Theorie, und E. Hering, als Vertreter der nativistischen Theorie, schwebende Streitfrage. Es schafft eine neutrale Grundlage, auf welcher die beiden entgegengesetzten Anschauungsweisen miteinander in Einklang gebracht werden können.

4. Das achte Hirn-Nervenpaar enthält also zwei völlig voneinander verschiedene Sinnesnerven, den Hörnerv (n. cochlearis) und den Raumnerv (n. spatialis, s. n. vestibularis).

---

[1]) Es sei mir hier gestattet, in pietätvoller Erinnerung an den genialen Physiologen folgendes hinzuzufügen: Am 31. Dezember 1877 brachte ich Claude Bernard die kurze Notiz „Les organes périphériques du sens de l'espace" mit der Bitte, sie der Akademie der Wissenschaften vorzulegen. Ich fand den berühmten Gelehrten sehr leidend; seit einiger Zeit mußte er das Zimmer hüten. Er nahm die Notiz, um sie der Akademie zuzusenden, und erkundigte sich dabei des näheren über den Gang meiner Untersuchungen und über deren Ergebnisse. Mit der ihm eigentümlichen, wirklich genialen Intuition, dank welcher er fast immer das Richtige in verwickelten physiologischen Problemen schnell zu erfassen vermochte, erkannte er sofort die wahre Tragweite meiner Raumsinnstheorie. Er fand die Mitteilung wichtig genug, um sie in der Akademie persönlich vorlegen zu wollen, und begab sich zur Sitzung. Das war seine letzte Ausfahrt und seine letzte akademische Mitteilung. Den 10. Februar 1878 geleiteten wir trauernd den genialen Physiologen zum Père Lachaise.

5. Dank den von diesem letzteren Nerven erhaltenen Erregungen reguliert das Zentralorgan des Raumsinns die Verteilung und das Maß der den Muskeln der Augäpfel und des übrigen Körpers bei ihren Bewegungen in den drei Hauptrichtungen des Raumes zu erteilenden Innervationsstärken.

6. Die nach dem Ausfall der Verrichtungen der Bogengänge sich kundgebenden Störungen müssen zugeschrieben werden: a) einem eigentümlichen Gesichtsschwindel, welcher durch den Mangel an Übereinstimmung zwischen dem Seh- und dem soeben erwähnten idealen Raume hervorgebracht wird; b) der daraus resultierenden Verwirrung unserer räumlichen Vorstellungen über die Stellung unseres Körpers im Raume und seine Beziehungen zu den sichtbaren Gegenständen; c) den Anomalieen der Verteilung der Innervationsstärken in den genannten Muskeln. Wir wollen nun die in unserer ausführlichen Arbeit vom Jahre 1878 gegebene Entwicklung dieser einzelnen Sätze wiedergeben.

§ 2. Nativistische und empiristische Theorien des binokularen Sehens.

Die Ergebnisse meiner neuen Experimente und namentlich die erzielten eindeutigen Beweise für die Existenz gesetzmäßiger Beziehungen zwischen den Bogengängen und dem okulomotorischen Apparat hatten großen Wert. Nicht nur war mir auf solche Weise die Genugtuung gewährt, meine Theorie bestätigt zu sehen, sondern es wurde nunmehr auch die Möglichkeit gegeben, in den Mechanismus, vermöge welches die Bogengänge an der Bildung unserer Raumbegriffe sich beteiligen, tiefer einzudringen.

„Daraus, daß einerseits unsere die Verteilung der Gegenstände im äußeren Raume betreffenden Vorstellungen hauptsächlich von den unbewußten Innervations- oder Kontraktions-Empfindungen der okulomotorischen Muskeln abhängen, und daß andererseits jede, selbst die minimalste Reizung der Bogengänge die Kontraktionen und Innervationen ebenderselben Muskeln beherrscht, muß man es als unbestreitbar anerkennen, daß die Nervenzentren, in welche die in den Kanälen sich verteilenden Nervenfasern eintreten, in innigem physiologischem Zusammenhange mit dem okulomotorischen Zentrum stehen und daß folglich ihre Erregung in die Bildung unserer Raumbegriffe in entscheidender Weise eingreifen muß" (1878).

„Diese erzwungene Schlußfolgerung, die im Grunde nichts Anderes als der einfache Ausdruck der Tatsachen selbst ist", fügte ich damals hinzu (S. 311), ermöglichte nur den weiteren Aufbau meiner Lehre von den Verrichtungen des Bogengangsapparates, wie diese im Jahre 1878 dargelegt wurde.

Indem man sie mit den soeben vorgebrachten Argumenten in Verbindung bringt, sowie mit der wohlbegründeten Erfahrung, daß die

Reizung eines jeden halbzirkelförmigen Kanals andersgerichtete Augapfelbewegungen auslöst, kann man diese Schlußfolgerung folgendermaßen näher präzisieren und erweitern:

„Die halbzirkelförmigen Kanäle sind die peripheren Organe des Raumsinns; d. h. die Richtungsempfindungen, erzeugt durch die Erregung der in den Ampullen dieser Kanäle sich verbreitenden Nerven, dienen dazu, unsere Begriffe von den drei Ausdehnungen des Raumes zu konstruieren. Die Empfindung eines jeden Kanals entspricht einer dieser Ausdehnungen“ (S. 312).

Nachdem dies einmal festgestellt ist, wollen wir nun so viel wie möglich uns Rechenschaft von dem Mechanismus zu geben suchen, mit Hilfe dessen die Bogengänge ihre Funktionen erfüllen, und von der physiologischen Rolle, welche diese Funktionen ihnen in der Ökonomie des Organismus anweisen.

Wie groß auch die Voreingenommenheit des Naturforschers gegen teleologische Betrachtungen sei, er kann sie dennoch nicht ganz entbehren, zumal wenn es sich darum handelt, die Bedeutung eines Organs festzustellen, dessen Funktionen bisher verkannt waren.

Der Ursprung unserer Begriffe vom Raume ist nicht allein ein rein physiologisches Problem, er streift auch an wichtige psychologische und mathematische Probleme. Deshalb ist er auch ein Gegenstand gründlicher Studien von seiten der Philosophen und Mathematiker aller Zeiten gewesen.

Indem ich meinerseits an diese Frage herantrat, suchte ich zuerst nur ihre rein physiologische Seite auszuarbeiten, insoweit wenigstens, wie der Nachweis des Vorhandenseins eines für die Bildung unserer Raumbegriffe speziell bestimmten Organs die gegenwärtig angenommenen, diese Begriffsbildung betreffenden physiologischen Theorien modifizieren mußte.

Zwei Haupttheorien des Zustandekommens der Raumvorstellungen schieden damals die Physiologen in zwei verschiedene Lager, nämlich die nativistische und die empiristische Theorie.

Die erstere zählt unter ihre berühmtesten Vertreter im vorigen Jahrhundert Johannes Müller. Sie wurde in besonders meisterhafter Weise verteidigt und entwickelt durch Hering.

Die zweite ist zuerst von Helmholtz zum Range eines wissenschaftlichen Systems erhoben worden. Die psychologische Ausarbeitung dieser beiden Theorien basiert vorzugsweise auf Beweisen, die dem Gesichtssinne entnommen sind.

„Der Hauptsatz der empiristischen Ansicht“, sagt v. Helmholtz, „ist: Die Sinnesempfindungen sind für unser Bewußtsein Zeichen, deren Bedeutung verstehen zu lernen unserem Verstande überlassen ist. Was die durch den Gesichtssinn erhaltenen Zeichen betrifft, so sind sie verschieden nach Intensität und Qualität, das heißt nach Helligkeit und Farbe, und außerdem muß noch eine Verschiedenheit derselben bestehen, welche abhängig ist von der Stelle der gereizten Netzhaut, ein sogenanntes Lokalzeichen. Die Lokalzeichen der Empfindungen des rechten Auges sind durchgängig von denen des linken verschieden. Wir fühlen außerdem den Grad der Innervationen, die wir den Augenmuskelnerven zufließen lassen. Die Anschauungen der Raumverhältnisse und der Bewegung sind nicht notwendig aus den Gesichtswahrnehmungen oder wenigstens nicht aus diesen allein herzuleiten, da sie bei Blindgeborenen ganz genau und vollständig auch unter Voranstellung des Tastsinns gewonnen werden; sie können also für unseren Zweck als gegeben vorausgesetzt werden".

Nach v. Helmholtz sind ferner für die empiristische Ansicht die Form der Netzhaut, die Stellung und Regelmäßigkeit des Bildes gleichgültig unter der Voraussetzung, daß dieses scharf umgrenzt ist. Diese Ansicht beschäftigt sich nur mit der Projektion von der Netzhaut nach außen durch die optischen Medien. Die Stellung der Gegenstände in bezug auf unseren Körper wird mit Hilfe des Innervationsgefühls der Augennerven geschätzt, sie wird jeden Augenblick kontrolliert durch den Erfolg, d. h. je nach den durch die Innervationen veranlaßten Verschiebungen der Bilder. Die Vorstellungen von der Anordnung der Gegenstände im Raume bilden sich also nicht in direkter Weise, sondern mit Hilfe eines Urteils und einer Ideenassoziation, welche auf Erfahrung und Gewohnheit gegründet sind. Ganz anders verhält es sich mit der Anschauungsweise der Nativisten: „Was die verschiedenen nativistischen Theorien betrifft, sagt v. Helmholtz, so ist ihr Kernpunkt, daß sie die Lokalisation der Eindrücke im Gesichtsfelde von einer angeborenen Einrichtung ableiten, entweder so, daß die Seele eine direkte Kenntnis der Ausdehnungen der Netzhaut haben soll, oder so, daß infolge der Reizung bestimmter Nervenfasern gewisse Raumvorstellungen vermittels eines angeborenen nicht weiter definierbaren Mechanismus entstehen. J. Müller namentlich hat diese Ansicht in der ersten Form durchgeführt. Er sagt: „der Begriff des Raumes kann nicht erzogen werden, vielmehr ist die Anschauung des Raumes und der Zeit eine notwendige Voraussetzung, selbst Anschauungsform für alle Empfindungen. Sobald empfunden wird, wird auch in jenen Anschauungsformen empfunden. Was aber den erfüllten Raum betrifft, so empfinden wir überall nichts, als nur uns selbst räumlich, wenn lediglich von Empfindung, vom Sinn die Rede ist; und so viel unterscheiden wir von einem objektiven erfüllten Raum durch das Urteil, als Raumteile unserer selbst im Zustande der Affektion sind, mit dem begleitenden Bewußtsein der äußeren Ursache der Sinneserregung. Die Netzhaut sieht in jedem Sehfelde nur sich selbst in ihrer räumlichen Ausdehnung im Zustande der Affektion; sie empfindet sich selbst in der größten Ruhe und Abgeschlossenheit des Auges räumlich dunkel". Diese Theorie erweitert daher die von Kant aufgestellte Ansicht, daß Raum und Zeit ursprünglich gegebene Formen unserer Anschauungen seien, dahin, daß auch die spezielle Lokalisation jedes Eindrucks durch die unmittelbare Anschauung gegeben ist".

In der Tat betrachtete Kant Raum und Zeit als zwei gegebene Formen unserer Anschauung. Der Raum, sagt er, ist eine notwendige

Vorstellung a priori, die allen unseren Anschauungen zugrunde liegt. Man kann sich niemals eine Vorstellung davon machen, daß kein Raum sei, ob man sich gleich ganz wohl denken kann, daß keine Gegenstände darin angetroffen sind. Der Raum ist eine reine Anschauung.

Nach Hering können die verschiedenen Punkte der Netzhaut nicht nur Farbenempfindungen, sondern auch Raumempfindungen erzeugen. Er nimmt nämlich an, daß im Erregungszustande die verschiedenen Punkte der Netzhaut außer den Farbenempfindungen drei Arten von Raumempfindungen erzeugen. Die erste entspricht der Höhenlage der bezüglichen Netzhautpartie, die zweite ihrer Breitenlage. Die Empfindungen der Höhe und der Breite, deren Vereinigung die Vorstellung von der Richtung in bezug auf die Lage des Objekts im Gesichtsfelde gibt, sind für die korrespondierenden Punkte gleich. Überdies gibt es eine dritte Ausdehnungsempfindung besonderer Art, es ist dieses die Tiefenempfindung, welche gleiche Werte aber entgegengesetzten Zeichens für identische Netzhautpunkte und gleiche Werte gleichen Zeichens für die symmetrisch gelegenen Punkte haben muß. Wie man sieht, unterscheiden sich die beiden Ansichten voneinander in wesentlichen Punkten. Die physiologischen Beobachtungen, auf welchen sie beruhen, widersprechen einander nicht minder, obwohl sie viel leichter in Einklang gebracht werden können, als die Ansichten selbst.

Wenn in einer exakten und auf die Beobachtung sich gründenden Wissenschaft zwei einander so sehr widersprechende Theorien gleichzeitig bestehen können, ohne daß es der einen oder der anderen gelang, die Meinungen aller für sich zu gewinnen, so ist dies fast immer ein Beweis dafür, daß alle beide gewisse mangelhafte Seiten haben, daß also keine von beiden absolut befriedigend ist. v. Helmholtz selbst räumt ein, daß „unsere Kenntnis von den auf diese Frage bezüglichen Erscheinungen eine noch allzu unvollkommene ist, als daß man nur eine einzige Theorie zulassen und jede andere ausschließen dürfte".

Wir wollen hier nur einige von den Einwänden anführen, welche gegen eine jede von den beiden soeben ihren Hauptgrundzügen nach charakterisierten Theorien erhoben worden sind. Obwohl diese Einwände zum Teil rein theoretischer Natur sind, genügen sie nichtsdestoweniger, um die schwachen Punkte dieser Theorien hervortreten zu lassen. Die Theorie Herings läßt sich nicht nur mit einer großen Zahl von Beobachtungen nur schwer in Übereinstimmung bringen, sondern sie leidet auch an einem fundamentalen Fehler, auf welchen bereits v. Helmholtz aufmerksam gemacht hat.

„Der erste Einwand, sagt er, den ich erheben werde und der meinem Dafürhalten nach gar nicht zu entkräften ist, ist der, daß ich mir nicht vorstellen kann, wie eine einzige Nervenerregung ohne jede vorhergehende Erfahrung zu einer vollständigen Raumvorstellung führen könne". Zu diesem schon an sich sehr gewichtigen Einwande gesellt sich noch die Schwierigkeit zuzugeben, daß dieselbe Nervenfaser, welche die Lichtempfindung erzeugt, gleichzeitig dazu dienen solle, die Raumempfindung zu vermitteln. Die Gesetze der allgemeinen Physiologie des Nervensystems und ganz besonders das Gesetz der spezifischen Energie, welches so mächtig zur Entwicklung der Physiologie der Sinne beigetragen hat, sträuben sich gegen die Zulasssung einer solchen Möglichkeit. Aber auch die empiristische Ansicht, obwohl sie sich mit unseren physiologischen Begriffen und mit einer großen Anzahl von Beobachtungen besser verträgt, bietet bei alledem eine große Lücke dar. Wenn die Vorstellungen vom Raume die Folge der zur Kenntnis der lokalen Zeichen sich gesellenden Bewegungs- oder Muskelinnervationsempfindungen sind, so müssen letztere an und für sich die Vorstellung eines Raumes von drei Dimensionen erzeugen (siehe Kap. VI § 2).

Die Unzulänglichkeit dieser Hypothese liegt auf der Hand. Die durch die Kontraktionen und Innervationen der Augenmuskeln oder der Körpermuskeln überhaupt hervorgerufenen Empfindungen könnten uns schließlich doch nur über die Resultate der Kontraktionen belehren; z. B. die Kontraktion des Musc. rectus superior benachrichtigt uns von der Richtung, die wir unserem Auge in der Absicht gegeben, das scharfe Bild eines Gegenstandes aufzunehmen, welcher unsere Aufmerksamkeit auf sich gezogen hatte. Oder wenn es der Tastsinn ist, mit Hilfe dessen wir uns Kenntnis von der vollständigen Gestalt eines Gegenstandes verschaffen wollen, so sind die Empfindungen keine anderen, als wie sie erzeugt werden durch die Kontraktionen der Muskeln oder Muskelgruppen, die wir in einer bestimmten Reihenfolge in Bewegung setzen, um unsere Finger mit dem zu untersuchenden Objekte in Berührung zu bringen. Alles dieses enthält noch nicht die geringste Andeutung von der Beziehung dieser Empfindungen zu einem Raume, und noch viel weniger eine Vorstellung von diesem Raume selbst.

Die Schwierigkeit bleibt durchaus dieselbe, wenn wir zu diesen Empfindungen die unserem Verstande durch die lokalen Zeichen gelieferten Angaben hinzufügen[1]).

Diese Schwierigkeit ist vortrefflich gekennzeichnet in einer hervorragenden, in der Revue philosophique (1877, Nr. 10) veröffentlichten Studie Lotzes über die Bildung der Raumvorstellung.

---

[1]) „Diese empiristische Theorie", sagte ich 1873 in meinem Lehrbuch der Physiologie, Bd. II. S. 330, „sowie ihre Modifikation, Herbarts Theorie der Assoziationen, hat den Fehler, daß sie außerstande ist, uns eine befriedigende Erklärung von dem Ursprunge der primitiven Vorstellungen zu geben, mit Hilfe deren unsere Schlußfolgerungen über die Gestalt der Gegenstände und ihre Anordnung im Raume zustande kommen."

Eine Erwerbung dieser Vorstellungen im Laufe der Jahrhunderte durch Übung und Gewohnheit könnte nur unter der Bedingung zugelassen werden, wenn man gleichzeitig zuließe, daß die Übung ein spezielles Organ habe schaffen können. In diesem letzteren Falle würde man zur nativistischen Theorie zurückkehren, welche das Vorhandensein solcher Raumorgane annimmt (siehe Kap. VI).

„Wie kommt es denn, daß, um die Empfindungen π oder $\varkappa$ zu lokalisieren, die Seele hierbei bestimmt wird durch das bloße Hinzuaddieren der Zeichen α oder ε, welche selbst einer jeden Ortsvorstellung nicht minder fremd sind? Daß das Hinzukommen dieser Zeichen uns nötige, die Empfindungen π und $\varkappa$ zu unterscheiden, verstehen wir, aber daß es uns nötige, sie im Raume zu unterscheiden, wie ließe sich das zugeben? In der Tat scheint dieses unmöglich; aber daraus folgt keineswegs, daß man unsere Hypothese als unnütz oder unfruchtbar ansehen müsse. Man würde sich im Gegenteil einer groben Täuschung aussetzen, wenn man verlangte, daß es sich anders verhielte, daß die Zeichen α und ε geeignet wären, uns zu nötigen, die Empfindung π und $\varkappa$ im Raume zu unterscheiden".

„In der Tat gibt es zwei Fragen, die nicht miteinander verwechselt werden dürfen. Einmal die Frage, weshalb die Seele die Fülle ihrer Empfindungen innerhalb dieses Rahmens geometrischer Beziehungen ordnet und nicht nach einem beliebig anderen, durchaus verschiedenen Plane, von welchem wir aber infolge dieser wunderbaren Gewohnheit geometrischer Anschauungsweise nicht die geringste Ahnung haben".

„Die andere Frage — und hier werden die Fähigkeit zu einer solchen Anordnung der Empfindungen und die Bestimmung dieser Anordnung der Empfindungen als in der Natur der Seele gegeben angenommen — lautet, wie fängt die Seele es an, um bei dieser Intuition, die ihr unentbehrlich ist, einer jeden dieser Empfindungen in bezug auf den Gegenstand, der sie verursacht, ihren bestimmten Platz anzuweisen. Nur diese zweite Frage ist es, auf die wir durch unsere Theorie der Lokalzeichen eine Antwort zu geben beanspruchen, und weit davon entfernt, die erstere in befriedigender Weise lösen zu wollen, verurteilen wir als unmöglich einen jeden Versuch, dieses unlösbare Problem zu beantworten. Nicht nur ist es kein Problem der physiologischen Psychologie, sondern auch alle Anstrengungen, welche die philosophische Spekulation zu dem Zwecke machen könnte, die Auflösung zu finden, würden fruchtlos bleiben, wie sie es bis auf den heutigen Tag gewesen sind. Man kennt unter dem Namen der Deduktion des Raumes diese tollkühnen Unternehmungen, welche mit Hilfe einer geheimnisvollen Dialektik sich einbilden den Raum mit dem zu konstruieren, was nicht der Raum ist. Sie alle haben Schiffbruch gelitten: in der Tat ist es immer wieder eine Petitio principii, vermöge deren sie mit der Behauptung, ihn in seiner Totalität geschaffen zu haben, den Ausdehnungsbegriff einschmuggeln. Heutige Theoretiker verachten grundsätzlich alle Spekulation, aber sie geraten dabei nicht weniger auf Irrwege als ihre Vorgänger; indem sie, wie dem mächtigsten Talisman, einzig und allein der Erfahrung vertrauen, setzen sie alles in Bewegung, um die Anschauung der Ausdehnung und des Raumes aus einer reinen Assoziation von Empfindungen hervorgehen zu lassen; sie werden scheitern wie die übrigen. Es wird niemals möglich sein, eine Anzahl von Nullen so weit zu vermehren, daß sie schließlich eine reelle Größe repräsentieren; ebenso unmöglich wird es sein, aus einer

Assoziation von Elementen einen völlig neuen Typus zu entwickeln, dessen Keim sich nirgends in diesen Elementen selbst auffinden ließe. Schwer begreiflich ist übrigens die Hartnäckigkeit, mit der man, ohne zu ermüden, immer wieder von neuem diesen Versuch in Angriff nimmt. Hat man jemals daran gedacht, sich die Frage vorzulegen, warum die Lichtwellen unter der Form von Farben und nicht unter derjenigen von Gerüchen oder von Tönen zur Wahrnehmung gelangen? Es ist eben eine einfache Erfahrungstatsache, die man als solche hinnimmt. Weshalb nicht eingestehen, daß es sich mit der Raumintuition ebenso verhält? Sie ist die gegebene Form, unter der wir die Beziehungen gewisser Mengen gleichzeitiger Empfindungen wahrnehmen; wir haben durchaus nur die Regeln zu bestimmen, nach welchen wir einen unendlich mannigfaltigen Gebrauch von dieser immer unveränderten allgemeinen Form machen".

Und weiter unten; „Wir haben schon gesehen und wiederholen es hier, daß nichts in der Welt uns begreiflich erscheinen lassen könnte, weshalb dieses System von Empfindungen, welches noch keinerlei Raumbegriff involviert, notwendigerweise unter der Form des Raumes wie ein System von Beziehungen in der Ausdehnung perzipiert werden müßte. Nimmt man aber in der Natur der Seele eine Befähigung an, eine Tendenz, die Eindrücke unter Form des Raumes in sich aufzunehmen, so sind das Bedingungen, die man sich nicht denken kann ohne zu erwarten, daß sie die Ausübung dieser Tendenz hervorrufen werden. Indem wir die Rotationen des Augapfels wiederholen, indem wir ihnen die Richtung von rechts nach links oder von links nach rechts geben, indem wir immer dieselbe Verbindung von Eindrücken wiederfinden, indem wir die Persistenz einer zentralen Gruppe in bezug auf die sich bewegenden Endpunkte wahrnehmen, überzeugen wir uns, daß die Präzision nur in uns selbst, daß die Koexistenz in den Dingen ist und daß, was den Wechsel unserer Empfindungen verursacht, nur in der Verschiedenheit unserer Beziehungen zu den bleibenden Gegenständen der Außenwelt besteht. Mit diesen Worten läßt sich der sozusagen abstrahierte Begriff von dem, was der Raum unter intuitiver Form ist, ausdrücken. Wir wollen schließlich noch hinzufügen, daß es auch für die Empfindungen der Haut etwas gibt, was diesen der Lokalisierung der Empfindungen günstigen Bedingungen ähnlich ist. Auch sie besitzt unzählige sensible Punkte; aber die zur Beurteilung ihrer Lage erforderlichen Bewegungen sind diesen Punkten nicht so unmittelbar möglich, wie sie es denen der Retina sind, und es bedarf der Mithilfe beweglicher Organe, um diesen Mangel zu ersetzen".

Auf die neueren Modifikationen der empiristischen Theorie durch Wundt u. a. komme ich in Kap. VI zurück. Sie vermögen nicht die hier auseinandergesetzten Einwände zu beseitigen. Im Gegenteil: die gewichtige Kritik Wundts kann mit demselben Recht gegen seine eigene Lehre von den komplexen Lokalzeichen gekehrt werden.

§ 3. Der erste Versuch einer Versöhnung beider Theorien mit Hilfe der Richtungsempfindungen der Bogengänge (1878).

Das letzte Kapitel dieses Werkes ist den ausführlichen Auseinandersetzungen der Stellung, die meine Lehre vom Raumsinn zu den philosophischen und mathematischen Problemen einnimmt, gewidmet. Hier soll nur die physiologische Seite der Verrichtungen des Bogengangsapparates besprochen werden, soweit es sich um die Schwierigkeit handelt, die beiden sich gegenüberstehenden Theorien des Sehens zu versöhnen. Diese Schwierigkeiten verschwinden vollständig, wenn man nachweist, daß wir ein Sinnesorgan besitzen, dessen spezielle Bestimmung es ist, uns Empfindungen zu senden, die dazu dienen, die Vorstellung eines Raumes von drei Dimensionen zu bilden. Dieses Organ verlegen wir auf Grundlage unserer Versuche in das System der Bogengänge. Die Einwände, die wir weiter oben gegen die Möglichkeit vorgebracht haben, diese Empfindungen in die zu gleicher Zeit für die Aufnahme der Lichteindrücke bestimmten Nervenfasern zu verlegen, fallen hier fort. In der Tat, wenn es uns unmöglich ist anzunehmen, daß eine einzige Nervenfaser uns die Vorstellung des Raumes geben könne, so vermögen wir dagegen sehr wohl zu verstehen, wie mehrere in einer der Richtungen des Raumes angeordnete Gebilde, wenn sie erregt werden, uns Empfindungen von einer entsprechenden Richtung mitteilen. Andererseits bringt der Nachweis des Vorhandenseins eines speziellen Organs für den Raumsinn die von uns bezeichnete Lücke in der empiristischen Theorie zum Verschwinden. Die Anordnung der Kanäle in drei zueinander senkrechten Ebenen eignet sich ganz vorzüglich für eine solche Funktion. „Wir können uns sehr gut vorstellen, wie Richtungsempfindungen in drei Ebenen, deren Anordnung bei allen Wirbeltieren genau den drei Koordinaten des Raumes entspricht, von unserer Vernunft zur Konstruktion einer Raumvorstellung verwendet werden können. Ja ich möchte behaupten: kein anderer Sinn bietet eine so leicht faßliche Beziehung zwischen der Vorstelllung und der wahrgenommenen Empfindung, wie eben der Raumsinn, sobald man sich meiner Auffassung anschließt. Jener Teil der Frage, den Lotze als auf psycho-physiologischem Wege unlösbar hinstellt, erhält auf solche Weise eine völlig befriedigende Lösung. Die Empfindungen der anderen Organe können sehr wohl mit Hilfe der lokalen Zeichen auf einen Raum von drei Dimensionen bezogen werden, sobald ein spezielles Organ besteht, welches die Bestimmung hat, uns die Wahrnehmungen der drei Richtungen des Raumes zu ermöglichen" (S. 318.)

Die empiristische Theorie erhielt auf diese Weise eine neue Erweiterung, weil ja die Raumvorstellung aufhört eine präexistierende Form unserer Anschauung zu sein, vielmehr, wie die Vorstellungen der Farben, der Töne usw., zu einer Abstraktion unseres Geistes wird, die wir den spezifischen Empfindungen eines peripheren Sinnesorganes verdanken.

„Wir verstehen jetzt, weshalb es gerade ein Raum von drei Dimensionen ist, der unserer Euklidischen Geometrie zur Grundlage dient. Die geometrischen Axiome erscheinen uns somit als durch die Grenzen unserer Sinnesorgane auferlegt“ (Siehe unter Kapitel VI).

Mit einem Wort: das Vorhandensein eines Raumsinn-Organs gestattet, die zwischen der empiristischen und der nativistischen Theorie schwebenden Streitfragen zu schlichten. Die letztere dieser Theorien war völlig berechtigt anzunehmen, daß die Raumvorstellungen uns durch eine mit Hilfe eines noch unbekannten Mechanismus zustande kommende Erregung von Nervenfasern erteilt werden (siehe weiter oben). Dagegen hatte die empiristische Theorie Unrecht, wenn sie den lokalen Zeichen und den Innervations- und Muskelbewegungsempfindungen unsere Vorstellungen über die Gestalt der äußeren Gegenstände und über ihre Anordnung im Raume zuschreiben wollte. Der ideale Raum von drei Dimensionen, dessen Vorstellung mit Hilfe der uns von seiten der drei Bogengangspaare erteilten Empfindungen zustande kommt, dient natürlich ebensogut zur Bestimmung der Anordnung der in der Außenwelt befindlichen Gegenstände durch das Tastgefühl.

In einer Studie über die Raumvorstellungen erörtert Delboeuf die Frage, ob die übrigen Sinne für eine solche Bestimmung ebensogut wie das Seh- und Tastvermögen verwertet werden können. Indem er das Beispiel eines Blindgeborenen anführt, sagt Delboeuf (Formation de l'espace visuel, in Revue philos., 1877, p. 182): „Er unterschied den Klang der Glocken sämtlicher umliegender Kirchspiele und bezeichnete sie mit der größten Sicherheit. Der Klang leitete ihn mit einer Perzeptionsschärfe, die derjenigen des Sehvermögens vergleichbar ist. Ich legte mir die Frage vor, ob für ihn die Gehörsempfindungen nicht die Vorstellung von der Richtung nach den drei Dimensionen in sich schlossen, und ich wüßte nicht, worauf man sich stützen könnte, wenn man eine solche Annahme zurückweisen wollte. Ich habe gesehen, wie Blinde, sich dem jeu de barres hingebend, in einem Garten hintereinander herliefen, wie sie es dabei vermieden, die Blumenbeete zu betreten und wie sie in dem Augenblicke, wo sie nahe daran waren ergriffen zu werden, den Barren erfaßten“.

Offenbar könnte eine solche Fähigkeit dem Gehörssinne nur unter der Voraussetzung der Existenz eines besonderen Sinnesorgans in ihm zugeschrieben werden, welches imstande wäre, mit Hilfe der Empfindungen der drei Kardinalrichtungen unsere Vorstellungen eines Raumes von drei Dimensionen zu erzeugen (siehe die weitere Entwicklung § 11).

§ 4. Meine Theorie des Gesichtsschwindels (1878).

Im vorhergehenden Kapitel wurden zahlreiche experimentelle Untersuchungen über den Drehschwindel mitgeteilt, die auf das evidenteste gezeigt haben, daß der Versuch von Mach, Breuer u. a.

völlig mißglückt ist, diesen Schwindel als eine Funktion der durch die Endolymphbewegung bei den Drehungen des Kopfes erregten Bogengänge zu erklären. Die Schlüsse Purkinjes über den Ursprung des Drehschwindels erwiesen sich als allgemeingültig.

Wie ich schon in der ersten Mitteilung vom Jahre 1873 vermutete, hängen gewisse Bewegungsstörungen bei Verstellungen des Kopfes in erster Linie vom Gesichtsschwindel ab. Die gesetzmäßige Beherrschung des okulomotorischen Apparates durch die Erregung der Bogengänge, die sich darin äußert, daß jede Erregung eines halbzirkelförmigen Kanals rhythmische oder tetanische Kontraktionen der Augäpfel erzeugt, und zwar in der Ebene des gereizten Kanals, zeigte ihrerseits, daß der Bogengangsapparat eine bestimmende Rolle bei Erzeugung des Gesichtsschwindels spielen muß. Welcher Art sind nun diese Beziehungen oder, mit andern Worten, welches Verhältnis besteht zwischen den Empfindungen des Raumsinn-Organs und den Gesichtsempfindungen? Die Kenntnis eines speziellen Organs für die Raumperzeptionen mußte notwendigerweise die Theorie des binokularen Sehens sowie die Lehre von der Lokalisation unserer Gesichtseindrücke bedeutend modifizieren. Es erschien mir aber vorerst erforderlich, die eben gestellte Frage in präziser Weise zu beantworten. Hier sollen nun die ersten Beobachtungen über diese Beziehungen wiedergegeben werden, die mir schon im Jahre 1878 gestatteten, eine vollständige Klarstellung dieser Beziehungen zu geben.

Wenn wir nach einigen Rotationsbewegungen um die Längenachse unseres Körpers, wie z. B. beim Walzen, plötzlich stehen bleiben, dann haben wir eine Schwindelempfindung, bei welcher uns der ganze Raum innerhalb eines anderen imaginären Raumes in einer zu der Bewegungsrichtung unseres eigenen Körpers entgegengesetzten Richtung sich zu drehen scheint. Jedermann, der den Charakter seiner unter den angegebenen Umständen eintretenden Schwindelempfindungen wird analysieren wollen, kann leicht das vollständig Zutreffende dieser Definition erkennen.

Den Grund hiervon anzugeben ist leicht. Welches auch die Natur der durch die Rotation unseres Körpers hervorgerufenen Störungen sein mag, es leuchtet ein, daß, wenn einmal die normalen Beziehungen zwischen den durch den Sehapparat empfangenen Eindrücken und den von den Bogengängen gelieferten Vorstellungen getrübt sind, eine vorübergehende Unmöglichkeit eintreten wird, den gesehenen Raum mit dem unserem Geiste immer vorschwebenden idealen Raume in Einklang zu bringen.

Folgende Beobachtung gestattet, die eben ausgesprochene Anschauungsweise zu versinnlichen.

Führt man einige passive oder aktive Drehbewegungen um die Längsachse des eigenen Körpers aus und erzeugt man gleichzeitig ein Phosphen, so überzeugt man sich, daß dieses an der Rotation teilnimmt, auch wenn man es dem Auge während der ganzen Zeit unmöglich macht, eine Bewegung auszuführen. Bei diesem Versuch muß, da das Auge unbeweglich geblieben ist, die scheinbare Bewegung des Phosphens anderswo herstammen, als von einem Ortswechsel der Retina.

Mach, der manchmal eine derartige Beobachtung zu machen Gelegenheit gehabt hatte, ohne eine Erklärung für diese Erscheinung geben zu wollen, schreibt: „man sollte meinen, daß der optische Raum auf einen anderen Raum projiziert werde, welchen wir mit Hilfe unserer Bewegungsempfindungen konstruieren". Er befand sich damals noch im Wahne, daß seine problematischen Bewegungsempfindungen allein zum Aufbau einer Raumvorstellung dienen könnten. Es hätte genügt, daß er das Wort „Bewegungs-" durch „Ausdehnungs-" oder „Richtungsempfindungen" ersetzte, um seine Auffassungsweise des Gesichtsschwindels richtig zu stellen.

Bei der Wiederholung der auf diese Frage bezüglichen Versuche habe ich vor allem festgestellt, daß bei mir die Bewegung der Augäpfel nur wenn die Körperrotation eine langsame ist, und auch da nur in deren Beginne, sich einstellt. Ist die Körperrotation eine raschere und wird sie mehrere Male hintereinander ausgeführt, so kann ich, indem ich den Finger gegen das Auge andrücke, mich davon überzeugen, daß die Augäpfel unbeweglich bleiben. Wenn ich ein Phosphen erzeuge, so sehe ich es immer ebenso lange mit mir sich bewegen, wie ich selbst in Bewegung bleibe. Mache ich plötzlich Halt, so setzt das Phosphen noch einen Augenblick dieselbe Bewegung fort, worauf es in entgegengesetzter Richtung von der Stelle rückt, bevor es stehen bleibt und verschwindet. Im Widerspruch mit der Meinung mehrerer Autoren, welche behaupten, daß der Gesichtsschwindel schwächer werde, wenn nicht vollständig verschwinde, wenn man plötzlich die Augen auf irgend einen Gegenstand, z. B. auf den in kurzem Abstande vorgehaltenen Finger einstellt, habe ich immer die entgegengesetzte Erscheinung wahrgenommen. Bei mir wird durch die Tatsache eines solchen Fixierens eine Steigerung sämtlicher Symptome des Schwindels hervorgebracht.

Was einige Beobachter hat täuschen können, ist, daß in dem Augenblick, wo wir den Finger scharf ins Auge fassen, unsere Aufmerksamkeit von den übrigen Gegenständen abgelenkt wird; ihre scheinbare Bewegung ist für uns nicht mehr eine so auffallende, weil sie im indirekten Sehfelde sich befinden. Dafür aber steigert die Immobilisierung unserer Augäpfel, indem sie uns verhindert, die normale Harmonie unserer Eindrücke wieder herzustellen, noch beträchtlich das Unbehagliche der Schwindelempfindungen. Es ist mir während dieser Versuche mehrmals begegnet, durch ein plötzliches Fixieren der Augen den Schwindel dermaßen zu verstärken, daß Übelkeiten und selbst Erbrechen eintraten. Was die Neigung des Körpers, unwillkürliche Bewegungen auszuführen, betrifft, so nötigt sie mich in dem Augenblicke, wo ich die Augen immobilisiere, mich ungesäumt niederzusetzen, sonst würde ich umfallen.

Man kann die Erscheinungen des Gesichtsschwindels sehr gut beobachten, wenn man den Bulbus mit dem Finger unbeweglich macht, oder, was noch sicherer ist, die Augen immobilisiert, indem man sie auf einen nahegebrachten Gegenstand einstellt. Schließt man dann die Augen, so gelingt es bei einiger Anstrengung, sie in der ihnen gegebenen unbeweglichen Stellung einige Zeit zu bewahren. Wenn unter diesen Umständen das Phosphen fortfährt, bei der Drehung des Körpers seinen Ort zu ändern, so kann dies unmöglich von irgendwelchen Innervationsempfindungen der Augenmuskeln herrühren; derartige Innervationsempfindungen könnten uns höchstens in diesem Falle die Bewegungslosigkeit der Augäpfel wahrnehmen lassen. Es müssen ganz andere psychologische Momente bei dieser Erscheinung des Gesichtsschwindels mitspielen. Eine derartige Auffassung des Gesichtsschwindels war übrigens nicht neu. Schon im Jahre 1860 erklärte Zöllner die Bewegungsphänomene von Plateau und Oppel sowie den von ihm selbst beobachteten Fall von Pseudoskopie durch die von den Augenbewegungen völlig unabhängigen, unbewußten, irrtümlichen Schlüsse. In einem Wiederabdruck jener Arbeit berichtet Zöllner über zahlreiche, ebendieselben pseudoskopischen Phänomene betreffende Versuche, die während des Überspringens eines elektrischen Funkens angestellt worden sind. Unter diesen Verhältnissen hatten Augapfelbewegungen nicht die Zeit, ausgeführt zu werden; dennoch traten die in Rede stehenden Phänomene mit noch größerer Präzision ein, als wenn er den Versuch bei ununterbrochener Beleuchtung ausführte.

Noch viele andere Gründe sprechen gegen eine etwaige Abhängigkeit des Gesichtsschwindels von den Innervationsempfindungen der Augenmuskeln. Nach den früher geläufigen Theorien sollte nämlich dieser Schwindel davon abhängen, daß die Augäpfel während des Ausbleibens der gewohnten Innervationsempfindungen sich bewegen; die Täuschung bestünde also darin, daß wir die Bewegung der Netzhautbilder einer Bewegung der sichtbaren Gegenstände selbst zuschreiben. Im Beginn des Auftretens des Gesichtsschwindels wäre eine solche Deutung noch zulässig. Der Schwindel müßte aber sofort nachlassen oder eventl. gesteigert werden können, sobald wir wirklich durch Innervationsempfindungen der Augenmuskeln dazu gelangen, diese Täuschung zu bekämpfen (siehe Kap. VI § 2).

In der Tat sind die Fälle, in welchen man den Schwindel unter solchen Umständen aufhören sieht, nicht selten; es soll nur daran erinnert werden, daß mit chronischem Nystagmus behaftete Personen häufig von jeglichem Gesichtsschwindel frei sind. Selbst beim Nystagmus der Bergleute, welcher ziemlich plötzlich eintritt, ist der Schwindel, wenn er die Anfälle begleitet, eines derjenigen Symptome, welches die Kranken am raschesten zu bemeistern lernen. Es gibt noch zwei Beispiele von Schwindel, bei welchen die Bewegungen der Bulbusmuskeln dazu dienen, dessen Wirkung bald zu verringern, bald zu steigern. Der durch Alkoholvergiftung erzeugte Schwindel nimmt zu, wenn man die Augen schließt. Dagegen nimmt bei geschlossenen Lidern der die Seekrankheit begleitende Schwindel ab. In beiden Fällen hat man die Empfindung, als wenn der Schädelinhalt sich drehe und als wenn die

Gegenstände unserer Umgebung in Bewegung begriffen seien und um uns rotierten. Die durch den Lidschluß erzeugte entgegengesetzte Wirkung erklärt sich folgendermaßen: der Berauschte kann, so lange er die Augen offen hält, gegen seinen Schwindel dadurch ankämpfen, daß er die in Wirklichkeit regungslosen Gegenstände um sich her scharf ins Auge zu fassen sucht; die Unbeweglichkeit des Netzhautbildes ist in diesem Fall ein mächtiges Korrigens seines Schwindels.

Bei einem an der Seekrankheit leidenden Individuum haben die offenen Augen nur bewegte, unaufhörlich ihre Lage wechselnde Gegenstände vor sich, etwaige Empfindungen der Muskelinnervation würden also die in seinen Wahrnehmungen angerichtete Verwirrung nur noch steigern, weil ihm jedes Mittel fehlt, die Richtung der Vertikalen zu bestimmen. Bei der Seekrankheit ist somit der Schwindel durch zwei Ursachen erzeugt: erstens durch die beständige Bewegung der Gegenstände im Gesichtsfelde und zweitens durch die Verschiebungen, welche das Gehirn des Kranken und mit ihm die Zentren der Ampullennerven erleiden.

Nehmen wir an, daß ein zu Schwindel Neigender sich auf einem Schiffe in einer solchen Lage befände, bei welcher die Bewegungen des Schiffes sich ihm nicht mitteilten; er würde nichtsdestoweniger von Schwindel befallen werden beim Anblick der rings um ihn her in unaufhörlicher Bewegung begriffenen Gegenstände, wie wir Schwindel empfinden, wenn wir von einer sehr niedrigen Brücke aus auf das mit großer Schnelligkeit strömende Wasser hinabblicken. In diesem Falle, so gut wie bei der Seekrankheit entfernt man eine der Ursachen des Schwindels, indem man die Augen schließt. Ein Taubstummer, dem ein funktionsfähiger Bogengangsapparat fehlt, kann gar nicht seekrank werden.

Dahingegen nimmt der durch die Körperrotation erzeugte Schwindel zu, wenn man die Augen schließt, selbst wenn man sie, wie wir bereits hervorgehoben haben, plötzlich auf einen ganz nahe vor sich hingehaltenen Gegenstand einstellt, trotzdem hier etwaige Innervationsempfindungen, weit davon entfernt den Schwindel zu vermehren, dazu dienen müßten, ihn zu bekämpfen. Desgleichen wird ein Kranker, der an Schwindel zentralen Ursprungs, z. B. infolge einer Affektion des Kleinhirns, leidet, in der Regel sich wohler fühlen, wenn er die Augen offen hält. Aber man versuche nur, ihn z. B. bei Laufen über dem Rheinfall aufzustellen: augenblicklich wird sein Schwindel beträchtlich zunehmen, wenn er nicht die Augen schließt oder sie nicht auf irgend einen unbeweglichen Gegenstand richtet[1]).

Die von uns angeführten sehr mannigfaltigen Beispiele sind dazu bestimmt, den Beweis zu liefern, daß der Gesichtsschwindel weit davon entfernt ist, einzig und allein ein Resultat der Augapfelbewegungen zu sein. Die Illusion einer scheinbaren Bewegung muß eintreten, so

[1]) In der Monographie über die Tabes dorsalis (S. 28) habe ich bereits diese Unterschiede betont.

oft ein Mangel an Übereinstimmung zwischen unserer Gesichtswahrnehmung und unserer Vorstellung des idealen Raumes besteht. Mag dieser Mangel an Übereinstimmung durch einen plötzlich eingetretenen Nystagmus, durch passive Augapfelbewegungen im Anfangsstadium der Lähmungen der Bulbusmuskeln, mag er durch mechanische Störungen innerhalb der Hirnsubstanz (wie während anhaltenden Rotierens unseres Körpers um seine Längsachse), oder endlich durch Verletzungen der halbzirkelförmigen Kanäle hervorgebracht sein, das Resultat wird immer das gleiche bleiben: wir werden Bewegung dort erblicken, wo in Wirklichkeit nur Ruhe vorhanden ist. Wenn der durch diesen Mangel an Übereinstimmung erzeugte Schwindel einen höheren Grad erreicht haben wird, werden wir alle seine Folgen zu erdulden haben, wie Übelkeiten, Erbrechen, Unmöglichkeit das Gleichgewicht zu bewahren, Tendenz zu unwillkürlichen Bewegungen usw.

Um die Art und Weise, wie ich den Mechanismus des Schwindels auffasse, recht anschaulich zu machen, will ich mich folgenden Bildes bedienen, welches bei der bewunderungswürdigen Feinheit der uns beschäftigenden nervösen Funktionen noch am besten geeignet ist, meine Idee klar wiederzugeben. Nehmen wir ein die drei Richtungen des Raumes repräsentierendes Koordinatensystem an. Auf dieses System übertragen wir eine Zeichnung, welche den gesehenen Raum, d. h. das Netzhautbild darstellt. Jedesmal wenn diese Zeichnung ihre Lage im Verhältnis zu diesem Koordinatensysteme ändern wird, werden wir die Empfindung der Bewegung wahrnehmen, sei es daß diese Änderung durch eine wirkliche Bewegung des äußeren Raumes, sei es daß sie nur durch eine passive Bewegung der Retina hervorgebracht werde: der Effekt wird immer derselbe sein, wir werden die Gegenstände sich bewegen sehen. Wenn die Bewegung der Retina durch willkürliche Muskelkontraktionen hervorgebracht wird, behütet uns das Bewußtsein der gewollten Bewegungen vor einer Illusion, indem wir uns davon Rechenschaft geben, daß die Verrückung der Zeichnung durch uns selbst veranlaßt wurde.

Es leuchtet ein, daß dieselben Empfindungen stattfindender Bewegung eintreten müssen, wenn es das Koordinatensystem ist, das im Verhältnis zum Bilde seine Lage verändert. (Auch hier hätten Innervationsempfindungen unser Urteil korrigieren und uns vor Illusionen schützen müssen; die Täuschungen treten dennoch ein.) In den uns interessierenden Fällen kann diese Verschiebung des Koordinatensystems bald durch Störungen in den Gehirnzentren, wo die Fasern der Ampullennerven mit denen der Augenmuskeln zusammentreffen (Rotationsschwindel), bald durch Störungen in den Bogengängen, mit deren Hilfe das Koordinatensystem konstruiert wird, herbeigeführt werden.

Die meisten Forscher, welche an den Bogengängen experimentierten, haben Gelegenheit gehabt, eine für die Theorie des Gesichtsschwindels, wie ich sie soeben entwickelt, höchst interessante Beobachtung zu machen. Sobald die Taube nach Durchschneidung der Bogengänge dahin gelangt ist, ohne Schwierigkeit gehen zu können, zieht sie sich in einen dunklen Winkel zurück und verharrt dort regungslos, es sei denn, daß eine äußere Ursache sie zwänge, ihren Schlupfwinkel zu verlassen. Auf den ersten Blick könnte man vermuten, daß das Tier, dessen Äquilibrierungsvermögen gewaltig erschüttert ist, nur einen Stützpunkt an der Wand zu finden wünsche. Indessen ist es leicht, sich davon zu überzeugen, daß dieses nicht der Fall ist; anstatt sich an die Wand zu stützen, begnügt die Taube sich damit, den Kopf gegen die dunkle Ecke zu kehren und diese Stellung beizubehalten. Hat das Zimmer, in welchem die Operation vollzogen wurde, ein dunkleres Nebenzimmer, so kann man sicher sein, daß die Taube es vorziehen wird, sich dort zu installieren. Selbst wenn die Operation nur zwei Kanäle betraf, besonders wenn diese Kanäle unsymmetrische sind und die Durchschneidung der häutigen Kanäle mit vieler Sorgfalt ausgeführt wurde, sieht man die Taube in stolperndem Laufe einer dunklen Ecke zueilen, sobald man ihr die Freiheit wiedergegeben hat.

Dieselbe Vorliebe zeigt sich bei den einer Durchschneidung der Bogengänge unterworfenen Kaninchen, sobald sie die Fähigkeit, sich von der Stelle zu rühren, wiedergewonnen haben. Oft sogar findet man die Kaninchen nicht nur in einer dunklen Ecke, sondern selbst hier mit geschlossenen Augen. Bedeckt man den Tauben unmittelbar nach einer an den Bogengängen ausgeführten Operation die Augen vermittels einer kleinen Haube, so beharren sie unbeweglich auf ihrem Platze, oder wenn sie ihn verlassen, so gewahrt man an ihnen nicht die geringste Neigung, eine Ecke aufzusuchen oder sich an die Wand zu stützen.

In den Fällen, wo die Operation bei der Taube einen Nystagmus oder heftige Pendelbewegungen des Kopfes hervorgerufen hat, ist es leicht, sich von dieser Lichtscheu Rechenschaft zu geben; in solchem Falle könnte der Gesichtsschwindel, welcher die Taube dazu drängt, die Dunkelheit aufzusuchen, durch die der Netzhaut erteilten Bewegungen erzeugt sein. Aber ebendasselbe Symptom des Gesichtsschwindels stellt sich auch dort ein, wo nicht die geringste Bewegung weder des Bulbus noch des Kopfes statthat. Dies rührt davon her, daß der Schwindel hervorgebracht wird durch den Mangel an Übereinstimmung zwischen dem gesehenen Raume und demjenigen, dessen Vorstellung vermöge der von den Bogengängen herrührenden Empfindungen konstruiert wird. Um der Ursache dieses Übereinstimmungsmangels zu entgehen, suchen die Tiere sich im Dunklen aufzuhalten.

Ich will schließlich noch ein wichtiges Beispiel anführen, aus welchem hervorgeht, in wie hohem Grade die nach der Durchschneidung der Bogengänge beobachteten Lokomotionsstörungen innig verknüpft sind mit unrichtigen Vorstellungen vom Raume oder, besser gesagt, mit einer Disharmonie zwischen dem gesehenen und dem vermöge der von diesen Kanälen herrührenden Empfindungen konstruierten Raume. Mehrere Beobachter haben das von mir beschriebene Phänomen bestätigt, daß die Tauben mit verletzten Kanälen (besonders wenn die Operation entweder sämtliche Kanäle auf beiden Seiten zerstört hat oder, seltener, wenn sie einseitig war) oft ihr Gleichgewicht nicht anders aufrecht erhalten können, als wenn sie den Kopf vollständig umstürzen, d. h. ihm eine solche Stellung geben, daß der Schnabel nach oben und das Hinterhaupt nach unten sieht. Bei dieser Kopfhaltung befindet sich das rechte Auge links, das linke rechts, die oberen Teile der Retina sind zu den unteren geworden usw. (Taf. I, Fig. 1. u. 6, auch S. 19, 23 usw.).

Sobald die Taube dahin gelangt, wieder einigermaßen Herr ihrer Bewegungen zu sein, wählt sie diese Haltung, welche sie so lange beibehält, bis ein äußerer Impuls sie zwingt, sie aufzugeben. Es genügt, ihren Kopf in die normale Haltung zurückzuversetzen, um augenblicklich einen Anfall unwillkürlicher Bewegungen hervorzurufen.

Diese Beobachtung hat eine ganz außerordentliche Bedeutung für meine Lehre von den Verrichtungen des Bogengangsapparates, indem sie unter vielen andern experimentellen Erfahrungen die eklatanteste, weil anschaulichste Demonstration der wichtigsten physiologischen Bestimmung des idealen Koordinaten-Systems liefert, nämlich die, uns zu gestatten unsere negativen Netzhautbilder in positive zu verwandeln. Von den hierher gehörigen Versuchen soll noch an diejenigen erinnert werden, welche im ersten Kapitel mitgeteilt wurden, wie z. B. die vollständige Desorientierung der Tauben durch die Anwendung prismatischer Brillen, sowie bei künstlichen Umdrehungen des Kopfes dieser Tiere und dessen Fixierung in der oben (Kap. I § 3) angegebenen Weise. Auch die Bewegungsstörungen, welche bei Hunden durch Durchschneidung der Nackenmuskeln hervorgerufen wurden, gehören noch zu dieser Kategorie von Erscheinungen. Auf die physiologische Bedeutung der Umkehr der Netzhautbilder wird in Kapitel V § 13 bei der Deutung der Versuche über die Richtungs-Täuschungen zurückgekommen werden. Hier sollen nur noch einige experimentelle Ergebnisse mitgeteilt werden, die noch mehr die wahre Bedeutung der Kopfstellungen für den Gesichtsschwindel zu erläutern vermögen. Es soll dabei nochmals daran erinnert werden, daß wir bei Tieren auf Erscheinungen des Gesichtsschwindels nur schließen können durch die bei ihnen unter gewissen Umständen beobachteten Bewegungsstörungen, welche beim Menschen von Schwindel begleitet sind. In diesem Sinne ist auch meine obige Schlußfolgerung, daß bei Erregungen der Bogengänge Bewegungsstörungen durch den Gesichtsschwindel entstehen, formuliert worden (§ 1). Diese Störungen äußern sich bei verschiedenen Tieren nicht immer in denselben Körperteilen. So können bei Tauben, wo die pendelnden Bewegungen des Kopfes am leichtesten durch die Erregung der Bogengänge erzeugt werden können, Schwindelerscheinungen auch ohne diese auftreten. Ferner ist mir ein paar Mal begegnet, bei den Tauben einen heftigen Nystagmus ohne irgend welche Pendelbewegung des Kopfes und im Verein mit beträchtlichen Lokomotionsstörungen zu beobachten. Hier müßte der Schwindel offenbar ein heftigerer sein, weil die Taube außerstande war, durch Bewegungen ihrer Augen die falschen Vorstellungen über den gesehenen Raum zu berichtigen. Dennoch beschränkten sich in diesen, wie in allen denjenigen Fällen, in welchen die Pendelbewegungen des Kopfes ausblieben, die Bewegungsstörungen auf Erschwerung der Gleichgewichtswahrung und des Ganges; niemals beobachtete man hier die heftigen Rotationsbewegungen und Purzelbäume, deren Zeugen wir bei den mit Bogengangsverletzungen behafteten Tauben zu sein pflegen: die Heftigkeit ihres Schwindels ist also eine geringere.

Mit einem Worte: in den Fällen, wo der Kopf immobil verharrt, wird der Schwindel nur durch die Störungen im Ohrlabyrinth hervorgebracht. Dieser Schwindel wird intensiver, wenn zu ihm ein durch die Pendelbewegungen des Kopfes oder der Augen erzeugter Gesichtsschwindel hinzukommt. Aus dem Ensemble der Beobachtungen über die Verletzungen der halbzirkelförmigen Kanäle bei den verschiedenen Tieren ergibt sich noch eine andere Tatsache, welche von großer Wichtigkeit für meine Theorie der Funktionen dieser Organe ist. Bei verschiedenen Tieren differieren die Folgen dieser Verletzungen merklich: bei den Tauben konzentrieren sich die Störungen hauptsächlich in den Kopfmuskeln, beim Frosch ist der Rumpf der fast ausschließlich betroffene Körperteil, während beim Kaninchen vor allem die Muskeln des Augapfels ergriffen werden. Nun dient eben den Tauben, im Normalzustande, die außerordentliche Beweglichkeit ihres Kopfes als hauptsächlichstes Orientierungsmittel; der okulomotorische Apparat ist bei ihnen sehr wenig entwickelt. Die Frösche sind, infolge der fast vollständigen Unbeweglichkeit ihres Kopfes sowie wegen der eigentümlichen Lage ihrer Augen, darauf angewiesen, sich dadurch zu orientieren, daß sie den ganzen Körper von der Stelle rücken. Die Kaninchen hingegen können, da sie einen sehr vollständigen okulomotorischen Apparat besitzen, sich sehr genau mit Hilfe der Bewegungen ihrer Augäpfel orientieren. Wir konstatieren also das bemerkenswerte Phänomen, daß die Störungen, welche durch die an den Bogengängen vorgenommenen Operationen erzeugt werden, diejenigen Muskelgruppen betreffen, deren die Tiere sich vorzugsweise zur Orientierung im Raume bedienen (Kap. VI § 2).

Bei Kaninchen kann man außerdem konstatieren, daß, wenn der Körper und der Kopf freigelassen werden, die Pendelbewegungen der Augen um Vieles weniger heftig werden. Es genügt, ihren Kopf zu immobilisieren, um die Pendelbewegungen der Augäpfel von neuem mit außerordentlicher Heftigkeit ausbrechen zu lassen[1]).

Man kann ganz dasselbe in den übrigens seltenen Fällen an Tauben beobachten, in denen nach Verletzung ihrer Kanäle Nystagmus eintritt. Dieser ist vor allem dann ausgesprochen, wenn der Kopf im-

[1]) Exner hat eine analoge Tatsache in einem Falle von Menièrescher Krankheit beobachtet.

mobilisiert ist, und er wird schwächer, oft bis zu gänzlichem Verschwinden, wenn man den Kopf wieder frei läßt.

Die eben auseinandergesetzte Theorie des Gesichtsschwindels war für die Lehre vom Raumsinn von größter Wichtigkeit, weil ihre weitere Entwicklung es gestattete, nähere Einsicht in die Natur der Empfindungen, welche die Erregung der Bogengänge auslöst, zu erhalten. Jede Bestätigung meiner Theorie des Gesichtsschwindels lieferte daher neue Stützen und auch weitere Aufklärungen über die Natur dieser Empfindungen. Ehe wir weiter gehen, möchte ich auf eine merkwürdige Übereinstimmung der eben angeführten Auffassung unserer Raumvorstellungen mit denen, welche mit so großer Klarheit schon Purkinje gegeben hat, aufmerksam machen. Aubert hat bekanntlich die Delagesche Arbeit ins Deutsche übertragen in der ausgesprochenen Absicht, meine Theorie der Raumvorstellungen zu bekämpfen. Er hatte dabei den glücklichen Einfall, Purkinjes Originalmitteilungen über Scheinbewegungen und über Schwindel, so wie sie in den Beilagen der Breslauer Zeitung vom Jahre 1825 abgedruckt sind, aufzusuchen und wörtlich wiederzugeben. Wir wollen nur einige dieser wertvollen Mitteilungen Purkinjes zitieren und führen diejenigen Stellen mit gesperrter Schrift an, welche mit unserer Auffassung der Raumvorstellungen sich genau decken. „Purkinje unterscheidet zuerst wahre Bewegungen im organischen Subjekt, sowie auch außerhalb von diesem, insofern sie sich auf Ortsveränderungen der Materie oder bestimmter Qualitäten von ihr im realen Raume beziehen, von den scheinbaren Bewegungen, die zunächst im idealen Raume vor sich gehen und auf das Objekt übertragen werden. Dann gab er die Methode an, welche man anzuwenden hat, um von der objektiven Anschauung zu abstrahieren und sich rein in den subjektiven Raum zu versetzen, welche Anschauungsweise er mit derjenigen vergleicht, in welcher der staargestochene Blindgeborene befangen ist, ehe er sich in allmählicher Übung im objektiven Raume orientiert.“ Purkinje unterschied also, ganz wie ich es später getan, einen idealen (subjektiven) Raum von dem realen (objektiven). Nun geht er auf die Hauptphänomene der Scheinbewegungen sichtbarer Gegenstände ein und sagt: „Zur Erklärung wird ein allgemeiner Raumsinn angenommen, der alle spezifischen Sinne beherrscht und ihre einzelnen Empfindungen und Anschauungen in sich einordnet.“ Diesem entspricht fast wörtlich meine oben zitierte Definition der Beziehungen unserer „Vorstellung von einem idealen Raume“ zu unseren „sämtlichen übrigen Sinneseindrücken“. Wir sind mehrmals hier zurückgekommen auf die in unserer letzten Abhandlung gegebene Erklärung des Gesichtsschwindels, als entstanden durch „den Mangel an Übereinstimmung zwischen unseren Sinneswahrnehmungen und unserer Vorstellung des idealen Raumes“. An der betreffenden Stelle zählten wir mehrere Beispiele auf, wodurch ein solcher Mangel an Übereinstimmung veranlaßt werden kann, wie: plötzlich eingetretener Nystagmus, passive Augapfelbewegungen, mechanische Störungen innerhalb der Hirnsubstanz (bei der Rotation), Verletzungen der halbzirkelförmigen Kanäle usw. Purkinje führt schon mehrere ähnliche Beispiele an und erklärt das Entstehen des Schwindels ganz in der gleichen Weise; wir wollen nur drei anführen: 1. „Wird hingegen das Auge über die Maßen schnell bewegt, daß die Besinnung der Bewegung nicht folgen kann, so kann diese Kompensation zwischen subjektiver Bewegung und ortsbestimmender Tätigkeit des Raumsinnes nicht erfolgen, und man trägt dann die Scheinbewegung ins Objektive über. 2. Noch mehr findet dieses statt, wenn sich das Auge in einer unwillkürlichen Bewegung befindet, wie z. B. beim Schwindel“ (es folgen dann die Selbstbeobachtungen Purkinjes im Drehstuhl, sowie ähnliche Beobachtungen an Wahnsinnigen). 3. „Während dem durch ungewöhnlichen Lichtreiz erregten Blinzeln der Augen erscheinen die Gegenstände ebenfalls in einer oscillierenden Bewegung aus demselben Grunde der Übertragung des subjektiven Unwillkürlichen aufs Objektive.“

Purkinje hat alle diese Sätze noch vor der Veröffentlichung der Flourensschen Versuche über die Bogengänge aufgestellt. Er konnte also keine Beziehungen zwischen der Art, wie die Vorstellung von dem idealen oder subjektiven Raume gebildet wird, und den Empfindungen, welche die Bogengänge auslösen, vermuten. Dagegen hat er die Beziehungen, welche zwischen diesem Raume und dem anderen, objektiven Raume, so wie er durch unsere Sinneseindrücke gegeben ist, ganz genau festgestellt und den Unterschied zwischen diesen beiden Raumvorstellungen scharf präzisiert, was leider von den meisten jüngeren Physiologen nicht geschieht, welche bei ihren vermeintlichen Einwänden gegen meine Theorie des Raumsinnes diese beiden Vorstellungen fortwährend verwechseln.

§ 5. Versuche und Beobachtungen über den Schwindel bei Taubstummen.

Die Lehre von den Verrichtungen des Bogengangsapparates als Organs für den Raumsinn ist im Laufe von 30 Jahren ausschließlich auf Grund experimenteller Untersuchungen aufgebaut worden. Die meisten bisher entwickelten Schlüsse aus den Tausenden von Versuchen an den verschiedenartigsten Tieren sind auf streng induktivem Wege mit logischem Zwang abgeleitet worden. Für den experimentell arbeitenden Naturforscher bildet die induktive Methode selbstredend die solideste Basis. Die mit ihrer Hilfe gewonnenen Sätze werden aber noch bedeutend gekräftigt werden, wenn die aus ihnen gemachten Deduktionen ihrerseits entweder mit Hilfe mathematischer Gleichungen weiter entwickelt werden, oder, was für den Naturforscher noch beweiskräftiger ist, durch eine Reihe neuer Experimente und Beobachtungen, sogenannter sekundär induktiver Beweise, bestätigt werden können. Derartige eklatante Bestätigungen der wichtigsten Sätze meiner Raumlehre werden im nächsten Kapitel angeführt werden. Hier sollen nur Beobachtungen mitgeteilt werden, welche in ganz glänzender Weise die im vorhergehenden Paragraphen auseinandergesetzte Theorie des Gesichtsschwindels bestätigt haben. Was diese Bestätigungen besonders wertvoll macht, ist der Umstand, daß sie entweder von Forschern gemacht worden sind ganz ohne Beziehung zu meiner Raumlehre, oder sogar von solchen, die mit Hilfe ihrer Versuche diese Lehre zu widerlegen gesucht haben.

Wenn der Gesichtsschwindel wegen Mangel an Übereinstimmung zwischen unserm idealen Raume, sowie auf Grund der von den Bogengängen ausgehenden Empfindungen, und dem gesehenen Raume entsteht, so folgt daraus, daß Taubstumme den Täuschungen des Gesichtsschwindels nicht unterliegen können. Auch dürften ebenso gewisse Taubstumme, bei denen man voraussetzen könnte, daß ihr Bogengangsapparat funktionsunfähig ist, viel weniger oder gar nicht an Seekrankheit leiden. Diese beiden von mir in den 70er Jahren gemachten Deduktionen wurden durch spätere Untersuchungen von mehreren Autoren in ganz eklatanter Weise bestätigt.

Ich beginne mit den Versuchen von James. Dieser Philosoph hat eine große Anzahl Taubstummer auf die Fähigkeit untersucht, durch Rotation schwindelig zu werden. Von 519 Taubstummen sollen dabei 186 keinen Schwindel gezeigt haben. Für Kreidl ist diese Beobachtung geradezu ein Experimentum crucis. Da nämlich viele Taubstumme Defekte an den Bogengängen haben, so müssen diese gegen den Schwindel refraktären 186 Taubstummen an solchen Defekten leiden, also als Beweis gelten: der Bogengangsapparat sei ein Sinnesorgan für den Drehschwindel!

Sollte einmal der Beweis geliefert werden, daß alle die schwindelfreien Taubstummen gar keine funktionsfähigen Bogengänge besitzen, so würde dies viel eher einen eklatanten Beweis zugunsten der Theorie des Gesichtsschwindels liefern, die wir vor 20 Jahren gegeben haben.

Man überdenke nur aufmerksam die im vorhergehenden Paragraphen (S. 115) gegebene bildliche Erklärung des Entstehens des Gesichtsschwindels und man wird erkennen, warum man, wenn der betreffende Defekt bei den 186 Taubstummen wirklich existierte, letztere stundenlang auf einer Rotierscheibe drehen konnte, ohne daß sie das geringste Anzeichen eines Gesichtsschwindels zeigten. Diese Jamesschen Beobachtungen lehren im Gegenteil, wie unsinnig die Machsche Annahme eines speziellen Sinnesorgans für den Drehschwindel erscheinen muß. Die Verteidiger eines so sonderbaren Sinnes vergaßen, daß der Schwindel und die Schwindelempfindungen pathologische Erscheinungen sind. Ein spezielles Organ wie die Bogengänge für die Erzeugung dieser Erscheinungen zu vindizieren, kommt auf dasselbe hinaus, als wollte man die Funktion der Niere in Erzeugung von Nierensteinchen sehen oder die Hirnhäute als Sinnesorgan für Kopfschmerzen betrachten.

Von der Voraussetzung ausgehend, daß die Bogengänge als Organ für Drehempfindungen uns helfen, die Richtung der Vertikalen zu bestimmen, hat Kreidl die Jamesschen Versuche an Taubstummen fortgesetzt, wie er glaubt mit verbesserten Methoden. Anstatt sich mit den subjektiven Angaben der Taubstummen zu begnügen, zog er es vor, von ihnen bei der Rotation die Vertikale bestimmen zu lassen; auf diese Weise erhielt er rein objektive Resultate. Er gelangte zu folgendem Resultate: „Das wichtigste Ergebnis dieser Versuche ist jedoch, daß von 62 Taubstummen 13 den Zeiger während der Rotation annähernd vertikal stellen", „von 71 normalen Personen, an welchen die gleiche Beobachtung angestellt wurde, hat nur einer den Zeiger richtig gestellt".

Für den unbefangenen Forscher läßt dieses „wichtigste Ergebnis" logisch nur folgendes Dilemma zu: entweder besitzen die 13 Taubstummen keine funktionsfähigen Bogengänge (wie es Kreidl voraussetzt), und dann haben die Bogengänge mit der Bestimmung der Vertikalen nichts zu schaffen, oder die Bogengänge sind die „wichtigsten" Organe für diese Bestimmung, dann aber müssen die 13 Taubstummen vorzüglich funktionierende Bogengänge besitzen. Wie aber Kreidl gleichzeitig annehmen kann, daß diese 13 Taubstummen keine Bogengänge besitzen, und daß dennoch ihre Fähigkeit, die Vertikale zu bestimmen, beweisen soll, die Bogengänge übten diese Funktion aus, das bleibt unverständlich! Ja, Kreidl findet in diesem Ergebnis nicht nur den Beweis, daß „der Vestibularapparat fungiert also als Sinnesorgan für geradlinige Beschleunigungen" im Sinne Machs und Breuers, sondern daß „die Tatsachen mit der Theorie übereinstimmen, nach welcher die Otolithen dieser Funktion dienen"!

Wir werden im nächsten Paragraphen Versuche kennen lernen, die beweisen sollten, daß abwesende, d. h. vor einem Jahre zerstörte Organe noch durch starke Ströme, wenn auch schwach, erregt werden können. Die Kreidlschen Versuche wollten uns nun gar belehren, daß abwesende Bogengänge noch viel präziser funktionieren, als normale! Was wir doch für sonderbare Dinge annehmen müssen, um Breuer zu Liebe die Machsche Hypothese zu retten, von der Mach selbst sich längst losgesagt hat! Kreidl stimmt der Ansicht von Delage-Aubert zu, daß der Bogengangsapparat „die kompensatorischen Bewegungen der Augäpfel hervorruft, welche dazu bestimmt sind, die Gesichtstäuschungen zu verhindern". Wäre dies richtig, so dürfte man erwarten, daß Taubstumme, welche nur funktionsunfähige Bogengänge besitzen, widerstandslose Opfer der Gesichtstäuschungen seien. Gerade das Gegenteil beweisen die Kreidlschen Versuche: diese Täuschungen fehlen den Taubstummen! Darin liegt ja eben der Grund, warum sie die Vertikale richtig zu bestimmen vermögen, indem sie nicht schwindlig werden können. Noch mehr als die Jamesschen Beobachtungen beweisen die Kreidlschen, wie richtig meine Theorie des Gesichtsschwindels ist. Wir werden noch weitere Belege dafür unten geben und dann auch auf die Beobachtungen Kreidls u. a. auf gewisse Eigentümlichkeiten der Bewegungen bei Taubstummen eingehen, welche ebenfalls in eklatanter Weise meine Auffassung der Funktionen des Ohrlabyrinths bestätigen. Kreidl hat übrigens seine früheren Ansichten über diesen Punkt aufgegeben. Um die Einwände von Strehl und von mir zu entkräften, behauptet er (1898), daß Taubstumme darum im Drehkasten die Vertikale richtiger einstellen als normale Menschen, weil sie sich dabei nur des Gesichtssinnes bedienen und nicht der Täuschung unterliegen, welche das ihnen mangelnde Labyrinth erzeugen würde (s. Kap. IV). Er schließt sich also in der Tat meiner Erklärung an, daß Taubstumme darum keinen Schwindel kennen, weil bei ihnen eben keine Disharmonie zwischen dem Sehraume und dem idealen, vom Labyrinth herrührenden Raume existiert.

Hier wollen wir eine nebensächliche Konsequenz der Versuche an Taubstummen hervorheben. Ich habe gleich nach der Veröffentlichung der Machschen Beobachtungen versucht, seine Drehversuche an mir selbst zu wiederholen, mußte aber sofort darauf verzichten, weil ich wegen der auftretenden Schwindelempfindungen mich außerstande fühlte, irgend welche ernsten Selbstbeobachtungen anzustellen. Ich schrieb diese Unfähigkeit zwar meiner ganz außerordentlichen Empfindlichkeit für Drehungen zu; denn ich konnte nie 2 bis 3 Walzertouren machen, ohne stark schwindlig zu werden, auch nie das Schaukeln vertragen. Ein gewisses Mißtrauen zu den Ergebnissen der Drehversuche ist mir aber dennoch zurückgeblieben und, wie ich glaube, nicht ganz mit Unrecht. Es genügt, z. B. bei Delage zu lesen, in welchen Zustand ihn gewisse fortgesetzte Drehversuche versetzten, um zu größter Vorsicht bei der Deutung vieler in solchem Zustande gemachten Beobachtungen ermahnt zu werden. „Die Schwindelgefühle pflegen die Selbstbeobachtung sehr zu beeinträchtigen“, schreibt Aubert selbst, „wenn sie mit Lebhaftigkeit auftreten und es dahin kommt, daß, wie Budde treffend sagt, das Versuchsergebnis nicht eine Beobachtung ist, sondern ein Schwindel, welcher bald zu völliger Unfähigkeit des Beobachters führt“.

Dieses Geständnis hat aber leider Aubert nicht verhindert, mit Hilfe solcher „Schwindelbeobachtungen“ meine auf zehnjährige, fast ununterbrochene experimentelle Untersuchungen gegründete Theorie der Funktionen der Bogengänge, Kant zu Liebe, angreifen zu wollen.

Die Kreidlschen Versuche beweisen nun, daß 13 Taubstumme, die fast sämtlich in ihrer Kindheit schwere Gehirnleiden durchgemacht haben und ja sicherlich psychisch, wie die meisten Taubstummen, nur gering entwickelt waren, bei Drehversuchen imstande sind, viel präzisere Angaben als normale Menschen zu machen. Unser Mißtrauen zu den Selbstbeobachtungen auf der Drehscheibe war jedenfalls wohl begründet.

Haben Taubstumme mit funktionsunfähigen Bogengängen wirklich richtige Vorstellungen vom Raume, wie es Hensen zu vermuten scheint? Ich glaube kaum. Hereditäre Vorstellungen können ja bis zu einem gewissen Grade existieren; ich möchte aber mit Sicherheit behaupten, daß ihre Begriffe vom Raume ebenso mangelhaft sind, wie ihr Begriff des Schwindels. Erzieher und Lehrer von Taubstummen könnten uns darüber am besten belehren, besonders Lehrer der

Geometrie. Daß Leute mit erkrankten Bogengängen ihre einmal erworbenen Raumvorstellungen nicht einbüßen, ist leicht verständlich. Bleiben diese Vorstellungen auch ganz normal? Darüber sind bis jetzt keine ernstlichen Beobachtungen bekannt. Der blinde Saunderson hat eine Geometrie geschrieben. Würde dies auch ein Taubstummgeborener, dem nachweislich die Bogengänge fehlen, tun können? Im fünften Kapitel wird noch auf die Frage der Raumempfindungen bei Taubstummen bei Gelegenheit der Täuschungen der Wahrnehmungen zurückgekommen werden. Hier soll nur hinzugefügt werden, daß von mehreren Seiten in den letzten Jahren die Beobachtung mitgeteilt worden ist, daß bei Taubstummen die Seekrankheit meistens nicht beobachtet wird, also ganz in Übereinstimmung mit den in den 70er Jahren von mir gemachten Deduktionen.

§ 6. Der Schwindel bei elektrischer Reizung des Ohrlabyrinths.

Die zahlreichen hier wiedergegebenen Versuche über Drehempfindungen und Drehschwindel haben zur Genüge die wirkliche Rolle präzisiert, welche dem Bogengangsapparat bei Erzeugung des Gesichtsschwindels zukommt. Von einem speziellen Organ im Ohrlabyrinth für die Drehempfindungen oder für den Drehschwindel kann keinesfalls die Rede sein. Sämtliche bis jetzt zugunsten eines solchen Organs vorgebrachten vieldeutigen Versuche konnten in ganz ungezwungener Weise ihre wahre Erklärung mit Hilfe des Raumsinns finden. Auch hier haben die Machschen Verwirrungen viel Unheil angestiftet, besonders bei Ohrenärzten und Psychiatern. Es sollen daher hier noch einige Worte über den elektrischen Schwindel hinzugefügt werden, welchen besonders Breuer herangezogen hat, um scheinbare Beweise für die Machsche Hypothese zu gewinnen. Die Hitzigschen[1]) Versuche mit der Durchleitung elektrischer Ströme durch den Schädel eigneten sich wegen ihrer Vieldeutigkeit ganz besonders für derartige Scheinbeweise. Diese Vieldeutigkeit hat einen doppelten Grund: 1. in der Unmöglichkeit, die Bogengänge isoliert zu reizen und 2. in der Schwierigkeit, Bewegungsstörungen bei fixierten Tieren genau zu beobachten. Will man aber elektrische Reizungen an freien Tieren anstellen, so ist eine Präzisierung der gereizten Partien noch bedeutend schwieriger.

Aus diesen Gründen habe ich in den 70er Jahren kein besonderes Gewicht auf derartige elektrische Reizungen gelegt. In den folgenden Zeilen habe ich deren Ergebnisse beschrieben.

---

[1]) Hitzig gehörte übrigens zu den Forschern, die wegen einer eigentümlichen Anlage ihres Geistes systematisch dem Irrtume verfallen. Davon konnte ich mich schon im Herbst 1866 überzeugen, als ich auf seine Bitte es unternahm, ihn mit den Elektrisierungsmethoden Remaks, meines unlängst verschiedenen Lehrers, in einigen Privatstunden bekannt zu machen.

„Die beiden Elektroden bestanden aus zwei Goldfäden, deren hakenförmig umgebogene Enden in zwei kleine, an einem der knöchernen Kanäle angebrachte Öffnungen eingeführt wurden; am anderen Ende waren diese Fäden mit den Polen eines Induktionsapparates in Verbindung gesetzt. Die Schwierigkeit, unter diesen Bedingungen die Wirkung der elektrischen Ströme ohne Behinderung der freien Bewegungen der Tauben zu lokalisieren, bringt es mit sich, daß man keine recht entscheidenden Resultate erhält. Doch berechtigen mich meine Experimente zu der Behauptung, daß durch die elektrische Reizung eines Bogenganges keine andere sichtbare Wirkung erzeugt wird, als ein starkes Abweichen des Kopfes nach der Seite des gereizten Kanals. Analoge Versuche müssen noch fortgesetzt werden, obwohl man unrecht täte, von ihnen wichtige Ergebnisse zu erwarten; denn die Funktionen der halbzirkelförmigen Kanäle als Sinnesorgane sind allzu fein, um für solche Untersuchungsmittel geeignet zu sein."

Es genügt, die grundverschiedenen Schlüsse zu erwähnen, zu welchen die Autoren durch die Ergebnisse der sogenannten Labyrinthreizungen gelangt sind, um diese Zurückhaltung zu rechtfertigen. Beim Durchfließen eines elektrischen Stromes von einem Ohr zum anderen beobachtete Hitzig, daß die Patienten den Kopf zur Anode neigten und dabei die Empfindung hatten, zur Kathode hin umzufallen. Er gab dieser Erscheinung die naheliegende Erklärung, daß die elektrische Reizung des Kleinhirns diese Empfindung hervorrufe und die Neigung des Kopfes zur Anode eine natürliche Reaktion sei, um dieser Empfindung des Hinüberfallens auf die Kathodenseite entgegenzuwirken. Beiläufig bemerkt, protestiert Ewald mit Entrüstung gegen die Erklärung, daß „die Bewegung eine Folge des Gefühls" sei, und hält nur das Gegenteil für zulässig, nämlich, daß „dieses Gefühl nur infolge der Bewegung entsteht". Dies ganz mit Unrecht. Es ist ganz unverständlich, wie eine Bewegung nach rechts z. B. uns das Gefühl geben soll, daß wir nach links umfallen, während es leicht erklärlich ist, daß wir auf das Gefühl, nach links umzufallen, eine Gegenbewegung nach rechts machen. Diese einfache Erklärung stimmt aber nicht zu der „Breuerschen Theorie", welche verlangt, die Hitzigschen Versuche am Menschen ganz anders zu deuten. Nach Breuer nämlich sollen bei diesem Versuche die Labyrinthe, und nicht das Kleinhirn, erregt werden. Als vermeintlichen Beweis dieser Deutung führt er an, daß man bei Tauben, welchen man in das Kleinhirn eine Nadelelektrode einbohrt und eine Kopfwendung von der Kathode weg bei ihnen erhält, durch allmähliche Abschwächung des Stromes dazu gelangen kann, keine Reaktion mehr herbeizuführen. Diese abgeschwächte Stromstärke soll aber noch genügen, um die Kopfwendung zu erzeugen, wenn man die Nadelelektrode in die Bogengänge sticht.

Angenommen, diese Tatsache stünde fest, so läßt sie mehrere Erklärungen zu, ohne im Geringsten zu beweisen, daß bei dem Hitzigschen Versuche es sich ausschließlich um eine Reizung der Bogengänge handelt, geschweige denn, daß diese Organe die Funktion haben, den Drehschwindel zu erzeugen. Daß elektrische Reizung der Bogengänge eine Neigung des Kopfes veranlaßt, ist ja bekannt gewesen; ich habe ja auch schon längst angegeben, daß diese Bewegung nach der Seite des Reizes zu stattfindet. Was berechtigt aber Breuer zu dem Schluß, daß bei Reizung des Bogenganges die Taube dieselben Schwindelempfindungen hat, wie der Mensch bei dem Hitzigschen Versuche? Der Schluß ist durchaus willkürlich. Ja, Breuer geht noch weiter und glaubt durch seine elektrischen Reizungen direkt die speziellen Funktionen der äußeren Ampullen nachgewiesen zu haben. Ewald, der manchmal auch den Bogengängen die Funktionen des Drehschwindels vindiziert, ist in dieser Hinsicht ganz entgegengesetzter Ansicht. Nach ihm nämlich soll der elektrische Strom weder auf die Ampullen, noch auf die Bogengänge direkt einwirken können, sondern nur auf „die letzten Verzweigungen des Octavus". Beide stützen sich auf direkte Versuche; wir wollen nicht in Zweifel ziehen, daß die Beobachtungen beider Untersucher den Tatsachen entsprechen. Woher also dieser diametrale Widerspruch? Welch eklatanter Beweis, daß aus ähnlichen Reizungen, wo die unbekannten Verzweigungen des Stromes an entfernten Punkten Wirkungen hervorrufen können, die mit dem vermeintlich direkt gereizten Organ nichts zu tun haben, überhaupt keine sicheren Schlüsse zu ziehen sind!

Sogar über die Richtung der Kopfwendungen bei ihrer Reizung sind Ewald und Breuer verschiedener Ansicht. Letzterer behauptet, bei gleicher Reizung Bewegungen bald in dem einen, bald in dem anderen Sinne erhalten zu haben, während Ewald „auch kein einziges Mal" gesehen hat, daß derselbe Reiz „die entgegengesetzten Wirkungen hervorbringen soll". Aber wie gesagt, trotz der so entgegengesetzten Resultate ihrer Versuche hält Ewald fest, daß die Breuersche Deutung der Hitzigschen Versuche die richtige ist!

Und warum dieses Festhalten? Weil man bei Tauben nach Zerstörung der Labyrinthe „auch bei den stärksten Strömen" „nie die früher beobachtete Wirkung" erhält, oder „es kommt keine starke Kopfneigung mehr zustande". Dieser Behauptung Ewalds widersprechen aber am entschiedensten die sehr klaren Versuche von Strehl. Bei seinen Versuchen an labyrintlosen Fröschen und Tauben beobachtete dieser Autor dieselben Kopfneigungen, wie bei normalen. Der labyrinthlose Frosch reagiert auf den galvanischen Strom vielleicht noch stärker als ein gesunder.

Paul Jensen hat seinerseits einige Versuche an drei labyrinthlosen Tauben angestellt, welche ihn ganz mit Unrecht bewogen haben, sich eher der Ansicht Ewalds als Strehls zuzuwenden. Die drei Tauben waren von Dr. Matte vor einem Jahr von ihren Labyrinthen beiderseits befreit worden. Bei diesen Tauben vermochten nun Stromstärken von 0,05 bis 0,1 Milli-Ampères, welche „bei normalen Tauben nie versagten", keine Reaktion hervorzubringen. Erst bei 0,25 bis 0,4 Milli-Ampères fingen die Reaktionen bei labyrinthlosen Tauben an zu erscheinen, die sich in ruckartigem Zucken des Kopfes kundgaben.

Bei noch größerer Verstärkung der Ströme bis zu 0,7 Milli-Ampères wachsen diese Zuckungen und es „schließt sich ihnen ein Kopfnystagmus an, welcher stets die Form von Pendelbewegungen hat, ohne einen deutlichen Unterschied von Reaktions- und Nystagmusphase zu zeigen. Hin und wieder schon bei 0,7 Milli-Ampères findet man, daß der Kopf der Taube nach der Schließungszuckungs-Reaktion nicht wieder ganz in die Normalstellung zurückkehrt, sondern während des Stromschlusses in einer schwach nach der Anode geneigten Stellung verharrt, was als eine Dauerwirkung des geschlossenen Stromes erkannt wurde".

Wir haben es vorgezogen, den Text von Jensen direkt zu reproduzieren, weil aus ihm mit Evidenz hervorgeht, daß die Kopfneigung und der Kopfnystagmus auch bei völlig labyrinthlosen Tauben bei galvanischer Reizung aufzutreten vermögen, ebenso wie dies auch bei der Rotation geschieht. Daß diese Neigungen und der Kopfnystagmus schwächer als bei normalen Tauben sind, daß sie stärkerer Ströme als Erregungsmittel bedürfen, ändert an der Sache selbst nichts. Dies kann sich sehr leicht aus den veränderten Leitungsverhältnissen bei den vor einem Jahre operierten Tieren ergeben. Jedenfalls ist der Beweis nochmals geliefert worden, daß die Labyrinthe bezw. die Bogengänge diesen Kopfwendungen und dem Kopfnystagmus in dieser Art Versuchen ganz fremd sind. Denn abwesende Organe können weder auf sehr starke Reize reagieren, noch können sie schwach reagieren. Diese einfache Überlegung haben Breuer, Ewald u. a. immer zu machen vernachlässigt. Denn Ewald hat ja auch bei labyrinthlosen Tauben schwache Reaktionen beobachtet, „welche der Richtung nach mit der Labyrinthreaktion übereinstimmen". Freilich schiebt er sie auf eine Reizung des Stammes des Acusticus; bei den von Matte vor einem Jahre operierten Tauben kann aber von einer solchen Reizung nicht mehr die Rede sein.

Trotz der Evidenz seiner Ergebnisse neigt Jensen der Breuer-Ewaldschen Auffassung zu. So stark ist die Macht der Legende von den Schwindelfunktionen der Bogengänge! Kein einziger der angeführten Autoren, welche die galvanischen Reizungen vornahmen, stellt die Abhängigkeit der Kopfneigung von der Schwindelempfindung in Zweifel. Diese Kopfneigung wird schlechterdings als Symptom des „galvanischen Schwindels" bezeichnet. Wie nun, wenn die Kopfneigung nur eine dem Schwindel parallel verlaufende Erscheinung wäre und wenn die Tauben bei gewissen Formen der galvanischen Reizung sogar überhaupt keinen Schwindel empfänden? Es ist ja leicht möglich, daß die Kopfneigungen der mit schwachen Strömen elektrisierten Taube ebenso wenig von Schwindel begleitet werden, wie bei den Kopfneigungen, welche durch eine sanfte Drehung der Scheibe um 20 bis 25° ausgelöst werden. Bei den Menschen sind zur Erzeugung wirklichen Schwindels schon ziemlich starke Ströme notwendig.

Nach den an mir selbst vor Jahren gemachten Erfahrungen scheint das Wort Schwindel für diese Art von Empfindungen, welche bei Durchleitung starker Ströme von den Ohren aus durch das Gehirn entstehen, kaum ganz genau den Tatsachen zu entsprechen. „Betäubung“ würde den erzeugten Zustand viel genauer bezeichnen. Beim Drehschwindel z. B. ist man noch befähigt, seine Empfindungen ziemlich genau zu verfolgen, beim sogenannten galvanischen Schwindel dagegen ist, mir wenigstens, dies ganz unmöglich.

Wie dem auch sei: der Versuch, in galvanischen Durchströmungen der Ohrlabyrinthe irgend welche Stützen zugunsten der Breuerschen Hypothese zu finden, ist vollständig mißlungen. Sowohl die Strehlschen als die Jensenschen Versuche beweisen geradezu das Gegenteil, daß nämlich die Bogengänge mit dem sogenannten galvanischen Schwindel wenig zu schaffen haben. Es würde uns zu weit führen, wollten wir auf die Ursachen der Detaildifferenzen zwischen den verschiedenen Autoren eingehen. Für die uns hier interessierende Frage wäre es auch ganz überflüssig.

§ 7. Der Bogengangsapparat als Regulator der Intensität und der Dauer von Innervationen.

Der fünfte Satz meiner Lehre vom Raumsinn war in der kurzen Mitteilung der Pariser Akademie folgendermaßen formuliert: „Dank den von dem Vestibular-Nerven ausgehenden Erregungen reguliert das Zentral-Organ des Raumsinns die Verteilung und die Abmessung der den Muskeln der Augäpfel und des übrigen Körpers bei ihren Bewegungen in den drei Hauptrichtungen des Raumes zu erteilenden Innervationsstärken“ (s. § 1 dieses Kapitels). Die Anomalien in der Verteilung dieser Innervationsstärken spielen eine bedeutende Rolle bei den zahlreichen Bewegungsstörungen, welche man nach Erregung oder Zerstörung des Bogengangsapparates beobachtet.

Sämtliche Forscher, welche ernstlich über das Ohrlabyrinth experimentiert und Beobachtungen angestellt hatten, mußten die Richtigkeit dieser meiner Ansicht zugeben, welches auch sonst ihre Auffassung der physiologischen Bestimmung des Vestibular-Apparates als Sinnesorgans sein mochte. Nur diejenigen Autoren, welche die nach Verletzung der Bogengänge eintretenden Gleichgewichts- und Bewegungsstörungen auf Nebenverletzungen des Gehirns zurückzuführen suchten, erhoben Einwände, die einen, daß diese Störungen einer Erregung der Bogengänge, die anderen, daß sie deren Lähmung zuzuschreiben seien. Sie wollten in dieser Verschiedenheit der Erklärungen einen Widerspruch sehen, der die Bedeutung der operativen Eingriffe auf die Bogengänge für die Bewegungsstörungen bedeutend vermindern sollte. Dieser Einwand ist aus vielen Gründen ganz und gar hinfällig. Durchtrennung eines Nerven — nehmen wir z. B. den Vagus an — veranlaßt unzweifelhaft seine Lähmung, d. h. den Ausfall seiner Funktionen und infolge dessen charakteristische Veränderungen der Pulsfrequenz. Künstliche Reizung der Vagi erzeugt ebenfalls Abweichungen von der normalen Pulsfrequenz. Weit davon entfernt, gegen die hemmenden Wirkungen der Vagi aufs Herz zu sprechen, beweisen die in beiden Fällen auftretenden Unregelmäßigkeiten gerade das Vorhandensein dieser Wirkungen. Es kommt nur darauf an, die Natur dieser Störungen beim Ausfall und bei der Erregung dieser Nerven gesondert zu studieren und zu vergleichen.

Durchtrennungen der Bogengänge sind jedenfalls nicht so einfach zu deuten, wie Durchschneidungen eines Nerven; es ist hier viel schwieriger, die Erscheinungen der Erregung gewisser Funktionen von denen des Ausfalls streng zu scheiden. Daß beide in Störungen des Gleichgewichts sich manifestieren können, ist aber leicht erklärlich, da solche Störungen sowohl durch Ausfall einer Funktion als durch deren künstliche Steigerung entstehen können. Künstliche Reizung eines verletzten Organs kann ja nur unvollkommen die normale Erregung ersetzen. Die Sonderung der Erregungs- von den Ausfallserscheinungen ist aber dennoch bei operativen Eingriffen an den Bogengängen ziemlich streng durchführbar. Diese Sonderung wurde schon in meiner ersten Arbeit über die Bogengänge versucht und bei den späteren Untersuchungen weiter präzisiert. Das Gleiche haben auch seitdem die meisten Experimentatoren auf diesem Gebiete gemacht, wie z. B. Bornhardt, Spamer, Ewald, Matte u. a. Der früher gemachten Sonderung bleibt nichts wesentliches hinzuzufügen. Wenn hier allgemein von „Innervationsstörungen" gesprochen wird, so sind unter solchen sowohl Störungen durch Wegfall des normalen Innervationsimpulses als auch durch Steigerung mittels künstlicher Reizung zu verstehen. Es ist klar, daß in beiden Fällen zweckmäßige Bewegungen der Tiere nicht ausgeführt werden können, die Erhaltung des Gleichgewichts also unmöglich wird.

In der ausführlichen Abhandlung von 1878 wurde die Gleichgewichtsfrage genauer geprüft, als festgestellt wurde, „daß die Nervenzentra, denen die von diesen Kanälen ausgehenden Empfindungen zugeführt werden, in die Verteilung der Innervationsstärke in entscheidender Weise eingreifen". Es wurde dabei auseinandergesetzt, wie fehlerhaft es war, die Bogengänge als ausschließliches Gleichgewichtsorgan betrachten zu wollen. Störungen des Gleichgewichtes können durch unzählige Ursachen ohne jede Beteiligung des Ohrlabyrinths oder seiner zentralen Endigungen veranlaßt werden. Das Verfehlte der Annahme eines einzigen ausschließlichen Gleichgewichtsorganes haben wir schon vor mehr als 40 Jahren in unserer ersten wissenschaftlichen Arbeit (De Choreae usw.) nachzuweisen versucht, was jetzt wohl so ziemlich allgemein anerkannt ist. Es kann wohl im Gehirn kaum nur ein Zentralorgan für die Koordination der Bewegungen bestehen; denn die Wahl der zu innervierenden Fasern, um eine bestimmte Bewegung auszulösen, ist doch etwas ganz anderes, wie die Abstufung der Innervationsstärke und auch der Innervationsdauer, welcher jeder Nervenfaser zugeteilt werden muß, damit diese Bewegung auch zweckmäßig wird. Es wären also mindestens zweierlei Zentralorgane für die Koordination unserer willkürlichen Bewegungen erforderlich. Von diesen beiden Arten der Zentralorgane beherrschen die Ohrlabyrinthe das zweite; dies glauben wir in den vorhergehenden Kapiteln genügend erwiesen zu haben. Diese Regulierung der Innervationsstärken kann natürlicher Weise am besten durch dasjenige Organ geschehen, welchem wir unsere Richtungsempfindungen verdanken und welches zur richtigen Orientierung unseres Körpers in den drei Richtungen bestimmt ist.

Die Empfindung der Richtung, in der wir eine gewollte Bewegung ausführen wollen, bestimmt nicht nur die Wahl der dabei beteiligten Muskeln, sondern regelt auch die Abstufung ihrer Innervationsstärken derart, daß die Bewegung zugleich zweckmäßig ausfällt. Als Mach im Jahre 1886 infolge meiner Einwände gegen seine Lehre von den Dreh- und Beschleunigungsempfindungen sich von ihr losgesagt hatte, suchte er ein aufrichtiges Geständnis seines Irrtums in der Weise zu umgehen, daß er die Worte „Richtungsempfindung“ sorgfältig vermied. „Der Wille Augenbewegungen auszuführen oder die Innervation ist die Raumempfindung selbst.“ Aus seinen nebelhaften metaphysischen Auseinandersetzungen ging dennoch hervor, daß er die Richtungsempfindung durch Innervationsempfindung ersetzen wollte[1]).

Mit Unrecht glaubte Mach, indem er zu den Innervationsempfindungen Zuflucht nahm, sich den Anschauungen Herings über unsere Wahrnehmungen der Raumempfindungen anzuschließen. Im Gegenteil, Helmholtz war es, der zu den unbewußten Innervations-Empfindungen der Augenmuskeln als Aushilfe Zuflucht nahm, um die empiristische Theorie des Raumes entwickeln zu können. Wir werden noch Gelegenheit haben, näher auf die Schwäche dieser Aushilfe zurückzukommen. Mit dem Nachweise, daß der Bogengangsapparat ein spezielles Sinnesorgan sei, dazu bestimmt Richtungs- und Raumempfindungen zu erzeugen, ist diese Aushilfs-Hypothese auch völlig überflüssig geworden. Was eine Richtungs-Empfindung ist, davon geben wir uns sehr leicht Rechenschaft, und zwar aus dem einfachen Grunde, weil wir sie als solche wahrnehmen. Wenn diese Empfindungen für uns meistens unbewußt bleiben, so liegt dies daran, daß derartige Empfindungen uns im täglichen Leben fortwährend erteilt werden; wir gewöhnten uns daher, sie unbewußt zu verwenden, um gewisse Sinneseindrücke in die Außenwelt zu verlegen und dementsprechend bei willkürlichen Bewegungen in gegebener Richtung die den Muskeln zu erteilenden Innervationsstärken abzustufen und zu graduieren.

Wie schon gesagt, haben fast sämtliche Forscher, die nach meinen Untersuchungen sich mit dem Bogengangsapparat beschäftigt haben,

---

[1]) Ich war nicht der Einzige, der diese Auseinandersetzungen in der angegebenen Weise gedeutet hat. In seiner ausführlichen Bibliographie der Physiologie des Ohrlabyrinths schreibt Dr. Stern: „Mach: 134 .... Das Organ (die Bogengänge), welches auf Beschleunigungen reagiert, ist vielleicht kein Sinnesorgan, sondern löst reflektorische Innervationen aus. Diese stellen die eigentlichen Raum- und Bewegungsempfindungen dar“.

meiner Auffassung der Rolle, welche die Erregung der Nerven der Bogengänge bei der Bestimmung und Regulierung der Innervationsstärken spielen, beigestimmt. Daraus darf übrigens nicht gefolgert werden, daß alle auch dem Urheber das Verdienst dieser Feststellung zuerkennen wollten.

In einer Streitschrift, in welcher Breuer sich gezwungen sah, seine Lehre vom statischen Sinn aufzugeben, suchte er mein Verdienst in der Weise zu schmälern, daß er diese Rolle für einen idealen „Truism" erklärte. Diese Bestimmung des Bogengangsapparates wäre ja selbstverständlich und bedürfte gar keinerlei Beweises! Es ist nur erstaunlich, daß vor mir weder die Forscher, welche an den Bogengängen wirklich experimentiert, noch die Autoren, welche wie Mach, Breuer u. a. über die Experimente anderer herumgetüftelt, nie auch nur eine Andeutung an eine derartige Rolle der Bogengänge gemacht hatten. Wie meine Theorie des Raumsinns für Breuer nur eine „geniale Intuition" war, „die gewiß noch andern sich aufgedrängt hatte", so sollte auch der Gedanke, die Bogengänge regulieren die Innervationsstärken, ganz nahe gelegen haben.

In Wirklichkeit vermochte ich auf diese Rolle der Bogengänge erst nach langjährigen genauen Beobachtungen der zahlreichen Bewegungsstörungen, welche durch Erregungen und Zerstörungen der Bogengänge erzielt werden, mit Sicherheit zu schließen. Diese Bewegungsstörungen sind bisher in den vorhergehenden Kapiteln ausführlich beschrieben und analysiert worden; nur die eine charakteristische Seite soll hier einer näheren Erörterung unterzogen werden, weil sie in ganz augenscheinlicher Weise die ganze Bedeutung des Bogengangsapparates als Regulators der Innervationsstärken hervortreten läßt. Es ist allen Beobachtern die maßlose Heftigkeit der durch die Durchschneidung der Kanäle erzeugten Bewegungen aufgefallen; man brauchte nur zu versuchen, diesen Bewegungen Widerstand zu leisten, um sich davon zu überzeugen, mit wie außerordentlichem Kraftaufwande sie ausgeführt werden. Selbst bei der Taube hat man es mitunter recht schwer, die Bewegungen niederzuhalten, zumal dann, wenn alle halbzirkelförmigen Kanäle zerstört sind.

Bei der feinen Beobachtungsgabe, die ihm eigen war, wurde auch Flourens durch die Heftigkeit dieser Bewegungen zu dem Schlusse geführt, daß „in den Bogengängen die die Bewegungen mäßigenden Kräfte ihren Sitz haben". Diese Schlußfolgerung, die bei dem damaligen Zustande der physiologischen Kenntnisse nicht tiefer ergründet werden konnte, enthält schon den Keim der Wahrheit. Versuchen wir, hierfür den Beweis zu führen.

Bei den von uns angeführten Bewegungen ist die Innervationsstärke eines jeden an der einzelnen Bewegung beteiligten Muskels von der größten Wichtigkeit. Da die Stärke der Muskelkontraktion direkt von der Innervationsstärke abhängt, so sieht man leicht ein, daß in der Mehrzahl der kombinierten Bewegungen diese letztere Kraft es ist, welche deren Charakter und Ziel bestimmt. Die Verteilung oder, besser gesagt, die Abstufung der Innervationsstärken entscheidet allein, welche Muskelgruppe die Hauptbewegung ausführen und welche andere nur dazu dienen wird, andere Körperteile zu fixieren oder durch das Spiel der Antagonisten die beabsichtigte Bewegung in Schranken zu halten usw. Ist diese Abstufung gestört, so wird jede kombinierte Bewegung ebenso unmöglich, als wenn, anstatt der zur Kontraktion bestimmten Muskeln, andere sich kontrahieren würden. Aber die Abmessung der Stärke genügt nicht allein, um eine Bewegung zweckmäßig zu machen. Die Dauer des Zuckungsverlaufs ist von nicht geringerer Bedeutung. Die zeitliche Aufeinanderfolge der Muskelkontraktionen muß also ebenfalls genau reguliert werden. Bei sorgfältiger Beobachtung der Bewegungen von Tieren, deren halbzirkelförmige Kanäle durchschnitten wurden, überzeugt man sich leicht, daß ihre Motilitätsstörungen zum großen Teil auf übermäßigen Muskelinnervationen beruhen. Alle Muskeln, die an einer beabsichtigten Bewegung teilnehmen sollen, kontrahieren sich mit dem Maximum der Intensität. Das Ergebnis ihrer Zusammenziehungen ist also ein über das Maß hinausgehendes und gerade daher ist es oft selbst ein dem beabsichtigten ganz und gar entgegengesetztes. Die Unmöglichkeit, nach der Durchschneidung der Bogengänge das Gleichgewicht zu bewahren, resultiert zum großen Teil aus solchen Innervationsstörungen.

Die unmittelbar nach der Operation eintretende Erschwerung der Orientierung und selbst der Gesichtsschwindel vermögen allein nicht jene nach Abtragung sämtlicher Kanäle ausbrechende Muskeltollheit zu erklären. Selbst wenn man einen Teil dieser Bewegungen auf Rechnung der durch die Verletzung der Kanäle bewirkten reflektorischen Reizungen bringen wollte, würde man den über alle Maßen stürmischen Charakter dieser Bewegungen nicht anders wie unter der Voraussetzung begreiflich finden, daß der die Innervationsstärken regulierende Apparat selbst außer Tätigkeit gesetzt worden sei. Dieses Übertriebene in den Bewegungen ist eine so auffallende Erscheinung, daß mehrere Autoren, die sich mit Verletzungen der Bogengänge beschäftigt haben, nur diese Tatsache im Auge, aus ihr den Schluß gezogen haben, daß die Kanäle die Muskelempfindungen regulieren. Bornhardt schloß sogar daraus, das Ohrlabyrinth sei der Sitz des Muskelgefühls. Zwanzig Jahre später glaubte Ewald Amerika entdeckt zu haben, als er diesen Satz proklamierte! Bornhardt wurde durch die Mißdeutung des wahren Sinnes des Wortes „Innervationsempfindungen“ auf den sonderbaren Gedanken gebracht, die Empfindungen sämtlicher Muskeln könnten in einem sensiblen pheripheren Organ, wie der Bogengangsapparat ist, lokalisiert werden. Als er von mir die Aufgabe erhielt, die in meinem Laboratorium begonnenen Untersuchungen an dem Bogengangsapparat fortzusetzen, stand ich noch selbst unter dem Einfluß der Lehre von Helmholtz über die große Bedeutung der Innervationsempfingungen der Augenmuskeln und des sogenannten Muskelsinns für die Lokalisation im Raume. Dies folgte sowohl aus meiner ersten Mitteilung, als aus meinem damals veröffentlichten Lehrkurse der Physiologie. Bornhardt hat sich nun die Sache so zurechtgelegt, daß ich im Ohrlabyrinth das Organ für diese Innervationsempfindungen und den Muskelsinn zu finden hoffte. Die Beobachtung gewisser Bewegungsstörungen, welche er auf Abnahme der Muskelkraft und fast auf deren Lähmung zurückführte, vermochte ihn in seinem Irrtum nur zu bekräftigen. Spätere Experimentatoren, wie Ewald und viele andere, kamen auf ihre irrigen Vorstellungen über diesen Punkt nur dank diesem Mißverständnis Bornhardts.

Es soll hier eine wichtige Beobachtung angeführt werden, die zuerst von mir bei Tauben nach Durchschneidung der Bogengänge beschrieben wurde und die eine richtige Würdigung der hiervorsich gehenden Phänomene sehr bedeutend erleichtert hat. Es handelt sich um die Einknickung der Beine. Diese Erscheinung tritt einige Zeit nach der Operation auf und besteht nach dem Verschwinden einer jeden anderen Folge der Operation oft noch recht lange fort. Bei aufmerksamem Beobachten des Ganges einer in solchen Verhältnissen befindlichen Taube hält man das Bein beim ersten Anblick für gebrochen. Und dieser Eindruck ist oft so scharf ausgeprägt, daß man genötigt ist, erst durch eine spezielle Untersuchung sich zu überzeugen, daß dies nicht der Fall. Gewöhnlich tritt diese Erscheinung nur auf einer Seite auf. Sie erinnert recht sehr an den charakteristischen Gang der Tabiker. Wir haben es hier lediglich mit einer mangelhaften Abmessung der Innervation der in Bewegung gesetzten Muskeln zu tun, denn Orientierungsmangel und reflektorische Reizung sind offenbar ausgeschlossen. Auch die Heftigkeit der Bewegungen der Augäpfel, des Kopfes und des Gesamtkörpers, welche sich noch Monate nach der Operation unter gewissen Umständen äußert, muß der Abwesenheit der ihre Innervation regulierenden Macht zugeschrieben werden. Da diese Abwesenheit mit den Verletzungen der Bogengänge koinzidiert, so kann man daraus schließen, daß die Nervenzentra, denen die durch diese Kanäle übermittelten Empfindungen zugehen, in die Verteilung der Innervationsstärken in entscheidender Weise eingreifen.

Die nach der Veröffentlichung meiner ersten Untersuchungen über die Bogengänge erschienenen Arbeiten haben nicht im entferntesten irgend welche Tatsachen ans Licht gebracht, welche geeignet gewesen wären, unsere Auffassung der Art, wie die Bogengänge die motorische Sphäre beherrschen, zu modifizieren. Im Gegenteil, unsere Auffassung, die selbstverständlich auch unabhängig von unserer Theorie des Raumsinns bestehen kann, hat vollen Anklang gefunden, sie ist jetzt die nur noch allein zulässige. Leider erachteten einige Anhänger der Mach-Breuerschen Hypothese, wie Delage-Aubert, Ewald u. a., die sich derselben Auffassung angeschlosssen haben, es für nötig, neue Bezeichnungen für die Verteilung der Innervationsimpulse zu geben.

Die Wahl dieser neuen Bezeichnungen ist meistens unglücklich ausgefallen, war auch ganz nutzlos. Was Abstufung der Innervationsstärke sagen will, versteht jeder Physiologe; was das alte, von

Legallois herstammende Wort „excitomotorische Wirkungen" (Delage und Aubert) oder das neue, von Ewald eingeführte „Tonuslabyrinth" bedeutet, bedarf erst der Auslegung. Ist es ein Fortschritt, da, wo die „Begriffe (nicht) fehlen", zur unrechten Zeit Worte einzustellen? Es ist wohl kaum erforderlich, auf die vage Bezeichnung „excitomotorisch" sich einzulassen. Dagegen muß hier auf Ewalds Tonuslabyrinth, wie er es in seinem Buche „Das Endorgan des N. octavus" dargelegt, näher eingegangen werden. Zuerst sollen aber die Ergebnisse der Versuche über den Einfluß der hinteren Wurzeln auf die Erregbarkeit der vorderen, die zur definitiven Feststellung des Reflextonus führten (1865), sowie deren weitere Entwicklung bis in die neueste Zeit hin, erörtert werden. Deren richtiges Verständnis ist für die Klarlegung der hier in Betracht kommenden Verrichtung des Vestibularapparates unentbehrlich.

§ 8. Der Reflextonus; die Regulierung und die Abmessung der Erregungen durch den Bogengangsapparat.

Schon in der ersten Untersuchung über den Einfluß der hinteren Wurzeln auf die Erregbarkeit der vordern sah ich mich veranlaßt hervorzuheben, daß eine wesentliche Verschiedenheit zwischen dem Brondgeestschen Tonus und dem von mir festgestellten Reflextonus bestand. Brondgeest glaubte nämlich nachgewiesen zu haben, daß beim aufgehängten hirnlosen Frosche das Hinterbein, dessen Nerven durchschnitten sind, schlaff herabzuhängen pflegt, während vor dieser Durchschneidung seine Gelenke mäßig gebeugt waren. Er zog daraus den Schluß, daß die willkürlichen Muskeln einen Reflextonus besitzen, der in den Zentren des Rückenmarks durch Erregungen von den sensiblen Nerven aus unterhalten wird. Die Beweiskraft seiner Versuche wurde von mehreren Seiten angegriffen und durch die von Schwalbe unter Pflügers Leitung ausgeführte Arbeit geradezu als nicht stichhaltig dargetan. Dies hinderte aber nicht, daß der Grundgedanke von Brondgeest, wie dies später meine direkten und mit einer ganz anderen Methode angestellten Versuche nachgewiesen haben, dennoch richtig war. Direkte Messungen der Reizbarkeit der vorderen Wurzeln vor und nach der Durchschneidung der hinteren Wurzeln lieferten den ganz strengen Beweis, daß diese Reizbarkeit wirklich abnimmt; sie zeigten aber auch, daß die reflektorische Übertragung der Erregung von den hinteren Wurzeln auf die vorderen nicht nur im Rückenmarke stattfindet, sondern auch in verschiedenen Teilen des Gehirns. Die Abtragungen der Großhirnhemisphären, der Thalami opt., der Corp. quadrig., der Med. oblong. bis zur Mitte der Rautengrube usw. vermochten diese Reizbarkeit der motorischen Wurzeln zu vermindern, solange die hinteren Wurzeln intakt blieben. Diese Reizbarkeit sank noch tiefer, wenn die Wurzeln durchschnitten wurden.

Insofern bewiesen, wie oben gesagt, diese Versuche, daß die Übertragung der Erregungen von den hinteren Wurzeln auf die vorderen eine viel größere Bedeutung besitzt, als Brondgeest geglaubt hatte. Größere Schwierigkeit bot die Deutung einer anderen Reihe von Versuchen dar, nämlich der, daß die Abtragungen derselben Hirnpartien ohne jeden Einfluß auf die Erregbarkeit der vorderen Wurzeln blieben, wenn vorher die hinteren Wurzeln schon mit dem bekannten Erfolg durchschnitten waren. Dies konnte die Vermutung aufkommen lassen, daß die hinteren Wurzeln auf zentrifugalem Wege erregend auf die peripheren Enden der motorischen Nerven der Muskeln einwirken. Eine derartige Erregungsweise erschien aber sowohl aus anatomischen als aus physiologischen Gründen so unwahrscheinlich, daß sie in meiner kurzen Mitteilung an die Sächsische Gesellschaft der Wissenschaft einfach beseitigt wurde.

Aus mehrfachen Gründen mußte in der ausführlichen Mitteilung dieser Versuche, die ich in der bald darauf erschienenen Monographie „Die Tabes dorsalis“ gegeben habe, die erwähnte Möglichkeit dennoch näher ins Auge gefaßt werden. Die Veranlassung zu dieser in Ludwigs Laboratorium ausgeführten Untersuchung gaben nämlich meine Studien über die Bewegungsstörungen bei Tabischen. Wie oben im ersten Kapitel erwähnt, wurde ich damals auf die Notwendigkeit hingeleitet, in diesen Bewegungsstörungen zwei Gruppen zu unterscheiden: die Koordinations- und die Innervationsstörungen (s. oben S. 16ff.).

Die Untersuchungen von Harless, aus welchen er den Schluß gezogen hatte, daß vom Rückenmark aus in zentrifugaler Richtung durch die hinteren Wurzeln fortwährend erregende Einflüsse auf die Endausbreitungen der motorischen Nerven übertragen werden, fanden damals großen Anklang bei den Nervenärzten, weil sie dazu angetan erschienen, die Innervationsstörungen bei Tabeskranken zu erklären. Die Fehlerhaftigkeit seiner Versuchsweise war zwar augenfällig; es schien aber dennoch angezeigt, nachzuprüfen, ob seine Schlußfolgerungen ebenfalls ohne weiteres zu verwerfen waren. In meiner kurzen Mitteilung an die Sächsische Gesellschaft der Wissenschaften erachtete ich für überflüssig, dem unlängst verstorbenen Forscher seine Versuchsversehen nachzutragen[1]).

---

[1]) Dieses vermeintliche Verschweigen der Harlessschen Arbeit wurde mir noch unlängst von Jäderholm in einer Untersuchung über meinen Reflextonus vorgeworfen. Dieser Autor, der meine „Gesammelten physiol. Arbeiten“ zu kennen schien, hätte in diesen auf S. 202 mein Schreiben an du Bois-Reymond, erschienen im Jahre 1867 in seinem Archiv für Physiologie, finden können, wo ich, in der Beantwortung eines ähnlichen Vorwurfs in den Meißnerschen Berichten, den wahren Sachverhalt dargelegt und auf die ausführliche Besprechung der Harlessschen Versuche in der Tabes dorsalis aufmerksam gemacht habe. Es soll noch hinzugefügt werden, daß im Jahre 1874 in den „Arbeiten aus dem physiologischen Laboratorium in der medizinischen Akademie“ ein drei Druckseiten langes Schreiben von Meißner (Göttingen, 16. April 1872) im Originaltext wiedergegeben werden mußte, in dem er mit edler Entrüstung gegen die Mißdeutung und den Mißbrauch der Worte seines Berichtes protestierte. Diese freimütige Berichtigung seines Versehens macht diesem unlängst verstorbenen

In der Monographie der Tabes dorsalis tat ich dies, sowohl um den Irrtum der Nervenärzte zu zerstreuen, als auch, weil das Ergebnis meiner Versuche mit Abtragungen der verschiedenen Gehirnteile nach erfolgter Durchschneidung der hinteren Wurzeln dennoch eine nähere Erörterung der ganzen Frage erheischte. Das Fehlen jeder Verminderung der Erregbarkeit der vorderen Wurzeln nach solchen Abtragungen ließe sich in der Tat am leichtesten so deuten, „daß auf dem Wege der hinteren Wurzeln eine Erhöhung der Erregbarkeit der motorischen Nerven in zentrifugaler Richtung stattfinde" (S. 23, Die Lehre von der Tabes dorsalis. Berlin 1867).

Sonst müßte man zu der unwahrscheinlichen Annahme greifen, daß die einzige Quelle der Erregungen, welche sowohl von den Hirnteilen als vom Rückenmark auf die vorderen Wurzeln übertragen werden, nur von der Peripherie herstammt. Wenn nämlich interzelluläre Erregungen im Gehirn oder auch schwache Willensreize zu diesen Erregungen einen Beitrag liefern würden, müßte deren Abtragung doch eine kleine Verminderung der Erregung der vorderen Wurzeln erzeugen, und dies trotz der vorhergegangenen Durchschneidung der hinteren. Die Wahl stand also damals zwischen zwei unwahrscheinlichen Annahmen: unserm damaligen Wissen nach war die erstere, d. h. eine zentrifugale Leitung von Erregungen durch die hinteren Wurzeln die unwahrscheinlichere. Ich habe daher auch in meiner ausführlichen Mitteilung zugunsten des reflektorischen Ursprungs des Muskeltonus geschlossen, mit der Übertragung der Erregung auf zentripetalen Bahnen sowohl im Rückenmark als in verschiedenen Teilen des Gehirns[1]).

Durch die erörterte Erweiterung hat der Reflextonus der Muskeln eine viel größere physiologische Bedeutung gewonnen. Bei Gelegenheit der Bekämpfung meiner Ergebnisse von seiten Bezolds, G. Heidenhains u. a. wurden diese Versuche von neuem aufgenommen, um mit Hilfe der graphischen Methode den wahren Charakter des Reflextonus näher präzisieren zu können. Die ersten Versuche haben in

---

Forscher volle Ehre. Um den Wiederholungen solch leichtfertiger Insinuationen, wie Jäderholm auf S. 290 seiner Abhandlung sie gemacht hat, definitiv ein Ende zu bereiten, soll hier der Schluß des Meißnerschen Schreibens wiedergegeben werden: „Ich kann nur wiederholen, wie sehr ich es beklage, daß diese Bemerkung zu so ungeheuerlichen Deutungen benutzt worden ist, wie Sie mir mitteilen, und nochmals ausdrücklich versichern, daß ich nicht im entferntesten je daran gedacht habe, Ihnen zwischen den Zeilen einen solchen schweren Vorwurf machen zu wollen, wie man ihn in mir völlig unbegreiflicher Weise gegen Sie herauslesen will. Ich bestreite auf das entschiedenste die Berechtigung dazu, meine Worte in solcher Weise zu mißbrauchen. Ich hoffe zuversichtlichst, daß es Ihnen gelingt, eine Verleumdung zu vernichten, zu welcher wahrlich unschuldig von mir gemeinte Worte mißbraucht wurden. — Ihr hochachtungsvoll ergebener G. Meißner" (S. 99ff.).

[1]) Die von Vulpian und Philippeaux entdeckte Tatsache, daß einige Wochen nach der Resektion des Hypoglossus die Reizung des Lingualis

der Tat nur erwiesen, daß auf reflektorischem Wege Erregungen durch die hinteren Wurzeln fortwährend auf die vorderen übertragen werden. Über das weitere Schicksal dieser Erregungen haben weder ich noch Guttmann, der meine Ergebnisse bestätigt hatte, nähere Aufklärungen gegeben. Statt nun wie früher, die Veränderungen der Reizbarkeit der vorderen Wurzeln nach der Durchschneidung der hinteren, durch die verwendeten Stärken des reizenden Induktionstromes zu prüfen, verband ich in der späteren Untersuchung den Gastrocnemius des Frosches mit dem Myographion von Marey und maß die Reizbarkeitsänderungen direkt durch die Intensität der Kontraktion des belasteten Muskels. In dieser Weise gelang es, mit Bestimmtheit den Nachweis zu führen, daß die von den hinteren Wurzeln gelieferten Erregungen in der Tat dazu dienen, die Leistungsfähigkeit des Muskels zu erhöhen: dieselbe Reizstärke erzeugte bei Intaktheit dieser Wurzeln bedeutend stärkere und anhaltendere Kontraktionen des Gastrocnemius, als nach dieser Durchschneidung. Ja noch mehr: eine andere Reihe von Versuchen erwies, daß die bloße Durchschneidung der hinteren Wurzeln schon genügt, um eine wesentliche Verlängerung des in der Ruhe durch eine gewisse Belastung gespannten Muskels hervorzurufen. Die wahre physiologische Bedeutung des Reflextonus wurde hiermit definitiv festgestellt: der Reflextonus dient dazu, um mit Hilfe der fortwährend durch die sensiblen Nervenwurzeln den Rückenmarks- und Gehirnzentren zugeleiteten äußeren und inneren Erregungen der peripheren Organe, die Muskeln in einer erhöhten tonischen Spannung zu unterhalten, um auf diese Weise ein bedeutendes Ersparnis an Willens- und Reflexreizen bei der Erzeugung von willkürlichen oder reflektorischen Kontraktionen zu erzielen.

Die Bedeutung dieser Ansammlung von Reizkräften sowohl für die Physiologie der Bewegungen, als für die Pathologie der Bewegungs-

---

Bewegungen in der Zungenspitze erzeugen könne, zeigt übrigens, daß unter gewissen Umständen die sensiblen Nerven auch auf zentrifugalem Wege den Muskeln Erregungen zuzusenden vermögen. Auf Vulpians Aufforderung habe ich (1870) diese merkwürdige Tatsache mit vorwurfsfreien Methoden bestätigt. („Eine paradoxe Tätigkeitsäußerung usw.") und sie derart zu erklären versucht, daß nach der Degeneration der motorischen die sensiblen Nerven den Endplatten der Muskelfasern Erregungen zu erteilen vermögen. Auch Heidenhain hat im Jahre 1883 diese Erscheinung studiert, vermochte aber noch nicht, eine befriedigende Erklärung zu geben.

Es soll dabei noch daran erinnert werden, daß es mir im Jahre 1876 gelang, den Nachweis zu führen, daß auch die vorderen Wurzeln auf zentripetalem Wege ihren im Rückenmarke gelegenen motorischen Ganglienzellen Erregungen zuzuleiten vermögen. Die Doppelleitung der sensiblen und motorischen Nervenfasern, die Bayliess durch das unpassende Wort „Antidromic" bezeichnet, ist also schon vor mehr als 30 Jahren direkt experimentell bewiesen worden (Ges. phys. Arb. S. 216 und 223).

störungen wurde mehrfach hervorgehoben. Oben wurde ein Auszug aus der „Tabes dorsalis“ wiedergegeben, welcher auf die Notwendigkeit hinwies, die Bewegungsstörungen ihrem Ursprunge nach in zwei große Gruppen zu teilen: 1. solche, die auf mangelhafter Assoziation zwischen den Muskelgruppen beruhen, welche an einer zweckmäßigen Bewegung teilnehmen müssen (Chorea), und 2. solche, die nur von gestörter Regulierung und Abstufung der Erregungen herrühren, die jedem Muskel zuerteilt werden müßen, damit die verschiedenen Kontraktionsstärken dem Zwecke der Bewegung angepaßt werden. Als Beispiel dieser zweiten Reihe von Störungen führte ich die Tabes an. Die auf dem Wege der hinteren Wurzeln ins Gehirn und Rückenmark gelangenden Erregungen werden nämlich auch, abgesehen von der konstanten Tonuserzeugung, zu einer solchen Abstufung verwendet. Die Degeneration der hinteren Wurzeln und der Hinterstränge, die schon damals als die pathologisch-anatomische Unterlage dieser Krankheit bekannt war, in der einfachsten Weise deren Symptomatologie zu erklären.

Diese Ergebnisse meiner physiologischen Erstlingsarbeit, die in den ersten Jahren manchen Angriffen ausgesetzt waren, fanden seit den achtziger Jahren bis auf die neueste Zeit allseitige Bestätigungen. Es soll nur auf die Untersuchungen von Marcacci, Kanellis, Belmondo, Oddi u. a. erinnert werden. Luciani hat im Jahre 1891, auf diesen meinen Ergebnissen fußend, die Hauptstützen seiner Lehre von den Verrichtungen des Kleinhirns aufgebaut, worauf ich noch im § 10 näher zurückkommen werde. Bethe stützte auf sie seine Erörterungen über den Tonus, und sein Schüler Jäderholm, von dem oben schon die Rede war, hat sie zum Ausgangspunkt seiner Studien über Tonus, Hemmung und Erregbarkeit genommen.

Von viel größerer Tragweite für die weitere Entwicklung der Lehre von dem Wesen der sensiblen Einflüsse auf die motorische Sphäre aber waren die Untersuchungen von Mott und Sherrington an Affen, sowie besonders diejenigen von H. Munk über die Folgen des Sensibilitätsverlustes der Extremität für deren Motilität. Im Laufe dieser letzteren vermochte H. Munk die wahre Rolle der von den hinteren Wurzeln geleiteten Erregungen bei den willkürlichen und reflektorischen Bewegungen genau zu präzisieren und gleichzeitig direkte experimentelle Hinweise auf deren Verwertung bei der Regulierung und Abmessung der motorischen Impulse zu liefern. Seine vieljährigen klassischen Studien über die Leistungen der verschiedenen Partien des Groß- und Kleinhirns gestatteten es ihm auch, genau die Orte in den Hirnhemisphären zu lokalisieren, die von mir allgemein angedeutet wurden, wo die betreffenden Erregungen, die von den hinteren Wurzeln kommen, angesammelt werden.

Um die Analyse der Bewegungsstörungen bei Reizungen und Exstirpationen verschiedener Hirnteile für die Aufklärung der regulierenden Verrichtungen des Bogengangsapparates mit größerer Klarheit verwerten zu können, wird es vorteilhaft sein, die verschiedenen dabei in Betracht kommenden Faktoren auch gesondert zu bezeichnen. Obgleich kein Anhänger der Einführung neuer Benennungen für altbekannte Vorgänge, erachte ich es doch für angezeigt, um eine Einigung in der Deutung dieser Vorgänge zu erleichtern, folgende Bezeichnungen vorzuschlagen. Die Quellen aller Reizkräfte[1]), welche auf dem Wege der hinteren Wurzeln den verschiedenen Zentren des Rückenmarks und des Gehirns zugeleitet werden, sollen als energiegen bezeichnet werden. Zu diesen Quellen gehören sämtliche Erregungsstellen der peripheren sensiblen Organe sowohl in der Haut, als in den Muskeln, Sehnen, Gelenken usw. Die Rolle der hinteren Wurzeln selbst, die doch nur als Leiter fungieren, soll als energiedrom bezeichnet werden. Die zentralen Regionen des Rückenmarks, der Groß- und Kleinhirn-Hemisphären, wo diese Erregungen angehäuft werden, um nach Bedarf auf die motorischen Sphären übertragen zu werden, bezeichne ich als energienom (vom griechischen νόμος, gebraucht im Sinne von Bezirk, Region).

Die notwendige Regulierung, Abstufung und Abmessung der in diesen Energienomen angehäuften Reizkräfte für die Muskeln ist vorzüglich die Aufgabe des Bogengangsapparates, der als Organ der Richtungs- und Raumempfindungen am besten dazu angetan ist, die Intensitäten und die Dauer der Innervationen der Muskeln zu bestimmen, um die Zweckmäßigkeit ihrer Bewegungen zu sichern. In dieser Beziehung spielen also die Vestibularnerven die Rolle eines Energiemeters. Die Störungen in der Verteilung dieser Reizkräfte oder der Innervationsstärken können vorteilhaft durch das alte, von Schiff eingeführte Wort Dysmetrie bezeichnet werden. Das Wort Ataxie sollte ein für allemal nur für diejenige Art von Bewegungsstörungen beibehalten werden, welche auf einer reinen Inkoordination, wie bei der Chorea, beruhen, wo also die Reizkräfte nur auf unrechte Bahnen geraten. Schon vor vierzig Jahren schrieb ich: „Das Wort Ataxie rührt noch von Hippokrates her und bedeutet nur Unordnung. Es wurde von Sydenham, Selle, Pinel usw. in verschiedenem Sinne gebraucht. Seit Andral versteht man darunter nur die Inkoordination der Bewegungen (S. 18 der „Tabes dorsalis").

Es ist selbstverständlich, daß sowohl die Durchschneidung der hinteren Wurzeln als die Zerstörungen verschiedener Partien des Rückenmarks oder des Gehirns, in denen die von der energiegenen Quelle herstammenden Reizkräfte gesammelt werden, sowie die Erregung oder der Wegfall der Bogengangsapparate, welche diese Kräfte zu verteilen und abzumessen haben, bis zu einem gewissen Grade analoge Erscheinungen in der Motilitätssphäre erzeugen müssen. Analoge, aber bei weitem nicht identische. Das große Verdienst der Munkschen Untersuchungen liegt darin, die Bewegungsstörungen, besonders diejenigen, welche durch Reizung oder Exstirpation verschiedener Hirnteile entstehen, möglichst genau zergliedert und analysiert zu haben.

---

[1]) Als Energien werden hier die auslösenden Reize gemeint, die zur Erregung dienen. Dies in der Physiologie allgemein angewendete Wort bedeutet also etwas ganz anderes wie Energie im Sinne der modernen Physik.

Für die uns hier beschäftigende Frage ist besonders wertvoll, daß er sowohl an Hunden als an Affen „die Orte der nervösen Zentren, an welchen die motorischen Nerven durch die sensiblen beeinflußt werden", für jede Art der beobachteten Bewegungsstörungen genau angewiesen hat (siehe: Über die Folgen usw. S. 31 u. ff.).

Die meisten dieser nervösen Zentren liegen nach Munk in der Großhirnrinde, namentlich in den Extremitäten-Regionen. Das zeigten sowohl Exstirpations- als Reizungsversuche der betreffenden Stellen, sowohl bei intakten Nervenwurzeln, als auch nach deren vollständiger Durchschneidung. Mott und Sherrington haben durch zahlreiche Versuche an Affen gezeigt, in welch ausgedehnter Weise der Rückenmarkstonus (Spinaltonus) in den Muskeln der oberen Extremität verringert wird, wenn sämtliche hinteren Wurzeln des Plexus brachialis durchtrennt werden. Frühere Versuche von H. Munk haben aber gelehrt, daß „die Muskelspannungen der untätigen Extremität nicht bloß vom Rückenmark, sondern auch von der Großhirnrinde abhängen". Den Muskelzentren und der Extremität werden mäßige Erregungen, außer durch die sensiblen Bahnen dieser Extremität, auch noch durch die motorische Zentral-Elemente zugeführt. Neben dem Rückenmarkstonus soll also noch eine Art Rindentonus bestehen, der übrigens auch reflektorischen Ursprungs sein kann.

Die Prüfung der Reizbarkeit der betreffenden Großhirnrinde, wobei man bei den Hemisphären die gleiche Stelle der Armregion in gleicher Weise mit Induktionsströmen reizt, zeigte, daß man viel stärkerer Ströme bedarf, um dieselbe Bewegung zu erhalten von dem Arme, dessen hintere Wurzeln durchschnitten sind (der also anästhetisch gemacht worden ist), als am unbeschädigten Arme (S. 34; ibidem).

Für die Erläuterung der Rolle, welche der Bogengangsapparat bei der Verteilung der von den peripheren sensiblen Organen herstammenden Reize in den Nerven spielt, war es vorerst erforderlich, die von Munk festgestellte Tatsache hervorzuheben, daß auch der Rindentonus durch die Erregungen, welche von den hinteren Wurzeln zugeleitet werden, erzeugt und erhalten wird. Auf die Details der sehr lehrreichen Versuche und Erörterungen H. Munks über die Bewegungsstörungen, die nach Durchschneidung der hinteren Wurzeln des Plexus brachialis in den entsprechenden Extremitäten entstehen, wie auf die Differenzen sowohl in einigen Ergebnissen als auch in ihrer Interpretationsweise soll hier nur kurz eingegangen werden. Nach Mott und Sherrington sollen die Mitbewegungen der betreffenden Extremität durch den Verlust ihrer Sensibilität nach Durchschneidung der hinteren Wurzeln nur wenig geschädigt werden. Dagegen sollen die unabhängigen und feiner adjustierten Bewegungen, die vorwiegend die kleineren und individualisierten Muskelmassen von Hand und Fuß in Anspruch nehmen und zur Bewegung der Finger, insbesondere des Daumens und der großen Zehe dienen, in der Tat gerade diejenigen Bewegungen, welche am ausgiebigsten in der Extremitätenregion der Hirnrinde repräsentiert sind, äußerst schwer geschädigt und in einigen Fällen vernichtet worden. Aus den Versuchen von H. Munk ging aber hervor, daß wenn „man die einer Extremität zugehörige Rindenpartie, in welcher die zur Rinde gehenden sensiblen Nervenfasern der Extremität enden, also die Arm- oder Beinregion der gegenseitigen Fühlsphäre exstirpiert", und infolgedessen von den willkürlichen Bewegungen der Extremität die isolierten Bewegungen verloren gehen, dies von dem Fortfall der in diesen Partien enthaltenen motorischen zentralen Elemente herrührt. Die Schädigungen der Mitbewegungen oder der Gemeinschaftsbewegungen (wie sie Munk bezeichnet) an der betreffenden Extremität sollen nur in einer fehlerhaften Regulierung bestehen und sich durch Unvollkommenheiten und Ungeschicklichkeiten äußern. Nach Sherrington soll die willkürliche Beweglichkeit des anästhetisch gewordenen Arms für immer verloren sein; seine Versuche dauerten aber nicht mehr als vier Monate. H. Munk zeigte dagegen, daß, wenn man die Tiere längere Zeit, bis zu 11 Monaten nach der Operation am Leben erhält, auch die isolierten Bewegungen zurückkehren, indem die Tiere sich in ihrem Gebrauch allmählich einüben. Nach Sherrington benutzt das Tier den anästhetischen Arm nicht, weil es ihn nicht benutzen will, sondern weil es ihn nicht benutzen kann, während nach H. Munk das Tier ihn nicht benutzen will, nur „weil seine ersten Greifbewegungen infolge ihrer Unvollkommenheit nutzlos gewesen waren". Es handelte sich also nicht um einen vollen Verlust der Motilität, sondern um die Unfähigkeit, die feineren Bewegungen des Arms zu regulieren. Wie sich H. Munk ausdrückt, agiert der „anästhetische Arm stürmischer, gewaltiger und plumper". Die Bewegungen der Finger „am anästhetischen Arme behielten etwas Brüskes, Übermäßiges und Ungeschicktes bei".

Wie schon oben erwähnt, kann der Ausfall der energiedromen Organe (sämtlicher sensiblen Wurzeln) in der Extremität nicht ganz analoge Störungen erzeugen, wie der Verlust der zugehörigen Extremitäten-Region der Fühlsphäre. Im ersteren Falle wird die energiegene Quelle von den motorischen Zentren der Extremität völlig abgeschnitten; im zweiten dagegen nur im Hirn einige energienome Orte zerstört, die motorischen Zentren können also noch von den benachbarten Orten ihre Reizkräfte erhalten. Für die uns hier beschäftigende Frage ist schon die Tatsache von großer Wichtigkeit, daß es in beiden Fällen sich weder um Lähmungen noch um den Verlust der motorischen Kraft handelt, sondern um mehr oder minder ausgedehnte Störungen in der Regulierung oder Abmessung der Reizkräfte, die von den sensiblen Erregungen herrühren und zur Auslösung der Muskelkontraktionen verwendet werden; und dies sowohl wenn es sich um isolierte als um gemeinschaftliche Bewegungen handelt. Diese Regulierung und Abmessung der nervösen Reizkräfte liegt nämlich in erster Linie dem Bogengangsapparat ob.

Der Nachweis, daß die aus der energiegenen Quelle herkommenden Reizkräfte sich nicht nur in den Rückenmarks-, sondern auch in den Hirn- und Rindenzentren ansammeln, bedingt es notwendig, daß die zentralen Bahnen des Vestibularapparates mit diesen letztern in anatomischer Verbindung stehen müssen. Weil diese Verbindungsbahnen bei den Operationen an der Rinden- und Marksubstanz bisher nicht berücksichtigt worden sind, so ist es nicht unwahrscheinlich, daß einige Widersprüche zwischen den Ergebnissen der Versuche Sherringtons und Munks von Mitreizungen oder Mitzerstörungen dieser Verbindungsfasern herrühren. Derartige Eingriffe müßten ja die Versuchsergebnisse bedeutend beeinflussen. Diese Verbindungen zwischen dem Bogengangsapparat und den Hirnzentren, wohin die Reizkräfte von der Peripherie der motorischen Zentren gelangen, haben während der Untätigkeit der letzteren noch eine andere, nicht minder wichtige funktionelle Bestimmung: die hemmenden Einflüsse des Ohrlabyrinths in diesen Zentren anzusammeln und ihren Abfluß auf die motorischen Bahnen zu verhindern. Wie mehrmals erwähnt, hat schon Flourens, der ein ebenso scharfer Beobachter wie geschickter Experimentator war, aus seinen Versuchen geschlossen, daß „in den Bogengängen die die Bewegungen mäßigenden Kräfte ihren Sitz haben“. Diese Schlußfolgerung, schrieb ich 1897, die bei dem damaligen Zustande der physiologischen Kenntnisse nicht tiefer ergründet werden konnte, enthält den Keim der Wahrheit. Noch viel schärfer als Flourens hat der berühmte Chevreul diese hemmende Rolle der Bogengänge bei den Bewegungsstörungen der Tiere präzisiert: „C'est l'absence de ces canaux, et non leur présence, qui est la cause des phénomènes si singuliers décrits par M. Flourens: c'est donc hors de ces canaux qu'il faut chercher cette cause; et dès alors il faut les considérer non comme des organes qui produisent les phénomènes en question, mais comme des organes qui les êmpêchent, au contraire de se manifester“ (siehe meine Arbeit von 1900).

Dieser hemmende Charakter der von den Bogengängen auf die Bewegungen ausgeübten Wirkungen wurde schon in meinen ersten Untersuchungen hervorgehoben. Er ist auch mehreren späteren Forschern auf diesem Gebiete nicht entgangen, die sich die Mühe genommen hatten, an den einzelnen Bogengängen zu operieren, statt sich mit der mehr oder weniger rohen Zerstörung des ganzen Bogengangsapparates zu begnügen. Auf dem Ausfall dieser hemmenden und regulierenden Wirkung beruht ja eben die außerordentliche Heftigkeit der Zwangsbewegungen, welche nicht nur sofort nach der Zerstörung der Bogengänge, sondern noch viele Monate später an den operierten Tauben beobachtet werden können. Im Laufe der bis jetzt hier mitgeteilten Versuche sind wiederholt die darauf bezüglichen Beobachtungen mit Nachdruck hervorgehoben worden. Bei der Besprechung der Untersuchungen über die japanischen Tanzmäuse im nächsten Kapitel wird der hemmende Charakter der Verrichtungen der Bogengänge weitläufiger erörtert werden. Bei dem jetzigen Stand unserer Kenntnisse über die nähere Bedeutung der von den sensiblen Nerven ausgehenden Erregungen zur Unterhaltung des Reflextonus ist die Existenz besonderer Vorrichtungen, welche in den Rindenzentren diese Erregungen ansammeln, geradezu eine unabweisbare Notwendigkeit. Ohne die hemmenden Einflüsse solcher Vorrichtungen würden diese Erregungen ebenso schnell auf die motorischen Bahnen abfließen, wie sie in diesen Zentren anlangen und von einer Abmessung und Regulierung der Erregungen, die zur Erzielung zweckmäßiger Bewegungen durchaus erforderlich sind, könnte keine Rede sein. Bei niederen Tieren hat v. Uexküll gelegentlich seiner experimentellen Studien über den Tonus das Gesetz ableiten können, „es fließt die Erregung immer zu den verlängerten Muskeln", dank welchem es ihm gelang die Rhythmizität der Bewegungen bei Schlangensternen und anderen Tieren zu erklären. Bei Wirbeltieren müssen besondere hemmende Vorrichtungen bestehen, die in den Zentralorganen die Erregungen ansammeln, um deren Abfluß zu verhindern eventuell genau zu regulieren. Die Möglichkeit einer derartigen Ansammlung der für den Reflextonus bestimmten Erregungen wurde auch von mir schon im Jahre 1874 bei den Studien „Zur Hemmungstheorie der reflektorischen Erregungen" direkt experimentell nachgewiesen. Bereits bei Gelegenheit früherer Versuche über die Fortpflanzungsgeschwindigkeit der Reize durch die Rückenmarkszentren habe ich die bekannte Türksche Methode zur Messung der Stärke der Reflextätigkeit einer näheren Prüfung unterzogen und dabei konstatiert, daß diese Methode eigentlich nicht die Stärke der Reflexbewegungen, sondern nur diese Fortpflanzungsgeschwindigkeit des Reizes durch periphere und zentrale Nervenstücke mißt. Im Verlaufe der darauf gerichteten Versuche hat sich herausgestellt, daß die Reizung gewisser Hirnpartien, namentlich derjenigen, welchen Setschenow hemmende Wirkungen auf die Reflextätigkeit zugeschrieben hat, eine ganz beträchtliche Verminderung der Fortpflanzungsgeschwindigkeit der Erregungen im Rückenmark erzeugt; die Entfernung der Hirnhemisphären dagegen vermochte diese Geschwindigkeit zu erhöhen. Mit anderen Worten: die Hemmung der Reflextätigkeit schien einfach in einer Verlängerung der Übertragungszeit der Erregung in den zentralen Rückenmarksteilen zu bestehen. Die eben zitierte Mitteilung aus dem Jahre 1874 bezog sich nun gerade auf Versuche, welche dieses Ergebnis näher und mit noch genaueren Methoden geprüft haben. Es handelte sich bei diesen Versuchen darum, über das Schicksal der Erregungen, welche von den sensiblen Nerven auf die motorischen übertragen werden, während ihrer Verzögerung in den Rückenmarkszentren durch die Reizung der Thalami nähere Auskunft zu erhalten. Zu diesem Zwecke wiederholte ich die früheren Versuche, indem ich die reflektorische Zusammenziehung des Gastrocnemius mit Hilfe des Mareyschen Frosch-Myographion prüfte. Die Feder des Myographion zeichnete auf einer mit geringer Geschwindigkeit rotierenden Trommel eine Abscisse, welche den Längen des Gastrocnemius sowohl während der Ruhe als während der Reizungen der Haut mit oder ohne gleichzeitige Erregung der Thalami entsprach.

Befindet sich die Thalamusgegend im Zustande der Erregung (durch das Kochsalz), so wird der Eintritt der reflektorischen Zuckungen bedeutend verzögert; aber annähernd zu der Zeit nach Beginn der Hautreizung, wo bei unerregten Thalami eine vollständige Zuckung einzutreten pflegt, beginnt der Gastrocnemius allmählich kürzer zu werden. Ehe die Zuckung eintritt, ist die Feder über ihren früheren Stand nur 3—10 mm gehoben. Die nach Verlauf einer Minute oder noch später eintretende Zuckung ist meistens bedeutend stärker, als die früher ohne Reizung der Thalami erhaltene. Die Kontraktionshöhe ist sogar, von der letztgezeichneten Abscisse an gemessen, noch um mehrere Millimeter größer als die frühere Zuckung. Wir beobachten also, bei der bekannten Art die Reflexe zu hemmen, zwei Erscheinungen: 1) fast sofort nach Applikation des Reizes beginnt der Gastrocnemius sich allmählich bis zum Eintritt der Zuckung zu verkürzen, 2) die verspätet eintretende Zuckung ist nicht unbeträchtlich intensiver, als die früher erhaltene. Aus den beobachteten zwei Erscheinungen folgen unmittelbar einige Ableitungen, welche für das Verständnis der reflexhemmenden Mechanismen von eingreifender Bedeutung sind. Die erste Erscheinung beweist, daß die Reizung der reflexhemmenden Zentren die Übertragung der Erregungen von den sensiblen auf die motorischen Gebilde nicht zu verhindern vermag. Wenn diese Erregungen auch nicht sofort eine plötzliche Kontraktion auszulösen imstande sind, so veranlassen sie doch fast unmittelbar bei ihrem Entstehen ein allmähliches Kürzerwerden der betreffenden Muskeln; sie pflanzen sich also durch die ganze Kette der beim Reflex beteiligten Gebilde, wie sensible Nervenfaser, Ganglienzelle, motorische Faser und Muskel hindurch fort. Die zweite Erscheinung, die Zunahme der Kontraktionshöhe, beweist, daß durch die Reizung der erwähnten Zentren eine teilweise Aufspeicherung der erregenden Kräfte bei der Verspätung des Zuckungseintrittes bewerkstelligt wird" (S. 234 u. ff. der Gesammelten phys. Arbeiten).

Für die in diesem Paragraphen behandelte Frage ist von diesen Versuchsergebnissen der Nachweis von besonderem Interesse, daß die in den Rückenmarkszentren angehäuften Reizkräfte in ihnen zurückgehalten werden können durch Erregungen gewisser Hirnpartien, die hemmend auf diese Zentren einwirken. Auf die Wirkungsweise dieser Hemmungen wird im nächsten Kapitel näher zurückgekommen werden, nachdem die Frage über die natürlichen Erreger des Bogengangsapparates ausführlich behandelt sein wird. Die Frage wird zu erörtern sein, ob die gereizten Hirnpartien nicht gerade die Bahnen und Zentren enthalten, welche von dem Bogengangsapparat die hemmenden Wirkungen auf die energienomen Hirnzentren ansammeln.

Sicher festgestellt ist aus allen in diesem Paragraphen erörterten experimentellen Untersuchungen, daß der Vorrat an Reizkräften, welcher im Rückenmark und in den Hirnzentren angesammelt wird, nicht nur dazu dient, die willkürlichen Muskeln in einem Zustande gewisser Spannung (Tonus) zu erhalten, sondern auch, um bei Auslösung willkürlicher oder reflektorischer Kontraktionen dieser Muskeln die dabei unter ihnen zu verteilenden Reize zu regulieren und der Intensität und der Dauer nach abzumessen. Soweit es sich um Muskelbewegungen handelt, die dazu bestimmt sind, die Stellung des Körpers oder gewisser Körperteile im Raume zu verändern, wird diese Abmessung der Reizkräfte sicherlich von dem Bogengangsapparate reguliert. Aus den eben erörterten Verrichtungen des Bogengangsapparates folgt notwendig, daß Reizungen der verschiedenen Teile dieses Apparates oder volle Aufhebung seiner Verrichtungen verschiedenartigste Bewegungsstörungen hervorrufen müssen. Diese Störungen können sich in heftigen Zwangsbewegungen, in der Unmöglichkeit Stellungsveränderungen des Körpers zweckmäßig auszuführen und das Gleichgewicht zu erhalten und in den Fällen, wo der Vorrat an Reizkräften durch die vorhergegangene Verschwendung erschöpft ist, in einem vorübergehenden Verlust der Muskelspannung (Atonie) äußern, der bis zu zeitweiliger Muskelschwächung (Asthenie) gehen kann.

Wie im ersten Paragraphen dieses Kapitels auseinandergesetzt wurde, hängen die Flourensschen Phänomene von drei Umständen ab: 1) von dem Gesichtsschwindel, aus Mangel an Übereinstimmung zwischen dem gesehenen Raume und dem mit Hilfe der Richtungsempfindungen konstruierten idealen Raume, 2) von den daraus resultierenden falschen Vorstellungen über die Stellung unseres Körpers im Raume und 3) von den Störungen in der Verteilung und Abstufung der Innervationen, die in diesem Paragraphen erörtert wurden.

Anhang. Die Erregungen der peripheren Organe, welche auf gewisse Zentren des Gehirns übertragen werden, wurden hier nur in Beziehung auf den Reflextonus und auf andere Kontraktionsverhältnisse der Muskeln erörtert. Die Frage, ob die aus derselben Quelle entstehenden Reizkräfte ausschließlich für die Bewegungssphäre der willkürlichen und unwillkürlichen Muskeln (Herz-, Gefäß- und Darmmuskeln) verwendet werden oder ob diejenigen Ganglienzentren, welche für die psychische Tätigkeit bestimmt sind, ebenfalls aus dem Vorrate der angehäuften Reizkräfte schöpfen können: diese Frage ist, soweit mir bekannt, bis jetzt nicht erörtert worden. Die Versuchsergebnisse von Mott und Sherrington, besonders aber die von Munk haben festgestellt, daß die sensiblen Erregungen, welche von gewissen Körperteilen herkommen, auch für die entsprechenden Regionen der Hirnrindensubstanz, wenigstens in erster Linie, bestimmt sind; so werden die durch die von den hinteren Wurzeln des Plexus brachialis stammenden Erregungen zu der Extremitätenregion geleitet. Diese folgenreiche Tatsache soll unten noch verwertet werden. Es wird auch stillschweigend angenommen, daß die psychischen Hirnzentren hauptsächlich von den höheren Sinnesorganen, wie das Auge und das Ohr, ihre Erregungskräfte erhalten. Mehrere den Ärzten und Pädagogen sehr geläufige Tatsachen scheinen darauf hinzuweisen, daß auch die psychischen Hirnzentren in gewissen funktionellen Beziehungen mit denjenigen Rinden- und Markzentren stehen müssen, in denen die von der Haut- und Tiefensensibilität herrührenden Reizkräfte angesammelt werden. Nur zwei solche Tatsachen sollen hier erwähnt werden. Eine sehr häufige Folgeerscheinung der psychischen Überanstrengung ist die plötzlich auftretende Myosthenie, d. h. eine Abspannung und Schlaffheit der willkürlichen Muskeln, welche zur Unmöglichkeit anhaltender Bewegungen führt. Diese Erscheinung tritt fast ausschließlich dann ein, wenn bei geistigen Überanstrengungen körperliche Bewegungen fast vollständig vernachlässigt worden sind. Es gibt eine sehr leichte Erklärung dieser Erscheinung: die psychischen Zentren haben während längerer Zeit aus den oben beschriebenen Vorräten der Reizkräfte fast allein geschöpft und die Bahnung — um mich des Exnerschen Ausdruckes zu bedienen — auf die motorischen Ganglien ist infolgedessen beinahe völlig verloren gegangen. Als Kreuzbeweis kann die andere Tatsache angeführt werden, daß die Übertreibung von Sportübungen bei der Schuljugend nur zu häufig auf die Entwicklung ihrer geistigen Tätigkeit schädigend einwirkt. Es muß ein gewisses Gleichgewicht zwischen den körperlichen Übungen und der geistigen Arbeit bestehen, damit sowohl die psychischen als die motorischen Hirnzentren abwechselnd in bestimmten Verhältnissen aus den Vorratskammern der Reizkräfte schöpfen können. Nach meinen reichlichen Selbstbeobachtungen über die Folgen geistiger Überanstrengung hege ich die feste Überzeugung, daß einige Stunden anstrengender körperlicher Bewegungen, wie Rudern, Reiten und Fechten, sogar viel erquickender diesen Folgen entgegenwirken, als selbst ein langer Schlaf. Ein durch wissenschaftliche Forschungen zu sehr in Anspruch genommenes Gehirn gerät im Schlaf nicht in Ruhezustand, sondern setzt ganz unbewußt seine Tätigkeit fort, oft sogar mit mehr Erfolg als bei der Arbeit am Schreibtisch. Die Erfahrung, daß man beim Erwachen aus festem Schlaf manchmal die Lösung eines schwierigen Problems plötzlich einsieht, die man vergebens monatelang verfolgt hatte, haben schon mehrere Gelehrte gemacht. Jahrzehnte lang konnte ich trotz der größten geistigen Überanstrengung mit 2—3 Stunden Schlaf auskommen, wenn ich nur annähernd so viel Zeit auf anstrengende körperliche Übungen verwendete, welche meine ganze Aufmerksamkeit beanspruchten.

§ 9. Das Tonuslabyrinth von Ewald.

Nach der vorhergegangenen weitläufigen Erörterung der wahren Rolle, die der Bogengangsapparat bei der Beeinflussung unserer Bewegungen spielt, könnte eigentlich das Eingehen auf das „Tonuslabyrinth“ von Ewald überflüssig erscheinen. Dem ist aber nicht so. Diese Rolle ist bereits im Jahre 1878 experimentell nachgewiesen und ausführlich entwickelt worden. Ihre Bedeutung für die Erklärung der Phänomene von Flourens wurde völlig klargelegt und die meisten Forscher, die seither durch ernste Experimente sich mit denselben Problemen beschäftigt haben, faßten diese Rolle ganz richtig auf. Dies hinderte Ewald nicht, 15 Jahre später, ohne auch nur eine einzige neue Tatsache auf diesem Gebiete gefunden, ja ohne sogar sich die Mühe gegeben zu haben, die schwierigen und entscheidenden Versuche früherer Forscher zu wiederholen, dieser von ihm nicht einmal richtig verstandenen Rolle die schlechte und an sich ganz nichtssagende Bezeichnung „Tonuslabyrinth“ beizulegen. Um einer unheilvollen Verwirrung nicht nur bei denen, die der selbständigen Erforschung der Funktionen des Ohrlabyrinths fernstanden, sondern auch bei mehreren Psychologen, von denen man ein richtiges Verständnis der hier vorliegenden Verhältnisse erwarten konnte, vorzubeugen, war ich vor zehn Jahren gezwungen, das Tonuslabyrinth von Ewald einer strengen Kritik zu unterziehen. Auf dessen Urheber scheint diese Kritik, wie wir unten sehen werden, nicht ohne Wirkung geblieben zu sein. In seinen und seiner Schüler später erfolgten Untersuchungen über die Verrichtungen des Ohrlabyrinths ist, soviel mir bekannt, vom Tonuslabyrinth nicht mehr ernstlich die Rede gewesen.

So unwiderstehlich ist aber die Anziehungskraft des Irrtums auf gewisse Geister, daß noch immer in der Physiologie und sogar in einigen Handbüchern die unglückliche Bezeichnung „Tonuslabyrinth“ auftaucht. Noch jüngst sah man einen erfahrenen Physiologen, wie Luciani, diesem Tonuslabyrinth bei den Verrichtungen des Kleinhirns eine Rolle zuschreiben, die er, wie wir sehen werden, sogar trotz des Sträubens und der Widerlegungen von Ewald, ohne auch nur einen Grund oder einen Vorwand anzuführen, durchaus aufrecht zu erhalten suchte.

Nachdem ich das Werk von Ewald nochmals in der vergeblichen Hoffnung durchsucht habe, irgendwelche stichhaltige Tatsachen oder Argumente aufzufinden, die mir erlaubt hätten, meine frühere Verurteilung zu mildern, bin ich leider gezwungen, im Interesse der wissenschaftlichen Wahrheit und der Würde der physiologischen Forschung meine Kritik vom Jahre 1897 fast mit denselben Worten wie damals hier zu wiederholen. Es ist nicht meine Schuld, wenn das Tonuslabyrinth, trotz seiner Verherrlichung durch Luciani, nicht im ernsteren Tone besprochen werden kann.

Das schön ausgestattete Werk von Ewald verkündet zwei bahnbrechende Entdeckungen von ungleicher Natur aber von gleichem Werte, schrieb ich damals. Hier ist es für uns ohne Interesse, daß das Labyrinth für das Hören nicht notwendig sei, sondern daß der Acusticusstamm diese Funktion auszuüben vermöge[1]). Dagegen ist die

[1]) Dies ist übrigens von Bernstein und Küttner definitiv widerlegt worden.

zweite Entdeckung von großer Tragweite nicht nur für den Gegenstand unserer jetzigen Untersuchung, sondern für die gesamte Physiologie. Wir wollen sie mit den Worten des Verfassers selbst wiedergeben: „Man wird nach einigen Dezennien in der Geschichte der Physiologie deutlich die Zeit vor und nach der Einführung der Westienschen Lupe erkennen können. Wer dies für eine Überschätzung ihres Wertes hält, der denke nur daran, daß das wichtigste Tier für den Physiologen der Frosch ist und daß dieser durch die Lupe zur Größe eines riesenhaften Ochsenfrosches wächst". Diese Einteilung der Physiologie in zwei Epochen wäre für diejenigen Physiologen, welche das Unglück hatten, während der Vor-Westienschen Periode zu leben und zu wirken, höchst betrübend, hätte nicht Ewald eine vorzügliche Methode erfunden, um, wenn nicht diese Forscher selbst, so doch wenigstens ihre Werke vor Vergessenheit zu schützen. Von der Überzeugung durchdrungen, daß alles, was in der Vor-Westienschen Epoche entdeckt und beobachtet wurde, keinen wissenschaftlichen Wert beanspruchen darf — wenigstens auf dem Gebiete der Physiologie des Ohrlabyrinths —, hat Ewald die anerkennenswerte Aufgabe übernommen, dies alles von neuem wieder aufzufinden, durch schöne Zeichnungen zu versinnbildlichen und mit weniger schönen Benennungen zu versehen. Um diese mehr archäologische Arbeit mit großer Gründlichkeit ausführen zu können, hatte Ewald den glücklichen Einfall, zu den zahnärztlichen Methoden zu greifen, welche mit Unrecht bis jetzt von den Physiologen etwas vernachlässigt worden sind. Dank dieser glücklichen Vereinigung der Westienschen Lupe mit den zahnärztlichen Methoden ist es Ewald auch gelungen, die meisten Tatsachen, welche über die Folgen der Operationen an den Bogengängen bekannt waren, mehr oder weniger zu rekonstruieren und mit Hilfe von Momentaufnahmen vor Vergessenheit zu schützen (siehe meine Taf. I).

Wir wollen nun einige Beispiele der großen Erfolge anführen, welche Ewald mit Hilfe der neuen Methoden erzielt hat. So findet er: „die Tauben ohne Labyrinth können nicht mehr fliegen", und diese wichtige Entdeckung versetzt ihn in solches Erstaunen, daß er die zitierten Worte in großer, gesperrter Schrift drucken ließ. Nun hat schon Flourens diese Unfähigkeit der operierten Tauben konstatiert, die natürlich auch den späteren Beobachtern nicht entgangen ist. In meiner ersten Untersuchung über die Bogengänge, welche im Jahre 1873 in Pflügers Archiv erschien, habe ich sogar die Veränderung der Flugfähigkeit nach Durchschneidungen der einzelnen Kanäle studiert. In einer späteren Arbeit, die während der Jahre 1875 bis 1877 ausgeführt, 1878 veröffentlicht wurde, sagte ich ausdrücklich von der Taube, welcher alle sechs Bogengänge zerstört waren: „die Fähigkeit zu fliegen aber hat sie vollständig ein für alle Mal eingebüßt" (siehe auch oben Kap. I § 6).

Unzählige Male ist die Tatsache beschrieben worden, daß Tauben mit operierten Bogengängen, wenn sie sich erholt haben und zu gehen beginnen, beim Antreffen eines Widerstandes stolpern und umfallen.

Eine aller sechs Bogengänge beraubte Taube, sagte ich, „scheint bei jedem Schritte den Boden zu betasten“. Ewald hat merkwürdiger Weise mit der Westienschen Lupe dasselbe konstatieren können (Versuch 9). „Wir wählen nun aber einen dickeren Stab, etwa einen Besenstiel und sehen zu unserem Erstaunen, daß die Taube über denselben fällt.“ „Das Tier hat das Bewußtsein von seiner Ungeschicklichkeit.“ Ewalds Erstaunen ist so aufrichtig, daß er diese Beobachtung zu einem heftigen Ausfall gegen Goltz benutzt; „Ich möchte diesen Versuch denjenigen Herren ganz besonders empfehlen, welche alle Störungen durch solche, die den Kopf betreffen . . . erklären möchten . . . Es hieße doch in kindlicher Weise auf einer vorgefaßten Meinung bestehen wollen, wenn man die Unfähigkeit unserer Tiere, das Bein genügend emporzuheben, durch ein Schwindelgefühl (dies betrifft Mach, Breuer u. a.) oder doch durch den Mangel der Empfindungen der Kopfbewegungen (Goltz) erklären würde.“ Im VIII. Kapitel tritt er wieder fast ebenso heftig gegen die Goltzschen und Mach-Breuerschen Hypothesen von der Rolle der Kopfbewegungen bei gewissen Funktionen der Bogengänge auf. In diesem Kapitel stoßen wir auf einen neuen Beweis, wie aufrichtig Ewald überzeugt ist, altbekannte Tatsachen wirklich neu entdeckt zu haben. „Meine Absicht war dabei nicht, die fast beispiellose Gesetzmäßigkeit, der alle Nystagmusbewegungen unterliegen, und die enge Abhängigkeit dieser Erscheinungen von bestimmten einzelnen Labyrinthteilen klarzustellen, sondern es kam mir ganz speziell auf die Wirkung des Labyrinths auf die Augenbewegungen an, weil die letzteren ein ausgezeichnetes Beispiel an die Hand geben, um den allgemeinen und von den Kopfbewegungen unabhängigen Einfluß des Labyrinths auf die Muskeln zu beweisen. Von diesem Einfluß hat man bisher nichts gewußt.“ Ich will nur erinnern, daß meine erste Mitteilung an die französische Akademie der Wissenschaften über die „beispiellose Gesetzmäßigkeit der Nystagmusbewegungen und ihre enge Abhängigkeit von bestimmten einzelnen Labyrinthteilen“, und über den „von den Kopfbewegungen unabhängigen Einfluß des Labyrinths auf die Muskeln“ schon im August 1876 erfolgte! Eben diese Beobachtungen bildeten ja den Ausgangspunkt der Schlüsse, welche ich in meiner ausführlichen Mitteilung (1878) später benutzt habe, um die Art des Einflusses der Bogengänge auf die Muskeln festzustellen!

Was nun überhaupt den Einfluß des Labyrinths auf die Muskeln des Rumpfes betrifft, so ist dieser schon ausführlich von Böttcher (1873), Curschmann (1874), Berthold (1874), Bornhardt (1875), Spamer (1886) u. a. beschrieben worden!

Das Merkwürdigste an den soeben wiedergegebenen Behauptungen Ewalds ist, daß er gar keine direkten Versuche über die „Abhängigkeit gewisser Erscheinungen (gesetzmäßiger Nystagmusbewegungen) von bestimmten einzelnen Labyrinthteilen“ mitgeteilt hat! Kaninchen eignen sich seiner Ansicht nach „nicht sehr gut zur Untersuchung der Labyrinthstörungen"; wahrscheinlich, weil alle Erscheinungen über die Gesetzmäßigkeit der Augenbewegungen von mir vor 30 Jahren an Kaninchen ohne Hilfe der Westienschen Lupe festgestellt worden sind. Auch Högyes, der fünf Jahre später meine Versuche wiederholt hatte, Baginsky u. a. haben an Kaninchen experimentiert. Ewald selbst hat Hunden den Vorzug gegeben; er hat aber nur immer das ganze Labyrinth herausgenommen, anstatt an den einzelnen Bogengängen zu operieren. Letzteres hat er übrigens meistens auch bei anderen Tieren, trotz der Vorzüglichkeit der Westienschen Lupe, vermieden! So hat er nicht einmal versucht, an den verschiedenen Bogengängen der Frösche vereinzelt zu operieren (S. 185). Trotzdem unter dieser Lupe der Frosch „die Größe eines Ochsenfrosches erlangt".

Wir wollen nur kurz noch einige Beispiele der glücklichen Funde Ewalds erwähnen, wie z. B. die bekannte Kopfstellung der operierten Taube mit dem Hinterkopfe nach unten und dem Schnabel nach oben, die ich schon im Jahre 1873 beschrieben und welche Munk bei einer Taube mit angeborenem Defekt eines Labyrinths so genau untersucht hat. Sodann die allgemein anerkannte Notwendigkeit, Blutungen bei Operationen an den Bogengängen zu vermeiden, wobei er, wie wir oben gesehen haben, die operativen Methoden, wie die von Goltz angewandte, für roh und verwerflich erklärt.

In einer spätern Schrift „Die Beziehungen des Großhirns zum Tonuslabyrinth nach Versuchen von Ida H. Hyde" erklärt Ewald ausdrücklich, daß, wenn auch Flourens, Berthold, Bornhardt, Löwenberg, Cyon ähnliche Versuche mit den nämlichen Resultaten ausgeführt, dies nicht von Belang ist, da „ihre Labyrinthoperationen unbrauchbar waren", weil für sie die „Methodik noch nicht ausgebildet" war, d. h. weil diese Autoren weder die Westiensche Lupe noch das zahnärztliche Plombieren benutzten.

Kehren wir zu dem Einfluß des Labyrinths auf die Muskeln zurück, um den es sich hier besonders handelt. Was versteht Ewald unter dem Tonuslabyrinth? Das soll ein Organ sein, „welches einen Einfluß auf die Muskelbewegungen ausübt und aus später zu erläuternden Gründen das Tonuslabyrinth heißen mag. Seine Funktion ist der Labyrinthtonus oder Ohrtonus, und die Störungen, welche von ihm ausgehen, will ich als Tonusstörungen bezeichnen. Dieselben offenbaren sich als Störungen im Gebrauch der Muskulatur . . . und es könnte zu Mißverständnissen führen, wenn man dieselben einfach Muskelstörungen nennen wollte. . . Denn wenn auch das sichtbare Resultat dieser Störungen eine Schädigung im Gebrauch der Muskulatur ist, so braucht doch der eigentliche Sitz der Abnormität nicht der Muskel selbst zu sein. Dagegen scheint der Ausdruck Tonusstörungen nichts zu präjudizieren. Man gebraucht das Wort Tonus in so verschiedenem Sinne, daß man ihm ohne Zwang als Labyrinthtonus eine ganz besondere Bedeutung vindizieren kann." Mit einem Worte, „die Funktion des Tonuslabyrinths ist der Labyrinthtonus", „die Störungen dieser Funktion und Tonusstörungen sind „von eigentümlicher und nicht genau definierbarer Art“; das Wort „Tonus“ ist so oft mißbraucht worden, daß man es ohne Schaden auch noch zur Entdeckung eines „neuen Sinnes“, des Tonuslabyrinths, benutzen kann. Diese S. 291 gegebene Definition scheint Ewald selbst weder klar noch erschöpfend zu sein. Er kehrt daher zum Tonuslabyrinth auf S. 294 zurück. Die Tonusstörungen „lassen sich in bezug auf die sichtbaren Folgen als einen Mangel an Präzision bezeichnen. Ein solcher kann vielerlei Ursachen haben. Es kann die Verkürzung des Muskels zu spät beginnen, sie kann zu langsam ablaufen, es kann an Kraft dabei fehlen usw. Welche von diesen Störungen speziell in unserem Falle vorliegt, kann ich noch nicht mit Sicherheit sagen. Häufig habe ich nachweisen können, daß die Kraft herabgesetzt war. Ebenfalls muß es dahingestellt bleiben, ob die eigentliche Störung im Muskel oder in Zentralteilen ihren Sitz habe, denn auch der Mangel an Kraft könnte ja auf einem zu schwachen Innervationsreiz beruhen.“

Wäre Ewald durch die Beobachtungen der scheinbaren Kraftabnahme bei den Bewegungen der vor längerer Zeit operierten Tiere nicht so befangen gewesen, sondern hätte er den kolossalen Kraftverschwendungen der frisch operierten Tiere, welche Tage und Wochen lang anhalten, größere Aufmerksamkeit geschenkt, so würde es ihm eingeleuchtet haben, daß es sich dabei ebensowohl um „zu starke“ als um „zu schwache“ Innervationsreize handelt. Die stürmischen Bewegungen sind alle insofern streng koordiniert, als sie mit einer großen Gesetzmäßigkeit immer durch dieselben Muskelgruppen ausgelöst werden. Für eine ganze Gruppe dieser Bewegungen, nämlich für die Augenbewegungen, ist durch meine Versuche direkt festgestellt worden, daß sie reflektorisch von den Bogengängen ausgelöst werden. Einige dieser Versuche zeigten in klarster Weise, daß die Reizübertragung eine gekreuzte ist und daß die Reizung der Bogengänge auf der einen Seite hemmend, auf der anderen erregend wirken kann. Wir erinnern nur an die schon im Jahre 1876 gemachte Beobachtung, daß die pendelartigen Augenbewegungen, welche nach Aufhören der Reize auftreten, „verschwinden, wenn man den Nervus acusticus der entgegengesetzten Seite durchschneidet“. Wir haben bereits oben die Beobachtungen Ewalds mit seinen eigenen Worten zitiert, wo er selbst die von den labyrinthlosen Tauben entwickelte Muskelkraft bewundert.

Im vorigen Kapitel haben wir auch gesehen, daß der nach Durchschneidung des einen Acusticus auftretende Augennystagmus verschwindet, sobald der Acusticus der anderen Seite ebenfalls durchtrennt wird. Die Versuche von Bechterew haben ähnliche Erscheinungen ergeben. Alle diese Beobachtungen der gekreuzten Wirkungen beweisen zur Genüge, daß die Bogengänge direkt die Innervationszentren der Muskeln beeinflussen und daß der allgemeine Charakter dieser Einwirkung sich in übertriebener Zusammenziehung der einen oder mangelhafter der anderen Muskeln äußert. „Der Mangel an Präzision, sagt Ewald, meine Worte vom Jahre 1878 wiederholend, charakterisiert die Muskelbewegungen beim Ausfall der Funktionen des Ohrlabyrinths". Da er fast ausschließlich seine Beobachtungen an labyrinthlosen Tieren gemacht hat, und zwar meistens längere Zeit nach der Operation, so ist ihm entgangen, daß während der Operation selbst, wo die Reizerscheinungen vorherrschen, die Bewegungen zwar präzis, aber darum nicht minder anormal sind eben durch ihre Übertreibungen. Wenn „der Mangel an Kraft auf einem zu schwachen Innervationsreiz beruht" (Ewald), so beweist dies, daß das Tier die Fähigkeit verloren hat, seine Innervationsreize zu regulieren (wieder die Worte aus meiner alten Arbeit). Da aber dieser Verlust immer in gesetzmäßiger Weise durch den Ausfall der Funktionen der Bogengänge entsteht, so beweist dies, daß die Beeinflussung der Innervationsstärken durch die operativen Eingriffe an den Bogengängen nicht eine zufällig auftretende Erscheinung ist, sondern davon herrührt, daß der Bogengangsapparat normaler Weise die Aufgabe hat, die Innervationsstärken zu bestimmen und zu regulieren.

Zu diesem Schlusse sind wir schon vor dreißig Jahren gelangt und die scheinbare Abnahme der Muskelkaft, die Ewald entdeckt zu haben glaubte, war schon in ihrer wahren Bedeutung Flourens nicht entgangen. Die oben genannten Forscher (S. 13) haben sie sogar viel besser beschrieben, als Ewald selbst; Ewald gebührt nur das Verdienst, deren Wesen und Ursprung nicht verstanden zu haben, ein Verdienst, das er übrigens jetzt noch mit Luciani teilen muß.

Nach den Auseinandersetzungen der zwei vorhergehenden Paragraphen wäre es völlig überflüssig, auf diesen Ursprung und dieses Wesen noch weiter zurückzukommen. Wir können den Verehrern des Tonuslabyrinths nur das Studium der so lichtvollen Analyse H. Munks „Über die Folgen des Sensibilitätsverlustes der Extremität für deren Motilität" empfehlen. Sie werden dort nicht nur die genaue Feststellung der Gehirnzentren, welche von der Peripherie die Reizkräfte übertragen, finden, dazu bestimmt den Tonus der willkürlichen Muskeln zu unterhalten, sondern auch die Angaben über die Bedingungen, unter welchen diese Reize mit den zukommenden Willensreizen summiert werden können (siehe die §§ 7 u. 8).

Entweder der Ausdruck „Tonuslabyrinth" ist wirklich nichtssagend, wie Ewald es glaubte; dann fragt es sich, warum hat er die Rolle des Bogengangsapparates, die Innervationsstärken zu wählen und zu regulieren, in dieser Weise umgetauft? Meine Bezeichnungen, Abstufung oder Regulierung dieser Innervationen, drückten ja diese Verrichtungen in völlig klarer Weise aus. Er wollte doch nicht etwa durch diesen Umtauf sich als den Entdecker dieser Verrichtungen hinstellen? Oder aber der Name „Tonuslabyrinth" hat irgend einen Sinn; dann könnte es nur der sein, daß Ewald den Bogengängen die Fähigkeit zuschriebe, die Muskulatur des Körpers in tonischer Zusammenziehung zu erhalten. Um eine ähnliche Rolle den Erregungen der Bogengänge zuschreiben zu können, müßte man den Beweis liefern, daß, analog der Durchschneidung der Hinterstränge, auch die Wegnahme der Bogengänge eine Verlängerung der Muskeln und deren geringere Leistungsfähigkeit erzeugt. Ein derartiger Nachweis könnte leicht mit Hilfe derselben Methoden, mit denen ich diese Erscheinungen am Gastrocnemius gemessen habe, versucht werden. Nun tritt aber, wie man weiß, bei den so operierten Tieren gerade das Gegenteil ein: wochen-, ja monatelang beobachtet man bei ihnen eine Exacerbation jeder willkürlichen Bewegung, auch dann noch, wenn die heftigen Zwangsbewegungen schon längst verschwunden sind. Es tritt also hier gerade das Gegenteil von dem ein, was beim Wegfall der durch die Hinterstränge übertragenen Reize erhalten wird. Dies ist ja auch begreiflich, da die Bogengänge eben eine anhaltende Übertragung dieser Reize von der sensiblen Sphäre auf die willkürlichen Muskeln zu verhindern hatten. Es ist ja hemmend, daß ihre Erregung auf die Leistungsfähigkeit der Muskeln wirkt, wie dies schon Flourens hervorgehoben hat und nach ihm fast sämtliche ernstlichen Experimentatoren am Ohrlabyrinth haben konstatieren können (siehe im nächsten Kapitel § 9).

Der Beitrag, welchen die Erregungen der Bogengänge für die Leistungsfähigkeit der Muskeln hätten liefern können, wäre, wenn vorhanden (was aber nicht der Fall ist), doch nur ein ganz winziger, im Vergleich mit der gewaltigen Masse der Reizkräfte, welche den verschiedenen Zentren des Groß- und Kleinhirns von den gesamten sensiblen und Sinnesorganen ununterbrochen zugesandt werden. Man kann also mit Sicherheit annehmen, daß diese vermeintlichen Erregungen keinen direkten Einfluß auf den Muskeltonus auszuüben vermögen und daß deren Wegfall auch nicht eine Verlängerung oder Erschlaffung dieser Muskeln würde erzeugen können. Nur die Widerstände, welche die Bogengänge dem Abflusse einer gewissen Reihe von Reizkräften aus den Hirnzentren entgegensetzen, verschwinden durch den Ausfall der abmessenden und regulierenden Wirkungen des Bogengangsapparates. Diese evidenten tatsächlichen Verhältnisse verhinderten aber nicht, bei manchen Physiologen, wie z. B. bei Luciani, den Glauben zu erwecken, daß das unglückliche, nichtssagende Wort „Tonuslabyrinth“ von Ewald gebraucht wurde, um darzutun, daß von diesem peripheren Sinnesorgan normalerweise kontinuierlich auf die Nervenzentren eine Erregung übergeht, die, auf die Muskeln übertragen, diese in einem tonischen Zustande erhält und so deren normale Funktion ermöglicht“ (Luciani, S. 320). Hat sich denn nicht Ewald selbst überzeugt, wie auffallend die Unbändigkeit der labyrinthlosen Tiere ist, wenn man sie einfängt? „Während man in diesen Fällen mit den normalen Tieren leicht fertig wird, da sie den Widerstand aufgeben, sobald sie sich gefesselt fühlen, hat man mit den operierten Tauben oft die größten Schwierigkeiten und kann es häufig nicht verhindern, daß sie viele Federn dabei verlieren“ (Ewald, Nervus octavus usw. S. 4).

Wenn das Wort „Tonuslabyrinth“ vom physiologischen Standpunkte aus ganz zu verwerfen ist, so ist es philologisch noch weniger zulässig: Tonus heißt Spannung (tension) und kann richtig nur auf die Muskeln oder auf elastische Gewebe angewandt werden. „Wo es auf die Kürze und nicht auf Genauigkeit des Ausdrucks ankommt, sagte unlängst H. Munk, kann man noch von einem Rückenmarkstonus, einem Großhirn- oder Rindentonus“ sprechen, um damit zu bezeichnen, daß in den Hirnzentren Vorräte von Reizkräften, die von der Peripherie herstammen, sich angesammelt haben. Was aber gar keinen Sinn haben kann, das sind die Worte wie „Labyrinthtonus“ oder gar „Ohrtonus“. Sonst könnte man ja auch „von Tonus-Retina, von Tonus-Hinterwurzeln oder von Tonus-Tastorganen“ sprechen (Loeb).

Ganz unverständlich bleibt aber, wie Ewald nach einer solchen Auffassung der Funktionen des Ohrlabyrinths dieses noch als „sechstes Sinnesorgan“ hat bezeichnen können, schrieb ich 1897.

Wir glauben schon genügend die Bodenlosigkeit des statischen Sinnes, des Drehsinnes, des Sinnes für Beschleunigungsempfindungen und des Goltzschen Gleichgewichtssinnes erwiesen zu haben. Das „Tonuslabyrinth“ hat als vermeintlicher Sinn mit diesen verewigten Sinnesorganen das gemeinschaftlich, daß es, wenn die dem Ohrlabyrinth von seinem Erfinder zugeschriebenen Funktionen auch der Wirklichkeit entsprechen würden, auch nicht die entfernteste Berechtigung hätte, als Sinnesorgan aufgefaßt zu werden. Sonst hätte man ja dasselbe Recht, auch die hinteren Wurzeln, die Innervationszentren der Gefäße oder des Herzens, mit einem Worte alle Organe, die tonisch erregt werden oder tonische Erregungen vermitteln, als Sinnesorgane zu betrachten!

Sehen wir nun, wie Ewald seine Benennung motiviert. „Indem das Tonuslabyrinth, vielleicht in seiner ganzen Ausdehnung, jedenfalls aber in seinen Ampullen, durch die Drehungen des Kopfes beeinflußt wird und eine Wirkung der letzteren, je nach ihrer Richtung und Stärke, auf den Körper vermittelt, ist es ein Sinnesorgan. Dieser zuerst von Goltz behauptete und seitdem oft angefeindete Satz wird durch die Wirkung der Plomben zur Evidenz bewiesen.“ „Seit Jahrtausenden glaubte man fünf Sinne zu haben und erst im Jahre 1870 kam der sechste, der Goltzsche Sinn dazu.“ Diese Zitate genügen!

Die Gerechtigkeit erfordert noch hinzuzufügen, daß Ewald seit der allgemeinen Zurückweisung seines Tonuslabyrinths sich eines besseren besonnen zu haben scheint. Wie aus einem Vortrag hervorgeht, den er im März 1900 in Straßburg gehalten hat, gab er das Tonuslabyrinth als Tonus-Sinnesorgan auf und schloß sich meiner Auffassung an, daß der Vestibularapparat ein Sinnesorgan für die Orientierung im Raume sei, dazu bestimmt, uns in den drei Richtungen des Raumes (rechts und links, oben und unten sowie vorn und hinten) zu orientieren. Er benutzte sogar meine Lehre vom Raumsinn, um in diesem auf einem Kongreß von Taubenzüchtern gehaltenen Vortrage die wunderbare Fähigkeit der Brieftauben, den Weg zu ihrem Nest auch bei Entfernungen von über 1000 Kilometer finden zu können, zu erklären: die Brieftauben besäßen in besonders starker Entwicklung in ihrem innern Ohre einen sechsten Sinn, der ihnen anzeigen soll, ob sie sich „rechts oder links, nach oben und unten oder im Kreise (?) drehen[1])". Wie man sieht, hat Ewald dabei meine Lehre nicht ganz richtig verstanden, da er die Orientierung in den drei Richtungen des uns umgebenden Raumes mit der Orientierung in die Ferne verwechselt hat. Der gleiche Irrtum ist übrigens auch von vielen andern Forschern begangen worden (s. Kap. IV § 8). Jedenfalls zeigte dieser Vortrag, daß Ewald sich meiner Auffassung der Verrichtungen des Bogengangsapparates hat anschließen wollen.

§ 10. Der Raumsinn und das Kleinhirn.

Die anatomische Nachbarschaft des Kleinhirns mit dem Ohrlabyrinth bringt es mit sich, daß bei Operationen an einem dieser Organe die Verletzungen des anderen kaum zu vermeiden sind. Im Beginn der siebziger Jahre hat Böttcher, wie oben auseinandergesetzt, sämtliche Bewegungsstörungen, welche bei Verletzung der Bogengänge beobachtet wurden, durch Mitverletzungen des Kleinhirns zu erklären versucht. Bei der etwas rohen Versuchsweise mehrerer Experimentatoren, die das gesamte Ohrlabyrinth mit Hilfe von Trepanen oder sogar des Glüheisens entfernten, waren derartige Mitverletzungen auch unvermeidlich. Die weitaus größte Anzahl der Physiologen, die an den Bogengängen operiert haben, suchte daher sorgfältig derartige Verwickelungen zu vermeiden. Viel schwieriger ist es, bei partiellen oder totalen Entfernungen des Kleinhirns wenn nicht das Ohrlabyrinth selbst, so doch wenigstens den N. acusticus nicht mitzuverletzen. Und da die verschiedenartigsten Bewegungsstörungen nach den Verletzungen der beiden Organe aufzutreten pflegen, so mußte dabei die Deutung der Operationsfolgen unvermeidlich zu einer großen Verwirrung führen. Die klinischen Beobachtungen und pathologisch-anatomischen Befunde, welche beim Studium der Hirnfunktionen eine so wichtige Rolle spielen, haben auch für die Physiologie des Kleinhirns wertvolle Beiträge geliefert. Seitdem aber die Physiologie des Ohrlabyrinths gelehrt hat, daß der Vestibularapparat so tief in den Mechanismus der Bewegungen einzugreifen vermag, mußten auch die Kliniker die Nachbarschaft der beiden Organe mit in Betracht ziehen. Dies umsomehr, als zwischen den Vestibularnerven und gewissen Teilen des Kleinhirns (Deitersscher Kern usw.) die Existenz anatomischer Beziehungen von kompetenten Forschern (Edinger, Bechterew u. a.) mehrfach behauptet wird.

---

[1]) Von diesem Vortrag erschien eine kurze Notiz in den „Straßburger neuesten Nachrichten"; sie wurde in mehreren Zeitungen, wie z. B. in der „Frankfurter Zeitung" (21. März 1900) reproduziert. In dieser letzteren Zeitung vom 31. März habe ich den wahren Sachverhalt mit der Orientierung im Raume und der Entdeckung des Organs für den Raumsinn im Ohrlabyrinth klargelegt.

Flourens gehören die ersten Versuche auch über das Kleinhirn, die auf diesem Gebiete geradezu bahnbrechend waren; Magendie u. a. folgten in fast ununterbrochener Reihe. Die bei Verletzungen und Exstirpationen des Kleinhirns beobachteten Bewegungsstörungen wurden meistens als Koordinations- oder Gleichgewichtsstörungen betrachtet. Da diese Bewegungsstörungen dem Anscheine nach große Analogien mit denen zeigten, welche man bei Chorea-Kranken beobachtet, haben daraufhin mehrere Physiologen und Kliniker die Chorea für eine Krankheit von Koordinationszentren erklärt, die im Kleinhirn ihren Sitz haben sollten. Es erhoben sich aber schon in den fünfziger Jahren gewichtige Stimmen sowohl gegen eine derartige Abhängigkeit der Chorea vom Kleinhirn, als auch gegen die ausschließliche Lokalisation der Koordinationszentren in diesem letzteren. Gestützt auf erschöpfende Studien des vorhandenen physiologischen und klinischen Materials und auf mehrere persönliche klinische Beobachtungen in der Poliklinik Remaks und in der Charité bei Frerichs gelangte ich im Jahre 1864 in meiner Dissertation „De Choreae indole, sede etc.“ unter anderem zu dem Schlusse, daß die Chorea wirklich die reinste Form eines Mangels an Koordination darstellt, daß aber kein ausschließliches Zentrum für die Koordinierung der reflektorischen und willkürlichen Bewegungen im Gehirn existiert, und schließlich daß die Chorea nichts mit dem Kleinhirn zu schaffen hat. „Rectius hunc morbum, — schrieb ich, — Ataxiam muscularem convulsivam appellaveris, ne cum majore Chorea St. Viti confundatur. Nam in Chorea minore vox Ataxiae ipsam morbi indolem designat, Duchennii vero et Eisenmanni denominatio in Tabem dorsualem, de qua agunt, minime cadit, cum ibi aut nulla omnino Ataxia locum habeat, aut levioris symptomatis vicem teneat“ (S. 28)[1]. Wie man sieht, bestand ich schon damals auf der Notwendigkeit, die reinen Koordinationsstörungen (Chorea) von den Innervationsstörungen zu unterscheiden, wie sie bei der Tabes auftreten. Auch warnte ich vor der Verwechselung des Verlustes des Gleichgewichts beim Stehen oder beim Gehen, wie er bei Exstirpationen des Kleinhirns beobachtet wird, mit dem vollständigen Verluste der Koordinationsfähigkeit, wie er für die Chorea charakteristisch ist (S. 21).

In letzter Zeit hat Luciani die ausführlichsten Untersuchungen über die Verrichtungen des Kleinhirns angestellt und in seinem Buche „Il Cervelletto“ dargelegt (1891). In einem langen Aufsatze „Das Klein-

---

[1]) Ein ausführlicher Auszug aus meiner Dissertation ist im Jahre 1865 in den Wiener Medizinischen Jahrbüchern von Duchek erschienen. Eine derartige Auffassung des Wesens der Chorea-Erkrankung hat sich seitdem in den meisten Untersuchungen über diese Krankheit aufrecht erhalten, so z. B. in der neuesten ausführlichen Arbeit von Adler. Bei der Diskussion über das Wesen der Chorea auf der Naturforscherversammlung in Hamburg (1901) wurde der Zusammenhang der Chorea mit der Endo- und Pericarditis ganz in derselben Weise wie in meiner Arbeit gedeutet und auch eine der meinigen ähnliche Einteilung (in symptomatische, reflektorische und sympathische Chorea) empfohlen.

hirn“ hat er später das Problem wieder aufgenommen. Uns interessieren hier diese Lucianischen Untersuchungen über des Kleinhirn nur insoweit, als Luciani u. a. versucht hatten, seine Ergebnisse mit den Funktionen des Ohrlabyrinths in Verbindung zu bringen.

Nach den ersten Untersuchungen von Luciani sollte das Kleinhirn kein eigenes, ihm ausschließlich vorbehaltenes Wirkungsfeld besitzen. Es sollte ein Organ des Unbewußtseins sein, das mit Hilfe von unbewußten Empfindungen gleichzeitig mit anderen Teilen des Cerebrospinalsystems eine stärkende Wirkung auf die neuro-muskulären Apparate sowohl des animalen Lebens als auch der willkürlichen und reflektorischen Bewegungsorgane ausübt. Das Kleinhirn sollte hauptsächlich die durch die hinteren Wurzeln ihm mitgeteilten Reizkräfte auf das motorische System zum Zwecke seiner Stärkung übertragen. „Bezüglich der andern Funktionen weist er, fußend auf den Cyonschen Versuchen an den Wurzeln der Rückenmarksnerven, auf die vollkommene Analogie zwischen der Verstärkungsfunktion des Kleinhirns und der der Intervertebralganglien hin, indem er in der von den hinteren Wurzeln ausgehenden Verstärkung der Erregbarkeit der vorderen Wurzeln oder motorischen Nerven einen synthetischen Ausdruck sieht, der deutlich einschließt eine sthenische, tonische und statische Wirkung, übertragen von den Intervertebralganglien auf das Mark, vom Mark auf die motorischen Nerven und von diesen auf die Muskeln. In der Richtung stellt er auch weitere Untersuchungen in Aussicht.“ In diesen Zeilen resumiert H. Munk den Grundgedanken Lucianis[1]).

Aus der Gesamtheit von Lucianis sehr ausführlichen Auseinandersetzungen und Untersuchungen geht mit Gewißheit folgendes hervor: Bei seinen Operationen am Kleinhirn hat Luciani meistens wenn nicht das Labyrinth selbst, so doch zum mindesten den N. acusticus oder den vestibularis verletzt oder durchschnitten. Der sicherste Beweis hierfür wird durch die Tatsache geliefert, daß er dabei heftige Bewegungen des Augapfels, Nystagmus usw. beobachtet hatte. Bei sorgfältigen, sauberen Operationsmethoden, wie sie H. Munk gebraucht hat, der vorsichtshalber Teilstücke des Flocculus zu erhalten pflegte, ist die partielle oder totale Exstirpation des Kleinhirns mit keinerlei Augenbewegungen verbunden. Auch die Natur der sehr heftigen Zwangsbewegungen, die Luciani beschreibt, zeugt dafür, daß bei ihm zu den Erscheinungen der Kleinhirn-Exstirpationen sich Verletzungen des Acusticus gesellt haben. Derartige Zwangsbewegungen haben andere Forscher, wie Lewandowski und H. Munk bei reinen Exstirpationen nicht beobachtet. Die Bewegungsstörungen trugen bei ihren Tieren durchaus den Charakter von Unregelmäßig-

---

[1]) Da Lucianis Buch vergriffen ist, muß ich mich mit den ausführlichen Zitaten von H. Munk begnügen. Die Erörterungen seiner neuesten Arbeit, „Das Kleinhirn“, beurteile ich nach dem Originaltext. In dieser sind übrigens seine neuesten Ansichten, die von den früheren nicht unwesentlich abweichen, ausführlich dargelegt worden.

keiten, Regulierungsmangel und Abschwächungen gewisser normaler Bewegungen, welche von den Extremitäten und von der Wirbelsäule ausgeführt werden. Lewandowski bezeichnet sie als ein Dysmetrie, die von dem Verlust des Muskelsinns abhängen soll. Ohne das Mitspielen der Acusticus-Verletzung hätten diese Bewegungen denselben Charakter tragen müssen, wie etwa nach Durchschneidung der hinteren Wurzeln. Luciani spricht auch fortwährend von einer cerebellaren Ataxie dieser Bewegungen. Dieses Wort, welches, wie schon mehrmals hervorgehoben, eine reine Inkoordination bezeichnet, ist sogar nach seinen eigenen Beschreibungen in keinem Sinne zutreffend.

Die sogenannten dynamischen Erscheinungen, die Luciani als Folge der Exstirpation des Kleinhirns betrachtet, zeigen noch deutlicher, daß die Acustici und auch vielleicht andere Nachbarorgane des Kleinhirns bei seinen Operationen mitbeschädigt wurden. Die Schwierigkeiten, welchen Luciani bei der Deutung dieser Erscheinungen begegnete, rührten eben daher, daß sie größtenteils nichts mit dem Kleinhirn zu schaffen hatten. In der Verlegenheit, etwas Bestimmtes und Neues über die Verrichtungen des Kleinhirns auszusagen, ruft Luciani die Hilfe des Tonuslabyrinths von Ewald an! Von den hinteren Wurzeln und von den Intervertebralganglien, die in seiner ersten Schrift eine so große Rolle spielten, ist im „Kleinhirn“ keine Rede mehr. Auch fehlt jede Andeutung über die Ursache dieser Ungnade. Man erfährt nur, daß die Hilfs- und Verstärkungs-Wirkungen des Kleinhirns „in kontinuierlicher Weise von den direkten oder indirekten Bahnen angeregt sind, die von den Organen des Hautmuskelsinnes und des Labyrinths zentripetalwärts zum Kleinhirn führen. Von diesen afferenten Bahnen, welche die Tätigkeit des Kleinhirns unterstützen, muß man eine besondere Bedeutung den vom Nervus vestibularis dargestellten zusprechen“. Mit Recht fragt H. Munk, worauf Luciani diese Beziehungen zum Vestibularnerv gründet. Wie aus einer vorübergehenden Bemerkung auf S. 322 ersichtlich, sind ihm meine dreissigjährigen Untersuchungen über das Ohrlabyrinth kaum vom Hörensagen bekannt. Dagegen erfuhr er, daß der Labyrinthtonus „wie ihn Ewald (mit einem schon von Högyes gebrauchten Worte) bezeichnete . . . auf reflektorischem Wege den Muskeltonus reguliert“ und daß dies die Hauptfunktion des Labyrinths sei. Luciani findet daher: „es ist keine andere mehr oder minder geistreiche Hypothese nötig, um über die gesamten motorischen Störungen Rechenschaft zu geben, die auf die Durchschneidung oder Zerstörung der halbkreisförmigen Kanäle folgen“ (S. 322). Die zitierten Worte werden doch kaum genügen, um die gewünschte Verwandtschaft zwischen den Verrichtungen des Ohrlabyrinths und denen des Kleinhirns zu beweisen. Seinen Beweis glaubt er in den Worten von Stefani vom Jahre 1903 zu finden, daß „bei dem gegenwärtigen Stande der Kenntnisse die beste Art seine eigenen Ansichten „mit der Lucianischen Lehre zu verschmelzen“ folgende ist: „Luciani hat die Existenz eines Cerebellartonus, Ewald eines Labyrinthtonus nachgewiesen“. Zur Vervollständigung der beiden

Theorien und deren Verschmelzung zur einer einzigen genügt die Annahme, daß der Cerebellartonus von dem Tonuslabyrinth erzeugt wird und daher den Bedürfnissen des Gleichgewichts und der Orientierung zugeordnet sei". Diese Zitate könnten schon genügen, den Wert der neuen Lucianischen Lehre vom Kleinhirn zu kennzeichnen. Noch merkwürdiger ist aber, daß Luciani selbst Versuche von Ewald anführt, die in eindeutiger Weise die Unzulässigkeit der von ihm gewünschten Verschmelzung der beiden Tonus bezeugen!

Andererseits will Luciani auch nicht zugeben, daß das Kleinhirn an der Erhaltung des Gleichgewichts und der Orientierung des Körpers im Raume irgendwie beteiligt sei, wie dies Stefani verlangt. Auch bekämpft er die Hypothese von Lewandowsky, daß die Erregungen, mittels welcher das Kleinhirn verstärkend auf die Muskeln einwirkt, vom Muskelsinne herrühren. Es bliebe für die Funktionen des Kleinhirns nach Luciani nur noch die eine Funktion übrig: die sensiblen Erregungen, von der Haut aus durch die hinteren Wurzeln geleitet, auf die Muskeln zu übertragen. Wie aber H. Munk richtig hervorhebt, gibt darüber der Artikel (Lucianis) keine Auskunft" (Seite 4)!

Lucianis Scheu vor „mehr oder minder geistreichen Hypothesen" veranlaßte ihn, so ziemlich sämtliche Angaben anderer Forscher und sogar seine eigenen über die Verrichtungen des Kleinhirns, die er nach 10 jähriger Arbeit im Jahre 1891 entwickelt hatte, zu verwerfen. Von seinen letzten so ausgedehnten Auseinandersetzungen über diese Verrichtungen verbleibt eigentlich nur das Wort Kleinhirntonus. Oben auf S. 154 wurde schon bei Gelegenheit des Tonuslabyrinths gezeigt, wie unpassend die Bezeichnung „Tonus" für derartige Vorgänge ist. Es würde ja niemandem einfallen, z. B. das vasomotorische Zentrum im Hirn als Tonuszentrum zu bezeichnen!

Glücklicherweise sind seitdem die Verrichtungen des Kleinhirns mit Hilfe einwandsfreier Methoden von H. Munk aufgeklärt worden. „Das Kleinhirn besitzt als spezifische Funktionen die feinere Regulierung oder Unterhaltung des Gleichgewichts beim Sitzen, Liegen, Gehen, Stehen usw. Es ist die weitere Funktion des Kleinhirns, daß seine motorischen zentralen Elemente schwach erregt infolge der Erregungen, die beständig aus dem Bereiche von Wirbelsäule und Extremitäten auf Bahnen der Tiefensensibilität dem Kleinhirn zufließen, und interzentraler Erregungen, die noch hinzutreten können, eine schwache Erregung oder erhöhte Erregbarkeit von Mark und Muskelzentren für den Bereich von Wirbelsäule und Extremitäten herbeiführen" (Seite 60). Die ausführlichen Untersuchungen von Munk haben keinerlei Anhaltspunkte für etwaige Beziehungen zwischen dem Kleinhirn und dem Acusticus geliefert. In Anbetracht des Fehlens von Augenbewegungen nach Exstirpation des Kleinhirns könnten Munks Ergebnisse negativ gedeutet werden. Dies beweist im Grunde nur, daß die von anderen Forschern bei Zerstörung oder elektrischer Reizung des Kleinhirns beobachteten krampfhaften Augenbewegungen ebenso wie der Gesichtsschwindel von einer Mitverletzung der Acustici herrührten. Dieses rein negative Ergebnis darf aber nicht als Beweis gelten, daß der Bogengangsapparat in keinerlei Beziehungen zu dem Kleinhirn steht. Im Gegenteil! Mehrere Anzeichen weisen darauf hin, daß dieser Apparat auf die Zentren des Kleinhirns in derselben Weise wie auf die motorischen Zentren des Großhirns einwirken muß, und zwar indem er auch die Verteilung der in diesen Zentren angehäuften Reizkräfte bei ihrem Übergang auf die motorischen Nerven reguliert. Die Verletzungen oder die Abtragungen der Bogengänge rufen in der Tat Störungen in der Erhaltung des Gleichgewichts sowohl in der Wirbelsäule als beim Fortbewegen der Tiere hervor. Die meisten Forscher stimmen darin überein, daß diese Bewegungsstörungen auf einen Verlust der Regulierungstätigkeit der Innervationsreize hinweisen. Die Quelle, aus welcher die Erregungen des Kleinhirns stammen, ist die Tiefensensibilität derjenigen Regionen, deren Muskeln an diesen Bewegungen beteiligt sind. Wie im § 8 erläutert, haben die neuesten Untersuchungen gelehrt, daß diese Zugehörigkeit der Erregungsquelle gleichzeitig die Muskelgruppen anregt, in denen die Abmessung und Verteilung dieser Erregungen durch den N. vestibularis geschieht. Auch ist für die Erhaltung des Gleichgewichts der Wirbelsäule und des Kopfes das Vorhandensein hemmender Vorrichtungen ein unvermeidliches Erfordernis, schon wegen der Notwendigkeit, daß die Spannungen der beiderseitigen Muskeln auf derselben Höhe erhalten werden. Eine derartige Vorrichtung, den unregelmäßigen Abfluß der Reizkräfte aus den motorischen Hirnzentren zu verhindern, kennen wir aber bis jetzt nur im Bogengangsapparat. Sein Eingreifen bei der Ausübung der Verrichtungen des Kleinhirns scheint umsomehr angezeigt, als in der von ihm beherrschten Bewegungssphäre es sich meistens um Veränderungen der Richtungen unseres Körpers handelt. Endlich sprechen zugunsten der Beziehungen zwischen dem Kleinhirn und dem Ohrlabyrinth noch die anatomischen Bahnen, die zwischen dem Deitersschen Kern des N. vestibularis und gewissen Teilen des Kleinhirns bestehen (Edinger). Die degenerativen Prozesse, welche Stefani und Deganello im Kleinhirn bei labyrinthlosen Tauben beschrieben haben, lassen eine ähnliche Deutung zu. Als entscheidende Beweise können wir natürlich die hier angeführten Andeutungen nicht gelten lassen. Die definitive Lösung der Frage über die physiologischen Beziehungen des Bogengangsapparates zum Kleinhirn bedarf also noch spezieller experimenteller Prüfung.

§ 11. Die Rolle der Richtungsempfindungen bei der Bildung unserer Raumvorstellung.

In den vorhergehenden Paragraphen ist die eine der Verrichtungen des Vestibularapparats, nämlich die Abmessung und Verteilung der Erregungen in den willkürlichen Muskeln, erschöpfend dargelegt worden. Hier soll noch einiges über das Wesen der von den Bogengängen ausgehenden Empfindungen gesagt werden. Es wurde fast bis zum

Überdruß in den vorgehenden Kapiteln nachgewiesen, daß es sich weder um Dreh- oder Beschleunigungsempfindungen noch um statische oder Schwindel- und Gleichgewichtsempfindungen handelt. Die Empfindungen des Bogengangsapparates sind reine Richtungs-, d. h. Raumempfindungen. Schon im Jahre 1873 war für mich „kein Zweifel mehr übrig, daß die Bogengänge mit gewissen räumlichen Vorstellungen in Beziehung stehen." Ich will nur an meinen damaligen Versuch erinnern, mit Erzeugung des künstlichen Strabismus bei Tauben durch Anwendung einer Brille mit prismatischen Gläsern, wodurch „eine Reihe von Bewegungsstörungen zum Vorschein kommen, welche mit den leichteren Graden derjenigen unzweideutige Analogien haben, welche nach Durchschneidung der Bogengänge auftreten". Ähnliche Bedeutung hatten auch meine Versuche über die Täuschungen in den Gesichtswahrnehmungen, „wenigstens wenn sie plötzlich eintreten"; sie waren damals schon der Ausgangspunkt für die Betrachtungen, welche mich bei der Erläuterung der Funktionen der Bogengänge leiteten. Sie gaben auch die Veranlassung zu den Untersuchungen über die Beziehungen der Bogengänge zu dem Innervationszentrum der Augenbewegungen, welche das wichtige Gesetz ergeben haben; „die Erregung eines jeden Bogenganges ruft pendelnde Augapfelbewegungen hervor, deren Richtung durch die Wahl des gereizten Kanals bestimmt wird." Die damals in der Physiologie vorherrschende empiristische Lehre behauptete, daß die Lokalisation der Gegenstände im äußeren Raume hauptsächlich durch die unbewußten Innervations- oder Kontraktionsempfindungen der Augenmuskeln gegeben wird. Bei einer derartigen Auffassung des Zustandekommens unserer sämtlichen Gesichtsvorstellungen war der Schluß notwendig, daß die Nervenzentren der Bogengänge, die in innigem physiologischem Zusammenhange mit dem okulomotorischen Zentrum stehen, auch bei der Bildung der Raumbegriffe in entscheidender Weise eingreifen müssen. Diese Schlußfolgerung schien im Grunde nichts anderes wie der einfache Ausdruck der Tatsachen selbst; sie enthielt nichts Willkürliches. Durch sie war die allgemeine Tatsache festgestellt, daß der Bogengangsapparat durch seine in den drei Richtungen des Raumes gelegenen Nervenapparate Empfindungen erhält, die einen wesentlichen Anteil an der Bildung unserer Vorstellungen von einem dreidimensionalen Raume nehmen. Unsere zahlreichen Studien über Gesichtsschwindel sowie die genaue Analyse der Täuschungen, welche Tiere und Menschen bei derartigem Gesichtsschwindel erleiden, gestatteten dann weiter, die Lehre von der Bildung eines idealen Raumes in unserem Gehirn, auf welchen wir den gesehenen Raum projizieren, in der oben in § 3 angegebenen Form zu entwickeln.

Die von den Erregungen der Bogengangsnerven herstammenden Empfindungen sind die sowohl den Menschen als den höheren Tieren seit Urzeiten bekannten Richtungsempfindungen. Die Zahl dieser Empfindungen ist ebenfalls altbekannt. Es gelangen zu unserer Wahrnehmung nur drei Grundrichtungen: Rechts-Links, Oben-Unten, Vorn-Hinten. Jedem Bogengange entspricht eine dieser spezifischen Richtungsempfindungen.

Das ideale Koordinatensystem, welches in unserem Bewußtsein mit Hilfe der drei wahrgenommenen Richtungen aufgebaut wird, spielt in der Physiologie der Sinnesorgane eine bedeutende Rolle, auf die wir in den nachfolgenden Kapiteln noch wiederholt eingehen werden. Hier sei nur hervorgehoben, daß bei der weiteren Entwicklung der Lehre vom Raumsinn, besonders nach den zahlreichen Versuchen über die Täuschungen und Wahrnehmungen der Richtungen, die im V. Kapitel wiedergegeben sind, ich die von v. Helmholtz stammenden Begriffe der Innervations- oder Kontraktionsempfindungen der Augenmuskeln habe definitiv fallen lassen müssen. Die Annahme derartiger Empfindungen war für die empiristische Theorie nur ein Notbehelf. Unbewußte Empfindungen, von deren Wesen wir nichts wissen, die wir nie wahrnehmen noch wahrnehmen können, sollten eine ausschlaggebende Bedeutung bei der Bildung der Raumvorstellungen besitzen. Mit Recht hat E. Hering eine so unwahrscheinliche Hypothese energisch bekämpft. Wir empfinden nicht einmal die Kontraktionen unserer unwillkürlichen Muskeln. Der sogenannte Muskelsinn taucht noch in Lehrbüchern der Physiologie und in speziellen Untersuchungen dann und wann wieder auf, ohne daß man es je vermochte, das Wesen des problematischen Sinnes genau zu präzisieren oder genau die wahrgenommenen Empfindungen zu definieren, die wir von ihm empfangen. Noch schlimmer steht es mit den hypothetischen Innervationsempfindungen. Wenn in der Wissenschaft eine Aushilfshypothese unnütz wird, so muß sie schleunigst eliminiert werden. Dies ist der Fall mit der Helmholtzschen empiristischen Hypothese seit der Entdeckung eines speziellen Sinnesorgans für die Richtungsempfindungen, das für unsere räumlichen Vorstellungen von viel fruchtbarerem und wissenschaftlich auch viel besser begründetem Werte ist. Wenn wir von bewußten oder unbewußten Richtungsempfindungen sprechen, vermögen wir uns ganz genau Rechenschaft zu geben, was wir unter diesem Worte verstehen, denn diese Empfindungen gelangen zu unserer Wahrnehmung, wenn wir die Aufmerksamkeit auf sie lenken.

Wenn unsere Bogengänge Kontraktionen der Augenmuskeln auslösen, die dazu dienen, einen gesehenen Punkt im äußeren Raume zu fixieren, so waren wir uns schon vorher der Richtung bewußt, die genau die Lage dieser Punkte im äußeren Raume angeben mußte. Die Richtungswahrnehmung und besonders die Wahl der gestellten Richtung geht der Bewegung voraus; sie kann also unmöglich erst durch problematische Bewegungs- oder Innervationsempfindungen erzeugt werden.

Der oben zitierte Satz von Mach, durch den er in seiner Schrift von 1886 sich meiner Lehre vom Raumsinn anschließen wollte: „der Wille, Blickbewegungen auszuführen, oder die Innervation ist die Raumempfindung selbst", gibt nur unvollkommen meinen wahren Gedanken wieder. Empfunden werden die Richtungen des Raumes, nicht der Raum selbst. Mit Hilfe dieser Richtungsempfindungen der drei aufeinander senkrechten Ebenen bildet sich erst die Vorstellung eines Raumes von drei Dimensionen. Nicht viel richtiger ist der folgende Satz Machs: „Gleiche Richtungen (gesehener Linien) sollen gleiche Innervationsempfindungen ergeben". Richtiggestellt muß der Satz folgendermaßen lauten: „Gleiche Richtungsempfindungen müssen gleiche Innervationen auslösen" usw. Was Mach dann vom Raume des Geometers, „von dreifacher Mannigfaltigkeit" und seiner Beziehung zu dem optischen Raume sagt, deckt sich mit dem, was ich zehn Jahre vorher von dem idealen Raume von drei Dimensionen (dem subjektiven Raume von Purkinje), im Gegensatze zu dem gesehenen (objektiver Raum Purkinjes) gesagt habe. Das, was wir gewöhnlich als Sehraum, Hörraum, Tastraum bezeichnen, ist eben nichts anderes wie die Projektion unseres Seh-, Gehör- oder Tastfeldes auf das rechtwinklige Koordinatensystem, das dem allseitig uns umgebenden, ins Unendliche sich ausbreitenden Raume entspricht. Auch die von uns zuerst hervorgehobene Rolle der Richtungsempfindungen bei unserer Orientierung im Raume wurde in der Schrift von Mach von 1886 ihrem Wesen nach anerkannt; nur hat er sie nicht ganz richtig formuliert. Es wird uns verständlich, schreibt er, daß wir bei mehrfachen Drehungen im Wagen oder in der Kajüte eingeschlossen (ja selbst in der Dunkelheit), die Orientierung nicht verlieren. Allerdings schlafen „die Urkoordinaten, von welchen wir ausgingen, allmählich und unvermerkt ein, und bald zählen wir wieder von den Objekten aus, welche vor uns liegen" (S. 61). In nebelhaft-metaphysischer Form suchte Mach also meinen ganz klar ausgesprochenen Gedanken für neu auszugeben.

Von Dr. v. Stein wurde ich darauf aufmerksam gemacht, daß schon Autenrieth sich mit den Richtungsempfindungen beschäftigt hatte. In der Tat sind seine Ausführungen über die Bedeutung der Bogengänge für die Schallrichtungen besonders durch die vielen vergleichend anatomischen Erläuterungen von hohem Interesse: . . . „Die Verrichtung der halbzirkelförmigen Organe besteht darin, die Richtung, in welcher ein Schall auf uns antrifft, zur Empfindung zu bringen" . . . Die halbzirkelförmigen Kanäle sind so gelagert, „daß sie den drei Dimensionen des Kubus, der Länge, Breite und Tiefe, entsprechen, und daß jeder in einer dieser Richtungen ankommende Schall immer den einen Kanal senkrecht auf seine Achse, den anderen der Länge derselben nach trifft." Autenrieth hat seine Schlüsse auf eine Reihe sehr interessanter Versuche gegründet, welche Kerner über die Schallrichtung ausgeführt hat.

Dagegen wird man vergebens bei Autenrieth nach irgend einer Andeutung der Rolle der Bogengänge bei der Bildung unserer Vorstellungen vom Raume suchen. Wahrscheinlich stand er ganz unter dem Einflusse der Kantschen Lehre von dem aprioristischen Ursprung unserer Raumanschauungen und dachte nicht einmal an die

Möglichkeit eines anderen Ursprungs. Jedenfalls ist für uns die Tatsache von hoher Wichtigkeit, daß dieser eminente Forscher schon im Beginn des 19. Jahrhunderts die Richtungsempfindungen bei der Schalleitung in richtige Beziehung zu den Bogengängen zu bringen verstand.

Erst Preyer hat im Jahre 1887 den Versuch gemacht, die Autenriethsche Auffassung der Rolle der Bogengänge mit meiner Theorie zu verschmelzen. Auf Grund von ziemlich mangelhaften Versuchen über die Schalleitung, welche sein Schüler Schäffer angestellt hat und welche die Kernerschen nachahmen sollten, kam Preyer zu dem Schlusse: „Es ist also eine völlig legitime Hypothese, wenn ich (sic!) behaupte: die spezifische Energie der Ampullarnerven ist, ein mit Schall verbundenes Raumgefühl zu geben, und zwar ein Richtungsgefühl."

Wie man sieht, ist Preyers „völlig legitime Hypothese" eine einfache Abschrift meiner schon 10 Jahre vorher vollständig entwickelten Lehre von der physiologischen Rolle der Bogengänge. Leider hat Preyer unterlassen, irgendwelche neue Belege für seine Zustimmung zu meiner Theorie anzuführen. Dagegen hat der eifrige Verfechter des statischen Sinnes, Breuer, diese ganz willkürliche Aneignung meiner Lehre durch Preyer dazu benutzt, um einen Boden zur Aussöhnung seiner verunglückten Sinne mit meinem Raumsinn zu schaffen. Auf meinen Hinweis, daß dieser Boden zu seicht für eine derartige Aussöhnung sei, und auf die ausgesprochene Hoffnung, daß Breuer noch die Konzession machen werde „seinen Dreh- und statischen Sinn ganz fallen zu lassen", antwortete er mit einer Schrift, die trotz ihres heftigen Tones dieser Hoffnung völlig entsprochen hat. Wie die Analyse dieser Schrift zeigt, legte sie ein wehmütiges Bekenntnis der Kargheit seiner experimentellen Beiträge und des Zusammenbruchs seiner ganz in die Luft gebauten Hypothesen ab. Auf diese polemischen Auseinandersetzungen einzugehen, ist jetzt aber gänzlich überflüssig.

Dagegen sollen hier ein paar ältere Einwände gegen meine Lehre seitens kompetenter und ernstlicher Forscher Platz finden, die noch eine Besprechung verdienen. So haben Yves Delage und Aubert erklärt, daß meine Theorie der Bildung der Raumvorstellungen für die Erklärung der durch Reizungen oder Lähmungen der Bogengänge eintretenden Bewegungsstörungen nicht unentbehrlich sei. Dies ist schon ganz richtig, bildet aber keinen wirklichen Einwand gegen die Begründung dieser Theorie.

Das Bedürfnis, die Funktionen der Bogengänge aufzuklären, war bekanntlich nicht die einzige Veranlassung zur Aufstellung meiner Lehre vom Raumsinn. Das Ungenügende unserer Kenntnisse über das Zustandekommen unserer Raumvorstellungen war sowohl für den Physiologen als auch für den an naturwissenschaftliches Denken gewöhnten Philosophen, wie z. B. Lotze, unzweifelhaft. Wird dies doch schon durch die Tatsache selbst bewiesen, daß in der Physiologie zwei so unversöhnliche Theorien, wie die von v. Helmholtz und Hering verfochtenen, sich schroff gegenüberstehen konnten. Beiden Theorien wurde mit Recht vorgeworfen, „daß nichts in der Welt uns begreiflich erscheinen lassen könnte, weshalb ein System von Empfindungen, welches noch keinerlei Raumbegriff involviert, notwendiger Weise unter der Form des Raumes von drei Dimensionen perzipiert werden müsse". (Lotze).

In der Tatsache, daß die Erregungen der Bogengänge Richtungsempfindungen, daß diese Bogengänge gewissermaßen die peripheren Organe des Raumsinnes sind, fand ich die Möglichkeit, sowohl die Funktionen dieser Organe aufzuklären als auch in unseren Begriffen über die Bildung der Raumvorstellung eine Lücke auszufüllen und womöglich eine Brücke zwischen der empiristischen und nativistischen Theorie zu schaffen.

Yves Delage, der seitdem durch seine Versuche über die Orientierung wirbelloser Tiere so wertvolle Beiträge zu meiner Lehre vom Raumsinn geliefert hat (siehe Kap. IV), wird wohl anerkennen, daß mein Streben nicht vergeblich war.

Ein zweiter Einwand, den Yves Delage und Aubert machten, daß, nachdem ich ein besonderes Organ für den Raumsinn bezeichnet habe, ich auch ein solches für den Zeitsinn finden müßte, für welchen die Vorstellung völlig der für den Raum vom metaphysischen Standpunkte aus vergleichbar sei, habe ich damals unberücksichtigt gelassen: metaphysische Forderungen sind für den Naturforscher nicht bindend. Im sechsten Kapitel werde ich übrigens ausführlich den Zeitsinn in seinem Zusammenhange mit meiner Lehre vom Raumsinn erörtern. In den folgenden drei Sätzen konnte ich die wichtigsten Verrichtungen des Bogengangsapparates nach vollendetem Aufbau meiner Lehre vom Raumsinn schon vor Jahren zusammenfassen:

1. Die eigentliche Orientierung in den drei Ebenen des Raumes, d. h. die Wahl der Richtungen des Raumes, in denen die Bewegungen stattfinden sollen, und die Koordination der für das Einschlagen und Einhalten dieser Richtungen notwendigen Innervationszentren ist die ausschließliche Funktion des Bogengangsapparates.

2. Die dabei erforderliche Regulierung und Abmessung der Innervationsreize ihrer Intensität und Dauer nach, sowohl für diese Zentren als für diejenigen, welche die Erhaltung des Gleichgewichts und die sonstigen zweckmäßigen Bewegungen beherrschen, geschieht vorzugsweise mit Hilfe des Ohrlabyrinths. Diese Regulierung wird gleichzeitig von anderen sensiblen Gebilden (Auge, Gehör, Tastorganen usw.) ausgeübt. Beim Ausfall des Ohrlabyrinths kann eine solche Regelung in mehr oder weniger vollkommener Weise durch diese Organe vikariierend erfolgen.

3. Die durch die Erregung der Bogengänge erzeugten Empfindungen sind die Richtungsempfindungen. Sie gelangen zur bewußten Wahrnehmung nur bei der auf sie gerichteten Aufmerksamkeit. Diese Empfindungen dienen dem Menschen zur Bildung der Vorstellung von einem

dreidimensionalen Raume, auf den er seinen Seh-, Gehör- und Tastraum projiziert. Tiere mit nur zwei Bogengangspaaren (z. B. Petromyzon fluviatilis) erhalten Empfindungen von nur zwei Richtungen und vermögen sich nur in diesen zu orientieren, Tiere mit nur einem Bogengangspaar (Myxine und japanische Tanzmäuse) Empfindungen von nur einer Richtung und orientieren sich nur in dieser einen (siehe nächstes Kapitel).

Die Ergebnisse 2 und 3 sind in den letzten Paragraphen dieses Kapitels nach meinen eigenen und nach fremden experimentellen Erfahrungen weitläufig entwickelt und ergänzt worden. Hier wäre also der Platz, auch den ersten Satz über die Orientierung im Raume in seiner späteren Entwicklung auseinanderzusetzen. Ebenso wie der zweite Satz von der Regulierung der Innervationsstärken ist auch meine Lehre über die Rolle des Bogengangsapparates bei der Orientierung im Raume fast ohne Widerspruch von den meisten Physiologen längst angenommen worden. Wenn ich gezwungen war, in dieser Beziehung mehrmals Protest einzulegen, so geschah dies eher, weil mehrere Forscher, wie Exner, Laborde, Viguier, Ewald u. a., meinem Begriff der Orientierung im Raume eine zu weit gehende Deutung zugeschrieben haben. Sie erweiterten nämlich die Rolle des Bogengangsapparates bei der Orientierung in dem uns umgebenden Raume auch für die Orientierung in die Ferne, wie z. B. für die Orientierung der Brieftauben. Trotzdem schon Yves Delage die Aufmerksamkeit auf diese Verwechslungen gerichtet und sie als meiner Auffassung nicht ganz entsprechend hingestellt hatte, kehrt sie noch manchmal wieder, besonders von seiten der Colombophilen. Ich ziehe es daher vor, die beiden Orientierungen, die im umgebenden Raume und in die Ferne, gesondert im nächsten Kapitel zu behandeln, mit Zugrundelegung der reichhaltigen Ergebnisse der neuesten Forschungen auf diesem Gebiete.

IV. Kapitel.

Versuche an Wirbeltieren mit zwei und einem Bogengangspaare und an Wirbellosen.

§ 1. Einleitung.
Versuche an den Bogengängen der Neunaugen.

In den vorhergehenden Kapiteln sind zahlreiche Versuche an verschiedenartigen Wirbeltieren dargelegt worden, deren Ergebnisse auf streng induktivem Wege zum Aufbau der Lehre von der Rolle des Bogengangsapparates als eines Organs für den Raumsinn geführt haben. Aus eindeutigen Experimenten mit Hilfe der induktiven Methode gezogene Schlußfolgerungen bieten dem Naturforscher die sicherste Gewähr für den Wert seiner Hypothesen oder Theorien. Deren Wert wird aber noch bedeutend gesteigert, wenn ihre Grundlagen mit Hilfe von Deduktionen auf mathematischem oder auf sekundär experimentellem Wege neue Bestätigung finden. An die Lehre vom Raumsinn glaubte ich folgende drei Forderungen stellen zu dürfen. Ist die Lehre von dem Gesichtsschwindel als Folge einer Disharmonie zwischen dem Netzhautbild des äußeren Raumes und dem durch die Empfindungen der Bogengangsnerven gebildeten Koordinatensystem des idealen Raumes, auf den das Netzhautbild projiziert wird, richtig, so müssen Taubstumme, denen der Bogengangsapparat mangelt, von einem solchen Schwindel frei sein und dürfen auch nicht der Seekrankheit unterliegen. In Kap. III § 5 wurden zahlreiche Beobachtungen an Taubstummen von James, Strehl, Kreidl u. a. angeführt, welche diese Deduktion in ganz eklatanter Weise bestätigt haben.

Wenn die drei Bogengangspaare den Wirbeltieren Empfindungen von den drei Kardinal-Richtungen des Raumes liefern, welche ihnen die Orientierung im äußeren Raume gestatten, so dürfen Tiere mit nur zwei oder nur einem Bogengangspaare nur zwei resp. nur eine Richtung kennen und dementsprechend dürfen sie nur in zwei resp. in einer Richtung sich bewegen. In diesem Kapitel werden Versuche an Neunaugen, die nur zwei Bogengangspaare besitzen, die schon im Jahre 1877 ausgeführt wurden, und solche an japanischen Tanzmäusen wiedergegeben, die nach der Entdeckung von Rawitz infolge der Verkrüppelung ihres Ohrlabyrinths meistens nur über ein normal funktionierendes Bogengangspaar verfügen. Sämtliche Versuche an diesen Tieren haben die Richtigkeit der gemachten Deduktion in glänzender Weise demonstriert. Die zahlreichen an den genannten Tieren angestellten Versuche und wiederholten Beobachtungen haben außerdem gestattet, mehrere Punkte der Lehre von dem Raumsinn wesentlich zu präzisieren und zu erweitern. Aus den Versuchen an Neunaugen, die keine Schnecke besitzen und auch keine Spur von Schallempfindungen zeigen, folgerte ich (1887), daß die Bogengänge und Otocysten bei ihnen ausschließlich zur Orientierung im Raume dienen, Ich deduzierte daraus, daß bei wirbellosen Tieren, die nur Otocysten besitzen, diese lediglich als Organe für die Orientierung ihrer beschränkten Bewegungen dienen. Durch eine Reihe glänzender Versuche an zahlreichen Wirbellosen hat Yves Delage, von meiner Deduktion ausgehend, bewiesen, daß dem wirklich so ist. Die Otocysten dienen bei Wirbellosen ausschließlich für die Orientierung ihrer Bewegung (Orientation locomotrice).

Mit einem Worte: das Experiment hat nach allen Richtungen hin die volle Richtigkeit der drei von mir gemachten Deduktionen in ganz eindeutiger Weise erwiesen.

Die Neunaugen stehen mit den Myxinoiden auf der niedrigsten Stufe der Wirbeltiere; als sogenanntes Gehörorgan besitzen sie nur ein Säckchen mit zwei Bogengängen.

Die anatomische Anordnung dieses Organs ist sehr unvorteilhaft für ein akustisches Organ. Es ist nämlich das Säckchen samt den Kanälen in eine kleine knorplige Kapsel eingeschlossen, welche nur eine einzige für den Durchtritt des Nerven bestimmte Öffnung besitzt und von einer starken Muskelschicht bedeckt ist.

Wie man sieht, wäre es schwer, Bedingungen ausfindig zu machen, die für die Fortpflanzung des Schalls bis zu den Nervenendigungen ungünstiger wären, als die soeben angegebenen. In der Tat ist es mir unmöglich gewesen, bei den Neunaugen die allergeringste Reaktion auf Geräusche hervorzurufen. Äußerst empfindlich gegen Lichtstrahlen flüchten sie, sobald ein lebhaftes Licht ihre Augen trifft; hingegen vermag auch der stärkste Lärm nicht, sie zu veranlassen, von der Stelle zu weichen.

Ich habe Neunaugen in einem und demselben Aquarium mit Fröschen aufbewahrt und der Unterschied in der Reaktion dieser Tiere gegen Geräusche war ein im höchsten Grade auffallender. Es genügte, die Tür des Zimmers, in welchem das Aquarium sich befand, zu öffnen, um die Frösche nach allen Richtungen flüchten zu sehen, während die Neunaugen regungslos mit ihren Saugnäpfen festgehängt blieben.

Um meine Auffassungsweise der Funktionen der Bogengänge zu kontrollieren, habe ich diese Organe bei einigen Neunaugen zerstört. Die Ergebnisse dieser Operation haben meine Voraussetzungen im vollsten Maße bestätigt: ebendieselben Organe, welche sich einer jeden Schalleinwirkung gegenüber so widerspenstig gezeigt hatten, beantworteten diesen operativen Eingriff in der allerauffallendsten Weise durch Lokomotionsstörungen. Die Operation selbst ist sehr leicht ausführbar. Man findet die knorplige Kapsel, welche dem Schädel anliegt, zwei Millimeter weit vom Auge in diagonaler, gegen den hinteren Teil des Rückens verlaufender Richtung. Nach Entfernung der Muskelschichten entdeckt man die kleine Kapsel, die man mit Hilfe der Skalpellspitze eröffnet, worauf man das häutige Labyrinth mittels einer langarmigen Pinzette entfernt.

Wenn die Operation nur auf einer Seite ausgeführt wird, beobachtet man bei den Neunaugen unmittelbar nach der Operation Manegebewegungen und drehende Bewegungen um die Längsachse des Körpers. Das Neunauge schwimmt in einem mehr oder weniger weiten Kreise umher und führt während dieser Bewegung öfters vollständige Umdrehungen des ganzen Körpers um die Längsachse aus. Diese Bewegung ist eine überaus zierliche, zumal wenn das Tier nicht seiner ganzen Körperlänge nach gleichzeitig, sondern in langgestreckter Spirale sich dreht.

Unmittelbar nach der Exstirpation der beiden Kanäle verharrt das Neunauge eine Weile ganz ohne Bewegung; es saugt sich nicht einmal vermittels seiner Haftscheibe an, was es in allen anderen Fällen während ruhigen Verharrens an einer und derselben Stelle niemals zu tun unterläßt. Zwingt man es, seinen Platz zu wechseln, so bewegt es sich im Kreise und wälzt sich um seine Längsachse. Während dieser Umwälzung ereignet es sich öfters, daß es auf dem Rücken liegen bleibt; dann fährt es fort, sich in dieser Lage im Kreise zu bewegen, und nur mit vieler Mühe gelingt es ihm, seine normale Körperhaltung wieder anzunehmen. Dieselbe Erscheinung beobachtet man, wenn man es auf den Rücken umlegt; es schwimmt alsdann während einiger Zeit in dieser Lage. Macht es Halt, so sucht es vermöge des dorsalen Teiles seiner Haftscheibe sich anzusaugen, und nur nach mehrfachen fruchtlosen Versuchen nimmt es seine normale Stellung wieder ein. Oft wird diese Manegebewegung in einer Ebene ausgeführt, indem das Neunauge, Kopf und Schwanz miteinander in Berührung bringend, zu einem vollständigen Kreise sich krümmt.

Mögen nun die Bogengänge nur auf einer Seite oder aber auf beiden Seiten zerstört sein, immer wird durch die Operation die gewohnte Trägheit der Neunaugen noch beträchtlich gesteigert. Sie bleiben tagelang mittels ihrer Saugnäpfe an derselben Stelle haften und verlassen diese nur, wenn sie durch einen äußeren Einfluß dazu gezwungen werden. In dem Augenblicke, wo ich meine erste Mitteilung niederschrieb, besaß ich Neunaugen, die sieben Wochen vorher in der beschriebenen Weise operiert worden waren, und die Störungen ihrer Bewegungen waren unverändert dieselben geblieben. Bedeckte ich ihre Augen mit einer kleinen Mütze, so zappelten sie an derselben Stelle oder schwammen rückwärts. Ein Neunauge, dessen Bogengänge unversehrt sind, macht, wenn man es in die gleiche Situation versetzt, mit seinem Schwanze Anstrengungen, die Mütze abzustreifen, und setzt diese so lange fort, bis sein Zweck erreicht ist.

Ich verfügte über eine allzu geringe Anzahl von Neunaugen, um mich darin üben zu können, an jedem einzelnen Kanale gesondert zu operieren; aber nach den Bewegungsstörungen, die ich infolge der Zerstörung ihrer Kanäle beobachtete, habe ich früher behauptet, daß diese letzteren dem horizontalen und dem sagittalen Kanale der übrigen Wirbeltiere entsprechen.

Ich beabsichtigte meine Studien über die Bewegungen der Neunaugen noch weiter zu verfolgen, hatte aber keine Gelegenheit dazu. Bekanntlich wechseln diese Tiere nur ungern ihren Platz. Ihre Art, sich von einem Orte an einen andern fortzubewegen, besteht darin, daß sie sich mit ihren Haftscheiben an ein Boot oder an den Schwanz eines anderen Fisches ansaugen. Wenn sie schwimmen, so halten sie immer die Richtung nach vorn, nach hinten, nach rechts oder nach links ein; niemals habe ich ein Neunauge sich nach oben oder unten wenden oder eine diagonale Richtung wählen sehen. Es ist sehr wahrscheinlich, daß diese Lücke ihrer Motilität durch die Abwesenheit eines dritten Bogenganges bedingt ist. Ihre einzige, in der Nähe des Schwanzes befindliche Flosse weist gleichfalls darauf hin, daß ihre Bewegungsfähigkeit eine sehr beschränkte ist.

Steiner glaubte die aus den Versuchen an Neunaugen zugunsten meiner Theorie gezogenen Schlüsse dadurch entkräften zu können, daß er die Schwierigkeit dieser Fische, das Gleichgewicht zu erhalten, und ihre sonderbare Schwimmart nicht dem mangelnden Bogengangspaare zuschrieb, sondern dem Fehlen der Brust- und Bauchflossen. Man könnte dem entgegenhalten, daß das Fehlen der zwei Flossen eben in Beziehung zu dem Mangel eines Bogengangspaares steht. Wenn die Neunaugen sich im Wasser nicht ruhig auf einer gewissen Höhe erhalten können, sondern wie unbelebte Körper zu Boden sinken, oder sich an andere Gegenstände ansaugen, so scheint dies nur meine Behauptung zu bestätigen, „daß die vorhandenen Kanäle der Neunaugen dem horizontalen und dem sagittalen Kanal entsprechen". Der mangelnde Kanal würde also der hintere vertikale sein, welchem eben nach meiner Theorie die Empfindung der Richtungen nach oben und unten zukommt. Die zwei Flossen fehlen dem Neunauge, weil sie ihm ohne diesen letzteren Bogengang nutzlos wären.

Die Art der Bewegungsstörungen, erzeugt durch Zerstörungen ihrer Bogengänge, stimmt übrigens zu sehr mit den bei den anderen Wirbeltieren beobachteten überein, um irgend welchen Zweifel über deren identischen Ursprung zuzulassen. Es handelt sich auch hier nicht im entferntesten um einen Mangel in der Erhaltung des Gleichgewichts. Zudem wissen wir jetzt, daß die Bogengänge nur ganz indirekt beim Einhalten des Gleichgewichts beteiligt sind (s. Kap. III § 9). Es ist übrigens kaum einzusehen, wie das Fehlen der Brust- und Bauchflossen die Eigentümlichkeiten der normalen oder gestörten Bewegungen der Neunaugen erzeugen könnte.

Bei meinen Versuchen an Neunaugen im Jahre 1877 besaß ich, wie bemerkt, nur eine beschränkte Zahl dieser Tiere und war gezwungen, als Aquarium meine Badewanne zu benutzen. Die Bestimmung der beiden Bewegungsrichtungen, deren die Neunaugen fähig sind, konnte nur in engen Grenzen geschehen. So entging mir das plötzliche Zu-Boden-Sinken der Tiere, wenn sie keinen Halt haben, d. h. ihre Unfähigkeit, sich in der Höhe zu erhalten. Sind die Neunaugen imstande, von selbst sich vom Boden nach aufwärts zu bewegen? Von der Entscheidung dieser Frage wird die Möglichkeit abhängen, die physiologische Bestimmung ihrer vorhandenen Bogengänge definitiv in dem Sinne, wie dies früher geschah, festzustellen.

§ 2. Die Beobachtungen von Rawitz an japanischen Tanzmäusen.

Für die Begründung meiner Lehre von den Verrichtungen des Ohrlabyrinths war es von großer Bedeutung, daß die Kontrollversuche an Neunaugen, die nur zwei Bogengangspaare besitzen, einige wichtige Folgerungen dieser Lehre bestätigt haben. In der Tat, wenn jedes Bogengangspaar das Tier befähigt, sich in einer der drei Richtungen des Raumes zu bewegen und zu orientieren, so müssen die Neunaugen mit nur zwei Bogengangspaaren sich nur in zwei Ebenen des Raumes bewegen können. Sie müssen sich verhalten wie Tiere. für die nur ein zweidimensionaler Raum existiert. Die im vorigen Paragraphen wiedergegebenen Versuche haben diese Voraussetzungen vollauf bestätigt.

Es war daher für die Lehre von den Verrichtungen des Ohrlabyrinths von großem Interesse, als die originellen Untersuchungen von Bernhard Rawitz erwiesen haben, daß japanische Tanzmäuse, welche sich ausschließlich in diagonaler Richtung und im Kreise bewegen, nur ein normal entwickeltes Paar von Bogengängen — die oberen — besitzen; die übrigen Bogengänge sind nur in rudimentärem, funktionsunfähigem Zustande vorhanden. Auch zeigen der Sacculus und Utriculus ganz abnorme Verbindungen und Entwicklungsfehler. Der normale Bogengang ist mit den beiden verkrüppelten verwachsen. Eine Unterscheidung von Sacculus und Utriculus ist unmöglich vorzunehmen, da sie weit miteinander kommunizieren; der Canalis reuniens existiert nicht. Der Utriculus korrespondiert auch direkt mit der Schnecke usw. (Die anderen Abnormitäten im innern Ohr sind im Original nachzusehen.)

Mit Recht schloß Rawitz, daß die Befunde an den Bogengängen dieser Tiere geeignet sind, ein helles Licht auf die Funktion des Labyrinths zu werfen. „Während von den einen Autoren behauptet wird, daß die Bogengänge die Organe des Gleichgewichts seien, in ihnen gewissermaßen ein sechster Sinn, der statische Sinn, seinen Sitz habe, behaupten andere, daß diese Auffassung eine irrige sei. Mich dünkt, die Tatsachen, welche bei den Tanzmäusen zu konstatieren sind, sprechen mit Evidenz gegen die Annahme eines statischen Sinnes. Denn wir haben hier jederzeit nur einen normalen Bogengang ... und trotzdem bewahren die Tiere das Gleichgewicht sowohl in der Ruhe wie in der Bewegung. ... Die Unfähigkeit, geradeaus zu gehen, ist aber meines Erachtens der Ausdruck für die Unmöglichkeit, sich richtig zu orientieren. ... Sie (die Bogengänge) sind, um es kurz zu bezeichnen, der Sitz des Orientierungsvermögens" (S. 243).

Wie man sieht, ist diese Schlußfolgerung von Rawitz identisch mit derjenigen, welche ich aus den Beobachtungen an Neunaugen gezogen habe: das Labyrinth dieses Fisches diene „zu nichts anderem als zur Orientierung im Raume". Die Bewegungen, welche Rawitz an den Tanzmäusen beobachtet hat, zeigen auch eine große Analogie mit denjenigen, welche ich im Jahre 1873 bei den walzierenden Fröschen beschrieben habe, d. h. bei Fröschen, welche nach der Zerstörung von zwei Bogengangspaaren nur noch Drehungen im Kreise ausführen konnten und, wenn in Wasser gebracht, fortwährend Walzerbewegungen machten, wobei sie meistens fast genau vertikale Stellungen einnahmen.

Die Rawitzsche Untersuchung, eine der wichtigsten, welche in den letzten zwei Jahrzehnten über die Physiologie des Ohrlabyrinths erschienen sind, bot für mich noch ein anderes Interesse, auch abgesehen von der Bestätigung meiner Lehre von den Funktionen der Bogengänge. Im Verlaufe der Untersuchungen über den Gesichtsschwindel bin ich zu dem Schlusse gelangt, er sei die Folge einer Disharmonie, eines Mangels an Übereinstimmung zwischen unserem idealen Raume (dem subjektiven Raume von Purkinje), so wie er auf Grund der von den Bogengängen ausgehenden Empfindungen gebildet wird, und dem gesehenen Raume (dem objektiven Raume von Purkinje s. Kap. III § 4). War diese Theorie des Gesichtsschwindels richtig, so müßten Taubstumme, denen die Bogengänge fehlen, keinen Gesichtsschwindel kennen. Dieses Postulat meiner Theorie wurde bekanntlich durch zahlreiche Beobachtungen an Taubstummen vollauf bestätigt worden (s. Kap. III § 5).

Die Beobachtungen an Tanzmäusen von Rawitz haben dasselbe und zwar in einer noch viel anschaulicheren Form ad oculos demonstriert. Es schien mir daher angezeigt, die Beobachtungen von Rawitz zu wiederholen und sie durch mehrere Versuche zu ergänzen. Im Juli hatte ich mir mehrere japanische Tanzmäuse angeschafft, von denen leider ein Paar bei der Ankunft verunglückt war. An den anderen, welche ich, um sie besser beobachten zu können, in meiner Wohnung aufbewahrte, konnte ich während sechs Wochen verschiedenartige Versuche anstellen, die hier mitgeteilt werden sollen.

§ 3. Meine ersten Versuche und Beobachtungen an japanischen Tanzmäusen.

Die eigentlichen Bewegungen der Tanzmäuse wurden von Rawitz folgendermaßen beschrieben: „Beim Versuche, geradeaus zu laufen, können sie niemals die gerade Linie innehalten, sondern bewegen sich stets im Zickzack vorwärts, wobei sie von Zeit zu Zeit den Kopf erheben und nach der Gegend, nach der sie hin wollen, schnüffeln. Plötzlich unterbrechen sie ihren Lauf und fangen an, sich im Kreise herumzudrehen. Ist ein feststehender Gegenstand im Wege, etwa ein im Käfig aufgerichteter Pfahl oder der Futternapf, so bildet dieser das Zentrum der Drehbewegung. Fehlt ein solcher, so drehen sie sich um sich selbst. Die Drehbewegungen, bei welchen der Schwanz stets aufrecht gehalten wird, sind, namentlich wenn sie längere Zeit dauern, meist so schnell, daß man kaum imstande ist, die einzelnen Teile des sich drehenden Tieres zu unterscheiden; findet die Bewegung um die eigene Achse statt, so ist der Kreis stets so eng, daß es fast scheint, als ob die Schnauzenspitze am After läge, zuweilen drehen zwei oder drei Tiere gleichzeitig und dann halten sie so dicht Vordermann, daß die Schnauzenspitze des hinteren Tieres dem After des vorderen anliegt. . . Plötzlich unterbrechen die Tiere die Bewegungen und fangen sofort an, sich mit unverminderter Schnelligkeit nach der entgegengesetzten Seite zu drehen. Es wurde vorhin erwähnt, daß die Tiere beim Fressen und Saufen ruhig seien. Tatsächlich verhalten sie sich nur sekundenlang ruhig."

Diese Beschreibung der eigentümlichen Bewegungen der Tanzmäuse ist im allgemeinen ganz zutreffend. Einzelne Abweichungen mögen wohl von individuellen Verschiedenheiten abhängen. Ehe ich auf solche Abweichungen eingehe und die beobachteten Bewegungen erweitere, muß ich folgendes über die Aufenthaltsweise meiner Tanzmäuse angeben. Sie befanden sich in einem größeren Glaskasten, der früher als Aquarium diente. In diesen Glaskasten war eine kleine Holzkiste von 160 mm Länge, 100 mm Breite und 50 mm Höhe hineingelegt, die an einer Seite eine kleine Öffnung zum Zu- und Ausgang der Mäuse besaß. Diese Kiste diente ihnen zur Schlafstelle.

Was mir zuerst bei diesen Mäusen auffiel, ist der willkürliche Charakter ihrer Tanzbewegungen. Man erhält sofort den Eindruck, daß diese Bewegungen keine Zwangsbewegungen sind, daß die Mäuse sie sogar mit einem gewissen Behagen ausführen. Gezwungen ist nur die Richtung der Bewegungen: sie müssen im Kreise tanzen. Innerhalb dieser gezwungenen Richtung können sie ihre Tanzfiguren ziemlich variieren und es lassen sich meistens folgende erkennen: Die Einleitung geschieht gewöhnlich in der Weise, daß die eine Maus, nachdem sie einige Zeit in der gewohnten Weise im Kasten herumlief, den Kopf pendelnd, in die Luft schnüffelnd, wobei sie nie die gerade Richtung einhält, sondern Diagonalen, Halbkreise oder ∞-Touren beschreibt, plötzlich anfängt, regelmäßige größere Kreise zu beschreiben: gewöhnliche Manegebewegungen. Häufig unterbricht sie diese Bewegungen, läuft zur anderen Maus[1]) hin, schnüffelt ihr unter dem Schwanze, worauf letztere, dieser eigentümlichen Aufforderung folgend, sich zu dem Tanze gesellt. Sie nehmen dann die von Rawitz beschriebene Paarung an, wobei jede Maus ihre Schnauze neben dem After der anderen hält, und so beginnt die Drehung im Kreise mit großer Umdrehungsgeschwindigkeit: gewöhnliche Walzerbewegungen. Von Zeit zu Zeit hält das Männchen plötzlich inne, und das Weibchen setzt die Drehungen fort. Meistens führt dann das Mäuschen die dritte und eigenartigste Tanzfigur aus: die Drehung um die eigene vertikale Achse auf derselben Stelle, und zwar mit rasender Geschwindigkeit. Bei diesem Solotanz ist es fast unmöglich, die Körperhaltung genau zu bestimmen. So schnell bewegt sich das Tier, daß dem Zuschauer fast schwindlig wird. Ich konnte drei Drehungen in der Sekunde unterscheiden; deren Zahl ist aber sicher größer. Die Hinterbeine sind dabei weit auseinandergespreizt, der Rücken stark gewölbt, der Kopf nach unten gewendet und dem eigenen After genähert. Das Tier erhält fast die Form eines runden Balles, eines Kreisels ohne Spitzen.

Diesen Solotanz führt die Maus oft stundenlang aus. Wenn die beiden Mäuse auf dem schwingenden Deckel der Holzkiste gleichzeitig tanzten, so machten sie ein Geräusch, das durch die Resonanz des Bodens und der Wände der Kiste ganz den Eindruck eines Wirbelschlagens auf einer Trommel machte. Trotzdem die Tiere des Nachts durch zwei Zimmer von meinem Schlafzimmer getrennt waren, wurde ich durch diesen Wirbelschlag oft aus dem Schlafe geweckt.

Ich sagte schon, daß diese Bewegungen keine Zwangsbewegungen sind. Die Mäuse sind imstande, sie jeden Augenblick zu unterbrechen, wie dies schon Rawitz hervorhob. Sie tun dies auch sehr häufig, indem sie plötzlich während des Tanzens innehalten, zum Futternapf hinlaufen, dort einen Augenblick schnüffeln, ein Körnchen erfassen oder ihre Schnauze an dem in Milch getauchte Brotstück reiben, und kehren dann ebenso schnell auf ihren Platz zurück, um das Tanzen von neuem aufzunehmen. Verhinderte ich ihr Tanzen, indem ich in den großen Glaskasten verschiedene Gegenstände einführte, so flüchteten sie sich auf das Dach der Holzkiste und begannen dort das Tanzen von neuem. Wurden sie auch von dort vertrieben, so liefen sie in das Innere der Kiste, um hier ihre Lieblingsbewegungen auszuführen.

Meine Mäuse unterbrachen ihr Tanzen nicht nur während des Fressens. Am Tage verhielten sie sich meistens ruhig und begannen ihr Tanzen erst zwischen 5—6 Uhr nachmittags, um es dann freilich die ganze Nacht fortzusetzen. Wenn ich einige Klumpen Watte in die Holzkiste

---

[1]) Es ist sicherer, die Tanzmäuse immer nur paarweise in isolierten Kästen aufzubewahren, sonst kommt es zu blutigen Schlägereien, die sogar tötlich enden können.

hinein legte, so richteten sie sich dort ihre Schlafstellen so bequem ein, daß sie aneinandergekauert sich darin einhüllten und so den ganzen Tag in der Kiste ruhig schliefen. Nur gegen Abend, wenn es zu dunkeln begann, verließen sie ihr Schlafzimmer, um Nahrung zu nehmen und sich dem Tanz zu ergeben. Ohne das Wattebett tanzen sie oft auch am Tage, besonders wenn die Temperatur etwas sinkt: sie sind nämlich gegen Kälte in hohem Grade empfindlich.

Rawitz betrachtet das Tanzen der Tiere gleichfalls nicht als Zwangsbewegungen. Die Frage, ob sie willkürlich tanzen, läßt er offen, ist aber geneigt, als veranlassendes Moment die nervöse Unruhe der Mäuse anzunehmen, die durch ihre Taubheit bedingt sei. Nach der Analyse der eben beschriebenen Tanzbewegungen kann aber kein Zweifel über die willkürliche Natur dieser Tanzbewegungen bestehen. Auch sind die Tanzmäuse nicht absolut taub, oder wenigstens nicht alle taub, wie gleich gezeigt werden soll. Wenn eine Anregung zum Tanze durchaus in ihren Sinnesorganen zu suchen wäre, so müßte dies eher im Bereiche des Olfactorius geschehen. Wir haben schon die eigentümliche Art ihrer Aufforderung zum Tanze angegeben, die in einer Beschnüffelung des Afters besteht. Auch beim Walzieren behält jedes Mäuschen die Schnauze unter dem Schwanze seines Partners. Rawitz erzählt ganz richtig, daß sie oft den Tanz unterbrechen, um zum Futternapf hinzulaufen und da zu schnüffeln. Ich bemerkte oft, daß dieses Schnüffeln meistens nicht der Nahrung, sondern ihrem eigenen Kote gilt, den sie gewöhnlich neben der Nahrung ablegen. Beiläufig gesagt ist es wirklich auffallend, welche enormen Mengen von Nahrung die kleinen, zierlichen Tiere aufnehmen. Dem entsprechen auch die Haufen von Exkrementen, die einen widrigen, sehr scharfen Geruch verbreiten. Dieser Geruch scheint sie zum Tanze anzuregen, und sie suchen ihn willkürlich auf, um diese Anregung zu empfinden.

Ich machte mehrmals folgenden Versuch: ihren sämtlichen Kot brachte ich in einen kleinen Käfig und übersiedelte dorthin die Mäuschen; sofort begannen sie trotz des beschränkten Raumes einen rasenden Tanz, der solange anhielt, wie sie in diesem Käfig verblieben. Auch scheint geschlechtliche Aufregung den Tanz zu begleiten.

Noch entscheidender könnte der Versuch sein, die Geruchsempfindungen ganz auszuschließen. Ich erzielte dies, indem ich einer Maus die Nasenlöcher mit Kollodium verschloß. Das Tierchen atmete anfangs sehr schwer, die Schnauze weit aufmachend, und machte Anstrengungen, um das Kollodium zu entfernen. Allmählich gewöhnte es sich, ruhiger zu atmen; die Bemühungen, die Nasenlöcher frei zu bekommen, setzte es aber in mehr oder weniger langen Intervallen fort. Zum Ziele gelangte es erst am nächsten Tage. Während der 24 Stunden, wo die Nasenlöcher verstopft waren, nahm es keinen Anteil am Tanze, obgleich es im Kasten mehrmals herumlief und auch häufig in den Futternapf griff. Der mehrmals wiederholte Versuch gab das nämliche Resultat; es blieb aber immer die Möglichkeit nicht ausgeschlossen diese Enthaltsamkeit vom Tanze sei durch eine ungenügende Atmung bedingt gewesen.

Die Riechorgane sind bei den Mäusen jedenfalls sehr empfindlich: es genügte, ein Stück Kampfer in dem Kasten aufzuhängen, damit sie sich sofort in die Holzkiste flüchteten; dies auch, wenn sie den fremden Körper nicht sehen konnten. Nach mehreren Einführungen gewöhnten sie sich aber an den Geruch und schienen sogar an ihm Gefallen zu finden. Wenigstens beschnüffelten sie ihn häufig und unterbrachen sogar mehrmals deswegen ihren Tanz.

Nach Rawitz sollen erwachsene Tanzmäuse ganz taub sein, und er will sogar durch diese Taubheit ihre nervöse Aufregung erklären. Sie machten auch auf mich den Eindruck vollständiger Taubheit, da sie auf gewöhnliche, auch sehr laute Geräusche in keiner Weise zu reagieren pflegen. Als ich aber diese Mäuse beim Zusammendrücken ihres Schwanzes mit der Pinzette Schreie ausstoßen hörte und dieselben Schreie mehrmals auch bei Schlägereien vernahm, vermutete ich, daß sie vielleicht für gewisse Töne, die ihrer Höhe nach sich diesem Schreie nähern würden, doch nicht taub seien. In der Tat merkte ich, daß, wenn die eine Maus, sobald ich sie mit der Pinzette aus dem Kasten herausholte, einen solchen Schrei ausstieß, dies sofort die Aufmerksamkeit ihrer Genossin erregte. Ich versuchte daher, ihr Hörvermögen mit Hilfe einer Königschen Galtonpfeife zu prüfen. Ich konnte so in unzweifelhafter Weise feststellen, daß die Tanzmäuse gewisse Töne dieser Pfeife — nämlich die bei den Teilstrichen 10, 11 und 12 hervorgerufenen — sehr gut hören, besonders den bei 10. Diese drei Töne, welche nach den Bestimmungen von A. Schwendt den Tonhöhen von h^5, a^5 und gis^5 entspechen, sind etwa von derselben Tonhöhe wie die Schreie, durch welche die Tanzmäuse ihre Schmerzäußerungen kundgeben.

Folgende zwei Versuche lassen keinen Zweifel über die Empfindlichkeit der Tanzmäuse gegen gewisse Töne der Galtonpfeife. Wenn sie in tiefem Schlaf in ihrer verschlossenen Holzkiste waren, konnte ich sie durch mehrere Pfiffe wecken. Nach 8 bis 10maligem Wiederholen desselben Tones hörte ich plötzlich die Tiere sich bewegen. Wurde das Pfeifen fortgesetzt, so erschien die eine Maus — gewöhnlich das Weibchen — an der Öffnung der Kiste und schaute sich um, woher wohl das Geräusch kommen möge.

Ein anderer Versuch läßt ebenfalls keinen Zweifel übrig, daß es sich um wirkliches Hören und nicht um eine Täuschung durch etwaige Lufterschütterungen handelt. Ließ ich dieselben Töne erschallen, wenn die Mäuse im Tanzen begriffen waren, so hörte dieses sofort auf und die Mäuse liefen fort. Auch hier zeigte sich das Weibchen viel empfindlicher als das Männchen; während letzteres das Tanzen bald wieder aufnahm, trotz des fortgesetzten Pfeifens, blieb das Weibchen in der Holzkiste versteckt; es kam erst wieder zum Vorschein, wenn das Pfeifen aufgehört hatte. In beiden Fällen muß die Pfeife oberhalb der Köpfe der Mäuse gehalten werden. Erschallt der Ton auf derselben Höhe oder tiefer als die Tiere, so bleibt er erfolglos. Sie scheinen also Töne nur zu hören, wenn sie in der Richtung von oben kommen und wenn ihre Höhe der Höhe ihrer eigenen Schreie entspricht.

Wie schon Rawitz hervorgehoben hat, vermögen diese Mäuse nicht sich geradlinig nach vorwärts zu bewegen. Nur wenn sie sich in einem engen Gang befinden, wo sie gezwungen sind, geradeaus zu gehen, vermögen sie die gerade Richtung einzuhalten. Sie können aber in einem solchen Falle nicht umkehren, wenn sie an ein Hindernis stoßen, denn sie sind nicht imstande, rücklings zu gehen; und zur Umkehr bedürfen sie eines genügenden Raumes, um einen Kreis zu beschreiben. Ist das Hindernis nur einige Zentimeter hoch, so klettern sie darüber hinweg; so z. B. wenn sie in dem engen Gange schon eine Maus vorfinden, die ihnen den Weg absperrt. Bei höheren Hindernissen bleiben sie unbeweglich stehen.

Diese Eigentümlichkeit führte mich auf den Gedanken, zu untersuchen, ob die Tanzmäuse überhaupt die vertikale Richtung kennen. Um dies zu eruieren, führte ich folgende Versuche aus. Aus ihrer Holzkiste konnten sie nur durch eine 30 mm weite Öffnung herauskommen. Stellte ich nun eng vor diesen Ausgang schief ein Holzbrett auf, etwa unter einem Winkel von 35° bis 40°, das an seinen beiden Seiten am Anfang durch zwei andere Brettchen von 60—70 mm Höhe zu einem Gange umgewandelt wurde, so mußten die Mäuse, um die Kiste zu verlassen, dieses Holzbrett hinaufgehen. Sie machten auch anfangs ein paar Schritte, blieben aber dann stehen und kehrten in die Kiste zurück, wobei sie meistens nur mit Mühe sich gegen das unwillkürliche Heruntergleiten zu schützen vermochten. Mehrmals wiederholten sie den Versuch hinaufzugehen, liefen aber immer wie erschreckt zurück. Brachte ich sie etwas höher auf die schiefe Ebene hinauf, so glitten sie herunter, häufig, nachdem sie vorher umkehrten. Man erhielt den Eindruck, als befürchteten sie die Höhe, als erzeuge diese eine Art Gesichtsschwindel. Ich wiederholte nun den Versuch in größerem Maßstabe. Die Mäuschen wurden in einen großen und tiefen Holzkasten gebracht, in welchem ein Brett von 60 cm Breite unter einem Winkel von 45° schief aufgestellt wurde. Es wollte in keiner Weise gelingen, die Tiere dazu zu bewegen, dieses Brett hinauf zu klettern, obgleich sie immer in Bewegung waren und in allen Ecken des Kastens herumschnüffelten. Einmal ließ ich sie längere Zeit hungern, legte dann etwa in die Mitte des Bretts mehrere Salatblätter und brachte die Mäuse mit der Schnauze in die nächste Nähe von ihrer Lieblingsspeise: sobald ich sie losließ, begannen sie herunter zu laufen, sich nur mit Mühe an dem rauhen Brett anklammernd, um nicht herunter zu stürzen,

Es scheint aus diesen Versuchen hervorzugehen, daß die Tanzmäuse ebensowenig imstande sind, sich in der vertikalen Richtung zu bewegen, wie geradeaus, nach vorn oder nach hinten. Von den drei Richtungen des Raumes kennen sie also nur die eine: nach rechts oder nach links. Die Zickzackbewegung, die Halbkreisbewegung sowie die Drehung selbst sind ja nichts anderes als die fortgesetzte oder abwechselnde Bewegung entweder nach rechts oder nach links. Wenn ein Tier sich fortwährend nach rechts bewegt, so beschreibt es Drehungen in der Richtung des Uhrzeigers. Bewegt es sich nach links, so entsteht eine Drehung um dieselbe Achse nach der entgegengesetzten Richtung. Abgesehen von allen anderen Gründen, mit Hilfe derer ich die Existenz des sonderbaren Sinnes für die Drehbewegungen widerlegt habe, beweist schon diese einfache Überlegung die vollständige Nutzlosigkeit eines speziellen Drehsinns. Die Zickzackbewegungen sind abwechselnde Bewegungen nach rechts und links, die dem Tiere gestatten, in der diagonalen Richtung nach vorwärts zu kommen.

Man hat es also bei den Tanzmäusen mit einem analogen Phänomen wie bei den Neunaugen zu tun. Letztere besitzen zwei Paar Bogengänge, welche ihnen gestatten, in den Richtungen nach oben und unten, nach vorn und nach hinten zu schwimmen; sie vermögen aber nicht, sich nach rechts oder nach links zu bewegen. Die japanischen Tanzmäuse besitzen nur ein Paar Bogengänge, welches ihnen gestattet, nur der letzteren Richtung zu folgen; die beiden anderen Richtungen sind ihnen wegen Mangels der entsprechenden Bogengangspaare unbekannt. Diese angeborenen anatomischen Eigentümlichkeiten der beiden Tierarten, liefern also in ganz reiner und unzweideutiger Weise eine Demonstration der physiologischen Wirkungen der drei Bogengänge, wie sie die experimentellen Zerstörungen der einzelnen Bogengangspaare in solcher Vollkommenheit und Anschaulichkeit kaum erzielen konnten.

Eine zufällig bei dieser Reihe von Versuchen an Tanzmäusen gemachte Beobachtung ist von großem Interesse für das Verständnis des Mechanismus, mit Hilfe dessen die Bogengänge es ermöglichen, Bewegungen in den drei Richtungen des Raumes auszuführen. Beim Zumachen des großen Holzkastens, in denen die Versuche mit der schiefen Ebene angestellt wurden, blieben die Tanzmäuse in absoluter Dunkelheit. Nun ist es mir zweimal vorgekommen, daß ich beim plötzlichen Öffnen des Kastens die eine Tanzmaus ganz oben, fast am Ende des schiefen Brettes vorfand! Im Dunkeln vermögen also die Tanzmäuse sich nach oben zu richten und eine ziemlich steile Wand zu erklettern. Ihre Unfähigkeit, sich **nach oben** zu bewegen, beruhte also nicht auf einer unzureichenden Beschaffenheit ihres Bewegungssapparates, resp. auf einer ungenügenden Koordinationsfähigkeit. Wenn sie die Höhe nicht sahen — d. h. wenn sie keinen Unterschied machen konnten zwischen einer horizontalen und einer vertikalen Ebene —, kletterten sie auf diese mit Leichtigkeit hinauf. Sobald aber Licht in den Kasten eingedrungen war, glitten sie unaufhaltsam herunter, mit Mühe sich gegen ein plötzliches Stürzen sträubend. Sie glitten dabei mit dem Hinterkörper voran, waren also unfähig, sich umzudrehen.

Eine erschöpfende Erklärung dieser auffallenden Tatsachen ist nicht leicht. Sie deuten auf zentrale Beziehungen des Sehorgans zu dem Ohrlabyrinth, die sich kaum auf diejenigen zurückführen lassen, welche ich im Jahre 1876 (Kap. I § 9) aufgedeckt habe. Hier scheint nicht mehr der Bewegungsapparat des Auges, sondern das Sehvermögen selbst eine Rolle zu spielen. Sollten sich die Netzhautbilder räumlich schwer mit den eindimensionalen Raumempfindungen des Tieres vereinigen können?

Der Eindruck, den man bei der Beobachtung der Tiere erhält, erinnert in der Tat an die Folgen eines plötzlichen Schwindelanfalls; etwa wie man ihn empfindet, wenn man in der Dunkelheit einen schmalen Pfad an einem Bergabhange hinaufgeht und ein Blitzstrahl unerwartet den drohenden Abgrund erleuchtet. Ein Nachtwandler, der im Schlafe mit Sicherheit einen gefährlichen Weg verfolgt, fällt um, wenn er, plötzlich aufgeweckt, die ihm drohende Gefahr bemerkt.

Ähnliches muß die japanische Tanzmaus empfinden, wenn sie beim Eindringen des Lichts in den Kasten sich plötzlich (und dies zum ersten Male in ihrem Leben) auf einer schwindligen Höhe sieht; sie gleitet daher sofort herunter. Befände sie sich am Rande des Brettes, anstatt in der Mitte, so würde sie sicherlich herunterstürzen.

Labyrinthlose Tiere beginnen einige Zeit nach der Operation sich mit Hilfe ihrer Gesichtseindrücke teilweise zu orientieren und ihre Bewegungen zu beherrschen. Dies gelingt ihnen aber nur bis zu einem gewissen Grade. Werden sie dazu noch geblendet, so fallen sie in den Zustand der Unsicherheit zurück, den sie nach der Entfernung der Labyrinthe gezeigt haben. Dies gilt nicht genau für Tiere, welche, wie die Neunaugen, normal eine geringere Anzahl von Bogengängen besitzen; nach Zerstörung der letzteren erlangen sie nie mehr ihre Orientierungsfähigkeit. Bedeckt man außerdem noch die Augen solcher Tiere „mit einer kleinen Mütze, so zappeln sie an derselben Stelle oder schwimmen rückwärts“. Sie verlieren also dann noch die Möglichkeit, auch die unregelmäßigen Bewegungen auszuführen, die sie nach der Zerstörung der Bogengänge machen konnten. Bei niederen Tieren sollen meistens die Bewegungsstörungen erst beginnen, wenn sie nach der Zerstörung der Otocysten noch geblendet werden. Dies hat Yves Delage sowohl bei Palaemon als auch bei Mysis beobachtet. Freilich hat Th. Beer bei Penaeus membranaceus diese Störungen in voller Kraft hervortreten sehen bei alleiniger Zerstörung der Otocysten. Dieser scheinbare Widerspruch läßt sich aber leicht durch die Tatsache erklären, daß Penaeus tagblind ist (Beer). Vielleicht wurde auch das Auge bei ihm etwas verletzt, als es „mit einer Nadel vorsichtig“ beiseite geschoben wurde.

Es war nun in Anbetracht dieser Verhältnisse von großem Interesse, zu erforschen, wie sich die Tanzmäuse bei plötzlicher Blendung verhalten würden. Noch ehe ich die in diesem Paragraphen mitgeteilte Tatsache kannte, welche den großen Einfluß der Lichtempfindungen auf die Bewegungsfähigkeit dieser Tiere zeigte, machte ich folgenden Blendungsversuch an einer japanischen Maus. An beide Augen wurde eine dünne Schicht Watte gelegt und diese mittels Kollodiums befestigt. Sobald das Tierchen freigelassen wurde, begann es mit ungeheurer Heftigkeit eine ununterbrochene Reihe der ungewöhnlichsten Bewegungen auszuführen: schlug Purzelbäume nach vorn und nach hinten, schnellte in die Höhe, überschlug sich in der Luft, fiel dann meistens auf den Rücken und führte mehrere Rollbewegungen um die Längsachse nach der einen oder anderen Richtung aus. Bei den Anstrengungen, ruhig zu bleiben, spreizte es die Hinterpfoten weit auseinander, setzte sich auf den Steiß und suchte an der Kastenwand eine Stütze zu finden. Es vermochte aber eine solche Ruhelage nur einen Augenblick innezuhalten, und die heftigen Zwangsbewegungen begannen von neuem.

Mit einem Worte: das Tier lieferte das bekannte Bild der Tauben oder Frösche, denen man auf beiden Seiten plötzlich sämtliche Bogengänge zerstört hat. Um zu verhüten, daß das Tier sich den Kopf zerschlage, mußte ich es in einen kleinen Hamac hineinlegen, wie ich dies vor Jahren bei Tauben mit zerstörten Bogengängen zu tun pflegte. Nach ein paar Tagen beruhigten sich die heftigen Zwangsbewegungen und man konnte das Tier ohne Gefahr in den Glaskasten bringen. Es vermochte aber nur mit Mühe den Platz zu wechseln und blieb meistens unbeweglich in der oben beschriebenen Stellung sitzen. Nach und nach begann die Maus nach einigen vergeblichen Bemühungen, den Futternapf aufzusuchen; sie bewegte sich dabei immer zickzackförmig oder beschrieb Halbkreise. Von Drehungen und Tanzen war keine Spur mehr. Am fünften Tage lockerte sich der Kollodiumverband so weit, daß ich ihn vorsichtig entfernen konnte, wobei die Haut am Vorderkopfe in abgestorbenen Fetzen mitgenommen wurde. Die Augen waren intakt. Schon am nächsten Tage konnte die Maus ihre Tanzvergnügungen wieder aufnehmen. Einige Tage darauf kehrte dann die Haut und am nächsten Tage auch die Haare zurück, wobei in der Mitte der schwarzen Flecke derselbe weiße Streifen ganz wie vor der Blendung sich zeigte. Zehn Tage nach der Blendung war das Mäuschen von einem normalen nicht mehr zu unterscheiden.

Ein ähnlicher Blendungsversuch, an einer anderen Tanzmaus vorgenommen, ergab, was die unmittelbaren Folgen anbetrifft, ganz dasselbe Resultat: dieselben heftigen Zwangsbewegungen, wobei, wie bei der ersten Maus, die auffallende Erscheinung sich wiederholte, daß trotz der großen Mannigfaltigkeit dieser Zwangsbewegungen die geblendete Maus nie die gewohnten Drehbewegungen ausführte, sie vermochte also nur ungewohnte Bewegungen zu machen. Um noch mehr zu präzisieren. Bei jedem Versuche, irgend eine gewohnte Bewegung auszuführen, unterlag das Tier dem Zwange der ungewohnten Bewegungen. Es vermochte also nicht mehr, die üblichen Bewegungen zu koordinieren.

Die Erklärung der Erscheinungen an der geblendeten Maus bietet mehr Schwierigkeiten, als dies im ersten Augenblick scheinen mag. Man ist in der Tat geneigt, hier eine vollständige Analogie mit der Blendung der labyrinthlos gemachten Tiere und noch mehr mit den Beobachtungen von Yves Delage, von denen schon die Rede war, zu sehen. Es bestehen aber zwischen den Tieren, denen man das Labyrinth oder die Otocysten zerstört hat, und den Mäusen mit rudimentärem Labyrinth wesentliche Unterschiede: 1. die letzteren behalten ihr einziges Bogengangpaar intakt, und 2. sie sind vor der Blendung gar nicht imstande, Bewegungen von der Art der beschriebenen Zwangsbewegungen auszuführen. Die Blendung befähigt also die Tanzmäuse, ganz ungewohnte Bewegungen zu machen, und beraubt sie der Möglichkeit, diejenigen Bewegungen zu koordinieren, die sie dank ihrem einzigen Bogengangspaar sonst mit solcher Virtuosität ausführen. Um die betreffenden Erscheinungen näher analysieren zu können, soll hier zuerst daran erinnert werden, wie meiner Theorie nach die Bewegungsstörungen nach den Zerstörungen der Bogengänge erklärt werden.

Diese Störungen verdanken ihre Entstehung: a) einem durch den Widerspruch zwischen dem gesehenen und dem idealen von den Bogengängen gebildeten Raume hervorgebrachten Gesichtsschwindel; b) den hieraus resultierenden falschen Vorstellungen über die Stellung des Körpers im Raume; c) den störenden Abweichungen in der Verteilung der Innervationsstärken an die Muskeln (Kap. III § 1).

Der Gesichtsschwindel hält nur einige Zeit bei den Tieren an; um ihn zu bekämpfen, suchen sie dunkle Stellen auf. Man sieht sie während dieser Periode meistens den Kopf in einen Winkel des Schrankes oder des Zimmers verstecken. Einige Tage nach der Operation, wenn die Schwindelerscheinungen geschwunden sind, fängt die labyrinthlose Taube an, sich mit Hilfe der Augen und Ohren zu orientieren. Sie sucht nicht mehr die Dunkelheit auf; im Gegenteil, sie bedarf der Gesichtseindrücke, um sich bewegen zu können.

Die Zwangsbewegungen, welche ihren Ursprung in dem Ausfalle der die Innervationen regulierenden Einwirkungen der Bogengänge haben, entstehen nur, wenn die Taube, der Frosch oder das Kaninchen willkürliche Bewegungen ausführen wollen oder wenn sie durch irgend einen äußeren Umstand zur Bewegung veranlaßt werden. In der Ruhelage, z. B. bei der Lagerung in einem Hamac, oder wenn das Tier in eine Ecke gelangt, kann es beim Schutz gegen äußere Reize längere Zeit ohne Zwangsbewegungen beharren. Ganz ähnlich verhielt sich nun auch die geblendete tanzende Maus.

In dem Ausfall oder in der Störung der bewußten Gesichtseindrücke kann kaum die alleinige Ursache der Zwangsbewegungen liegen. Dagegen spricht schon der Umstand, daß die japanischen Mäuse mit der größten Geschicklichkeit ihre gewohnten Tanzbewegungen auch bei vollkommener Dunkelheit ausführen können. Ich sagte schon, daß meine Mäuse am liebsten des Nachts tanzten. Schloß ich sie in einen dunklen Schrank ein, so setzten sie ihren Tanz ununterbrochen fort, meistens auf dem beschränkten Raume des Holzdeckels (16 cm Länge auf 10 cm Breite), ohne herunterzufallen. Sie bedürfen also ihrer Gesichtseindrücke nicht, um ihre gewohnten so komplizierten Drehbewegungen auszuführen, das einzige Bogengangspaar genügt zu ihrer Orientierung.

Man muß daher den Grund der Zwangsbewegungen der Tanzmäuse in dem sub c angeführten Punkt suchen, d. h. in dem Wegfall der hemmenden Einflüsse, welche die Innervationen regulieren. Ist dies richtig, so wirft die betreffende Beobachtung ein ganz neues Licht auf den Mechanismus, mit Hilfe dessen die Augen nach Zerstörung der Bogengänge deren Einfluß bei der Orientierung ersetzen: dieser Ersatz wird wahrscheinlich nicht durch bewußte Gesichtseindrücke geliefert, sondern durch andere von den Augen ausgehende Erregungen derjenigen Hemmungsmechanismen, welche gewöhnlich von den Bogengängen aus in Tätigkeit gesetzt werden (siehe oben Kap. II § 9 und Kap. III § 2 und 3).

In der Tat, wenn ein Bogengangspaar zerstört oder nur durchtrennt wird, so beginnt das Tier Bewegungen auszuführen in einer Richtung, welche der Ebene entspricht, in der diese Bogengänge verlaufen.

An den Neunaugen beobachtet man, wie im vorhergehenden Paragraphen gezeigt wurde, ganz dieselbe Erscheinung. So auch bei der Tanzmaus.

Die Tanzmaus, die nur ein Paar von Bogengängen besitzt, das obere senkrechte, bei der also die horizontalen Kanäle fehlen, kann sich nur „rechts oder links wenden oder eine diagonale Richtung wählen". Wie man oben sah, bewegt sie sich im Kreise, „indem sie Kopf und Schwanz miteinander in Berührung bringt", geradeso wie das Neunauge, wenn es auch seine wagerechten Kanäle einbüßt.

Man muß sich diesen hemmenden Einfluß etwa folgendermaßen vorstellen. Wie ich gezeigt habe, erzeugt die Reizung des einen einzelnen Bogenganges in den beiden Augäpfeln tetanische Kontrakturen, welche in derselben Ebene, aber in entgegengesetzten Richtungen stattfinden (Kap. III, § 9). Die gleichzeitige Erregung zweier gleichmäßiger Bogengänge muß demnach Bewegungen der Augäpfel in dieser Ebene unmöglich machen, wie ja die Durchschneidung des einen Acusticus während einer solchen einseitigen Reizung die tetanische Ablenkung der Augäpfel in pendelartige Bewegungen verwandelt.

Aus diesem Ergebnis der Acusticusdurchschneidungen folgerte ich daher, daß die Wirkungen dieser Nerven auf den okulomotorischen Apparat gekreuzt sind. Jede Erregung eines einzelnen Bogengangspaares erzeugt antagonistische Effekte in den entsprechenden Muskeln der beiden Augäpfel, also auch in dem Zentralorgane, welches ihnen und auch den Muskeln des Kopfes und des Rumpfes die Innervationen erteilt und deren Stärke regelt. Das Ergebnis der Blendungsversuche an Tanzmäusen gestattet daher folgende Schlußfolgerungen:

1. Bei angeborenem Mangel einzelner Bogengänge vermag das Gesichtsorgan die von ihm ausgehenden hemmenden Innervationsvorgänge teilweise zu ersetzen.

Dieser Ersatz genügt aber nur dazu, um die Koordination derjenigen Bewegungen zu ermöglichen, welche für die Erhaltung des Gleichgewichts bei verschiedenen Körperstellungen sowie für die Lageveränderungen der einzelnen Körperteile erforderlich sind.

Wie aus den vorangegangenen Versuchen und Beobachtungen ersichtlich, bleiben aber die räumlichen Empfindungen und Vorstellungen der Tanzmäuse sehr lückenhaft. Die Gesichtsorgane sind also nicht imstande, diese durch den Mangel zweier Bogengangspaare entstandenen Lücken zu ersetzen. Daraus folgt:

2. Die Bogengänge müssen als die ausschließlichen peripheren Organe des Richtungssinns betrachtet werden; die von ihnen herrührenden Empfindungen sind für die Bildung von Raumvorstellungen unentbehrlich.

3. Die Fähigkeit der Tiere, sich in den verschiedenen Richtungen des Raumes zu bewegen, d. h. sich im äußeren Raume zu orientieren, wird durch die Richtungsempfindungen des Ohrlabyrinths erzielt. Die Gesichts- oder Tastempfindungen sind nicht im stande, diese Fähigkeit zu ersetzen.

Mit diesen drei Sätzen werden bei weitem noch nicht alle Beziehungen aufgeklärt, welche sowohl zwischen dem Ohrlabyrinth und dem Sehorgan, als auch zwischen diesen beiden Organen und dem Zentralorgan des Raumsinns bestehen. Auf dem Gebiete so verwickelter Prozesse, die direkt in das psychische Leben eingreifen, überzeugt sich der Naturforscher noch leichter als auf anderen Gebieten, daß jeder gemachte Fortschritt, jede Lösung eines gestellten Problems nur neue rätselhafte Probleme aufwirft, deren Entscheidung der Zukunft überlassen werden muß.

So z. B. haben wir oben gesehen, daß höchstwahrscheinlich der Ersatz der hemmenden Einflüsse des Ohrlabyrinths nicht durch Gesichtseindrücke geschieht. Worauf beruht nun der Unterschied in den Wirkungen der absoluten Dunkelheit und des gewaltsamen Verschlusses der Augen? Auf gewisse Unterschiede habe ich schon früher bei Beobachtungen der verschiedenen Schwindelformen beim Menschen (Kap. III § 4) und später bei den Dreh- und Blendungsversuchen an Tieren

(Kap. II § 6) aufmerksam gemacht. Sowohl beim Gebrauche enger Mützen als auch des Kollodiumverbandes wird eine den Tieren peinliche Unbeweglichkeit der Augäpfel erzeugt. Beruht nicht die momentane Desorientierung[1]) solcher Tiere auf den fruchtlosen Anstrengungen, die sie mit den Augenmuskeln machen, um diese gezwungene Unbeweglichkeit zu bekämpfen? So würde es sich erklären, daß in unseren Blendungsversuchen an Tanzmäusen diese schon am nächsten Tage ihre Bewegungen besser zu beherrschen anfangen, sobald der Kollodiumverband etwas loser geworden ist, ohne aber das Sehen zu erleichtern.

Um weitere Aufklärung zu bringen, müßte man noch andere Blendungsweisen, z. B. durch Befirnissung der Cornea, bei Tanzmäusen erproben.

Es erübrigt noch in Anbetracht der eben abgeleiteten Sätze einige Beispiele von der Vollkommenheit zu geben, mit welchen die Tanzmäuse das Gleichgewicht zu behalten und ihre Bewegungen zu koordinieren vermögen.

Die Möglichkeit, die Koordination der Muskelkontraktionen und die Erhaltung des Gleichgewichts zu beeinflussen, ist keine spezielle Funktion des Ohrlabyrinths. Die meisten sensiblen Gebilde der Haut, der Gelenke, der Muskeln, besonders aber der Augen üben einen analogen Einfluß auf die Koordination aus. Sie vermögen, besonders die letzteren, die Bogengänge vollkommen zu ersetzen. Schon in der ersten Mitteilung über die halbzirkelförmigen Kanäle von Solucha und mir habe ich an mehreren Beispielen auf die alltägliche Erfahrung aufmerksam gemacht, „daß in gewisser rhythmischer Unterbrechung stattfindende Erregungen unseres Gehörorgans uns zu rhythmischen Bewegungen zu veranlassen vermögen“. Über die Beeinflussung unserer Bewegungssphäre durch die Regulierung und Verteilung der Innervationsstärken ist soeben die Rede gewesen. Jede Störung in dem Mechanismus dieser Regulierung muß die Erhaltung des Gleichgewichts und die Koordinationsfähigkeit beeinträchtigen, wie dies zahlreiche Verletzungen und Erkrankungen der verschiedensten Hirn- und Rückenmarksteile, ja sogar der peripheren sensiblen Nerven zu tun vermögen, ohne daß man berechtigt wäre, letztere zu speziellen oder ausschließlichen Organen des Gleichgewichts oder der Koordination zu stempeln (siehe Kap. III § 7 und 8).

Mit diesem Vorbehalte war es von Interesse, zu eruieren, wie weit die japanischen Tanzmäuse trotz des rudimentären Zustandes ihres Ohrlabyrinths die Koordinationsfähigkeit beherrschen können. Die bloße Beobachtung zeigt, daß, solange sie die volle Beherrschung ihres Sehvermögens besitzen und es sich nur um Bewegungen handelt, welche die Sphäre der einzigen ihnen zugänglichen

[1]) Siehe auch in § 7 dieses Kapitels den Blendungsversuch an einer Brieftaube.

Raumesrichtung nicht überschreiten, — diese Fähigkeit eine sehr vollkommene ist. Nur ein paar Beispiele.

Die zierlichen Tanzmäuse verwenden nicht wenig Zeit auf ihre Toilette. Sie putzen und reinigen ihre Haut mehrmals täglich und pflegen besonders sorgfältig ihre Pfötchen und ihren Schwanz. Sie setzen sich dabei auf den Steiß und benutzen zur Reinigung sowohl ihre Vorderpfoten als auch ihre Schnauze und Zunge. Häufig unterbrechen sie plötzlich ihren Tanz, springen auf das Dach der Holzkiste, setzen sich dort hin und putzen oft während 10—15 Minuten die eine oder die andere Pfote. Dabei passiert es häufig, daß sie mit den beiden Vorderpfoten die eine Hinterpfote in die Höhe heben, zur Schnauze nähern und minutenlang mit der Zunge belecken. Sie scheinen diese Hinterpfote beim Tanzen verstaucht oder sonst irgendwie verletzt zu haben. (Derselben Behandlung unterziehen sie den Schwanz, wenn ich ihn durch unsanftes Berühren mit der Pinzette verletzt hatte.) Bei dieser Pflege einer Hinterpfote bleiben sie auf der anderen Hinterpfote und dem Steiß sitzen und behalten ihr Gleichgewicht trotz der ziemlich komplizierten Bewegungen des übrigen Körpers.

Die Leichtigkeit, mit welcher sie auf das Dach der Holzkiste — 50 mm hoch — heraufspringen, zeugt auch von einer grossen Geschicklichkeit. (Eine Höhe, die etwas geringer ist als die Länge ihres Körpers, ist ihnen jedenfalls zugänglich.) Sie stellen die Vorderpfoten auf das Dach und heben den übrigen Körper schnell hinauf. Ich machte nun folgenden Versuch. Die Holzkiste wurde so dicht der Wand des Glaskastens genähert, daß die Mäuse keinen Platz hatten, um herauszuschlüpfen. Es war interessant, zu sehen, zu welch komplizierten Bewegungen sie ihre Zuflucht nahmen, um das Hindernis hinwegzuräumen. Eine Maus hing sich mit den Zähnen am Rande des Daches auf und stieß mit den Hinterpfoten an die Glaswand, als wollte sie die Holzkiste abschieben. Darauf kam eine andere Maus, stieß die erste weg, hing sich ebenfalls mit den Zähnen auf und begann an dem Dach zu nagen, um die Öffnung zu erweitern. Kaum begann sie ihre Arbeit, so wurde sie von der Vorgängerin weggeschoben, welche ihrerseits sich an die Arbeit machte. Während der so gezwungenen Unterbrechung liefen die Mäuse emsig in der Kiste herum und führten ein paar Walzerturen aus. Mehrmals machten sich zwei Mäuse gleichzeitig an die Arbeit; nach vielen Bemühungen gelangten sie zum Ziel und vermochten die Holzkiste soweit abzuschieben, um zwischen den beiden Wänden durchschlüpfen zu können.

Die Gewandtheit, mit welcher sie in dem beschränkten Raume der Pinzette zu entgehen verstehen, wenn man sie erfassen will, legt auch Zeugnis ab über die volle Beherrschung ihrer Bewegungen. In einen kleinen Käfig mit Drehrad gebracht, verstehen sie es, beim Schwanken des Rades den günstigen Moment zu erfassen, wo die beiden Öffnungen sich gegenüberstehen, um in das Rad hineinzuschlüpfen. Sie vermögen auch, es in Drehungen zu versetzen zwar nicht in so schnelle, wie die gewöhnlichen albinotischen Mäuse, aber doch genügend schnelle, daß die Erhaltung des Gleichgewichts und das Mitlaufen schon ziemlich schwierig wird.

Wenn man in Betracht zieht, daß die japanischen Mäuse von der Geburt an nur auf das eine Paar Bogengänge angewiesen sind, so ist es erklärlich, daß sie Gelegenheit genug haben, alle anderen die Innervation regulierenden nervösen Vorrichtungen einzuüben, welche in dieser Beziehung die abwesenden Bogengänge ersetzen können. Um so bemerkenswerter ist daher, daß, was die Richtungen ihrer Bewegungen betrifft, sie bis an ihr Lebensende nur auf eine einzelne angewiesen bleiben, trotz der sonstigen Geschicklichkeit bei der Erhaltung des Gleichgewichts und der Koordinierung ihrer Bewegungen. Für die Richtungsempfindungen des Ohrlabyrinths gibt es also keine Ersatzorgane.

Die genauere Analyse der Kopf- und Augenwendungen, welche Kaninchen, Tauben und Frösche bei Drehversuchen machen, hat mich zu der Überzeugung geführt, daß keine Berechtigung vorliegt, sie als Folge einer Erregung der Bogengänge zu betrachten. Diese Wendungen rühren vom „Sträuben der Tiere gegen die ungewohnten Bewegungen“ und ihrem Bestreben her, ihnen entgegenzuwirken bezw. der Drehmaschine zu entweichen. Das Festhalten des Netzhautbildes und die Kopfwendung sind die ersten Äußerungen dieses Bestrebens; die Einnahme einer passenden Körperstellung folgt darauf.

Es war nun interessant zu erfahren, wie sich die an Drehungen gewöhnten Tanzmäuse auf der Drehscheibe verhalten würden.

Wenn die bekannte Kopfwendung eine Abwehrbewegung gegen das ungewohnte Drehen ist, so darf sie bei diesen Tieren nicht auftreten. In der Tat beobachtet man auch folgendes: Beginnt die Drehung in den seltenen Momenten, wo die Tanzmäuse sich ruhig verhalten, z. B. beim Fressen, so bleiben sie auch ruhig und wenn die Drehung noch so schnell wird. Sie verlieren ihre Gleichgewichtslage auch bei den heftigsten Drehungen nicht. (Letztere wurden mit Hilfe einer aufgerollten Schnur vorgenommen, mit welcher der kleine Käfig aufgehängt wurde.)

Viel bezeichnender noch ist bei diesen selten längere Zeit ruhig bleibenden Tieren das Resultat der künstlichen Drehung, wenn diese in dem Moment vorgenommen wird, wo die Tanzmäuse selbst im Tanzen begriffen sind; sie unterbrechen sofort das Tanzen, gleichgültig, ob die Drehung in der Richtung des Tanzens oder in der entgegengesetzten Richtung vorgenommen wird. Die Abwehrbewegung gegen das nicht gewollte Drehen besteht also bei diesen fast stets in Drehung begriffenen Tieren in der Unbeweglichkeit. Auch in diesem Falle kann man die Drehungen noch so heftig machen, zu Zwangsbewegungen kommt es nie, und zwar, weil die Tanzmäuse vom Drehschwindel ganz frei sind.

Ich beabsichtigte meine Versuche an diesen Tieren mit der Zerstörung ihrer normalen Bogengänge zu beschließen; ein unglücklicher

Zufall machte aber ihrem Leben ein Ende. Während sie im großen Holzkasten aufbewahrt wurden, glitt das zu Kletterversuchen bestimmte schiefe Brett aus und tötete die Tierchen durch Schädelbrüche; die Tanzmäuse verschieden unter heftigen Rollbewegungen um ihre Längsachse.

§ 4. Eine neue Reihe von Versuchen an Tanzmäusen.

In der Sitzung der „Section de Physiologie" des XIII. internationalen medizinischen Kongresses vom 7. August 1900 habe ich die Bewegungen von sieben japanischen Tanzmäusen demonstriert, die in den beiden vorangegangenen Monaten Gegenstand meiner Beobachtungen gewesen waren.

Diese Tanzmäuse zeigten nach mehreren Richtungen hin nicht unwesentliche Abweichungen von dem Verhalten, das Rawitz im Jahre 1899 zuerst beobachtet und beschrieben hat und das später von mir an einigen Mäusen genauer experimental geprüft wurde. Die wichtigste dieser Abweichungen bestand darin, daß einige dieser Tanzmäuse es vermochten, nicht ungeschickt in vertikaler Richtung an der Gitterwand ihres Käfigs zu klettern[1]). Ich machte in meiner kurzen Mitteilung die Kollegen auf die prinzipielle Bedeutung dieses Vermögens aufmerksam, in der Voraussetzung, daß dieses wahrscheinlich auf einem abweichenden anatomischen Zustand ihrer vertikalen Bogengänge beruhen müsse. Letztere seien vielleicht weniger verkrüppelt als bei den Mäusen, welche sowohl Rawitz als ich zuerst beobachtet hatten.

In Anbetracht des theoretischen Interesses, das die Bestätigung meiner ausgesprochenen Vermutung bieten könnte, hatte es Rawitz gütigst übernommen, das Gehörorgan meiner Tanzmäuse anatomisch zu untersuchen. Die Resultate seiner Untersuchung werden im nächsten Paragraphen besprochen und es wird dabei auf den Zusammenhang der von Rawitz konstatierten und beschriebenen Verbildungen der Bogengänge mit den von mir an diesen Tieren gemachten Beobachtungen näher zurückgekommen werden. Hier soll nur konstatiert werden, daß bei dem einen Paare der Tanzmäuse, welche ziemlich geschickt und von selbst

[1]) Der Bericht über meine Mitteilung lautet: „Parmi les souris présentées, plusieurs peuvent grimper, mais difficilement, sur le grillage de la cage. M. de Cyon attribue cette particularité à ce qu'elles possèdent probablement encore une seconde paire de canaux (les verticaux inférieurs) assez bien développés. In meinem Aufsatz „Le sens de l'Espace", der zur selben Zeit im Drucke war, habe ich in einer Anmerkung (S. 71) mich folgendermaßen ausgedrückt: „Toutes les souris dansantes qu'on trouve dans le commerce ne présentent pas ces phénomènes avec la même précision. J'en ai rencontré qui peuvent grimper sur un grillage et qui se distinguent par d'autres particularités apparentes. Elles possèdent probablement encore une autre paire de canaux, sinon complètement developpés, mais dont les défectuosités n'empêchent pas entièrement le fonctionnement".

in vertikaler Richtung zu klettern vermochten, der kleine vertikale Bogengang (der hintere) viel besser erhalten war, als bei den früheren von Rawitz untersuchten Mäusen, und auch als bei derjenigen Gruppe meiner letzten Tanzmäuse, die diese Fähigkeit nicht besaßen (siehe Taf. IV Fig. 1 u. 2).

„In der zweiten Untergruppe, deren Bogengangsapparat in Taf. V Fig. 2 abgebildet ist, zeigen oberer (Taf. V Fig. 2 C. s.) und hinterer (Taf. V. Fig. 2 C. p.) ziemlich normale Verhältnisse“, schreibt Rawitz. In der Tat, der bloße Anblick der Fig. 2 zeigt schon, daß der hintere (vertikale) Bogengang bei den betreffenden Tanzmäusen, im Vergleich mit den entsprechenden Bogengängen der anderen Tiere viel weniger verkrüppelt war. Die vertikalen Kanäle dieser Gruppe waren sicherlich auch funktionsfähiger, als bei allen anderen bis jetzt von Rawitz untersuchten Tanzmäusen. Die Tanzmäuse, die ich im Mai 1900 erworben habe, zeigten schon in ihrem Äußeren gewisse Unterschiede, sowohl unter sich als auch besonders im Vergleich mit den Tieren, an denen ich im Sommer 1899 experimentiert hatte. Da sämtliche erworbenen Exemplare Männchen waren, so verteilte ich sie in den verschiedenen Käfigen bloß ihrer äußeren Erscheinung nach; die Verteilung hatte sich als gelungen erwiesen, da die Tiere ganz friedlich zusammen lebten. Dem Aussehen nach konnte man zwei Hauptgruppen unterscheiden. Die eine Gruppe bestand aus drei Exemplaren. Ihrer Körperform nach näherten sie sich am meisten den Tanzmäusen vom Jahre 1899. Nur waren ihre Schnauzen weniger abgerundet. Auch besaßen sie am Kopfe drei große Flecken aus struppigem, schwarzem Haar, die ihnen ein ganz eigentümliches, fast komisches Aussehen verliehen.

Die anderen vier Tanzmäuse ähnelten in ihrem Körperhabitus fast vollkommen den albinotischen Mäusen. Sie besaßen dieselbe spitze Schnauze und einen langen Körper. Nur die kleinen Flecke an Kopf und Hüfte bildeten einen sichtbaren Unterschied. Das eine Paar war viel weißer und besaß vier hellbraune Flecke, das andere deren fünf, die fast ganz schwarz waren. Auch ihrem Verhalten nach zeigten sie manche Unterschiede; ich bewahrte sie daher in gesonderten Käfigen. Nach dem Tode wurden ihre Köpfe auch in gesonderte Fläschchen gelegt. Leider entstand im letzten Augenblick eine Verwechslung der Flaschen und so zog ich es vor, sie zusammen an Rawitz zu senden. Diese vier Tanzmäuse bildeten die erste Gruppe der von Rawitz untersuchten Tanzmäuse. Entsprechend den verschiedenen Befunden in den Verbildungen des Ohrlabyrinths sah sich dieser Forscher gezwungen, sie ebenfalls in zwei Untergruppen einzuteilen (Fig. 1 und 2 der Tafel V).

Dies weist schon darauf hin, daß zwischen dem äußeren Aussehen der Tiere und den physiologischen Eigentümlichkeiten ihrer Bewegungen einerseits, und den pathologischen Defekten ihrer Bogengänge andererseits ein bestimmter Zusammenhang bestand. Gleichzeitig legt diese anatomische Gruppierung auch Zeugnis ab für die

Vorzüglichkeit der Bornschen Platten-Modelliermethode und für die Sorgfalt, mit welcher Rawitz sie angewendet hat.

Diese vier Tanzmäuse wichen am meisten von den früher von mir beobachteten ab: sie führten nur Solotänze aus, pflegten dabei die Schwänze nicht in die Höhe zu heben und nahmen auch sonst nicht die den gemeinsamen Tänzen der japanischen Mäuse so eigentümlichen Kopf- und Körperstellungen ein. Sie tanzten auch viel mäßiger, was Häufigkeit und Schnelligkeit anbetrifft. Diese Abweichungen mögen davon herrühren, daß alle vier Männchen waren; der geschlechtliche Reiz fehlte also beim Tanzen. Dagegen weisen die folgenden Abweichungen sicherlich auf eine Verschiedenheit ihrer Abart oder Abstammung hin. Diese Tanzmäuse zeigten nicht das fortwährende Schnüffeln in der Luft, das von Rawitz sogenannte „Winden". Auch waren ihre Zickzackbewegungen viel weniger ausgedrückt. Dagegen bewegten sie sich nach vorwärts ganz wie die anderen Tanzmäuse, nämlich nur in Halbkreisen und in diagonalen Richtungen. Die auffallendste Abweichung bestand darin, daß sie mehr oder weniger geschickt an dem dichtnetzigen Gitter der Käfigwände in vertikaler Richtung zu klettern vermochten, wobei sie aber ebenfalls immer in Diagonalen oder in Halbkreisen sich aufwärts bewegten, so daß ihr Körper immer schief zu liegen kam. Auf ein schief gestelltes Holzbrett mit rauher Oberfläche versuchten sie nicht hinaufzuklettern und verblieben auch nur ungern darauf, wenn sie zwangsweise hinaufgebracht wurden. Auf einem ähnlichen Holzbrett mit kleinen Querleisten bewegten sie sich dagegen ganz von selbst nach aufwärts; sie vermochten auch längere Zeit auf einer Leiste zu verharren. Auf einer 4 cm breiten Holztreppe mit etwa 2 cm Steigung die mit Seitenwänden versehen war, kletterten sie noch lieber hinauf, wobei sie auf jede Stufe zuerst die vier Pfoten heraufbrachten, ehe sie weiter hinaufstiegen. Sie kletterten auch bis nach oben hinauf (etwa 80 cm) und verweilten auf den Stufen mehrere Minuten lang. Das Hinabsteigen geschah mit derselben Vorsicht wie das Hinaufsteigen.

Im Gegensatz zu den früher beschriebenen Tanzmäusen, und auch zu den Mäusen der zweiten Gruppe, kehrten sie beim Absteigen vollständig um, so daß sie dabei den Kopf nach vorn hielten, und zwar gleichgültig, ob sie schnell heruntergilitten oder langsam die Treppe hinabgingen. Die früheren Tanzmäuse glitten mehrmals mit dem Steiß nach vorn herab, also ohne sich umzudrehen. Zwischen den beiden Paaren bestand der große Unterschied, daß das eine Paar (das hellere) nicht nur auf die Galtonpfeife reagierte, sondern dem Pfeifen sehr gern zuhörte. Sobald dieses erschallte, liefen die beiden Mäuse bis zur Ecke des Käfigs und verblieben mit ihren Schnäuzchen an die Wand gepreßt, um dem Pfeifen besser zuzuhören. Das zweite Paar war vollständig taub und reagierte in keiner Weise auf die Pfeife. Was die Bewegungsanomalien betrifft, so bestand zwischen beiden Untergruppen eher ein quantitativer als ein qualitativer Unterschied. Das dunklere Paar kletterte weniger geschickt und viel weniger gern als das hellere Paar, führte dagegen die Tänze anhaltender und lebhafter aus. Die beiden Paare vertrugen sich sehr gut miteinander, wie auch mit den drei Tanzmäusen der zweiten Gruppe. Ihre Käfige kommunizierten, sie besuchten sich gegenseitig, kehrten aber immer in ihre respektiven Käfige und kleinen Holzkisten zurück, die ihnen als Schlafstellen dienten. Wie wir unten sehen werden, war das Verhalten der beiden Paare auch bei der Blendung ziemlich verschieden. Weder diese Gruppe von Tanzmäusen noch die andere stieß je Schmerzensschreie aus, wie ich sie bei den früheren Mäusen hörte. Sollten nur die Weibchen Stimme besitzen, oder sind die Männchen gegen Schmerz weniger empfindlich? Dies vermag ich nicht zu entscheiden.

Die zweite Gruppe von den drei Tanzmäusen zeigte in ihren Bewegungen fast sämtliche Eigentümlichkeiten, welche ich bei den Mäusen vom Jahre 1899 beobachtet hatte: das „Winden", die Zickzackbewegungen, die Vorwärtsbewegung in diagonaler Richtung oder in Halbkreisen, das Tanzen um die vertikale Achse, das Manegelaufen usw. Auch diese Mäuse führten nur Solotänze aus; nur waren die letzteren viel weniger anhaltend[1]). Alle diese Eigentümlichkeiten waren weniger scharf ausgeprägt, auch zeigten diese Tiere nicht die große Unruhe, welche die früheren so sehr charakterisierte. Weder kletterten sie von selbst an dem Gitter des Käfigs, noch vermochten sie sich auf schiefer Ebene festzuhalten. Sie glitten oft rücklings herunter. Auf der Holztreppe mit Seitenwänden vermochten sie auch hinaufzukommen, und, da sie fortwährend Fluchtversuche machten, so kamen sie mehrmals ziemlich hoch hinauf. Auf die Galtonpfeife zeigten sie keine Reaktion.

An sämtlichen Tanzmäusen habe ich am Tage, wo sie getötet werden sollten, Blendungsversuche durch Verschluß der Augen mit Wattetampons und Kollodium gemacht. Das Verhalten der Tiere war dabei sehr verschieden. Nur zwei Tanzmäuse der zweiten Gruppe zeigten das gleiche Verhalten wie die Tanzmäuse vom Jahre 1899. Sie führten dieselben heftigen Zwangsbewegungen um alle möglichen Achsen aus, schlugen dabei Purzelbäume nach vorn und nach hinten, schnellten mehrmals in die Höhe, überschlugen sich in der Luft und fielen dabei häufig auf den Rücken, führten Rollbewegungen aus usw. Sie gelangten nur zufällig zur Ruhe, wenn sie an eine Wand stießen, stemmten sich dann mit dem Rücken an diese und blieben einige Zeit unbeweglich.

Die dritte Maus dieser Gruppe (die mehrere Wochen vorher bei einem Fluchtversuch ein Bein in das Gitter eingeklemmt und dabei eine Hinterpfote eingebüßt hatte, was sie übrigens, nach spontaner

---

[1]) Die Schnauzen bei den Tanzmäusen vom Jahre 1899 waren sichtlich breiter als bei diesen. Deren Köpfe schienen auch im Verhältnis zum kleinen Rumpf größer zu sein und glichen kleinen Hämmerchen, die fortwährend in Bewegung sind.

Heilung, nicht an der Ausführung des Solotanzes hinderte) zeigte ein abweichendes Verhalten bei der Blendung. Sie überkugelte auch mehrmals sofort nach der Blendung und führte einige Rollungen um die Längsachse aus, blieb aber dann unbeweglich liegen, meistens auf dem Rücken oder auf der einen Seite. Nur wenn sie von einer anderen Maus beim Laufen einen Stoß erhielt, verfiel sie wieder in Zwangsbewegungen. Von der ersten Gruppe zeigten die beiden Mäuse, welche auf die Pfeife reagierten, ein ganz abweichendes Verhalten: sie liefen gleich nach Blendung fort, als wäre nichts geschehen[1]), höchstens zeigten sie ein gewisses Zögern beim Umkehren und einige Unsicherheit beim Anstoßen an irgend einen Widerstand. Sie beruhigten sich meistens in letzterem Falle und blieben stehen. Die beiden anderen (dunkleren) Tanzmäuse blieben zuerst unbeweglich, stemmten sich auf ihr Hinterteil und suchten mit den Vorderpfoten die Wattetampons loszureißen. Wenn sie dabei umfielen, führten sie einige Zwangsbewegungen aus. Nur beim schnellen Laufen traten die letzteren manchmal von neuem auf, erreichten aber nie weder die Heftigkeit noch die Mannigfaltigkeit der Bewegungen der zweiten Gruppe.

Sämtliche Tiere wurden etwa zehn Stunden nach der Blendung getötet. In der Zwischenzeit trat keinerlei auffallende Veränderung in ihrem Verhalten ein.

§ 5. Die anatomischen Befunde von Rawitz und ihr Zusammenhang mit den physiologischen Beobachtungen.

In meinen ersten Versuchen an japanischen Tanzmäusen mußte davon Abstand genommen werden, meine physiologischen Beobachtungen mit den anatomischen Befunden von Rawitz in näheren Einklang zu bringen. Zwischen den Bewegungseigentümlichkeiten seiner Mäuse und denen, die bei den meinigen wahrgenommen wurden, zeigte sich zwar eine große Übereinstimmung in den Hauptzügen; diese berechtigte jedoch nicht, die Sektionsbefunde der einen Tiere auf die Lebensphänomene der anderen ohne weiteres zu übertragen.

Zeigte ja schon die erste Untersuchung von Rawitz, daß die Verbildungen des Ohrlabyrinths nicht bei allen seinen Tieren genau die nämlichen waren. Bei Gelegenheit eines Besuchs in Berlin, wobei Rawitz die Freundlichkeit hatte, mir seine Präparate zu demonstrieren, konnte ich mich durch Augenschein von dieser Tatsache überzeugen. Ich vermochte auch bei dieser Gelegenheit mich von der Vollkommenheit der plastischen Rekonstruktion nach der Plattenmodelliermethode von Born zu überzeugen. Daher begnügte ich mich, die wichtige von Rawitz festgestellte Tatsache, daß Tanzmäuse, die nur ein funktionsfähiges Bogengangspaar besitzen, sich nur in einer Richtung des

[1]) Ein ähnliches Verhalten beobachtete ich im Jahre 1899 an zwei geblendeten albinotischen Mäusen.

Raumes zu bewegen vermögen, in ihrer allgemeinen Bedeutung zu verwerten. Jetzt lagen aber anatomische Untersuchungen von zwölf japanischen Tanzmäusen vor, von denen ich selbst sieben zu beobachten und auf ihre Bewegungseigentümlichkeiten zu prüfen Gelegenheit hatte. Der Versuch ist also wohl berechtigt, diese Eigentümlichkeiten mit den Verbildungen der Bogengänge in näheren Zusammenhang zu bringen.

Bei dem damaligen Stand unserer Kenntnisse über die Verrichtungen des Ohrlabyrinths mußte dabei in erster Linie geprüft werden, inwiefern sich zwischen den Ergebnissen der experimentellen Eingriffe an den einzelnen Bogengängen und den an Tanzmäusen gemachten Beobachtungen eine Übereinstimmung feststellen ließe. Rawitz hat seine Ergebnisse in seiner zweiten Untersuchung folgendermaßen resumiert:

„. . . . . Daß sich hochgradige Abweichungen von der Norm bei den Bogengängen finden und daß der obere noch am wenigsten von ihnen betroffen ist, ist ebenfalls überall zu konstatieren. Aber die Grade der Veränderungen, die Art, wie die Verwachsungen zwischen den einzelnen Bogengängen aussehen und zwischen welchen Bogengängen sie vorkommen: darin zeigt sich eine beträchtliche Variabilität . . . Es ergibt sich daraus, daß die Hauptveränderungen am äußeren Bogengange stattgefunden haben; sie können von der einfachen Reduktion in der Größe bis zum völligen Verluste der Selbständigkeit gehen. Man kann geradezu sagen, daß die Tiere, deren Bogengangsapparat in Taf. V Fig. 2 abgebildet ist, in Wahrheit nur zwei Bogengänge besessen haben."

Ich erinnere daran, daß diese Fig. 2 des Ohrlabyrinths von der einen Unterabteilung der ersten Gruppe meiner Tanzmäuse herrührt. „Der hintere Bogengang zeigt etwas weniger beträchtliche Veränderungen, doch sind diese immerhin auffällig genug, namentlich deswegen, weil er vielfach keine Ampulle hat". Die allen diesen Tanzmäusen gemeinschaftliche Bewegungsanomalie bestand in den kreis- oder halbkreisförmigen Drehungen in einer horizontalen Ebene um ihre eigene oder um eine andere beliebige vertikale Achse. Ebenso allgemein, wenn auch in verschiedenem Grade, war die Unfähigkeit aller dieser Tanzmäuse, sich in gerader Linie vorwärts zu bewegen; sie liefen in Halbkreisen oder in diagonalen Richtungen oder führten die bekannten zickzackförmigen Bewegungen aus. Endlich konnten einige dieser Tanzmäuse, und darunter die zwei, von denen die Fig. 2 der Taf. V herrührt, sich auch in vertikaler Richtung bewegen, taten dies auch gern, aber immer, ohne die gerade Linie einzuhalten.

Erinnern wir nun zum Vergleiche an die hauptsächlichsten Bewegungsstörungen, welche Verletzungen oder Durchschneidungen der einzelnen Bogengangspaare in meinen Versuchen zu erzeugen pflegten. Um Mißverständnissen vorzubeugen, soll hier daran erinnert werden, daß ich die Bogengänge nach ihren Verrichtungen als horizontale, vertikale und sagittale zu bezeichnen pflege. Rawitz bediente sich der anatomischen Nomenklatur: äußere, hintere und obere Kanäle. Die anatomischen Namen hatten auch ihre Berechtigung, so lange man die physiologische Bedeutung der eigentümlichen Lagerung dieser Kanäle nicht kannte. Das Entscheidende für die Verrichtungen der Bogengänge ist nämlich nicht ihre Lagerung in bezug auf die Schädelachsen, die übrigens nicht bei allen Wirbeltieren genau dieselbe ist, sondern die Tatsache, daß sie ein rechtwinkliges Koordinatensystem miteinander bilden[1]).

Im Kapitel I wurden die Folgen der Durchschneidung, Zerstörung oder Reizung der einzelnen oder sämtlicher Bogengänge ausführlich beschrieben und auf die große Gesetzmäßigkeit besonderes Gewicht gelegt, mit welcher die bei Tauben, Fröschen und Kaninchen auftretenden Augen-, Kopf- und Körperbewegungen immer in der Ebene der operierten Gänge sich vollziehen. „Dieses Gesetz, schrieb ich, ist ein absolutes und gestattet keinerlei Ausnahme.“

Beim Kaninchen ist die Gesetzmäßigkeit, mit welcher die Bogengänge die Bewegungen beherrschen, darum von besonderer Wichtigkeit, weil bei befestigtem Kopf und Rumpf sie sich in ganz evidenter Weise in den nystagmischen Bewegungen der Augäpfel ausdrückt. Diese Bewegungen werden ebenfalls in Ebenen ausgeführt, die genau durch die Wahl der gereizten Bogengänge bestimmt werden.

Bei der Übertragung dieser experimentellen Erfahrungen auf die Beobachtungen an den Tanzmäusen fällt sofort die eine volle Übereinstimmung auf: Drehungen um vertikale Achsen, Manegebewegungen in der horizontalen Ebene, pendelartige Schwingungen des Kopfes nach rechts und links werden künstlich durch Zerstörungen der horizontalen Bogengänge erzeugt. Die Tanzmäuse, bei denen die gleichen Bewegungen vorherrschend sind, zeigen nach den Befunden von Rawitz ihre Hauptverkrüppelungen eben an den Horizontalkanälen, Verkrüppelungen, die „bis zum völligen Verluste ihrer Selbständigkeit gehen“.

Die angeborenen pathologischen Verbildungen des Ohrlabyrinths, unbekannten Ursprungs, welche die konstanteste und wichtigste Reihe der eigentümlichen Bewegungen der Tanzmäuse erzeugen, wirken also genau nach dem physiologischen Gesetz, das ich auf Grundlage zahlreicher experimenteller Untersuchungen im Jahre 1878 abgeleitet habe.

Abgesehen von der Bedeutung dieser tatsächlichen Bestätigung einer der Grundlagen meiner Lehre von den Verrichtungen der Bogengänge, sind die erwähnten anatomischen Befunde noch von großem Interesse für das Verständnis des inneren Mechanismus dieser Verrichtungen. Sie zeigen, daß die hauptsächlichsten Bewegungen der Tanzmäuse, sowohl die willkürlichen als die gezwungenen, in der Ebene des am meisten verkrüppelten, des fast völlig ab-

[1]) Was deren Stellung zu den benachbarten Organen betrifft, so ist die zum äußeren Gehörorgan sowie zu den beiden Augäpfeln schon viel wichtiger als zu den Achsen des knöchernen Schädels. Im nächsten Kapitel wird noch auf diese Verhältnisse näher zurückgekommen werden.

wesenden Bogengangspaares geschehen. Mit anderen Worten, daß deren Richtungen durch die Funktionsunfähigkeit derjenigen Bogengänge erzeugt werden, deren normale Funktion darin besteht, die Bewegungen in diesen Richtungen zu bestimmen und zu regulieren.

Bei oberflächlicher Betrachtung könnte man versucht sein, einen Widerspruch darin zu finden, daß die Tiere gezwungen sind, sich in der Richtung des abwesenden Bogengangs zu bewegen. Tatsächlich besteht aber keiner; haben ja sämtliche experimentellen Ergebnisse an den Bogengängen zur Evidenz gezeigt, daß es die Zerstörung oder die Durchschneidung der Bogengänge ist, welche die heftigen und anhaltenden Zwangsbewegungen in der Richtung ihrer Ebene veranlassen, daß es also der Ausfall ihrer Funktionen ist, der, wie Curschmann zuerst sich ausdrückte, dieses Phänomen erzeugt. Die künstliche Erregung der Bogengänge ruft nur einzelne Bewegungen und zwar in derselben Ebene hervor, aber in entgegengesetztem Sinne der Richtung[1]). Nur weil die Durchschneidung eines Bogenganges anfänglich eine solche Erregung zu erzeugen pflegt, machte es so lange Schwierigkeiten, die wahre Natur der Flourensschen Versuche richtig zu erkennen.

Schon bei Gelegenheit meiner ersten Untersuchungen über das Ohrlabyrinth wurde ich auf die hemmenden Einflüsse, die die Bogengangserregungen auf die Auslösung von Bewegungen ausüben, aufmerksam gemacht. Dadurch vermochte ich allmählich zu einer richtigen Auffassung des Mechanismus der Labyrinthfunktionen zu gelangen. In meinen späteren Arbeiten habe ich auch mehrmals darauf hingewiesen, daß schon Flourens die richtige Art und Weise geahnt hat, wie die Bogengänge die Bewegungsrichtungen beherrschen, und daß insbesondere Chevreul klar diese Auffassung vertreten hat: „. . . il faut les considérer (les canaux) non comme des organes qui produisent les phénomènes en question, mais comme des organes qui les empêchent, au contraire, de se manifester“.

Der Mechanismus dieser hemmenden Einflüsse wurde zuerst in meiner Arbeit „Ohrlabyrinth, Raumsinn und Orientierung“ ausführlicher auseinandergesetzt. In § 10 wird dieser Mechanismus in seiner neuen Umgestaltung infolge neuerer Untersuchungen näher erläutert werden. Hier sollen nur die wichtigsten Analogien zwischen den Ergebnissen der operativen Eingriffe in den Verrichtungen der Bogengänge bei Tauben, Fröschen, Kaninchen und anderen Tieren und den anscheinend spontan auftretenden Erscheinungen bei Tanzmäusen hervorgehoben werden.

Die künstlich erzeugte Abwesenheit der hemmenden Wirkungen des einen Bogengangspaares bei Tieren, deren zwei übrige Bogengangspaare intakt geblieben sind, genügt, um Tage, ja Wochen lang die Tiere zu zwingen, sich nur in der Ebene dieses zerstörten Bogengangspaares zu bewegen, etwa wie die Bildung einer Nebenschließung von geringem Widerstande oder wie die plötzliche

[1]) Siehe auch § 9 des Kapitels I.

Ausschaltung stärkerer Widerstände die elektrischen Ströme von den übrigen Leitern ablenken und sie zwingen, die Wege des geringsten Widerstands einzuschlagen.

Bei den Tanzmäusen sind nun die Verhältnisse nicht ganz so einfach. Ihre zwei anderen Bogengangspaare sind meistens nicht normal. Dem Anscheine nach ist nur das sagittale Bogengangspaar annähernd gut erhalten. Das vertikale ist häufig stark verbildet und nur ausnahmsweise, wie in der Fig. 2, noch sichtlich funktionsfähig. In der einen Untergruppe meiner Tanzmäuse fand Rawitz sogar eine vollständige Abwesenheit der Ampulle und der Crista der vertikalen Kanäle (Taf. V Fig. 1). Die anormalen Verwachsungen der knöchernen und häutigen Kanäle untereinander sowie die Abweichungen von ihrer normalen Lagerung[1]) könnten schon genügen, um ein normales Funktionieren der übrigen vier Bogengänge zu vereiteln. Die völlige Verkrüppelung der horizontalen Bogengangspaare bei den Tanzmäusen vermag dennoch die vom Willen ausgelösten oder von anderen Quellen herstammenden Reize zu zwingen, die Nervenbahnen, die von den erhaltenen Bogengängen beherrscht werden, zu vermeiden, wo die hemmenden Widerstände noch zu stark zu sein scheinen.

Die anderen Eigentümlichkeiten der Bewegungen bei den Tanzmäusen äußern sich in Vorwärtsbewegung in Halbkreisen oder in Diagonalen und in der Unmöglichkeit, die gerade Richtung einzuhalten. Rührten diese Eigentümlichkeiten ebenfalls von der Abwesenheit der horizontalen Bogengänge her, also von der Verirrung der Willensimpulse auf die Nervenbahnen, die die Bewegungen nach rechts oder nach links beherrschen, wie dies etwa bei dem Kopfnystagmus der operierten Tiere der Fall ist, oder hängt das Laufen in Halbkreisen von anderen Gründen ab?

Berücksichtigt man die Tatsache, daß es sich dabei nur um willkürliche Bewegungen handelt, und erwägt man die Erklärung, die ich von dem Ursprung der Vorstellung von der geraden Linie gebe (siehe Kap. VI), so muß man der letzteren Alternative den Vorzug geben. Das harmonische Zusammenwirken des Ohrlabyrinths mit dem Gesichtsorgan, welches die Kenntnis der geraden Linie bedingt, muß ja bei diesen Tieren gestört sein, und zwar nicht nur infolge der Verkrüppelung der Bogengänge, sondern auch wegen der höchst wahrscheinlichen Veränderungen in den Fasern der Vestibularnerven und in den zentralen Gebilden, welche sie mit den Fasern des okulomotorischen Nerven verbinden.

Das „Winden“ der Tiere dient ihnen eben dazu, um sich besser zu orientieren, wenigstens, um den geradesten oder den kürzesten Weg leichter finden zu können. Die Ebenen der sagittalen Bogengänge sind bekanntlich nicht zueinander parallel. Sie bilden in ihrer Verlängerung

---

[1]) Es ist von Rawitz die interessante Tatsache konstatiert worden, daß diese Abweichungen in Winkeln von 45° oder 90° geschehen.

nach hinten einen Winkel, den die sagittale Achse des Schädels schneidet. Damit die Vorwärtsbewegung in gerader Richtung möglich sei, ist ferner eine gewisse Kongruenz der in den beiden entsprechenden Ampullen dieser Bogengänge stattfindenden Erregungen erforderlich.

Wird nun eine derartige Verschmelzung irgendwie gestört, so muß das Tier bei der willkürlichen Vorwärtsbewegung abwechselnd in der Richtung des einen oder des anderen Bogenganges laufen. In dieser Weise könnten die Zickzackbewegungen und das Vorwärtslaufen der Tanzmäuse in diagonaler Richtung also ganz befriedigend erklärt werden[1]). Zugunsten eines solchen Ursprungs des Vorwärtslaufens in diagonaler Richtung scheint auch die Tatsache zu sprechen, daß die Tanzmäuse der ersten Gruppe, bei denen die Zickzackbewegungen des Kopfes nur sehr schwach ausgedrückt waren, meistens sich nur in diagonaler Richtung bewegten. Auch beim Klettern an dem Käfiggitter folgten sie nie der geraden vertikalen Richtung; ihre Körperstellung war immer etwas schief zur Vertikale.

Viel schwieriger ist es, die Befunde von Rawitz bei der zweiten Untergruppe der ersten Reihe (Taf. V Fig. 1) mit der Fähigkeit der betreffenden Tanzmäuse, sich ziemlich gut in der vertikalen Richtung zu bewegen, in Zusammenhang zu bringen. Die Schwierigkeit wird noch dadurch verstärkt, daß durch die Vermischung der vier Köpfe bei deren Versendung nach Berlin es unmöglich war, festzustellen, ob die Fig. 2 (Taf. V), d. h. die anscheinend funktionsfähig erhaltenen vertikalen Bogengänge, sich auf das viel hellere Paar der Tanzmäuse bezieht, welches der Galtonpfeife so gerne zuhörte. Wahrscheinlich ist es schon, daß diese Mäuse, welche sich ihrem Habitus nach den albinotischen am meisten näherten, auch, dank dem ziemlich gut erhaltenen vertikalen Bogengang, die Möglichkeit hatten, bei Willensimpulsen die vertikale Richtung einzuschlagen. Insofern hätte sich also an diesem Paar meine am 7. August 1900 gemachte Voraussetzung jedenfalls bestätigt. Wie aber ist es mit der Untergruppe, wo die Ampullen der vertikalen Bogengänge ganz zu fehlen schienen und die Mäuse sich dennoch aufwärts zu bewegen vermochten? Zwischen den Befunden der Fig. 1 und 2 Taf. V besteht ein Gegensatz, der sich sehr schwer erklären läßt. Möglich, daß mir einige Eigentümlichkeiten ihrer Vertikalbewegungen entgangen sind. Man darf übrigens auch keine zu vollkommene Übereinstimmung zwischen den Folgen genau begrenzter Zerstörungen der Bogengänge und den Erscheinungen erwarten, die bei deren angeborenen

---

[1]) Alexander und Kreidl vermuteten ganz mit Unrecht, ihre Versuche, die Tanzmäuse in einem Gang laufen zu lassen, widersprächen meiner Auffassung des Zickzacklaufens. Ich habe schon längst dasselbe beschrieben. Die Tanzmäuse können auch an einer Wand entlang geradeaus laufen; natürlich wird dies ihnen noch viel leichter sein, wenn sie zwischen zwei Wänden laufen, die in ihrem Gesichtskreis liegen, besonders wenn sie einer Gefahr zu entlaufen suchen. Den Tieren fehlt eben nicht die Fähigkeit, die nötigen Muskeln zum Geradelaufen zu koordinieren, sondern die Möglichkeit, die gerade Richtung zu erkennen.

pathologischen Verbildungen beobachtet werden. Schon darum nicht, weil ja bei den Tanzmäusen sicherlich auch die Stämme und die Zentralorgane des Raumnerven sich nicht in normalem Zustand befinden können. Es darf schon als ein im hohen Grade befriedigendes Ergebnis erscheinen, daß in den Hauptzügen so viele Übereinstimmungen zwischen den Bewegungsanomalien der sehr verschiedenen Tiere mit solcher Evidenz nachgewiesen werden konnten.

Noch auf eine Übereinstimmung will ich aufmerksam machen, die bei meiner ersten Mitteilung über die japanischen Tanzmäuse mir entgangen war. Es handelt sich um die gewaltigen Bewegungsstörungen, die bei der plötzlichen Blendung der Tiere beobachtet wurden und die ich bei zwei Mäusen der zweiten Gruppe ebenfalls in derselben Form auftreten sah. „Das Tier lieferte", schrieb ich, „das bekannte Bild der Tauben oder Frösche, denen man auf beiden Seiten plötzlich sämtliche Bogengänge zerstört". Um sich davon zu überzeugen, genügt es, das Bild, das ich in der Arbeit vom Jahre 1878 von den Tieren entworfen habe, denen sämtliche Bogengänge gleichzeitig zerstört wurden, zu analysieren. Es war mir bei den Blendungsversuchen an den Tanzmäusen ganz aus dem Gedächtnis entfallen, daß ich schon früher Blendungsversuche an Tauben mit zerstörten sechs Bogengängen ausgeführt hatte, die absolut das gleiche Resultat ergeben haben, wie die Blendung der Tanzmäuse.

Nachdem ich in der erwähnten Arbeit die Erscheinungen beschrieben habe, die 5—10 Tage nach der Operation auftreten, wenn die Taube sich zu erholen anfängt und das Gehen von neuem zu erlernen sucht, sagte ich: „Während dieses Erlernens bedarf die Taube der Mitwirkung ihrer übrigen Sinnesorgane, besonders des Sehorgans" (s. Kap. I § 6). Die Bedeckung der Augen mittels einer kleinen, der Taube über den Kopf gezogenen Kapuze genügte, um sie augenblicklich alle noch so unreifen Erziehungsfrüchte einbüßen zu lassen: sie verfiel wieder in den Zustand, in welchem sie sich die ersten Tage nach der Operation befand, d. h. also, die heftigen und so charakteristischen Zwangsbewegungen traten von neuem auf.

Es ist von hohem Interesse, einige Vergleiche zwischen den Bewegungen der Tanzmäuse und denen der Neunaugen anzustellen. Die großen Analogien, welche sich zwischen den beobachteten Bewegungserscheinungen bei Tanzmäusen und denen bei frisch am Labyrinth operierten Tieren herausgestellt haben, sprechen in ganz zwingender Weise zugunsten des pathologisch-traumatischen Ursprungs der Verbildungen, die Rawitz bei den Tanzmäusen beschrieben hat. Wie dieser Forscher mit Recht hervorgehoben hat, spricht auch die große Variabilität in dem Grade der Verbildungen dafür, daß man es hier mit Krankheitsbildern zu tun hat.

Die japanischen Tanzmäuse können daher jetzt nicht mehr als eine natürliche Mäusevarietät betrachtet werden, wie man dies vor den letzten anatomischen Untersuchungen von Rawitz anzunehmen geneigt war. Die Analogie mit den Neunaugen, die von Natur aus nur zwei

Bogengangspaare besitzen, auf welche ich in meiner ersten Untersuchung über die japanischen Tanzmäuse hingewiesen habe, ist also in Wirklichkeit eine ziemlich beschränkte. Es ist schon ganz richtig, daß die Neunaugen mit nur zwei Bogengangspaaren sich nur in zwei Richtungen des Raumes zu bewegen vermögen, sowie daß Tanzmäuse, die nur ein Bogengangspaar in annähernd funktionsfähigem Zustande besitzen, sich nur in einer Richtung bewegen. Es ist ferner richtig, daß die einen wie die anderen Tiere nicht imstande sind, die gerade Richtung einzuhalten.

Die Analogie hört aber auf, sobald man den Mechanismus zu zergliedern sucht, durch welchen die geringe Zahl der Bogengänge die Richtungen einschränkt, in denen die Tiere sich bewegen können. Die Neunaugen vermögen sich nur in zwei Richtungen des Raumes zu bewegen, weil sie normaler Weise nur im Besitze von zwei Bogengangspaaren sind, also nur zwei Richtungen kennen. Die Tanzmaus dagegen ist gezwungen, bei voller Verkrüppelung ihrer horizontalen Bogengänge sich vorzugsweise in der Ebene dieses funktionsunfähigen Bogengangspaares zu bewegen, weil durch den Ausfall der Hemmungen, die normal von diesem Kanalpaar ausgingen, die Willensimpulse sich vorzugsweise in den Nervenbahnen, die von ihm beherrscht wurden, verbreiten müssen. Der Unterschied ist demnach im Grunde viel wesentlicher, als er auf den ersten Blick erscheinen mag. Bei den Neunaugen funktionieren jedenfalls die beiden Bogengangspaare ganz in derselben Weise wie dies bei den Wirbeltieren mit drei Bogengangspaaren der Fall ist. Nur sind die zentralen Organe sowohl als die Leitungsbahnen und Verbindungen zwischen den vestibularen und den okulomotorischen Nerven beim Petromyzon auf ein Zweibogensystem eingerichtet. Als Tiere mit einem Bogengangspaare, deren Bewegungsanomalien ihrem inneren Mechanismus nach mit denen der Neunaugen als analog betrachtet werden könnten, dürfen nur die Myxinoiden gelten. Leider besitzen wir, meines Wissens, bis jetzt keinerlei Angaben über die Bewegungen dieser Tiere.

§ 6. Die Bedeutung der Beobachtungen an den Tanzmäusen für die Physiologie des Raumsinns.

In seiner letzten Schrift sagte Rawitz: „Durch die in dieser Arbeit mitgeteilten anatomischen Tatsachen erledigen sich von selbst die Experimente, Kritiken und Zweifel in den Artikeln der Herren Alexander und Kreidl und des Herrn Panse. Auf die Publikationen dieser Autoren näher einzugehen ist daher unnötig."

Die hier mitgeteilten physiologischen Beobachtungen und Experimente, ausgeführt im Sommer 1900, zeigten, daß die später von mehreren Seiten veröffentlichten Abweichungen in dem Verhalten der japanischen Tanzmäuse von dem früher beschriebenen keineswegs für mich überraschend waren. Auch haben Alexander und Kreidl keine neuen Tatsachen bekannt gemacht, die irgendwie gegen die Deutung gesprochen hätten, die ich in meiner betreffenden Arbeit über die Bewegungsanomalien der Tanzmäuse gegeben habe.

Der in den vorangehenden Abschnitten dargelegte Zusammenhang zwischen den physiologischen Tatsachen und den bei denselben Tieren konstatierten anatomischen Befunden kann darüber keinerlei Zweifel lassen. Es sollen aber hier einige Worte über die wahre Bedeutung der an den Tanzmäusen gemachten Beobachtungen für meine Lehre vom Raumsinn gesagt werden. Nur ein volles Mißverständnis der tatsächlichen Verhältnisse konnte bei den soeben zitierten Autoren die Hoffnung aufkommen lassen, meine Raumtheorie würde umgestürzt werden, wenn es ihnen gelingen sollte, bei den japanischen Tanzmäusen ein normales Ohrlabyrinth nachzuweisen.

Meine Lehre von den Verrichtungen des Ohrlabyrinths als Sinnesorgans für die Orientierung und die Vorstellungen des dreidimensionalen Raumes ist nach sehr zahlreichen Versuchsreihen, die mehrere Jahre dauerten, schon im Jahre 1878 auf unerschütterlichen Grundlagen errichtet und entwickelt worden. Die seitdem von mir und von anderen Forschern ausgeführten Untersuchungen haben zahlreiche und wertvolle Bestätigungen für die Richtigkeit meiner Lehre geliefert. Sogar die jahrelangen Auseinandersetzungen mit den Gegnern meiner Lehre und den Vertretern der Goltz-Mach-Breuerschen Hypothesen sind für die Physiologie des Raumsinns nicht unfruchtbar geblieben. Sie haben mehrere meiner früheren Ansichten durch die erforderlichen Kontrollversuche präzisiert und erweitert. Auch haben sie mir erlaubt, einige nebensächliche Details meiner Lehre zu korrigieren. Die schöne Entdeckung von Rawitz, daß Verbildungen des Gehörorgans, sowohl der Schnecke als des Ohrlabyrinths, bei den japanischen Tanzmäusen bestehen, sowie seine Beobachtungen ihrer Bewegungsanomalien lieferten einen neuen Beweis der Richtigkeit meiner Raumsinnstheorie, der um so wertvoller war, als dieser Forscher auch die richtige Bedeutung seiner Entdeckung sofort begriffen hatte. Er erklärte die eigentümlichen Bewegungen der Tanzmäuse als entstanden durch den Verlust ihrer Orientierungsfähigkeit und die ganz ungewöhnliche Geschwindigkeit und Sicherheit, mit der sie ihre sehr komplizierten Tänze ausführen, als eine Widerlegung der übrigens von ernsten Forschern längst aufgegebenen Ansicht, das Ohrlabyrinth diene zur Unterhaltung des Gleichgewichts.

Es wäre aber ein ganz sonderbarer Irrtum, zu glauben, daß, wenn Rawitz bei den Tanzmäusen einen normalen Bogengangsapparat gefunden hätte, dies irgend etwas gegen die Richtigkeit meiner Lehre ausgesagt hätte. Führen ja auch Shakers, tanzende Derwische und Mitglieder anderer religiöser Sekten ebenfalls mit rasender Heftigkeit verschiedene Tänze aus, bei denen Drehungen um ihre vertikale Achse die Hauptrolle spielen. Man sieht auch sonst normale Menschen ganze Nächte hindurch tanzen und ganz wie japanische Mäuse walzieren, ohne ihrem Ohrlabyrinth etwas nachsagen zu können. Ein negatives Ergebnis der Rawitzschen anatomischen Untersuchungen des Ohrlabyrinths der Tanzmäuse würde nur darauf hingewiesen haben, daß bei diesen Tieren irgendwelche pathologische Veränderungen im Kleinhirn oder in anderen Hirnteilen vorhanden sind, die sie zwingen, sich nur in Kreisen oder in diagonaler Richtung zu bewegen.

Meine Lehre vom Raumsinn wäre dabei um einen schönen und besonders leicht demonstrierbaren Beweis ärmer gewesen. Sie besitzt aber deren eine so reichliche und so überzeugende Menge, daß ihre Grundlagen darum nicht um ein Haar weniger fest geblieben wären. Der Wert der Tanzmäuse zur Demonstration der Verrichtungen des Ohrlabyrinths ist allerdings, wie die Sachen jetzt stehen, nicht hoch genug anzuschlagen. Wenn es jahrelanger mühseliger Kämpfe bedurfte, um die so klare und augenscheinliche Bedeutung des Bogengangsapparates als Organs für die Orientierung im Raume in der Physiologie durchdringen zu lassen, so lag dies zum großen Teil daran, daß viele meiner Gegner sich nicht die Mühe geben wollten, an den einzelnen Bogengängen gesondert zu operieren. Die einen zogen es vor, die Verrichtungen des Ohrlabyrinths rein metaphysisch aus der Mißdeutung der bekannten Täuschung bei dem Durchfahren der Eisenbahnkurven abzuleiten. Die anderen, die auf ihre angeblich verbesserte Methode besonders stolz waren, begnügten sich mit der rohen Zerstörung der ganzen Occipitalgegend sammt Ohrlabyrinth durch glühendes Eisen oder durch ähnliche rohe Eingriffe.

„Wem es nicht gelingen will, bei Tauben, Fröschen und Kaninchen durch sorgfältiges Operieren an den einzelnen Bogengängen genau die für jeden von ihnen charakteristischen Bewegungen hervorzurufen, der wird besser tun, von dem Experimentieren an den Bogengängen ganz Abstand zu nehmen,“ schrieb ich im Jahre 1887 in der Vorrede zur Herausgabe meiner „Gesammelten physiologischen Arbeiten“. In den japanischen Tanzmäusen besitzen jetzt die Physiologen Versuchstiere, an denen sie ohne jeden operativen Eingriff die Hauptzüge der Bogengangsfunktionen demonstrieren und mit Hilfe der Tafeln von Rawitz auch erläutern können. Denn für jeden Beobachter, der überhaupt imstande ist, beobachtete Erscheinungen zu verstehen, kann bei einer solchen Demonstration kein Zweifel mehr bestehen, daß das Ohrlabyrinth keinesfalls ein Organ für die Erhaltung des Gleichgewichts sein kann. In den peinlichsten Stellungen vermögen die Tanzmäuse das Gleichgewicht vollkommen zu erhalten und auch viele, sehr komplizierte Bewegungen führen sie mit Geschick und Grazie aus.

Zu einem analogen Schluß ist auch Zoth bei seiner längeren Untersuchung gelangt[1]). Auch er hat in sehr einfacher Weise gezeigt,

---

[1]) Meine Mitteilung vom 7. August 1900 war Zoth entgangen; er glaubte daher, daß seine Beobachtungen im Widerspruch mit den meinigen standen. Er erklärte es für unwahrscheinlich, „daß es Tanzmäuse verschiedener Art gibt,

daß Alexander und Kreidl mit Unrecht aus dem Versuch mit dem Laufen der Mäuse auf einem schmalen „Steg“ aus Blech, der hoch in der Luft stand, den entgegengesetzten Schluß gezogen haben, d. h. zuungunsten ihres Gleichgewichtsvermögens. Diese Autoren verwechselten Seiltanzen mit Gleichgewichtsvermögen, die eben verschiedene Dinge sind. Es genügte Zoth, den Steg mit rauhem Tuch zu überziehen, damit die Tanzmäuse auf ihm sogar balancieren konnten. Die Momentaufnahmen Zoths lassen darüber keinen Zweifel übrig. Gegen zwei Punkte der sorgfältigen Untersuchung von O. Zoth muß ich allerdings Einspruch erheben. In meinen Versuchen vom Jahre 1899 habe ich beobachtet, daß die Tanzmäuse, die nicht vermochten, sich auf der schiefen Ebene eines rauhen Holzbrettes[1]) zu halten, wenn das Zimmer beleuchtet war, in der Dunkelheit sogar imstande waren, von selbst auf das Brett hinaufzuklettern. Nur beim Eindringen von Licht glitten sie sofort herunter. Dies kann doch unmöglich daher rühren, daß die Oberfläche des Brettes ihnen keinen genügenden Halt geboten hat. Der Einfluß des Lichts war hier also unzweifelhaft. Über die nähere Natur dieses Einflusses bin ich auch jetzt nicht imstande, eine befriedigende Erklärung zu finden.

Ferner vermochte ich O. Zoth nicht beizustimmen, wenn er behauptete, daß die Muskelkraft der Tanzmäuse abnorm gering sei. Tiere, die 10 bis 12 Stunden täglich sich mit rasender Heftigkeit dem Walzer ergeben können, wobei sie manchmal bis zu 150 Touren in der Minute um ihre vertikale Achse ausführen, müssen im Gegenteil über eine große Muskelkraft verfügen. Daß sie auf „plötzliches Anblasen“ keinen Widerstand leisten oder dem Zuge am Schwanze leicht nachgeben, kann wohl an anderen Ursachen liegen. Messende Vergleiche dieses Zuges mit dem bei anderen Tieren sind auch wenig überzeugend, schon wegen der bedeutenden Ermüdung der Tanzmäuse nach ihrem wüsten Tanzen. Die ganz außerordentlichen Mengen von Futter, welche diese Tiere täglich verzehren, deuten auch darauf hin, welchen Verbrauch an Muskelkraft ihr Tanzen erheischt. Ich habe schon (Kap. III § 9) gezeigt, daß Ewald ganz mit Unrecht die Abnahme der Muskelkraft nach der Zerstörung des Ohrlabyrinths als Beweis ansehen wollte, das Ohrlabyrinth unterhalte die gesamte Muskulatur des Körpers in tonischer Erregung. Diese Abnahme rührt teils von der Erschöpfung des Muskelsystems durch die wochenlang anhaltenden Zwangsbewegungen her, teils von dem Verlust der Fähigkeit, die Innervationsstärken bei gewollten Bewegungen ihrem Zwecke gemäß zu regulieren und zu verteilen.

---

und daß meine und Cyons Tiere solche Abarten sind“. Wie ich aus seiner freundlichen Zuschrift erfuhr, hat dieser Passus vor der letzten Korrektur ganz richtig gelautet: „Möglicher Weise gibt es auch Tanzmäuse verschiedener Art, und sind Cyons und meine Tiere solche verschiedene Arten gewesen“.

[1]) Es wurde zu diesen Versuchen der Deckel einer gewöhnlichen Packkiste verwendet.

Wir müssen noch einige Worte über die im Jahre 1902 veröffentlichten Untersuchungen von Alexander und Kreidl: „Anatomisch-physiologische Studien über das Ohrlabyrinth der Tanzmaus" hinzufügen. Nur der anatomische Teil, dessen Verfasser Alexander ist, bietet für uns einiges Interesse. Das allgemeine Resultat seiner anatomischen Untersuchungen drückt Alexander mit folgenden Worten aus: „Atrophien der Äste, Ganglien, Wurzeln des gesamten achten Hörnerven; Atrophie und Degeneration der Pars inferior Labyrinthi, insbesondere ihrer Nervenendstellen". Nachdem von Rawitz die Verkrüppelung des Gehörorgans dieser Tiere nachgewiesen wurde, war im allgemeinen ein ähnliches Verhalten des Nervensystems vorauszusehen. Man hätte daher auch die Detailangaben von Alexander mit Zutrauen aufnehmen können, wenn er nicht am Schluß die folgende ganz aus der Luft gegriffene Behauptung aufgestellt hätte, „daß die Gestalt der häutigen Teile nicht bloß in der auch im übrigen normalen Pars superior, sondern auch in der Pars inferior, die ja schwere Gewebsveränderungen aufweist, vollständig normal erhalten ist".

Über die Gestalt der Bogengänge so kleiner Tiere wie die Tanzmäuse kann man nur mit Hilfe der plastischen Rekonstruktion Auskunft erhalten, wie sie Rawitz mittels der Bornschen Plattenmodelliermethode ausgeführt hat. Alexander erklärt aber, von der Anwendung eines Rekonstruktionsverfahrens Abstand genommen zu haben. Er hat seinen Schluß über die Gestalt der Bogengänge nur auf Grund eines Vergleiches einiger „Schnittebenen", die er von den Tanzmäusen erhalten hat, mit denen „einer normalen Mausserie" abgeleitet. Alexander und Kreidl haben von der Anwendung der zwar allein zuverlässigen, aber auch schwierigen und viel Sorgfalt erfordernden Rekonstruktionsmethode Abstand genommen. Man darf daher dem Leser nicht zumuten, daß er in einer so wichtigen Frage, besonders gegenüber den unzweifelhaften positiven Ergebnissen der vorzüglichen Untersuchungen von Rawitz, einer Behauptung dieser Verfasser irgendwelchen Glauben schenken soll, die sie, ihrem eigenen Geständnisse nach, nur aufs Geratewohl hingestellt haben! Eher konnten sie damit nur erzielen, daß auch ihren übrigen anatomischen Angaben mit berechtigtem Mißtrauen begegnet wird (siehe die Figuren auf Taf. IV u. V).

Ein näheres Eingehen auf diesen physiologischen Teil der Untersuchung von Alexander und Kreidl war daher, auch nachdem sie ihre „anatomischen Studien" veröffentlicht haben, noch weniger erforderlich als früher.

Kreidl hat übrigens schon bei seinen früheren Untersuchungen über das Ohrlabyrinth ein unverkennbares Talent gezeigt, aus den Ergebnissen seiner Versuche verkehrte Schlußfolgerungen zu ziehen. Es genügt, an seine Beobachtungen an Taubstummen zu erinnern, wo seine Schlüsse seinen Ergebnissen direkt entgegengesetzt waren (Strehl, Cyon), oder an die Untersuchungen mit den Eisenotolithen, wo er evidente Schmerzäußerungen (Hensen, Cyon) als Beweise mangelhafter geometrischer Orientierung der Krebse aufgefaßt hat. Es ist also nicht zu verwundern, daß er weder meine Untersuchungen noch meine Lehre des Raumsinns hat richtig verstehen können. Es lohnt nicht der Mühe, die falschen, sinnentstellenden Zitate meiner Arbeiten oder die mir ganz willkürlich zugeschobenen Widersprüche und Angaben zu berichtigen, auf die sich ausschließlich die naive Diskussion dieser Forscher beschränkt. Deren Zahl in den Publikationen von Alexander und Kreidl ist auch zu groß: allein auf den Seiten 548 bis 550 findet man ein halbes Dutzend![1])

§ 7. Die Orientierung in dem umgebenden Raume von Wirbeltieren und von Wirbellosen; die Versuche von Yves Delage.

Am Ende des vorigen Kapitels wurde schon angedeutet, daß meine Lehre von der Bedeutung des Bogengangsapparates für die Orientierung der Wirbeltiere im Raume so ziemlich von allen Forschern, die sich mit dieser Frage ernstlich beschäftigten, als richtig anerkannt worden ist. Der wichtigste Satz dieser Lehre lautet etwa folgendermaßen: „Die eigentliche Orientierung in den drei Ebenen des Raumes, d. h. die Wahl der Richtungen, in denen unsere Bewegungen stattfinden sollen, sowie die Koordinierung der für das Einschlagen und Einhalten dieser Richtungen notwendigen Nervenzentren beruhen fast ausschließlich

[1]) Das nämliche Verständnis und leider auch denselben wissenschaftlichen Ernst hat auch ein Schüler Kreidls, Ino. Kubo, in zwei längeren Untersuchungen über das Ohrlabyrinth (1906) gezeigt. Nur ein paar Zitate: „Die beiden Autoren" (Ewald und Cyon) „haben gesehen, daß die Flourensschen Erscheinungen erst nach dem Ausfließen der Endolymphe eintreten — mit anderen Worten: infolge von Lymphströmung oder Bewegung" (S. 189 Pflügers Arch. Bd. 114). Bei Durchschneidung der Bogengänge „haben allerdings verschiedene Autoren (z. B Flourens, Bornhardt, Cyon, Vulpian u. a.) Nystagmus oder Augenbewegungen beobachtet, aber über deren Richtung nichts Näheres mitgeteilt". Die von mir unterstrichenen Sätze bezeugen die Wahrheitsliebe. Für Ino. Kubo gelten bezüglich des Einflusses der Bogengänge auf die Augenbewegungen die sechs Jahre später als die meinigen ausgeführten und mir sehr mangelhaft nachgeahmten Versuche von Högyes an Kaninchen und die von Frederick Lee beim Dogfish beschriebenen, die von mehr als problematischer Authentizität sind (siehe meine Untersuchungen von 1897 und 1900). Was die in Kreidls Laboratorium von Ino. Kubo entdeckte Möglichkeit betrifft, die Bogengänge durch thermische Reize zu erregen, so haben Bornhardt und Spamer schon vor Jahrzehnten sie ausführlich studiert. Ino. Kubo vermag diese nicht ihn allein belastenden Versehen teilweise wieder gut zu machen, wenn er es unternimmt, die Herkunft der japanischen Tanzmäuse und den wahren Ursprung ihrer Verkrüppelungen genau zu ermitteln.

auf den Funktionen des Bogengangsapparates. Bei wirbellosen Tieren genügt für die Orientierung des Körpers in dem umgebenden Raume die alleinige Funktion der Otocysten". Dieser letztere Satz wurde von mir im Jahre 1878 als höchst wahrscheinliche Voraussetzung, und zwar auf Grund meiner damals aus den Versuchen am Ohrlabyrinth erhaltenen Ergebnisse, aufgestellt. Diese Voraussetzung wurde seitdem durch eine große Anzahl schöner Versuche an Mollusken (Octopus vulgaris) und an Crustaceen (Palaemon, Gebia usw.) bestätigt. „Il semble naturel", schließt Delage „que l'otocyste est l'organe special destiné à assurer une locomotion correcte et que la vue et le toucher destinés à des fonctions différentes, peuvent cependant suppléer les otocystes, lorsque celles-ci sont détruites". Yves Delage findet die nach der Zerstörung der Otocysten bei diesen Tieren auftretende „désorientation locomotrice" ganz analog derjenigen, welche bei Wirbeltieren nach Zerstörung des Labyrinths beobachtet wird, „l'otocyste des Invertébrés n'étant qu'une reduction ou plutôt un état encore rudimentaire du labyrinthe membraneux des Vertébrés". Delage hat auch ganz richtig erkannt, daß der Ersatz, welchen das Auge und die Tastorgane für den Ausfall der Otocysten bei der Orientierung liefern können, nicht ein vollkommener ist. „Les sensations visuelles et tactiles ne remplacent pas celles des otocystes avec le même avantage chez tous les animaux".

Der Nachweis, daß die Otocysten dieselbe Bedeutung für die Orientierung der Wirbellosen haben wie der Bogengangsapparat für die Wirbeltiere, ist selbstverständlich von weittragender Bedeutung für die Raumsinnstheorie. Es muß daher hier auf einige Einwände eingegangen werden, die von Anhängern des statischen Sinnes gegen die Schlußfolgerungen von Delage gemacht wurden. So schreibt Th. Beer: „Delage, dem wir grundlegende Versuche zur Lehre vom statischen Sinne der Wirbellosen verdanken, ging von der — wie er selbst angibt, schon früher von v. Cyon ausgesprochenen — Idee aus, daß die Otocyste der Wirbellosen als dem Labyrinth der Wirbeltiere homolog ähnliche Funktionen wie dieses haben müsse. . . Wir haben zwischen Bogengangs- und Statolithenfunktion, die leider noch vielfach verwechselt und vermengt werden, streng scheiden gelernt und vorläufig wenig Anhaltspunkte, speziell bei den Krebsen Funktionen anzunehmen, die denen der Bogengänge bei den Wirbeltieren entsprechen".

Zuerst muß hervorgehoben werden, daß Delage ganz mit Unrecht zu den Anhängern des statischen Sinnes, der in den Bogengängen oder in den Otocysten seinen Sitz haben soll, gezählt wird. Schon in seiner ersten, von Aubert ins Deutsche übertragenen Arbeit sprach er sich auf Grund seiner Beobachtungen ganz entschieden gegen die vermeintlichen statischen Funktionen des Ohrlabyrinths aus. Man kann also keineswegs mit Beer behaupten, daß wir Delage „grundlegende Versuche zur Lehre vom statischen Sinn der Wirbellosen verdanken". Diese grundlegenden Versuche haben im Gegenteil dargetan, daß die Otocysten Organe für die „Orientation locomotrice" sind. Die Worte „Les effets de la destruction des otocystes sont tout à fait comparables à ceux qui suivent la lésion des canaux demi-circulaires", welche Th. Beer zitiert, sind keine bloße „Ansicht", sondern das tatsächliche Ergebnis einer großen Anzahl von Versuchen. Es genügt auch, die von Th. Beer selbst beschriebenen Erscheinungen nach Zerstörung der Otocysten bei Penaeus zu analysieren, um die Überzeugung zu gewinnen, sie seien, was die Bewegungsstörungen anlangt, ganz analog denen, welche man bei Tauben, Fröschen, Kaninchen usw. nach Entfernung oder Zerstörung der Bogengänge erhält. Diese Analogie bezieht sich selbstverständlich nur auf die bloße Orientierung. Von bewußten Richtungs- und Raumwahrnehmungen kann wohl bei den Wirbellosen kaum die Rede sein. Wie aber steht es mit der Rolle des Bogengangsapparates bei der Verteilung und Abmessung der Innervationen ihrer Intensität und Dauer nach, von denen in den Paragraphen 7 bis 10 des vorigen Kapitels ausführlich die Rede ist?

Die Beantwortung dieser Frage erfolgt im letzten Paragraphen dieses Kapitels, in welchem der Mechanismus der Erregungen und Hemmungen der verschiedenen Teile des Bogengangsapparates näher erörtert werden wird.

Aus den sämtlichen Untersuchungen über die Verrichtungen dieses Apparates ergibt sich zwingend die Notwendigkeit einer Differenzierung zwischen denen der eigentlichen Bogengänge mit den Ampullen und denen der Otocysten. Die letzteren, welche bei den Wirbellosen das einzige Organstück des Ohrlabyrinths darstellen, haben natürlich auch viel einfachere Funktionen zu erfüllen, und zwar, wie wir sehen werden, ganz entsprechend dem reflektorischen oder instinktiven Charakter ihrer Bewegungen (siehe § 10).

Bevor wir zur Feststellung dieser Differenzierung gelangen, ist es nach erforderlich, die Orientierung in die Ferne und die sogenannte geotropische Orientierung ausführlicher zu behandeln.

§ 8. Die Orientierung in die Ferne; Beobachtungen und Versuche an Brieftauben, Bienen und Ameisen.

Die Orientierungsfähigkeit der Zugvögel und der Brieftauben ist eines der dunkelsten Rätsel, dessen Lösung den Naturforscher jemals angeregt hat. Es sind zahllose sehr interessante Beobachtungen über diese wunderbare Fähigkeit gewisser Tiere gesammelt worden, ohne daß man zu einer zutreffenden Erklärung gelangen konnte. Dies haupt sächlich darum, weil das Problem bis jetzt der experimentellen Prüfung unzugänglich schien. Der Vorzug des Experiments vor der bloßen Beobachtung tritt gerade bei solchen Fragen besonders klar hervor.

So begnügten sich die meisten Naturforscher, bei der Schwierigkeit eine Erklärung dieser Fähigkeit zu geben, sie einfach einem besonderen Instinkt zuzuschreiben, was wohl gleichbedeutend mit dem Geständnisse ist, man sei außerstande, Rechenschaft von dem eigentümlichen Phänomen zu geben. Als instinktive Handlungen werden solche bezeichnet, die auf reflektorischem Wege ohne Beteiligung eines bewußten Willens, aber in zweckmäßiger Weise ausgeführt werden. Meistens sind aber solche Handlungen erst instinktive geworden, nachdem sie jahrelang überlegte und bewußte Handlungen waren. Erst die Übung, teilweise auch die Vererbung ermöglichen, diese Handlungen ohne Beteiligung des Sensoriums rein reflektorisch auszuüben. Es soll also eine Taube, die gewaltsam viele Hunderte von Kilometern von ihrem Schlage entfernt wird, wenn sie vermag, ihren Weg nach Hause zu finden (wobei sie oft mit einer Schnelligkeit von 80 bis 100 km pro Stunde fliegt), nur einen unbewußten, reflektorischen Akt ausführen! Dasselbe soll auch der Fall sein, wenn beim Nahen des Herbstes die Schwalben den Norden Europas verlassen und in großen Vereinen unter der Leitung der älteren und gereisten Individuen das wärmere Klima am Senegal aufsuchen, um im nächsten Frühling denselben Weg in umgekehrter Richtung zurückzulegen, wobei sie nicht nur das Land, die Stadt oder das Dorf, sondern sogar den Baum oder das Dach aufzufinden vermögen, wo sie ihr Nest gelassen haben!

Wenn wir beim Nahen des Sommers eine Reise nach einem Bade machen oder in die Berge ziehen, so begehen wir eine überlegte, wenn auch nicht immer eine vernünftige Handlung. Mit welchem Rechte sprechen wir diesen Charakter den Vögeln ab? Nur, weil ihre ähnlichen Handlungen meistens zweckmäßiger sind und weil sie ihr Bedürfnis mit Hilfe viel vollkommenerer Mittel zu befriedigen wissen als wir? Wenn die Tiere in der Ausübung gewisser psychischer Funktionen eine unbestreitbare Überlegenheit dem Menschen gegenüber zeigen, so suchen wir, im Grunde wohl aus verletzter Eitelkeit, diese Funktion als rein instinktive zu erklären. Bei Brieftauben geschieht dies, soweit es sich um die Orientierungsfähigkeit handelt, gewiß mit Unrecht. Dies folgt schon allein aus der Analyse der bis jetzt von Taubenzüchtern und Colombophilen gemachten Erfahrungen. Einer solchen Analyse soll die Mitteilung einiger Versuche vorausgehen, die ich im Sommer 1899 an Brieftauben angestellt habe. Sie reichen bei weitem nicht aus, um eine Lösung des Problems zu gestatten; sie sollen nur andeuten, wie das Problem einer physiologisch-experimentellen Prüfung zugänglich gemacht werden kann.

Als ich dem Ohrlabyrinth die Funktion der Orientierung im Raume vindiziert hatte, wurde von mehreren Seiten das Wort „Orientierung“ in dem Sinne verstanden, daß z. B. Brieftauben dank den Bogengängen ihren Weg von weiter Entfernung her aufzufinden vermögen. Der Raumsinn wurde mit einem Spürsinn verwechselt. Trotzdem Delage schon vor Jahren diese Deutung als ein Mißverständnis erklärt und Exner sogar durch direkte Reizungen der Bogengänge gezeigt hatte, daß ihnen eine solche Funktion nicht zukommt, wird von mehreren Seiten, besonders dank der interessanten Untersuchung von Viguier, immer wieder die Behauptung aufgestellt, ich hätte gefunden, die wundervolle Orientierungsfähigkeit der Vögel beruhe auf einer Verrichtung der Bogengänge. Meine im Jahre 1897 gegebene Aufklärung vermochte auch nicht, besonders bei den colombophilen Schriftstellern, den Glauben an diese vermeintliche Entdeckung zu erschüttern. Ich muß daher nochmals die Frage richtigstellen.

Die Orientierung im Raume (l'orientation dans l'espace), welche meiner Theorie nach dem Bogengangsapparat zukommt, bezieht sich nur auf die Orientierung des Tieres in dem es umgebenden Raume und nicht im mindesten auf die Orientierung in die Ferne. Dank den Bogengängen vermögen die Tiere ihre Bewegungen nach den verschiedensten Richtungen hin zu dirigieren, ihre für jede gegebene Bewegung notwendigen Muskelanstrengungen zu regulieren und sich über die Stellung ihres Körpers in dem unmittelbar sie umgebenden Raume zu unterrichten. Um auf das Beispiel der Brieftauben zurückzukommen, so verdanken diese Tiere den Bogengängen, daß sie nach vorwärts und rückwärts, nach oben und unten, nach rechts und links und in beliebigen Kreisen fliegen können. Man sieht Brieftauben, wenn sie sich orientieren, weite Kreise beschreiben, abwechselnd höher oder tiefer fliegen, oft auch umkehren und einen anderen Weg einschlagen. Alle diese komplizierten Bewegungen können sie nur bei normal funktionierenden Bogengängen ausführen. Ohne diese wären sie nicht imstande, weder die Wahl der notwendigen Richtung zu treffen, noch die einmal gewählte Richtung einzuschlagen. Wenn ihnen nur zwei Paar Bogengänge zur Verfügung ständen — wie den Neunaugen — so könnten sie sich nur in zwei Ebenen bewegen; bei einem Paar — wie die Tanzmäuse — nur in einer Richtung. Ganz ohne Bogengänge sind die Tauben überhaupt nicht imstande, Flugbewegungen auszuführen.

Was aber auch das vollkommenste Ohrlabyrinth nicht zu leisten imstande ist, das ist, den Weg anzugeben, welchen die Tauben einzuschlagen haben, um in ihre Heimat, zu ihrem Taubenschlage zurückzukehren. Welch äußerer Reiz könnte auch dem Ohrlabyrinth als Wegweiser dienen? Wie schon oben (Kap. III § 9) erwähnt, kann der Unterschied zwischen den Verrichtungen bei der Orientierung in dem umgebenden Raume und der in die Ferne mit dem verglichen werden, der zwischen der Rolle eines Steuerruders und der einer Boussole besteht.

Viguier, welcher in dem erwähnten Sinne meine Auffassung der Orientierung in Raume gedeutet hat, dachte an magnetische Strömungen, welche direkt die Bogengänge beeinflussen sollen. Der Erdmagnetismus sollte gewissermaßen zwangsweise die Brieftauben nach ihrer Heimat abschieben. Nun denke man sich nur, daß an einem Wettstreit von Brieftauben, wie er häufig z. B. im Süden Frankreichs oder im Norden Spaniens angestellt wird, oft mehrere Hundert Tauben aus den verschiedensten Gegenden Belgiens und Frankreichs teilnehmen. Der Erdmagnetismus müßte also, sobald die sämtlichen Tauben freigelassen werden, die Bogengänge jeder einzelnen Taube verschiedentlich beeinflussen, um letzterer in dieser Weise den Weg nach Hause zu zeigen! Wie übrigens schon Darwin ganz richtig eingewendet hat, würde die Kenntnis der magnetischen Strömungen allein den Tauben nicht viel nützen, sie müßten noch eine Karte besitzen, um ihre Kenntnisse gebrauchen zu können.

Eine andere Wirkungsweise, die, beiläufig gesagt, ebenso wie die vorige von mehreren Autoren auch für die Orientierung der labyrinthlosen Bienen vorgeschlagen wurde, sollte darin bestehen, daß die Brieftauben auf der Hinreise eine Art topographischer Aufnahme der durchzogenen Gegenden machen, die es ihnen ermöglicht, ihren Rückweg zu finden. Von einer ähnlichen Voraussetzung ausgehend, hat auch Exner die Brieftauben auf der Hinreise durch elektrische Reizung der Bogengänge zu verwirren versucht. Wenn man in Betracht zieht, daß die Brieftauben zu den Orten, wo sie losgelassen werden sollen, in verschlossenen Körben (gewöhnlich auch in dunklen Güterwagen) transportiert werden, daß sie meistens große Umwege machen, wobei die Wagen, also auch die Stellungen der Körbe unzählige Mal gewechselt werden, dann wird man die Zulässigkeit einer solchen Funktionsweise der Bogengänge richtig würdigen. Trotzdem neigen viele auch der erfahrensten Colombophilen, wie z. B. der Hauptmann Reynaud, dessen sehr interessante Beobachtungen über die Orientierung der Tauben den Preis für experimentelle Physiologie von der Pariser Akademie der Wissenschaften davongetragen haben, dieser Deutungsweise der Rolle der Bogengänge bei der Orientierung im Raume zu.

Es bedarf wohl keiner längeren Auseinandersetzungen, um zu erklären, daß Viguier, Reynaud u. a. ganz mit Unrecht mich als Urheber derartiger Theorien betrachten. Im Jahre 1897 habe ich über die Orientierungsfähigkeit der Brieftauben in die Ferne die Ansicht ausgesprochen, sie wäre teilweise auf einen besonderen Spürsinn zurückzuführen, der in der Nase seinen Sitz hätte. Es wäre jetzt noch voreilig, auf eine genaue Erörterung aller der Gründe einzugehen, die zugunsten eines solchen Spürsinnes sprechen, der übrigens ganz unabhängig vom eigentlichen Geruchsinn sein könnte. Die Beobachtungen an Jagdhunden sind bekannt, sowie ihre außerordentliche Fähigkeit, auch bei sehr großen Entfernungen eine Person aufzufinden, der sie besonders anhänglich sind[1]). Warum soll diese Orientierungsfähigkeit bei anderen Tieren nicht auch an dieselben Organe gebunden sein? Der Einwand, der Geruchsinn sei bei Vögeln wenig entwickelt (was übrigens auch darauf beruhen kann, daß sie unempfindlich für uns affizierende Gerüche sind), spricht nicht gegen eine solche Identität: der Geruchsinn und der Spürsinn können in demselben Organe ihren Sitz haben, ohne identisch zu sein.

Ich besitze einige Beobachtungen an Leuten, denen in der frühesten Jugend der Geruchsinn vollständig mangelte; sie zeigen eine ganz auf-

[1]) Es soll hier nur an die vielen in dieser Beziehung sehr merkwürdigen Beispiele erinnert werden, welche von Alf. Russel Wallace, Croom Robertson, Romanes u. a. bei Gelegenheit einer längeren Diskussion in „The Nature“ (1873) über die Bedeutung des Geruchsinnes für die Orientierung der Tiere in die Ferne angeführt wurden.

fallende Unfähigkeit, sich zu orientieren, nicht nur in den ihnen bekanntesten Stadtvierteln, sondern in größeren Gebäuden, besonders wenn sie symmetrisch angelegt sind. Sie bedürfen auch einer gewissen Zeit, um sich in einer neuen Wohnung zurechtfinden zu können. Was solchen Personen zu mangeln scheint, ist die Fähigkeit, von einer gegebenen Stellung aus sich ein richtiges Bild von der Umgebung und ihrer Beziehung zu dem gesuchten Orte zu machen.

Auch die Beobachtungen über die Orientierungsweise der Ameisen, Bienen usw. scheinen für die Beteiligung des Geruchsinnes zu sprechen, so z. B. die Versuche von Bethe. Wenn Ameisen ihren Weg mit Hilfe von hinterlassenen Spuren einer flüchtigen chemischen Substanz auffinden sollen, so muß doch ihr Wegweiser ein Geruchsorgan sein. Bei den Bienenversuchen Bethes erscheint ein solcher Schluß noch selbstverständlicher: „Zur Veränderung des Hintergrundes darf man alle Farben verwenden, die man zur Hand hat", lesen wir bei ihm. „Stark riechende, z. B. eingekampferte Vorhänge muß man dabei vermeiden oder sie wenigstens in einer genügenden Entfernung vom Stock (1—2 m dahinter) aufhängen." Wenn fremde, stark riechende Substanzen die Bienen verhindern, ihren Stock aufzufinden, so scheint mir darin ein Hinweis zu liegen, der jedenfalls eine genauere Berücksichtigung verdient hätte.

Das eben angedeutete soll sowohl die vor mehreren Jahren ausgesprochene Vermutung über die Existenz eines besonderen Spürsinnes in der Nase, als auch das Ziel meiner an Brieftauben angestellten Versuche rechtfertigen. Diese Versuche habe ich während eines Sommeraufenthaltes in Spa (1899) angestellt. Belgien ist bekanntlich die wichtigste Heimstätte für die Zucht der Brieftauben. Die Mehrzahl dieser auf dem Kontinent benutzten Tauben sind Abkömmlinge der beiden miteinander rivalisierenden Rassen, der Lütticher und der Antwerpener. Die ersteren, mit ihrem kräftigeren Knochenbau, kürzeren Hälsen, dicken Schnäbeln und eigentümlich eingeknickten Nasen zeichnen sich besonders durch ihre Ausdauer und Widerstandsfähigkeit bei längeren Reisen aus. Die Antwerpener Tauben haben feine, lange Hälse, lange Schnäbel, gerade Nasen; sie überbieten ihre Rivalen an Schnelligkeit. Zahlreiche Mischungen sind aus den Kreuzungen dieser beiden Rassen entsprungen. Der Brieftaubensport wird in keinem Lande mit solcher Leidenschaft betrieben wie in Belgien, wo man kaum ein Dorf finden wird, das keine Taubenschläge für Brieftauben besitzt. Auch die belgische der Colombophilie gewidmete Literatur ist ziemlich reichhaltig, wie die Schriften von Chapuis, Rodenbach, Gigot u. a. bezeugen.

Spa war also ein geeigneter Punkt, sowohl um sich mit der Frage vertraut zu machen, als auch um eventuell an Brieftauben Versuche anzustellen. In beiden Beziehungen bin ich besonders einem leidenschaftlichen und erfahrenen Taubenliebhaber, Herrn Wilgot, zu Dank verpflichtet, der mir freundlichst seinen an preisgekrönten Exemplaren reichhaltigen Taubenschlag zur Verfügung stellte. Eine Eigentümlichkeit, die mir zuerst bei den Brieftauben aufgefallen ist, welchen

Ursprunges sie auch waren, ist die Breite des Hinterkopfes. Beim Betasten fühlt man oft einen höckerigen Vorsprung durch, welcher der Kreuzungsstelle des horizontalen mit dem kleineren vertikalen Kanal entspricht. Dies ist bei den gewöhnlichen Tauben nicht der Fall. Bei der anatomischen Untersuchung stellte sich auch heraus, daß die Dimensionen der Bogengänge bei den Brieftauben schon dem Augenscheine nach bedeutend größer sind, sowohl was die Länge als auch die Breite der knöchernen Bogengänge betrifft, als bei gewöhnlichen Tauben[1]). Diese stärkere Entwicklung des Ohrlabyrinths ist wegen der bedeutenden Rolle, welche es bei den Brieftauben im obenerwähnten Sinne zu spielen hat, leicht erklärlich. Sie gestattet aber keineswegs den Schluß, die Bogengänge seien als Wegweiser zu betrachten. Auch die Muskulatur dieser Tauben ist viel kräftiger entwickelt als bei gewöhnlichen Tauben, man wird daraus nicht den Schluß ziehen wollen, sie sei direkt an der Orientierung beteiligt.

Die Schwierigkeit einer experimentellen Prüfung der Rolle der Bogengänge bei der Orientierung der Brieftauben liegt in der Unmöglichkeit, irgend welche operativen Eingriffe an ihnen vorzunehmen, ohne gleichzeitig auch ihre Flugfähigkeit zu stören. Eine Zerstörung aller Bogengänge macht jedes Fliegen unmöglich; die Verletzung einzelner Gänge erzeugt Zwangsbewegungen, die den Tauben das Erreichen ihres Heims unmöglich machen müssen. Ich versuchte daher zwei andere Wege: 1. durch Narkotisierung des Ohrlabyrinths mit Cocain oder Äther dessen funktionelle Tätigkeit herabzusetzen; 2. während des Flugexperiments die eine der möglichen Quellen der dem Labyrinth zugeführten Erregungen abzuschneiden. Nach einer Anzahl von Vorversuchen an gewöhnlichen Tauben mußte ich den ersten Weg aufgeben, da er keinesfalls zum Ziele führen konnte. Der zweite Weg schien günstiger zu sein. Er bestand darin, den äußeren Gehörgang durch einige in Cocain getränkte Pfropfen zu verstopfen und mit einer dicken Schicht von Kollodium zu überdecken. Dies wurde in der wahrscheinlichen Voraussetzung gemacht, daß es die Schallwellen sind, welche die Richtungsempfindungen der Bogengänge erzeugen, und daß ein Teil von ihnen durch das äußere Ohr zugeleitet wird. Der Ausgang des Versuches würde nur dann zugunsten einer solchen Voraussetzung sprechen, wenn die Brieftaube in solchem Falle außerstande wäre, ihren Schlag aufzufinden oder dazu eines viel größeren Zeitraumes bedürfte als im normalen Zustande. Im entgegengesetzten Falle konnte nur der negative Schluß gezogen werden, der äußere Gehörgang spiele eine geringe Rolle bei der Erzeugung der Raum- oder Richtungsempfindungen. In beiden Fällen konnte das Ergebnis des Versuchs nur sehr beschränkte Deutungen zulassen.

---

[1]) Die analoge Beobachtung machte ich später auch bei Fledermäusen, die für die Kleinheit ihres Schädels auffallend große und gut entwickelte Bogengänge besitzen.

Entscheidender mußte der Versuch ausfallen, die eventuelle Beteiligung eines Spürsinns der Nase bei der Orientierung der Tauben festzustellen. Es genügte dazu, diesen die Nasenhöhlen zu verstopfen, um zu prüfen, ob sie noch ihren Weg nach Hause zu finden vermögen. Vorher mußte aber noch erprobt werden, ob die Tauben bei verschlossenen Nasenhöhlen auch genügend gut atmen, um längere Zeit fliegen zu können. Auch versuchte ich ihnen die Nasenschleimhaut durch Cocaineinspritzungen möglichst unempfindlich zu machen, um den eventuellen Verschluß der Nasenhöhlen zu vermeiden.

Diese und ähnliche Vorversuche haben ergeben, daß man mit Cocain allein nicht zum Ziele gelangen kann. Entweder ist die Dosis ungenügend, um eine volle Unempfindlichkeit zu erzielen, oder sie ist stark genug dazu; dann aber ist auch das Tier etwas betäubt und seiner Bewegungen nicht ganz sicher. Dagegen stellte sich heraus, daß sie das Verstopfen durch Einführung in Cocain getränkter Wattepfropfen in die Nasenlöcher mit deren nachherigem Verschluß durch Kollodium ziemlich gut vertragen. Unter anderem wurde ein solches Verstopfen auch einen Tag vorher bei der Taube versucht, die zum definitiven Versuch bestimmt war. Diese Taube verließ den Schlag und flog ein paar Stunden draußen herum, ohne irgend welche Unbehaglichkeit merken zu lassen.

Was die Empfänglichkeit der Brieftauben für die Reizung der Nasenschleimhaut durch riechende Substanzen anlangt, so haben die Vorversuche gezeigt, daß sie fast gleich Null ist: die Tauben zeigen keinerlei Reaktion, gleichgültig, ob man ihnen Oleum Cajeputi oder Asa foetida vor die Nasenlöcher hält oder in diese einführt. Dagegen sind sie gegen Ammoniak sehr empfindlich; ich benutzte daher die Ammoniakprobe, um die Wirkungen des Cocain zu prüfen. Noch ein anderer Versuch scheint anzudeuten, daß die Brieftauben wenig oder gar nicht empfänglich für Gerüche sind. Mehrere colombophile Schriftsteller sprachen die Vermutung aus, daß Brieftauben zu ihrem Schlag hauptsächlich durch den Geruch ihres Nestes geleitet werden. Ich blendete daher eine Brieftaube, die eben beim Brüten war, indem ich ihr mit Watte und Kollodium die Augen schloß. Die Operation wurde im ersten Stocke des Hauses ausgeführt, in dessen drittem Stock sich der Taubenschlag befand. Die Taube blieb nach der Blendung unbeweglich; sie flog nur, wenn sie in die Luft geschleudert wurde. Trotz der offenen Türe machte sie keinen Versuch, zum Schlag zurückzukehren. Ja sogar in der Vorhalle des Taubenschlags machte sie keinerlei Anstalten, in diesen zu gelangen. Sie kehrte auch in ihr Nest nicht zurück, wenn sie gerade davor gestellt wurde, sondern blieb fast unbeweglich am selben Platze; nur dann und wann versuchte sie mit der einen Pfote den Verband von den Augen abzustreifen. Erfahrene Taubenzüchter versicherten mir, daß die Tauben auch in der Dunkelheit sich nicht selten irren und in ein fremdes Nest einkehren, um dort fremde Eier zu brüten.

Diese Erfahrungen hielten mich aber nicht ab, einen vergleichenden Versuch mit einer Taube zu machen, der die Nasenlöcher verstopft wurden, und zwar aus der Überlegung, der Spürsinn könne bis zu einem gewissen Grade vom Geruchsinn unabhängig sein und dennoch seinen Sitz in der Nase haben, etwa wie der Raumsinn des Ohres von den Tonempfindungen teilweise unabhängig ist. Als äußerer Reiz sollte meiner Vermutung nach auf die Nasenschleimhaut hauptsächlich die Richtung und vielleicht auch die Temperatur der Winde wirken.

Sämtliche Beobachter der Orientierung bei Brieftauben sind darin einig, daß sie vortrefflich verstehen, günstige Windrichtungen bei ihrer Reise aufzusuchen. Es genügt auch, die Orientierungsversuche der Zugvögel zu beobachten, um die Überzeugung zu gewinnen, daß auch sie die ihnen günstigen Winde häufig aufsuchen. Man sieht oft einen ganzen Schwarm solcher Vögel plötzlich ihren Flug nach einer Richtung hin unterbrechen, mehrere weite Kreise beschreiben und dann fast genau die frühere Richtung wieder einschlagen, aber auf einer anderen Höhe. Bei den weiteren Orientierungsversuchen der Brieftauben sind ähnliche Beobachtungen sehr geläufig. Die colombophilen Schriftsteller nehmen auch an, daß die Brieftauben die Windrichtung durch eine besonders empfindliche Haut erkennen. Dies mag zum Teil richtig sein, trotz des Schutzes, welchen sie in den Federn haben. Der Widerstand, welcher ihren Flügeln bei ungünstigem Winde begegnet, kann sie ja darüber belehren. Es handelt sich aber bei der Orientierung der Tauben in die Ferne nicht immer darum, einen für ihre Muskelarbeit günstigen Wind zu wählen, denn wenn ihre Richtung es erfordert, vermögen sie auch gegen den Wind zu fliegen, sondern ihren Weg durch die Richtung des Windes zu finden. In dieser Beziehung scheint eine empfindliche Nasenschleimhaut schon viel eher befähigt, zu erkennen, woher ein bekannter Wind weht. Nicht nur die Richtung, sondern auch die Temperatur der Windluft, vielleicht auch andere Eigentümlickeiten dieser Luft, die auf die Nasenschleimhaut der Brieftauben wirken, könnten den Tieren zur Orientierung in einer unbekannten Gegend verhelfen. Auch bei Jagdhunden sieht man ja, daß sie für gewisse Gerüche besonders empfindlich sind und daß sie die Richtung erkennen, von welcher der Wind ihnen diese Gerüche bringt. Es wäre wohl möglich, daß die Endigungen des Trigeminus und nicht die des Olfactorius für den Spürsinn tätig sind. Der Versuch wurde nun in folgender Weise ausgeführt.

Drei junge Brieftauben gleichen Alters wurden gewählt, die schon mehrere längere Reisen bis zu 400—500 km gemacht hatten. Die drei galten als annähernd gleichwertig; diejenige (A), welche als Zeuge den Versuch mitmachen sollte, hatte sich ihrer besonderen Schnelligkeit wegen bemerkbar gemacht und sollte nächstens einen Konkurs in Südfrankreich mitmachen. Die Taube B war gerade beim Brüten, was gewöhnlich als günstig für die Rückreise betrachtet wird.

Ihr wurden die Nasenlöcher in der oben angegebenen Weise verstopft. In derselben Weise wurde der äußere Gehörgang der Taube *C* verschlossen. Am 4. September um 7 Uhr morgens wurden die Tauben in dieser Weise zubereitet und um 7 h 30′ reiste ich mit ihnen, die in einem gewönlichen durchlöcherten Korbe eingeschlossen waren, von Spa nach der Eisenbahnstation Huy ab, die per Bahn etwa 60—70 km, in Luftlinie etwa 50—55 km von Spa entfernt war. Huy war als günstiger Punkt gewählt, weil er in einem Tale liegt und durch Berge von Spa getrennt ist. Unterwegs mußte der Zug dreimal gewechselt werden. Das Wetter war schön und klar.

Im Wagen schien der Taube *C* das Stehen schwierig zu sein, sie saß apathisch da und mußte gerüttelt werden, um zum Platzwechsel gezwungen zu werden. Der mich begleitende Gefährte, welcher die Tauben in Huy loslassen sollte, war eben so wie ich über diese Haltung beunruhigt. Sie wurde daher im Wagen freigelassen, begann aber dabei zu fliegen und vermochte auch auf der Eisenstange des rollenden Wagens ihr Gleichgewicht sehr leicht zu bewahren. Um 10 Uhr in Huy angelangt, erneuerte ich noch die Verbände der Tauben *B* und *C*.

Die Tauben wurden in folgender Reihenfolge losgelassen:

A um 10h 13′,
B „ 10h 19′,
C „ 10h 26′.

Die normale Taube *A* flog sofort fast senkrecht in die Höhe und begann in der üblichen Weise große Kreise zu beschreiben, dabei fortwährend höher steigend. Dann schlug sie plötzlich die Richtung Nord-West ein, der Eisenbahnlinie folgend, und verschwand. Die Orientierung dauerte etwa 3 Minuten. Die Taube *B* erhob sich ebenfalls schnell in die Höhe, aber nicht mehr senkrecht, sondern in der Richtung nach Osten zu, also in fast entgegengesetzter Richtung. Auf der Höhe angelangt, beschrieb sie gleichfalls mehrere Kreise, verschwand aber nach 85 Sekunden aus unserem Gesichtskreise nach dem Süden zu. Einige anwesende mit der Colombophilie vertraute Personen schlossen aus dieser Orientierungsweise, daß die Taube *A* wahrscheinlich der Eisenbahn folgen, also den Weg in umgekehrter Richtung zurücklegen wird. *B* dagegen sollte die Luftlinie nach Spa gewählt haben.

Sieben Minuten darauf wurde die Taube *C* losgelassen. Auch sie erhob sich in die Höhe mehr nach dem Osten zu, und zwar ersichtlich mit viel geringerer Schnelligkeit als die beiden vorhergehenden Tauben. Die Kreise, die sie beschrieb, waren kleiner, und anstatt dabei immer höher zu kommen, ging sie mehrmals tiefer herab. Die Orientierung dauerte fast 4 Minuten; wir verloren sie aus den Augen in der Richtung ostwärts. Die umstehenden Personen betrachteten die Art ihres Aufsteigens und ihrer Orientierung als ungünstiges Zeichen und zweifelten, daß sie je zurückkommen werde.

Die drei Tauben trugen an ihrem Beine einen Zettel, auf welchem eine gute Belohnung für die Zurücksendung dieser Tauben, die einem physiologischen Experimente unterzogen waren, versprochen wurde.

Herr Wilgot war so freundlich, im Taubenschlage die Rückkehrzeit der Tauben genau zu notieren. Um 3 Uhr nach Spa zurückgekehrt, erfuhr ich zu meinem Erstaunen, daß die Taube *C* mit dem zugepfropften Gehörgang als erste angelangt war, um 11^h 35′. Sie gebrauchte also zur Rückkehr 1 Stunde und 9 Minuten. Die normale Taube kam erst um 12 Uhr, also nach 1 Stunde und 47 Minuten. Sie ist wahrscheinlich dem Eisenbahnwege über Lüttich und Pepinster gefolgt, während *C* die Luftlinie benutzte.

Die Taube *B* mit den verschlossenen Nasenlöchern kam erst am vierten Tage, den 7. September, zwischen 4 und 6 Uhr nachmittags zurück. Sie gebrauchte also zur Zurücklegung desselben Weges 78—80 Stunden. Ihre Nasenlöcher waren ganz frei sowohl von Kollodium als von den Pfropfen.

Woran konnte diese auffallende Verspätung liegen? Es mußte in erster Linie daran gedacht werden, daß die Taube, in ihrer Atmung beengt, unterwegs ausgeruht hat, dabei gefangen genommen wurde und erst nach einigen Tagen wieder fortkommen konnte. In der Tat gibt es in den umliegenden Orten nicht wenig Liebhaber, deren Taubenschläge besonders auf das Auffangen der vorbeiziehenden Tauben eingerichtet sind. Die versprochene Belohnung war aber höher als der Wert der Taube. Außerdem beauftragte ich einen Einwohner von Huy die Umgebung zu durchstreifen, die Besitzer vor dem Aufbewahren dieser angeblich von einer ansteckenden Krankheit behafteten Taube zu warnen. Sie hätten also gern die Belohnung vorgezogen. Die Taube konnte sich auch irgendwo versteckt haben, als ihr beengtes Atmen sie eventuell zum Ausruhen zwang. Sie nahm ihre Rückreise erst vor, als der Kollodiumverband abgefallen war und sie die Pfropfen ausgestoßen hatte. Auch dies ist wenig wahrscheinlich. Der Kollodiumverband konnte kaum drei Tage lang halten[1]), die Taube wäre in solchem Falle viel früher zurückgekehrt.

Es ist daher viel wahrscheinlicher, daß die Taube sich am ersten Tage verirrt hat; darauf deutete schon die ganz falsche Richtung, welche sie zu Anfang eingeschlagen hatte. Erst als sie ihre Nasenlöcher frei bekam, erkannte sie ihren Irrtum und suchte allmählich ihr Heim auf. Ihre starke Abmagerung deutete an, daß die Taube einen weiten Weg zurückgelegt hatte, da sie in dieser Jahreszeit im Felde keinen Hunger leiden konnte. Dieser vereinzelte Versuch kann natürlich nur als Andeutung dienen. Bei Wiederholung ähnlicher Versuche müßte man suchen, die Schleimhaut der Nase zu zerstören — z. B. auf galvanischem Wege —, ohne die Nasenatmung irgendwie zu behindern. Die Untersuchung in dieser Richtung hoffte ich später fortzusetzen. Vorläufig wurden an der Hand der gemachten Beobachtungen und mit

---

[1]) Gewöhnlich hält er nur 12—20 Stunden.

Zugrundelegung der Voraussetzung von der Existenz eines Spürsinns in der Nase einige allgemeine Sätze über die Orientierung der Brieftauben festgestellt, die bei fernerem Studium des Problems geprüft zu werden verdienen.

Zwei Punkte müssen beim Studium der Orientierung in die Ferne streng auseinander gehalten werden: 1. die inneren Beweggründe oder Triebe, welche die Tiere zwingen, ihren gegebenen Aufenthaltsort gegen einen anderen bestimmten Ort zu wechseln, und 2. die Kräfte und Mittel, welche es ihnen ermöglichen, diesem Zwange nachzukommen. Die ersteren können auf reinen Instinkten beruhen, wenigstens durch solche erklärt werden. Bei den Brieftauben bestehen diese Triebe bekanntlich in ihrer großen Anhänglichkeit an ihr Heim und an ihre Familie. Die Tauben besitzen diese häuslichen Tugenden im höchsten Grade; sie sind zärtliche Liebhaber, treue Gatten und Eltern. Bei den Zugvögeln liegt die Ursache der Wanderung in der Notwendigkeit, die ihren Lebensbedürfnissen angepaßten klimatischen Verhältnisse aufzusuchen; bei den von Jägern verfolgten Tieren, Hirsch oder Bär usw., im Selbsterhaltungstrieb.

In der Wahl der Mittel, welche sie alle zur Befriedigung ihrer Triebe treffen, liegt sicherlich eine gewisse Einförmigkeit. Diese Einförmigkeit hat irrtümlicherweise die Forscher bewogen, die Wahl auch auf unbewußte, reflektorische, instinktive Bewegungen zurückzuführen. Sowohl die Ameise und die Biene als die höheren Wirbeltiere sollen ihre Orientierung ohne Beihilfe von psychischen Prozessen ausführen. Ob dies für die ersteren ganz zutreffend ist, soll hier nicht diskutiert werden. Die Orientierung bei Vögeln (besonders bei Brieftauben) und auch bei höheren Wirbeltieren beruht aber sicher auf überlegten Handlungen, also auf rein psychischen Prozessen. Es soll versucht werden, hierfür einige Beweise zu liefern

„Die Bienen folgen einer Kraft, welche uns ganz unbekannt ist, und welche sie zwingt, an die Stelle im Raume zurückzukehren, von der sie fortgeflogen sind," sagt Bethe. In seiner von der Pariser Akademie der Wissenschaften preisgekrönten Schrift über die Orientierung der Brieftauben kommt Reynaud zu einem analogen Schluß: „L'instinct d'orientation lointaine est la faculté que possèdent à des degrès différents tous les animaux de reprendre le contre-pied d'un chemin parcouru".

Diese Hypothese, welche Reynaud als „loi du contre-pied" bezeichnet, ist keine einfache Umschreibung der Tatsache, daß Tiere zur Rückkehr denselben Weg wählen, den sie auf der Hinfahrt eingeschlagen haben. Sie will sagen, daß die Tiere gezwungen sind, diesen Weg zurückzulegen. Sowohl bei Bethe als bei Reynaud sind psychische Prozesse bei der Wahl des Weges nicht beteiligt, die Orientierung in die Ferne soll eine rein instinktive, reflektorische Handlung sein. Nach Jacques Loeb soll der periodische Wanderungstrieb der Zugvögel sogar „nur auf Tropismen beruhen". Folgende an sich ganz richtige, bei Brieftauben sehr häufig gemachte Beobachtung wird als Hauptgrundlage der Annahme angeführt, diese führten bei der Wahl des Weges nur unbewußte Handlungen aus. Wenn eine Taube von dem Punkte *A* zum Punkte *B* nicht auf direktem Wege, sondern auf Umwegen durch die Punkte *C*, *D* und *E* gebracht wird, so kehrt sie meistens auch von *B* zu *A* nicht auf dem direkten kürzeren Wege, sondern auf den Umwegen *B*, *E*, *D*, *C*, *A* zurück. Eine einfache Überlegung zeigt, daß dieser Umstand nicht im geringsten zugunsten eines instinktiven Zwanges spricht. Ein Mensch, in eine unbekannte Gegend auf solchen Umwegen von *A* nach *B* gebracht, wird, um sich besser orientieren zu können, auf seiner Rückkehr ganz bewußt das Gleiche tun, er wird dieselben Haltepunkte durchlaufen wie die Taube, und dies auch, wenn er weiß, daß dies seinen Weg bedeutend verlängert, was ja bei der Taube nicht der Fall ist.

Dann soll die Taube, wenn sie sich bei ihrer Rückkehr verirrt, zu ihrem letzten Ausgangspunkte zurückkehren, um ihren Weg zu finden und dann ihre Rückreise von neuem beginnen. Tun wir etwa nicht dasselbe, wenn wir uns in einem Walde verirren? Das ist doch sicherlich das Vernünftigste, was die Taube machen kann. Dagegen beobachtet man sehr häufig, daß die Tauben auf dem Rückweg, z. B. im Punkte *D* angelangt, wenn dieser in gerader Linie nur etwa 100 km von ihrem Schlage entfernt ist, also in einer Distanz, die ihnen gestattet, sich mit Hilfe des Gesichtssinnes zu orientieren, plötzlich einige Augenblicke innehalten, mehrere Kreise beschreiben und dann gewöhnlich diesen kürzeren geraden Weg dem Umwege über *C* vorziehen. Die Tauben treffen also hier eine freie Wahl, ohne einem Zwange zu unterliegen. Wenn die Taube häufig zur Rückkehr dem Schienenweg folgt, auch wenn er der längere ist, so handelt sie auch dabei wieder ganz wie wir selbst es tun, im Falle wir den Weg nicht kennen. Sie tut dies gewöhnlich, wenn sie per Eisenbahn die Hinreise zurückgelegt hat und in einer ganz unbekannten Gegend anlangt: zeigt dies nicht eine überlegte Handlung an, die auf Verstand gegründet ist?

Man sieht oft, daß Brieftauben, die von Belgien kommen und in Bordeaux freigelassen werden, statt der Eisenbahnlinie zu folgen, dem Ozean entlang längere Zeit fliegen, um nach dem Norden zu gelangen. Häufig, aber nicht immer, gewinnen sie auch günstige Windrichtungen; aber oft ist ihr einziger Gewinn dabei, daß sie den Ozean zur Orientierung benutzen. Wo kann da von einer „loi du contre-pied“ die Rede sein? Wenn ein Aeronaut die für seine Reiseziele günstigen Winde sucht, läßt er seinen Ballon steigen oder sinken, bis er die erwünschte Windrichtung gefunden hat. Zugvögel und Brieftauben handeln genau so. Oft sieht man sie Minuten lang so manöverieren, wobei sie immer mehr oder weniger weite Kreise beschreiben. Mit welchem Rechte sollen wir die intelligente freie Wahl der Winde bei Brieftauben einem blinden Instinkt zuschreiben, wenn wir sie beim Menschen als Ausdruck hoher Intelligenz betrachten? Doch nicht etwa, weil die Taube mit scheinbar viel einfacheren, aber im Grunde viel vollkommneren Mitteln denselben Zweck erreicht?

Bei dem oben beschriebenen Versuch in Huy sahen wir, daß die drei Tauben, die denselben Weg in einem gemeinschaftlichen Korb zurückgelegt hatten, beim Loslassen ganz entgegengesetzte Richtungen einschlugen, und dies, nachdem jede einzelne zuerst in die Höhe geflogen war und sich mehrere Minuten lang orientiert hatte. Wenn man die Brieftauben nicht, wie dies beim Preisfliegen geschieht, gleichzeitig losläßt, sondern successive eine nach der anderen und in Intervallen, wo die nachfolgende Taube die am Horizont verschwundene nicht mehr sehen kann, so schlagen sie im Beginne fast immer verschiedene Richtungen ein. Wie kann da von einem instinktiven Zwange die Rede sein?

Zugunsten eines solchen Zwanges werden auch bei der Hetzjagd gemachte Beobachtungen angeführt. Hier läßt sich der Irrtum, wenn möglich, noch schärfer demonstrieren als bei Brieftauben, weil man auf der Jagd sowohl die Flucht der gehetzten Tiere als alle die Schleichwege genau verfolgen kann, die sie zum Entkommen einschlagen. Ein Hirsch, von der Meute verfolgt, wenn er sich in einer ihm bekannten Gegend befindet, durchläuft alle möglichen Wege, um seinen Verfolgern zu entgehen. Erst wenn er in eine unbekannte Zone gelangt, flüchtet er in gerader Linie vor sich hin. Nach Reynaud soll dies als Beweis dafür gelten, daß ein Tier durch den Instinkt gezwungen ist, die vorher von ihm durchlaufenen Wege einzuschlagen, welche mit Hilfe der Bogengänge kartographisch aufgenommen und in seinem Gehirn fixiert wurden. Es genügt aber seine eigene Beschreibung zu lesen, um sich von dem Gegenteil zu überzeugen: „Quand un cerf est attaqué sur un domaine par un equipage, il commence par ruser, fait mille detours et depiste un instant ses ennemis. Bientôt rejoint, il repart; pourchassé d'abri en abri, il prend son parti et s'élance sous la deuxième zone où les pistes sont rectilignes etc.“ Befindet sich der Hirsch in einer ihm unbekannten Gegend, so sehen wir „qu'il n'essaie pas de ruser, il part devant les chiens et débuche immédiatement“.

Wenn ein Tier versucht, bei seiner Flucht „schlaue Kniffe“ zu gebrauchen, so unterliegt es keinem instinktiven Zwang bei dem Einschlagen bestimmter Wege, sondern es wählt frei ihm bekannte Schlupfwinkel. Bei der Bärenjagd, die mir geläufiger ist, beobachtet man diese Schlauheit und diese Mannigfaltigkeit der Kniffe noch viel besser, obgleich dem Anscheine nach auch hier das „Gesetz der Gegenrichtung“ wirklich zu Geltung gelangt. Der aus dem Winterschlafe geweckte Bär pflegt in der Tat die von ihm gewählte Waldgegend meistens auf demselben Pfade zu verlassen, den er beim Eindringen in den Wald benutzt hat. Auf diese Gewohnheit hin wird auch die Treibjagd eingerichtet, indem in der Nähe dieses Pfades die Jäger aufgestellt werden, während die Treiber den Rest des Waldes umringen. Der durch das Los begünstigte Jäger, welcher auf dem Pfade selbst zu stehen kommt, ist ziemlich sicher, daß der gehetzte Bär auf ihn zukommen wird. Es scheinen also alle Umstände zugunsten der Bestätigung des genannten Gesetzes zu sprechen. Bei näherer Betrachtung überzeugt man sich aber, daß der Bär diese Wahl frei macht und unter Umständen auch aufzugeben weiß. Sobald er aus dem Schlafe durch das Höllengeräusch aufgeweckt wird, versucht er zuerst sich im Walde selbst zu verstecken. Er durchläuft alle Schlupfwinkel, die er im Herbste bei den Vorbereitungen zu seinem Winterquartier rekognosciert hat. Da er von einem Jäger, der ihn schon im Herbst umgangen hat, ausgekundschaftet wurde, so dirigiert dieser die Treiber in der Weise, daß so der Kreis um diese Schlupfwinkel mehr und mehr zusammengezogen wird. Dann erst entschließt sich der Bär zur Flucht aus dem Walde. Da auf der Seite, wo sich sein Pfad befindet, auf einer größeren Strecke absolute Ruhe beobachtet wird, so schlägt er seine Richtung nach dieser Seite ein. Der Bär flüchtet meistens mit der Geschwindigkeit eines galoppierenden Pferdes; er kann dies im Walddickicht nur tun, wenn er einen ihm schon bekannten Pfad wählt.

Es genügt aber das geringste Geräusch in der Nähe des Pfades, damit er plötzlich die Richtung ändert, um an einer anderen, ebenfalls ruhigen Stelle sein Glück zu versuchen. Häufig verzichtet er von neuem auf die Flucht und versteckt sich in irgend einer mit Schnee bedeckten Grube in einer Entfernung von ein paar hundert Metern von den Jägern und bleibt da ganz still. Nur Hunde können ihn dann auffinden. Ja, oft ändert er seine Richtung kaum 50 bis 60 m von dem Jäger entfernt, sobald er ihn nur bemerkt[1]). Der Bär unterliegt also keinem Zwang, wenn er ihm bekannte Wege einschlägt, sondern benimmt sich auf der Flucht gerade so, wie ein Mensch sich in derselben Lage benehmen würde. Er ändert seine Taktik während der Flucht in der zweckmäßigsten Weise und entwickelt dabei oft so viel Schlauheit, daß er die Jäger überlistet und unentdeckt bleibt.

Instinktiv ist bei ihm nur der Erhaltungstrieb; in der Wahl der Mittel aber, um diesem Triebe zu genügen, sind seine Handlungen willkürlich und überlegt. Wenn manche Tiere oft in den ihnen gestellten Fallen sich fangen lassen, so spricht dies nicht im mindesten zugunsten des rein instinktiven Charakters ihrer Handlungen. Unerfahrenheit und Mangel an Vernunft sind nicht gleichbedeutend mit Unbewußtheit. Auch die Handlungen des Menschen sind nur zu häufig unvernünftig, sind aber deswegen doch nicht instinktiv[2]). Bei der Beurteilung der Frage, ob bei Brieftauben die Orientierung in die Ferne eine rein instinktive oder eine überlegte psychische Handlung sei, muß noch folgender Umstand in Betracht ge-

---

[1]) Gewöhnlich ziehen die Jäger weiße Kittel an, um vom Schnee nicht abzustechen.

[2]) Bei der früher erwähnten Diskussion über die Rolle des Geruchsinnes bei Hunden sind authentische Fälle mitgeteilt worden, wo Hunde, die auf dem Seeweg nach einer unbekannten Gegend gebracht wurden, zur Rückkehr den Landweg einschlugen, den sie früher nicht kannten. Wo kann da die Rede von einem Zwange sein, demselben Wege in umgekehrter Richtung zu folgen?

zogen werden. Ebenso wie Jagdhunde bedürfen auch Brieftauben einer besonderen Erziehung, eines Entrainement, ehe sie ihrem Berufe nachkommen können. Diese Erziehung besteht darin, daß die Tauben systematisch eingeübt werden, zuerst kleine, sodann allmählich immer größere Reisen auszuführen.

Bei diesen Erziehungsreisen orientiert sich die Taube hauptsächlich mit den Augen und sammelt eine große Anzahl Erfahrungen, welche ihr dann zugute kommen, wenn sie später Strecken zurücklegen muß, bei denen der Gesichtssinn allein nicht mehr genügen kann.

Mit dem außerordentlichen Lokalgedächtnis, das von allen Autoren den Brieftauben zuerkannt wird, vermögen sie in einem Umkreise von mehreren hundert Kilometern sich sehr wohl nur mit Hilfe des Gesichtssinnes zu orientieren. Und da meistens ihre Studienreisen nur nach einer oder zwei Richtungen hin geschehen, so gelangen sie dazu, Anhaltspunkte für ihre späteren Reisen bis auf eine Entfernung von 500—600 km zu erlangen.

Während dieser Studienzeit lernen sie aber auch die Winde und Windrichtungen zu unterscheiden und diejenigen mit Hilfe ihres Spürsinnes zu erkennen, die sie *zu ihrem Heim am ehesten führen können oder die von ihrem Heim herkommen*. Es ist nämlich leicht zu konstatieren, daß die Brieftauben nach ihren *Orientierungen in der Höhe* mit Hilfe der in der Luft beschriebenen Kreise (oder richtiger Spiralen) bei weitem nicht immer eine Windrichtung wählen, die ihnen das Fliegen nach ihrem Schlag erleichtert. Häufig sieht *man sie im Gegenteil gegen die Windrichtung fliegen, trotz des großen dabei erforderlichen Kräfteverbrauches. Wenn unsere Hypothese richtig ist, daß die Brieftauben (ebenso wie die Zugvögel) sich in die Ferne mit Hilfe eines in der Nase befindlichen Spürsinnes, d. h. mit Hilfe von Empfindungen orientieren, welche ihre Nasen- und vielleicht auch ihre Stirnhöhle durch die Reize der Winde (mechanische, thermische, vielleicht auch spezifisch-chemische Reize) erhält, so muß das Fliegen gegen die Windrichtung ihre Orientierung bedeutend erleichtern.* Wenn sie mit dem Winde fliegen, so befinden sie sich für die Erregung ihres Spürorgans in höchst ungünstigen Bedingungen; *daher die Drehungen im Kreise, um durch die Entgegenstellung der Oberfläche der Nasenschleimhaut gegen die verschiedenen Winde sich besser zu orientieren*[1]).

Wenn dann die Brieftauben nach Absolvierung ihrer vorbereitenden Studien von einer Entfernung von 500 km plötzlich nach einer

[1]) Krebse, Fische und auch Wasservögel, die in schnell fließendem Wasser schwimmen, richten sich gewöhnlich mit dem Kopfe *gegen* den Strom. Sie tun dies ganz überlegt und nicht im mindesten dem Zwange des Rheotropismus folgend; denn nur in dieser Stellung vermögen sie sich mit Sicherheit zu orientieren und ihre Bewegungen zu beherrschen. Wenn wir in einen heftigen Sturmwirbel geraten, so stellen wir uns *gegen* die Windrichtung, um nicht fortgerissen zu werden.

solchen von 1000 und mehr (z. B. belgische Tauben von Orleans nach Bordeaux) gebracht werden, wo ihr Gesichtssinn auch mit Zuhilfenahme der im Gedächtnis angehäuften Erfahrungen nicht mehr ausreicht, so können sie dank der Kenntnis der Windrichtungen sich doch noch zurechtfinden. Es ist eine bekannte Erfahrung, daß es Brieftauben selten gelingt, über die Alpen hinweg sich zu orientieren. So kehrten vor mehreren Jahren von etwa 1500 Tauben, die in Rom losgelassen wurden, kaum 7 in ihr Heim zurück. Die Hindernisse der Berghöhen allein können kaum genügen, um solche Mißerfolge zu erklären. Denn warum stellen die Pyrenäen nicht die gleichen Hindernisse den Tauben entgegen? Ich glaube, die Ursache liegt in den ihnen unbekannten unregelmäßigen, schnell ihre Richtung wechselnden und dazu noch kalten Winden, welche die Brieftauben in den Alpen verwirren müssen. Die Gletscher und großen Schneefelder der Alpen können also die wirklichen Hindernisse für die Orientierung der von Italien zurückkommenden Brieftauben bilden.

Die gegebene Deutung der Beobachtungen und Vorversuche über die Orientierung der Brieftauben (und wahrscheinlich auch der Zugvögel) würde sich in folgende Sätze zusammenfassen lassen:

1. Die Orientierung in die Ferne beruht nicht auf instinktiven, rein reflektorischen, sondern auf überlegten, bewußten Handlungen.

2. Diese Orientierung geschieht vorzugsweise mit Hilfe von zwei Sinnen: des Gesichtssinnes und eines speziellen Spürsinnes, der in der Schleimhaut der Nase (und vielleicht in der der Stirnhöhle) seinen Sitz hat. Letzterer Sinn kann vom Geruchssinn unabhängig sein. Er wird wahrscheinlich vorzugsweise durch die Qualitäten der Winde (Richtung, Intensität, Temperatur usw.) in Tätigkeit versetzt.

3. Die Bogengänge dienen den Brieftauben nur zur Orientierung in dem sie umgebenden Raume. Sie spielen also bei der Orientierung in die Ferne nur die Rolle von Hilfsorganen. Die Bogengänge leisten bei dieser Orientierung, wie gesagt, dieselben Dienste wie ein Steuerruder dem Schiffe; der Spürsinn des Nasenlabyrinths funktioniert als Boussole.

Seit der ersten Veröffentlichung der hier mitgeteilten Versuche, nach welchen die Orientierung in die Ferne als vorzügliche Verrichtung einer speziellen Sinnesfunktion in dem Geruchsorgan ihren Sitz hat, sind in dieser Richtung zahlreiche in hohem Grade interessante Versuche besonders an Insekten (Käfern, Bienen, Ameisen, Wespen usw.) bekannt gemacht worden, welche die soeben auseinandergesetzte Auffassung wenigstens für diese Tiere in eklatanter Weise bestätigen. Ein näheres Eingehen auf die betreffenden Untersuchungen gehört nicht hieher. Nur die neuesten und höchst merkwürdigen Studien von Adele Fields (Wood, Massachusets) an Hautflüglern und Ameisen sollen hier erwähnt werden. Aus ihren teilweise auch experimentellen Studien schließt Fields, daß die Fühler der Ameisen hauptsächlich Organe des Geruchssinnes seien. Die braune Ameise (Nordamerika) besitze zwölfgliedrige Fühler, von denen jedem Glied eine besondere Verrichtung zukommen soll. Die meisten dieser Glieder scheinen für spezielle Geruchsempfindungen eingerichtet zu sein, für die „Wohnung", „die Familie" usw. Das drittletzte Glied soll der „Sinn der Orientierung" sein. Dank ihm soll die Ameise mit unfehlbarer Sicherheit den einmal von ihr durchlaufenen Weg wieder auffinden können. Sie erkennt ihre Fährte auch, wenn diese mit Erde künstlich bestreut wird.

§ 9. Die sogenannte geotropische Orientierung.

In Kapitel II wurde mehrmals der sogenannte statische Sinn behandelt, eine der vielen Bezeichnungen, welche den Verrichtungen des Bogengangsapparates von mehreren Autoren beigelegt wurde, die, ohne selbst ernstlich an dem Ohrlabyrinth experimentiert zu haben, sich für berechtigt hielten, auf Grund fremder, meistens mißverstandener Versuchsergebnisse alle möglichen und unmöglichen Sinnesorgane zu entdecken. Die Bezeichnung „statischer Sinn" wurde von Breuer zuerst erfunden. In den §§ 6 und 7 des zweiten Kapitels ist ausführlich dargelegt worden, daß im Laufe einer lebhaften Polemik Breuer gezwungen war, sowohl auf diesen „nicht ganz guten Namen" für einen Sinn „mit unbekanntem Sitz" und mangelhaft definierten Verrichtungen, als auch auf den Sinn selbst zu verzichten. Er schloß sich der Auffassung an, der Bogengangsapparat sei ein Sinn für die Richtungsempfindungen, und zwar nachdem auch Preyer, 15 Jahre nach meiner ersten Veröffentlichung über die wahren Verrichtungen des Ohrlabyrinths, es für notwendig erachtete, sie von neuem zu entdecken.

Mehrere hervorragende vergleichende Physiologen, die höchst wertvolle Untersuchungen über die Bewegungen niederer Organismen ausgeführt haben, glaubten für deren Orientierung den Begriff des Geotropismus, der in der Pflanzenphysiologie eine so große Bedeutung erlangt hat, mit Vorteil verwenden zu können. So wurde zuerst die geotropische Orientierung in die Physiologie der niederen Tiere eingeführt. Von einigen Forschern wurde dann in Erinnerung an den längst verewigten statischen Sinn von Breuer der Versuch gemacht, ihn unter der Bezeichnung des geotropen Sinnes wieder auferstehen zu lassen, ja sogar den Geotropismus auch für die Orientierung von Tieren zu verwenden, die im Besitze von Otocysten sind.

Für die Klärung der folgenden Diskussion ist es erforderlich, hier den Geotropismus mit den eigenen Worten von J. v. Sachs zu kennzeichnen: „Wenn die Teile einer Pflanze durch irgend eine Ursache aus ihrer ursprünglichen, gewohnten, ihrer inneren Natur angemessenen Lage in eine andere Richtung zum Horizont versetzt worden sind, so krümmen sie sich solange, bis sie wieder dieselbe Neigung gegen den Horizont einnehmen wie früher, und eben diese durch die bloße Lageänderung hervorgerufene Krümmung ist die geotropische Reizwirkung.

die Folge einer Eigenschaft der Organe, welche denselben keine Ruhe läßt, bis sie wieder die ihnen zukommenden Winkel mit der Richtung der Erdschwere einnehmen". Der Sinn des so formulierten Satzes wird noch ferner präzisiert durch die Angabe, die geotropischen Krümmungen werden „ausschließlich durch Wachstum hervorgerufen, und können daher nur die noch wachstumsfähigen Organe ihre normale Lage zum Horizont wiedergewinnen".

Die Annahme, daß im Wachstum begriffene festsitzende Pflanzen unter dem Einfluß der Schwerkraft die „ihrer inneren Natur angemessene Lage" in der Richtung zum Horizont zu behalten streben, ist sicherlich zulässig, besonders so lange keine anderweitigen physikalischen oder chemischen Gründe für die betreffende Erscheinung nachweisbar sind. Etwas bedenklicher wird schon eine analoge Erklärung durch Geotropismus, wenn es sich um „Emporkriechen der Plasmodien an Pflanzenstengeln, an Blumentöpfen und anderen zuweilen recht hohen Gegenständen" handelt. v. Sachs nimmt auch hier den Geotropismus in Anspruch, muß aber zugeben, daß das „eine uns unbekannte Einwirkung der Schwerkraft auf die Molekularstruktur des Protoplasma" ist und „daß die einzelnen mechanischen Vorgänge dabei ganz unbekannt sind. Mit anderen Worten, die Erklärung durch Geotropismus erklärt eigentlich nichts, da sie ganz unbekannte Wirkungen der Schwerkraft voraussetzen muß. Es wird auch von anderen Pflanzenphysiologen, wie E. Strasburger und Schleicher, das Emporkriechen der Plasmodien auf Erscheinungen des Rheotropismus und Hydrotropismus zurückgeführt.

Der erste Versuch, den Geotropismus als Ursache der freien und willkürlichen Bewegungen der Tiere zu verwenden, gehört Jacques Loeb. Er hob dabei selbst das Gewagte einer solchen Verwendung hervor, glaubte aber darüber durch folgende Überlegung hinweg zu kommen: „Allein der Ausdruck Geotropismus bedeutet nur eine Abhängigkeit der Orientierung von der Schwerkraft, ohne über den Mechanismus dieser Abhängigkeit irgend etwas auszusagen. Es wäre daher eine bloße und noch dazu falsch angebrachte Scholastik, wollten wir erklären, daß ein solches Abhängigkeitsverhältnis nur bei festsitzenden, aber nicht bei fortbeweglichen Tieren bezeichnet werden dürfte".

Zwei Punkte sollen aus diesen Sätzen vorläufig hervorgehoben werden. Der Ausdruck Geotropismus bezeichnet die Wendung durch die Schwerkraft; er kann also schwerlich auf Erscheinungen bezogen werden wie die Orientierung im Raume (Cyon) oder die „Orientation locomotrice" (Yves Delage), um die es sich hier handelt. Auch die weitestgehende Auslegung des Begriffes Geotropismus kann diese Schwierigkeit kaum aus dem Wege schaffen. Außerdem muß der Vorteil einer solchen gezwungenen Verwendung des Geotropismus problematisch erscheinen, wenn im voraus erklärt wird, daß dadurch über den Mechanismus der Abhängigkeit der Orientierung von der Schwerkraft nichts ausgesagt wird.

Die erste Anwendung des Geotropismus wurde von Loeb zur Erklärung gewisser Bewegungen von Cucumaria cucumis versucht. Diese Echinoderme findet sich im Golfe von Neapel auf den Felsen in einer Tiefe von etwa 30 m. In ein Aquarium gebracht, kriechen diese Tiere solange am horizontalen Boden herum, bis sie an die Wand gelangen, dann klettern diese bis zur höchsten Spitze hinauf und bleiben fortan unbeweglich. Dieses Verhalten kann „keine andere Ursache als die Schwerkraft bestimmen“ schließt Loeb. Warum? wird nicht angegeben. Die Unmöglichkeit, dieses Kriechen nach oben durch Rheotropismus oder Hydrotropismus zu deuten, ist kein zwingender Grund. Die Richtung der Schwerkraft soll als Reiz dienen, der eine Progressivbewegung in entgegengesetzter Richtung ausübt. Die Tendenz niederer Organismen, sich in einer Richtung zu bewegen, die entgegengesetzt derjenigen ist, in welche sie durch äußere Kräfte gedrängt werden, ist aber allgemein. Wenn Krebse, Fische oder Wasservögel gegen den Strom schwimmen, Ameisen, auf die Drehscheibe gebracht, entgegen der Drehrichtung sich bewegen, so kann dies doch nicht auf Geotropismus beruhen, da die Zugkraft hier nicht dieselbe Richtung wie die Schwerkraft besitzt. Es muß also eine allgemeinere Ursache für diese Bewegungstendenz vorhanden sein. Unter den sinnreichen Versuchen von Loeb wird ein solcher vermißt, bei dem auf das Tier eine Zugkraft, z. B. durch einen künstlichen Wasserstrom von unten nach oben, ausgeübt wäre. Wenn es in diesem Falle, statt nach oben zu kriechen, von der Wand heruntergeklettert wäre, so würde das höchstens darauf hindeuten, daß in dem speziellen Falle, d. h. bei Cucumaria, die Schwerkraft wirklich beteiligt war an der Bewegung nach oben. Gleichzeitig würde aber aus einem solchen Resultate der Schluß gezogen werden müssen, daß der Geotropismus keine allgemeine Anwendung bei der Erklärung der Bewegungen von Tieren nach anderen Richtungen hin finden kann.

Im Falle aber ein solcher Versuch negativ ausfallen würde, d. h. wenn das Tier an der oberen Spitze der Wand verbliebe, trotz der nach oben hin ausgeübten Zugkraft, so würde dies beweisen, daß sogar bei Cucumaria der Geotropismus keine Rolle spielt. Freilich könnte man dann noch auf die Möglichkeit hinweisen, „daß diese Reaktionen bei Cucumaria und bei den Insekten in einem besonderen Organe ausgelöst werden, ähnlich wie bei Wirbeltieren“. Wir werden aber bald sehen, daß bei den letzteren, welche in der Tat spezielle Orientierungsorgane besitzen, der Geotropismus erst recht keine Rolle als Reizkraft spielt.

Die Beobachtungen, welche das Gegenteil beweisen sollen, sind von Loeb an Haifischen gemacht worden. „Die höheren freibeweglichen Tiere unterliegen ebenfalls einem Zwange, innerhalb gewisser Grenzen eine bestimmte Orientierung gegen den Schwerpunkt der Erde einzuhalten. Namentlich bei Fischen, daß sie sich im Schwimmen wie im Liegen gegen den Schwerpunkt der Erde so orientieren, daß sie nur die Bauchseite nie aber den Rücken nach unten richten.“ . . . Die

Ursache dieser gezwungenen Haltung der Fische mit dem Bauch nach unten hängt ab von „Wirkungen, die, wie wir wissen, in einem ganz bestimmten Organe ausgelöst werden, nämlich im innern Ohr“. Loeb stützt also seinen Geotropismus auf den statischen Sinn von Breuer, den er als unzweifelhaft bestehend betrachtet; er nimmt daher an, daß die Otolithenapparate die Organe sind, auf welche der Geotropismus seine Wirkungen ausübt. In demselben Sinne haben sich auch später Bethe und Beer ausgesprochen, ersterer wie Loeb nach einer Reihe von Versuchen an Haifischen, letzterer nach Versuchen an Krebsen.

Wenn alle Fische, Vögel, Batrachier und die meisten Wirbeltiere ihre Bauchseite nach unten kehren, sowohl in der Ruhelage als bei den Bewegungen, so geschähe dies, weil die im Sacculus enthaltenen Otolithen[1]) unter der Einwirkung des Geotropismus sie dazu zwängen. „Physikalisch steht nichts im Wege,“ sagt Loeb, „daß ein solcher Fisch mit dem Rücken nach unten schwimmt oder liegt; dagegen sind innere physiologische Umstände vorhanden, die ihn zwingen, die Bauchseite dem Schwerpunkt der Erde zuzukehren.“ Er führt dann weiter aus, daß „wir selbst einem derartigen Zwange ebenfalls unterworfen“ sind. Wenn wir auf den Beinen und nicht auf dem Kopfe, mit der Brust nach vorne und nicht nach hinten gehen, mit der Bauchseite nach unten und nicht auf dem Rücken schwimmen, so zwingen uns in der Tat physiologische Gründe dazu. Für Vögel, Batrachier usw. ist dies sicherlich auch der Fall. Wenn diese Tiere tot und nur physikalischen Kräften ausgesetzt sind, so kehren sie häufig die Bauchseite nach oben. Auch die menschliche Leiche, besonders wenn sie einige Zeit im Wasser gelegen hat, schwimmt auf dem Rücken.

Soweit stimmen wir also mit Loeb überein. Nur in den Ursachen dieses Zwanges gehen wir himmelweit auseinander. Wir stehen und gehen auf den Beinen und nicht auf dem Kopf, weil der anatomische Bau unseres Körpers uns dazu zwingt; mit der Brust nach vorn, weil unsere Augen, unser Gesicht usw. sich nach vorn befinden. Wir können wohl auf dem Rücken vom Schwimmen ausruhen; wenn wir aber versuchen, lange auf dem Rücken zu schwimmen, so stellen sich dem bald Hindernisse entgegen, teils weil wir in dieser Lage nur nach vorwärts und nicht nach hinten sehen können, teils auch weil die Muskulatur unserer Extremitäten so ungewohnte Bewegungen nicht auf die Dauer auszuführen vermag. Bei den Batrachiern, Vögeln, Fischen, ja sogar bei den wirbellosen Tieren sind die physiologischen Zwangsgründe von ganz derselben Art. Der Geotropismus und das innere Ohr haben damit nichts zu schaffen.

---

[1]) Wir behalten selbstverständlich die Bezeichnungen Otolithen und Otocysten bei. Sie haben vor den Statolithen und Statocysten schon den Vorzug, rein anatomische Bezeichnungen zu sein und nichts über die physiologischen Funktionen zu präjudizieren. Nichtssagende Worte, und wenn sie auch noch so barbarisch sind wie Entstatung und statenlos, vermögen nicht den Mangel an wissenschaftlichen Beweisen zu ersetzen. Nur auf Bestattung kann der verewigte statische Sinn noch berechtigten Anspruch machen.

Im Gegenteil: der Geotropismus, d. h. das Gehorchen des Körpers den ausschließlich physikalischen, äußeren Kräften, beginnt erst mit dem Tode der Tiere. Tote Fische oder Krebse wie tote Menschen schwimmen auf dem Rücken, weil dies die Schwerkraft verlangt und die der Schwerkraft entgegenwirkenden Muskelkräfte nicht mehr in Wirksamkeit treten können. Diese einfache Überlegung ist zu überzeugend, um den Anhängern des geotropen Sinnes entgangen zu sein. Wenn sie sie nicht in Betracht gezogen und den Grund der normalen Haltungsweise der Tiere dennoch im innern Ohre gesucht haben, so lag dies sowohl an ihrem Vertrauen auf die Existenz eines statischen Sinnes, als auch an den scheinbaren Ergebnissen ihrer experimentellen Untersuchungen.

Der Grundversuch von Loeb und Bethe besteht darin, daß, wenn man beim Haifisch (Scyllium canicula) auf beiden Seiten die Otolithen herausreißt, die Otocysten zerstört oder die Acustici durchschneidet, dann dem Tiere fortan „jeder Zwang, die Bauchseite dem Schwerpunkt der Erde zuzuwenden“, fehle. „Das Tier setzt dem vorsichtigen Versuch, es auf den Rücken zu legen, keinen Widerstand entgegen und bleibt, wenn man es vor dem Umfallen schützt, dauernd auf dem Rücken liegen“.

Das Auftreten von Bewegungs- und Gleichgewichtsstörungen nach Läsionen des Ohrlabyrinths ist von Flourens schon in den zwanziger Jahren des vorigen Jahrhunderts gefunden worden. In den siebziger Jahren habe ich das Gleiche an Fischen demonstriert. Im Jahre 1887 hat Yves Delage durch zahlreiche und überzeugende Versuche an Wirbellosen gezeigt, daß die beiderseitige Zerstörung der Otocysten dieselben Folgen für die Bewegungen nach sich zieht, wie die Verletzungen der Bogengänge in den Flourensschen Versuchen bei Vertebraten. Er hat auf diese Weise, wie er selbst hervorhebt, meine im Jahre 1878 ausgesprochene Vermutung bestätigt, daß bei Wirbellosen die Otocysten dieselbe Rolle bei der Orientierung (Orientation locomotrice) spielen, wie der Bogengangsapparat bei Wirbeltieren.

Was speziell die Rückenlage betrifft, welche die Tiere bei Zerstörung des Ohrlabyrinths einnehmen, so ist sie keinem dieser Autoren entgangen und auch den zahllosen anderen Beobachtern nicht, welche ähnliche Versuche ausgeführt haben. Bei den Versuchen von mir und Solucha an den einzelnen Bogengängen der Frösche haben wir unter anderem auch Erscheinungen beobachtet, die ich folgendermaßen beschrieben habe: . . . „Bei Durchtrennung der beiden horizontalen Kanäle tritt meistens ebenso wie bei der Durchschneidung der übrigen Kanäle eine Verzerrung des Kopfes nach der einen Seite hin ein . . . Nach jedem Sprunge fällt aber das Tier nach der einen Seite hin, so daß es nicht gerade vor sich hinspringt, sondern unter einem gewissen Winkel nach rechts oder links; infolgedessen beschreibt das Tier nach mehreren Sprüngen einen fast regelmäßigen Kreis“. . . . Darauf folgt die Beschreibung des paddelnden Schwimmens. „Bei der Durchschneidung der beiden kleineren Vertikalkanäle sind die Bewegungsstörungen bedeutender. Die Sprünge geschehen meistens gerade in die Höhe; jeder Sprung ist dabei viel kräftiger als gewöhnlich und hat etwas Krampfhaftes an sich; bei den meisten Sprüngen in die Höhe macht der Frosch eine Drehung um die Querachse des Körpers, wobei er meistens die Drehung nicht vollendet sondern entweder auf den Rücken oder auf den Kopf fällt" ...

„Bei der Durchtrennung der großen Vertikalkanäle sind die Sprünge noch heftiger.... Der Frosch fällt meistens auf den Rücken, richtet sich nur mit Schwierigkeit empor und wälzt sich um die Längsachse des Körpers" usw. Und nun erst bei den Versuchen an Neunaugen! ... „Zwingt man es (nach Zerstörung der beiden Kanäle) seinen Platz zu wechseln, so bewegt es sich im Kreise und wälzt sich um die Längsachse des eigenen Körpers. Während dieser Umwälzung ereignet es sich öfters, daß es auf dem Rücken liegen bleibt; dann fährt es fort, sich in dieser Lage im Kreise zu bewegen, und nur mit vieler Mühe gelingt es ihm, seine normale Lage wieder anzunehmen. Dieselbe Erscheinung beobachtet man, wenn man es auf den Rücken umlegt; es schwimmt alsdann während einiger Zeit in dieser Lage; macht es Halt, so sucht es vermöge des dorsalen Teiles seiner Haftscheibe sich anzusaugen, und nur nach mehrfachen fruchtlosen Versuchen nimmt es seine normale Stellung wieder ein". Unter gewissen Versuchsbedingungen schwimmen auch die operierten Fische rückwärts (siehe Kap. IV § 1).

Wie man sieht, kommen die Beobachtungen von Loeb, Bethe und Beer über die Annahme der Rückenlage nicht unerwartet. Wenn man aber an den einzelnen Bogengängen operiert, statt sich mit der Zerstörung des Gesamtlabyrinths oder der Durchschneidung der Acustici zu begnügen, dann kann man leicht erkennen, daß die Annahme der Rückenlage nur eine Teilerscheinung einer ganzen Reihe gesetzmäßig auftretender Bewegungs- und Gleichgewichtsstörungen ist. Eine genauere Analyse dieser Störungen konnte auch die Art, wie die Rückenlage entsteht und aufgehoben wird, feststellen und so den Mechanismus dieser Erscheinung richtig erklären. Man sieht aus den zitierten Versuchen an Fröschen, daß die Rückenlage nur bei der Zerstörung gewisser Bogengänge auftritt, und auch dann nur infolge des Umpurzelns beim Sprunge; bei den Neunaugen infolge des Rollens um die Längsachse. An Tauben, denen man die vertikalen Bogengänge durchschnitten hat, und an Kaninchen mit durchschnittenem Acusticis sieht man Analoges; die letzteren bleiben auf der Seite statt auf dem Rücken liegen: aus leicht verständlichen Gründen.

Die Annahme der Rückenlage sowie die sämtlichen anderen Bewegungs- und Gleichgewichtsstörungen sind, wie wir gezeigt haben, die Folgen der Aufhebung der regulierenden und hemmenden Einflüsse des Ohrlabyrinths auf die Muskelbewegungen und der dadurch entstehenden Innervationsstörungen. Das Bestreben, die Bauchseite dem Zentrum der Erde zu nähern, ist diesen Erscheinungen vollkommen fremd, was schon unzweifelhaft aus dem Umstande hervorgeht, daß ein solches Bestreben keinesfalls in Anspruch genommen werden kann zur Erklärung der übrigen, viel wichtigeren und mannigfaltigeren Bewegungsstörungen. Auch blieben bei allen diesen Operationen die Otocysten mit den Otolithen ganz intakt.

Trotz des durch die Versuchsweise bedingten, etwas rudimentären Charakters der Ergebnisse von Bethe an Haifischen und von Beer an Krebsen ist es nicht unmöglich, aus ihnen die wahre Bedeutung der Rückenlage zu erkennen. Sowohl bei Fröschen als bei Neunaugen wurde beobachtet, daß, solange sie sich ihres Gesichtssinnes ungestört bedienen konnten, um ihre Orientierung teilweise zu korrigieren, es ihnen leicht war, trotz des zerstörten Labyrinths die Bauchlage wieder einzunehmen (wenn sie bei ihren Zwangsbewegungen in diese gerieten), sobald sie eine feste Stütze für ihren Körper entweder am Boden, bezw. an der Wand des Aquariums fanden. Sie konnten dann ihre Bewegungen viel sicherer beherrschen. Bethe hat auch bei seinen Haifischen beobachtet, daß „sie die Bauchlage gewinnen, wenn sie an den Boden gelangen". Th. Beer schreibt: „Wenn sie (die Krebse, denen die Otolithen ausgekratzt wurden) auf dem Grunde zur Ruhe gelangt sind, krabbeln sie meist mit den Beinen, bis sie sich in die Bauchlage gebracht haben und verharren dann in solcher, wobei man ihnen keine Störung anmerkt." Wo bleibt also der geotrope Sinn der Otocysten, der dazu bestimmt ist, den Krebsen die Bauchlage aufzuzwingen?

Ein frisch gefangener Wasserkrebs, wenn man ihn auf den Rücken legt, dreht sich sprungweise durch eine heftige und plötzliche Muskelanstrengung um. Ist er längere Zeit im Aquarium geblieben, so geschieht diese Umdrehung träge und langsam um die Seite herum. Es bedarf nur eines ganz leisen Druckes mittels einer Nadelspitze auf der Bauchseite, um diesen Krebs in der Rückenlage verbleiben zu lassen. Seine Otolithen sind im Aquarium intakt geblieben und könnten dem Geotropismus folgen, aber seine Muskeln sind erschlafft, seine Nerven sind minder erregbar und er verbleibt widerstandsunfähig in der ihm gegebenen Rückenlage. Ist er tot, so nimmt er, diesmal wirklich unter dem Einfluß der Schwerkraft, die Rückenlage ein.

Ein unter dem Einfluß der Alkoholintoxikation befindlicher Mensch fällt meistens auf den Rücken und vermag nur mit Mühe sich aufzurichten oder umzudrehen. Die Erschlaffung seiner Muskeln und die mangelnde Beherrschung seiner Nerven machen ihn wirklich zum willenlosen Opfer des Geotropismus. Das Gleiche ist der Fall bei den an Muskellähmung leidenden Individuen.

Es ist Bethe nicht entgangen, daß bei der Rückenlage mangelhafte Innervation des Muskelsystems eine Rolle spielt. (Er bezeichnet die Regulierung der Innervationen durch den unglücklichen Namen „Tonuslabyrinth".) Nur erscheint es ihm schwierig, diese anormale Lage allein auf solche Störungen zurückzuführen. Darin hat er auch ganz Recht: nach Durchschneidung der Acustici fällt nicht nur der Regulator der Innervationsstärken, sondern auch die Orientierungsfähigkeit weg (s. oben). Die Tiere befinden sich unbehaglich in der neuen Lage, weil sie sich mit Hilfe der Augen und der Tastorgane nur ungenügende Rechenschaft über ihre Stellung im Raume geben können. Nimmt man ihnen noch dazu die Gesichtsempfindungen, wie ich dies bei den Neunaugen durch eine Kappe erzielte und wie es Yves Delage durch Blendung bei Wirbellosen machte, so sind die Tiere außerstande, überhaupt irgend eine regelmäßige Lage einzunehmen. Wenn sie am Boden gelagert sich dazu verhelfen können, die Bauchlage wieder einzunehmen, so liegt dies sowohl daran, daß sie einen festen Stützpunkt für ihre Muskelanstrengung gewinnen, als auch, daß sie mit Hilfe der Tastempfindungen, die auf harter Grundlage erzeugt sind, sich über die Stellung ihres Körpers einigermaßen unterrichten können.

Die Beobachtungen an Tanzmäusen bieten eine glänzende Widerlegung der geotrop-statischen Hypothese. Diese Tiere mit rudimentärem Ohrlabyrinth erhalten das Gleichgewicht und auch die Bauchlage in ganz vorzüglicher Weise. Sie vermögen aber ihre Bewegungen nur nach der einen Richtung des Raumes zu orientieren. Erst wenn sie momentan geblendet werden, verlieren sie sowohl die Fähigkeit, diese Gleichgewichtslage zu erhalten, als auch jede Beherrschung ihrer Innervationsstärken. Bei den infolgedessen entstehenden Bewegungsstörungen, die, wie oben gezeigt wurde, ganz identisch mit denen nach Zerstörung sämtlicher Bogengänge sind, fallen sie auch häufig auf den Rücken und vermögen nur schwer ihre Bauchlage wieder einzunehmen. Was kann der Geotropismus und sein Einfluß auf die Otocysten und die Otolithen mit den Augen zu schaffen haben?

Bei der Fülle der Argumente, welche die Abwesenheit der geotropen Funktionen des Ohrlabyrinths beweisen, konnte ich die Ergebnisse der Versuche von Loeb und Bethe an Haifischen auch in den Punkten als richtig annehmen, wo sie in grellem Widerspruch mit denen von Steiner stehen. Das soll keine Stellungnahme gegenüber diesen Widersprüchen bedeuten, sondern nur konstatieren, daß für eine richtige Würdigung der geotropen Hypothese der Eingang auf diese Widersprüche nicht erforderlich ist.

Dagegen verdienen die Versuche Steiners über die Entfernung der Otolithen bei Haifischen hier näher berücksichtigt zu werden. Der Geotropismus muß notwendigerweise sich auf die Otolithentheorie stützen. So lange man sich bei letzterer nur darauf beschränkte, von Erregungen der Nervenendigungen des Ohrlabyrinths durch Schwingungen oder Erschütterungen der Otolithen zu sprechen, etwa in dem Sinne, wie dies v. Helmholtz vermutet hat, war die Möglichkeit einer solchen Erregung nicht einfach von der Hand zu weisen. „Die Art und Weise dagegen, wie Kopfbewegungen nach Breuer Verschiebungen der Otolithen hervorbringen sollen, erschien doch etwas zu primitiv für ein so kompliziertes Organ; sie erinnert eben zu sehr an gewisse Kinderspielzeuge, die durch Bleigewicht von selbst die vertikale Stellung einnehmen können“, schrieb ich in meiner Untersuchung vom

Jahre 1897 (S. 109). Dieser Vorwurf trifft die geotrope Modifikation der Otolithentheorie in noch höherem Maße.

Die Kreidlschen Versuche mit den Eisenotolithen vermochten das Vertrauen zu dieser Theorie nicht zu vermehren, da deren Ergebnisse sich in ganz ungezwungener Weise durch die erzeugten Schmerzempfindungen erklären ließen (ibidem S. 110), eine Erklärung, der übrigens auch Hensen beigetreten ist. Die Steinerschen Versuche an Haifischen sind in dieser Beziehung jedenfalls beachtenswert, da die Auffassung der bei Zerrung der Otolithen auftretenden Erscheinungen als Schmerzäußerungen ziemlich plausibel klingt.

Die Ergebnisse der später von Laudenbach veröffentlichten Versuche an Siredon pisciformis und am Frosch, wenn sie sich in vollem Umfange bestätigen würden, müßten als entscheidend sowohl gegen die Otolithentheorie als gegen den geotrop-statischen Sinn betrachtet werden. Laudenbach behauptet nämlich, bei den genannten Tieren die Otolithen durch bloßes Ausspülen mit Hilfe eines Wasserstroms vollkommen entfernt zu haben, ohne daß eine solche Entfernung auch nur die geringsten Bewegungs- oder Gleichgewichtsstörungen erzeugt hätte. Dagegen beobachtete er auch bei Siredon pisciformis diese Störungen samt der bekannten Einnahme der Rückenlage, wenn man diesem Tier das Ohrlabyrinth zerstörte. Daß man bei gewissen Krebsen, die „great runners and swimmers" sind, keine Otolithen findet, hat schon Clarke gezeigt. Hensen schreibt in seiner letzten Arbeit über diese Frage: „Die Ocypoden unter den Krebsen eilen mit der Schnelligkeit eines laufenden Pferdes am Strande dahin, und doch haben sie, wie meines Wissens alle Brachyuren unter den Krebsen, von den so unentbehrlichen Otolithen keine Spur. Die Otolithen der Akalephen können nicht statisch wirken, denn bei jeder Schwimmbewegung wirken sie notwendig so stark auf ihre Unterlage ein, daß die Wirkung der Schwere dagegen verschwindend sein muß." . . . Auch das Vorhandensein von Otolithen bei den ein Gehäuse tragenden Schnecken zeigt nach Hensen deren Nutzlosigkeit für die Rolle, welche die geotrope Hypothese verlangt.

Der Versuch, den statischen Sinn durch den Geotropismus zu retten, muß also nach allen Richtungen hin als gescheitert betrachtet werden. Der statische Sinn besaß eine gewisse Lebensfähigkeit nur dank dem vagen, völlig unbestimmten Charakter seines Namens. Sobald ernstliche Forscher versucht haben, ihm eine präzise Bedeutung beizulegen, wie dies bei seiner Umwandlung in den geotropen Sinn geschah, mußte die Haltlosigkeit der Hypothese früher oder später augenscheinlich werden.

Daß diesen Forschern diese Haltlosigkeit entgangen ist, liegt wohl hauptsächlich in dem vorgefaßten Glauben an die Realität des statischen Sinnes, dem die physiologischen Handbücher etwas voreilig das Bürgerrecht erteilt haben. Es ist ja sonst ein ganz berechtigtes Bestreben für einen Naturforscher, wenn er, besonders in einem Handbuch für Studierende, eine dem Schein nach befriedigende Deutung dunkler

Lebensvorgänge bieten kann. Nur darf dies nicht durch die bloße Wahl eines Schlagwortes geschehen, das jeden präzisen Begriffes entbehrt.

Es ist aber an dem begangenen Irrtum noch ein zweiter Umstand Schuld, der seiner methodischen Bedeutung wegen näher beleuchtet werden muß. „Der ganze Kernpunkt der Frage liegt eben in der absoluten Gesetzmäßigkeit," schrieb ich im Jahre 1888 (Vorrede), „mit welcher die Verletzung eines jeden Bogengangspaares Bewegungen in der Ebene der operierten Kanäle hervorruft." Wer sich nicht die Mühe geben will, an den einzelnen Bogengängen bei Tauben, Fröschen oder Kaninchen zu operieren, der ist im voraus sicher, keine richtigen Vorstellungen über die Rolle des Ohrlabyrinths zu erhalten. Seitdem Goltz die Zerstörungen des ganzen Ohrlabyrinths anstatt der eleganten Operationsmethoden von Flourens eingeführt hat, fand dieses bequeme Verfahren nur zu viele Nachfolger. Die entstandene Verwirrung in der Lehre von den Funktionen des Ohrlabyrinths war unausbleiblich.

Durchschneidungen der Acustici sind schon eine viel beschwerlichere Operation; die durch sie gewonnenen Ergebnisse sind aber viel belehrender, als die der Zerstörung des Ohrlabyrinths selbst. Als ich solche Durchschneidungen vornahm, geschah dies hauptsächlich, um einer ganz berechtigten Aufforderung Machs zu genügen. Es handelte sich darum zu entscheiden, ob Tiere ohne Acustici, auf die Drehscheibe gebracht, noch gewisse Zwangsbewegungen ausführen oder nicht. Was sonst noch bei diesen Durchschneidungen beobachtet wurde, z. B. die gekreuzten Wirkungen der Acustici und die Tatsache, daß die pendelartigen Augenbewegungen, welche nach dem Aufhören der Reizung der Bogengänge auftreten, „verschwinden, wenn man den Acusticus der entgegengesetzten Seite durchschneidet," war auch von großem Interesse. An die Möglichkeit aber, durch solche Operationen genaue Aufschlüsse über die Verrichtungen eines so komplizierten Organs wie das Ohrlabyrinth zu gewinnen, kann ebensowenig gedacht werden, wie etwa durch Zerstörung der Augen oder Durchschneidung der Optici über die Verrichtungen der Stäbchen und Zapfen der Retina.

Man sieht dabei einige in den Vordergrund tretende Erscheinungen, wie den Verlust des Gleichgewichts oder die Rückenlage, und ist nur zu geneigt, diese sekundären Nebenerscheinungen als entscheidend zu betrachten. Mit Hilfe der Schlußformel post hoc ergo propter hoc werden dann die gewagtesten Hypothesen aufgerichtet. Ist es doch vorgekommen, daß bloße Folgen der Verletzungen von Nachbarorganen auf Rechnung des Ohrlabyrinths geschoben wurden.

Operationen an den einzelnen Bogengängen von Haifischen[1]) oder ähnlichen großen Seetieren werden kaum schwieriger auszuführen sein als

---

[1]) Frederik S. Lee hat über solche Versuche berichtet; über die Realität seiner Ergebnisse mußte ich aber einige Vorbehalte machen. Zuerst schien die vollkommene Übereinstimmung zwischen den Bewegungen, welche Frederik S. Lee an den Augen der Haifische infolge von Reizungen der einzelnen Bogen-

Durchschneidung der Acustici. Ihre Ergebnisse werden aber sicherlich viel belehrender ausfallen.

Eine spätere Untersuchung von E. P. Lyon, ausgeführt unter der Leitung von Loeb, gelangte zu Schlüssen, die die Unhaltbarkeit sowohl der statischen, der geotropen als der dynamischen (Rotationssinn) Hypothesen dartun. Als Versuchstiere benutzte Lyon Crustaceen, Fische und Insekten, die sämtlich Drehversuchen ausgesetzt wurden, um die von Breuer sogenannten kompensatorischen Bewegungen zu beobachten. Besonders glücklich war die von Loeb vorgeschlagene Wahl des Flunders für diese Versuche, wegen seiner eigentümlichen Kopfdeformation und Augenstellung. Die Versuche Lyons beschränkten sich aber nicht auf Drehungen; es wurden auch Reizungen der Bogengänge, Zerstörungen der Otocysten, Entfernungen der Otolithen und Blendungen der Tiere ausgeführt.

Sämtliche Ergebnisse dieser reichhaltigen und sorgfältigen experimentellen Untersuchung stimmen in allen Punkten mit der Auffassung

---

gänge, und denen, welche ich im Jahre 1876 bei Kaninchen beschrieben habe, sehr auffallend, und zwar sowohl, weil die Lage der Augen bei diesen Tieren verschieden ist, als auch, weil es Lee entgangen ist, daß der Dogfisch (Galea canis), wie Th. Beer gezeigt hat, tagesblind ist. Trotzdem lieferte Lee zahlreiche Abbildungen, an denen die weiten Pupillen die verschiedensten Stellungen einnehmen. Die zweite Untersuchung von Frederik S. Lee war noch auffälliger. Der Autor will die Tiere um alle möglichen und unmöglichen Achsen gedreht haben (ohne übrigens die geringste Angabe über die Technik so schwieriger Versuche zu machen) und hat auch hier übersehen, daß die kompensatorischen Augenstellungen an tagesblinden Tieren geschahen.

Meine ausgesprochenen Zweifel suchte nun Frederik S. Lee in einer späteren Abhandlung über den statischen Sinn zu entkräften. Auf meinen Vorwurf, er habe einfach meine Beobachtungen über die reflektorische Erregung des okulomotorischen Apparates bei Kaninchen (die er natürlich nicht erwähnt) auf die Haifische übertragen, antwortet Lee: „Cyon appears not to comprehend the fact accented above, namely that the movements of the eyes are reflex movements!“ (S. 136). Noch mehr: er bestreitet, daß Th. Beer bei Haifischen die Tagesblindheit beobachtet hat, und führt als Beweis ein unvollständiges Zitat aus der schönen Arbeit dieses Forschers über die Akkommodation des Fischauges an (S. 577), das mit den Worten endet: . . . „Die Tiere benehmen sich wie blind!“ Die betreffende Stelle lautet bei Beer: „Bei vielen Haifischen und Rochen tritt sogar in den dunkleren großen Aquarien der Station tagsüber eine so starke Myosis ein, daß die Pupille, die nachts resp. im Dunkeln sehr weit ist und dann auch hier den Linsenrand sehen läßt, fast gar nicht sichtbar, sondern in der in Figur 7 und 8 (Tafel III) wiedergegebenen Weise verschlossen wird; die Tiere benehmen sich auch wie blind“ usw. Lee behauptet noch, daß er während seiner dreijährigen Beobachtungen an Haifischen nie gesehen hat „a ininjured individual of this species behaving during the daytime like a blind fish!“ Weiter versichert Lee noch, daß, als seine erste Abhandlung über den statischen Sinn im Jahre 1893 erschien, er auch die Arbeiten von Breuer nicht kannte! Nach alledem waren also meine Zweifel über die Realität der Ergebnisse dieses Autors sicherlich nicht unbegründet.

dieser vermeintlich kompensatorischen Bewegungen überein, zu welcher ich durch meine Versuche gelangt bin, nämlich, daß diese Bewegungen nichts mit dem Ohrlabyrinth zu schaffen haben. Sie kommen sowohl bei Wirbeltieren als bei Wirbellosen vor, bei den letzteren, gleichgültig ob sie Otocysten besitzen oder nicht. Zerstörungen der Bogengänge und der Otocysten sowie vorsichtiges Entfernen der Otolithen vermag das Auftreten dieser Bewegungen nicht zu verhindern. Die alleinige Blendung der Tiere kann diese Bewegungen bedeutend schwächen und bringt sie bei Insekten vollständig zum Schwinden. Mit einem Worte: es handelt sich dabei um reine Abwehrbewegungen der Tiere gegen ungewohnte Drehungen. Ihre Bezeichnung als kompensatorische muß aufgegeben werden, da der damit verbundene Begriff der Kompensation falsch ist.

Zwei Punkte der Untersuchung von Lyon sollen noch hervorgehoben werden. Auf Seite 104 erfahren wir, daß Loeb sich jetzt auch überzeugt habe, daß seine früheren Erfahrungen über das Auswaschen der Otolithen bei Haifischen in der Tat zu Ungunsten der Otolithenhypothese sprechen. Nicht die Entfernung der Otolithen erzeuge bei ihrem Auskratzen die bekannten Bewegungsstörungen, sondern die mit diesem Verfahren verbundene Reizung der Nervenenden, wie dies schon früher Steiner behauptet hat. Der zweite Punkt bezieht sich auf den Einfluß des Lichtes und der Farben auf die betreffenden Bewegungen. In einer älteren Untersuchung hat Loeb die Vermutung ausgesprochen, das Licht sei imstande, Spannungen der Muskeln zu erzeugen. Die Versuche Lyons über den Einfluß des farbigen Lichtes auf die Augenbewegungen scheinen diese Vermutung zu bekräftigen. Die dunklen Beziehungen der Netzhauterregungen zu den sonst vom Ohrlabyrinth ausgelösten reflektorischen Spannungen der Augenmuskeln, von denen oben im Kapitel II mehrmals die Rede war, stehen vielleicht mit einer solchen Äußerung des Heliotropismus in Beziehung.

Wie man sieht, liefert die Untersuchung von Lyon zahlreiche und eindeutige Belege für die Richtigkeit einiger wesentlichen Grundlagen meiner Theorie der Funktionen des Ohrlabyrinths als Organs für die Orientierung und für die räumlichen Vorstellungen.

Der Versuch, die Orientierungserscheinungen bei Tieren durch den Geotropismus oder Heliotropismus, mit Hilfe von Beobachtungen an niederen Organismen, zu erklären, muß überhaupt als sehr gewagt erscheinen. „L'étude des êtres inférieurs est surtout utile à la physiologie parce que chez eux la vie existe à l'état de nudité, pour ainsi dire": an diese warnenden Worte von Claude Bernard hatte ich in den letzten Jahren mehrmals Gelegenheit diejenigen Forscher zu erinnern, die unter dem Einfluß der lehrreichen Entdeckungen, welche sie beim Studium der niederen Tiere gemacht haben, sie in etwas zu kühner Weise durch reine Analogien für die Deutung viel komplizierterer Vorgänge bei den Wirbeltieren zu verwerten sich beeilten. Diese Tendenz in der Biologie verdankt ihren Ursprung in dem ungeheuren Aufschwung, den die Darwinsche Lehre den vergleichend anatomischen Studien verliehen hat. Es ist hier nicht der Ort, auf die vielen verhängnisvollen Mißbräuche einzugehen, welche viele leider zu wenig wissenschaftlich angelegten Nachahmer Darwins in ihrem Drang, lächerliche Stammbäume dem Menschen aufzudringen, begangen haben. Die erwähnte Tendenz stammt eben aus einem ähnlichen Mißbrauche. Die hervorragenden Forscher, denen in den letzten Jahren die vergleichende Physiologie so viele bedeutungsvolle Errungenschaften verdankt, sollten nie außer acht lassen, zu welchen Verwirrungen das Mißverständnis ihre wahren Bestrebungen bei minderwertigen Geistern Veranlassung geben kann. Versuchten doch mehrere Autoren, die übrigens persönlich keinerlei Versuche über den Tropismus angestellt haben, die Verrichtungen des Ohrlabyrinths bei höheren Wirbeltieren, ja sogar beim Menschen, auf Tropismus zurückzuführen. Dies ist ebenso widersinnig, als wollte man die Bewegungen, die ein Tier macht, um sich im Schatten vor den Sonnenstrahlen zu schützen, oder gar den Gebrauch von Sonnenschirmen und Fächern auf den Heliotropismus zurückzuführen. Nicht einmal ein so einfacher reflektorischer Akt, wie das Blinzeln der Augen bei Einwirkung zu hellen Lichtes, hat etwas mit dem Heliotropismus zu schaffen, in dem Sinne, wie ihn Jacques Loeb, der erste der den Heliotropismus bei Tieren ernstlich studiert hat, oder, in der letzteren Zeit, Ostwald auffassen.

§ 10. Die Differenzierung der Funktionen der Labyrinthteile, deren Erregungen und Hemmungen.

Es wurde in den vorhergehenden Paragraphen zur Genüge hervorgehoben, daß über zwei Sätze meiner Lehre von den Verrichtungen des Bogengangsapparates sich endlich eine volle Übereinstimmung zwischen allen Forschern auf diesem Gebiete eingestellt hat: nämlich über dessen entscheidende Rolle bei der Orientierung in den drei Richtungen des Raumes und bei der Verteilung und Abmessung der Innervations-Stärken und Dauer in den bei dieser Orientierung beteiligten motorischen Nervenzentren. Auch die Anhänger des geotropen Sinnes, wie Loeb, Bethe und Th. Beer, haben, wie gezeigt, gleichfalls dem inneren Ohr die Bestimmung als Orientierungsorgane zuerkennen müssen, und zwar sowohl in der Ruhelage als bei den Bewegungen. Daß sie dabei die Orientierung der Tiere zum Zentrum der Erde in den Vordergrund stellen, ist doch nur eine Detailfrage, die sich auf den Mechanismus der Orientierung bezieht.

Ja noch mehr: der eifrigste und kompetenteste Verteidiger der rein akustischen Verrichtungen des innern Ohres, Hensen, gibt in seinen letzten Arbeiten zu, daß der anatomische Bau der Bogengänge sehr gut für die Orientierung im Raume passen kann. „Abgesehen von der ziemlich zutreffenden Orientierung im Raume spricht also nichts für die gewollte Wirksamkeit“ als Rotationssinn. Noch ein zweites Zugeständnis hat Hensen in derselben Untersuchung gemacht, indem er die Nebenfunktion des Ohrlabyrinths als Regulator der Innervationen des Zentralnervensystems bei der Orientierung jetzt als haltbar begründet erklärt. Diese beiden Zugeständnisse gestatten es, die Punkte näher zu präzisieren, auf welchen der frühere Widerstand Hensens gegen die Annahme eines sechsten Sinnes mit Sitz im Ohrlabyrinth beruhte. Diese Punkte sind: 1. Die Otolithen können unmöglich die ihnen von den Anhängern des statischen Sinnes zugeschriebene Rolle spielen. 2. Man sei nicht berechtigt, eine Funktion, die in Auslösung und Beherrschung von Bewegungen besteht, als Sinnesorgan zu betrachten.

Die Erörterung des vorhergehenden Paragraphen zeigte, daß ich mit Hensen in dem ersten Punkt vollständig übereinstimme. Die nähere Differenzierung und die bestimmtere Lokalisierung der verschiedenen Verrichtungen, die wir dem Bogengangsapparat auf Grund zahlreicher Untersuchungen, eigener und fremder, zugewiesen (1900), haben dargetan, daß auch im zweiten Punkte kein wesentlicher Widerspruch zwischen meiner Lehre und der Auffassung Hensens besteht. Im Grunde hat Hensen schon dadurch, daß er für das Ohrlabyrinth die Fähigkeit der Orientierung im Raume zugibt, implicite zugegeben, daß es Vorrichtungen besitzt, um gewisse für die Orientierungen unentbehrliche Empfindungen zu erhalten. Es bedeutet ja die Orientierung im Raume doch nichts anderes wie die Orientierung in den drei Kardinalrichtungen des Raumes, und dies ganz gleichgültig, ob es sich um die Orientierung unseres ganzen Körpers oder um lokale Orientierungen einzelner Körperteile (Kopf, Extremitäten usw.) handelt. Welches Organ ist nun für Richtungsempfindungen am passendsten gebaut? Schon aus rein morphologischen Gründen, auf die Hensen mit Recht viel Gewicht zu legen pflegt, — und ganz abgesehen von den unzähligen experimentellen Belegen, gewonnen in den letzten vierzig Jahren an den verschiedensten Tierarten, — können doch nur die Bogengänge in Betracht kommen. Hensen hat daher auch mit Recht seit der Veröffentlichung meiner ausführlichen Versuche im Jahre 1878 sich nie gegen meine Auffassuug der ihnen zugeschriebenen Empfindungen ausgesprochen. Er hat übrigens in seiner klassischen Physiologie des Ohres[1]) meine Raumsinnlehre ausführlich auseinandergesetzt.

Hensen bekämpfte entschieden und ganz mit Recht nur die phantastischen statischen Gleichgewichts-, Dreh- und Seiltänzersinne, die ja gerade das Gegenteil von Sinnen sind. Auch verteidigte er die Auffassung, daß Schallwellen, ob durch Wasser oder Luft den Endnerven des Acusticus zugesendet, als die alleinige Ursache ihrer Erregungen betrachtet werden müssen. Darin bestehen aber seit 1897 zwischen Hensen und mir keinerlei prinzipielle Differenzen.

Um zu einer Einigung über die Natur der Empfindungen, welche die Erregung des Ohrlabyrinths erzeugt, leichter zu gelangen, war es in der Tat erforderlich, zuerst über die Natur der normalen Erreger der

[1]) Handbuch der Physiologie, herausgegeben von L. Hermann. Bd III, Leipzig 1879.

verschiedenen Teile des Ohrlabyrinths bestimmtere Aufschlüsse geben zu können. In der ersten Untersuchung vom Jahre 1873 habe ich mich schon zugunsten der akustischen Erreger bei der Beherrschung und Auslösung der Bewegungen durch den Bogengangsapparat ausgesprochen. Es wurde dabei besonders Nachdruck auf den Rhythmus und den Takt unserer Gehörswahrnehmungen gelegt, deren Einfluß auf die Bewegungssphäre längst allbekannt war. Bei der weiteren Verfolgung dieser Untersuchungen, die zu dem Aufbau der Lehre von den Richtungsempfindungen der Bogengänge und ihrer Rolle bei der Bildung unserer Vorstellungen eines dreifach ausgedehnten Raumes geführt haben, mußte die Frage über das Wesen der Erreger der Ampullen- und Säckchennerven einer viel näheren Erörterung unterzogen werden.

Im § 29 meiner Untersuchung vom Jahre 1878 hieß es: „Es erübrigt uns noch die höchst schwierige Frage zu prüfen, deren Erörterung große Vorsicht erheischt und viele Schwierigkeiten bietet. Zur Annahme gezwungen, die Bogengänge seien die peripheren Organe des Raumsinnes, mußte die Frage nach diesen Erregern folgenderweise formuliert werden: Welcher spezifische Reiz wirkt auf die in diesem Teil des Ohrlabyrinthes verteilten Nervenendigungen und erzeugt die zum Aufbau unserer Raumvorstellung dienenden Richtungsempfindungen?“

Bei der Entscheidung dieser Frage war vorerst zu berücksichtigen, daß bis dahin der Raumsinn immer als ein innerer Allgemeinsinn betrachtet worden ist, der in keinem speziellen Organe seinen Sitz haben kann. Es wurde daher auch nie die Frage über die etwaige Natur der Reize, welche die ihm gehörigen Sinneswahrnehmungen erregen könnten, aufgeworfen. In meinen Untersuchungen handelte es sich aber nicht mehr um allgemeine Anschauungen oder Definitionen des Raumes, sondern vorerst darum, die Spezialfrage zu entscheiden, warum unsere Vorstellung des Raumes nur auf eine dreifache Ausdehnung beschränkt werden muß. Die zahllosen Versuche, welche dargetan haben, daß die drei Paar Bogengänge uns die Richtungen dieser drei Dimensionen anzugeben imstande seien, indem sie sämtliche Bewegungen unseres Körpers und hauptsächlich die des Kopfes und der Augäpfel in die drei Ebenen des Raumes hineinzwingen, gestatteten die Entscheidung dieser Frage mit Hilfe der drei Richtungsempfindungen. Wir sind nun gewohnt, jedesmal wenn es sich um ein Sinnesorgan handelt, nach dem reellen Agens der Außenwelt zu forschen, welches durch Einwirkung auf die peripheren Nervenenden dieses Organes Empfindungen erzeugt, deren Wahrnehmung uns in den Stand setzt, die Qualitäten dieses Agens zu erkennen. In meiner ersten Mitteilung habe ich die Schallwellen, die der normale Erreger des Ohrlabyrinths sind, auch als wahrscheinlichen Erreger der Richtungsempfindungen angedeutet, wobei, wie gesagt, besonderes Gewicht darauf gelegt worden ist, daß die Rhythmizität der Schallwellen gewöhnlich unsere Muskelbewegungen zu gewissen rhythmisch auftretenden Bewegungen anzuregen pflege. Nachdem später festgestellt wurde, daß die von Goltz, Mach u. a. vorgeschlagenen inneren Reize, wie Strömungen der Endolymphe bei Bewegungen des Kopfes, Erschütterungen des Zitzenvorsatzes durch die an ihm befestigten Muskeln, ja sogar die Muskelempfindungen selbst als solche als normale Erreger der Ampullennerven nicht in Betracht gezogen werden können, blieben bei der Wahl innerer Reize nur noch die Otolithen in den Säckchen des Ohrlabyrinths, welche durch ihre Bewegungen die Nervenenden der Hörhaare zu erregen imstande wären. „Es wäre möglich, schrieb ich, daß die Bewegungen der Otolithen im Utriculus oder im Sacculus eine Reihe von Erschütterungen der Nervenfasern bald der einen bald der anderen Ampulle mitteilen könnten“ (1878). Im vorigen Paragraphen wurden aber die experimentellen Tatsachen ausführlich erörtert, die zu Ungunsten der Otolithen-Hypothese entschieden haben, wenigstens insofern es sich um ihre Intervention bei der Auslösung von Bewegungen handelte, die als geotrope bezeichnet wurden.

Die Annahme, daß die Schallwellen die normalen Erreger des Bogengangapparates seien, war aber durch meine Formulierung der Otolithen-Hypothese nicht im geringsten beseitigt. Habe ich ja dabei ausdrücklich darauf bestanden, daß die Schallwellen selbst auch als die Erzeuger der Bewegungen der Otolithen betrachtet werden müssen. „Nicht allein die tönenden Luftwellen, d. h. diejenigen, deren Zahl pro Sekunde zur Erzeugung von Tonempfindungen hinreicht, sondern auch die anderen, sowohl die unterhalb als oberhalb der Hörbarkeit befindlichen, können Bewegungen der Otolithen bewirken. Die bei im Zustand der Wildheit lebenden Menschen und bei einigen Tieren so außerordentlich entwickelte Fähigkeit, die Schallrichtung zu erkennen, konnte sogar leicht mit der von uns festgestellten Verrichtung des Bogengangapparates in Zusammenhang zu bringen sein“ (1878 S. 333).

Nach einer ausführlichen Erörterung der verschiedenen Hypothesen über die Erregungsursachen der Ampullennerven gelangte ich im Jahre 1897 zu folgendem Schluß: „Eines nur ist sicher; es liegen keine ernstlichen Gründe vor, die Möglichkeit zu bestreiten, daß die Erregung der Endorgane der Ampullarnerven, durch Schwingungen der Luft oder des Wassers direkt auf dem Wege des äußeren Gehörgangs oder indirekt durch die Kopfleitung erzeugt werden können. Man muß daher die Erregungsmomente für die Nerven zuerst in den bekannten Reizen der anderen Acusticusfasern suchen“. . . . Die zur Zeit in Betracht kommenden Bestimmungen der Schallrichtungen und der Wege, auf welchen sie zu unserer Wahrnehmung gelangen, gestatteten es keinesfalls, sich mit Entschiedenheit über die Rolle der Leitungen der Schallwellen als normale Richtungsempfindungen auszusprechen. Mehrere Jahre später gelangte ich zu der definitiven Überzeugung, daß eine Differenzierung der verschiedenen Verrichtungen und der Lokalisierung in den verschiedenen Teilen des Ohrlabyrinths ein nicht mehr abzuweisendes Erfordernis ist. Erst wenn eine derartige Lokalisierung mit einiger Sicherheit festgestellt würde, könnte man mit Hoffnung auf

Erfolg die Frage nach den normalen Erregern der verschiedenen Nervenendigungen einer definitiven Lösung entgegenführen.

So berechtigt auch das Bestreben mehrerer Physiologen ist, nach einer „qualitativen Variabilität der Erregungsprozesse der Fasern“ zu forschen, um mit Hering zu sprechen, so müssen wir vorläufig doch noch an der Lehre von der Gleichartigkeit dieser Prozesse festhalten und die funktionelle Verschiedenheit der Nerven nur ihren Endapparaten zuschreiben. Nach du Bois-Reymond sollten wir bei gekreuztem Verwachsen der Seh- und Hörnerven den Blitz hören und den Donner sehen müssen. Warum sollen nicht normaler Weise Richtungsempfindungen durch Schallwellen entstehen können? Dazu bedürfte es sogar nicht durchaus einer Differenzierung in den peripheren Endigungen der Nerven des Bogengangsapparates: eine abweichende Verbindung mit verschiedenen Zentralorganen würde genügen. Wahrscheinlicher ist aber jedenfalls schon eine periphere Differenzierung und sogar in den verschiedenen Endigungen, den einen, welche die kontinuierlichen Erregungen und Hemmungen den Innervationszentren zusenden, den anderen, welche die zeitweiligen Erregungen der eigentlichen Raum- und Richtungsnerven veranlassen.

Es ist nämlich beim jetzigen Stande der Frage über den Mechanismus der Orientierung im Raume klar, daß man es mit zwei Vorgängen zu tun hat, die zeitlich getrennt sein müssen: 1. die eigentliche Orientierung im Raume und 2. die Regulierung der Innervationsstärken. Die erstere beruht auf einer zeitweiligen Erregung, die zweite auf einer kontinuierlichen. In welchem Moment auch der Ausfall der Funktionen des Ohrlabyrinths stattfinden mag, der Ausbruch der Zwangsbewegungen infolge des Wegfalls der regulierenden und hemmenden Einflüsse auf die Innervationszentra ist unausbleiblich. Die Erregungen dagegen, welche die Orientierung ermöglichen und die Richtungsempfindungen erzeugen, brauchen aber keineswegs kontinuierliche zu sein. Eine einfache Überlegung wird genügen, um sich davon zu überzeugen.

Die Entscheidung[1]) wäre also zuerst darüber zu treffen, ob diese Differenzen auf einer Verschiedenheit der erregenden Momente beruhen oder von der Erregung verschiedener Nervenenden durch analoge Reize, aber von variabler Dauer und Intensität, herrühren. Die letztere Annahme ist als die einfachere vorzuziehen; sie stimmt auch viel besser mit den bekannten experimentellen Tatsachen, wie mit den allgemein gültigen physiologischen Grundsätzen überein.

Können nun die akustischen, d. h. die durch Schwingungen der Luft und des Wassers entstehenden Reize ausreichen sowohl für die kontinuierlichen als für die zeitweiligen Erregungen? Gewiß.

[1]) Die langjährige Diskussion über die Deutung der Flourensschen Phänomene als Reizungs- oder Ausfallserscheinungen rührt eigentlich von der Notwendigkeit einer solchen Unterscheidung her.

„Absolut ohne Empfindungen ist unser Ohr wohl nie,“ sagt mit Recht Hensen, „denn sobald wir auf dasselbe achten, bemerken wir eine Schallerregung irgendwelcher Art. Das Gefühl der Stille beruht nicht auf dem völligen Ruhezustand unseres Ohres, sondern es ist eine Abmessung darüber, wie leise die Geräusche sind, welche unser Ohr hört, bestenfalls die Beachtung des Grades der Störung unseres Hörens durch seine entotischen Geräusche.“ Diese letzteren sind zuerst in Betracht zu nehmen. Die subjektiven Geräusche, besonders diejenigen, welche ihren Ursprung der Blutzirkulation verdanken, spielen bei den kontinuierlichen Erregungen höchstwahrscheinlich eine viel bedeutendere Rolle.

Wie die mouches volantes und andere entoptische Erscheinungen gelangen auch diese Geräusche wegen der Angewöhnung und wegen des Mangels an Aufmerksamkeit nicht zu unserer Wahrnehmung. Es genügt aber meistens, die Aufmerksamkeit längere Zeit auf sie zu lenken, um sie auch ohne weitere Kunstgriffe zu vernehmen. So z. B. höre ich seit vielen Jahren die schwirrenden und klangvollen Geräusche unter dem Schädeldach, meistens im Hinterkopfe und in der Gegend der Zitzenfortsätze, welche mit den Herzschlägen synchronisch sind, auch beim Stehen oder Sitzen mit aufrecht gehaltenem Kopfe, nur dank dem Umstande, daß ich längere Zeit meine Aufmerksamkeit auf sie gelenkt habe. Im Jahre 1878 habe ich die pulsatorischen Schwankungen der Perilymphe beschrieben, die man bei sorgfältiger Anbohrung eines knöchernen Bogengangs sehr schön beobachtet; diese mit den Herzrhythmen synchronisch auftretenden Pulsationen können teilweise von der kleinen Arterie, die längs des membranösen Kanals verläuft, abhängen. Sicherlich fallen sie mit den Hirnpulsationen zusammen, wahrscheinlich dank dem Verbindungsgang, welcher die Flüssigkeit des Bogengangsystems mit der Arachnoidalflüssigkeit verbindet (Schwalbe, F. E. Weber). Ich vermag meine Herzschläge dank diesen Pulsationen sehr genau zu hören und sogar deren Rhythmus, Stärke, Zeitdauer, ja sogar Asystolen zu erkennen (siehe Kap. V).

Diese und ähnliche kontinuierliche Erregungen, die auf beiden Seiten gleich intensiv sind, vermögen sehr gut die Nervenenden des Ohrlabyrinths in einem konstanten Erregungszustand zu unterhalten, ohne aber, eben ihrer Gleichheit wegen, irgendwelche Bewegungen auslösen zu können. Die so gesetzten hemmenden und erregenden Vorgänge in den Nervenzentren der beiden Körperhälften halten sich das Gleichgewicht.

Man hat es hier also mit Vorgängen zu tun, die denen analog sind, durch welche die sensiblen Nerven unserer Haut eine tonische Erregung der Koordinationszentren des Rückenmarks unterhalten. Ein leiser konstant auf die Nervenfasern ausgeübter Druck steigert deren Erregbarkeit. Die Nervenenden in den Säckchen befinden sich daher dank der Spannung der Labyrinthflüssigkeit in besonders günstigem Zustande, um auch durch schwache Reize erregt zu werden.

Es genügt übrigens auf die wundervollen autoregulatorischen Mechanismen der Hypophyse und der Zirbeldrüse hinzuweisen, die durch die Schwankungen des Hirndruckes in Tätigkeit versetzt werden und auf diese Weise ihre vitalen Funktionen auszuüben vermögen, oder auch an die analogen Erregungen der Hirnzentren der Herznerven zu erinnern, welche gewaltige Wirkungen alleinige Druck- oder Spannungsschwankungen in den geschlossenen Höhlen des Organismus zu erzeugen vermögen. Professor Hansemann hat bei der Beschreibung der Gehirne von Helmholtz und Menzel auf die außerordentliche Weite ihrer Hirnhöhlen hingewiesen und dabei die Vermutung ausgesprochen, die Spannung der Cerebrospinalflüssigkeit in diesen Höhlen könnte auf die psychischen Hirnzentren einen erregenden Einfluß erzeugen, die für deren Funktionen von Bedeutung seien. In einer längeren Gesamtarbeit über die Verrichtungen der Hypophyse und Zirbeldrüse, deren wichtigsten Ergebnisse im Mai 1907 der Pariser Akademie der Wissenschaften mitgeteilt wurden, sah ich mich veranlaßt, auch die Frage aufzuwerfen, ob die Verbindung der Hypophyse mit dem dritten Ventrikel allein zur Erzeugung der Spannung in den ersteren dient, oder ob auch ein chemischer Austausch zwischen deren wirksamen Substanzen und der Cerebrospinalflüssigkeit stattfindet. Es wäre ja möglich, daß letztere Flüssigkeit nicht nur zur Spannung der Höhlen dient, sondern auch durch ihre chemische Zusammensetzung erregend sowohl auf die Hirn- als auf die Rückenmarkszellen einwirkt. Dabei lenkte ich noch die Aufmerksamkeit hauptsächlich auf mögliche Ionenwirkungen der in ihnen aufgelösten Salze. Ich sehe nicht ein, welch ernstlichen Einwände man gegen die Annahme machen könnte, daß auch die Labyrinthflüssigkeit in gewissen Organteilen kontinuierlich erregende und hemmende Wirkungen ausübe, etwa in der Art wie sie J. Loeb, Howell u. a. am Herzen beobachtet haben!

Bei den gekreuzten Wirkungen der Acustici vermag die Erregung der Kanäle der einen Seite eine Hemmung, die von dem korrespondierenden Acusticus der anderen Seite ausgeht, aufzuheben. Durch dieses Spiel der Antagonisten werden nutzlose Bewegungen verhindert. Damit Bewegungen ausgelöst werden, muß zu den bestehenden Erregungen ein zeitweiliger einseitiger Reiz hinzukommen, der die Hemmungen überwindet, ein Willensreiz, ein äußerlicher akustischer Reiz oder ein direkt auf die Bogengänge ausgeübter mechanischer oder elektrischer Reiz, wie er z. B. bei physiologischen Versuchen stattfindet.

Als normale zeitliche Erreger der Ampullennerven müssen in erster Linie die Schallwellen betrachtet werden. Die Wirkungen solcher Erreger, welche die Hemmungen beseitigen, könnte man sich vorstellen etwa wie eine plötzliche Ausschaltung von Widerständen in einem Rheochord durch Bildung von Nebenschließungen. Die Richtung, in welcher die ausgelöste Bewegung stattfindet, wird durch die

Natur des Bogenganges bestimmt, den die Erregung trifft, oder dessen hemmende Wirkungen beseitigt werden.

Die Erregung durch den äußeren Schall, wenn letzterer die Auslösung einer Bewegung in einer bestimmten Richtung erzeugt, ruft die entsprechende Richtungsempfindung hervor. Bei Wiederholungen solcher Erregungen wird eine Bestimmung der Schallrichtung und auch wohl eine Richtungswahrnehmung möglich, ohne daß eine entsprechende Bewegung der Augäpfel, des Kopfes oder des Körpers stattfindet. Dann vermag auch der Wille, eine Bewegung in einer bestimmten Richtung auszuführen, schon die Raumempfindung erwecken: „Der Wille, Blickbewegungen auszuführen, oder die Innervation ist die Raumempfindung selbst," wie Mach sagt. Damit aber die Innervation in diesem Falle schon die Raumempfindung sei, ist es eben erforderlich, daß wir aus den Erfahrungen, die wir bei den Bestimmungen der Schallrichtungen geschöpft haben, schon die Vorstellung des Raumes besitzen (siehe Kap. III, § 10). Ja es bedarf dann nicht einmal des Willens, eine bestimmte Bewegung auszuführen, um die Empfindung zu erzeugen; der Gedanke an die Bewegung oder die Intention einer solchen muß dazu schon genügen. Der merkwürdige Fall von „Gedankenübertragung" des Reiters auf das Pferd, von der oben (S. 98) gesprochen wird, sowie die entsprechenden Innervationen der Sprachorgane bei bloßer Lautvorstellung (Hering) sind analoge Erscheinungen.

Mit der Annahme einer kontinuierlichen Erregung der hemmenden Nervenenden der Otocysten durch entotische und ähnliche Geräusche, durch die rhythmischen Pulsationen, durch die Spannung oder die chemischen Stoffe der Endo- und Perilymphe, sowie deren zeitweilige Erregung durch den äußeren Schall kann daher eine ausreichende Erklärung der hier in Betracht kommenden Erscheinungen gegeben werden.

Die Geräusche als kontinuierliche Reize wirken auf die kurzen Haare der maculae acusticae der Säckchen; letztere könnten also zur Erhaltung des Gleichgewichts während des Ruhezustandes dienen. Die Hörhaare der Ampullen wären dann speziell durch tonerzeugende Schwingungen der Luft erregt und dienten zur Bestimmung der Schallrichtungen und zur Erzeugung der Richtungsempfindungen.

Eine derartige Differenzierung ist nach den Versuchen von Delage, Hensen u. a. an den Otocysten der Wirbellosen höchst wahrscheinlich. Die bei diesen sofort nach Entfernung oder Verletzung der Otocysten auftretenden heftigen Zwangsbewegungen, sowie die darauffolgende Unfähigkeit der Tiere, nach solchen Exstirpationen ihre normale Orientierungsfähigkeit wieder zu erlangen, kann am leichtesten durch den Verlust derjenigen Hemmungsapparate gedeutet werden, welche dazu dienen, in den Hirnzentren die in die Peripherie der ganzen sensiblen Sphäre gelangenden Erregungen aufzuspeichern. Die Otocysten funktionieren also teilweise als Akkumulatoren der Reizkräfte in den

Hirnzentren während der Ruhe und als Energiemeter (siehe oben Kap. III, § 7—8) bei der Auslösung der Bewegungen.

Die Otolithen dienen entweder als Dämpfer für die Hörhaare oder eventuell als Vorrichtungen, die durch einen konstant auf sie ausgeübten leisen Druck sie in einem vorteilhaften Zustand der Erregbarkeit erhalten, resp. sie zum Beharren in Erregung veranlassen. Waldeyer, Helmholtz und andere haben schon darauf hingewiesen, daß den Otolithen in erster Linie die Rolle als Dämpfer zugeschrieben werden könne.

Die in den Paragraphen 7, 8 und 9 des vorhergehenden Kapitels ausführlich erörterten experimentellen Tatsachen haben die Bedeutung des Ohrlabyrinths für die Regulierung und Abmessung der Innervationen der motorischen Hirnzentren bedeutend erweitert. Dies erforderte eine viel genauere Differenzierung der Verrichtungen der einzelnen Teile des Bogengangsapparates, als dies im Jahre 1900 möglich war. Unserem jetzigen Wissen nach gestaltet sich die Differenzierung folgendermaßen: 1. Die Bogengänge mit den Ampullennerven bilden das eigentliche Sinnesorgan für die Richtungsempfindungen, 2. die Otocysten als Regulierungsapparate der Innervationen, was deren Intensität, Dauer und Reihenfolge betrifft, erfüllen hauptsächlich die Funktionen eines Energiemeters [1]). Bei den wirbellosen Tieren, deren Bewegungen meistens auf reflektorischem Wege ausgelöst werden, besteht wahrscheinlich die wichtigste Rolle der Otocysten in der Erzeugung von Hemmungen zum Zwecke der Aufspeicherung von Reizkräften in den Hirnzentren. Wenn sie in der Verteilung und Abmessung von Reizen in den motorischen Zentren intervenieren, so geschieht, bei der Beschränktheit ihrer Bewegungssphäre, diese Intervention nur auf reflektorischem Wege.

Es entsteht nun die Frage, ob bei den Wirbellosen die früher von uns für die kontinuierlichen Bewegungen der Otocysten angegebenen Erregungsquellen für ihre Rolle als Energiemeter bei wirbellosen Tieren ausreichen können?

Als eines der gewichtigsten Argumente, die Hensen zugunsten der akustischen Bedeutung der Otocysten bei wirbellosen Tieren geltend machte, müssen wohl die anatomischen Belege betrachtet werden zugunsten einer Abstimmung ihrer Hörhärchen für verschieden hohe Töne. „Da wir hier abgestimmte Apparate finden, muß wohl deren Notwendigkeit und Nützlichkeit zugegeben werden: eine andere Erklärung als eine akustische ist bis jetzt nicht einzusehen; mehr noch, die akustische Wirkung dieser Apparate ist wie schon gesagt physikalisch notwendig.“ Von den letzten Worten abgesehen, stimme ich mit Hensen vollständig überein. Im Verlaufe meiner langjährigen physiologischen Studien, besonders an den Verrichtungen des Ohrlabyrinths, habe ich mich mehrmals in entschiedener Weise für die Vorteile der teleologischen Anschauungsweise beim Beginn jeder neuen Untersuchung

[1]) E. v. Cyon. Das Ohrlabyrinth als Organ der mathematischen Sinne für Raum, Zeit und Zahl. Pflügers Archiv Bd. 118. 1907.

ausgesprochen. Die Angst der meisten Naturforscher vor der Teleologie blieb mir ebenso unverständlich, wie sie für den gewünschten Erfolg der Untersuchung im hohen Grade hinderlich erschien. Wenn man die unbekannten Verrichtungen eines Organs aufzudecken sucht, so geht man ja notwendig von der Voraussetzung aus, dieses Organ besitze irgend welche zweckmäßigen Verrichtungen. Die Zweckmäßigkeit ernstlich ableugnen zu wollen, hieße im voraus, die unternommene Untersuchung zur Sterilität verurteilen. Es war ein Rätsel für mich, wie hervorragende Physiologen, die wie z. B. du Bois-Reymond auch große Denker waren, sich über die auffällige Schwäche der Grundlagen des Darwinismus nur deswegen hinwegsetzten, weil er angeblich die Naturforscher von der Notwendigkeit der Teleologie befreit hätte[1]).

Die Frage ist nur, ob die Abstimmung der sogenannten Hörhaare in der Otocyste durchaus als Beweis dafür gelten kann, daß die Säckchen bei wirbellosen Tieren zum Hören dienen. Könnte nicht diese Abstimmung der Endapparate seiner Nervenfasern ebenso gut dazu dienen, dem Energiemeter die Erfüllung seiner physiologischen Bestimmung zu ermöglichen? Bei der Auslösung der gewollten wie der reflektorischen Bewegungen muß in den motorischen Hirnzentren eine sehr genaue Abstufung der Innervationen ihrer Intensität und Dauer nach stattfinden. Eine Abstimmung der verschiedenen Hörborsten würde sich sehr gut dazu eignen, bei dieser Auslösung der Muskelbewegungen gleichzeitig auch die ihnen zu erteilenden Innervationsmaße anzugeben. Die Otocysten könnten die Verrichtungen etwa als automatische Zähl- oder Meßapparate ausüben. Eine Versöhnung zwischen den widersprechenden Ansichten von Hensen, der die Existenz eines Gehörorgans für die Crustaceen vindiziert, und denjenigen, die mit Beer die Sprünge, welche Schallwellen bei diesen Tieren hervorrufen, nicht als Beweis gelten lassen wollen, daß die Schwingung von Hörhaaren unter der Wirkung von Klängen stattfinde oder gar mit Tonempfindungen verbunden sei, wäre so ermöglicht. Hensen behielte Recht, daß die sogenannten Hörhaare wirklich durch derartige Schwingungen in Erregung versetzt werden; es wäre außerdem auch ganz richtig, daß die Abstimmung dieser Haare für verschiedene Tonhöhen ihre physiologische Nützlichkeit besäße. Nur würden die erzeugten Erregungen nicht für Tonempfindungen dienen, sondern zur Abstufung der Innervationen. Sie dürften also nicht als Hörhaare, sondern eher als Meßhaare bezeichnet werden.

Die Frage über die Hörfähigkeit der wirbellosen Tiere gestaltet sich ja ganz anders wie die der Fische oder der Frösche. So lange die

---

[1]) Das Wort Zweckmäßigkeit bietet freilich leicht Anlaß zu Mißdeutungen. Karl Ernst von Baer hat daher mit Recht es durch Zielstrebigkeit ersetzt, das nicht nur für die Biologie allein viel zutreffender ist. Das Entropiegesetz ist ja das eklatenteste Zeugnis der Zielstrebigkeit auch in der physikalischen Weltordnung.

Tiere gewisse Laute oder Töne auszustoßen imstande sind und dabei Bogengänge, welches auch sonst ihre Zahl sei, besitzen, ist man nicht berechtigt, ihnen eine gewisse Gehörfähigkeit abzusprechen. Um die Richtung der Geräusche oder Töne erkennen zu können, müssen sie ja hören, welcher Art die Schallwellen auch sein mögen. Nur wäre es übertrieben, von musizierenden Fröschen oder Fischen zu sprechen. Das Quaken der Frösche oder die „growling sounds“, welche W. Sörensen bei gewissen Fischen in Südamerika beobachtet hatte, haben ebenso wenig etwas mit Musik zu tun, wie das Zischen, Schnurren, Knurren, Knarren, Grunzen, Trommeln, Pfeifen und andere Tongebungen (Hensen) der gleichen Art. Man könnte sogar sagen, daß, wenn diese Tiere wirklich musizierende wären, sie sich von derartigen Geräuschen abhalten würden. Es handelt sich bei diesen Tongebungen doch meistens um reflektorische Bewegungen, die während der Brunstzeit ausgestoßen werden und deren Bestimmung es ist, die Männchen bez. Weibchen anzulocken. Sie haben also mehr eine sexuelle als eine musikalische Bedeutung. Der Quakversuch von Goltz beweist dies klar genug. In den vorhergehenden Paragraphen sind einige Beobachtungen an den japanischen Tanzmäusen angegeben worden, die ganz in demselben Sinne sprechen. Als diese Tierchen, geschlechtlich gepaart, ihre wüsten Tänze ausführten, genügte das Ertönen der Galtonschen Pfeife, welche auf ihre eigene Stimmhöhe eingestellt war, um sie in die Flucht zu jagen und sie zum Verstecken zu zwingen. In der zweiten Versuchsreihe dagegen, wo ich nur Männchen vor mir hatte, erzielte das Ertönen derselben Pfeife eine ganz andere Wirkung: diese Tierchen liefen an die Gitter heran und hörten längere Zeit mit Wollust dem Pfeifen zu. Dabei stellte es sich heraus, daß diese Männchen selbst nie Töne erschallen lassen. Diese Fähigkeit scheint nur den Weibchen zuzukommen.

Auch die Versuche an Neunaugen sprechen zugunsten der Ansicht, daß von wirklichen Tonempfindungen bei den Fischen, die keine Schnecken besitzen, kaum die Rede sein kann: auch die heftigsten Geräusche vermochten nicht, irgend welche Bewegung der Neunaugen zu veranlassen. Sie verhielten sich ihnen gegenüber vollkommen reaktionslos.

Schon Helmholtz hat bekanntlich hervorgehoben, daß ihrer Konstruktion nach nur die Cortischen Fasern geeignet erscheinen, anhaltende Schwingungen auszuführen. Die Hörhärchen dagegen seien ihrer geringen Masse wegen nicht für längeres Schwingen geeignet. Bei ihrer Rolle als Energiemeter, um blitzschnell die auszulösenden Innervationen abzustufen, ist auch ein Beharren in der Bewegung weder erforderlich noch erwünscht. Die in einer schleimigen Flüssigkeit suspendierten Otolithen, die ich mit Waldeyer, Helmholtz u. a. als Dämpfer zu betrachten geneigt war, könnten dazu dienen, um denjenigen erregten Nervenenden in den Säckchen ein gewisses Beharrungsvermögen zu erteilen, welche zur Hemmung des Abflusses der Reizkräfte aus den Hirnzentren bestimmt sind, also eher als Akkumulatoren fungieren[1]). Man ist bis jetzt gewöhnt, den Sacculus und den Utriculus als funktionell gleichwertig zu betrachten. Bei der Schwierigkeit, die einzelnen Säckchen bei Wirbeltieren vorwurfsfrei experimentellen Prüfungen zu unterziehen, ist es auch schwierig, eine Differenzierung ihrer Funktionen mit einiger Sicherheit vorzunehmen. Die heftigen Zwangsbewegungen, welche einige Forscher, wie Sewall, Steiner u. a., als Folgen der Verletzungen oder Zerstörungen dieser Organe beschrieben haben, scheinen in der Tat nicht ganz identisch zu sein. Wäre es nicht möglich, daß die eine Otocyste (Utriculus?) ausschließlich oder hauptsächlich als Hemmungsapparat, also als Akkumulator der Erregungen, während die andere (Sacculus) als eigentlicher Energiemeter nur für die Abmessungen fungiert (s. Kap. III § 7 u. 8).

Die Verhältnisse liegen ganz anders bei den Wirbeltieren. Die Bewegungen gestalten sich bei ihnen unvergleichlich mannigfaltiger. Die Intervention des Willens und die psychischen Beeinflussungen, die große Empfindlichkeit der ausgebreiteten Sensibilitätsregionen und die Notwendigkeit, sich unaufhörlich den variablen Einwirkungen der Umgebung zu adaptieren, komplizieren ins unendliche die Aufgabe der motorischen Hirnzentren. Die Regulierung der erforderlichen Innervationen, die Abmessungen, deren Intensitäten und Dauer bei der Ausführung von zweckmäßigen Bewegungen durch die fortwährend wechselnden Kombinationen von Muskeln und Muskelgruppen verlangen messende Vorrichtungen von ganz außerordentlicher Feinheit und Präzision. Die Rolle des Energiemeters kann daher bei Wirbeltieren kaum durch die peripheren und zentralen Endapparate der Otocystennerven allein vollbracht werden. Das Eingreifen der Hirnzentren, der Ampullen- und wahrscheinlich auch gewisser Schneckennerven erscheint unentbehrlich. Die räumlich und zeitlich ins unendliche variierenden messenden Vorgänge erheischen die Mitwirkung sehr komplizierter Zählapparate. Auch die Intervention des sogenannten Zeitsinnes ist für die in Betracht kommenden Operationen unentbehrlich,

Ich wurde daher zur Prüfung der Frage gedrängt, ob es am Ende nicht möglich wäre, auch den Zeitsinn mit den Verrichtungen des Sinnesorgans für Richtungsempfindungen in funktionelle Beziehungen zu bringen (siehe unten Kapitel VII).

Bei Gelegenheit der ausführlichen Analyse der messenden Verrichtungen des Bogengangsapparates machte ich daher den Versuch, eine physiologische Lösung des Zeitproblems zu geben. Die Ergebnisse dieser

---

[1]) In einer neuestens veröffentlichten kurzen Mitteilung kommt Hensen auf eine schon vor Jahren von ihm ausgesprochene Ansicht, die Otolithenapparate vermittelten die Knallempfindung, zurück. Durch Versuche, mit Hilfe einer sinnreichen Vorrichtung zum Studium der Knallbewegungen, demonstriert Hensen, daß die Knallempfindung nichts mit einer Tonempfindung zu schaffen habe, also auch nicht in den musikalischen Apparaten des Ohres, sondern mit den Geräuschempfindungen, also in den Säckchen erzeugt werde. (Münchener Medizinische Wochenschrift No. 24, 1907.)

Bestrebungen teilte ich letztens in Pflügers Archiv mit. Im Kapitel VII wird auf diese Frage ausführlich zurückgekommen; hier sollen nur die Schlußfolgerungen wiedergegeben werden.

„Damit die Ganglienkugeln gewisser Hirnzentren imstande sind, mit der angeführten Präzision bei der Verteilung der in ihnen angehäuften Reizkräfte genau deren Zahl, die für die Erregung eines jeden Muskels erforderlich ist, sowie auch die Zeitdauer dieser Erregung abzumessen, und dies unter dem Einflusse der vom Ohrlabyrinthe ausgehenden Impulse, müssen diese Zentren besondere Vorrichtungen für das Zählen besitzen: solche Ganglienkugeln können nur die Endapparate des Cortischen Organs sein. Diese Notwendigkeit zusammen mit noch anderen Tatsachen, auf die hier nicht weiter eingegangen werden kann, führen zur Annahme, daß der sogenannte Zeitsinn auf einer Assoziation einer der Richtungsempfindungen des Bogengangapparatesund der Zählvorrichtungen des Cortischen Organs und seiner Zentren beruht. Wie die drei Richtungsempfindungen der Bogengänge uns die Vorstellung eines dreidimensionalen Raumes ermöglichen, ja geradezu aufzwingen, so sind wir auch imstande, von den beiden Komponenten des Zeitbegriffes, nämlich der Richtung und der Zahl (bei der Zeitdauer), die erstere in den Bogengangapparat, die zweite in die Schnecke zu verlegen. Auch das Organ des Zeitsinns hat also seinen Sitz im Ohrlabyrinth. Der Begriff der Zeit wird gebildet durch Assoziationen in den Hirnzentren, wo die Wahrnehmungen der Richtungsempfindungen des Bogengangapparates mit denen der Tonempfindungen des Cortischen Organs, denen wir die Kenntnis der Zahl verdanken, zusammentreffen.“

„Meine älteren Untersuchungen haben ergeben, daß der Bogengangapparat als das geometrische Sinnesorgan betrachtet werden muß. Wir haben eben gesehen, daß das Cortische Organ das Recht beanspruchen kann, das Organ des arithmetischen Sinnes zu sein: mit einem Worte, das Ohrlabyrinth enthält zwei mathematische Sinnesorgane für Raum, Zahl und Zeit. Die Richtung ist ihrem Wesen nach unteilbar und unbegrenzt. Wir verdanken also andere Vorstellungen auch der Unendlichkeit des Raumes und der Zeit den Richtungsempfindungen der Bogengänge“ (s. Näheres Kap. VII).

Die Differenzierung der einzelnen Organe des Ohrlabyrinths nach ihren physiologischen Verrichtungen würde sich also unserem jetzigen Wissen nach folgendermaßen gestalten: 1. Die Otocysten erfüllen höchstwahrscheinlich keinerlei Sinnesfunktionen, sie dienen dank ihren Hemmungsvorrichtungen als Akkumulatoren der Reizkräfte in den motorischen Hirnzentren während der Ruhe und als Energiemeter während deren Tätigkeit. Bei den Wirbellosen genügen die Otocysten allein zur Ausübung dieser Verrichtungen bei der Orientierung im Raume. Ihre Gesichts- und Tastorgane spielen dabei die Rolle von Hilfsorganen.

Bei den Wirbeltieren dagegen vermögen die Otocysten diese sehr komplizierten Funktionen nur mit Zuhilfenahme der eigentlichen Sinnesorgane des Ohrlabyrinths und ihrer nervösen Hirnzentren zu erfüllen, namentlich der Bogengänge mit den Ampullen und der Schnecke mit dem Cortischen Apparat. Die Wahrnehmungen der 3 Richtungsempfindungen der Ampullennerven bilden die Hauptkomponente unserer Raumvorstellungen; die zweite Komponente des Raumsinns beruht auf der Zählvorrichtung des Cortischen Organs. Die Hauptkomponente des Zeitsinns (Zeitdauer) wird durch die Zählvorrichtungen (durch Vermittlung der Tonempfindungen?) ermöglicht, die zweite Komponente (Zeitfolge) durch die Richtungsempfindungen des sagittalen Bogengangspaars.

Der Differenzierung der peripheren Sinnesorgane in den verschiedenen Teilen des Ohrlabyrinths hätte hier der Versuch folgen müssen, eine ähnliche Differenzierung der Hirnzentren vorzunehmen, wo die sinnlichen Empfindungen in Wahrnehmungen und Vorstellungen umgewandelt werden. Dies würde mich aber auf das dunkle Gebiet der Hirnlokalisationen führen, welches meinen eigenen experimentellen Untersuchungen bis jetzt ferngeblieben ist. Ohne persönliche Erfahrungen ist es aber dem exakten Naturforscher nicht gestattet, Hypothesen aufzustellen, besonders wenn es sich um ein Forschungsgebiet handelt, wo in den letzten Dezennien ein so außerordentlich reichhaltiges wissenschaftliches Material dank den Bemühungen hervorragender Anatomen, Physiologen und Psychiater angesammelt wurde, daß dessen bloße Übersicht schon langjährige ununterbrochene Arbeit bedarf. Ich gestehe offen meine Inkompetenz zu, wenn es sich darum handeln soll, aus diesem Material dasjenige zu wählen, was sich für die uns hier beschäftigenden Probleme mit Nutzen verwerten ließe, es kritisch zu sichten und darin Ausgangspunkte für lebensfähige Hypothesen zu finden. Nicht weil mir das Urteil über den relativen Wert des bisher auf diesem Gebiete Geleisteten abgeht. Es ist aber etwas ganz anderes, die Bedeutung fremder experimenteller Untersuchungen oder anatomischer Studien zu beurteilen, als selbst ohne sorgfältige Nachprüfung bloß auf Grund persönlicher Überzeugung dem Leser gegenüber die Verantwortung für die Vollgültigkeit der Ergebnisse zu übernehmen oder gar ihnen eigene Deutungen beizulegen. Das hieße zu ähnlichen Methoden greifen, wie sie Mach und seine Nachahmer mit so verhängnisvollen Folgen bei der Aufstellung ihrer Hypothesen über die Verrichtungen des Ohrlabyrinths angewendet hatten.

Wir ziehen es daher vor, das weitere Ausdehnen der hier angegebenen Differenzierung der Funktionen des Ohrlabyrinths bis auf die Hirnzentren der peripheren Sinnesorgane denjenigen Forschern zu überlassen, die sich bis jetzt mit Erfolg den experimentellen und anatomischen Studien der Hirnlokalisationen gewidmet haben. Als natürliche Vorbedingung ersprießlicher Forschung in dieser Richtung ist natürlich die volle Aneignung und Beherrschung nicht nur der in diesem Buche niedergelegten experimentellen Erfahrungen sondern auch sämtlicher psychologischer Probleme, deren Lösung damit verbunden ist, zu betrachten.

Man darf dabei auch keinen Augenblick die wahre Bedeutung sämtlicher Grundlagen meiner Lehre als eines zusammenhängenden Ganzen verkennen. Wer z. B. die Verrichtung des Bogengangsapparates als eines Orientierungsorgans in den Richtungen des Raumes annimmt, aber Zweifel über die Realität der drei spezifischen Richtungsempfindungen der Ampullennerven hegt, wird sich ganz fruchtlos bemühen, über die Hirnzentren der letzteren Brauchbares erfahren zu können. Aus den schon bis jetzt vorliegenden experimentellen Studien über diese und benachbarte Zentren folgt mit Gewißheit, daß bei Wirbeltieren eine derartige Orientierung ohne Beihilfe psychischer Vorgänge unmöglich sei. Es genügt auf die Ergebnisse der Untersuchung von Hermann Munk „Sehsphäre und Raumvorstellungen", besonders auf die Versuche mit der Zerstörung beider Sehsphären beim Hunde hinzuweisen, aus welchen das Gesagte mit Klarheit hervorgeht. Für mich deuten diese Ergebnisse auch darauf hin, daß die Hirnzentren der Richtungsnerven des Ohrlabyrinths zum Teil wenigstens in der Nachbarschaft oder in den Sehsphären selbst zu suchen sind. Diese Sehsphäre ebenso wie die Fühlsphäre müssen jedenfalls intime anatomische Verbindungen mit den Zentren der Vestibularnerven besitzen; dies wird schon durch die Beihilfe, welche die Gesichts- und Tastempfindungen dem Ohrlabyrinth bei der Orientierung im Raume und in der Zeit leisten, ohne übrigens ihn dabei ganz ersetzen zu können, klar gemacht.

Auch die so enge und gesetzmäßige Beherrschung der okulomotorischen Zentren durch das Bogengangssystem liefert fruchtbare Hinweise darauf, in welchen Teilen der Hirnhemisphären ein Teil der Hirnenden der Vestibularnerven gelagert sein müsse. Die Wirkung der Durchschneidung des Acusticus der entgegengesetzten Seite auf den durch Reizung der Bogengänge der einen Seite erzeugten Augennystagmus spricht in dieser Beziehung eine nicht zu verkennende deutliche Sprache. Auch als eklatante Demonstration des hemmenden Charakters der von dem Bogengangsapparat ausgehenden Erregungen der motorischen Hirnzentren ist diese Wirkung von großem Werte für die wahre Verfolgung der betreffenden Untersuchungen (siehe Kap. III § 1 u. ff.)[1]).

[1]) Die Frage über das Wesen der Nervenhemmungen gehört in die allgemeine Physiologie des Nervensystems. Sie wurde letztens von mir ausführlich behandelt in den Kapiteln IV und V der „Nerven des Herzens". Berlin 1907, Verlag von Julius Springer.

V. Kapitel.

Täuschungen in der Wahrnehmung der Richtungen durch das Ohrlabyrinth.

§ 1. Einleitung.

Das Studium der Sinnestäuschungen bildet eines der vorzüglichsten Hilfsmittel, um uns den inneren Mechanismus der Verrichtungen der höheren Sinne verständlich zu machen. Die Täuschungen, denen unter gewissen willkürlich erzeugten oder von der Natur gegebenen Bedingungen unsere Wahrnehmungen der äußeren Gegenstände unterliegen, sind auch von besonderer Bedeutung, wenn es sich darum handelt, auf Grundlage der von der Sinnesphysiologie festgestellten Tatsachen und Gesetze in das psychologische Gebiet einzudringen.

Ein solches Eindringen wird in der letzteren Zeit der Physiologie von mehreren Seiten untersagt, und zwar nicht etwa allein von den Philosophen, die das Gebiet der Psychologie für sich reservieren wollen, sondern auch von manchen Physiologen. „Die Physiologie ist die Lehre von den körperlichen Lebenserscheinungen", schrieb unlängst Verworn in seiner ideenreichen und anregenden Einleitung. Daher müssen „alle psychischen Dinge der Physiologie fern und der Psychologie überlassen bleiben". „Die Physiologie ist allein die Lehre von den objektiven Lebenserscheinungen". Also: „die subjektiven (Erscheinungen), die nur durch eigene innere Erfahrung wahrgenommen werden können, bilden das Gebiet der Psychologie im engeren Sinne". Der Physiologe soll daher auch das Studium der subjektiven Lebenserscheinungen aufgeben.

Abgesehen davon, daß der Verzicht der Physiologie auf das Studium der psychologischen Prozesse, weil sie nur die „Lehre von den körperlichen Lebenserscheinungen" sein soll, gleichbedeutend wäre mit der gewagten Annahme, die psychischen Prozesse seien von den körperlichen Erscheinungen unabhängig, erregt die von Verworn vorgeschlagene Einschränkung der Physiologie auf die objektiven Lebenserscheinungen noch andere gewichtige Bedenken. Denn wenn der Physiologe sich das Studium der subjektiven Erscheinungen untersagen sollte, so müßte er auf das ganze Gebiet der Sinnesfunktionen verzichten, d. h. gerade auf das Gebiet, wo die exakte Physiologie so viele schöne Triumphe gefeiert hat.

Das Unternehmen von Bethe, v. Uexküll und einigen anderen vergleichenden Physiologen, die Funktionen der Sinnesorgane an niederen Organismen zu studieren, ist zwar sehr anerkennenswert und wird in der Hand dieser Forscher sicherlich zu wichtigen Aufklärungen nicht allein anatomischer Natur führen. Man darf aber nicht verkennen, daß man mit der Psychologie der niederen Tiere in nicht allzuferner Zeit an eine Grenze gelangen wird, über welche hinaus derjenige Physiologe, der „die Lösung jener großen Rätsel zu finden hofft, um derentwillen er der Lösung der kleinen seine Tage widmet“ (E. Hering), sich gezwungen sehen wird, zu Beobachtungen am Menschen und eventuell auch zu subjektiven Beobachtungen zurückzukehren.

Die Notwendigkeit derartiger Versuche, um die Funktionen des Raumsinnsorgans allseitig aufzuklären, zeigte sich schon gegen Ende der siebziger Jahre, als die Lehre von diesen Funktionen zuerst ausführlich entwickelt wurde. Schon damals stellte ich eine größere Anzahl von Versuchen über unsere räumlichen Täuschungen an, deren Ergebnisse mir gestatteten, meine Auffassung der Labyrinthverrichtungen näher zu begründen. So z. B. gelang es mir schon damals, den Nachweis zu liefern, daß, entgegen den derzeit herrschenden irrtümlichen Vorstellungen, die sogenannten Geschwindigkeits- und Beschleunigungsempfindungen in keinerlei Beziehung zum Ohrlabyrinth stehen. Besonders wichtig aber war die bei dieser Reihe von Versuchen gewonnene Möglichkeit, die wahre Natur des Gesichtsschwindels zu erkennen, Meine Versuchsergebnisse gestatteten, die richtige Bedeutung der auf diesem Gebiete bahnbrechenden Versuche und Lehren Purkinjes über den Ursprung und die Ursachen des Drehschwindels richtig zu würdigen und von neuem zur Geltung zu bringen (siehe Kap. II u. III).

Als ein wichtiges Ergebnis meiner früher mitgeteilten, hierher gehörenden Beobachtungen über Täuschungen in den Richtungsempfindungen soll hier besonders hervorgehoben werden, daß solche Täuschungen sich immer nur auf den Sinn der Richtungen, nicht aber auf die spezifische Natur der Richtungsempfindungen beziehen[1]).

Wir täuschen uns über Rechts oder Links, über Oben oder Unten (beim Ballonaufsteigen)[2]), Vorn oder Hinten (bei Eisenbahnfahrten), nie aber verwechseln wir die vertikale Richtung mit der horizontalen oder letztere mit der sagittalen. Wenigstens ist mir keine einzige Beobachtung bekannt, wo eine derartige Täuschung über die spezifischen Richtungsempfindungen vorgekommen wäre.

---

[1]) Siehe Kapitel VI.

[2]) Bei der Ballonfahrt, wo die Bewegung meistens ohne jede Erschütterung oder Verschiebung unserer verschiedenen Körperteile stattfindet, wo also Erregungen der sensiblen Gebilde, der Knorpel, Sehnen, Knochen, Muskeln und sogar der Haut (bei Abwesenheit von Winden) fehlen, empfindet man auch meistens

In der Untersuchung, die im Jahre 1897 veröffentlicht wurde, teilte ich mehrere Täuschungsversuche über die Orientierung im Dunkeln mit, die besonderes Interesse für den Einfluß der Gedächtnisbilder auf unsere jeweiligen räumlichen Vorstellungen haben. Sie zeigten nämlich, daß die während längerer Zeit empfundenen und in der Erinnerung fortbestehenden räumlichen Bilder von uns unwillkürlich und unwiderstehlich in der Dunkelheit auf den jeweiligen reellen Raum übertragen werden, und dies, trotzdem wir uns sehr gut bewußt sind, daß letzterer ein ganz anderes Bild darstellt. In einem ungewohnten neuen Raum ist man gezwungen, die gewohnten Gegenstände in der räumlichen Ordnung zu lokalisieren, in welcher sie die Erinnerungsbilder und nicht unsere bewußte Überzeugung darstellen.

Bei allen bisher von mir und von anderen Beobachtern beschriebenen Täuschungen, bei denen die Beteiligung des Ohrlabyrinths angenommen werden konnte, handelte es sich aber um Erscheinungen, die gleichzeitig mit Hilfe der Gesichts- und Tastempfindungen zu unserer Wahrnehmung gelangten. Bei der Erzeugung einiger dieser Täuschungen befanden sich außerdem entweder der Beobachter selbst oder die sichtbaren resp. betasteten Gegenstände in Bewegung. Die Täuschungen beruhten also meistenteils auf irrtümlichen Projektionen des Seh- oder Tastfeldes auf das Koordinatensystem des Bogengangsapparates, d. h. des Seh- und Tastraumes auf den idealen geometrischen Raum, der uns von dem Ohrlabyrinth geliefert wird. Die Analyse solcher Täuschungen war daher oft mit großen Schwierigkeiten verbunden, da es meistens unmöglich war, den Anteil, welcher dem Ohrlabyrinth zukam, von dem zu sondern, der auf Rechnung der Seh- oder Tastorgane zu stellen war. Man erinnere sich nur der vielen Kontroversen, zu welchen die Deutung der Täuschungen bei Drehversuchen, seit Purkinje bis auf die letzte Zeit, Veranlassung gegeben hat.

Es bedurfte jahrelanger zahlreicher, an Menschen und an den verschiedensten Tieren angestellter Drehversuche, um allein die Nichtbeteiligung des Ohrlabyrinths an vielen dieser Täuschungen darzutun.

Bei dem jetzigen Stand der Lehre von Verrichtungen des Ohrlabyrinths, wo die wirklichen physiologischen Beziehungen zwischen dem Sinnesorgane für die Richtungsempfindungen und den übrigen Sinnesorganen, besonders dem Sehorgane, in den Hauptzügen geklärt sind, war es an der Zeit, die Täuschungen in der Wahrnehmung dieser Empfindungen möglichst unabhängig und gesondert von denen der Seh- und Tastempfindungen zu studieren. Man muß also

---

weder Beschleunigungen noch Geschwindigkeiten. Mit geschlossenen Augen ist man nicht imstande zu unterscheiden, ob man hinauf- oder heruntersteigt. Bei Zuhilfenahme des Gesichtssinnes erscheinen beim Aufsteigen die auf der Erdoberfläche befindlichen Gegenstände sich von uns zu entfernen, beim Absteigen sich uns zu nähern. Nicht wir, sondern die äußeren Gegenstände scheinen also in Bewegung zu sein.

bei der Analyse der Irrtümer, denen unsere Orientierung im äußeren Raume unterliegt, in erster Reihe alle die Täuschungen, die auf der rein optischen Orientierung, d. h. auf der Orientierung durch die Gesichtseindrücke, und eventuell auch diejenigen, die durch Vermittlung der okulomotorischen Apparate zustande kommen, ausschließen. Bei der vollkommenen Beherrschung dieser letzteren Apparate durch das Ohrlabyrinth ist ein solcher Ausschluß gewiß keine leichte Aufgabe, wie dies im Laufe dieser Untersuchung mehrmals sich zeigen wird. Dagegen kann man die alleinigen Täuschungen durch Gesichtseindrücke schon viel leichter beseitigen, indem man sämtliche Versuche über die Täuschungen der Richtungsempfindungen in vollkommen dunklem Raume bei absolutem Ausschluß aller Lichtreize, auch der momentanen, anstellt.

Die Versuche, über welche hier berichtet wird, sind zum größten Teil unter solchen Bedingungen ausgeführt worden. Wie im nächsten Paragraphen gezeigt werden wird, sind dabei meistens Methoden von der größtmöglichen Einfachheit und Eindeutigkeit gewählt worden. Dies erschien von Anfang an als eine notwendige Vorbedingung, um aus den vielen Versuchen über Täuschungen möglichst klare und übereinstimmende Resultate zu erhalten. Die Versuche mußten an einer größeren Anzahl von Personen angestellt werden, und zwar vorzugsweise an solchen, die ohne jede Voreingenommenheit sich den Versuchsbedingungen unterzogen. Sie durften, soweit möglich, von dem Zweck der Versuche nicht unterrichtet sein und gar nicht ahnen, daß es sich um Beobachtungen von Täuschungen handelte.

Ein nicht minder notwendiges Erfordernis war es, die erhaltenen Resultate ganz unabhängig von den mündlichen Angaben der Versuchspersonen zu machen. Die Ergebnisse durften von deren individuellen Urteilen in keiner Weise beeinflußt werden, sie mußten also graphisch von den Personen aufgezeichnet werden, ohne daß die letzteren, wenigstens bei den ersten Prüfungen, willkürlich die Aufzeichnungen ändern konnten.

Die Einfachheit der angewandten Methoden zeigt, daß diese Ziele leichter zu erreichen waren, als dies a priori erscheinen konnte. Die große Gesetzmäßigkeit, mit der die beobachteten Täuschungen bei den verschiedensten Individuen auftreten, legt Zeugnis dafür ab, daß die gewählten Methoden den Erwartungen auch wirklich entsprochen haben. Da die Täuschungen in der Wahrnehmung der Richtungen unter variablen Bedingungen studiert werden sollten, so mußten die gewählten graphischen Methoden auch gestatten, die Intensität der Täuschungen zu messen. Nur unter dieser Bedingung waren vergleichende Versuche möglich und nur so konnte man erhoffen, durch die erhaltenen Zeichnungen verwertbare Aufschlüsse über den intimen Mechanimus der Raumsinnsfunktionen zu erlangen. Wie im nächsten Paragraphen ersichtlich, vermochten die gewählten Methoden auch dieser Bedingung Genüge zu leisten.

Die Bedeutung der erzielten Ergebnisse für das Verständnis der physiologischen Verrichtungen des sechsten Sinnes, der Natur seiner normalen Erreger sowie seiner Beziehungen zu den anderen Sinnesorganen, besonders zum Gesichtssinn, wird in den folgenden Paragraphen hervortreten. Gerne hätte ich diese Untersuchungen noch mehr vervielfacht und auf eine größere Anzahl von Personen ausgedehnt.

Die bekannten Versuche von Yves Delage „über statische Empfindungen und Täuschungen bezüglich der Richtungen im Raume" wurden auf Voraussetzungen gegründet, die mit den hier entwickelten Analogie haben. Yves Delage wollte, mit Hilfe dieser Versuche über die Täuschungen, die Richtigkeit meiner Lehre über die Rolle des Ohrlabyrinths als Raum- und Richtungsorgans prüfen. Leider war er damals noch zu sehr von der Goltz-Mach-Breuerschen Hypothese über die Rolle der Endolymphströmungen als Erreger der Bogengangsnerven eingenommen. Als daher die Ergebnisse seiner Versuche mit dieser Hypothese nicht zu versöhnen waren, schloß Delage, diese Täuschungen rührten nicht von dem Ohrlabyrinth her. Der Schluß war schon insofern ungerechtfertigt, als bereits damals die volle Unhaltbarkeit der Endolymphhypothese längst nachgewiesen war. Meine Lehre von der Rolle der Bogengänge[1]) war also ganz unabhängig von dieser Hypothese und konnte von der Unmöglichkeit, seine Ergebnisse mit letzterer zu versöhnen, keineswegs berührt werden. Auch waren die Versuchsmethoden von Yves Delage gar nicht derart, daß seine Ergebnisse als vollgültig betrachtet werden konnten. Es liegt nicht in unserer Absicht, auf die Mängel dieser Methoden, wie z. B. die Unmöglichkeit, die Winkelgrößen genau zu messen, die Fehlerquellen, die durch die Ausführungen der Hand- und Körperbewegungen usw. entstehen[2]), hier einzugehen. Kein Wunder, daß seine Ergebnisse von mehreren der späteren Beobachter, wie z. B. von Nagel und von mir, nicht bestätigt werden konnten.

Wir ziehen es vor, im Laufe dieser Auseinandersetzungen nur diejenigen der Ergebnisse von Yves Delage hervorzuheben, die mit den meinigen zum Teil übereinstimmen. Dieser verdienstvolle Forscher, obgleich aus rein metaphysischen Gründen Gegner meiner Raumlehre, hat wichtige experimentelle Bestätigungen meiner tatsächlichen Ergebnisse geliefert, und dies sogar in Fragen, wo diese in Wider-

---

[1]) Delage betrachtete auch bei seinen Überlegungen „die halbzirkelförmigen Kanäle und den Utriculus" als eine „häutige kugelförmige Blase", was selbstverständlich im vollen Widerspruche mit meiner schon im Jahre 1873 ausgesprochenen Auffassung jedes einzelnen Bogengangspaares, als mit der einen Grundrichtung des Raumes in Beziehung stehend, war.

[2]) Im § 7 komme ich nur insofern auf diese Methoden zurück, als sie den irrtümlichen Schluß, die beobachteten Täuschungen rührten von den Blickrichtungen her, erklären.

spruch mit den Behauptungen von Mach u. a. standen. Besonders wertvoll waren für meine Lehre vom Raumsinne seine schönen Untersuchungen an wirbellosen Tieren, die meine im Jahre 1878 gemachte Voraussetzung, bei diesen Tieren dienten die Otocysten als Orientierungsorgane, in der glänzendsten Weise bestätigt haben (s. Kap. IV § 5).

§ 2. Versuchsmethoden.

Eine exakte Untersuchung unserer Täuschungen in der Wahrnehmung der drei Grundrichtungen: vertikal (oben — unten), horizontal oder transversal (rechts — links) und sagittal (vorn — hinten) muß folgende drei Faktoren in Erwägung ziehen: 1. den Sinn der Täuschung, d. h. der Abweichung von der normalen Richtung. So z. B. bei der vertikalen Richtung, ob die Schiefstellung nach rechts oder nach links geschieht. 2. Die Größe dieser Abweichung, d. h. des Winkels, welchen die scheinbare Richtung mit der normalen bildet. 3. Die Täuschungen in der Beurteilung der gegenseitigen Beziehungen der einen Grundrichtung zu den beiden anderen Grundrichtungen, d. h. welcher Art z. B. bei der Täuschung über die vertikale Richtung die eventuellen Täuschungen über die sagittale und horizontale seien. Die Beziehungen der gleichzeitigen Täuschungen von zwei oder drei Richtungen unter denselben Verhältnissen ist für die Deutung dieser Täuschungen in ihrer Abhängigkeit von den Bogengängen geradezu von einschneidender Bedeutung. Die Winkel, welche bei gleichzeitiger Bestimmung die drei Richtungen in der Norm miteinander bilden, müssen rechtwinklig sein, d. h. sie müssen dem rechtwinkligen Koordinatensystem entsprechen, „das die drei Ebenen des Bogengangsapparates darstellt", also gleich 90^0 sein.

Anatomisch bilden freilich die drei Bogengänge nicht ganz genau Winkel von 90^0, wie wir übrigens auch bei keiner bildlichen oder körperlichen Darstellung eines rechtwinkligen Koordinatensystems es vermögen, absolut genaue gerade Winkel darzustellen. Unter gewöhnlichen Umständen übertragen wir aber die Bilder des Seh- oder Tastfeldes nicht gesondert auf das Koordinatensystem des Bogengangsapparates der einen oder der anderen Seite, sondern auf ein ideales, in unserem Gehirn durch Kongruenz der Empfindungen der beiden Bogengangsapparate gebildetes rechtwinkliges Koordinatensystem, in welchem deren anatomische Mängel mehr oder weniger ausgeglichen werden.

Es ist nach der Analogie mit den optischen Fehlern unseres Gesichtsorgans vorauszusetzen, daß dieser Ausgleich kein vollkommener ist. Wenn wir daher die Möglichkeit erlangen könnten, unsere Vorstellungen von den drei Grundrichtungen in ihrem wahren Zusammenhang ohne jede Beteiligung der Gesichtsorgane wiederzugeben, so müßte eine solche Wiedergabe uns ein annäherndes Bild von den Abweichungen im anatomischen Zusammenhange unserer Bogengänge liefern können. Wie wir im Verlaufe dieser Untersuchung sehen werden, treten bei den Täuschungen in den Richtungen, die durch das Ohrlabyrinth bedingt sind, in der Tat konstante individuelle Eigentümlichkeiten auf, die als persönliche Fehler betrachtet werden müssen, bedingt durch derartige Abweichungen. Die für das exakte Studium der Richtungstäuschungen erforderliche Methode muß, wie eben gesagt, das genaue Maß der aufgezählten drei Faktoren gestatten. Dies ist aber allein durch Anwendung einer graphischen Aufzeichnung dieser Täuschungen zu erzielen. Eine solche Aufzeichnung muß außerdem in einer möglichst einfachen Weise, ohne Beihilfe von komplizierten Vorrichtungen, erlangt werden. Psychische Momente spielen bei den zu untersuchenden Erscheinungen eine entscheidende Rolle; die geringste Verwicklung in der Ausführung der Versuche wird um so mehr deren Ergebnisse beeinflussen, als man solche Experimente an einer größeren Anzahl von Personen anstellen muß, und dabei vorzugsweise an solchen, die ganz ohne Voreingenommenheit an sie gehen und sich keine Rechenschaft von dem Zwecke der von ihnen auszuführenden Manipulationen geben sollen. Am besten ist es, die Versuche erscheinen der Versuchsperson als ein unschuldiges Spiel[1]).

Nach einigen Vorversuchen habe ich folgendem sehr einfachen Verfahren den Vorzug gegeben. Ein Blatt Papier wird auf ein senkrecht stehendes Brett genau vertikal befestigt, und zwar in der Höhe des Kopfes der aufrecht stehenden Versuchsperson. Die letztere, mit zugebundenen Augen, zeichnet mit dem Bleistift vertikale und horizontale Linien, wobei sie sich eines Lineals bedient. Trotz der zugebundenen Augen der Versuchspersonen wurden sämtliche Zeichnungen in absolut dunklem Zimmer ausgeführt. Beim Zeichnen legt die Versuchsperson zuerst das Lineal in der Richtung an, die sie als die vertikale resp. horizontale empfindet. Dabei muß darauf acht gegeben werden, daß nach der Ausführung jeder einzelnen Linie das Lineal (samt der Hand) von dem Papier abgehoben wird. Das gleiche gilt auch für die rechte Hand und den Bleistift. In dieser Weise ist man sicher, daß jede neue

---

[1]) Unzulässigkeit verwickelter Methoden mit Zuhilfenahme komplizierter Apparate haben unlängst G. Alexander und R. Bárányi in ganz eklatanter Weise demonstriert. Im Verlaufe einer sehr fleißigen und langdauernden Untersuchung über die längst widerlegte Bedeutung des Statolithenapparates (!) für die Orientierung im Raume usw. haben diese Autoren zahlreiche Versuche sowohl an normalen Personen als an drei Taubstummen ausgeführt, und zwar mittels sehr komplizierter uud für derartige Experimente ganz unverwendbarer Instrumente. Die Mitteilung ihrer Versuche erstreckt sich auf zwei Hefte der Zeitschrift für Psychologie und Physiologie von 1905. Deren Ergebnisse waren aber gleich Null! Ihre auf die längst abgedroschenen Breuerschen Statolithenhypothesen gegründeten Voraussetzungen haben wohl den größten Anteil an diesen absolut negativen Resultaten der Untersuchung. Die vermeintlich exakten weil sehr komplizierten Versuchsverfahren trugen aber das ihrige zu dem Fehlschlagen der unternommenen Arbeit bei.

gezeichnete Richtung von der früher ausgeführten nicht durch die Hände beeinflußt wird.

Handelte es sich darum, sagittale und transversale Richtungen zu reproduzieren, so wurde das Blatt auf einem genau horizontal eingestellten Tisch befestigt; die Versuchsperson nahm eine sitzende Stellung ein, wobei sowohl der Kopf als der Oberkörper aufrecht gehalten wurden. Im § 6 sind Versuche mitgeteilt, welche feststellen sollten, ob die in dieser Weise gezeichneten geraden Linien wirklich der sagittalen Richtung entsprechen. Dort wird auch die Verwertungsweise der erhaltenen Zeichnungen näher besprochen.

Die in dieser Weise erhaltenen Zeichnungen gestatten, die Veränderungen, welche die soeben aufgezählten drei Faktoren durch die gesetzten Versuchsbedingungen erleiden, in ganz genauer Weise zu messen. Den Sinn der Täuschung jeder Richtung ergibt schon der bloße Anblick der Zeichnung. Um diese genau zu messen, genügt es, nach dem Versuche auf dem Papierblatt die normalen Richtungen einzuzeichnen. Die Winkel, die die beiden Vertikalen mit den beiden Horizontalen usw. untereinander bilden, entsprechen im allgemeinen der Stärke der Täuschung. Meistens wird diese Stärke schon beim bloßen Anblick der Kreuzstelle zwischen den vertikalen und horizontalen, resp. den sagittalen und transversalen Linien, die im Dunkeln gezeichnet wurden, erkannt, und zwar an der Größe des Winkels, den sie miteinander bilden. Diese Winkelgrößen sind auch in den Figuren überall angegeben. Man darf aber diese Winkelgrößen nicht als absolutes Maß der Intensität der Täuschungen betrachten.

Schon die ersten Versuche ergaben nämlich, daß die Intensitäten der Täuschungen unter denselben Versuchsbedingungen nicht notwendig den Winkelgrößen proportional sind. Ja es kommt vor, daß durch die letztere auch der Sinn der Täuschung nicht genau angegeben wird. Aber auch wenn der Sinn der Täuschungen der nämliche ist und auch deren Stärken zueinander proportional sind, vermögen die Größen des Kreuzwinkels nicht immer als Maß für diese Stärken zu gelten; diese können gleich 90° bleiben oder nur wenig von 90° abweichen, und dennoch kann die Täuschung sehr groß gewesen sein. Diese Winkelgrößen geben uns nämlich Aufschluß über die Beziehungen, die zwischen den Täuschungen in den verschiedenen Richtungen bestehen, d. h. über den wichtigsten und, für uns, den am meisten belehrenden Faktor. Das Studium der Richtungstäuschungen beim Menschen ist von hervorragendem Interesse, hauptsächtlich weil es imstande ist, uns den Mechanismus der Bildung unserer Raum- und Richtungsvorstellungen aufzuklären. In welchem Sinne wir uns unter gegebenen Umständen über die eine oder die andere Richtung täuschen, ist zwar an sich schon interessant; dies vermag aber kaum zur Entscheidung der Frage beitragen, in welchem Organ die Richtungsempfindungen erzeugt werden und in welcher Weise sich aus der Wahrnehmung der verschiedenen Richtungen unsere Vorstellung von einem dreidimensionalen Raume bildet.

Für den unbefangenen Forscher, der in den letzten Dezennien die allmähliche Entwicklung der Lehre vom Ohrlabyrinth als Organ unserer Raum- und Richtungsempfindungen genau verfolgt hat, kann wohl kein Zweifel mehr über die entscheidende Bedeutung bestehen, welche die Lage der Bogengänge in drei zueinander senkrecht gestellten Ebenen für die Funktionen der Organe des Richtungssinnes besitzt. Er wird uns daher gewiß in der Behauptung beistimmen, daß beim experimentellen Erzeugen von Richtungstäuschungen, unter willkürlich gewählten abnormen Bedingungen, solche Täuschungen sich kaum auf die eine Richtung beschränken können, ohne daß unsere Wahrnehmungen oder Vorstellungen von den beiden übrigen mitbeeinflußt werden. Der dritte Faktor (s. oben), den ich zu bestimmen suchte, sollte eben darüber belehren, ob dem wirklich so ist. Sieht man von den zu vernachlässigenden anatomischen Abweichungen von 90°, die die Kreuzungswinkel[1]) der drei Bogengangsebenen darbieten, ab, so könnte man, wenn die Wiedergabe der Täuschungsgrößen genau wäre, erwarten, daß, wenn die Versuchsbedingungen in gleichem Sinne und in gleicher Stärke auf die drei Richtungswahrnehmungen einwirkten, die Winkelgrößen in den durch meine Methode erhaltenen Aufzeichnungen gleich 90° bleiben werden.

Häufig genug ist dies auch der Fall, wie aus den folgenden Figuren ersichtlich ist. Es läßt sich eben bei den meisten hier dargelegten Versuchsreihen die bemerkenswerte Tatsache feststellen, daß alle Versuchspersonen, auch die, welche keinerlei geometrischen Kenntnisse besitzen, das konstante unbewußte Bestreben zeigen, bei ihren Zeichnungen den rechten Winkel einzuhalten. Man kann in den meisten Fällen, wo ein solches Einhalten des rechten Winkels nicht gelingt, darauf schließen, daß die Versuchsbedingungen entweder den normalen Zusammenhang zwischen den verschiedenen Richtungswahrnehmungen verwirrt[2]), oder, ihrem Wesen nach, die eine oder die andere Richtungswahrnehmung vorzugsweise oder ausschließlich störend beeinflußt haben[3]).

Dieses Bestreben zur Einhaltung des rechten Winkels auch im Dunkeln, also bei Mangel jedes sichtbaren Anhaltspunktes für die Bestimmung der Beziehung der gezeichneten Richtung zu den übrigen[4]), zeigt, daß wir fortwährend in unserem Geiste das Bild der drei Grundrichtungen in ihren richtigen Beziehungen zueinander anwesend haben, so wie es uns das rechtwinklige

---

[1]) Diese Abweichungen bedingen den persönlichen Fehler des Beobachters bei der Bestimmung der Richtungen.

[2]) Siehe z. B. § 8.

[3]) Wie in den Versuchen der Paragraphen 7 und 11.

[4]) Mehrmals berühren sich die Linien gar nicht; sie bilden dennoch das Kreuz bei ihrer Verlängerung.

Koordinatensystem der drei Bogengangsebenen liefert. Kinder sowie erwachsene Personen, die des Zeichnens unkundig sind und die die Zwecke der Versuche gar nicht ahnen, bekunden dasselbe Bestreben, die rechten Winkel einzuhalten, und sind beim Anblick ihrer Zeichnung von deren Regelmäßigkeit höchst überrascht.

Es ist für das Resultat der Zeichnung ganz gleichgültig, welche Richtung vorher aufgezeichnet wird. Meistens wird am natürlichsten die vertikale Linie vorher ausgeführt. Kehrt man aber die Ordnung um und läßt die horizontale Linie vorher zeichnen und dann erst die vertikale nachfolgen, so übt dies keinerlei Einfluß auf die Winkelgröße der Kreuze. Man richtet sich beim Zeichnen also keineswegs nach der Richtung der ausgeführten Vertikalen, sondern führt die horizontale Linie in der Weise aus, daß sie mit der unter den gegebenen Umständen scheinbar wahrnehmbaren Vertikalen einen Winkel von 90^0 bildet.

Zu Beginn der Versuche prüfte ich einige Verfahren, die gestatten sollten, alle drei Richtungen auf demselben Papier aufzuzeichnen. Dies bietet aber gewisse Schwierigkeiten, die in Anbetracht der Versuchsbedingungen fast unüberwindlich erscheinen. Ich zog es daher vor, die vertikal-horizontalen Richtungen gesondert von den sagittal-horizontalen zu zeichnen. Aus der Zusammenstellung der betreffenden zwei Zeichnungen könnte man das Verhältnis der Sagittalen zur Vertikalen bestimmen. Vorläufig war aber eine solche Bestimmung für mich nicht durchaus erforderlich. Bei der gegebenen Ausführungsweise der Zeichnungen wurde die Richtung eigentlich schon durch das bloße Anlegen des Lineals bestimmt. Letzteres wurde, wie gewöhnlich, von der linken Hand geführt, während der Bleistift sich in der rechten befand.

Es war von Interesse zu eruieren, ob die Führung des Lineals mit der rechten Hand auf die Fehler der Richtungsbestimmung von irgend welchem Einfluß sein könne. Dazu wurden spezielle Versuche an den Personen angestellt, welche bei meiner Untersuchung am häufigsten verwendet wurden. Es stellte sich nun folgendes heraus: Auf den Sinn der Abweichungen, also auf die Natur der Täuschungen, übt diese Aufzeichnungsweise keinerlei Einfluß aus. Dagegen pflegen dabei die Differenzen in den Winkelgrößen häufig etwas stärker auszufallen, als bei der gewöhnlichen Führung des Lineals. Dies weist jedenfalls darauf hin, daß in der Erzeugung der Täuschungen die Ausführung der Zeichnungen durch die Hände eine kleine Fehlerquelle schaffen kann, nämlich was deren Intensität betrifft. Auf den Sinn der Täuschung ist die Ausführungsweise ohne jeden Einfluß. Dies soll mit andern Worten sagen, daß die Täuschungen sicherlich nicht durch anormale Empfindungen der Hände oder Arme erzeugt werden.

In noch überzeugenderer Weise wird dies durch folgenden Kontrollversuch demonstriert: Werden die Zeichnungen im Dunkeln mit dem Bleistift aus freier Hand — ohne Zuhilfenahme des Lineals — ausgeführt, so entstehen bei den Drehungen des Kopfes um seine Achsen ganz dieselben Täuschungen wie bei der gewöhnlichen Ausführungsweise. Die Linien werden aber nicht genau gerade gezeichnet. Die Abweichungen der Grundrichtungen von den normalen behalten denselben Charakter wie bei Benutzung des Lineals; auch die Kreuzwinkel scheinen nicht wesentlich verschieden zu sein.

Die große Gesetzmäßigkeit, mit welcher bei verschiedenen Personen und unter den variabelsten Versuchsbedingungen die Täuschungen ihrem Sinne und ihrer Intensität nach in meinen Versuchen sich äußerten, zeigt, daß trotz ihrer großen Einfachheit meine graphische Methode sich mit großer Sicherheit anwenden läßt. Die hier mitgeteilten Versuche sind an mir selbst und noch an sieben Personen angestellt worden. Von den letzteren sind nur zwei, die unten als M. und G. bezeichnet werden, während mehrerer Monate zu Versuchen verwendet worden. Die übrigen fünf Personen wurden nur zeitweise zu Kontrollversuchen herangezogen. Es ist, wie gesagt, von Wichtigkeit, zu solchen Versuchen möglichst unbefangene Personen zu verwenden, die weder von dem Zweck noch von dem Sinn der Versuche unterrichtet sind. Einige dieser Personen, die gute Zeichner waren, fanden sich in ihrer Eigenliebe verletzt, als sie die begangenen Irrtümer in den Zeichnungen gewahr wurden, und suchten bei den folgenden Prüfungen diese Irrtümer wieder gut zu machen. Meistens gelang ihnen nur, diese noch zu vergrößern; sie wollten sich daher nicht mehr zu den Versuchen hergeben.

Am sichersten ist es daher, die an solchen Versuchspersonen gewonnenen Zeichnungen selbst zu verwerten, ohne sie ihnen vorzuzeigen, solange die Versuchsreihe nicht beendet ist. Die Fig. 1—41, welche von den Täuschungsversuchen herrühren, sind nach den Originalzeichnungen photographiert und um $^1/_2$ oder $^2/_3$ verkleinert worden. Die Zahlen, welche die Winkelgrößen angeben, sind durch Messungen gewonnen worden. Die Bezeichnungen rechter und linker Winkel beziehen sich im Text auf die oberen Winkel. In den meisten Versuchen wurden Drehungen des Kopfes um seine verschiedenen Achsen ausgeführt. Die Linien *AV* bedeuten die vertikalen Richtungen bei aufrechten Körperstellungen; *LV* und *RV* bei Links- und bei Rechtsdrehungen des Kopfes; *AH*, *LH* und *RH* bezeichnen die entsprechenden horizontalen, *AS*, *LS* und *RS* die sagittalen Richtungen, die bei sitzender Stellung gewonnen wurden. Die näheren Erklärungen finden sich unter den Figuren angeführt.

§ 3. Täuschungen in der Wahrnehmung der Richtungen im Dunkeln bei aufrechter Kopf- und Körperhaltung.

Die im Dunkeln bei aufrechter Kopfhaltung auftretenden Täuschungen in der Bestimmung der Richtungen sind zweierlei Art. 1. Man zeichnet jede Richtung abweichend von der normalen. 2. Das Verhältnis zwischen den Richtungen, d. h. die Winkelgröße an der Kreuzungsstelle, weicht mehr oder weniger von der Norm ab. Bei den einen Versuchspersonen tritt die erste Täuschung vorzugsweise in den Vordergrund, bei den anderen die zweite Art; und zwar ist *jede dieser Abweichungen konstant bei jedem Individuum*, d. h. der Sinn dieser Täuschungen bleibt zu verschiedenen Zeiten bei demselben Individuum derselbe, wenn auch deren Intensität ganz geringen Schwankungen unterliegt. Dies zeigt, daß die Ursache der Täuschung auch eine konstante und deren Wahl auf individuelle Verschiedenheiten zurückzuführen ist.

Folgende Beobachtung gibt wichtigen Aufschluß über die anatomische Unterlage dieser persönlichen Fehler: *bei ungeübten Zeichnern tritt vorzugsweise die erste Täuschungsart auf, bei geübten Zeichnern dagegen die zweite.*

Die letzteren geben im Dunkeln meistens die vertikale Richtung ganz genau wieder, die horizontale weicht aber bei ihnen merklich von der normalen Richtung ab. Die Abweichungen der Kreuzwinkel dieser beiden Richtungen erreichen daher bei ihnen eine relativ bedeutende Größe: 5^{0} bis 8^{0} vom geraden Winkel. Bei ungeübten Zeichnern dagegen weichen sowohl die vertikale als die horizontale Richtung merklich von den normalen Richtungen ab. *Die Kreuzungswinkel sind aber dennoch kaum um 1^{0} bis 2^{0} vom geraden Winkel verschieden.* Bei aufrechter Kopfstellung sind die Abweichungen in den Winkelgrößen in den von mir ausgeführten Zeichnungen (als *C* in den Figuren bezeichnet) kaum größer im Dunkeln als bei Beleuchtung. Im Mittel aus 16 Versuchen wich diese Größe im letzteren Falle um $0{,}5^{0}$, im Dunkeln um 1^{0} von 90^{0} ab. Die Abweichungen von der normalen Richtung durch die Stellung zweier Pfeile angezeigt stellt sich etwa so in ersterem Falle; im zweiten Falle so.

M. zeichnet vortrefflich und ist auch sehr geübt in der Ausführung geometrischer Figuren. Bei Beleuchtung ist die Abweichung der Winkelgrößen bei ihr gleich 0^{0} und die beiden Richtungen werden genau eingehalten. Im Dunkeln dagegen ist die Vertikale annähernd richtig angegeben, die Horizontale aber weicht auffallend ab. Die Winkeldifferenz erreichte im Mittel von 11 Versuchen den Wert von $3{,}5^{0}$. (Maximalabweichung $= 6^{0}$, Minimalabweichung $= 1^{0}$.) G., mein damals zehnjähriger Knabe, hat zum ersten Male bei Gelegenheit dieser Versuche gezeichnet. Im Hellen sind seine Winkeldifferenzen meistens gleich 0^{0}; im Dunkeln erreichten sie einen Maximalwert von 2^{0}, einen Minimalwert von 1^{0}. Die Abweichungen von den normalen Richtungen waren aber in beiden Fällen sehr ausgesprochen: im zweiten Fall und im ersten. Die Versuchsperson F., von welcher die Figur 4 herrührt, erinnert sich nicht, je gezeichnet zu haben. Sowohl bei Beleuchtung, als im Dunkeln zeigten die Richtungen bei aufrechter Kopfhaltung keine merklichen Abweichungen; im zweiten Falle war die Horizontale ein wenig von rechts nach links geneigt. Die Winkeldifferenzen waren 1^{0} und 2^{0}. In einigen drei Monate später ausgeführten Zeichnungen blieben die Verhältnisse dieselben.

Bei einer fünften Person, die vortrefflich zeichnete, waren die Vertikalen sowohl im Hellen als auch in der Dunkelheit absolut richtig. Die horizontalen Linien neigten aber im Dunkeln so weit von rechts nach links ab, daß die Winkeldifferenz statt um 0^0 oft um 8^0 von 90^0 abzuweichen pflegte. In demselben Sinne zeigten sich die Veränderungen bei den zwei anderen Personen, von denen die eine eine sehr gute Zeichnerin war. Wie erklärt sich nun diese auffallende Ungeschicklichkeit der gewohnten Zeichner, wenn sie im Dunkeln die Richtungen angeben? Am einfachsten in der Weise, daß sie gewöhnt sind, mit Hilfe des Gesichtssinnes die Fehler der Richtungswahrnehmungen, die vom Ohrlabyrinth herrühren, zu korrigieren. Ohne Beleuchtung machen sie daher Anstrengungen, mit Hilfe der Gedächtnisbilder die Korrektion auszuführen. Für die vertikale Richtung gelingt ihnen dies häufig genug. Dagegen sind bei der horizontalen diese Anstrengungen oft daran schuld, daß sie die Fehler des Richtungssinns noch übertreiben und, merkwürdiger Weise, diese Richtung zu sehr von rechts nach links geneigt zeichnen.

Die auf geringen anatomischen Abweichungen in der Lage der beiden Bogengangspaare beruhenden persönlichen Fehler der ungeübten Zeichner kommen dagegen sowohl beim Zeichnen im Dunkeln als im Hellen in demselben Sinne und dem gleichen Maße vor. Die Hilfe, welche ihnen der Gesichtssinn bei der Korrektion dieses Fehlers leistet, ist relativ gering. Die Differenzen in den Winkelgrößen *können daher bei ihnen wirklich als Anzeichen über die Natur der individuellen anatomischen Abweichungen in dem Bau der beiden Bogengangsapparate gelten.*

Die Tatsache, daß bei ungewohnten Zeichnern die Winkelgrößen trotz der bedeutenden Abweichungen in den Richtungen dennoch nur sehr geringe Schwankungen um 90^0 zeigen, bietet noch ein anderes Interesse. Sie veranschaulicht das Bestreben zur Einhaltung des rechten Winkels, von dem im vorigen Paragraphen des längeren die Rede war. Für Gewohnheitszeichner, die sich immer des Gesichtssinns beim Zeichnen bedienen, hat dieses Bestreben nur geringe Bedeutung und diese Funktion des Ohrlabyrinths spielt gewöhnlich bei ihnen eine untergeordnete Rolle. Daher die großen Abweichungen in den Winkelgrößen, die sie bei aufrechter Kopfstellung im Dunkeln geben.

§ 4. Täuschungen in der Wahrnehmung der vertikalen und horizontalen Richtungen bei Drehungen des Kopfes um seine sagittale Achse.

Die Täuschungen in der Wahrnehmung bei Schiefstellungen des Kopfes, besonders bei seinen Neigungen zur rechten oder zur linken Schulter, haben schon mehrmals die Aufmerksamkeit der Forscher auf sich gelenkt. Es soll an das bekannte Aubertsche Phänomen wie an die Versuche von Yves Delage, von denen schon oben die Rede war, erinnert werden. Jetzt, wo die Lokalisierung der Richtungsempfindungen im Bogengangsapparate zur wissenschaftlichen Gewißheit geworden ist, bietet das Studium des Einflusses, den die Drehungen des Kopfes, also auch der beiden Ohrlabyrinthe, auf unsere Richtungswahrnehmungen ausüben, ein noch viel höheres Interesse dar. Schon bei den Wiederholungen der Aubertschen Versuche durch Nagel, Sachs und Meller u. a. hat sich herausgestellt, daß die Stärke der Kopfneigung zur rechten oder linken Schulter einen unzweifelhaften Einfluß auf das Erscheinen der Täuschung sowie auf die Intensität der scheinbaren Schiefstellungen der im Dunkeln beleuchteten vertikalen Linie auszuüben vermag. Eine genaue Messung der Winkeldrehung des Kopfes wäre also bei derartigen Versuchen sehr erwünscht. Sachs und Meller haben auch mittels einer besonderen Vorrichtung eine solche versucht.

Zu Beginn meiner Versuche suchte ich ebenfalls eine Vorrichtung herzustellen, die gestatten würde, genau sämtliche Drehungen des Kopfes um seine drei Achsen messen zu können. Ich suchte dies durch eine leichte metallische Haube zu erreichen, die mit einer Spitze genau in der Mitte versehen war und von der Schnüre, mit Gewichten versehen, über Rollen gingen. Die Vorrichtung erinnerte also an den bekannten Rueteschen Ophthalmotrop, um die Rollungen der Augäpfel zu demonstrieren. Auch abgesehen von den technischen Schwierigkeiten, welche eine zweckmäßige Ausführung eines solchen Apparates darbot, verzichtete ich noch aus einem anderen Grunde auf dessen Verwendung. Wie schon oben genauer hervorgehoben, ist es für das Gelingen der Versuche über Täuschungen in den Richtungswahrnehmungen ein absolutes Erfordernis, diese Versuche an möglichst unbefangenen Personen anzustellen und dabei jeden Eingriff zu vermeiden, der die freie, völlig ungezwungene Beweglichkeit des Kopfes irgendwie beeinträchtigen könnte. Dies stellte sich schon bei den ersten Versuchen heraus. Sodann ergab sich aus ihnen auch die wichtige Erfahrung, daß, wenn die Stärke der Kopfdrehung auch einen gewissen Einfluß auf die Intensität der mich interessierenden Täuschungen auszuüben vermag, dieser in Wirklichkeit nur ein sehr geringer ist. Noch wichtiger war die Feststellung, daß die Stärke der Kopfdrehung auf den Sinn der Täuschungen in keinerlei Weise einwirkte. Es war daher vorzuziehen, vorläufig von jeder Messung der Stärke der Kopfdrehungen abzusehen[1]). Die Versuchspersonen wurden in den meisten Fällen aufgefordert, die Drehung des Kopfes so ausgedehnt zu machen, wie sie es, ohne Unbehaglichkeit oder Schmerzgefühl zu empfinden, ausführen könnten.

Es sollen hier nur einige Figuren wiedergegeben werden, welche die Täuschungen in der Wahrnehmung der vertikalen und horizontalen Richtungen darstellen.

---

[1]) Die seitdem veröffentlichte Abhandlung von Sachs und Meller enthält die Beschreibung eines Meßapparates für die Drehungen des Kopfes, der aber von dem angedeuteten Fehler nicht frei ist.

Zum Vergleich ist eine Anzahl von Versuchen mit Kopfdrehungen bei offenen Augen im hellen Zimmer angestellt worden. Natürlich durften die Versuchspersonen das Blatt Papier, das Lineal und den Bleistift dabei nicht sehen. Ihr Blick war auf die Nachbargegenstände gerichtet.

Die Figuren 1 und 3 rühren von Versuchen her, die ich an mir selbst angestellt habe.

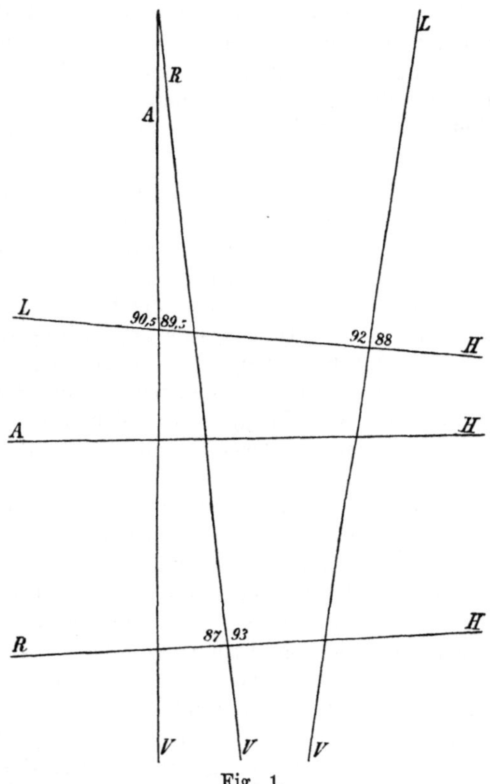

Fig. 1.

Versuchsperson C. *AV* und *AH* geben die beiden Richtungen bei aufrechter Kopfhaltung im Dunkeln. Die Abweichungen der Kreuzwinkel = 0,5°. *LV* und *LH* bei Neigung des Kopfes zur linken Schulter; *RV* und *RH* bei Neigung zur rechten Schulter. Die Abweichungen der rechten Winkel von 90° sind 2° und 3°. (Die Zahlen 90,5 - 89,5 der Linie *LH* gehören auf *AH*.)

Sieht man von der Fig. 5 ab (Versuchsperson G.), auf die besonders zurückgekommen wird, so sehen wir, daß bei den drei Versuchspersonen C., F. und M. die Täuschung in den Richtungen immer denselben Charakter hatte. Die vertikale Richtung erscheint bei ihnen schief von oben rechts nach unten links und die horizontale von oben links nach unten rechts geneigt, wenn der Kopf zur linken Schulter gerichtet ist, und umgekehrt, bei der

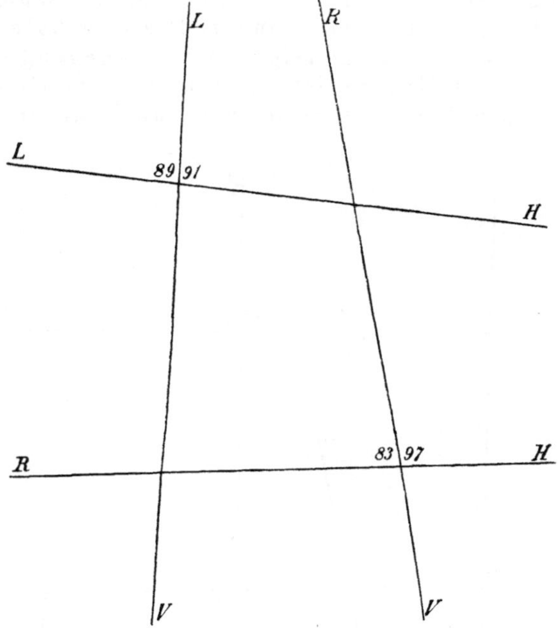

Fig. 2.

Dieselbe Versuchsperson. Gleichfalls im Dunkeln. Bedeutung der gleichbezeichneten Linien wie in Fig. 1. Winkelabweichungen gleich 1° und 3°. In dieser Figur führte ich die größtmöglichen Kopfneigungen aus bei Beibehaltung der aufrechten Körperstellung.

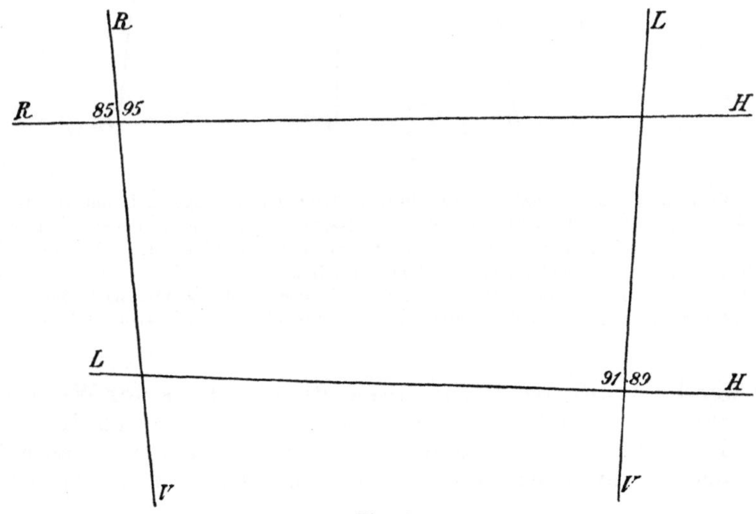

Fig. 3.

Derselbe Versuch wie in der Fig. 2; nur wurde der Körper gleichzeitig nach derselben Seite gebogen. Winkelabweichungen 1° und 5°.

Kopfneigung nach rechts. Der Sinn der Täuschungen der beiden Richtungen ist also folgender: Die Vertikale erscheint uns in einer Richtung geneigt, die entgegengesetzt zur Drehrichtung des Kopfes ist, also auch zur Richtung der vertikalen Kopfachse. Das Gleiche gilt auch für die Täuschun-

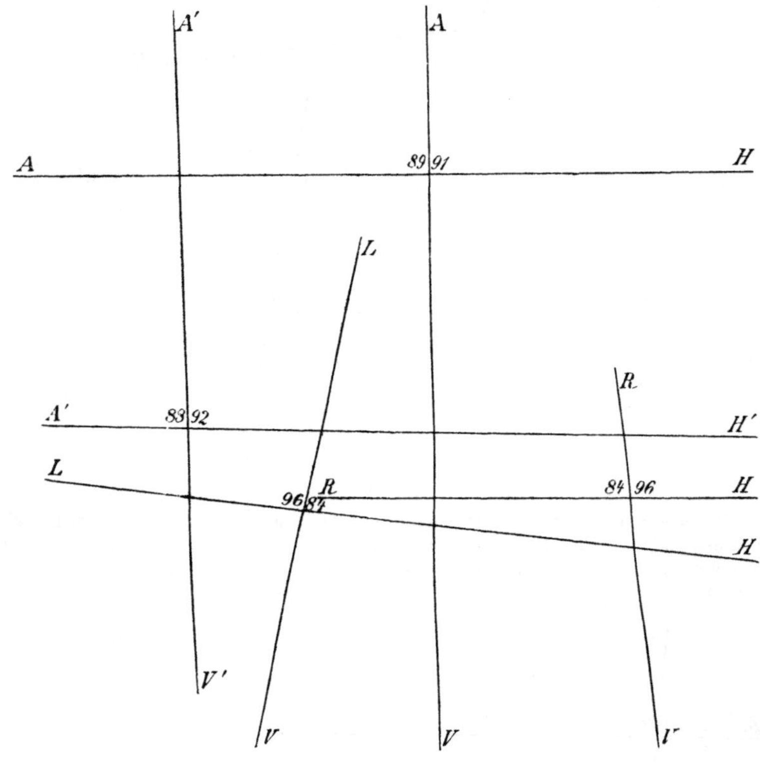

Fig. 4.

Versuchsperson F.; hat nie irgendwelche Zeichnungen ausgeführt und kannte den Versuchszweck nicht. *AV* und *AH* sind bei offenen Augen und im hellen Zimmer gezeichnet worden. Winkeldifferenz gleich 1° bei aufrechter Kopfhaltung. *A′V′* und *A′H′* dieselben Richtungen, ebenfalls bei aufrechter Kopfhaltung, aber im Dunkeln. Winkeldifferenz gleich 2°. *LV* und *LH* im Dunkeln bei Neigung des Kopfes nach links. *RV* und *RH* nach rechts. In beiden Fällen war die Winkelabweichung gleich 6°.

gen der horizontalen Richtungen, die ebenfalls der Wendung der transversalen Kopfachse entgegengesetzt erscheinen[1]).

Diese Täuschungen traten sowohl bei diesen drei als auch bei vier anderen, analogen Versuchen unterzogenen Personen immer in

[1]) Die Beziehungen der Richtungstäuschungen zu den Drehungen der Ebenen der vertikalen und horizontalen Bogengänge werden in § 13 erörtert.

demselben Sinne auf, so häufig auch die Versuche ausgeführt wurden. Die Stärke der Abweichungen der bei Kopfneigungen gezeichneten Richtungen schwankt bei ein und derselben Person in ziemlich weiten Grenzen, jedenfalls in etwas weiteren, als die Größen der Abweichungen der Kreuzwinkel von 90°.

Bei unbefangenen Personen, die, eben weil sie sich keinerlei Rechenschaft von der Natur und dem Zwecke der Versuche geben, am

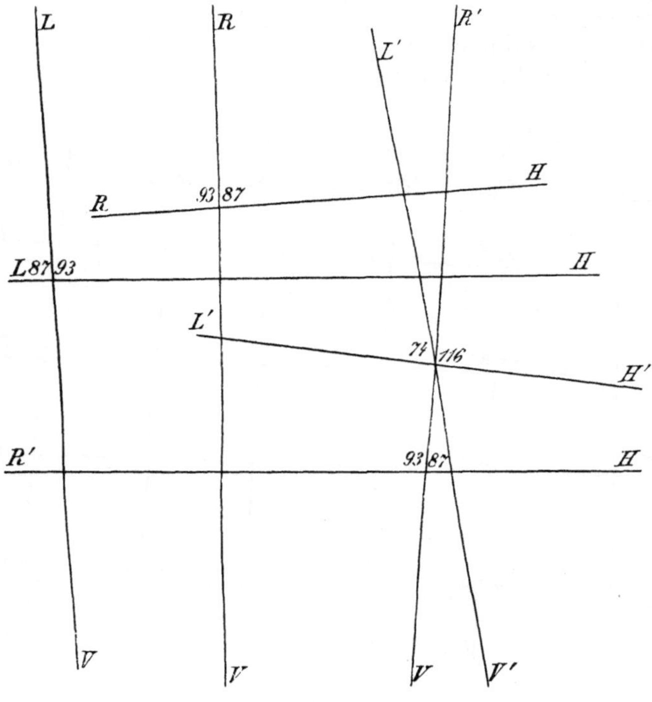

Fig. 5.

Versuchsperson G, ein zehnjähriger Knabe, der nie gezeichnet hat. *LV* und *LH* im Dunkeln bei linksseitiger Neigung des Kopfes. Winkelabweichung gleich 3°. *RV* und *RH* bei rechtsseitiger Neigung ergaben eine Abweichung von 3°. Die Linien *L'V'*—*L'H'* und *R'V'*—*R'H'* sind unter denselben Bedingungen einige Monate später von G. gezeichnet worden. Die Winkeldifferenzen sind bei Linksneigung gleich 16° (statt 116 — lies 106), bei Rechtsdrehung gleich 3°.

interessantesten zu beobachten sind, blieben die letzteren Abweichungen fast ohne jede Veränderung, auch wenn die Versuche nach längerer Pause aufgenommen werden. Die Abweichungen der Linien von der normalen Richtung dagegen waren ziemlich verschieden. Die letztere Abweichung scheint in gewissen Grenzen von der Stärke der Kopfneigung abzuhängen. Die Winkelgrößen, d. h. die Beziehungen zwischen den verschiedenen Richtungen dagegen, die in erster Linie von der anatomischen Eigentümlichkeit der Bogengangsvorrichtungen abhängig sind, unterliegen viel geringeren Schwankungen. Auf dieser Eigentümlichkeit beruht unter anderem der Beweis, daß wir das Bestreben zur Einhaltung des rechten Winkels äußern. Wenn z. B. die vertikale Richtung stark von der normalen abgewichen ist, so korrigieren wir, ohne von der Größe dieser Abweichung Kenntnis zu haben, den begangenen Fehler, indem wir entsprechend auch die horizontale Linie von der normalen stärker abweichen lassen. Diese Korrektion geschieht also ganz unbewußt. Das Resultat ist: die Kreuzungswinkel werden nur wenig verändert. So z. B. schwanken bei mir die Abweichungen der Winkel

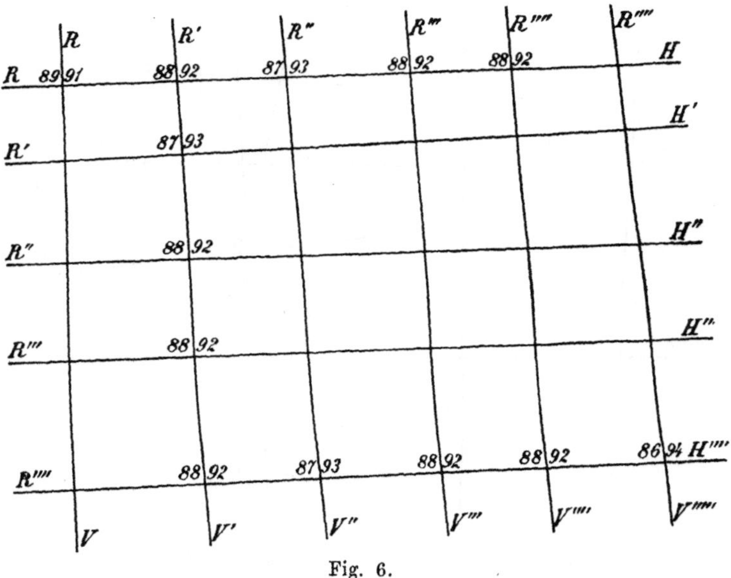

Fig. 6.

Versuchsperson M., zeichnet vortrefflich. Sämtliche Linien im Dunkeln und bei Neigung des Kopfes nach rechts gezeichnet. Zuerst wurden sämtliche Vertikallinien und darauf die Horizontallinien ausgeführt. Das Lineal und der Bleistift wurden nach Ausführung jeder einzelnen Linie von dem Papier abgehoben, wobei M. im Dunkeln und mit geschlossenen Augen blieb. Die Winkelabweichungen schwankten zwischen 2^0 und 4^0.

von 90^0 bei der Linksneigung zwischen 1^0 und 4^0, bei der Rechtsneigung von $1{,}5^0$—5^0.

Der bloße Anblick der Figuren zeigt gleichzeitig, daß die Abweichungen der Richtungen viel bedeutender ausfallen können. So z. B. weicht die Vertikale der Fig. 2 bei Linksdrehung viel mehr von der Normalen ab als in der Fig. 3. Die Winkel weichen aber in beiden Fällen von 90^0 nur um einen Grad ab, und zwar, weil in Fig. 2 eine größere Abweichung der Horizontalen geschieht. Ähnliches sieht man bei der Rechtsneigung des Kopfes, wenn man die Linien auf den Figuren 1 und 2 zusammenstellt. Bei M. schwanken die Winkelgrößen in ihren Abweichungen vom geraden Winkel zwischen 2° bis 5° bei der Linksdrehung und zwischen 1° und 4° bei der Rechtsdrehung. Die Figuren 6 und 7 sind in dieser Beziehung besonders belehrend, weil in beiden die Linien fast genau parallel laufen, trotzdem die Hände mit dem Lineal und dem Bleistift nach Aufzeichnung je zwei zugehöriger Linien immer von dem Papierblatt abgehoben wurden, M. also keine Kenntnis von der Gestaltung der einen Aufzeichung hatte, als sie zur folgenden schritt.

In den zahlreichen Versuchen, die M. mit einzelnen Richtungsbestimmungen anstellte, wichen die Abweichungen der Vertikalen häufig

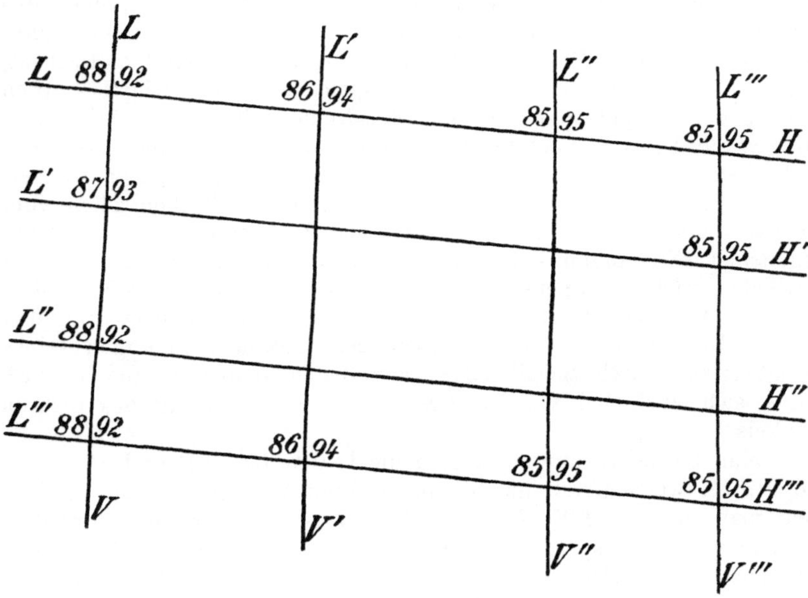

Fig. 7.

Versuchsperson M. Dieselben Versuchsbedingungen wie in der Fig. 6. Nur sind die Kopfneigungen zur linken Schulter gemacht worden. Die Differenzen der Winkel weichen von 2° bis 5° vom rechten Winkel ab.

viel mehr von der Normalen ab als in den Figuren 6 und 7. Die Schwankungen der Winkelgrößen blieben aber immer in den erwähnten Grenzen. Wie die anderen geübten Zeichner machte auch M. große Anstrengungen, um die Täuschung zu bekämpfen. Bei allen waren aber die Bemühungen, die Linien gerade oder sogar in entgegengesetzter Richtung zu zeichnen, vergeblich, der Sinn der Täuschung blieb immer derselbe; höchstens gelang es dabei, deren Stärke zu vermindern. Das Gesetz, nach welchem die Täuschungen bei Drehungen des Kopfes um die sagittale Achse sich äußern, ist also für dieselben Personen ein absolutes und läßt keine Ausnahme zu.

Dagegen zeigt die Fig. 5, daß es persönliche Ausnahmen gibt, wo das Gesetz der Täuschungen sich in gegenteiliger Weise äußert, wenigstens was die vertikale Richtung betrifft. Die Täuschung der Schiefstellung der Vertikalen bei G. geschah immer in demselben Sinne wie die Kopfdrehung: nach links bei der Neigung des Kopfes zur linken Schulter, nach rechts bei Rechtsneigung. Wie die in den folgenden Paragraphen auseinandergesetzten Versuche an G. zeigen, äußert sich bei ihm das gleiche Verhältnis der Vertikalen auch bei den Beobachtungen des Aubertschen Phänomens, bei der Bestimmung der Herkunft eines Schalles und anderen Versuchsarten, bei denen er den Kopf um die sagittale Achse dreht. Das gegenteilige Verhalten der Täuschungen beruht also sicherlich auch bei G. auf einer konstanten Ursache, die unten diskutiert werden wird. Was die Täuschung in der horizontalen Richtung anlangt, so geschieht sie in dem gleichen Sinne wie bei allen anderen Versuchspersonen: bei der Linksdrehung des Kopfes neigt diese Linie von links oben nach rechts unten und umgekehrt, von links unten nach rechts oben bei der Rechtsdrehung. Man dürfte unter solchen Umständen erwarten, daß die Abweichungen der Winkelgrößen vom rechten Winkel bei G. besonders stark ausfallen müßten, da ja die angegebenen Richtungen der horizontalen Linien die Abweichung der vertikalen nicht kompensieren können, sondern sie vergrößern müssen. In Wirklichkeit ist dies aber nur ausnahmsweise der Fall. Mit der alleinigen Ausnahme der starken Erregungen seines Ohrlabyrinths durch Schallwellen, von denen später gehandelt wird, zeigte sich auch bei G. das Bestreben zur Einhaltung des rechten Winkels.

Man betrachte nur auf Fig. 5 die Linien *LV--LH* und *RV—RH*; die Winkel weichen nur um 3° vom rechten Winkel ab. Das gleiche sieht man auch bei *R'V—R'H*, die einem Versuche entnommen wurden, der einige Monate später ausgeführt wurde; auch hier ist die Winkeldifferenz = 3°. Die annähernde Einhaltung des rechten Winkels wurde von G. dadurch erreicht, daß er die horizontale nur wenig von der normalen Richtung abweichen läßt. Da wo ihm das nicht gelingen wollte, wie z. B. bei den Linien *L'V'—L'H'*, wo die letztere Linie ebenso sehr von links oben nach rechts unten abwich, wie bei den anderen Versuchspersonen, erreichte die Winkeldifferenz einen größeren Wert, bis zu 14°. Dies sind aber Ausnahmefälle. Im Durchschnitt waren bei Kopfneigungen die Differenzen bei G. sogar geringer als bei mir und bei M. Die Mitteldifferenz aus 21 Versuchen war bei mir bei der Linksneigung = 3°, bei der Rechtsneigung = 4°; bei M. im ersteren Fall = 4,5°, im zweiten = 4°, als Mittelwert aus 16 Versuchen. Bei G. betrug sie 2° sowohl bei der Links- als bei der Rechtsneigung; Mittelwert aus 11 Versuchen. Es war von Interesse, zu erfahren, welchen Einfluß die Kopfneigung auf die Wahrnehmung der Richtung ausübt, wenn die Zeichnungen statt im Dunkeln und mit geschlossenen Augen im hellen Raume ausgeführt werden, selbstverständlich in der Weise, daß die Versuchsperson dabei weder das Blatt Papier noch die Hände, welche das Lineal und den Bleistift führen, im Gesichtsfelde behält.

Bei der gewöhnlichen Ausführung der Versuche im Dunkeln ist schon die Blickrichtung bei der Neigung des Kopfes zu der einen oder der anderen Schulter eine derartige, daß das Papierblatt sich außerhalb des Gesichtsfeldes befindet[1]). Die Augenstellung bleibt also bei solchen Neigungen des Kopfes im hellen Raume ganz dieselbe wie im dunklen Raume. Die Resultate derartiger Versuche zeigen nun, daß in diesen Fällen ebenfalls Täuschungen in der Wahrnehmung der Richtungen vorkommen, und zwar in demselben Sinne wie im Dunkeln; nur ist deren Intensität eine geringere. Die Täuschung wird also durch die abnorme Kopfstellung selbst erzeugt. Der Umstand, daß die Versuchspersonen bei der Ausführung der Zeichnungen sich über die Richtungen, besonders über die Vertikale, durch das Ansehen der benachbarten Gegenstände einigermaßen orientieren können, verhindert diese Täuschung keineswegs; diese Nebenorientierung vermindert sie nur. Dabei zeigte sich in Übereinstimmung mit den im vorigen Paragraphen mitgeteilten Beobachtungen, daß gute Zeichner aus dieser Nebenorientierung viel größeren Nutzen ziehen, als ungeübte oder ungeschickte Zeichner. So war der Mittelwert der Winkeldifferenzen bei mir im hellen Raume um ein Weniges geringer als im dunkeln: 2° bei der Linksneigung und 3° bei der Rechtsdrehung. Bei G. behielt die Differenz bei der Linksdrehung des Kopfes im Mittel denselben Wert von 2° wie im Dunkeln. Bei der Rechtsdrehung glich sie 1°, statt 2° im Dunkeln. Dagegen sank sie bei M. im hellen Raum auf 0°, statt 4,5° bei der Linksdrehung, und auf 1° bei der Rechtsdrehung, statt 4° im Dunkeln. Die Orientierung an benachbarten Gegenständen vermag also bei guten Zeichnern die Täuschung wenn nicht ganz zum Verschwinden zu bringen, so doch bedeutend abzuschwächen. Denn auch bei M. waren die Abweichungen von den normalen Richtungen bei Beleuchtung deutlich ausgesprochen, und zwar in demselben Sinne wie im Dunkeln; nur die Winkeldifferenzen waren viel geringer, weil die Orientierung mit Hilfe der sichtbaren Richtungen gestattete, die Winkeldifferenz abzuschwächen.

Auf die Deutung dieser interessanten Beobachtung im hellen Raume soll unten in § 13 zurückgekommen werden. Die hier mit präzisen Methoden beobachteten Täuschungen sind, was die vertikale Richtung betrifft, ganz analog denen, die Aubert bei den Drehungen des Kopfes um die sagittale Achse beobachtet hat. Dem Sinne nach stimmen sie auch einigermaßen mit denen, die Yves Delage beobachtet hat, überein; aber auch nur dem Sinne nach und was die vertikale Richtung betrifft. Einen konstanten Fehler um 15°, den alle Versuchspersonen begehen sollen, habe ich nie konstatieren können.

---

[1]) Siehe § 7.

§ 5. Täuschungen bei Drehungen des Kopfes um seine vertikale und horizontale Achse.

Es sollen hier zuerst einige Figuren angeführt werden, welche die häufigsten Täuschungen bei Drehungen des Kopfes um die vertikale Achse demonstrieren.

Wie man sieht, weichen die vertikalen Linien nur wenig von der normalen Richtung ab, jedenfalls nicht mehr als in der Dunkelheit bei aufrechter Kopfhaltung. Bei beiden Drehungen geschieht die Abweichung in gleichem Sinne, und zwar stimmt dieser Sinn des

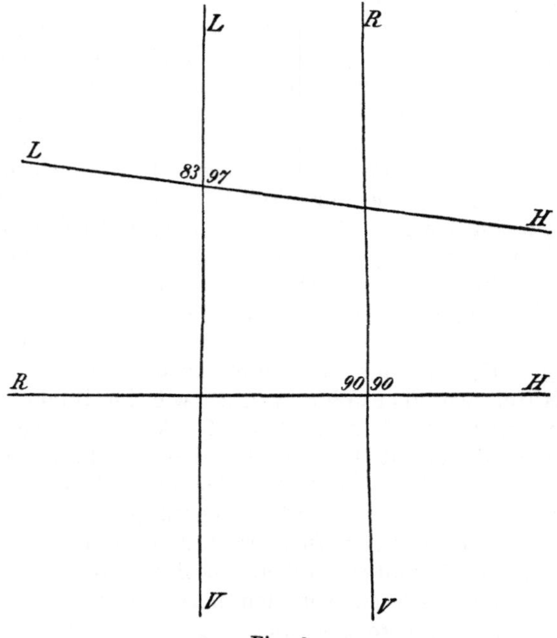

Fig. 8.

Versuchsperson C. Drehung des Kopfes um die vertikale Achse bei unbeweglichem Körper. Winkeldifferenz gleich 0 bei der Rechtsdrehung und gleich 3° bei der Linksdrehung.

Fehlers ganz mit dem überein, den ich gewöhnlich beim Zeichnen im Dunkeln begehe, auch bei aufrechter Kopfhaltung. Wie eben gezeigt, pflege ich dieselbe Abweichung von der Vertikalen, wenn auch in viel geringerem Grade, auch beim Zeichnen im hellen Raume zu machen.

Die horizontalen Linien zeigen, besonders bei der Linksdrehung, schon eine größere Abweichung; aber auch dies geschieht bei der Linksdrehung in demselben Sinne, wie bei aufrechter Kopfhaltung. Die Fig. 9 zeigt die Abweichungen, die bei mir auftreten, wenn gleichzeitig mit dem Kopfe auch der Körper um die vertikale Achse gedreht wird: d. h. also bei einer Körperstellung, bei welcher bei der Linksdrehung die rechte, bei der Rechtsdrehung die linke Seite des Körpers sich gegenüber dem Papierblatte befindet, auf welchem die Zeichnung ausgeführt wird. Wie ersichtlich, finden dabei die Abweichungen der beiden Richtungen ganz in demselben Sinne wie bei alleiniger Kopfdrehung statt. Diese sind ebenso gering für die vertikalen Richtungen wie in Fig. 8; dagegen sind sie viel ausgesprochener in den horizontalen Linien. Die größere Winkeldifferenz beruht ausschließlich auf der Zunahme dieser letzteren Abweichung.

Bei der Versuchsperson M. waren die Winkeldifferenzen bei der Rechtsdrehung meistens gleich Null; bei der Linksdrehung erreichten

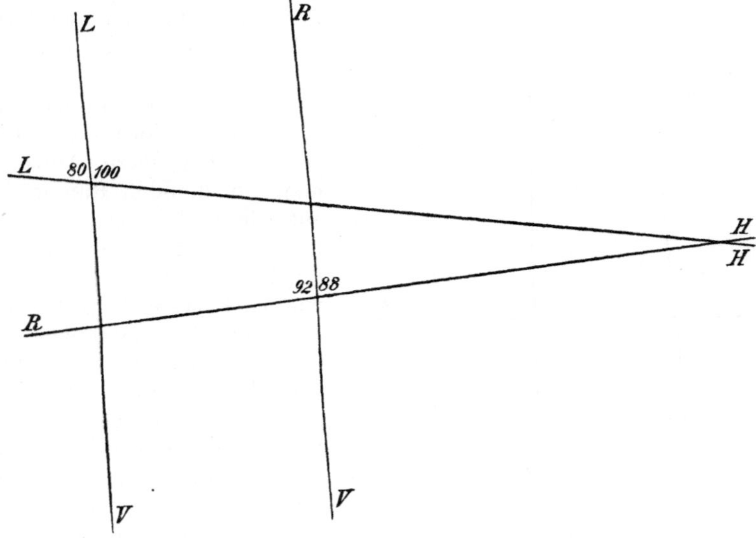

Fig. 9.

Versuchsperson C. Drehung des Kopfes samt Körpers um die vertikale Achse. Bei der Rechtsdrehung erreicht die Winkeldifferenz 10°, bei der Linksdrehung 2°.

sie 3° bis 6°, wenn der Kopf allein die Bewegung ausführte. Die vertikalen Linien wichen bei beiden Drehungen nur sehr wenig von der normalen ab; die horizontalen zeigten eine größere Abweichung besonders bei der Linksdrehung. Die Winkeldifferenz beruhte in letzterem Falle fast ausschließlich auf der Abweichung der horizontalen Richtung. Die Vertikalen sowohl als die Horizontalen bei der Linksdrehung entsprechen ganz den Abweichungen, wie sie bei M. im Dunkeln bei aufrechter Kopfhaltung aufzutreten pflegen.

Die Fig. 10 zeigt die Täuschungen bei G. Wie ersichtlich, beruht auch bei G. die Winkeldifferenz hauptsächlich auf der Abweichung der horizontalen Linien. Die Vertikale bei der Linksdrehung ist fast genau richtig; diejenige bei der Rechtsdrehung neigt ein wenig von rechts oben nach links unten. Auch diese Abweichung entspricht derjenigen, die G. beim Zeichnen im Dunkeln, bei aufrechter Kopfhaltung, zu begehen pflegt.

Bei Drehungen um die vertikale Achse stimmt das Auftreten der Täuschungen bei G. also mit denen überein, die wir bei C. und M. beobachteten. Betrachtet man genauer die bei Drehungen des Kopfes um seine vertikale Achse erhaltenen Aufzeichnungen der vertikalen und horizontalen Richtungen, so muß man in erster Linie die Frage aufwerfen, ob die geringen Abweichungen in der Wiedergabe dieser Richtungen als wirkliche Täuschungen in deren Wahrnehmung aufzufassen sind.

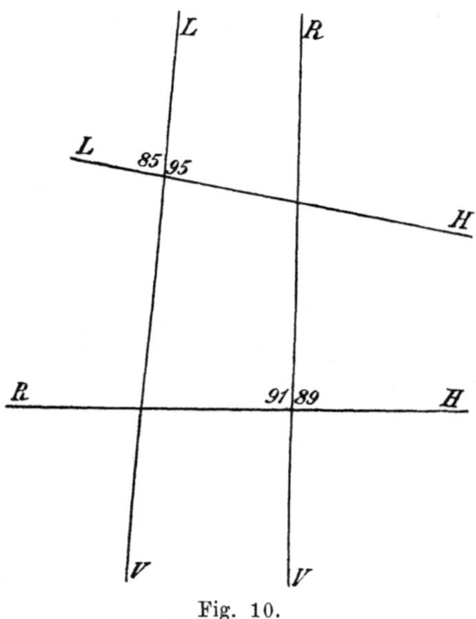

Fig. 10.

Versuchsperson G. Drehungen des Kopfes um die vertikale Achse. Abweichungen der Winkel von $90^\circ = 1^\circ$ bei der Rechtsdrehung, $= 5^\circ$ bei der Linksdrehung.

Die vertikalen Linien weichen von der Norm nicht mehr ab, als bei deren Aufzeichnung im dunklen Raume bei aufrechter Haltung des Kopfes. Diese Abweichungen geschehen in demselben Sinne wie bei letzterer Kopfstellung, dies sowohl bei Drehung nach rechts als bei der nach links. Was diese Linien betrifft, so müssen die Abweichungen der Vertikalen als Ausdruck der persönlichen Fehler betrachtet werden. Zugunsten einer solchen Auslegung sprechen folgende zwei Umstände: 1. G. verhält sich bei der Wiedergabe der vertikalen Richtung, bei den Drehungen des Kopfes um seine vertikale Achse ganz in derselben Weise wie die übrigen Versuchspersonen. 2. M., die vortrefflich zeichnet, zeigt bei Drehungen um die vertikale Achse dieselben Abweichungen, wie bei der aufrechten Kopfhaltung.

Die Abweichungen der horizontalen Linien könnten eher auf Täuschungen zurückgeführt werden. Wie die Figuren 8, 9 und 10 zeigen, geschehen diese Abweichungen bei der Linksdrehung genau wie bei aufrechter Kopfhaltung; nur sind sie etwas stärker ausgesprochen. Diese Steigerung des persönlichen Fehlers könnte auch teilweise auf Rechnung der bei der Linksdrehung etwas erschwerten Führung des Lineals mit der linken Hand gesetzt werden. Die letztere muß bei links gewendetem Oberkörper nach rechts geführt werden; die Anlegung des Lineals wird dadurch etwas mangelhaft. Man überzeugt sich leicht von diesem Einfluß, wenn man die Abweichungen der horizontalen Linien in den Figuren 8 und 9 vergleicht. Die letztere ist erhalten worden bei voller Umdrehung des Körpers und des Kopfes. Die Führung des Lineals war dabei natürlich schwieriger geworden, die Abweichung der horizontalen Linie wurde daher bei solcher Linksdrehung viel stärker ausgedrückt. Dagegen ist es nicht so leicht, die

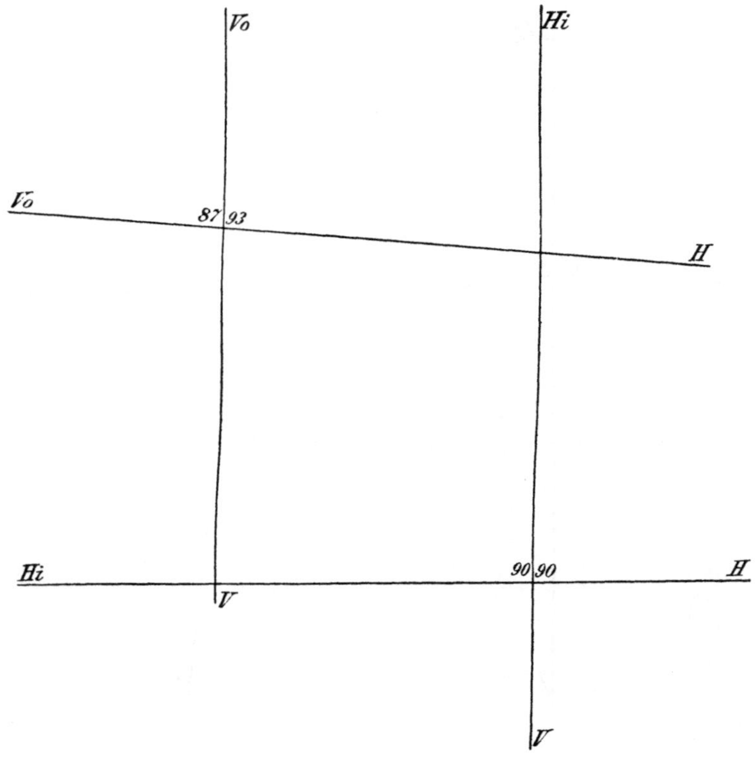

Fig. 11.

Versuchsperson C. Drehung des Kopfes um die transversale Achse. Differenz der Kreuzwinkel bei Drehung nach vorn = 3°, nach hinten = 0°.

Abweichung der horizontalen Linie bei der Rechtsdrehung auf eine bloße Verstärkung des persönlichen Fehlers zurückzuführen. Denn diese Abweichung geschieht nicht in demselben Sinne, wie bei aufrechter Kopfhaltung. Sie entspricht im Gegenteil ganz der Abweichung, die man bei der Neigung des Kopfes zur rechten Schulter erhält. Freilich beobachtet man bei den meisten Personen, daß die Drehung des Kopfes um die vertikale Achse nach rechts mit einer kleinen Schiefstellung verbunden ist. Der Sinn der Abweichung der horizontalen Linie könnte also vielleicht auf diesen Umstand zurückgeführt werden. Unzweifelhaft ist es jedenfalls, daß die Drehung des Kopfes um seine vertikale Achse keinerlei Täuschung in der vertikalen Richtung erzeugt. Die Ebenen der vertikalen Bogengänge werden auch bei dieser Drehung nicht im geringsten verstellt. Die Täuschung in der horizontalen Richtung, wenn eine solche überhaupt vorhanden, ist jedenfalls sehr gering; der größere Teil ihrer Abweichungen muß auf Rechnung der persönlichen Fehler

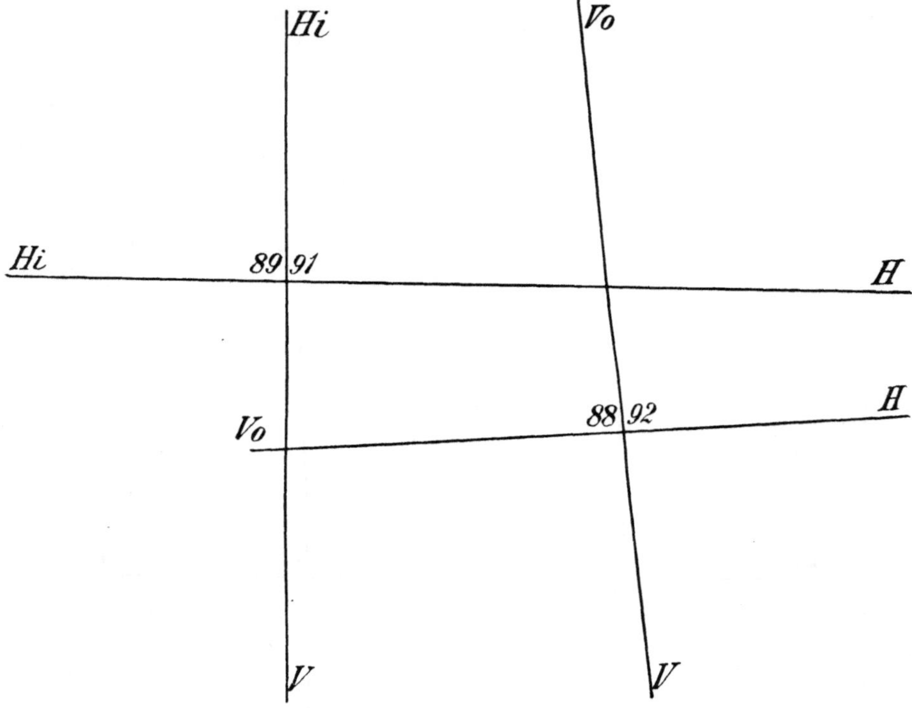

Fig. 12.

Versuchsperson M. Ebenfalls Drehung um die transversale Achse. Winkeldifferenzen nach vorn = 2°, nach hinten = 1°.

und der Unbequemlichkeit bei der Führung des Lineals bei diesen Drehungen gestellt werden.

Die Figuren 11, 12 und 13 demonstrieren die Fehler bei der Angabe der vertikalen und horizontalen Richtungen im Dunkeln, wenn der Kopf um seine transversale Achse, also nach vorn und hinten, gedreht wird. Wie ersichtlich, sind die Winkeldifferenzen, wenn vorhanden, ziemlich gering und überschreiten nicht die Fehler, die bei aufrechter Kopfhaltung im Dunkeln begangen werden. Bei C. zeigen die Vertikalen der beiden entgegengesetzten Bewegungen eine kaum merkliche Abweichung nach derselben Seite. Auch die horizontalen

Linien weichen in beiden Fällen in demselben Sinne ab, bei der Kopfdrehung nach vorn etwas mehr; die geringe Winkeldifferenz bei der letzteren hängt von diesem Unterschiede ab. Auch bei M. zeigten die horizontalen Linien Abweichungen in demselben Sinne; sie waren etwas ausgiebiger bei der Drehung nach hinten. Die Vertikalen gehen etwas auseinander. Bei G. gehen sowohl die Horizontalen in entgegengesetzter Richtung als die Vertikalen in derselben.

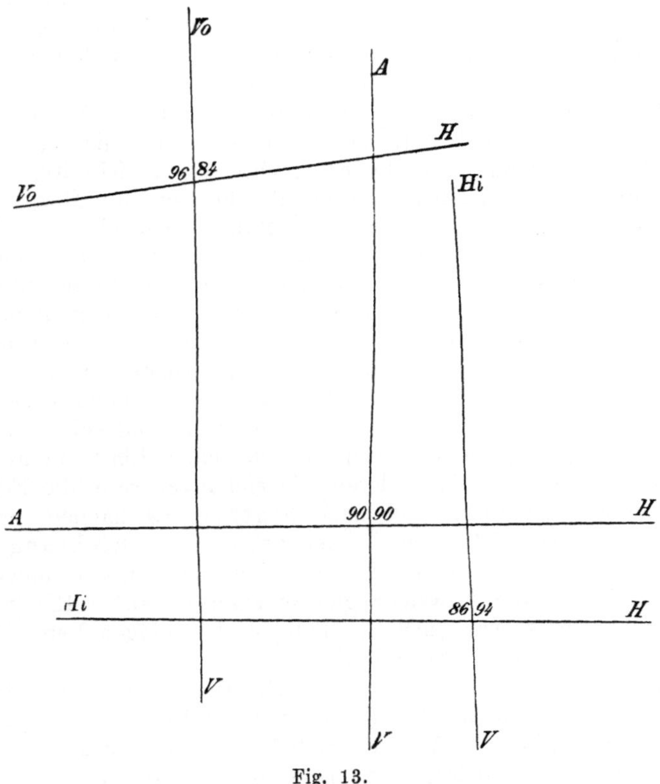

Fig. 13.

Versuchsperson G. Bei aufrechter Kopfhaltung und bei Beleuchtung. Winkeldifferenz = 0°, bei Drehung des Kopfes im Dunkeln um die transversale Achse nach vorn Winkeldifferenz = 6°, nach hinten 4°.

Im allgemeinen kann man auch bei den Drehungen des Kopfes um seine transversale Achse kaum von wirklichen Täuschungen sprechen, wenigstens was die vertikalen Richtungen betrifft. Es handelt sich höchstwahrscheinlich bei diesen Kopfdrehungen, wie bei denen um die vertikale Achse, nur um persönliche Fehler, zu denen die Versuchsfehler — bei der Ausführung der Zeichnungen — hinzukommen.

Sowohl bei geübten als bei ungeübten Zeichnern gibt es keinen merklichen Unterschied in diesen Fehlern bei Drehungen des Kopfes um seine horizontale Achse zwischen den Aufzeichnungen im Dunkeln oder bei Beleuchtung. Der Grund leuchtet von selbst ein.

§ 6. Täuschungen in den sagittalen und transversalen Richtungen.

Wie schon oben erwähnt, mußte ich wegen der Schwierigkeiten der Ausführung darauf verzichten, gleichzeitig die Täuschungen in den drei Richtungen des Raumes aufzuzeichnen. Die Täuschungen in der sagittalen Richtung mußten also gesondert studiert werden. Bei der großen Bedeutung, welche die simultane Beobachtung der Veränderungen in den Kreuzungswinkeln für das Verständnis der hier in Betracht kommenden Täuschungen darbietet, suchte ich gleichzeitig mit der Aufzeichnung der sagittalen auch die der horizontalen Richtung ausführen zu lassen. Die Verhältnisse gestalten sich aber bei der gewählten Versuchsweise mit der Aufzeichnung der Richtungen auf einem horizontal befestigten Papierblatt in der Weise, daß Täuschungen in der horizontalen Ebene gar nicht vorkommen konnten.

In der Tat: beim Aufzeichnen der horizontalen Linie in den bisher wiedergegebenen Figuren suchten die Versuchspersonen möglichst genau die wagerechte Richtung einzuhalten. Die begangenen Abweichungen geschahen nach oben und unten; deren Deutung bot keine Schwierigkeiten. Anders ist es beim Aufzeichnen derselben Linie auf horizontaler Ebene; hier geschehen deren Abweichungen resp. die Fehler in der Richtung nach vorn und nach hinten. Es handelt sich also eigentlich um Abweichungen in der sagittalen Richtung einer transversal gezogenen Linie, wie bei den Aufzeichnungen der sagittalen Linie die Abweichungen in transversaler Richtung geschehen. Letzteres war auch der Fall in den obigen Versuchen bei Aufzeichnung der vertikalen Linie.

Die Bewegungen in transversaler Richtung, d. h. nach rechts oder nach links, geschehen um dieselbe vertikale Achse wie die Drehungen in horizontaler Ebene. Wie ich mehrfach in meinen Arbeiten über den Raumsinn auseinandergesetzt habe, ist die letzte Drehung eigentlich nur eine Fortsetzung der Drehung nach rechts oder nach links (siehe oben).

Beide Arten Bewegungen werden von dem horizontalen Bogengangspaare beherrscht. Täuschungen, welche in der transversalen Richtung sich äußern, müssen also ebenfalls von denselben Bogengängen ausgehen, wie die der horizontalen Richtung. Wenn solche Täuschungen sich in Abweichungen der Kreuzwinkel vom rechten Winkel äußern, so haben diese Abweichungen dieselbe Bedeutung wie in den oben mitgeteilten Versuchen. Der Unterschied besteht nur darin, daß bei der Aufzeichnung der vertikalen und horizontalen Richtungen in der von uns gewählten Weise es sich um den Kreuzwinkel des horizontalen Bogenganges mit dem vertikalen (hinteren) handelt; bei der Aufzeichnung der sagittalen und transversalen Richtungen handelt es sich dagegen um den Kreuzwinkel der horizontalen mit den sagittalen Bogengängen. Mit anderen Worten: gemäß den Betrachtungen, die oben auf Seite 260 angestellt wurden, können die in sitzender Körperhaltung im Dunkeln in der angegebenen Weise ausgeführten Zeichnungen uns Aufschluß über die anatomischen Beziehungen dieser letzteren Bogengänge erteilen. In den hier mitgeteilten

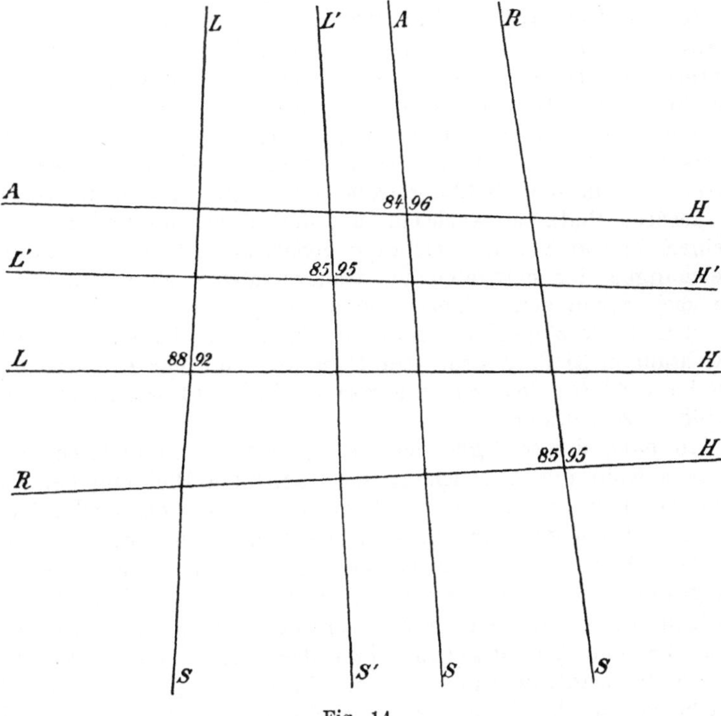

Fig. 14.

Versuchsperson C. *AS* und *AH* sind die sagittale und transversale Richtung bei aufrechter Kopfhaltung im Dunkeln; *RS* und *RH* dieselben Richtungen bei Drehungen des Kopfes um seine sagittale Achse nach rechts; *L' S'*, sowie *L' H'* bei Drehung nach links.

Versuchen bezieht sich also das Bestreben zur Einhaltung des rechten Winkels auf den Winkel zwischen den horizontalen und sagittalen (vorderen vertikalen) Bogengängen. Diese Schlußfolgerungen sind nur dann zwingend, wenn die sagittalen Linien, welche in den betreffenden Versuchen gezeichnet werden, wirklich der Ausdruck unserer Wahrnehmung der sagittalen Richtung sind. Dem Anschein nach haben die Zeichnungen, welche in sitzender Körperhaltung auf einem horizontal befestigten Papierblatte ausgeführt wurden, ein ähnliches Aussehen wie die auf dem vertikalen. Wenn wir sitzend eine senkrechte Linie zeichnen, machen wir eigentlich dasselbe wie die Versuchspersonen bei der Angabe ihrer sagittalen Richtung. Die Gefahr einer Verwechselung war also, besonders bei geübten Zeichnern, sicherlich vorhanden.

Um eine solche zu vermeiden, ließ ich sie vor dem Anlegen des Lineals dieses in der Richtung nach vorn (von sich) und darauf nach hinten (zu sich) zu führen. Diese Vorsichtsmaßregel hat sich auch gut bewährt, was daraus ersichtlich ist, daß die Täuschungen resp. die Zeichenfehler in den verschiedenen Versuchen bei der Ausführung der sagittalen Linien meistens mit denen der vertikalen Linien nicht übereinstimmen. Dagegen aber decken sich die Täuschungen in den transversalen Richtungen vollständig mit den unter denselben Bedingungen entstehenden Abweichungen der horizontalen Richtungen, wenigstens ihrem Sinne nach. Strecken wir im Dunkeln einen längeren Stab in der Richtung nach vorn, legen ihn dann vorsichtig, ohne unseren Platz zu wechseln, auf den Tisch hin und kreuzen ihn mit einem in transversaler Richtung gehaltenen Stabe, so erhalten wir Abweichungen der sagittalen und transversalen Richtungen, die ihrem Sinne nach genau den aufgezeichneten entsprechen. Auch ein Beweis dafür, daß die letzteren in den weitaus häufigsten Fällen die gewünschten Richtungen wiedergeben. Die Figur 14 zeigt nur eine von uns auf einem Papierblatt, das genau horizontal befestigt wurde, im Dunkeln ausgeführte Zeichnung.

Ich habe dieser Figur den Vorzug vor vielen anderen gegeben, weil sie sowohl die Abweichung der sagittalen Richtung bei der aufrechten Kopfhaltung *(A S)* als auch die beiden vorkommenden Fälle bei Drehungen des Kopfes um die sagittale Achse demonstriert. *LS—LH* und *RS—RH* zeigen die ausnahmsweise vorkommenden Abweichungen der sagittalen Richtungen, welche ganz denen entsprechen, die wir bei derartigen Kopfdrehungen an der vertikalen Richtung wahrgenommen haben. *L'S'* und *L'H'* dagegen zeigen den viel häufiger vorkommenden Fall, wo die sagittale Linie bei der Linksneigung in demselben Sinne abweicht wie bei der Rechtsneigung und bei der aufrechten Kopfhaltung. Dies ist der viel häufigere Fall: bei beiden Kopfwendungen weichen die sagittalen Richtungen von links oben nach rechts unten ab; entweder sind sie dabei genau parallel, oder, was seltener ist, die eine Richtung weicht etwas stärker in dem angegebenen Sinne ab, wie dies die Fig. 15 und 16 zeigen. Dieses verschiedenartige Verhalten in der Wahrnehmung der sagittalen Richtung bei den Neigungen des Kopfes gegen die Schulter scheint durch folgenden Umstand bedingt zu sein: In der sitzenden Haltung ist es nicht leicht, die Kopfneigungen ausgiebig auszuführen, wenn man dabei die Körperhaltung genau senkrecht erhalten will. Das Aufrechterhalten des Körpers ist aber schon deswegen erforderlich, weil sonst die Ausführung der Zeichnung sehr erschwert wird. Die Drehung des Kopfes übersteigt dabei selten einen Winkel von 40°—45°. In solchen Fällen tritt gewöhnlich eine identische Abweichung bei den Drehungen nach beiden Seiten hin ein ($L'S'$ Fig. 14, LS—RS Fig. 15 u. 16.)

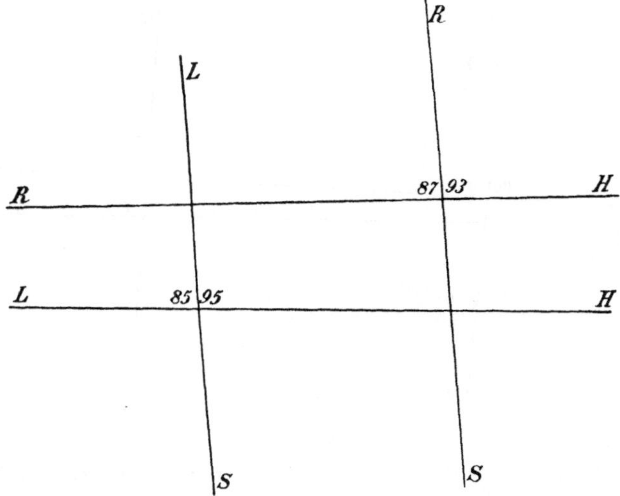

Fig. 15.

Versuchsperson M. Dieselben Bezeichnungen wie in Fig. 14. Winkeldifferenzen = 3° und 5°.

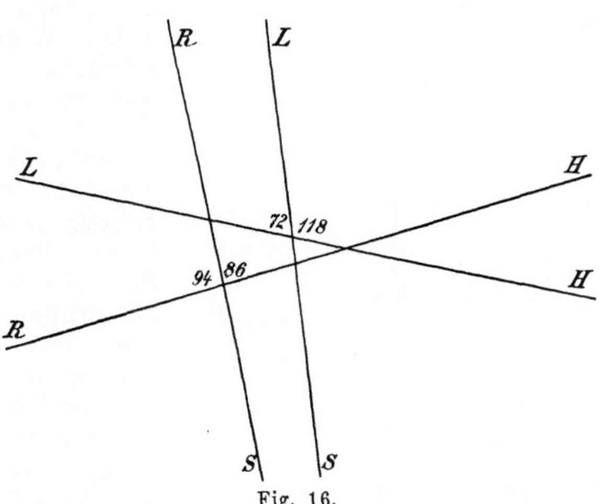

Fig. 16.

Versuchsperson G. Dieselben Bezeichnungen wie in den beiden vorigen Figuren; Winkeldifferenzen 4° und 9°. (Druckfehler: 118 statt 108.)

Erzeugt man eine viel stärkere Drehung, z. B. bis nahe an 90°, was bei älteren Personen nur bei gleichzeitiger Seitenkrümmung des Oberkörpers zu erreichen ist, so erhält man die Täuschungen, wie sie die Linien $L'S'$ (Fig 14) oder die Linien LS—RS in Fig. 17 demonstrieren, d. h. Täuschungen in der Wahrnehmung der Richtung in

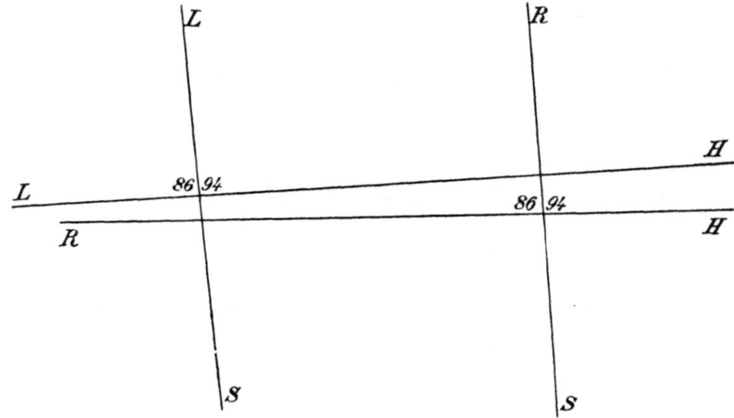

Fig. 17.

Versuchsperson C. Die sagittalen und transversalen Richtungen bei Drehungen des Kopfes um seine vertikale Achse. Winkelabweichung = 4°.

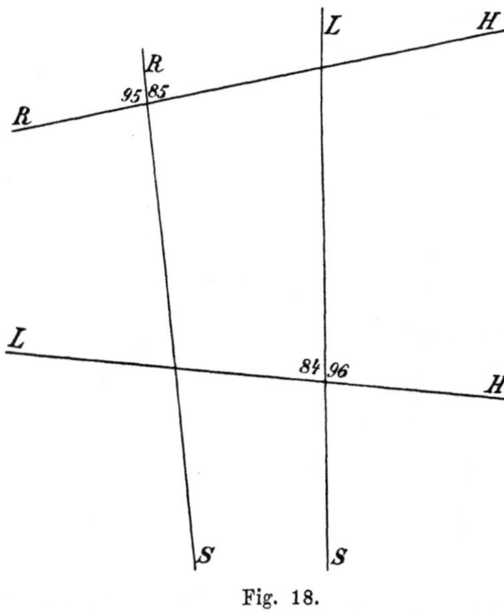

Fig. 18.

Versuchsperson M. Dieselben Versuchsbedingungen wie in der Fig. 17. Winkelabweichungen = 5° und 6°.

einem Sinne der dem der Kopfneigungen entgegengesetzt ist. Mit anderen Worten: 1. Bei stärkeren Kopfdrehungen um die sagittale Achse, etwa um einen Winkel von 90°, scheint die Täuschung in der sagittalen Richtung in demselben Sinne sich zu äußern, wie wir dies bei den Täuschungen in der Wahrnehmung der vertikalen bei Drehungen des Kopfes um dieselbe Achse immer beobachten, wie groß auch der Drehungswinkel sein mag. 2. Übertrifft dagegen der Drehungswinkel nicht 40° oder 45°, so zeigt die Wahrnehmung der sagittalen Richtung nur eine geringe Steigerung des auch bei aufrechter Kopfhaltung im Dunkeln begangenen Fehlers.

Ich gebrauchte im Satze 1 den Ausdruck „scheint“, weil bei sehr ausgiebigen Neigungen des Kopfes und des Rumpfes die Möglichkeit nicht ganz ausgeschlossen bleibt, daß die Versuchsperson unwillkürlich doch die vertikale Richtung aufzeichnet. Dies kann besonders leicht auftreten, wenn diese Personen, wie es der Fall war, an

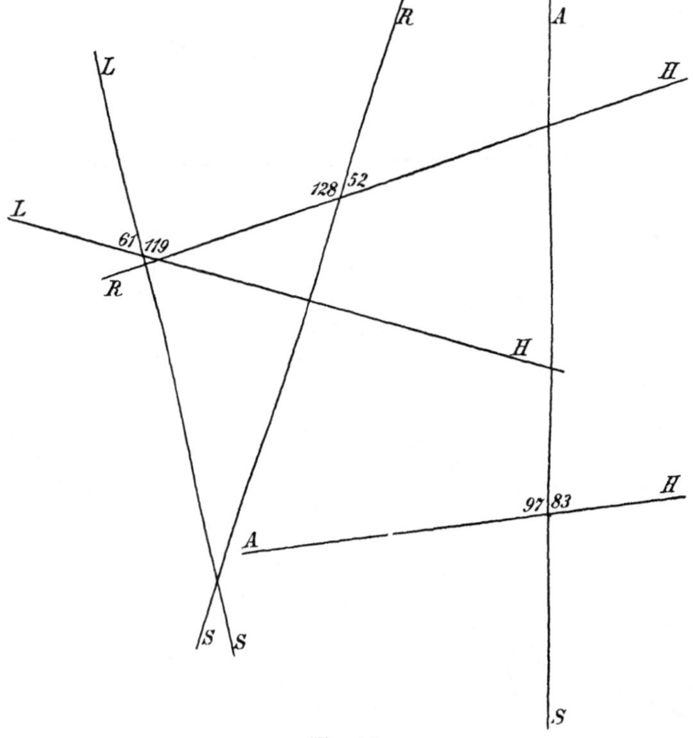

Fig. 19.

Versuchsperson G. *AS* und *AH* die sagittalen und transversalen Richtungen im Dunkeln bei aufrechter Kopfhaltung; Winkelabweichung = 3°. *LS*—*LH* und *RS*—*RH* dieselben Richtungen bei Drehungen des Kopfes um seine vertikale Achse. Winkelabweichung = 25° und 38°.

Aufzeichnungen der vertikalen Richtungen durch häufig wiederholte Versuche gewöhnt sind. Nur Versuche mit genauer Messung der Drehungswinkel des Kopfes werden diese eventuellen Fehlerquellen vermeiden können. Die Täuschungen der sagittalen Richtungen verhalten sich bei G. ganz in derselben Weise wie bei C., bei M. und bei zwei der anderen Versuchspersonen; auch ein Beweis dafür, daß es sich in diesen Figuren meistens nicht um die Aufzeichnung der vertikalen Richtung handelte (Fig. 15 u. 16).

Es soll noch gezeigt werden, daß auch bei G. Ausnahmen vorkamen, wo er die Sagittale mit der Vertikalen verwechselt hat. Die sagittale Linien zeigen bei den Drehungen des Kopfes um die vertikale Achse bei C. und M. ebenso geringe Abweichungen wie die vertikalen

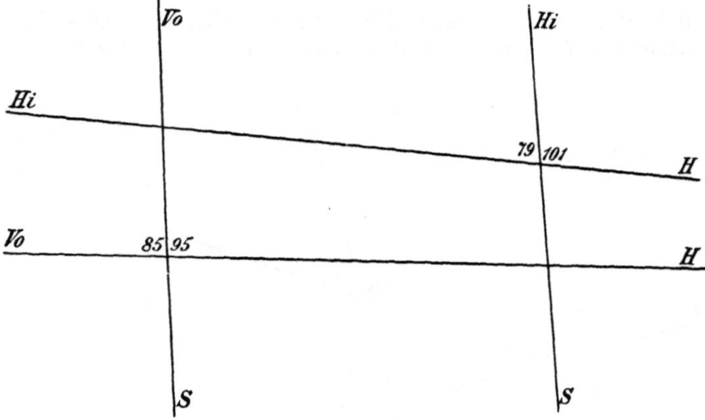

Fig. 20.

Versuchsperson *G*. *VoS* und *VoH* entsprechen der Drehung des Kopfes nach vorn, *HiS* und *HiH* der nach hinten; Winkelabweichungen gleich 5° und 11°.

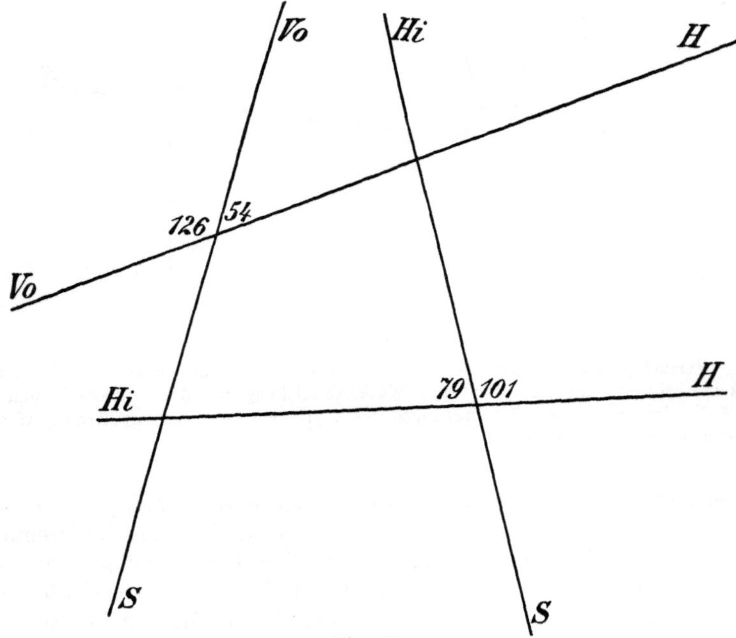

Fig. 21.

Versuchsperson G. Die Linien sind ebenfalls bei Drehung des Kopfes um seine transversale Achse gewonnen worden.

Linien in den Figuren 11—13. Die transversalen Richtungen verhalten sich wie die horizontalen in denselben Figuren, wenigstens was den Sinn der begangenen Fehler betrifft (Fig. 17 u. 18).

Dies bekräftigt die oben auf S. 272 in § 5 gegebene Deutung dieser Fehler, die kaum als Täuschungen in der Wahrnehmung der Richtungen aufzufassen sind, besonders was die vertikalen und sagittalen Linien betrifft.

Wie aus Fig. 19 ersichtlich, zeigen die Aufzeichnungen bei G. bei diesen Drehungen ganz ungewöhnliche Neigungen, sowohl der Linien *LS* und *RS*, als auch der beiden transversal-horizontalen Linien; diesen letzteren entspringen auch die großen Abweichungen der Winkel um 29° und 38°. Was den Sinn der ungewohnten Neigung der Linien *LS* und *RS* betrifft, der ganz an die bei ihm beobachteten Täuschungen in der vertikalen Richtung erinnert, so muß hier die Frage offen bleiben, ob es sich um die sagittalen Richtungen handelt. Die Größe der Winkeldifferenzen beruht sowohl in dieser Figur als in der später folgenden Figur 21 auf einem besonderen Umstand, der in § 8 besonders behandelt werden wird, nämlich auf der Übertreibung der Täuschungen, die ich zuerst bei G. und später auch bei anderen Personen konstatiert habe und welche durch eine dem Versuche vorhergegangene große Erregung des Ohrlabyrinths mittels Schallwellen erzeugt wird. Mit dem Unterschiede, daß die sagittalen Linien, wie fast immer, eine parallele schiefe Haltung behalten, gilt für die Figur 20 das, was oben bei ähnlicher Drehung des Kopfes um seine transversale Achse gesagt worden ist (S. 274, § 5). Die transversalen Linien zeigen die gleichen Neigungen dem Sinne nach, wie in der Figur 11. Für die Deutung der Eigentümlichkeiten dieser Figur gelten die eben bei Besprechung der Fig. 19 gemachten Bemerkungen.

§ 7. Einfluß der Augenstellungen auf die Täuschungen in der Wahrnehmung der Richtungen.

In den vorhergehenden Abschnitten sind die wichtigsten Täuschungen, denen wir bei Wahrnehmung der Richtungen im Dunkeln unterliegen, auseinandergesetzt worden. Es sollen schon hier aus den mitgeteilten Versuchen einige allgemeine Sätze abgeleitet werden.

1. Die Täuschungen, die vom Ohrlabyrinth herrühren, äußern sich ihrem Sinne nach mit großer Gesetzmäßigkeit, sie variieren aber in ihrer Intensität.

2. Von den Täuschungen sind streng zu unterscheiden die Fehler in der Wahrnehmung der Richtungen, die teils auf persönlichen Fehlern anatomischer Natur, teils auf zufälligen Fehlern bei der Ausführung der Zeichnungen, welche unsere Wahrnehmungen der Richtungen unter gegebenen Versuchsbedingungen darstellen, beruhen. Die häufig nur geringen Schwankungen in der Intensität der wirklichen Täuschungen können durch solche Fehler erzeugt sein,

wenigstens zum Teil. Es fragte sich nun, ob nicht noch andere, konstante Ursachen vorhanden sind, welche an diesen Intensitätsschwankungen schuld sein können. Unter den angeführten Figuren befinden sich einige von G. herrührende, in denen diese Schwankungen ganz außerordentliche Dimensionen angenommen haben, die sich besonders in einer bedeutenden Abweichung der Kreuzwinkel von 90^0 äußerten. Diese besonders scharf bei G. sich zeigenden Schwankungen sind, wenn auch in milderer Form, bei M. vorgekommen. In § 8 werden die Ursachen dieser Art der Schwankungen näher beleuchtet und ihre wahre Bedeutung hervorgehoben. Hier soll ein anderer Faktor untersucht werden, der sich in identischer Weise bei allen Versuchspersonen hat äußern können und an welchen in erster Linie gedacht werden mußte, nämlich der etwaige Einfluß, welchen die Augenstellungen auf die Täuschungen in der Wahrnehmung der Richtungen ausüben. Es ist schon oben erwähnt worden, daß Yves Delage aus seinen Versuchen den Schluß gezogen hatte, die von ihm beobachteten Täuschungen beruhten nur auf Änderungen der Blickrichtung bei den Drehungen des Kopfes. Er konnte zu diesem Schlusse verleitet werden, wenigstens bei einem Teile seiner Beobachtungen, durch die bloße Anordnung seiner Versuche. Wenn man z. B. einen mit beiden Händen gehaltenen Stab nach vorn gegen einen gewissen Punkt richtet und dabei den Kopf nach der Schulter neigt, so wird die Spitze des Stabes in erster Linie schon durch die Ausführung dieser Drehung selbst von der früheren Richtung abgelenkt werden, und zwar in einem Sinne, der entgegengesetzt der Drehrichtung ist. Vermeidet man diese Fehlerquelle, indem man den Stab nach dem gewünschten Punkte richtet, erst nachdem die Kopfneigung schon ausgeführt wurde, so beobachtet man die gesagte Ablenkung dennoch, wenngleich in schwächerer Form, und zwar sowohl bei offenen als bei geschlossenen Augen.

Der Grund liegt darin, daß die Blicklinie sich nicht mehr in derselben Ebene wie die Spitze des Stabes und der visierte Punkt befindet. Sie ist nach rechts oder nach links verschoben, je nachdem der Kopf nach rechts oder nach links geneigt ist; die Blicklinie wird an der Spitze des Stabes vorbei nach der entgegengesetzten Seite von der Lage des visierten Punktes gerichtet. Man sieht dies am leichtesten ein, wenn man den Stab nach vorn hin richtet. Es handelt sich dabei also keineswegs um eine Täuschung in der Wahrnehmung der Richtung, sondern um eine zufällige Folge der gewählten Versuchsanordnung. Sowohl im Dunkeln als auch bei Beleuchtung wird derselbe Fehler beim Visieren begangen. Das Schließen der Augen ändert nichts Wesentliches an dem Fehler, da auch dabei mit den Augen visiert wird. Ein großer Teil der Yves Delageschen Versuchsergebnisse rührt von dieser Fehlerquelle her. Bei meiner Versuchsanordnung, wo es sich nicht um das Visieren gegen einen bestimmten Punkt, sondern um die Wiedergabe unserer vorhandenen Wahrnehmungen der Richtungen durch Ausführung von geraden Linien handelt, war diese Fehlerquelle ausgeschlossen.

Von einem derartigen Einfluß der Blicklinie konnte bei den hier mitgeteilten Versuchen also nicht die Rede sein.

Selbstverständlich konnte ich bei der Anstellung meiner Versuche über den etwaigen Einfluß der Augenstellungen auch nicht an die sogenannten kompensatorischen Augenrollungen denken, die bei Kopfdrehungen um die sagittale Achse von Javal, Donders u. a. beschrieben und dann von Mach und Breuer irrtümlich mit dem Ohrlabyrinth in Beziehung gebracht wurden. Das Irrtümliche einer solchen Auffassung ist durch eine lange Reihe von Versuchen, angestellt an Tieren und an Menschen, und nach vielen polemischen Erörterungen definitiv aufgeklärt worden. In meinen Arbeiten aus den Jahren 1878, 1897 und 1899 habe ich nachgewiesen, daß diese bei passiven Drehungen der Tiere auftretenden Augenbewegungen nichts mit den Bogengängen zu tun haben, daß letztere durch solche Drehungen keinerlei Erregungen erleiden, also solche Erregungen auch nicht auf den okulomotorischen Apparat übertragen können. Auch die wahre Bedeutung der hier in Betracht kommenden Augenbewegungen wurde von mir experimentell festgestellt. Die Versuche von Lyon haben meine Angaben, daß diese Augenbewegungen auch nach Zerstörung des Ohrlabyrinths[1]) oder Durchschneidung der N. acustici auftreten können, vollauf bestätigt (siehe Kap. II § 8 u. ff.).

Der Ideengang, welcher mich zur Prüfung eines möglichen Einflusses der Augenstellungen auf die Täuschungen in der Wahrnehmung der Richtungen, die von dem Bogengangsapparat abhängig ist, bewogen hat, war ein ganz anderer. Die Gesetze, nach denen das Ohrlabyrinth den ganzen okulomotorischen Apparat beherrscht, die ich 1875—78 entdeckt und entwickelt habe, sind seitdem von mir mehrmals als eine der wichtigsten Grundlagen meiner Lehre von der Rolle des Ohrlabyrinths als Sinnesorgans für die Orientierung in den drei Richtungen des Raumes und für die Bildung unserer Vorstellungen von einem dreidimensionalen Raume verwertet worden. Das harmonische Zusammenwirken der Gesichtsempfindungen des Opticus und der Richtungsempfindungen des N. vestibularis s. spatialis, das sowohl für unsere vollkommene Orientierung im Raume als für unsere Raumvorstellungen ein notwendiges Erfordernis ist, wird eben durch die genannte Beherrschung des okulomotorischen Apparates durch den Bogengangsapparat hergestellt.

„Welchen Zweck kann nun die Einrichtung haben, daß jede künstliche Erregung eines Bogengangspaares regelmäßige Bewegungen der Augäpfel, des Kopfes und des Rumpfes in der Ebene dieses Bogenganges auslöst? Bei verschiedenen Tieren sind die Bewegungen des einen oder des anderen dieser Körperteile vorherrschend. Aber, wie ich gezeigt, kann man jedes Tier zwingen, indem man die Bewegungen seines Rumpfes und Kopfes unmöglich macht, bei den erwähnten Erregungen nur Augenbewegungen auszuführen. Die Ver-

[1]) Eigentlich hat auch Breuer das nämliche beobachtet, als er sah, daß die sogenannten kompensatorischen Augenbewegungen auch nach Zerstörung der beiden Ohrlabyrinthe auftraten.

stellung in der Blicklinie ist also der erste Zweck aller dieser von dem Bogengang ausgelösten Bewegungen. Daraus folgt: Die Richtung der Blicklinie hängt in gesetzmäßiger Weise von der Qualität der Richtungsempfindung ab, welche die Erregung des betreffenden Ampullennerven erzeugt. Darin liegt der ganze Sinn der Abhängigkeit des okulomotorischen Apparates von dem Ohrlabyrinth" (siehe Kap. VI § 2).

Das Ohrlabyrinth beherrscht und ruft also zu bestimmten physiologischen Zwecken genau koordinierte Bewegungen des Kopfes, des

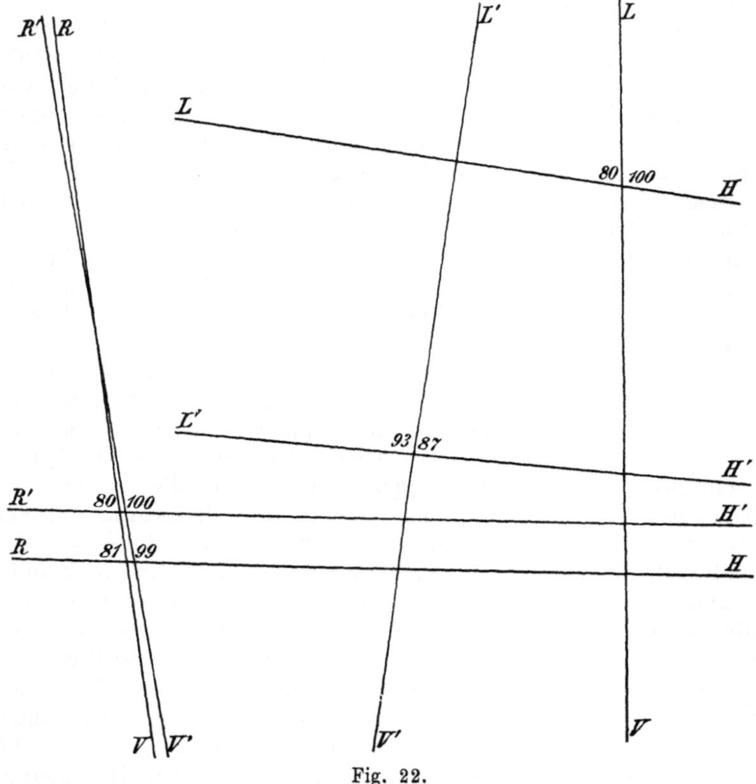

Fig. 22.

Versuchsperson C. Stehende Position; Drehung des Kopfes um seine sagittale Achse. *RV* und *RH* Rechtsneigung bei der Blickrichtung nach unten; *LV* und *LH* Linksneigung bei derselben Blickrichtung. *R'V'*, *R'H'* und *L'V'*, *L'H'* dieselben Kopfbewegungen bei der Blickrichtung nach oben. Winkelabweichungen = 9° und 10' im ersten Fall, 10° und 3° im zweiten.

Rumpfes und der Augäpfel hervor. Darauf beruht eben die Fähigkeit des Ohrlabyrinths, die Innervationsstärken unseres gesamten willkürlichen Muskelapparates zu regulieren und zu beherrschen, eine Fähigkeit, die ich als notwendiges Erfordernis für die Verrichtungen des Bogengangsapparates als Raumsinnsorgans schon im Jahre 1876 aufgestellt habe. Wie dies im sechsten Kapitel ausführlich auseinandergesetzt wird, besteht einer dieser physiologischen Zwecke darin, die Tiere zu befähigen, sich mit Hilfe des Gesichtssinnes über die Quelle der ihr Gehörorgan erregenden Töne und Geräusche zu orientieren. Daher bewegen sich auch in erster Linie der Kopf und die Augäpfel bei künstlicher Erregung der Bogengänge in deren Ebene.

Diese gleichzeitige Mitwirkung gewisser Augen- und Kopfmuskeln zur Erreichung derselben Zwecke muß es bedingen, daß bestimmte Bewegungen des Kopfes und der Augäpfel mit gewissen Wahrnehmungen und Vorstellungen von Richtungen, die von

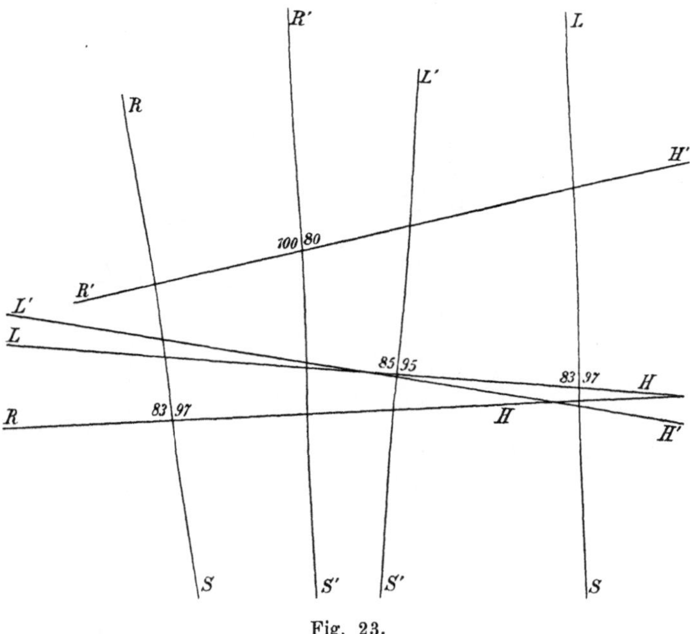

Fig. 23.

Versuchsperson C. Sitzend; Blick nach unten gerichtet: *RS—RH*, *LS—LH*. Winkelabweichungen = 7° und 7°. Blick nach oben gerichtet: *R'S'—R'H'* und *L'S'*. Winkelabweichungen = 10° und 5°.

dem Ohrlabyrinth herrühren, eng assoziiert sein werden. (In § 13 wird bei Besprechung der Versuchsergebnisse auf diese Beziehungen näher eingegangen.) Es war also schon im Beginne der Versuche vorauszusehen, daß, wenn die Kopfbewegungen, welche bestimmten Richtungsempfindungen des Ohrlabyrinths entsprechen, willkürlich ausgeführt werden, sie notwendig auf die Wahrnehmungen dieser Richtungen einen Einfluß ausüben müssen. Würde einmal diese Voraussetzung experimentell bestätigt werden, so fragte es sich, wie dieser Einfluß wird modifiziert werden können, wenn dieselben Kopfbewegungen mit oder ohne die gleichzeitigen entsprechenden Augenbewegungen ausgeführt, oder etwa gar von ganz anderen Augenbewegungen begleitet werden, welche den entgegengesetzten Kopfstellungen entsprechen.

Ein solcher Einfluß der Kopf- und Augenbewegungen auf die Wahrnehmung der von den Bogengängen ausgehenden Empfindungen ist streng von demjenigen zu unterscheiden, den nach Mach-Breuer dieselben Bewegungen als vermeintliche Erreger der Bogengänge ausüben sollen. Der erstere ist eine rein psychologische Folge

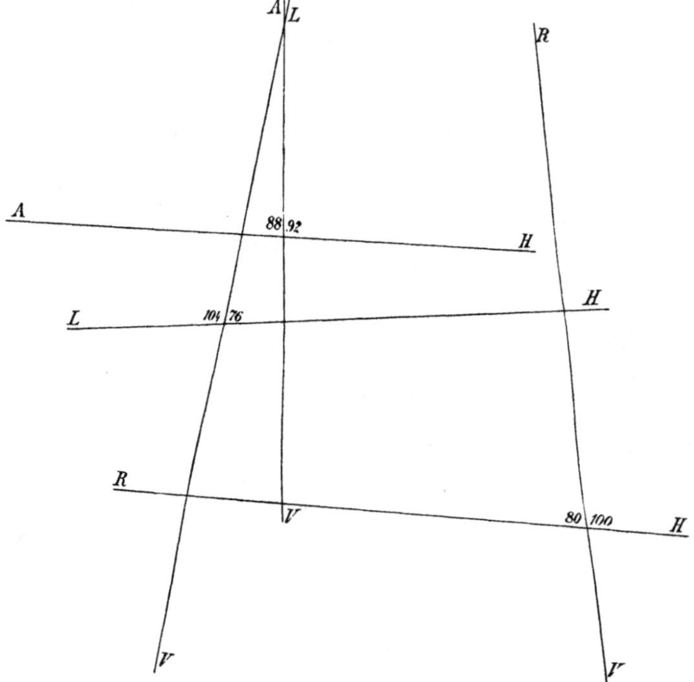

Fig. 24.

Versuchsperson M. Blicklinie nach unten gerichtet. Drehungen des Kopfes um die sagittale Achse. Vertikale und horizontale Richtungen. Die Bezeichnungen dieselben wie in Fig. 22. Winkelabweichungen = 10° und 14°. Bei aufrechter Kopfhaltung geben AV und AH 2° Abweichung.

der Erregung der Bogengänge; der letztere, wenn er wirklich vorhanden wäre, was nicht der Fall ist, wäre im Gegenteil die Ursache dieser Erregung.

Die Figuren 22 bis 31 sollen zuerst dem Leser das Ergebnis der zur Beantwortung der aufgeworfenen Frage angestellten Versuche demonstrieren. Bei den Drehungen des Kopfes wurden zwei Augenstellungen geprüft. Die erste bestand darin, daß beide Augen nach unten, zur selben Seite wie der Kopf, gerichtet wurden. Bei der

Neigung des Kopfes zur linken Schulter entsprach die Augenstellung derjenigen, die wir einnehmen, wenn wir den Boden nahe an unserer linken Körperseite ansehen wollen. Bei der Rechtsneigung war die Blickrichtung nach unten rechts. Als zweite Augenstellung wurde die nach oben rechts bei der Linksneigung gewählt, und zwar derart, als wollte die Person einen in der Höhe oberhalb der rechten Kopfseite befindlichen Gegenstand fixieren. Bei der Rechtsneigung war die Blickrichtung nach oben links gewendet. Die

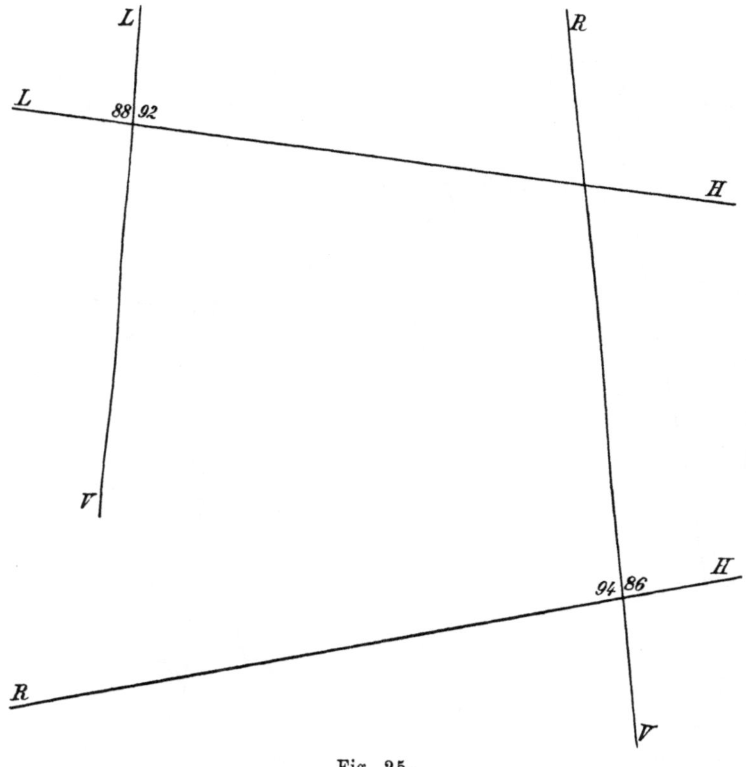

Fig. 25.

Versuchsperson M. Dieselben Kopfdrehungen wie in Fig. 24 bei nach oben gerichteter Blicklinie. Winkelabweichungen = 2° und 6°.

Versuche wurden an mir, an M. und G. ausgeführt. Die erste Augenstellung entspricht derjenigen, die man am häufigsten und am leichtesten von selbst bei den Neigungen des Kopfes zur Schulter einnimmt. Die zweite sucht man oft bei häufiger Wiederholung der Versuche mit der Ausführung der Zeichnung unwillkürlich anzunehmen, im Glauben, trotz der geschlossenen Augen mit dem Blicke die Führung des Lineals und des Bleistifts zu kontrollieren. Beide Augenstellungen waren also den Versuchspersonen gewohnt, und man kann mit ziemlicher Gewißheit annehmen, daß sie auch die angewiesene Stellung eingehalten haben.

In der Fig. 22 handelte es sich natürlich um die vertikale und horizontale, in der Fig. 23 um die sagittale und transversale (horizontale) Achse. Die beiden Versuche sind nacheinander ausgeführt worden. Bei den drei Versuchspersonen hat die Blickrichtung keinerlei Einfluß auf den Sinn der Abweichungen in den Richtungen ausgeübt. Der

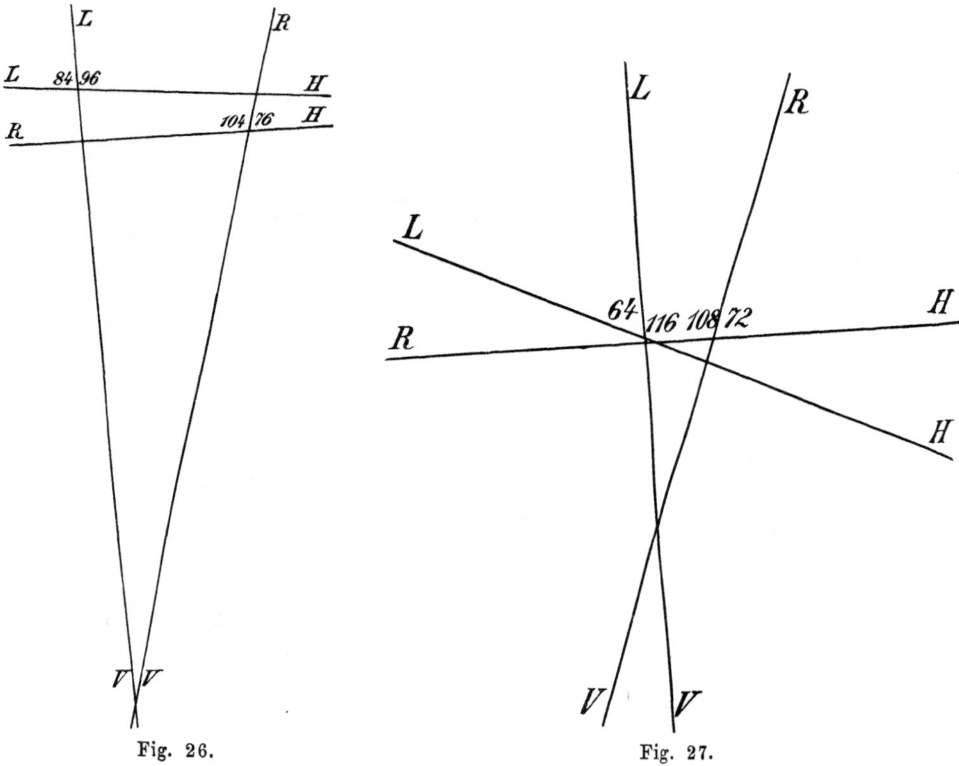

Fig. 26.

Versuchsperson G. Versuchsbedingungen wie in den beiden vorhergehenden Figuren. Blicklinie nach unten. Winkelabweichungen = 14° und 6°.

Fig. 27.

Dieselben Versuchsbedingungen. Blicklinien nach oben. Winkelabweichungen = 18° und 26°. NB. Die beiden Versuche sind an G. angestellt worden nach dem Violinspielen (s. nächsten Abschnitt).

Sinn der Täuschungen blieb immer derselbe, nicht so die Stärke der Abweichungen. Die horizontale resp. die transversale Richtung zeigte bei den Versuchspersonen wesentlich stärkere Abweichungen bei der Blickrichtung nach oben, als bei der nach unten, d. h. stärkere Täuschungen, wenn die Augäpfel in eine Richtung gestellt waren, die den Kopfneigungen entgegengesetzt war. In den hier angeführten Figuren waren daher häufig die Winkelabweichungen größer bei der Blickrichtung nach oben als bei der nach unten. Es kommt aber auch vor, (wie z. B. bei M. [Fig. 24 und 25]), daß trotz der stärkeren Abweichungen der horizontalen Linien doch eine Ausgleichung der Winkeldifferenzen stattfindet, und zwar durch kleine Neigungen der Vertikalen. Im Mittel von acht Versuchsreihen, an mir angestellt, waren die Differenzen bei den Linksdrehungen bei der Blickrichtung nach unten = 11° und 10°, nach oben bei den Rechtsdrehungen waren die Differenzen = 8° und 19°. In drei Versuchen war bei der Rechtsdrehung und Blickrichtung nach oben die Differenz = 20°, und bei der Blickrichtung nach unten = 0°. Auf die Größe der Ab-

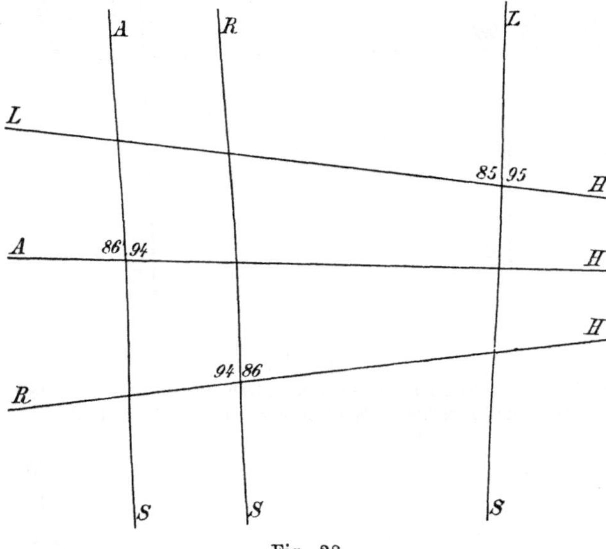

Fig. 28.

Versuchsperson C. Sitzend; Kopfdrehungen um die vertikale Achse. Blick geradeaus nach vorn gerichtet. Winkeldifferenzen = 5° und 6°, bei aufrechter Kopfhaltung = 4°.

weichungen der vertikalen und sagittalen Linien scheinen die Änderungen der Blickrichtung in der angegebenen Weise keinerlei Einfluß auszuüben. Die Figuren 28, 29 und 30 rühren von Versuchen mit Drehungen des Kopfes um seine vertikale Achse her.

In den Figuren 28 und 29 sind die sagittalen und transversalen Richtungen gezeichnet worden, in den Fig. 30 und 31 die vertikalen und horizontalen. Es lassen sich keine merklichen Unterschiede in den Abweichungen mit Sicherheit zwischen den gerade nach vorn und den nach hinten gegen das Papierblatt hin gerichteten Blicklinien feststellen. Wie früher auseinandergesetzt, könnte bei Drehungen des Kopfes um seine vertikale Achse nur von Täuschungen in der horizontalen Richtung die Rede sein. Die oben gemachte Voraus-

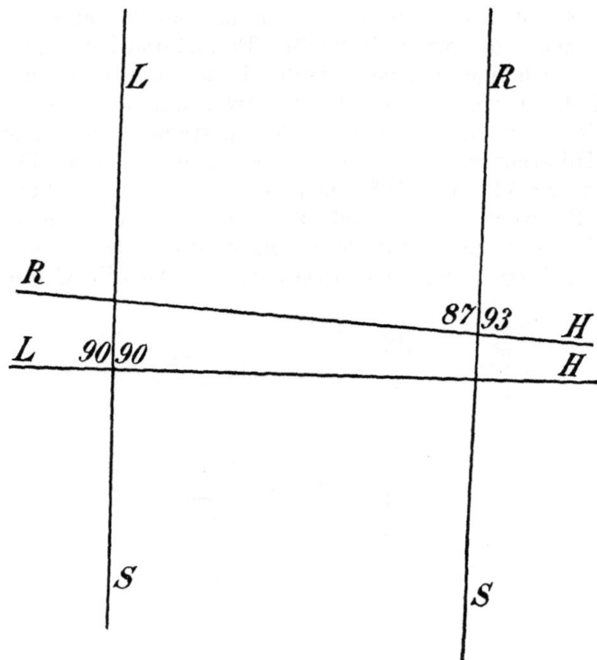

Fig. 29.

Versuchsperson C. Sitzend; dieselben Kopfdrehungen wie in Fig. 28. Blick nach hinten auf das Papierblatt gerichtet. Winkeldifferenzen = 0° und 3°.

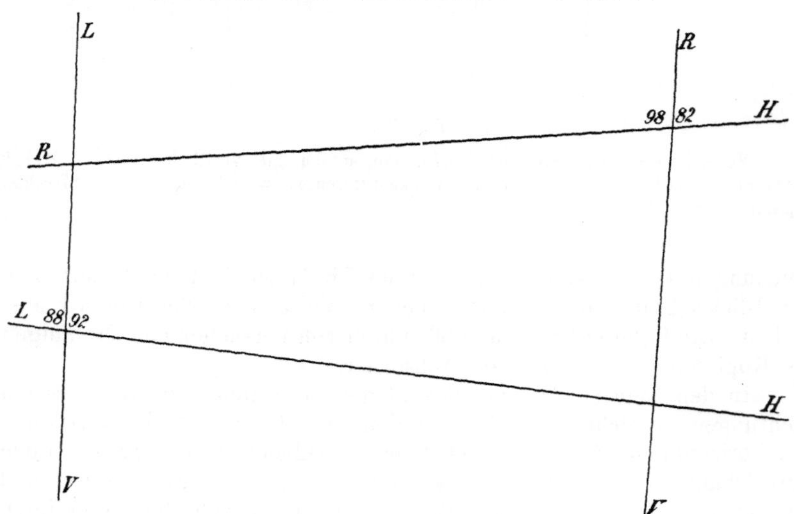

Fig. 30.

Versuchsperson M. Drehungen des Kopfes um seine vertikale Achse. Blick geradeaus gerichtet. Winkelabweichungen = 2° und 8°.

setzung über einen eventuellen Einfluß der Blickrichtung auf die Stärke der Täuschungen, wenn diese der Richtung der Kopfneigung entgegengesetzt ist, hat sich also nur bei den Täuschungen in der Wahrnehmung der horizontalen Richtung mit Bestimmtheit bestätigt gefunden.

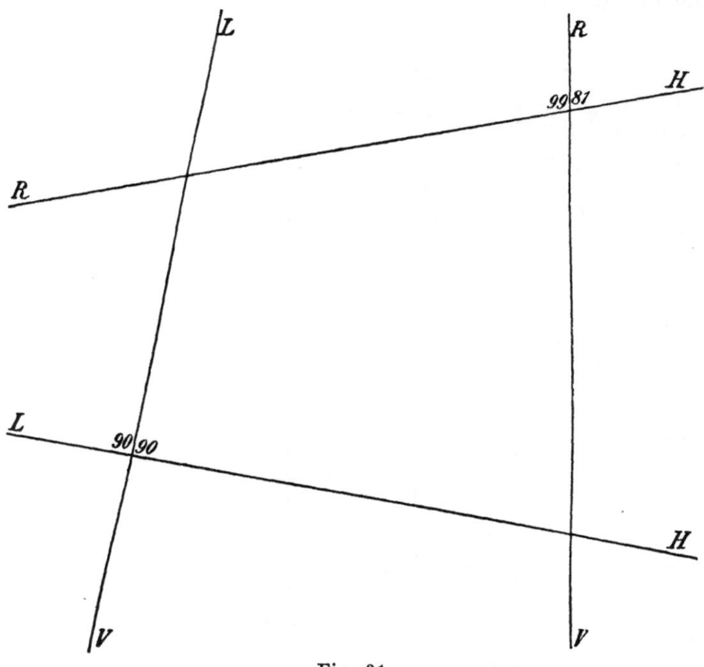

Fig. 31.

Ebenfalls M. Die nämlichen Kopfdrehungen; Blickrichtung nach unten. Winkeldifferenzen = 0° und 9°.

§ 8. Einfluß der Schallerregungen auf Täuschungen in den Richtungen.

Es wurde in den vorhergehenden Paragraphen einige Mal auf die ganz außerordentlich großen Schwankungen der Winkeldifferenzen aufmerksam gemacht, welche in den von der Versuchsperson G. herrührenden Figuren (13, 18, 20, 26 und 27) auftreten.

Es hat sich im Laufe der Versuche herausgestellt, daß so ganz abnorm intensive Täuschungen sich jedesmal bei G. nur zeigten, wenn er zu Versuchen herangezogen wurde, gleich nachdem er längere Zeit Violine gespielt hatte. Das große Interesse, welches diese Tatsache darbot, veranlaßte mich, sowohl an ihm als an M. und noch an einer dritten Person Versuche auszuführen, um den Einfluß der Schallerregungen auf die Täuschungen in den Richtungen näher aufzuklären.

G. ist in hohem Grade musikalisch veranlagt und besitzt ein außerordentlich empfindliches Gehörorgan. Es sollen hier zuerst einige Versuche angeführt werden, welche dartun, daß, wenn sein Gehörorgan längere Zeit durch musikalische Schallwellen erregt wurde, die Täuschungen in den Richtungen bei ihm um vieles intensiver wurden als während der Ruhezeit.

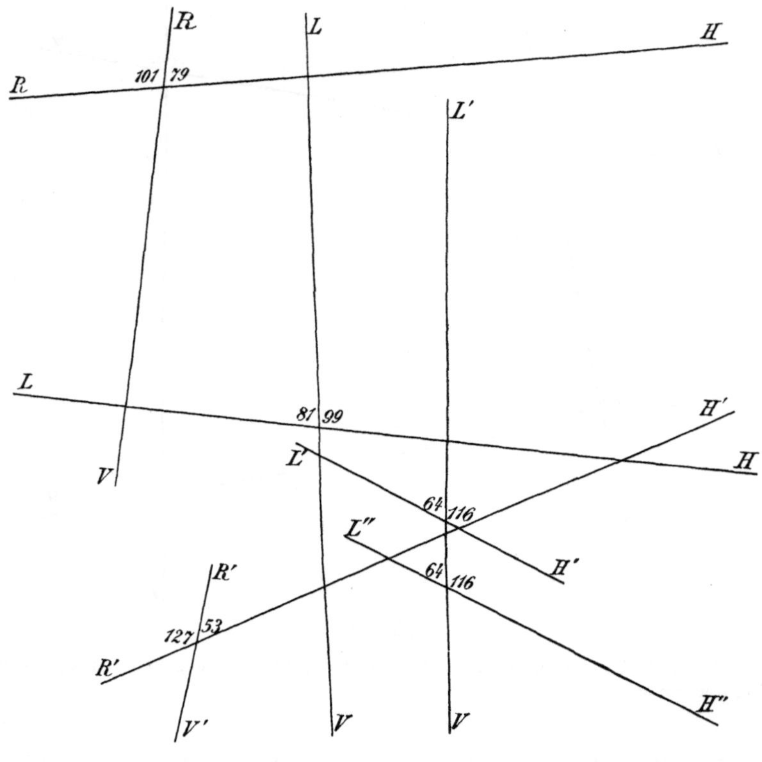

Fig. 32.

Versuchsperson G. *RV—RH* und *LV—LH* sind bei Neigungen des Kopfes zur Schulter mit offenen Augen gezeichnet worden. Winkelabweichungen = 11° und 9°. *R'V'—R'H'* und *L'V'—L'H'*, bei geschlossenen Augen und im verdunkelten Zimmer. Winkelabweichungen = 37° und 26°. Versuche nach dem Violinspielen.

Die vorstehende Fig. 32 wurde von ihm sofort gezeichnet, nachdem er während einer Stunde Violine gespielt hatte. Wie man sieht, sind die Abweichungen der Kreuzungswinkel der vertikalen und horizontalen Linien sehr bedeutend, 11° und 9° bei Beleuchtung (wobei G. natürlich das Papierblatt nicht sehen konnte) und 37°—26° im Dunkeln. Die große Intensität der Täuschung ist hauptsächlich durch die starke Abweichung der horizontalen Linien bedingt worden. Der Sinn der Abweichungen der Richtungen ist der gewöhnlich bei G. beobachtete, er ist durch die längere Zeit fortgesetzte Erregung des Ohrlabyrinths von den Schallwellen nicht beeinflußt worden. Interessant ist in der Fig. 32 die Linie $L''H''$. G. war nicht sicher, das erste Mal die horizontale Linie gut geführt zu haben. Er hob also das Lineal ab und legte es von neuem an, immer im Dunkeln; nun ist diese Linie genau parallel der vorher gezogenen Linie $L'H'$; die Winkeldifferenzen blieben gleichfalls die nämlichen.

Die Fig. 33 und 34 sind nach einem halbstündigen Violinspielen gezeichnet worden. Bei aufrechter Kopfhaltung und im hellen Raum war die Winkelabweichung nur gleich 1^0. Die Linien wurden durch

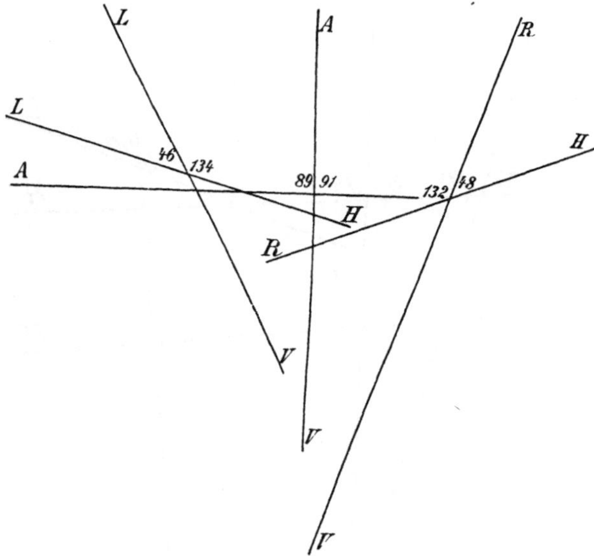

Fig. 33.

Dieselben Verhältnisse wie in Fig. 32. *AV—AH* sind bei aufrechter Kopfhaltung und im hellen Raume ausgeführt worden, die anderen Linien bei Drehungen des Kopfes um seine sagittale Achse.

den Gesichtssinn korrigiert. In der Fig. 34 in dunklem Raume dagegen stieg bei der gleichen Kopfhaltung diese Abweichung bis zu 5^0. Die Abweichungen bei den Kopfdrehungen zur rechten und zur linken Schulter sind in der Fig. 33 gleich 42^0 und 44^0, in der Fig. 34 gleich 30^0 und 20^0. In den beiden sind die Täuschungen in den horizontalen Richtungen besonders stark ausgesprochen.

Die Fig. 35 gibt bei G. die Täuschungen nach einer Violinstunde in den sagittalen und transversalen Richtungen. Der erste Gedanke, den man bei so außerordentlich großen Täuschungen eines Violinspielers haben konnte, war der, ob nicht die längere Zeit nach links geneigte Haltung des Kopfes einen Einfluß auf die Täuschungen in der Wahrnehmung der Richtungen ausübe. Um eine derartige Fehlerquelle zu beseitigen, genügt es zu prüfen, ob die Täuschungen bei G. denselben Charakter behalten werden, wenn sein Gehörorgan längere Zeit musikalischen Erregungen ausgesetzt sein wird, ohne daß er selbst spielt (siehe § 13).

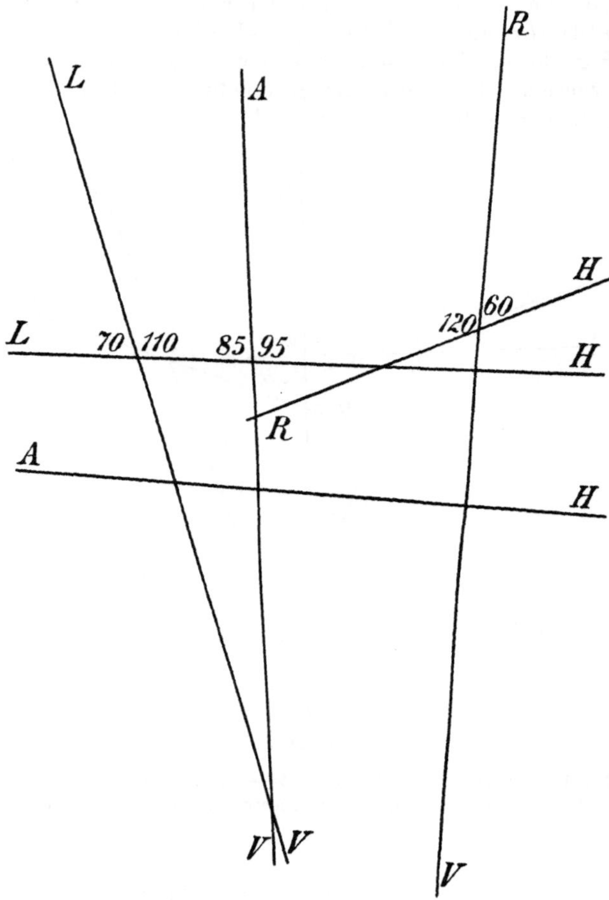

Fig. 34.

Dieselben Versuchsbedingungen und Bezeichnungen wie in Fig. 33; nur sind die Linien bei aufrechter Kopfhaltung im Dunkeln ausgeführt worden. (Aus Versehen wurden die Zahlen der Winkel $AV-AH$ auf die Kreuzung $AV-AL$ übertragen.)

Die Fig. 36 und 37 geben Rechenschaft über das Ergebnis solcher Prüfungen. G. wohnte während ein paar Stunden einem sehr geräuschvollen Konzert bei, unter anderem einer Aufführung des zweiten Aktes von „Tristan und Isolde“. Eine halbe Stunde darauf wurde er einem Versuch unterzogen (Fig. 36).

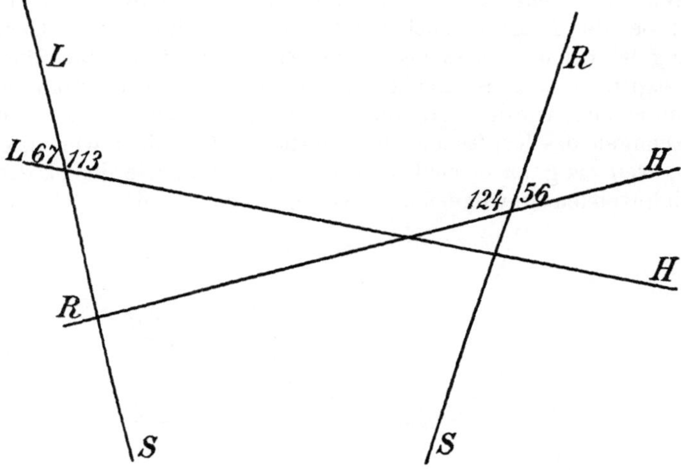

Fig. 35.

G. Sitzend; Kopf um die sagittale Achse gedreht. Winkelabweichungen = 34° und 25°.

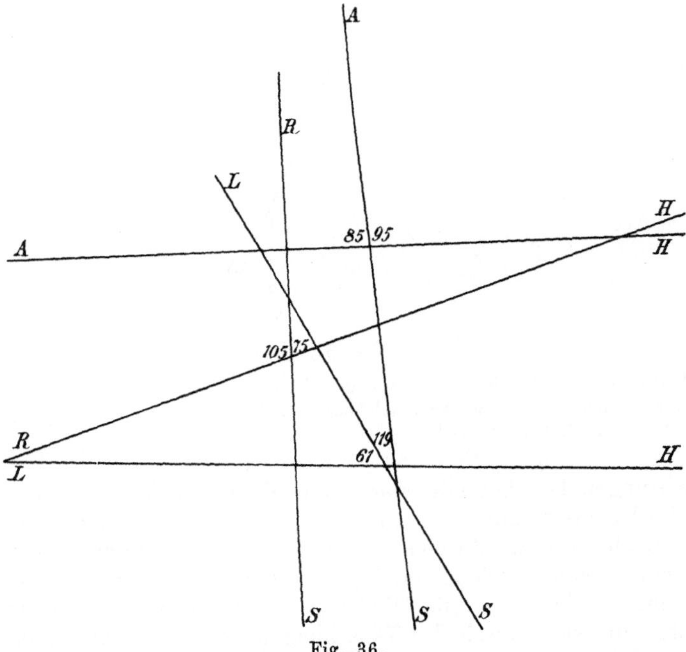

Fig. 36.

G., nach einem Konzert. Drehungen des Kopfes um die vertikale Achse; Versuch und Bezeichnungen wie Fig. 35. *AS* und *AH* sind bei aufrechter Kopfhaltung gezeichnet.

Wie man sieht, zeigen auch hier die Winkelabweichungen hohe Zahlen; bei der Neigung nach rechts 15°, nach links 29°. Diese Abweichung ist bei der Linksneigung ausschließlich durch die Täuschung in der sagittalen, bei der Rechtsneigung durch die in der transversalen Richtung erzeugt worden. (Es sind hier die entsprechenden Zeichnungen bei Drehungen des Kopfes um die sagittale Achse nicht wiedergegeben worden, weil sie ganz denselben Charakter tragen, wie die obigen nach dem Violinspielen gewonnenen.) Dagegen zeigen die Abweichungen

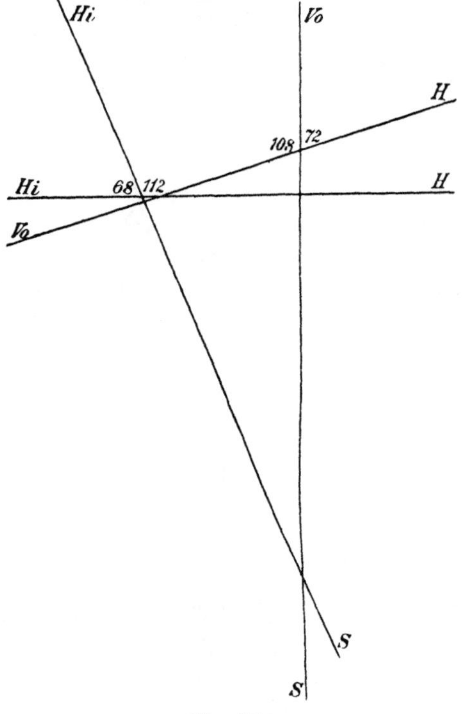

Fig. 37.

Versuchsperson G. Ebenfalls nach dem Konzert. Drehungen des Kopfes um die transversale Achse. Die Winkelabweichungen sind bei der Neigung des Kopfes nach vorn = 18°, nach hinten = 22°.

der Richtungen bei den Drehungen um die vertikale und transversale Achse Verhältnisse, die nicht allein quantitativ von den gewöhnlich bei G. beobachteten abweichen (vergl. mit den Figuren von § 5). Der Versuch, von welchem die Fig. 38 herrührt, wurde angestellt, um nachzusehen, wie lange die Wirkung der Schallwellen auf das Ohrlabyrinth, die sich durch die Täuschungen in der Wahrnehmung der Richtungen äußert, dauern kann. Bei aufrechter Kopfstellung war auch hier die Winkelabweichung gleich der in den Fig. 34 und 36. Bei Neigungen des Kopfes war aber nur die Täuschung in der transversalen

Richtung bei der Rechtsneigung ebenso bedeutend wie sofort nach dem Violinspielen. Die sagittalen Richtungen wichen nicht mehr ab als in den Versuchen ohne vorherige Schallerregung des Ohrlabyrinths. Die Winkelabweichungen waren daher auch geringer als in den vorhergehenden Figuren.

Wir stellen hier die Mittelwerte in den Abweichungen der Winkelgrößen von 90° bei Drehungen des Kopfes um die sagittale Achse aus den eben mitgeteilten Versuchen mit den Mittelwerten zu-

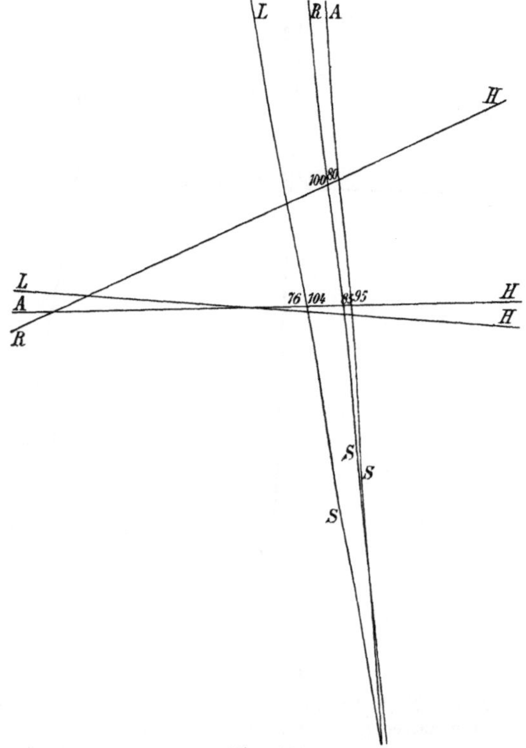

Fig. 38.

Versuchsperson G. 3 Stunden nach dem Violinspielen. Drehungen des Kopfes um seine sagittale Achse bei sitzender Position.

sammen, welche aus einer längeren Reihe von Versuchen ohne vorherige Schallerregungen gewonnen wurden.

	Winkelabweichungen nach Schallerregung	Winkelabweichungen ohne Schallerregung
Aufrechte Körperhaltung im hellen Raum .	1°	0°
Aufrechte Körperhaltung im dunklen Raum	5°	2°
Neigung nach links im hellen Raum . . .	9°	2°
Neigung nach links im dunklen Raum . .	25°	2°
Neigung nach rechts im hellen Raum . .	11°	1°
Neigung nach rechts im dunklen Raum . .	37°	2°

Die Mittelwerte aus sämtlichen an G. angestellten Versuchen nach Schallerregungen waren bei der Linksneigung des Kopfes im Dunkeln $= 28^0$, bei der Rechtsdrehung $= 36^0$. Ähnliche Versuche mit der Schallerregung wurden auch an M. angestellt.

Die folgenden drei Figuren rühren von solchen Versuchen her. Die Verstärkung der Winkeldifferenzen tritt auch bei M. wenngleich in geringerem Maße als bei G. auf. Sie rührt hauptsächlich von den Abweichungen der horizontalen Linien her, die auffallenderweise alle

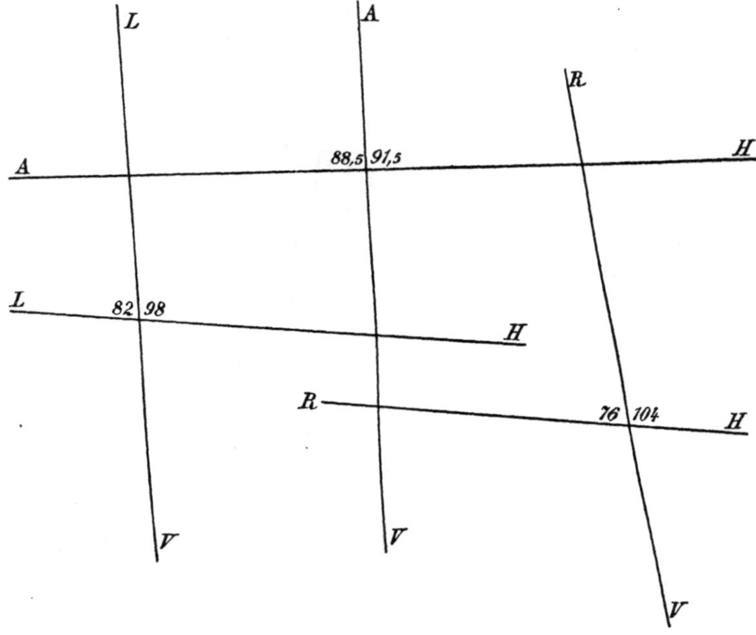

Fig. 39.

Versuchsperson M. Nach längerem Klavierspielen. Drehungen des Kopfes um die vertikale Achse. Bei aufrechter Kopfstellung im Dunkeln Winkelabweichung $= 1,5^0$. Bei den Drehungen des Kopfes nach rechts und links $= 14^0$ und 8^0.

in demselben Sinne, von rechts oben nach links unten, gerichtet waren. Die Mittelwerte der Winkelabweichungen waren bei M. folgende:

	Winkelabweichungen nach Schallerregung	Winkelabweichungen ohne Schallerregung
Kopf aufrecht im hellen Raum	0^0	0^0
Kopf aufrecht im dunklen Raum	$1,5^0$	$3,5^0$
Neigung zur linken Schulter im dunklen Raum	7^0	$4,5^0$
Neigung zur rechten Schulter im dunklen Raum	10^0	4^0

Außer an G. und M. hatte ich Gelegenheit bei einer dritten Versuchsperson nach einem Konzert die Täuschungen bei Kopfdrehungen um die sagittale Achse zu messen. Sie waren sichtlich stärker als in

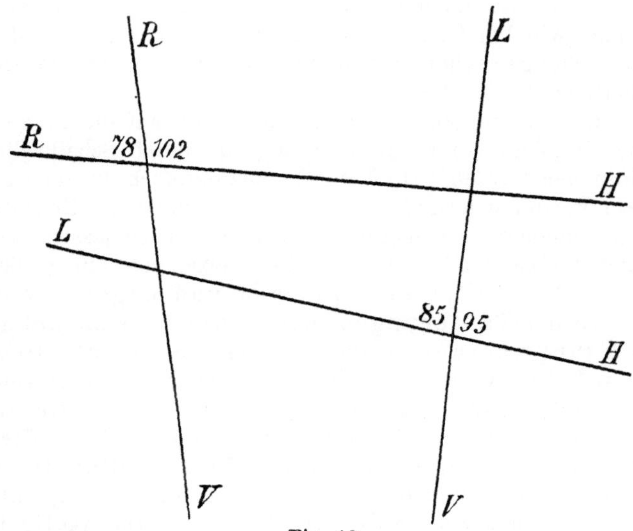

Fig. 40.

Versuchsperson M. Dieselben Verhältnisse wie in Fig. 39; Drehungen des Kopfes um die sagittale Achse. Winkelabweichungen = 12° und 5°.

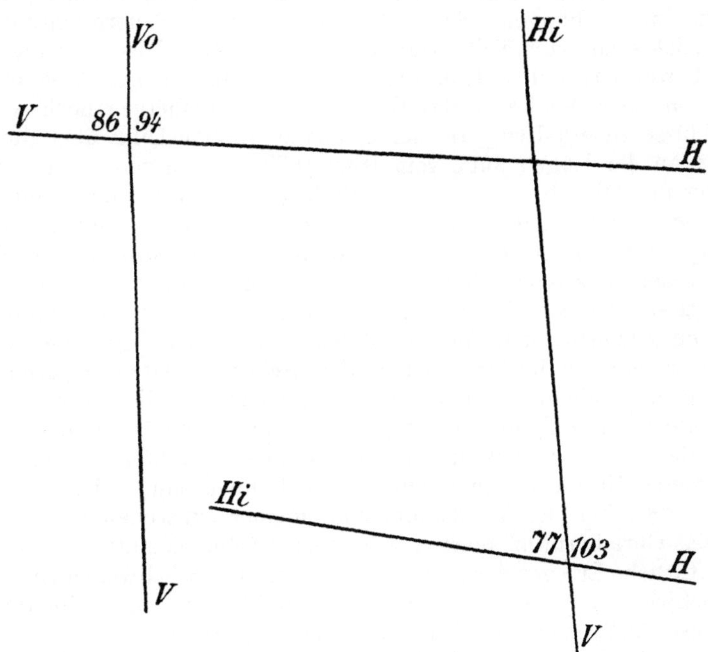

Fig. 41.

Versuchsperson M. Ebenfalls nach Klavierspielen. Drehungen des Kopfes um die transversale Achse. Winkelabweichung bei Drehung nach vorne = 4°, nach hinten = 13°.

den früheren, an derselben Person angestellten Versuchen, ohne aber so auffallend wie bei G. zu sein. Aber in diesem Falle rührten die Winkelabweichungen schon ausschließlich von der größeren Abweichung der horizontalen Linien her.

Im Laufe der folgenden Paragraphen wird auf die Frage der Erregung der Bogengänge als Richtungsorgane durch Schallwellen noch zurückgekommen werden. Die Versuche müssen noch an einer größeren Anzahl von Personen ausgeführt werden, um die volle Bedeutung der bis jetzt gewonnenen Beobachtungen hervortreten zu lassen. Diese Beobachtungen bieten nämlich in doppelter Beziehung ein großes Interesse. 1. Sie liefern einen einfachen und augenscheinlichen Beweis, daß die Täuschungen, denen unsere Wahrnehmungen der drei Grundrichtungen im dunklen Raum unterliegen, in der Tat auf den von dem Ohrlabyrinth herrührenden Richtungsempfindungen beruhen. 2. Sodann demonstrieren diese Versuche auch, daß die Vestibularnerven, welche die Richtungsempfindungen erzeugen, durch Schallwellen erregt werden können, d. h. durch dieselben Reize wie die eigentlichen Hörnerven. Damit wurde der direkte experimentelle Beweis über die akustische Natur des äußeren Erregers der Raumnerven gewonnen.

Die betreffende Lücke in meiner Lehre vom Raumsinn, die ich in meinen Untersuchungen (1897—99) mehrmals mit Bedauern konstatieren mußte, ist somit zum Teil ausgefüllt worden. Dabei ist auch die Bahn gezeigt worden, auf welche die Experimentalkunst gerichtet werden muß, um über die Natur des Erregers der Raumnerven noch weitere Aufschlüsse zu erhalten. In meiner ersten Untersuchung über die Verrichtungen der Bogengänge vom Jahre 1873, wo ich zuerst auf die Bedeutung des Ohrlabyrinths für die Bildung unserer Raumvorstellungen hingewiesen habe, indem „jeder Bogengang eine genau bestimmte Beziehung zu der einen Dimension des Raumes“ habe, sprach ich mich zugunsten der akustischen Natur des Bogengangserregers aus. Im Jahre 1878 stellte ich sämtliche Tatsachen zusammen, welche darauf hinzuweisen schienen, daß die Schallwellen die Richtungs- oder Raumnerven zu erregen imstande seien. Die Schwierigkeiten, experimentell eine solche Möglichkeit zu erweisen, und mehr noch die Notwendigkeit, die Rolle der Endolymphströmungen, die durch Kopfdrehungen erzeugt sein sollen, sowie die der Otolithenbewegungen zu prüfen, lenkten jahrelang meine Untersuchungen auf andere Bahnen hin. Aber schon im Jahre 1896, bei der Wiederaufnahme meiner experimentellen Studien über das Ohrlabyrinth, kehrte ich zu meiner früheren Auffassung zurück: der natürliche Erreger der Raumnerven sei in den Schallwellen zu suchen. Die Schwierigkeit bestand nur darin, direkte experimentelle Beweise für diese Auffassung beizubringen (siehe Kap. IV § 10).

Die in diesem Paragraphen mitgeteilten Versuche sind nicht die einzigen Beweise dieser Art. In den folgenden Paragraphen werden noch andere Versuche mitgeteilt, die in demselben Sinne aussagen.

§ 9. Täuschungen in der Wahrnehmung der Schallrichtungen.

Nach den im vorhergehenden Paragraphen mitgeteilten Beobachtungen über die Beeinflussung der Wahrnehmungen der Richtungstäuschungen durch vorhergegangene Erregungen des Ohrlabyrinths mittels Schallwellen lag es nahe, zu prüfen, wie sich unsere Wahrnehmungen der Schallrichtungen bei Drehungen des Kopfes um seine Achsen verhalten werden. Es war vorauszusehen, daß solche Drehungen zu Irrtümern in der Bestimmung der Schallrichtungen Anlaß geben müssen. Werden aber diese Irrtümer ihrem Sinne nach den Täuschungen im dunklen Raume bei den gleichen Kopfstellungen entsprechen? Im Bejahungsfalle werden die einen wie die anderen Täuschungen auf dieselben Ursachen zurückgeführt werden können. Neue eklatante Beweise werden in diesem Falle, und zwar wieder durch Versuche am Menschen, gewonnen, die die Herkunft unserer Richtungswahrnehmungen von Erregungen des Ohrlabyrinths demonstrieren.

Auch bei diesen Versuchen wurde eine möglichst einfache Anordnung getroffen, die deren Wiederholung erleichtern sollte. Eine elektrisch schwingende Stimmgabel von König wurde senkrecht, mit den Zwingen nach unten, befestigt, und zwar in einer Höhe, die dem Kopfe der Versuchsperson entsprach. Letztere stellte sich der schwingenden Stimmgabel gegenüber in einer Entfernung von etwa 2 Meter auf. Bei aufrechter Kopfstellung, gleichgültig ob mit offenen oder geschlossenen Augen, hört man die Schwingungen der Stimmgabel genau in der Richtung der Schallquelle. Fixiert man mit den Augen einen Gegenstand, der genau in der Richtung der Schallquelle gelegen ist, so hat man oft die Empfindung, die letztere befände sich weiter entfernt, aber in derselben Richtung.

Dreht man nun den Kopf um seine sagittale Achse nach links, so scheint die Tonquelle nach rechts verlegt zu werden, und zwar scheint sie einen Kreisbogen in einer der Kopfneigung entgegengesetzten Richtung zu beschreiben. Bei der Drehung nach rechts scheint die Tonquelle einen Kreisbogen nach links zu beschreiben. Wenn die Drehung langsam geschieht, so ist die Empfindung der Bewegung der Tonquelle so lebhaft, daß man das Gefühl hat, man sehe fast die Bewegung.

Werden während der Kopfdrehung die Augen geschlossen, so erkennt man nicht weniger genau die Bewegung der Tonquelle. Hält man den Kopf längere Zeit zur Schulter geneigt, so scheint die Tonquelle immer in der entgegengesetzten Richtung zur Kopfneigung und zwar auf derselben Höhe sich zu befinden[1]). Bei den vier Personen, an denen ich diese Versuche angestellt habe, äußerte sich die Täuschung über die Richtung der Tonquelle ganz in demselben Sinne wie bei

[1]) Von den Schwankungen der Intensität der Schallempfindungen bei diesen Kopfneigungen wird hier abgesehen. Sie verdienen gesondert untersucht zu werden.

mir, d. h. sie verlegten diese Tonquelle in eine Richtung, die der Kopfneigung entgegengesetzt war. Die Intensität dieser Täuschung war verschieden groß bei den verschiedenen Personen, auch war sie nicht gleich groß bei beiden Kopfstellungen. Der Sinn und auch teilweise die Größe der Abweichungen blieben aber bei diesen Versuchspersonen unverändert.

Die Täuschungen in der Schallrichtung bei Drehungen des Kopfes um die sagittale Achse entsprachen also, ihrem Sinne nach, genau den in § 4 mitgeteilten Täuschungen in der Wahrnehmung der vertikalen Richtung im verdunkelten Raume, natürlich bei den analogen Drehungen. Was die Identität der beiden Täuschungen noch deutlicher hervortreten läßt, ist folgender Umstand. In den vorhergehenden Paragraphen wurde gezeigt, daß bei G. (meinem damals zehnjährigen Knaben) der Sinn der Richtungstäuschungen ein entgegengesetzter war, als bei mir und bei allen anderen Versuchspersonen, indem die Abweichungen der vertikalen Linien bei ihm in demselben Sinne geschahen wie die Kopfneigungen[1]).

Die Prüfung der Täuschungen in der Schallrichtung ergab nun bei G. denselben Gegensatz zu den anderen Versuchspersonen, wie bei den übrigen Täuschungen in der Vertikalen. Bei der Kopfneigung nach links wurde von ihm die Tonquelle auch nach links empfunden und umgekehrt bei der Kopfneigung nach rechts. Abgesehen von dem Sinne der Täuschung waren die anderen Begleiterscheinungen bei G. analog denen bei den übrigen Versuchspersonen. Die Stärke der Abweichungen war so ziemlich auf beiden Seiten die nämliche.

Drehungen des Kopfes um eine vertikale Achse, wobei möglichst sorgfältig jede Kopfneigung vermieden wurde, erzeugten, nur in viel geringer ausgesprochenem Grade, eine analoge Täuschung: die Schallquelle schien sich in entgegengesetzter Richtung zu der des Kopfes zu bewegen. Dabei wurde aber folgender Unterschied sowohl von mir, als von M. beobachtet. Bei Drehungen des Kopfes um die sagittale Achse erschien der Kreisbogen vertikal gestellt, und mit den Schenkeln nach unten gerichtet zu sein. Die Schallquelle schien auf diese Weise einen Augenblick etwas höher gestellt zu sein, als sie es in Wirklichkeit war. Bei den Drehungen um die vertikale Achse dagegen erschien die Bahn des Kreisbogens von oben nach unten zu verlaufen, um am Ende wieder nach oben zu steigen: der Kreisbogen schien also nach oben geöffnet zu sein. Die regelmäßige Zunahme der Intensität des Tones in einem gewissen Punkte dieser Bahn war sehr genau zu konstatieren. Die Lage dieses Punktes variierte aber bei verschiedenen Versuchspersonen und war nicht die gleiche bei den Drehungen nach links und nach rechts.

Bei näherer Prüfung erschienen diese Variationen in Zusammenhang mit der ungleichen Hörschärfe der beiden Ohren zu stehen.

---

[1]) „Sie sind meinen Kopfneigungen parallel“, wie G. sich auszudrücken pflegte.

Drehungen des Kopfes um seine transversale Achse haben keine bestimmten Ergebnisse in der Verlegung der Schallquelle ergeben. Wurde bei den Versuchspersonen das eine Ohr durch einen Wattetampon verschlossen, so vermochte dies keinen merklichen Einfluß auf den Sinn der Täuschungen auszuüben, die durch Drehungen des Kopfes um seine sagittale Achse erzeugt wurden. Auch in der Intensität der Täuschungen ließ sich dabei keine konstante Differenz feststellen.

Interessanter war folgender Versuch: Statt mit dem Gesicht stellte sich die Versuchsperson mit dem Hinterkopf der schwingenden Stimmgabel gegenüber, wodurch sie ihr also den Rücken kehrte. Trotzdem die Stellungen der Augen und der Bogengänge dabei gewechselt wurden, blieb der Sinn der Täuschung genau derselbe. Mit Ausnahme von G. empfanden alle Versuchspersonen eine Abweichung der Schallquelle nach rechts bei der Neigung des Kopfes nach links, und umgekehrt. Bei G. stimmten die Veränderungen der Schallrichtung wieder genau mit den Richtungen der Neigungen überein. Es schien also für den Sinn der Täuschungen gleichgültig zu sein, ob die Schallquelle sich vorn oder hinten von den Versuchspersonen befand. Die umgekehrte Richtung der Blicklinie sowie die entgegengesetzte Stellung des rechten und linken Auges und der entsprechenden Trommelfelle übten bei den Drehungen des Kopfes um seine sagittale Achse scheinbar keinen Einfluß auf den Sinn dieser Täuschungen aus.

Bei diesen Versuchen über die Täuschungen in den Schallrichtungen, wobei die Tonquelle sich hinter den Versuchspersonen befand, trat aber konstant eine eigentümliche Erscheinung auf, die hervorgehoben zu werden verdient. Im Beginne der Neigung des Kopfes nach der einen oder der anderen Schulter hin, etwa ehe die Neigung 15 bis 20° erreichte, schien die Schallquelle sich in demselben Sinne wie der Kopf zu bewegen, d. h. nach rechts bei der Rechtsneigung und nach links bei der Linksneigung. Erst wenn der Kopf an dem bestimmten Punkte (Winkel von 15 bis 20°) angelangt war, schlug die scheinbare Bewegung der Tonquelle die entgegengesetzte Richtung ein, die sie dann auch bis zum Ende der Neigung einhielt. Hält man die Kopfneigung in dem erwähnten Punkte an, so tritt der Umschlag der Richtung dennoch ein. Bemerkenswert ist, daß diese Erscheinung auch bei G. zum Vorschein kam, aber in entgegengesetztem Sinne. Im Beginne der Kopfneigung, bis zu einem Winkel von etwa 15 bis 20°, schien die Schallquelle sich in entgegengesetzter Richtung zu bewegen, also rechts bei der Linksneigung und umgekehrt. Das ist auch der einzige Fall, wo bei G. vorübergehend die Richtung der Täuschung nicht in demselben Sinne geschah wie die der Kopfbewegung. Bei ihm schlug, sobald der bestimmte Punkt überschritten oder die Neigung des Kopfes an dem Punkt sistiert wurde, die Täuschung von neuem eine der Kopfneigung parallele Richtung ein. Diese Erscheinung scheint von der Knochenleitung durch die Occipitalknochen bedingt zu werden.

Bei Gelegenheit der hier mitgeteilten Versuchsreihe mit den Schallprüfungen prüfte ich an mir selbst und an M., G. und F., ob die vorherige Erregung des Ohrlabyrinths durch die Schwingungen der Stimmgabel, die beinahe zwei Stunden dauerte[1]), auf die Täuschungen der Richtungsempfindungen irgend welchen Einfluß auszuüben vermöge. Das Ergebnis war folgendes: Die Winkelgrößen betrugen:

	C.	M.	F.	G.
Aufrechte Kopfhaltung:	r. 88 — l. 92,	—	r. 84 — l. 96,	r. 93 — l. 87
Linksneigung:	r. 96 — l. 84,	r. 74 — l. 106,	r. 80 — l. 100,	r. 123 — l. 57
Rechtsneigung:	r. 109 — l. 71,	r. 100 — l. 80,	r. 97 — l. 83,	r. 70 — l. 110

Die Wirkung der Erregung des Ohrlabyrinths war augenscheinlich; sie war nur stärker bei G. und M. (Abweichungen von 90° bei M. bis 16° und 20°, bei G. 3°, 33° und 20°). Bei F.[2]) waren sie 6° bei aufrechter Kopfhaltung, 20° bei der Linksneigung und 7° bei der Rechtsneigung. Bei mir war sie gering bei der Aufrechthaltung des Kopfes = 2°, 6° bei Linksneigung und 19° bei der Rechtsneigung. Diese Zahlen sind bedeutend größer als die in den Figuren 1, 2 und 3 angeführten. Der Sinn der Abweichungen der gezeichneten Linien war bei allen Versuchspersonen der nämliche, wie ohne spezielle Erregung des Ohrlabyrinths durch Schallwellen.

Abgesehen von dieser letzteren Bestätigung der wichtigen Ergebnisse des vorigen Paragraphen, nämlich des Einflusses der Schallerregungen auf die Intensität der Richtungstäuschungen, haben die hier mitgeteilten Versuche gezeigt, daß die Täuschungen in der Wahrnehmung der Schallrichtungen Gesetzen unterliegen, die, wenigstens bei Drehungen des Kopfes um seine sagittale Achse, genau mit denen identisch sind, welche wir in den früheren Abschnitten bei den Versuchen im dunklen Raume konstatiert haben. Die am Anfange dieses Paragraphen aufgestellte Frage ist also mit Bestimmtheit bejaht und die dort vorausgesetzte Schlußfolgerung aus einer solchen Bejahung experimentell bestätigt worden. Die Täuschungen in der Wahrnehmung der Richtungen im dunklen Raume hängen also auch von dem Ohrlabyrinth ab, ebenso wie dies unzweifelhaft für die Täuschungen in den Schallrichtungen der Fall ist. Dies bestätigt also den Satz, daß die Schallwellen die allgemeinen Erreger der Richtungsempfindungen sind (s. Kap. IV § 10).

---

[1]) Für M. und G. war das Geräusch der schwingenden Gabel sehr peinlich, für C. und F. ziemlich gleichgültig.

[2]) Vergleiche die Abweichungen der Winkelgrößen bei F. unter normalen Verhältnissen in der Fig. 4 S. 264.

§ 10. Täuschungen über die Richtung der entotischen Geräusche.

In einer meiner früheren Untersuchungen über das Ohrlabyrinth als Organ des Raumsinnes lenkte ich die Aufmerksamkeit auf gewisse entotische Geräusche, die eine bestimmte Rolle als konstante Erreger der Ampullennerven spielen könnten. Diese Geräusche entgehen gewöhnlich unserer Wahrnehmung wegen Angewöhnung und mangelnder Aufmerksamkeit (siehe Kap. IV § 10).

Diesen sehr lästigen Geräuschen, einer Art pulsierenden Ohrensausens, bin ich seitdem fast ohne Unterbrechung ausgesetzt. Sie haben sogar an Kraft bedeutend zugenommen, so daß ich durch sie leicht die Zahl meiner Pulsschläge und auch ihre Intensitätsschwankungen zu bestimmen vermag. Bei gestütztem Kopfe und geneigter Lage nehmen sie bedeutend zu, was bei meiner chronischen Schlaflosigkeit im hohen Grade peinlich ist. Ich mußte an ein Mittel denken, sie wenigstens des Nachts zu bekämpfen, und es gelang mir dies durch Erzeugung eines äußeren rhythmischen Geräusches in der Nähe des Ohres. Eine schwingende Stimmgabel oder, noch einfacher, das Nähern einer gehenden Uhr an ein Ohr vermag momentan diese pulsierenden Geräusche aufzuheben.

Das Tik-tak der Uhr genügt unter diesen Umständen, um das Geräusch in beiden Ohren zu sistieren. An die Schädelknochen direkt angelegt, ist die hemmende Wirkung des Uhrpendelns viel geringer[1]). Diese hemmende Wirkung äußerer rhythmischer Schallreize auf die entotischen Geräusche kann kaum durch die Ablenkung der Aufmerksamkeit allein erklärt werden. Weder die Geräusche der Straße, wie z. B. das Rasseln der Wagen, noch das Lesen oder das Gespräch mit mehreren Personen vermögen die Empfindung dieses pulsierenden Ohrensausens oder, richtiger, dieser sausenden Pulsationen aufzuheben. Dagegen bin ich bei der Eisenbahnfahrt von ihnen ganz frei, solange das regelmäßige Rasseln des Zuges anhält.

Es scheint also hier die Demonstration eines Phänomens vorzuliegen, dessen Möglichkeit oder Vorhandensein ich als notwendig für das regelrechte Funktionieren der Bogengänge vorausgesetzt habe, nämlich, daß von außen her kommende Schallreize die in den Zentren der Kopf- und Augenmuskeln herrschenden Hemmungen, welche von den Nerven des Bogengangsapparates ausgehen, momentan aufheben können und auf diese Weise Bewegungen des Augapfels und eventuell auch des Kopfes in der Richtung der Geräuschquelle zu erzeugen vermögen (s. Kap. IV § 10 u. Kap. VI § 2).

Die nähere Erörterung der daraus folgenden Konsequenzen für die Gestaltung der Raumsinnslehre wurde im letzten Paragraphen des

---

[1]) In letzterer Zeit wurde dieses Ohrsausen mehrmals durch den längeren Gebrauch von Salizylpräparaten nicht unerheblich verstärkt; das Anlegen der Uhr an das Ohr genügte dennoch, um es sofort zu sistieren.

vorigen Kapitels gegeben. Die entotischen Geräusche sind hier nur angeführt worden, um auf die folgende Richtungstäuschung aufmerksam zu machen, zu denen sie bei mir Veranlassung geben. Gewöhnlich ist bei aufrechter Kopfhaltung das Ohrensausen bei mir etwas stärker im rechten Ohr, d. h. ich empfinde das Sausen stärker rechts als links. Wenn ich nun Kopfdrehungen um die sagittale Achse ausführe, so beobachte ich konstant folgendes: Wird der Kopf zur linken Schulter geneigt, so höre ich das Sausen und zwar bedeutend verstärkt nur am rechten Ohr und lokalisiere die Geräuschquelle etwas oberhalb von diesem Ohre. Bei Neigung des Kopfes zur rechten Schulter entsteht das Gegenteil: ich empfinde das pulsierende Sausen nur links oben mit dem linken Ohr.

Die Täuschung geschieht also ganz in derselben Weise wie in den Versuchen mit der schwingenden Stimmgabel. Die Quelle des Ohrensausens wird nach der entgegengesetzten Richtung von der Kopfneigung verlegt.

Bei der Hemmung dieser Geräusche tritt aber bei mir ein gewisser Unterschied zwischen dem rechten und linken Ohr auf, wenn der Kopf zur Schulter geneigt ist. So gelingt es mir bei der Rechtsneigung dieses pulsierende Ohrensausen sofort los zu werden, wenn ich an das rechte Ohr eine Uhr nähere. Bei der Linksneigung dagegen vermag ich durch das Anlegen einer Uhr an das linke Ohr ein solches Resultat nicht zu erzielen; das Sausen im rechten Ohr wird zwar geschwächt, aber nicht ganz aufgehoben.

Wie dem auch sei: diese Selbstbeobachtungen zeigen, daß auch gewisse entotische Geräusche bei Drehungen des Kopfes um die sagittale Achse denselben Täuschungen in der Wahrnehmung ihrer Richtung unterliegen, wie die von außen her kommenden Schallerregungen. Diese Richtungstäuschungen gehorchen also denselben Gesetzen, denen die Wahrnehmung der Richtungen im Dunkeln unter analogen Bedingungen unterliegt.

§ 11. Neue Versuche über die von Aubert beschriebene Täuschung[1]).

Es wurde im Laufe dieser Betrachtungen mehrmals auf die große Analogie zwischen den Täuschungen über die vertikale Richtung bei Drehungen des Kopfes um die sagittale Achse mit der von Aubert beobachteten Schiefstellung einer im dunklen Raume beleuchteten vertikalen Linie bei analogen Drehungen aufmerksam gemacht. Die im § 9 beschriebenen akustischen Täuschungen bei Neigung des Kopfes zur Schulter hin bieten ebenfalls eine große Analogie mit der optischen Täuschung von Aubert. Die Forscher, welche das

[1]) Das von Nagel sogenannte Aubertsche Phänomen.

Aubertsche Phänomen bisher studiert haben, sind zu keiner befriedigenden Erklärung gelangt.

Die einen wollen die Ursache der Täuschung in einer Unterschätzung oder in einem Übersehen der Kopfneigung finden (Aubert, Helmholtz); die anderen erklären im Gegenteil das Schiefsehen der Vertikalen in einer Überschätzung der Neigung des Kopfes (Yves Delage u. a.). Nach einer längeren Reihe von Versuchen hat Nagel darauf verzichtet, eine erschöpfende Erklärung der Täuschung zu geben. Er schien aber zu ahnen, daß es sich möglicherweise bei dieser Erscheinung gar nicht um eine Täuschung, die von der Netzhaut allein ausgeht, handle, sondern daß das Phänomen auch von dem Ohrlabyrinth abhängig sein könne. Darauf deutet wenigstens seine Absicht, diese Täuschung bei Taubstummen zu studieren. Es ist mir nicht bekannt, ob Nagel seit dem Jahre 1897 diese Absicht auszuführen Gelegenheit hatte. So viel ich weiß, hat er nichts darüber veröffentlicht. Es ist auch kaum anzunehmen, daß Nagel, der die sogenannten kompensatorischen Augenbewegungen im Sinne Breuers aufzufassen scheint, bei derartigen Voraussetzungen irgend welche klaren Ergebnisse aus Versuchen an Taubstummen würde erhalten haben. Dies ist nach den im Eingang des § 9 gegebenen Erörterungen von selbst klar[1]). Die neueste Untersuchung über das Aubertsche Phänomen, die von Sachs und Meller herrührt, hat gleichfalls zu keiner befriedigenden Deutung geführt. Auch diese Autoren sprechen die Hoffnung aus, vielleicht durch Versuche an Taubstummen Aufschluß über die Ursachen dieses Phänomens erlangen zu können. Sollte es sich in der Tat herausstellen, daß gewisse Taubstumme[2]) der Aubertschen Täuschung nicht unterliegen, so könnte dies nur einen analogen Grund haben, wie ihre Unfähigkeit, vom Gesichtsschwindel befallen zu werden.

Bei der großen Analogie, welche zwischen der Aubertschen Täuschung und den von mir hier untersuchten Täuschungen herrscht, war es gewiß von Interesse, einige Versuche über die erstere, und zwar bei denselben Personen, welche mir bei den bisher mitgeteilten Versuchsreihen zur Verfügung standen, anzustellen. Besonders interessierte es mich, festzustellen, ob bei G., im Falle auch er bei den Kopfneigungen zur Schulter eine im Dunkeln beleuchtete Vertikale schief sehen würde, diese Schiefstellung in der entgegengesetzten Richtung wie bei Aubert und seinen Nachfolgern erscheinen wird, oder ob G. auch hier eine Ausnahme machen und diese Schiefstellung in derselben Richtung wie die Kopfdrehung wahrnehmen würde.

---

[1]) Auf Seite 392 der Mitteilung von Nagel finden sich einige Einwände gegen meine Deutung der sogenannten kompensatorischen Augenbewegungen, die augenscheinlich auf einem Mißverständnis beruhen. Durch meine späteren Untersuchungen über diesen Gegenstand sind diese Einwände von selbst erledigt worden.

[2]) D. h. solche, die kein funktionsfähiges Bogengangssystem besitzen.

Die von mir benutzte Versuchsanordnung war folgende: Auf einem in vertikaler Richtung verstellbaren Tisch, dessen Platte um ihre Längsachse drehbar war, wurde eine kleine viereckige Kiste befestigt. An der einen Wand dieser Kiste befand sich eine Längsspalte von 1 mm Breite und 20 cm Länge. Durch eine Öffnung in der entgegengesetzten Wand konnte eine elektrische Lampe eingeführt werden, die von der Versuchsperson mittels eines Unterbrechers beherrscht wurde. Die Versuche wurden im verdunkelten Zimmer am häufigsten in folgenden zwei Formen ausgeführt:

1. Nachdem die Versuchsperson die vertikal beleuchtete Linie bei aufrechter Kopfhaltung fixiert hatte, begann sie eine Kopfneigung zur linken oder rechten Schulter hin.

2. Die Versuchsperson nahm vor der Beleuchtung des Spaltes eine nach rechts oder links geneigte Kopfhaltung ein. Die Spalte wurde dann entweder momentan durch Aufblitzen oder während längerer Zeit beleuchtet.

Handelte es sich darum, vergleichende Vorstellungen über die Stärke der Täuschung zu erhalten, so wurde eine der folgenden Messungen vorgenommen: Der Tisch mit der Kiste wurde um seine Längsachse so weit gedreht, bis die vertikale Linie eine beliebige schräge Stellung einnahm. Bei aufrechter Kopfhaltung sah die Versuchsperson natürlich diese schräge, beleuchtete Linie schief gesellt. Nun drehte sie den Kopf nach derselben Seite, nach welcher die Schiefstellung geschah. Die letztere begann alsdann sich in der entgegengesetzten Richtung allmählich aufzurichten, bis sie dem Beobachter vertikal erschien. Einfacher ist das zweite Verfahren: Die beleuchtete Linie blieb vertikal gerichtet; die Versuchsperson führte eine Kopfdrehung aus, bis diese Linie in entgegengesetzter Richtung schiefgestellt erschien. Nun wurde der Tisch um seine Längsachse solange nach der Seite der Kopfneigung gedreht, bis die Linie von neuem vertikal erschien. d. h. bis die Täuschung kompensiert wurde. Ganz genaue Maße erhält man weder mit dem einen noch mit dem anderen Verfahren; ihnen ist daher bei Vergleichen nur relative Bedeutung beizulegen. Solche Messungen wurden zuerst unternommen, um einen eventuellen Einfluß der Stärke der Kopfdrehung auf die Intensität der Täuschung feststellen zu können. Es zeigte sich aber gleich, daß die Aubertsche Täuschung in dieser Richtung oft auch bei gleichstarken Kopfdrehungen ziemlichen Schwankungen unterlag[1]). Es würde daher einer sehr großen Anzahl von Versuchen bedürfen, um zuerst die Ursachen solcher Schwankungen zu eruieren. Das bot aber für meine Versuchszwecke kein unmittelbares Interesse und ich verzichtete darauf, die Abhängigkeit näher festzustellen. In den Grenzen, in denen die drei Versuchspersonen (ich, M. und G.) die Kopfneigungen ausführten, vermochte ich nur ziemlich geringe Abweichungen zu konstatieren.

---

[1]) Das Auftreten der Täuschung ist selbstverständlich bei ein und derselben Person beobachtet worden.

Sowohl bei mir als bei M. war die Richtung der Täuschung genau dieselbe wie bei Aubert und den anderen Forschern, d. h. die Schiefstellung der vertikalen Linien geschah in einer Richtung, die der Kopfneigung entgegengesetzt war. Die Täuschung äußerte sich also, was die Wahrnehmung der vertikalen Linie betrifft, in dem gleichen Sinne wie bei allen hier mitgeteilten Versuchen mit den Drehungen des Kopfes um die sagittale Achse (§ 4, 5, 9 und 10).

Was besonders interessant war, ist aber der Umstand, daß bei G. auch diese Täuschung einen anderen Charakter als bei mir und bei M. zeigte. Die Schiefstellung der vertikalen Linie geschah bei G. wie in den früheren Versuchen in der Richtung der Kopfdrehung. Die Intensität der Täuschung war auch bei den stärksten Kopfneigungen ziemlich gering; sie schwankte zwischen 5^0 und 8^0 und war gewöhnlich etwas schwächer bei der Linksneigung des Kopfes.

Die Täuschung trat sowohl beim bloßen Aufblitzen als beim Anhalten der Beleuchtung auf; bei mir war sie im ersteren Falle häufig schärfer ausgedrückt[1]). Ob die beleuchtete Linie binokular oder monokular angesehen wurde, änderte den Sinn der Täuschung nicht. Dagegen wurde mit Hilfe der Kompensation der Täuschung (siehe S. 310 das zweite Verfahren) konstatiert, daß die Intensität der Täuschung variierte, je nachdem die Linie binokular oder monukular angesehen wurde; dabei war sie auch verschieden, je nach der Wahl des benutzten Auges.

Der Versuch wurde folgendermaßen ausgeführt: Die bei binokularem Sehen bei der Kopfdrehung wahrgenommene Täuschung wurde vollkommen kompensiert, bis die schiefe Linie wieder aufrecht erschien. Nun wurde das eine Auge geschlossen. Bei mir blieb die Kompensation vollkommen, wenn ich das linke Auge schloß, und zwar gleichgültig nach welcher Seite der Kopf gedreht wurde. Die Kompensation nahm dagegen ab, d. h. die aufrecht gesehene Linie wurde von neuem ein wenig schief gestellt, wenn ich das rechte Auge schloß. Auch bei M. und G. wich für ein gewisses Auge das monokulare Sehen von dem binokularen ab. M. sah die Kompensation verringert, wenn sie monokular mit dem tiefer liegenden Auge die helle Linie anschaute, also beim Sehen mit dem rechten Auge bei der Rechts- und mit dem linken bei der Linksneigung des Kopfes.

Bei G. wurde die Kompensation gestört, d. h. vermindert, wenn er mit dem rechten Auge monokular sah, also das Gegenteil von meinem Fall. Nur war diese Störung bei ihm viel stärker; die vertikale Linie erschien beim Schluß des linken Auges viel mehr geneigt als bei mir. Da G. sich keine Rechenschaft von der Bedeutung der vorgenommenen Kompensation geben konnte, so waren seine Aussagen sicherlich ganz richtig. Bei monokularem Sehen traten übrigens mehrmals bei ihm eigentümliche Doppelbilder auf; er sah gleichzeitig die

[1]) Siehe darüber näheres in § 13.

vertikale Linie sich schräg stellen und ihr Nachbild vertikal. Um seine Augen zu schonen, wurde diese Art Versuche nicht weiter wiederholt. Die Tatsache ist aber von einem gewissen Interesse für die Deutung seines eigentümlichen Verhaltens gegenüber den Täuschungen über die vertikale Richtung. Um bei den Beobachtungen über diese Täuschungen die vertikale Linie schärfer hervortreten zu lassen, brachte ich kleine runde Öffnungen in senkrechter Richtung zur vertikalen Spalte neben dieser an, und zwar zwei oben rechts und zwei unten links. Da die oberen Löcher zu den unteren parallel waren, so sah man sie mit der vertikalen Linie bei der Täuschung sich nach der entsprechenden Seite neigen. Mit anderen Worten, man sah gleichzeitig auch die horizontale Richtung schief.

Von größerem Interesse war es, zu eruieren, ob die Aubertsche Täuschung aufzutreten pflegt, wenn die zur Spalte schräge Kopfhaltung nicht durch die Neigung des Kopfes um 90°, sondern durch eine Schrägstellung des Gesamtkörpers herbeigeführt wird, wobei also das Verhältnis des Kopfes zum Rumpfe unverändert bleibt. Die zu lösende Aufgabe bestand mit anderen Worten darin, festzustellen, ob beim Auftreten der Aubertschen Täuschung das Entscheidende in der Neigung des Kopfes zum Rumpfe oder nur in der Schiefstellung des Kopfes zur hellen Linie liegt[1]).

Die im Eingange des sechsten Paragraphen gemachten Erörterungen über die wahre Bedeutung der Kopfdrehungen bei der Beurteilung der Richtungen sollen hier ins Gedächtnis gebracht werden, um jedes Mißverständnis über die Bedeutung, die ich dieser Aufgabe zuschreibe, zu vermeiden.

Schon bei den ersten Versuchen ist es mir mehrmals aufgefallen, daß eine schräge Stellung des Kopfes, erzeugt allein durch die Schrägstellung des Gesamtkörpers, etwas geringere Abweichungen der Vertikalen bewirkte, die nur wenig über 5 oder 7 Grad hinausgingen. Durch diese Erfahrung ist die Methode angegeben worden, welche bei der Prüfung der uns hier interessierenden Frage zu verwenden ist. Die Versuchsanordnung war folgende: Sämtliche eben beschriebenen Versuche über das Aubertsche Phänomen wurden in meinem Schlafzimmer aufgeführt, wobei der Tisch mit der dunklen Holzkiste nahe an mein Krankenlager gestellt war. Ich nahm nun auf letzterem folgende Lage ein: Ich legte mich quer über das Bett auf die linke Seite in der Weise, daß mein Kopf außerhalb des Bettes gerade der Längsspalte der Kiste gegenüber sich befand. Die Längsachse meines Gesamtkörpers befand sich also senkrecht zu dieser vertikalen Spalte. Mein auf der linken Seite gestützter Kopf entsprach genau der Lage, die er bei den Versuchen über die Aubertsche Täuschung einzunehmen hatte, wenn ich das Maximum der Schiefstellung erzeugen wollte. Die Querachse des Kopfes war dabei genau vertikal gestellt. In dieser Lage

[1]) Mit anderen Worten, ob bei unbeweglichem Kopfe und Neigung der Netzhaut allein um 90° diese Täuschung dennoch auftritt.

beobachtete ich entweder gar keine oder nur eine ganz geringe Schiefstellung der hellen Linie; die Täuschung blieb also sehr geringfügig. Es genügte aber, den Kopf etwas gegen die linke Schulter zu neigen: sofort nahm die beleuchtete vertikale Linie die gewöhnliche schräge Stellung ein.

Darauf machte ich folgenden Versuch: Ich brachte den Kopf in die frühere Stellung, d. h. in die Ebene des Rumpfes zurück und führte, als die beleuchtete Linie wieder vertikal erschien, ohne die Kopfstellung zu ändern, den Körper aus der queren Lage in die Längslage über, nachdem ich mich auf den Rücken gelegt hatte; d. h., ich gab dem Rumpfe eine senkrechte Stellung zur Längsachse des Kopfes. Schon während dieser Bewegung fing die beleuchtete vertikale Linie an, sich von neuem nach rechts zu neigen, und behielt dann diese schräge Richtung, solange die entsprechende Lagerung des Körpers beibehalten wurde.

An M. und G. nach derselben Anordnung angestellte Versuche ergaben identische Erscheinungen: kaum merkbare oder gar keine Schiefstellung der beleuchteten vertikalen Linie, wenn die Längsachsen des Kopfes und des Rumpfes eine gerade Linie bildeten, trotzdem der Kopf dabei schief um einen Winkel von genau 90^0 zu der vertikalen Linie geneigt war. Dagegen sofortiges Auftreten der Täuschung, d. h. des Schieferscheinens dieser Linie bei unbeweglich bleibendem Kopfe, sobald der Rumpf in der beschriebenen Weise bewegt wurde, bis seine Längsachse senkrecht auf die Kopfachse zu liegen kam[1]). Dies galt bei der Lage des Kopfes sowohl auf der linken als auf der rechten Seite, wenn nur der Rumpf die Lageveränderung ausführte.

Es folgt also aus diesen Versuchen, daß die Aubertsche Täuschung nicht auftritt, auch wenn der Kopf um 90^0 zur vertikalen Linie geneigt ist, in den Fällen, wo diese Neigung durch die Lagerung des Gesamtkörpers erzielt wird; daß sie aber auch bei unbeweglichem Kopfe erscheint, wenn der Rumpf zum Kopfe geneigt wird[2]). Die Bedeutung dieser tatsächlichen Ergebnisse für den allgemeinen Mechanismus der Täuschungen wird ausführlich in § 13 besprochen werden. Hier soll nur hervorgehoben werden, daß die Annahme, es handle sich bei dem Aubertschen Phänomen um eine Bewegungstäuschung, wie sie z. B. Helmholtz noch in der zweiten Auflage seiner physiologischen Optik (Seite 763) machte, kaum noch haltbar ist. Wenn aber dem so

[1]) Wird der Rumpf vor der Ausführung der Bewegung nur einfach aus der Seitenlage in die Rückenlage gebracht, so erscheint die vertikale Linie etwas nach rechts geneigt bei Rechtsneigung des Kopfes.

[2]) Aubert selbst scheint bei der Ausführung eines ähnlichen Versuches mit der Lagerung des Gesamtkörpers auf einem horizontal gelegten Brett doch die Täuschung beobachtet zu haben. War der Kopf dabei nicht stärker geneigt gewesen, d. h. in der Richtung der Schulter? Dies erscheint mir unvermeidlich, wenn der Kopf auf demselben Brette lag wie der Körper, ohne von einem Kissen gestützt zu sein.

ist, so kann sie auch nicht auf einer Überschätzung oder Unterschätzung der vom Kopfe ausgeführten Bewegung beruhen.

Beruht dieses Phänomen überhaupt nur auf einer optischen Täuschung? Dieser Ansicht schien schon die einfache Tatsache zu widersprechen, daß, wenn man auf der Netzhaut das Nachbild einer vertikalen Linie erzeugt und dann den Kopf wie im Aubertschen Versuch nach rechts oder links neigt, dieses Nachbild sich in derselben Richtung neigt wie der Kopf und nicht in der entgegengesetzten. Auch diese Tatsache war schon früheren Forschern bekannt; Helmholtz beschreibt sie folgendermaßen.

. . . „Wir haben es hierbei nicht zu tun mit einer wirklichen Drehung des Auges im Kopfe, wie man sich mit Hilfe von Nachbildern überzeugen kann. Ein im vertikalen Meridian des Auges entwickeltes Nachbild scheint bei einer Drehung des Kopfes um einen rechten Winkel nach rechts im dunklen Zimmer nicht horizontal zu liegen, wie es wirklich liegt, sondern schräg von links unten nach rechts oben, und eine objektive helle Linie, welche wirklich diese letztere Neigung hat, erscheint vertikal. Die Täuschung beruht vielmehr darauf, daß wir im Dunkeln die Seitenneigung unseres Kopfes für kleiner halten, als sie wirklich ist.“

Das vermeintliche Nachbleiben des Nachbildes, von dem Helmholtz spricht, beruht auf einem Irrtum, wie dies schon Mulder u. a. hervorgehoben haben. Weit davon entfernt, die Neigung unseres Kopfes zu unterschätzen, wie dies Helmholtz vermutete, überschätzen wir sie vielmehr. Daher scheint uns eben das Nachbild zurückzubleiben. Man kann sich leicht davon überzeugen, wenn man während der Kopfneigung die Versuchsperson mit den Fingern die Ebene bezeichnen läßt, in der sie das Nachbild sieht; diese Ebene entspricht der Medianebene des Kopfes, sie ist fast horizontal bei Neigung des Kopfes um 90°. Die Richtung, in welcher sich das Nachbild bewegt, ist also ganz entgegengesetzt derjenigen, in welcher die beleuchtete Linie im dunklen Raume bei der Aubertschen Täuschung sich schiefstellt. Die beiden Erscheinungen können sonach kaum von derselben Ursache abhängig sein.

Aubert hat gelehrt, wie man sich von diesem Gegensatz der Richtungen leicht überzeugen könne:

„Bei aufrechter Stellung im übrigens absolut finsteren Zimmer erzeuge ich mir ein Nachbild von einer langen vertikalen Gasflamme, lösche dann die Flamme aus, neige Kopf oder Körper oder beide bis zur horizontalen und blicke nach der hellen vertikalen Linie: Das Nachbild erscheint nahezu horizontal, die helle Linie entgegengesetzt der Kopfneigung um 45° gedreht.“

Aubert hat diesen Versuch angestellt bei Gelegenheit seiner Bemühungen, die von Yves Delage gegebene Erklärung dieses Gegensatzes zu prüfen; er gesteht aber, „eine wirkliche Erklärung in den Worten Delages nicht finden“ zu können. Er gibt aber auch gleichzeitig zu, außerstande zu sein, eine andere Erklärung dieses Gegensatzes zu liefern. In § 13 soll auf Grundlage der evidenten Analogien, die zwischen dem Aubertschen Phänomen und den von mir untersuchten Täuschungen vorhanden sind, eine neue Erklärung des Gegensatzes zwischen der Wahrnehmung des Nachbildes und der der hellen Linie versucht werden.

Aus den Versuchen über die Aubertsche Täuschung sollen noch einige Einzelheiten hier erwähnt werden. Wie schon gesagt, sah G. die Schiefstellung der hellen vertikalen Linie in derselben Richtung wie die Kopfneigung. Das Nachbild bewegte sich bei ihm ebenfalls in derselben Richtung. Der Gegensatz in den Richtungen, von dem soeben die Rede war, kam also bei G. nicht zum Vorschein[1]). G. hatte auch nicht die Empfindung, daß das Nachbild bei Neigung des Kopfes letzterem nicht genau nachfolge. Es erscheint ihm im Gegenteil ebenso stark geneigt wie der Kopf selbst.

Die oben in § 8 mitgeteilten Beobachtungen über den Einfluß der Erregungen des Ohrlabyrinths durch Schallwellen auf die Richtungstäuschungen machten es wünschenswert, zu prüfen, ob die nämlichen Erregungen auch die Intensität der Aubertschen Täuschung irgendwie zu beeinflussen imstande wären. Die betreffenden Versuche haben bei M. eine sehr merkliche Verstärkung der Täuschung nach ein paar Stunden Klavierspielens ergeben: die Schiefstellung war von etwa 5^0 bei beiden Drehungen auf $11—12^0$ bei der Links- und auf $10{,}5^0$ und $8{,}5^0$ bei der Rechtsdrehung gestiegen. Bei G. waren die Unterschiede viel geringer und überschritten nicht $2^0—3^0$. Wie schon oben gesagt, erschien bei ihm die Schiefstellung in derselben Richtung wie die Kopfneigung und war immer sehr gering (7^0 und 5^0), auch bei den stärksten Neigungen.

Unter solchen Umständen war die erwähnte Differenz zu gering, um irgend welche Schlüsse zu gestatten; dies um so mehr, als ich nur eine ganz geringe Anzahl solcher Versuche anstellen konnte. Die häufigen Beobachtungen der Aubertschen Täuschungen unter den verschiedenen hier aufgezählten Bedingungen begannen bei mir Schwindel, Übelkeit und Neigung zum Erbrechen zu erzeugen; merkwürdiger Weise auch bei den Versuchen, wo ich diese Beobachtungen nicht an mir selbst anstellte, sondern nur die von M. und G. überwachte. Schon der bloße Anblick der vertikalen Linie von der Seite her, wobei sie natürlich auch etwas schief erscheint, wurde mir am Ende unbehaglich. Diese Versuche mußten daher plötzlich abgebrochen werden.

§ 12. Täuschungen in der Wahrnehmung der Parallelrichtungen.

In den bisher beschriebenen Versuchen handelte es sich darum, solche Täuschungen der Richtungswahrnehmungen zu untersuchen, bei denen keine Vorwärtsbewegungen des Körpers stattfinden. Die Täuschungen in der Wahrnehmung der Parallelrichtungen unterschei-

[1]) Das Nachbild wurde durch das längere Fixieren eines dunkeln Fensterkreuzes erzeugt.

den sich von den vorhergehenden darin, daß sie eben bei derartigen Platzänderungen des Gesamtkörpers beobachtet werden.

Wenn man im dunklen Raume oder mit verbundenen Augen sich vorwärtsbewegt und der Orientierung wegen oder zu einem anderen Zwecke mit den ausgestreckten Händen einen Tisch oder ein anderes Möbelstück, dessen gegebene Stellung zu der Richtung der Bewegung man genau kennt, anfaßt, so erhält man die Empfindung, es habe seine Stellung verändert und befinde sich schräg dem Beobachter gegenüber, und zwar meistens in der Richtung von links nach rechts. Die Täuschung äußert sich also darin, daß der Tisch der transversalen Achse des Beobachters nicht mehr parallel gegenüber sich befindet, sondern mit ihr einen nach rechts spitzen Winkel bildet. Diese Täuschung tritt konstant auf, mag man den Versuch noch so häufig wiederholen.

Zum ersten Mal habe ich sie vor mehreren Jahren beobachtet, als ich im großen optischen Zimmer des Berner physiologischen Instituts im Dunkeln Drehversuche an Kaninchen ausführte. Der Tisch mit dem Zentrifugalapparat stand senkrecht zur Wand, die den Fenstern gegenüber war. Kehrte ich, nachdem ich die Fensterladen geschlossen hatte, im Dunklen zum Tisch zurück, so war ich nicht wenig überrascht, den Tisch verstellt zu finden; er erschien mir gegenüber schief zu sein, wobei sein Rand meiner rechten Seite näher als meiner linken war. Bei Beleuchtung des Zimmers überzeugte ich mich, daß keinerlei Verstellung des Tisches stattgefunden hatte. Die mehrmals wiederholte Beobachtung zeigte immer die nämliche Täuschung. Die folgende Figur soll die Täuschung demonstrieren.

Diese Täuschung ist noch auffallender, wenn es sich statt um einen leicht beweglichen Tisch um ein schweres, unbeweglich befestigtes Möbelstück handelt, von dessen Unverrückbarkeit man fest überzeugt ist: die Täuschung äußert sich dennoch in der angegebenen Form. Man stelle nun zwei derartige Möbelstücke senkrecht zueinander hin, wie dies die Fig. 43 zeigt. Nachdem man sich dem Rande *AB* genähert und die Schrägstellung *A'B'* wahrgenommen hat, wende man sich in der Richtung des Pfeiles zum Rand *BC*: man empfindet dann zu seiner Überraschung, daß auch dieser Rand schräg gestellt sei und auf der rechten Seite einen spitzen Winkel zu bilden scheine. Die Täuschung besteht also hier in einer anhaltenden Empfindung, daß beide senkrecht zueinander stehenden Möbelstücke, deren Lage man genau kannte, plötzlich schiefgestellt worden sind, und zwar so, daß sie ebenfalls einen rechten Winkel zueinander bilden. Man wird durch diese Täuschung trotz des besseren Wissens dennoch vollständig desorientiert.

Je mehr solcher Tische, Schränke und anderer Möbelstücke man so im Dunkeln bei der Vorwärtsbewegung berührt, je größer wird die Desorientierung und man kann sich sogar im eigenen Zimmer einen Augenblick vollständig verirren. Es vergingen mehrere Minuten, bis ich mich unter solchen Umständen zurechtfinden konnte, besonders, wenn ich zufällig ganz unbewußt bei der Vorwärtsbewegung eine teilweise Drehung um meine Längsachse gemacht hatte. Was die Desorientierung noch steigert, ist folgender Umstand. Die Richtung, in

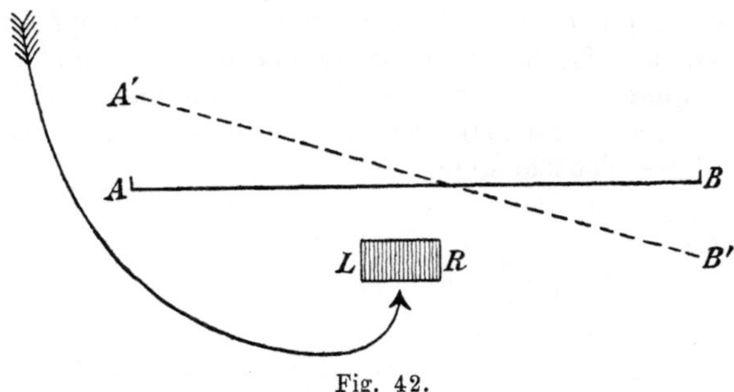

Fig. 42.

AB stellt den vorderen Rand des Tisches dar, zu dem ich in der durch den Pfeil angegebenen Richtung herankam. *L*—*R* geben die Stellung meines Körpers diesem Rande gegenüber. *A'B'* scheinbare Schrägstellung, die ich empfand, als ich mit den ausgestreckten Armen den Tisch berührte.

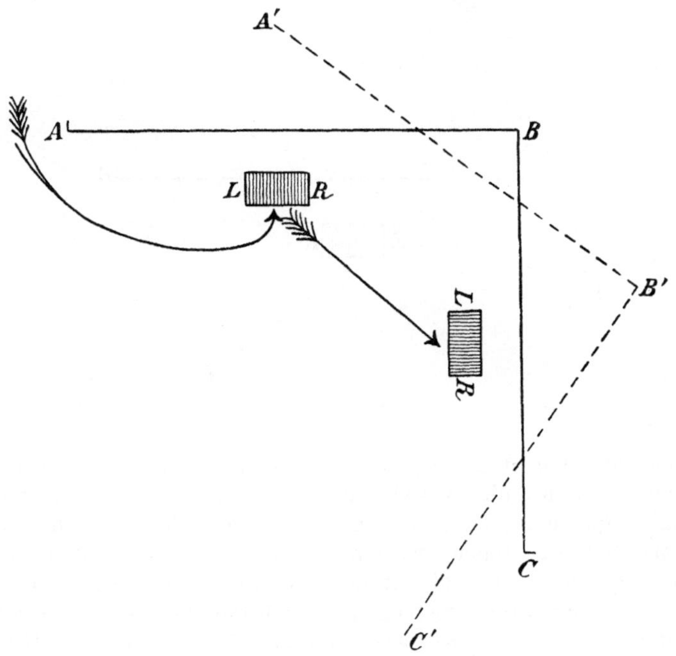

Fig. 43.

AB und *BC* die vorderen Ränder der beiden Möbelstücke, die miteinander einen Winkel von 90° bilden. *A'B'*, *B'C'* die empfundenen Schrägstellungen, wenn *L*—*R* sukzessive sich diesen beiden Rändern in der angezeigten Weise nähert.

der man sich dem betreffenden Gegenstand nähert, übt einen ganz bestimmten Einfluß auf den Sinn der Täuschung aus. Geht man z. B. beim Beginn der Vorwärtsbewegung in senkrechter Richtung dem Tischrande zu, so ist die Täuschung meistens ziemlich gering; der spitze Winkel wird bei den meisten Personen rechts empfunden. Beim Herannahen an den Tisch von der Seite her, d. h. in schiefer Richtung, erscheint die Spitze des Winkels rechts, wenn man von links herkommt, und links, wenn man sich von rechts nähert. Die Figur 44 demonstriert diese Täuschungen.

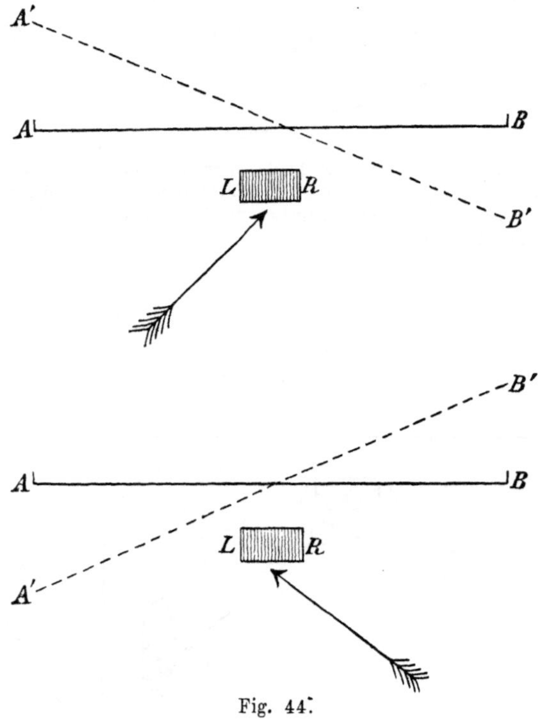

Fig. 44.

Beginnt man dagegen die Vorwärtsbewegung in einer dem zu berührenden Tischrande parallelen Richtung und führt, vor diesem angelangt, eine Drehung um die Längsachse aus, um diesem Rande parallel zu stehen, so empfindet man den Winkel rechts, wenn die Drehung um die linke Schulter, und links, wenn sie um die rechte Schulter geschah. In der Figur 45, welche diesen Versuch darstellt, sind die Körperstellungen ebenfalls in der Richtung schief gezeichnet worden, in welcher die Drehung der Schulter ausgeführt wurde.

Worauf beruhen nun diese Täuschungen in der Beurteilung der Parallelrichtungen? Eine einfache Überlegung deutet darauf hin, daß es eine schiefe Stellung des Körpers dem berührten Möbelstücke gegenüber ist, die die Täuschung veranlassen muß. In der Tat, wenn man die Versuchsperson, nachdem sie die Vorwärtsbewegung beendigt, plötzlich still stehen läßt und sofort das Zimmer erleuchtet, so sieht man sie häufig, aber nicht immer, schief dem Tischrande gegenüber stehen. Dabei ist ihre eine Schulter diesem Rande näher gerückt (etwa wie dies in übertriebener Weise die Figur 45 zeigt) und zwar nach der Seite hin, wo der spitze Winkel empfunden

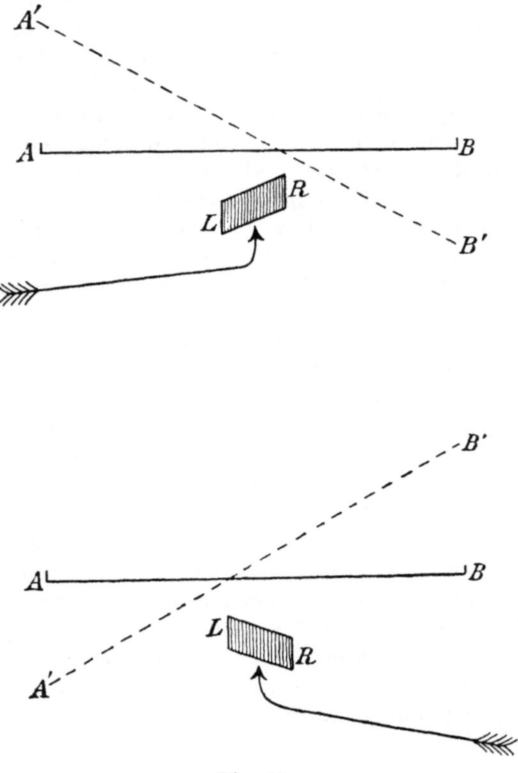

Fig. 45.

wird. Da nun die Versuchsperson die Überzeugung hat, genau parallel dem Tischrande gegenüber zu stehen, so empfindet sie letzteren nicht in seiner wirklichen Richtung, sondern schief zu der transversalen Ebene des eigenen Körpers, also unter einem mehr oder weniger ausgesprochenen spitzen Winkel.

Versuchspersonen, welche sich von der Winkelstellung nicht Rechenschaft geben können, sagen aus, daß der eine Arm ihnen mehr ausgestreckt zu sein scheint als der andere, was im Grunde auf dasselbe hinauskommt. Diese Erklärung der Täuschung ist aber weder erschöpfend noch immer zutreffend. Man beobachtet bei der plötzlichen Beleuchtung des Zimmers auch oft Fälle, wo die Versuchsperson sich ganz gerade gegenüber dem Tischrande befindet und auch die beiden Arme gleich weit nach vorn gestreckt sind: und die Täuschung der Schiefstellung des Tisches, wenn auch in geringerer Form, besteht dennoch.

Man mache folgenden Versuch: Man halte die Versuchsperson mit zugebundenen Augen ein paar Schritte, ehe sie dem Tischrande sich genähert hat, an, und wenn ihr Rumpf diesem nicht genau parallel gegenübersteht, erteile man der nach vorwärts geneigten Schulter eine kleine Drehung nach hinten, um sie in dieselbe Ebene mit der anderen zu stellen. Läßt man dann die Person den Tisch berühren, so tritt die Täuschung dennoch auf. Man kann sie nur zum Schwinden bringen, wenn man die Schulterdrehung so groß ausgeführt hat, daß diese Schulter sichtbar mehr nach rückwärts zu stehen kommt als die früher zurückgebliebene. In diesem Falle ist also der entgegengesetzte Arm derjenige, der beim Betasten mehr nach vorn ausgestreckt wird. Geht man in senkrechter Richtung dem Tischrande zu (im dunklen Raume und mit zugebundenen Augen), so weicht man gewöhnlich etwas nach rechts von der geraden Richtung ab. Linkshänder weichen im Gegenteil häufiger nach links ab. Die Täuschung des Schiefstehens des Tisches tritt meistens auch in diesem Falle ein; nur empfinden linkshändige Personen den spitzen Winkel meistens links, und nicht wie dies in den obigen Figuren dargestellt ist. Das kommt aber bei letzeren nur dann vor, wenn sie beim Vorwärtsgehen die linke Schulter nebst Arm zu weit vorgeschoben haben. Hält man sie vor dem Berühren des Tisches an und gleicht die Schulterstellungen aus, so äußert sich auch beim Linkshänder die Täuschung rechts. Diese Umwandlung der Täuschung von links nach rechts ist beim Linkshänder noch deutlicher hervorzurufen, wenn er vor dem Berühren des Tisches eine Drehung seines Körpers um seine Längsachse auszuführen hat, wie in der Fig. 45. Meistens schiebt er dann die linke Körperhälfte zu stark nach vorn vor und empfindet die Schiefstellung anders, als es in der Fig. 45 dargestellt ist.

Mit einem Worte, in allen solchen Versuchen überzeugt man sich, daß die schiefe Körperstellung und die daraus folgende weitere Ausstreckung des einen Armes allein nicht genügt, um die Täuschung zu veranlassen. Es gehört dazu noch ein anderes Moment: dieses ist die Kopfstellung.

Wenn wir nämlich, bevor das Zimmer verdunkelt wird oder nachdem dies schon geschah, uns zu dem gewählten Möbelstücke zu bewegen beginnen, dann nehmen wir eine bestimmte Kopf- und Körperstellung ein, die uns zu dem Ziele hinführen soll. Wir haben also im Kopfe, aus vorherigem Anschauen oder aus der Erinnerung, eine genaue Vorstellung von der Stellung des Tisches z. B. und der Stellung, die wir selbst annehmen müssen, um diesem gegenüber eine parallele Haltung einzunehmen. Bei der

Vorwärtsbewegung weichen wir aber ein wenig von der eingeschlagenen Richtung ab und, am Tischrande angelangt, stehen wir ihm meistens etwas schief gegenüber. Wir glauben aber die in unserem Kopfe festgesetzte parallele Stellung einzunehmen. Unsere Tastempfindungen zeigen nun, daß der Tisch uns nicht parallel ist: wir schließen, er sei verschoben. Hat man aber vorher die Rumpfstellung korrigiert oder ist der Rumpf überhaupt nicht merklich schief gestellt gewesen, so unterliegen wir dennoch der Täuschung, wenn auch in geringerem Grade, und dies, weil für uns die richtige Stellung des Tischrandes diejenige bleibt, welche unserer Kopfstellung entspricht, da wir nur diese als die richtige kennen. Da aber der Kopf beim Vorwärtsgehen verstellt wurde, so schreiben wir diese Verstellung dem Tische zu.

Am evidentesten überzeugt man sich davon, wenn man selbst die Schulterhaltung so weit korrigiert, daß der Rumpf dem Tischrande parallel wird, was man leicht dadurch erzielt, daß man die beiden Arme gleich weit ausstreckt[1]). Auch in diesem Falle können wir uns der Täuschung nicht entledigen, der Tisch sei schief gestellt, d. h. habe seine frühere Stellung verlassen. Die bessere Überzeugung, daß dem nicht so sein könne, erweist sich ganz machtlos der einmal erhaltenen Empfindung des Nichtparallelismus gegenüber[2]). In dieser Tatsache, nämlich daß wir eine spezielle Empfindung des Parallelismus in einem Organ unseres Kopfes besitzen, liegt eben das große Interesse dieser Täuschungsversuche. Auf Grundlage dieser mir schon seit mehreren Jahren geläufigen Tatsache habe ich in der Untersuchung über die physiologischen Grundlagen der Geometrie von Euklid mit solcher Bestimmtheit behauptet: das beziehende XI. Axiom Euklids beruhe auf einer von den Empfindungen unseres Ohrlabyrinths ausgehenden Wahrnehmung (Kap. VI § 5). Vor einer nochmaligen Nachprüfung dieser Versuche an mehreren Personen wollte ich vor einigen Jahren diese Tatsache nicht verwerten, sondern begnügte mich, eine Anzahl indirekter Argumente zugunsten dieser Behauptung anzuführen.

Von welchem Bogengangspaare mag nun die Empfindung des Parallelismus abhängen? Die horizontalen Bogengänge sind beiderseits in derselben Ebene gelagert; dagegen liegen sowohl die vertikalen (hinteren), als die sagittalen (vorderen) Bogengänge in Ebenen, die nicht zueinander parallel sind. Die Ebenen der hinteren vertikalen Bogengänge, wenn man sie nach vorn verlängert, treffen etwa in der Mitte

[1]) Die Täuschung kann ebenso gut durch die Berührung eines Möbelstücks, z. B. eines Bettrandes, mit den Knien erzeugt werden.

[2]) Wenn die Täuschung durch mehrmaliges Wiederholen etwas abgestumpft wird, so genügt es, sich im Dunkeln ein paar Mal in der einen oder der anderen Richtung oder, noch besser, sukzessive in den beiden Richtungen umzudrehen, um sie bei einem neuen Versuch ebenso lebhaft, oft sogar noch lebhafter zu empfinden.

der Sattelhöhle zusammen; die Ebenen der beiden sagittalen Kanäle würden sich bei der Verlängerung nach hinten ein wenig oberhalb des Foramen occipitale kreuzen[1]).

Dagegen ist die Ebene des sagittalen Bogenganges der einen Seite genau der Ebene des vertikalen der anderen Seite parallel. Auf diese interessante Tatsache hat, wenn ich nicht irre, zuerst Crum-Brown die Aufmerksamkeit gelenkt. Nach ihm hat besonders Breuer diesen auffälligen Parallelismus bei Tauben beschrieben. Er wollte sogar auf Grund dessen den rechten vertikalen mit dem linken sagittalen und den linken vertikalen mit dem rechten sagittalen als Paare gleichfunktionierender Bogengänge betrachten. Schon im Jahre 1878 habe ich gezeigt, daß eine solche Gruppierung der Bogengänge darum unzulässig sei, weil die Durchschneidungen und Erregungen der beiden vertikalen Kanäle genau dieselben Erscheinungen in den Bewegungsstörungen und in der Unmöglichkeit, gewisse Richtungen einzuhalten, erzeugen.

Wie ich bei Messungen an den von Herrn Tramond für mich an einem Menschenschädel sehr sorgfältig herauspräparierten Bogengängen, die dabei in situ gelassen wurden, konstatieren konnte, ist der Parallelismus des sagittalen Kanals der einen Seite mit dem vertikalen der anderen wirklich ein sehr vollkommener (siehe Tafel II). Er ist beim Menschen noch viel ausgesprochener als beim Kaninchen oder bei der Taube. Wenn ein solcher Parallelismus ihrer Ebenen auch nicht im geringsten für die physiologische Gleichwertigkeit der entsprechenden Bogengänge zeugt, so steht dagegen nichts im Wege, in diesem Parallelismus die Ursache unserer Empfindungen der parallelen Richtungen zu erblicken. Identische Reize, die gleichzeitig die Nervenenden des rechten sagittalen und des linken vertikalen Bogenganges erregen, können sehr gut die Empfindung des Parallelismus erzeugen.

Die in diesem Paragraphen beschriebenen Täuschungen in der parallelen Richtung entstehen bei der Vorwärtsbewegung des Kopfes; die Täuschungen rühren also in erster Linie von den sagittalen Bogengängen her. Nun habe ich schon im Jahre 1878 gezeigt, daß die von dem einen sagittalen Bogengang herrührenden Vorwärtsbewegungen des Kopfes in einer schiefen diagonalen Richtung verlaufen[2]). Dies drängt daher zur Annahme, daß in den betreffenden Versuchen das Abweichen des Kopfes (und auch des Rumpfes) beim Vorwärtsgehen im Dunkeln von einer solchen einseitigen Erregung eines sagittalen Bogenganges[3]) herrührt. Bei dem ebenfalls in derselben schiefen Ebene stattfindenden Verlaufe des anderseitigen

---

[1]) Siehe auch Kap. VI § 2.

[2]) Siehe auch Kap. VI § 2.

[3]) Oder richtiger von dem Überwiegen der Erregungen des einen Bogenganges.

vertikalen Kanals kann also schon leicht eine simultane Erregung des letzteren stattfinden und so die Escheinung des Parallelismus zusammenhängen.

§ 13. Deutung der in diesem Kapitel beschriebenen Täuschungen.

Es soll hier davon Abstand genommen werden, die große Fülle der in den vorhergehenden Paragraphen mitgeteilten Beobachtungen und Versuchsergebnisse in Kürze zusammenzustellen. Die wichtigsten Tatsachen sind ihrer Bedeutung nach schon meistens am Schlusse der einzelnen Paragraphen gewürdigt worden. Aber manche Versuchsergebnisse bedürfen noch der Bestätigung und Präzisierung durch neue Untersuchungen und es wäre voreilig, sie schon jetzt als in allen Einzelheiten für die Deutung verwertbar hinzustellen.

Ich will mich darauf beschränken, die wichtigeren und allgemeinen Sätze hier wiederzugeben, soweit sie mit Sicherheit aus der Gesamtheit der mitgeteilten Ergebnisse sich ableiten lassen:

1. Die bei Drehungen des Kopfes im dunklen Raume entstehende konstante Richtungstäuschung hängt von der Verstellung der Ebenen der drei Bogengangspaare ab. Kopfdrehungen, die gar keine oder ganz geringe Verstellungen dieser Ebenen erzeugen, haben keine bestimmte gesetzmäßig auftretende Täuschung zur Folge. Die mit größter Konstanz erscheinende Richtungstäuschung äußert sich daher bei Drehungen des Kopfes um seine sagittale Achse (§ 4). Drehungen um die vertikale Achse verhindern meistens nicht die richtige Wahrnehmung der vertikalen Richtung; solche um die transversale tun dies nur in sehr geringem Grade (§ 5).

2. Täuschungen in der horizontalen Richtung treten bei den Drehungen des Kopfes am häufigsten auf; darauf folgen, der Häufigkeit nach, Täuschungen in der vertikalen Richtung. Am geringsten sind die der sagittalen Richtung.

3. Für den Sinn der Täuschungen in der Wahrnehmung der Richtungen ist das Moment, welches diese Wahrnehmungen erzeugt, oder, mit anderen Worten, die Natur des Reizes, der sie veranlaßt, ganz gleichgültig. Der Willensreiz[1]), der Lichtreiz[2]), die Schallreize[3]), die pulsatorischen Druckschwankungen im innern Ohr[4]) erzeugen bei identischen Verstellungen der Bogengangsebenen dem Sinne nach identische Täuschungen.

---

[1]) §§ 4, 5 und 6.
[2]) § 11.
[3]) § 9.
[4]) § 10.

21*

4. Die Intensität der Richtungstäuschungen scheint ganz unabhängig von der Natur dieser Reize zu sein; sie wird sicher beeinflußt durch die Stärke der Verstellung der Bogengangsebenen, also durch die Winkelgröße der Kopfdrehungen. In den weitesten Grenzen variiert diese Intensität bei vorheriger starker Erregung des Ohrlabyrinths durch Musik, besonders bei Personen mit sehr erregbarem Hörapparat (§ 8).

5. Die Richtung der Blicklinie vermag den Sinn der Richtungstäuschungen nicht zu beeinflussen; dagegen vermag sie unter gewissen Umständen deren Intensität zu verändern.

6. Die Tatsachen, daß Schallerregungen des Ohrlabyrinths die Richtungstäuschungen evident zu verstärken imstande sind und daß die Täuschungen in der Wahrnehmung der Schallrichtungen auch bei entotischen Geräuschen in derselben Weise sich äußern wie bei anderen Bestimmungen der Richtungen im Dunklen, bestätigen die früher schon von mir vertretene Ansicht, der normale Erreger der Nervenenden der Bogengänge bei der Erzeugung von Richtungsempfindungen sei in den Schallwellen zu suchen (siehe Kap. IV § 10).

Mit diesen aus den Versuchen über die Richtungstäuschungen abgeleiteten sechs Schlußsätzen ist die Hauptaufgabe der von mir unternommenen Untersuchung gelöst worden, nämlich, durch Versuche am Menschen die Rolle des Ohrlabyrinths als Sitzes des Richtungssinns zu demonstrieren.

Bleibt die minder wichtige, aber an sich noch interessante Frage über die Art, wie die Richtungstäuschungen zustande kommen, zu beantworten. Wie bei allen Sinnestäuschungen ist auch hier die Erklärung des intimen Mechanismus mit großen Schwierigkeiten verbunden[1]).

Es handelt sich dabei um Vorgänge, die tief in die psychologischen Funktionen eingreifen; vorgeschlagene Deutungen können meistens nur einen temporären Wert beanspruchen. Die Sinnesorgane sind die einzigen Pforten, durch welche die präzise physiologische Forschung in das psychische Leben einzudringen vermag. Bis jetzt ist der Physiologe nur an deren Schwelle angelangt. Die Einblicke, die er in das Innere der psychologischen Vorgänge gewinnen kann, sind noch zu unsicher, um präzise Aufschlüsse zu gestatten. Die experimentelle Psychologie wird nur dann die äußere Seite dieser Schwelle mit Erfolg verlassen können, wenn sie vorher die Grundlagen meiner Lehre der Entstehung unserer Begriffe und Anschauungen über Raum, Zeit und Zahl sich zu eigen gemacht, sie weiter entwickelt und vervollständigt haben wird. Die wissenschaftliche, experimentelle oder subjektive Psychologie wird in diesen Beziehungen nur dem

---

[1]) Mit Ausnahme der Täuschungen der Parallelrichtungen, von denen im § 12 die Rede war.

Wege folgen, welchen die genialen Schöpfer der philosophischen oder subjektiven Physiologie seit Jahrtausenden verfolgt haben, als sie die Probleme des Raumes und der Zeit an die Spitze ihrer Erörterungen zu stellen pflegten. Solange die Psycho-Physiologen nicht diese Wege mit Konsequenz einschlagen, werden ihre Gegner leichtes Spiel bei der Bekämpfung ihrer Lehren haben.

Die Erklärungen des Mechanismus der Richtungstäuschungen, welche ich hier kurz andeuten werde, machen daher nicht den Anspruch, erschöpfend oder definitiv zu sein. Sie sollen aber die Bahnen anzeigen, welche die weiteren Forschungen über die Richtungstäuschungen werden einzuschlagen haben, um zu einer vollgültigen Aufklärung zu führen.

Die Tatsache steht fest, daß diese Täuschungen auf Verstellungen der Bogengangsebenen beruhen. Die Drehungen des Kopfes um seine Achsen könnten nur auf doppeltem Wege unsere Wahrnehmungen verwirren, entweder durch Verstellungen der Augenachsen oder der Bogengangsebenen. Dies hat schon Yves Delage in seiner wiederholt zitierten Untersuchung ganz klar und überzeugend dargelegt. Wir haben gesehen, daß die Verstellungen der Augenachsen in den von uns angestellten Versuchen zwar sichtlich eine Wirkung auf die Intensität der Täuschungen auszuüben vermögen, der Sinn der Richtungstäuschungen bleibt aber von den Augenstellungen unbeeinflußt. Wenn wir bis jetzt nur von Täuschungen in der Wahrnehmung der Richtungen bei Drehungen des Kopfes um seine Achsen gesprochen haben, so sollte diese Bezeichnung nur die groben, sichtbaren Versuchsbedingungen andeuten, ohne irgendwie den Versuchsdeutungen vorzugreifen. Für uns bestand nicht der leiseste Zweifel, daß in Wirklichkeit nur die Drehungen der Bogengangsebenen in Betracht kommen. In diesem Sinne sind auch die Betrachtungen über die Verknüpfungen der Drehungen des Kopfes mit gewissen von dem Ohrlabyrinth herrührenden Richtungsempfindungen, die in § 7 angestellt wurden, aufzufassen.

Bei dem Versuche, den näheren Mechanismus der Richtungstäuschungen aufzuklären, besteht also die Aufgabe darin, festzustellen, welche Verstellungen der Bogengangsebenen bestimmten Drehungen des Kopfes um seine Achsen entsprechen. Darauf hat die Diskussion zu folgen, inwieweit solche Verstellungen die erzielten Versuchsergebnisse zu erklären vermögen.

Wie schon erwähnt, studierte ich an Schädeln, in denen beiderseits die Ohrlabyrinthe in situ sorgfältig herauspräpariert waren, die Verhältnisse der Bogengangsebenen zueinander[1]). Der eine dieser Schädel wurde durch ein passendes Kugelgelenk, das an dem Foramen occipitale angebracht war, derart mit einem feststehenden Stativ verbunden, daß man den Schädel um seine drei Achsen beliebig zu drehen und in jeder gewählten Stellung zu fixieren vermochte. Bei abgehobenem Schädeldach waren die Verstellungen der Bogengänge leicht zu studieren.

---

[1]) Wie die Tafel II einen darstellt.

Mehrere Modelle. ebenfalls von Herrn Tramond künstlerisch hergestellt, welche die Ohrlabyrinthe in bedeutend vergrößertem Maßstabe zeigten, erlaubten es, die gegebenen Lagen der Bogengänge mit großer Genauigkeit festzustellen (siehe z. B. das Modell Taf. III Fig. 1). Auch habe ich selbst mehrere Modelle von drei senkrecht zueinander stehenden Ebenen, denen möglichst genau die Halbzirkelform gegeben wurde, aus festem Karton hergestellt und mit metallischen Achsen versehen. Solche Modelle erwiesen sich bei diesen Studien sehr nützlich[1]).

Ich wurde 1902 durch meinen Gesundheitszustand verhindert, meinen bezüglichen Messungen und Studien die erwünschte Ausdehnung zu geben. Namentlich war es mir nicht vergönnt, meine Absicht zu erreichen, diese Studien auf eine Feststellung der Beziehungen der Bogengangsebenen zu den Meridianen des Auges auszudehnen. Ich erhielt aber genügende Aufschlüsse, um die oben gestellte Aufgabe in den allgemeinen Zügen wenigstens lösen zu können.

Parallel zueinander sind die Ebenen der horizontalen Bogengänge, sowie die Ebene des vertikalen Kanals der einen Seite zur Ebene des sagittalen Kanals der anderen Seite. Was nun die Ebenen der horizontalen Bogengänge betrifft, so sind sie bekanntlich ein wenig nach hinten geneigt. Genau horizontal gestellt sind sie nur bei einer gewissen Kopfhaltung, bei der das Kinn nach unten und das Occiput eine Spur nach oben gerichtet ist. Diese Stellung entspricht der gewöhnlichen aufrechten Haltung, die wir dem Kopfe erteilen, wenn wir die Blicklinie in genau horizontale Ebene einstellen, wobei nach Helmholtz die Glabelle des Stirnbeins senkrecht über die Oberzähne zu liegen kommt.

Die Stellung des Ohrlabyrinths, bei welcher die Ebenen der horizontalen Bogengänge genau horizontal zu liegen kommen, möchte ich als die primäre bezeichnen.

Wenn in einem System von drei zueinander senkrechten Ebenen die eine horizontal gerichtet ist, so müssen die beiden anderen Ebenen vertikal stehen. Dies ist auch bei den Bogengängen der Fall. Der Anatom, welcher zuerst die hinteren und vorderen Bogengänge als Vertikale benannt hatte, faßte dabei sicherlich diese Eigenschaft der drei senkrecht zueinander stehenden Ebenen ins Auge. Dreht man nun den Schädel um seine sagittale Achse nach rechts oder nach links und will man dabei die entsprechenden Stellungen der horizontalen und und der (hinteren) vertikalen Bogengänge feststellen, um die Versuche des § 4 nachzuahmen, so stößt man sofort auf folgende Schwierigkeit: Wie im vorigen Paragraphen auseinandergesetzt wurde, sind die Ebenen der beiden vertikalen Bogengänge nicht zueinander parallel, sondern schneiden sich bei ihrer Verlängerung nach vorn in einem

---

[1]) Einige dieser Präparate wie den mit Kugelgelenk versehenen Schädel und meine akustischen Präparate habe ich bei der Aufgabe meines Privatlaboratoriums dem hervorragenden Sinnesphysiologen Zoth in der Überzeugung übergeben, daß er von ihnen den besten Gebrauch wird machen können.

Winkel von nahezu 90°. Bei der Drehung des Schädels um die sagittale Achse, z. B. nach links, um 90° werden die beiden Ebenen nicht identisch horizontal gestellt. Die Ebene des linken Bogenganges erscheint ein wenig von vorn nach hinten, die des rechten von hinten nach vorn geneigt; die Neigungen zur Seite, d. h. von rechts nach links, sind analog bei beiden Bogengängen.

Nach den Erfahrungen, die wir in den Versuchen der Paragraphen 10 und 11 gemacht haben, läßt sich aber bei unseren Betrachtungen diese Schwierigkeit in folgender Weise umgehen: Bei den Drehungen des Kopfes zur linken Schulter sind für die Bestimmung der Schallwellenrichtung die Empfindungen des rechten Ohres allein maßgebend; im Gegenteil die des linken Ohres bei der Neigung des Kopfes nach rechts. Der Grund ist auch leicht verständlich. Wir geben unserem Kopfe die entsprechenden Stellungen nach links oder nach rechts in den Fällen, wo uns Schallreize von oben links oder von oben rechts zugeleitet werden, und zwar, damit in diesen Stellungen unser rechtes, resp. linkes Trommelfell in die günstigste Lage kommt, um von den Schallwellen getroffen zu werden. Zu dem nach unten gerichteten linken, resp. rechten Gehörorgan werden die Schallwellen gegenseitig durch die Knochenleitung zugeführt[1]). Mit einem Wort: bei der Linksdrehung des Kopfes kommt für die Bestimmung der Schallrichtung nur das rechte Ohrlabyrinth, bei der Rechtsdrehung nur das linke in Betracht. Dies ist ja der Grund der in den §§ 10 und 11 beobachteteten Täuschungen bei der Wahrnehmung der Stimmgabelschwingungen resp. der entotischen Geräusche.

Wir sind also berechtigt, bei der Drehung des Schädels um seine sagittale Achse nach links nur die Verstellung des rechten vertikalen (hinteren) Bogenganges, bei der Drehung nach rechts nur die des linken zu berücksichtigen.

Vergleichen wir nun die Ebenen der horizontalen und entsprechenden vertikalen Kanäle bei solchen Drehungen mit den Richtungen, die wir in den Fig. 1—4 und 6—7[2]) erhalten haben, so finden wir, daß dem Sinne nach diese Ebenen den durch die gezeichneten Linien angegebenen Richtungen entgegengesetzt geneigt sind; d. h. bei der Linksdrehung z. B. ist die Ebene der horizontalen Bogengänge nicht, wie die Linie *LH*, von oben links nach unten rechts, sondern von oben rechts nach unten links geneigt; und umgekehrt bei der Rechtsdrehung. Die Ebene des rechten vertikalen Bogenganges ist dabei von oben links nach unten rechts und nicht, wie die Linien *LV*, von oben rechts nach unten links geneigt[3]).

---

[1]) Nach den im Laboratorium von Exner ausgeführten Versuchen hauptsächlich durch die Leitung des Os occipitale.

[2]) Wie schon oben erwähnt, geben diese letzteren Figuren die stattgehabten Neigungen etwas geringer an.

[3]) Es ist vorteilhaft, bei diesen Vergleichen mit den Figuren ein Kartonmodell, das die senkrecht zueinander stehenden Ebenen darstellt, in der Hand zu haben.

Mit anderen Worten: Die Neigungen der Ebenen der Bogengänge scheinen entgegengesetzt den Richtungen der Täuschungen zu sein, wie dies schon in den obigen Versuchen mit den Neigungsrichtungen der Kopfachsen der Fall war. Die Kreuzwinkel der Bogengangsebenen bleiben natürlich ganz unverändert, wie dies auch in unseren Versuchen dank dem Bestreben zur Einhaltung des rechten Winkels[1]) der Fall war. Dem Anschein nach gibt also die Beobachtung der Neigungen der Bogengangsebenen keinen Aufschluß über den Mechanismus der hier beobachteten Täuschungen, aber auch nur dem Anschein nach. Wenn wir einen Augenblick die Ebenen der Bogengänge als beliebige Ebenen eines physikalischen Koordinatensystems betrachten wollen, in welchen die Bezeichnungen als horizontal und vertikal nur für die eine gegebene Stellung des Systems gültig sind, die bei den Drehungen des Systems notwendig wechseln müssen, so erhält man folgendes: Bei der Drehung des Schädels um die sagittale Achse nach links entspricht die Schiefstellung des früheren horizontalen Bogenganges der Schiefstellung der Linie *LV* und die Schiefstellung der früheren vertikalen Ebene der Linie *LH*. Das Gegenteil tritt natürlich ein bei der Rechtsdrehung des Schädels, wo die entsprechenden Ebenen der Linien *RV* und *RH* gleichgeneigt sind. Das heißt also: Bei den Drehungen der Ebenen werden die horizontalen mehr oder weniger vertikal, die früheren vertikalen horizontal gestellt. Geschähe die Drehung genau um einen Winkel von 90^{0}, so müßte diese Umwandlung der Ebenen eine vollkommene sein. Wenn es sich also um ein rein physikalisches Koordinatensystem von drei senkrechten Ebenen gehandelt hätte, so würde der Mechanismus der Täuschungen bei Drehungen des Kopfes um seine sagittale Achse sich leicht aus einer solchen Umwandlung erklären lassen: die gezeichneten Linien würden dann genau der Schiefstellung der Ebenen entsprechen.

Wir haben es aber hier mit einem physiologischen Koordinatensystem zu tun und einer solchen einfachen Deutung stellt sich das Gesetz der spezifischen Energien entgegen. In der Tat haben sämtliche Experimente, die ich im Laufe von 30 Jahren angestellt habe, ergeben, daß, wie ich mich schon 1873 ausgedrückt habe, „jeder Bogengang mit der einen Richtung des Raumes in Beziehung steht“. Dies wurde seitdem durch eine Unzahl der in den vorhergehenden Kapiteln ausführlich auseinandergesetzten, an den einzelnen Bogengängen ausgeführten Versuche in eindeutiger und übereinstimmender Weise erwiesen.

Es fragt sich daher, ob man berechtigt ist, eine Umwandlung der Verrichtungen der einzelnen Bogengänge, je nach ihrer Verstellung im Raume, anzunehmen, wobei also der horizontale Bogengang als vertikaler und der vertikale als horizontaler funktionieren könnte. In dieser Form wäre eine derartige Annahme kaum zulässig; sie ist auch

---

[1]) Siehe § 2.

nicht erforderlich. Der Sachverhalt kann ein anderer sein. Wir haben schon in unseren früheren Untersuchungen mehrmals erörtert, daß aus der Kongruenz der Empfindungen der beiden Bogengangspaare sich in unserem Gehirn die Vorstellung eines idealen rechtwinkligen Koordinatensystems bildet, auf das sämtliche Empfindungen unserer anderen Sinne, zum Zwecke der Orientierung in einem dreidimensionalen Raume, projiziert werden. Dieses ideale Koordinatensystem wird nun bei den Drehungen des Kopfes verstellt werden und dabei wird, wie bei jedem geometrischen System von solchen Koordinaten, deren Bedeutung als vertikaler oder horizontaler Koordinaten notwendigerweise mit jeder Verstellung wechseln müssen. Die Annahme einer solchen Umwertung der Koordinatenebenen ist aber zulässig, ohne daß dabei das Prinzip der spezifischen Energien für die Bogengänge selbst irgendwie verletzt würde.

Wir würden also die vertikalen und horizontalen Richtungen in einer Schiefstellung, die entgegengesetzt der Kopfneigung ist, wahrnehmen, weil die Richtungen des idealen Koordinatensystems bei der entsprechenden Kopfneigung schief und entgegengesetzt geneigt werden. Bei unseren jetzigen noch lückenhaften Kenntnissen über die Art, wie die Nervenendigungen in den Bogengängen von den Schallwellen getroffen und erregt werden, kann eine solche Erklärung der uns hier interessierenden Richtungstäuschungen aus den Drehungen der Bogengangsebenen schon als befriedigend betrachtet werden. Sie kann eventuell noch eine Stütze und sogar eine Ergänzung in dem Versuche einer rein psychologischen Deutung finden, die ich, der Kürze wegen, in meiner vorläufigen Mitteilung 1902 angeführt habe. Dieser Versuch beruhte auf der Verknüpfung der Wahrnehmungen gewisser Kopfstellungen mit bestimmten Empfindungen der Schallrichtungen, welche diesen Kopfstellungen entsprechen. Wir neigen z. B. unseren Kopf zur linken Schulter jedesmal, wenn wir unser Gehörorgan so einstellen, daß es die Richtung eines von rechts oben kommenden Schalles genauer zu bestimmen vermag. Diese Kopfneigung wie die entsprechende Verstellung der Bogengangsebenen sind deshalb mit der Wahrnehmung einer schiefen Richtung, die von oben rechts, dem rechten Trommelfell, nach unten links, zum linken Gehörorgan, geneigt ist, assoziiert. Daher die Schiefstellung der vertikalen Linie in unseren entsprechenden Versuchen.

An sich allein wäre diese psychologische Erklärung der Täuschung schon darum unzureichend, weil wir die horizontale Richtung auch dann schief angeben, wenn wir sie noch vor der vertikalen ausführen (siehe oben). Diese Schiefstellung kann aber nur mit Zuhilfenahme des Bestrebens zur Einhaltung des rechten Winkels gedeutet werden, also nur mit Hilfe der Verstellung des ganzen Koordinatensystems.

Noch an eine dritte Erklärungsweise der Täuschungen bei Drehungen des Kopfes um die sagittale Achse dachte ich bei dem Studium der Verstellungen der Bogengangsebenen an dem offenen Schädel. Die Richtungen der Täuschungen der vertikalen und horizontalen Linien entsprechen nämlich ziemlich genau den Neigungen der Achsen der vertikalen[1]) und horizontalen Bogengänge. Schon im Jahre 1878 habe ich bei der Beschreibung der gezwungenen Drehungen, welche die Tiere bei der Durchschneidung resp. der Reizung der einzelnen Bogengangspaare ausführen, besonders hervorgehoben, daß diese Drehungen um die Achsen dieser Bogengänge geschehen. So z. B. bewegen sich die Tiere bei der Durchschneidung der beiden horizontalen Bogengänge um deren vertikale Achse, bei Zerstörung der vertikalen (hinteren) um die horizontalen Achsen dieser letzteren[2]).

Welche Beziehung besteht nun zwischen dieser gezwungenen Drehung der Tiere um bestimmte Achsen zerstörter oder verkrüppelter[3]) Bogengänge und den Erregungsweisen der letzteren bei ihrem normalen Funktionieren? Darüber vermögen wir bis jetzt nicht einmal Vermutungen anzustellen. Es ist also unmöglich, irgendwelche bestimmte Anhaltspunkte für die Verknüpfung der analogen Schiefstellungen der Bogengangsachsen mit den Täuschungen in den Richtungen zu finden. Die obige Tatsache selbst verdient aber hervorgehoben zu werden, da sie vielleicht in inniger Beziehung steht zu den mehrmaligen Verwechselungen bei der Aufzeichnung der Täuschungen in der sagittalen Richtung mit der vertikalen, von denen oben in § 3 die Rede war. Gewöhnlich geschehen bei den Kopfneigungen zur Schulter solche Verwechselungen nur für die eine Richtung, wie z. B. in der Figur 14 die Linie *Ls*. Die Drehachse des sagittalen Bogenganges der einen Seite ist aber die nämliche, wie die des vertikalen der anderen Seite.

Es bedarf wohl keiner längeren Beweise, daß bei der Identität der Aubertschen Täuschung mit der von mir beobachteten die für die letztere gegebenen Deutungen ohne Schwierigkeit auch auf das Aubertsche Phänomen anwendbar sind. Ich versuchte aber während der in § 11 mitgeteilten Beobachtungen für den Gegensatz, der zwischen der Neigung des Nachbildes und der der hellen Linie besteht, eine Erklärung in einer ganz anderen Richtung zu finden.

Es ist mir unmöglich, hier auf die Details einzugehen. Der Ideengang, welchem ich bei dieser Erklärung folgte, ist aber jedenfalls ein fruchtbarer. Da die Frage vielleicht von späteren Forschern einer weiteren Erörterung für würdig gehalten werden kann, so will ich ihn hier kurz erläutern. Wie bekannt, sind die bisher gemachten Versuche, um die Umkehr des Netzhautbildes in unserem Bewußtsein zu erklären, zu keinem befriedigenden Resultate gelangt. Die Hypothese von Johannes Müller lehrt, eine solche Umkehr finde gar nicht

[1]) Natürlich desjenigen vertikalen Bogengangs, der bei der Kopfneigung höher gestellt ist, wie dies soeben auseinandergesetzt wurde.

[2]) Siehe auch Kap. IV § 2.

[3]) Wie bei den japanischen Tanzmäusen.

statt und wir sehen die Außendinge in der Tat nicht da, wo sie wirklich sind. Was wir unten sehen, liegt oben; was rechts unsere Netzhaut erregt, liegt links und so weiter. Wir geben uns aber keine Rechenschaft davon, weil wir nicht mit den Objekten selbst zu tun haben, sondern mit ihrer Wirkung auf unser Nervensystem; und da wir Alles verkehrt sehen, so ändert sich der allgemeine Eindruck nicht. Diese paradoxale Hypothese ist schon von Ludwig und anderen als unhaltbar abgelehnt worden. Nach der ihr entgegengestellten Hypothese sollen die empfindenden Netzhautpunkte die Ursache ihrer Erregung in einer mit der Sehachse gekreuzten Richtung nach außen projizieren und so die Objekte zu unserer Wahrnehmung in ihre wirkliche Lage bringen. Diese Hypothese ist ebenfalls wenig befriedigend, da sie die Erklärung schuldig bleibt, warum und wie diese Projektion der Erregungsursachen nach außen in gekreuzter Richtung stattfinden soll. Die heikle Frage nach der Ursache der Umkehr unserer Netzhautbilder wird daher mangels einer annehmbaren Erklärung in den meisten Lehrbüchern der Physiologie nicht einmal einer ausführlichen Erörterung unterzogen.

Durch die Feststellung der Tatsache, daß unsere Gesichtseindrücke, wie übrigens auch die Empfindungen der anderen Sinnesorgane, durch Projektion auf ein ideales rechtwinkliges Koordinatensystem, das in unserem Bewußtsein durch die Verrichtungen der Bogengangsapparate gebildet wird, in dem äußeren Raume lokalisiert werden, wird die Erklärung der Umkehr unserer Netzhautbilder bedeutend vereinfacht. Es gehört nur dazu die sehr plausible Annahme, daß bei dieser Projektion eine Umkehr der Netzhautbilder stattfinde, um das Problem ganz einfach zu lösen. Es wird dadurch schon der Vorteil erzielt, daß eine solche Orientierung aller unserer Sinnesempfindungen auf ein und demselben Wege die volle Harmonie in unserer Wahrnehmung der Beziehungen der äußeren Objekte zu unserem Körper und vice versa gestattet. Wogegen die früheren Hypothesen, besonders die Müllersche, unvermeidlich einen Konflikt zwischen den Wahrnehmungen der gesehenen Objekte und denen der betasteten herbeiführen mußten.

Die Annahme, daß die negativen Bilder der Netzhaut eine Umwertung in positive, bei ihrer Projektion auf das Koordinatensystem, erleiden, das unserem Bewußtsein durch die Richtungsempfindungen geliefert wird, diese Annahme hatte schon in meinen Versuchen der siebziger Jahre gewichtige Stützen gefunden. Es soll nur auf die Versuche hingewiesen werden, welche ich mit Solucha angestellt habe und in denen es uns gelungen war, eine vollkommene Desorientierung der Tauben durch die Anwendung prismatischer Brillen zu bewirken. Sämtliche Zwangsbewegungen, die sonst nur durch die Zerstörungen der Bogengänge hervorgerufen werden, erzeugten wir mit Hilfe solcher Brillen. Die nämlichen Bewegungsstörungen erhielten wir bei Hunden durch die Durchschneidungen der Nackenmuskeln nach der Methode von Longet. Auch hier wurden sie erzielt durch die gestörte

Orientierung der Netzhautbilder infolge der ungewohnten oder falschen Übertragung auf das Koordinatensystem der Bogengänge.

Unter den Beobachtungen, die in meiner ausführlichen Arbeit von 1878 mitgeteilt wurden, befand sich eine, die als direkte Demonstration der Richtigkeit der eben formulierten Annahme gelten könnte. Die Beobachtung besteht in folgendem: Tauben mit verletzten oder einseitig zerstörten Bogengangsapparaten zeigten einige Zeit nach der Operation eine eigentümliche Kopfhaltung. Die ganze Stellung des Kopfes wurde vollständig umgekehrt; der Schnabel wurde nach oben hinten, das Occiput nach unten vorn gerichtet, das rechte Auge befand sich also links, wie auch die übrigen Gesichtsteile umgelagert wurden. Die sämtlichen Netzhautmeridiane lagen verkehrt. Das große Interesse dieser Kopfhaltung bestand nun darin, daß die Tiere nur bei dieser Kopfhaltung ihre gewaltigen Zwangsbewegungen los wurden und das Gleichgewicht zu erhalten vermochten. Der leiseste Versuch, den Kopf in seine normale Haltung zu bringen, genügte, um die heftigen Bewegungen von neuem hervorzurufen. Die Taube gelangte erst zur Ruhe, wenn sie die verkehrte Kopfhaltung wieder einnehmen konnte. Dann konnte sie Stunden lang sich ganz ruhig verhalten und auch kleine Bewegungen zweckmäßig ausführen (siehe oben Kap. I § 3 und Fig. 1 u. 6 auf Taf. I).

Seitdem hat Hermann Munk eine ganz ähnliche Beobachtung an einer Taube beschrieben, die an einem angeborenen Mangel der rechten Bogengänge litt. Die abnorme Kopfstellung der Taube, Schnabel nach links, Hinterhaupt nach rechts gekehrt, war dauernd. Sie stolperte beim Gehen, zeigte aber sonst keine Zwangsbewegungen, solange man nicht den Versuch machte, die Kopfhaltung zu rektifizieren. Die Taube lief niemals geradeaus, beschrieb große Bogen linksum. Diese Beobachtungen stimmen ganz mit den von uns operierten Tauben überein, weil bei meiner sorgfältigen Operationsweise die Ausfallserscheinungen rein hervorzutreten pflegten.

Wie kann man die Fähigkeit solcher Tiere bei Mangel des Ohrlabyrinths mit Hilfe der soeben beschriebenen eigentümlichen Kopfhaltung ihr Gleichgewicht zu erhalten und von den Zwangsbewegungen, die durch ihre Desorientierung erzeugt sind, befreit zu werden, erklären? Bei sorgfältiger Entfernung der beiderseitigen Bogengangsapparate beobachtet man fast immer einige Zeit nach der Operation, nachdem sämtliche Reizungserscheinungen verschwunden sind, daß die Tauben diese verkehrte Kopfstellung einnehmen und konstant bewahren. Nur eine zutreffende Erklärung ist möglich: Diese Tiere sind durch die Zerstörung des Ohrlabyrinths der Möglichkeit beraubt worden, ihre negativen Netzhautbilder auf das Koordinatensystem des Ohrlabyrinths in der gewohnten Weise zu projizieren, also gleichzeitig in positive Bilder zu verwandeln[1]). Sie sehen also alle sie umgebenden Gegen-

[1]) Dieses Koordinatensystem würde etwa dieselbe Rolle spielen, wie die bekannten Einrichtungen in den kleinen photographischen Apparaten (Kodacks).

stände verkehrt; weder vermögen sie das Gleichgewicht zu erhalten noch die notwendigen zweckmäßigen Bewegungen zu machen, um sich im äußeren Raume zu orientieren. Sie befinden sich also in ähnlicher Lage wie die Tauben mit den prismatischen Brillen in unseren bereits erwähnten Versuchen.

Sie geben alsdann ihrem Kopfe, also auch ihren Augen, die beschriebene verkehrte Stellung. Die Bilder. die sie von den äußeren Objekten auf ihren verkehrt gestellten Netzhautpunkten erhalten, entsprechen also der wirklichen Lage der Objekte. Beim Mangel des normal funktionierenden Ohrlabyrinths ersetzen die Tauben die gewohnte Verwandlung ihr negativen Netzhautbilder in positive dadurch, daß sie ihre Netzhäute verkehrt einstellen. Die große Bedeutung dieser Versuchsergebnisse liegt also darin, daß sie uns die Möglichkeit geben, in der ungezwungensten Weise die Umkehr unserer Netzhautbilder zu erklären. Seitdem meine Versuche die normale und gesetzmäßige Abhängigkeit der okulomotorischen Nerven von dem Erregungszustande des Bogengangsapparates erwiesen haben, also seit den Jahren 1875—76, konnte man schon an eine derartige Rolle des letzteren bei der Umwandlung der negativen Netzhautbilder in positive denken. Aber erst Versuche an Menschen, wie die in diesem Kapitel auseinandergesetzten, vermochten den früheren Versuchen die erforderliche Überzeugungskraft zu verleihen.

So mußte bei der Aubertschen Täuschung die Frage aufgeworfen werden, ob wir besonders beim Aufblitzen der hellen Linie im dunklen Raume nicht darum die helle Linie schief in entgegengesetzter Richtung zur Kopfneigung sehen, weil wir beim Mangel anderer äußerer Orientierungsobjekte und bei der ungewohnten Stellung der Bogengänge nur ihr negatives Netzhautbild sehen. Bei der Wahrnehmung des Nachbildes eines vorher im beleuchteten Raume und in gewohnter Weise positiv umgekehrten Bildes dagegen kommt die geneigte Stellung der Bogengänge nicht in Betracht. Ich dachte daher. wie schon gesagt, an eine solche Erklärung der Tatsache, daß wir gleichzeitig das Nachbild der Kopfneigung folgend empfinden und die helle Linie die entgegengesetzte Richtung einschlagen sehen.

Auch die Deutung der übrigen hier beobachteten Täuschungen in der Wahrnehmung der Richtungen konnte ohne zu große Schwierigkeiten mit der soeben angeführten in einen gewissen Einklang gebracht werden. Um diese Deutung genauer zu prüfen, mußte noch eine Reihe spezieller Versuche angestellt werden, an deren Ausführung ich leider durch meine Erkrankung verhindert wurde. Ich muß dieses dankbare Untersuchungsgebiet späteren Forschern überlassen. Als erste Bedingung für den Erfolg derartiger Forschungen muß aber die genaue Bekanntschaft, ja die volle Vertrautheit mit den experimentellen Ergebnissen der am Ohrlabyrinth der Tiere ausgeführten Untersuchungen gelten.

Aus dem bisher Auseinandergesetzten folgt jedenfalls, daß die Deutung der meisten in diesem Kapitel mitgeteilten Täuschungen keine unüberwindlichen Schwierigkeiten bietet, wenn man dabei von dem richtigen Standpunkt ausgeht, die Ursache aller dieser Täuschungen nur in den Verstellungen der Bogengangsebenen zu suchen.

Ich bin auf größere Hindernisse bei meinen Versuchen gestoßen, eine befriedigende Erklärung für die Tatsache zu finden, daß bei G. sämtliche Täuschungen in der Wahrnehmung der vertikalen Richtung immer die gleiche Neigung wie die Richtung der Kopfdrehung zeigten[1]). In der vorläufigen Mitteilung hatte ich auf die Tatsache hingewiesen, daß G. Linkshänder ist oder, richtiger, in seiner Kindheit Linkshänder war. Dies äußerte sich, außer dem gewöhnlichen Überhandnehmen der linken Körperhälfte bei den Bewegungen, auch in einigen Eigentümlichkeiten, die mit dem Richtungssinne in Verbindung zu stehen scheinen. Als er anfing, schreiben zu lernen, war es eine große Schwierigkeit, ihn davon abzubringen, gewisse Buchstaben, wie K, R, B, verkehrt zu schreiben. Bei den Ziffern 4 und 7 pflegte er noch in seinem siebenten Jahre häufig denselben Fehler zu begehen. Beim Zeichnen von Köpfen richtete er das Profil nicht, wie die meisten Kinder, nach links, sondern nach rechts. Noch im 11. Jahre aufgefordert, auf einem Papierstreifen, der ihm auf die Stirn befestigt war, seinen Namen zu schreiben, griff er sofort mit der linken Hand nach der Feder und schrieb Spiegelschrift, usw.

Es war also ziemlich angezeigt, in dieser Eigentümlichkeit eines Linkshänders die Ursache des verschiedenen Verhaltens von G. bei dem Aufzeichnen der Täuschung in der vertikalen Richtung zu sehen. Die von einem bekannten Ohrenarzt bei dieser Gelegenheit vorgenommene Prüfung seiner Hörschärfe ergab, daß auch sein linkes Gehörorgan etwas empfindlicher als das rechte ist. Alle diese Indizien sind aber noch nicht imstande, zu erklären, warum ein Linkshänder bei Drehungen seines Kopfes um die sagittale Achse keinerlei Täuschungen in der Bestimmung der Vertikalen unterliegen soll, weder denen von Aubert noch denen, die in den §§ 4, 6 und 9 beschrieben sind. Es muß sich dabei sicher noch um ein psychologisches Zwischenglied handeln, über welches es voreilig wäre, irgend welche Vermutungen anzustellen. Es soll nur daran erinnert werden, daß ich schon in der Untersuchung „Bogengänge und Raumsinn“ vom Jahre 1896 Gelegenheit hatte, eine analoge Resistenz von G., einem damals vierjährigen Knaben, gegen gewisse Täuschungen zu konstatieren. So unterlag er auch nicht der gewohnten Täuschung bei der Auffahrt mit der Abtschen Bahn; er sah die Bäume und Telegraphenstangen immer vertikal, auch bei dem steilsten Aufsteigen. Die Illusion des Nichtparallelismus beim Ansehen des Zöllnerschen Musters äußerte sich dagegen bei ihm ganz in derselben Weise wie bei anderen Personen. Auch sonst zeigte

---

[1]) Einige Versuche, die ich an einem neunjährigen Violinspieler machte, lehrten, daß die Ursache nicht in der gewohnten Linksneigung des Kopfes beim Violinspielen liegen konnte, denn bei diesem Knaben zeigte die Täuschung in der vertikalen Richtung denselben Charakter wie bei den anderen Versuchspersonen.

er in seiner zartesten Jugend eine ganz ungewöhnliche Schärfe für Beobachtungen, die seinen eigenen Körper betrafen.

Wie schon oben gesagt, erklärte er selbst, daß er die vertikalen Linien in der Richtung der Kopfneigungen zeichnete, weil er durch den Anblick von Fensterkreuzen weiß, daß der vertikale Stab, bei dem zur Schulter geneigten Kopfe sich zur selben Seite zu neigen scheint, wie der Kopf. Er zeichnet daher die Vertikale, so wie er sie bei Neigungen des Kopfes im hellen Raume sieht. Dies mag wohl zum Teil richtig sein; aber dies erklärt weder, warum er den Schall ebenfalls in der entsprechenden Richtung hört, noch warum er den Täuschungen in der horizontalen Richtung ebenso wie die anderen unterliegt. Für die Einhaltung des rechten Winkels wäre ja die Aufzeichnung dieser Linie in entgegengesetzter Richtung viel vorteilhafter. Auch bleibt es bei seiner Erklärung unverständlich, warum er auch bei dem besten Willen unter denselben Umständen nicht willkürlich die vertikale Linie in entgegengesetzter Richtung auszuführen vermag. Höchstens gelang es ihm dabei, die gewohnte Neigung der Vertikalen auf ein Minimum zu reduzieren, wie in der Fig. 5. Dies bestätigt zwar nochmals die schon von Helmholtz so oft betonte Tatsache, daß wir die Sinnestäuschung nicht durch das Verständnis des Vorgangs zum Verschwinden zu bringen vermögen. Sie zeigt auch, daß wir nicht imstande sind, auf Wunsch eine Täuschung künstlich zu erzeugen, und sogar wenn wir gleichzeitig anderen ganz ähnlichen Täuschungen unterliegen.

Nachtrag I. Die hier wiedergegebenen Versuche wurden vor beinahe sechs Jahren ausgeführt. Seitdem hat G. seine Gymnasialstudien durchgemacht und dabei viel Mathematik gelernt. Er zeigte eine ganz besondere Begabung für Analyse: Algebra, Trigonometrie, die Logarithmen zogen ihn sehr an. Dagegen begegnete er großen Schwierigkeiten beim Studium der deskriptiven Geometrie und bei den graphischen Zeichnungen. (Siehe meine letzte Untersuchung: Das Ohrlabyrinth als Organ des mathematischen Sinnes. Pflügers Archiv Bd. 118). Ich unterzog ihn in den letzten Tagen von neuem der Prüfung der Täuschungen bei den Drehungen des Kopfes um die sagittale Achse. Das Ergebnis war folgendes: Bei geringen Drehungen zeichnet er im Dunkeln die Vertikale in derselben Richtung wie als er zehn Jahre alt war; die Abweichung von der Norm ist aber äußerst gering; die Horizontale zeichnet er dagegen fast ganz genau. Die Winkelabweichungen sind also äußerst gering, etwa 3^0 bis 5^0. Bei starker Drehung dagegen unterliegt er für die Vertikale derselben Täuschung wie alle anderen Personen: die Richtung der gezeichneten Linie ist der Richtung des Kopfes entgegengesetzt, aber nur sehr wenig. Dagegen zeichnet er die Horizontale, die er früher wie die übrigen Personen wiederzugeben pflegte, in ganz entgegengesetzter Richtung: bei der Neigung nach links stieg die horizontale Linie von links unten etwas nach rechts oben. Bei der Neigung des Kopfes nach rechts zeigte die Linie eine ansehnliche Neigung von links oben nach rechts unten. Die

Winkelabweichung erreichte im ersten Falle kaum 0^0 bis 2^0, bei der Rechtsdrehung dagegen stieg sie bis 10^0 und 15^0.

Interessant ist die Täuschung in der horizontalen Richtung bei starker Kopfneigung besonders dadurch, daß sie nochmals zugunsten der unbewußten Tendenz des Zeichnenden, den rechten Winkel einzuhalten, spricht. Dies gelingt ihm manchmal vollständig bei der Linksneigung, niemals bei der Rechtsneigung. Durch eine derartige Tendenz ließe sich vielleicht die Tatsache erklären, daß, wenn G. der normalen Täuschung bei der Zeichnung der Vertikalen unterliegt, die Horizontale dagegen unwillkürlich die der normalen Täuschung entgegengesetzte Richtung zu nehmen sucht.

Nachtrag 2. Auf mein Ersuchen hatte Prof. Rawitz vor mehreren Jahren an einer größeren Zahl von taubstummen Kindern Versuche darüber angestellt, wie bei diesen sich die Täuschungen in der Wahrnehmung der Richtungen äußern. Die Versuche beschränkten sich auf die in den §§ 3 u. 4 besprochenen Täuschungen. Als vorläufiges, allgemein interessantes Resultat ergab sich, daß bei Taubstummen die Täuschungen wesentlich geringer sind, als bei normal hörenden Menschen.

VI. Kapitel.

Die physiologischen Grundlagen der Geometrie von Euklid.

§ 1. Einleitung.

Plato hat der Mathematik eine Mittelstellung zwischen der philosophischen und der sinnlichen Erkenntnis angewiesen. Und dies mit Recht. Der Philosoph postuliert, der Mathematiker deduziert, der Naturforscher entscheidet mit Hilfe der sinnlichen Erkenntnis, ob und welche Postulate, also auch welche aus ihnen abgeleiteten Sätze auf reeller Wahrheit beruhen. Seitdem die Leistungsfähigkeit unserer Sinnesorgane durch Erfindung der Teleskope, Mikroskope und vollkommener Meß- und Wägeinstrumente bedeutend gesteigert wurde und die Naturforschung, immer mehr von mathematischem Denken durchdrungen, gelernt hat, die höhere Analysis anzuwenden, um die weitesten Konsequenzen aus ihren Erfahrungssätzen zu ziehen, hat sie eine Reihe bedeutender Erfolge bei der Lösung von physikalischen Problemen, die den menschlichen Geist von jeher beschäftigt haben, gezeitigt.

Das entscheidende Wort gehört jedenfalls dem Naturforscher, und zwar vorzugsweise demjenigen, der sich mit der bloßen Beobachtung der Erscheinungen nicht begnügt, sondern ausgerüstet mit allen den Vorrichtungen, welche die Leistungsfähigkeit seiner Sinnesorgane erweitern, zum Experiment greift und durch künstlich erzeugte Bedingungen nach Belieben neue Erscheinungen hervorruft, die ihm gestatten, die Gesetze ihres Geschehens zu erkennen. Gelingt es ihm dann, die Naturerscheinungen so vollständig zu beherrschen, daß er an der Hand der gewonnenen Gesetze mit Sicherheit die Erfolge neuer Versuche vorauszusehen vermag, so kann er seine Aufgabe als definitiv gelöst betrachten. „Das Gesetz der Erscheinungen finden' heißt sie begreifen“, hat mit Recht Helmholtz gesagt. Der Naturforscher ist dann berechtigt, Kontroversfragen mit Philosophen und Mathematikern, die ihre Hypothesen nur auf dem Wege reiner Geistesoperationen aufbauen und ihre eventuellen Einwände gegen die Errungenschaften der Naturforschung bloß auf traditionell gewordene, wenn auch längst widerlegte Lehren älterer Metaphysiker gründen, einfach als irrelevant beiseite zu lassen.

In dieser Überzeugung schrieb ich im Jahre 1878 am Schlusse der ersten ausführlichen Darlegung meiner jahrelangen Versuchsreihen am Ohrlabyrinth: „Die Bogengänge sind die pheripheren Organe des Raumsinns; d. h. die Richtungsempfindungen, erzeugt durch die Erregung der in ihren Ampullen sich verbreitenden Nervenfasern, dienen dazu, unsere Begriffe von den drei Ausdehnungen des Raumes zu konstruieren. Die Empfindung eines jeden Kanales entspricht einer dieser Ausdehnungen“. . . . . . „Wir verstehen jetzt, weshalb es gerade ein Raum von drei Dimensionen ist, der unserer Euklidischen Geometrie zur Grundlage dient. Die geometrischen Axiome erscheinen uns somit als durch die Grenzen unserer Sinnesorgane auferlegt“ (S. 319 Ges. Phys. Arbeiten). Dies war das weitestgehende Ergebnis meiner damaligen Untersuchungen, weil es die Lösung eines der schwierigsten Probleme der Psycho-Physiologie und der Philosophie gestattete. Der Nachweis, daß der Bogengangsapparat für die Orientierung im Raume dient, so wie die erlangte Erklärung der so rätselhaften Phänomene von Flourens boten dagegen ein ausschließlich physiologisches Interesse.

Die soeben zitierte Schlußfolgerung legte mir die Pflicht auf, an der Hand der gewonnenen Erfahrungen genauer die natürlichen Grundlagen und Axiome der Geometrie von Euklid zu erforschen. Die außerordentliche Entwicklung der Nicht-Euklidischen Geometrie hat indessen das Raumproblem wenn nicht ganz umgestaltet, so doch bedeutend verschoben. Die Teilnahme von Helmholtz an der Schöpfung der imaginären Geometrie und die große Zuversicht, mit der er in seiner berühmten Heidelberger Rede zugunsten der Räume von n-Dimensionen eingetreten ist, mußte den Gang der neuen Forschungen auf diesem Gebiete wesentlich erschweren. In der Tat hat Helmholtz das bis dahin psycho-physiologische Raumproblem ganz den Mathematikern überliefert. Glücklicherweise wurden die rein physiologischen Ergebnisse meiner Untersuchungen sowie auch die aus diesen gezogene Schlußfolgerung die Euklidische Geometrie betreffend von den analytischen Beweisen der Möglichkeit von Räumen von n-facher Mannigfaltigkeit nicht im mindesten berührt. Auch Helmholtz mußte zugeben, daß wir weder imstande sind, uns eine Vorstellung von den neuen Räumen zu machen, noch daß wir vermögen, mit Hilfe der neu gewonnenen Gesichtspunkte den Ursprung unserer gezwungenen Auffassung des äußeren Raumes als einer dreifachen Mannigfaltigkeit zu erklären. Dennoch erschien es unstatthaft, zur Begründung der Axiome der alten Geometrie und ihrer Definitionen mit Hilfe meiner Versuchserfahrungen zu schreiten, ohne die gebührende Rücksichtnahme auf die transzendentale Geometrie.

Erst in den letzten Jahren fand ich die notwendige Muße, mich mit der Nicht-Euklidischen Geometrie soweit vertraut zu machen, um die Lösung der im Jahre 1878 gestellten Aufgabe vornehmen zu können. So kam es, daß die physiologischen Grundlagen der Geometrie von Euklid erst im Jahre 1901 erscheinen konnten. Meine Schrift hat zuerst die Aufmerksamkeit der Philosophen und besonders der Mathematiker auf die Verrichtungen des Ohrlabyrinths gelenkt. Mehrere Mathematiker, wie H. Poincaré, Couturat u. a., fanden sogar Gelegenheit, kritische Äußerungen über meine Lehre zu veröffentlichen (s. unten).

Sowohl aus diesen Veröffentlichungen als aus dem brieflichen Gedankenaustausch mit mehreren bedeutenden Mathematikern konnte ich mit Genugtuung konstatieren, daß weder meine geschichtliche Darstellung der neuen Geometrie noch die Präzisierung ihrer wahren Beziehungen zu den physiologischen Grundlagen der Euklidischen Lehren zu irgendwelchen ernstlichen Einwänden Veranlassung geben konnten. Die von einigen Kritikern gemachten Einwände bewegten sich ausschließlich auf metaphysischem Boden. Eigentlich gingen sie darauf hinaus, daß das Raumproblem überhaupt von den Naturforschern nicht gelöst werden könne und nicht in das Gebiet der wissenschaftlichen sinnlichen Forschung gehöre. Diesem letzten Einwand, der vorzugsweise von Couturat erhoben wurde, habe ich die gebührende Zurechtweisung schon in der Revue Philosophique (Januar 1902) erteilt. Wie die meisten französischen Meta-Mathematiker stand auch Couturat auf dem Standpunkt der Kantschen aprioristischen Lehre. Er gab sich gar nicht einmal die Mühe, die experimentellen Grundlagen meiner Untersuchungen sowie deren Ergebnisse ordentlich zu studieren und zu verstehen. Seine Einwände bezogen sich daher tatsächlich gar nicht auf meine Lehre. Nachdem ich ihm dies erläutert habe, fügte ich hinzu: „Certes le métamathématicien a dans de pareilles discussions une très grande supériorité sur le métaphysicien, — mais cela seulement quand tous les deux partent d'un principe vrai. Dans le cas contraire, l'avantage se trouve plutôt du côté du philosophe pur. Le premier, grâce à la précision rigoureuse de ses déductions doit, en partant de prémisses fausses, aboutir forcément à des conclusions absurdes, tandis que le métaphysicien, dans le même cas, peut encore arriver à une conclusion juste, si par hasard son raisonnement déraille sur la vraie voie“ (S. 89).

Couturat scheint sich seitdem selbst eines besseren belehrt zu haben. In einer unlängst erschienenen Schrift „Les principes des Mathématiques“ schreibt er: „La Mathématique est une science où l'on ne sait jamais de quoi l'on parle, ni si ce qu'on dit est vrai“ (S. 4). Er beurteilt also die Meta-Mathematik noch viel schärfer als ich. In einem Anhang zu der genannten Schrift, die er als „Philosophie des Mathématiques de Kant“ betitelt, tritt er übrigens nicht mehr als Kantianer, sondern als Anhänger von Leibniz auf.

Ich muß mit Bedauern hervorheben, daß auch H. Poincaré meine Lehre vollständig mißverstanden hat. „Les trois paires de canaux“, schreibt er, „auraient pour unique fonction de nous avertir que l'espace a trois dimensions. Les souris japonaises n'ont que deux paires de canaux; elles croient, parait-il, que l'espace n'a que deux dimensions, et elles manifestent cette opinion de la façon la plus étrange . . . .“ (folgen vage Angaben über die Tanzweise der japanischen Mäuse, deren Bedeutung irrig erklärt wird) . . . „Il est évident“, schreibt er weiter, „qu'une semblable théorie n'est pas admissible“ „On ne comprendrait pas pourquoi le créateur nous aurait donné des organes destinés à nos nous crier sans cesse: souviens-toi que l'espace a trois dimensions“[1]). — Wenn meine Lehre wirklich etwas Gemeinschaftliches mit dem hätte, was H. Poincaré von ihr angibt, so könnte ich mich seinem Urteile nur anschließen. Dieser eminente Mathematiker scheint einer Theorie von Mach-Delage über die Verrichtungen der Bogengänge den Vorzug zu geben. Weder Mach noch Delage haben je Versuche an den Bogengängen angestellt. Auf Grund von Voraussetzungen, die sich, wie aus dem Kapitel II ersichtlich, sämtlich als irrig herausgestellt haben, hat Mach die Hypothese aufgestellt, die Bogengänge dienten dazu, um uns die Empfindungen der Beschleunigung der Bewegungen bei Drehungen um unsere vertikale Achse zu geben. Von dieser Hypothese hat er sich vollkommen losgesagt in Anbetracht der von mir und anderen ihr entgegengestellten Einwände. Yves Delage, der die Drehversuche von Mach in besserer Form wiederholt hatte, mußte zugeben, daß, was die Beschleunigungen betrifft, er mit mir einverstanden ist gegen Mach. Die Hypothese über den Drehsinn erklärt er ebenfalls für nicht bewiesen. Wenn er nicht dem Beispiele Machs folgte und meiner Lehre sich nicht anschloß, so geschah dies nur aus rein metaphysischen Gründen (siehe Kap. II §§ 2 bis 4 und 9). Über die neuen Machschen Ansichten siehe unten Anhang zu § 4.

Ich kann den französischen Meta-Mathematikern[2]) nur den Rat wiederholen, den ich vor 5 Jahren Herrn Couturat erteilt habe: „Ceci étant donné, les méta-mathématiciens qui voudront bien étudier sérieusement les bases sur lesquelles fut édifiée ma solution du problème de l'espace, y trouveront, avec des points de départs solides, des déductions fertiles en conclusions d'une grande portée pour la géométrie“.

§ 2. Der Raumsinn und die Richtungsempfindungen. Die vermeintlichen Innervationsempfindungen. Die Augenstellungen und ihre Abhängigkeit von den Bogengängen.

Die drei wichtigsten Sätze der Lehre von den Verrichtungen des Ohrlabyrinths, so wie sie aus meinen beinahe vierzigjährigen Untersuchungen definitiv festgestellt wurden, lauten folgendermaßen:

1. Die durch die Erregung der Bogengänge erzeugten Empfindungen sind die Richtungsempfindungen. Sie gelangen zur

---

[1]) Von mir unterstrichen.

[2]) Ich muß zugeben, daß ich selbst an ihrem Mißverstehen teilweise schuld bin. Meine ausführliche in französischer Sprache erschienene Schrift vom Jahre 1878 ist längst vergriffen und in dem französischen Texte meiner „Grundlagen der Euklidischen Geometrie“ in der „Revue Philosophique“ habe ich den hier folgenden § 2, welcher meine in den letzten 10 Jahren in deutscher Sprache erschienenen Untersuchungen kurz resumiert, leider weggelassen.

bewußten Wahrnehmung nur bei auf sie gerichteter Aufmerksamkeit. Auf Grund der Wahrnehmungen der drei Kardinalrichtungen bilden wir unsere Vorstellung eines dreidimensionalen Raumes. Wir erhalten auf diese Weise direkt die Anschauung eines Systems von drei zueinander senkrechten Koordinaten, auf das wir unsere von der äußeren Welt erhaltenen Empfindungen der übrigen Sinnesorgane projizieren. Dabei wird das negative Netzhautbild in ein positives umgewandelt. Unser Bewußtsein entspricht dem 0 Punkte dieses rechtwinkligen Koordinatensystems. Tiere mit nur zwei Bogengangspaaren (z. B. Petromyzon fluviatilis) erhalten Empfindungen von nur zwei Richtungen und vermögen sich daher nur in diesen zu orientieren (Kap. IV § 1). Tiere mit nur einem Bogengangspaar (gewisse japanische Tanzmäuse und wahrscheinlich Myxine) haben Empfindungen von nur einer Richtung; sie orientieren sich nur in dieser (Kap. IV §§ 2—5).

2. Die eigentliche Orientierung in den drei Ebenen des Raumes, d. h. die Wahl der Richtungen, in denen unsere Bewegungen stattfinden sollen, sowie die Koordinierung der für das Einschlagen und Einhalten dieser Richtungen notwendigen Nervenzentren beruhen fast ausschließlich auf den Funktionen des Bogengangsapparates. Bei wirbellosen Tieren genügt für die Orientierung des Körpers in dem umgebenden Raume die alleinige Funktion der Otocysten (Yves Delage).

3. Die bei der Orientierung erforderliche Regulierung und Abstufung der Innervationen, ihrer Intensität, Dauer und Reihenfolge nach, sowohl in den Nervenzentren, welche das Gleichgewicht erhalten, als in denen, welche die sonstigen zweckmäßigen Bewegungen beherrschen, geschehen vorzugsweise durch Vermittlung des Ohrlabyrinths. Bei seinem Ausfall kann diese Regulierung, wenn auch in weniger vollkommener Weise, durch die anderen Sinnesorgane (Auge, Tastorgane usw.) ersetzt werden.

Diese drei Sätze geben einfach die tatsächlichen Ergebnisse der zahlreichen Versuche und Beobachtungen wieder. Ihre Verwertung für den Ursprung unserer Vorstellungen vom Raume erfolgt erst weiter unten, nachdem durch Darlegung der jetzigen Stellung der Philosophen und Mathematiker zum Raumproblem zuerst die zu lösenden Aufgaben näher präzisiert sein werden. Hier soll nur der erste Satz, die Richtungsempfindungen betreffend, näher erörtert werden, die für das Raumproblem hauptsächlich in Betracht kommen.

Wie bei allen äußeren Sinnesorganen verlegen wir auch die Ursachen der Empfindungen der Ampullennerven nach außen. Wir erkennen dank diesen Richtungsempfindungen die drei Ausdehnungen des Raumes und die drei Abmessungen der festen Körper, Tiefe, Höhe und Breite. Wenn wir jede Richtungsempfindung in zwei zerlegen, z. B. die vertikale in oben und unten, so will dies nur die Bezeichnung der betreffenden Richtung des äußeren Raumes zu unserem bewußten Ich bezeichnen. Unser Bewußtsein entspricht in diesem Falle dem 0 Punkte des rechtwinkligen Koordinatensystems. In ihm wechseln die Grundrichtungen ihr Vorzeichen. Die drei Grundrichtungen Oben-Unten, Vorn-

Hinten, Rechts-Links wechseln ihr Vorzeichen in diesen 0 Punkte. Oben, Rechts und Vorn bezeichnete ich als die positiven vertikalen, transversalen und sagittalen Richtungen; Unten, Links und Hinten als die negativen. Wenn vom Sinne einer Richtung gesprochen wird, so bezieht sich dies nur auf das Vorzeichen einer der drei spezifischen Richtungsempfindungen. Eines der wichtigsten Gesetze, abgeleitet aus den zahlreichen Versuchen über die Täuschungen in der Wahrnehmung der Richtungsempfindungen, lautet: Sämtliche hierher gehörigen Täuschungen beziehen sich nur auf den Sinn der Richtung, also nur auf dieses Vorzeichen. Wir täuschen uns z. B. beim Eisenbahnfahren nur darüber, ob wir nach vorn oder rückwärts fahren, nie aber verwechseln wir die sagittale mit der transversalen Richtung. Bei der Ballonfahrt können wir die Empfindung des Aufsteigens verwechseln mit der des Absteigens, nie aber mit der der seitlichen Bewegung. Auch beim Untertauchen unter Wasser mit geschlossenen Augen und verstopften Ohren, wobei die vollständigste Verwirrung der Richtungsempfindungen stattfindet, irren wir uns nur über den Sinn der Richtungen[1]).

Der Ursprung unserer Richtungsempfindungen wurde bisher dem Gesichtssinn oder den sogenannten Bewegungsempfindungen zugeschrieben. Auf die Rolle des Gesichtssinns wird unten zurückgekommen. Zuerst sollen die Bewegungsempfindungen, denen besonders die Nichtphysiologen eine so große Bedeutung zuschreiben, berücksichtigt werden.

Der Physiolog kennt streng genommen nur die eine Art regelmäßiger Wirkungen von zentripetalen Muskelnerven: das sind diejenigen reflektorischen Änderungen im Herzschlag und Blutdruck, welche durch die Herz- und Gefäßnerven vermittelt werden. Diese Wirkungen sind wahrscheinlich dazu bestimmt, die Blutmengen in der Muskelsubstanz in den verschiedenen Phasen ihrer Tätigkeit und Ruhe zu regulieren. Zeitweise erhalten wir von den Muskeln Gefühle der Ermüdung, der Steifigkeit oder der Spannung, besonders nach deren Überanstrengung und wenn deren Zusammenziehungen sich größere Widerstände entgegenstellen. Vom Muskelschmerz als pathologischer Erscheinung kann hier abgesehen werden.

---

[1]) Auch Kinder im zartesten Alter kennen die Richtungen und täuschen sich nur über deren Sinn. Sie wissen sehr gut links von rechts zu unterscheiden und irren meistens nur in der Bezeichnung des einen oder des anderen Sinnes. Intelligente Kinder wählen häufig irgend ein Abzeichen auf der rechten Hand, um rechts zu erkennen; anderen werden künstliche Zeichen gemacht, wie z. B. ein farbiges Bändchen um den rechten Arm. Mein Knabe wurde im siebenten Monat wegen einer Ohrverstopfung von dem bekannten Ohrenarzt Dr. L. behandelt. Zwei Jahre später wurde derselbe Arzt ebenfalls für sein Ohr konsultiert. „Ich erinnere mich, sein rechtes Ohr schon behandelt zu haben“ sagte der Arzt. Der Kleine korrigierte ihn sofort: „Nicht rechtes Ohr, anderes Ohr“ und zeigte das linke Ohr. In der Tat war in seinem siebenten Monat das linke Ohr verstopft!

Es ist im hohen Grade wahrscheinlich, daß sämtliche Erregungen der zentripetalen Muskelnerven bei deren Zusammenziehungen durch die hinteren Wurzeln zu den Hirn- und Rückenmarkszentren gelangen, um dort als Reizkräfte aufgespeichert zu werden und zur Erhaltung des Muskeltonus mitzuwirken (siehe Kap. III § 7 und 8).

Irgend welche Bewegungs- oder Kontraktionsempfindungen, die man gewöhnlich als Muskelgefühle bezeichnet, erhalten wir keinesfalls. Fachkundige Physiologen haben daher auch nie versucht, diese problematischen Empfindungen zur Erklärung der räumlichen Netzhautbilder heranzuziehen. Die Hypothesen, welche empiristische Philosophen, wie z. B. A. Bain, mit Hilfe solcher Bewegungsempfindungen aufgestellt haben, können von dem Physiologen schon darum nicht ernst genommen werden, weil ja die Sehphänomene bei elektrischen Funken usw. beweisen, daß auch bei unbeweglichem Auge räumliche Wahrnehmungen stattfinden können. Schon E. H. Weber hat die Bainsche Theorie durch die Tatsache widerlegt, daß wir ohne alle eigene Bewegung bei ruhig hingelegter Hand Ausdehnung und Figur wahrnehmen, wenn wir uns vorher über die relative Lage der einzelnen Tastnerven Rechenschaft gegeben haben, was leicht durch die Bewegung des Objektes über die Hand hin geschehen kann. „Auch von der Bewegung unserer Glieder, die wir durch unseren Willen hervorbringen, schrieb E. H. Weber, wissen wir ursprünglich nichts. Wir nehmen die Bewegungen unserer Muskeln durch das ihnen innewohnende Empfindungsvermögen gar nicht wahr, sondern erhalten nur dann eine Kenntnis davon, wenn sie durch andere Sinne wahrgenommen werden können. Wenn ein Muskel Bewegungen ausführt, ohne sichtbare, hörbare oder fühlbare Veränderungen zu bewirken, so werden wir uns, wie gesagt, durch das ihm selbst zukommende Empfindungsvermögen seiner Bewegung nicht bewußt.“ Man sieht das sehr deutlich an den Bewegungen des Zwerchfells. „Die Spannung der Haut des Bauches fühlen wir, aber den Druck, den wir mit dem Zwerchfelle auf die Leber und auf die übrigen gesamten Teile ausüben, fühlen wir weder im Zwerchfell, noch in jenen gedrückten Teilen . . .“ (S. 123 „Über den Raumsinn“).

Und wie sollte die isolierte Empfindung eines sich kontrahierenden Muskels zur Wahrnehmung einer Richtung oder gar einer Ausdehnung führen? Das ist ebenso unmöglich, wie die Annahme, daß die Empfindung von Bitter eine Wahrnehmung von Rot erzeugen könnte. Ein so überzeugter Empirist wie Wundt mußte die Möglichkeit, Muskelgefühle des Auges als Lokalzeichen zu verwenden, aufgeben. In § 2 des Kap. III wurde diese Frage schon näher erörtert und unter anderem auch hervorgehoben, daß die Kenntnis der Richtung der Bewegung vorausgehen muß, letztere also nicht erst über die Richtung Kundschaft geben könne.

Man griff daher, um den Muskelkontraktionen die gewünschte Rolle zu erhalten, zu den sogenannten Innervationsempfindungen. Nicht die Kontraktion selbst, sondern die Innervation der Muskeln soll zu unserem Bewußtsein gelangen. So verlockend auch eine solche Hypothese erscheinen mag, einer näheren Prüfung kann sie aber kaum standhalten. Was zuerst die Innervationen der Kopf-, Rumpf- und Extremitätenmuskeln anlangt, so könnten solche Innervationsempfindungen, auch wenn sie existierten, uns von keinerlei Nutzen bei der Bestimmung von Richtungen sein, und zwar aus folgendem Grunde. Bei jeder auch noch so einfachen Bewegung kontrahiert sich außer denjenigen Muskeln, welche direkt die gewünschte Bewegung realisieren sollen, noch eine große Anzahl anderer Muskeln, nämlich ihre Antagonisten, um ein Überschnappen der Bewegung zu verhindern, sodann diejenigen Hilfsmuskeln, welche die Extremitäten oder den Rumpf zu fixieren haben usw. Zwei Bewegungen, deren Endziel und Richtung ganz verschieden sind, können durch die Innervation derselben Muskeln ausgeführt werden. Wie sollen uns unter diesen Umständen etwaige Innervationsempfindungen über das Ziel oder die Richtung einer Bewegung unterrichten?

Aber auch bei den Augenmuskeln stellt sich dieselbe Schwierigkeit einer Verwertung der Innervationsempfindungen für das Erkennen der Richtungen entgegen; die antagonistischen Muskeln spielen auch bei den Änderungen der Augenstellung eine unentbehrliche Rolle, gleichgültig, ob durch Erregung oder Hemmung ihrer Bewegungen. In seiner Rede von 1878 zeigt Helmholtz selbst nicht mehr großes Zutrauen zu den Innervationsempfindungen. „Der Impuls zur Bewegung aber, den wir durch Innervation unserer motorischen Nerven geben, ist etwas unmittelbar Wahrnehmbares. Daß wir etwas tun, indem wir einen solchen Impuls geben, fühlen wir. Was wir tun, wissen wir nicht unmittelbar. Daß wir die motorischen Nerven in Erregungszustand versetzen oder innervieren, daß deren Reizung auf die Muskeln übergeleitet wird, diese sich infolgedessen zusammenziehen und die Glieder bewegen, lehrt uns erst die Physiologie.“ Die von uns unterstrichenen Stellen lassen die Widersprüche und die Unsicherheit der Argumente leicht erkennen. Was wir „nicht unmittelbar wissen“, kann nicht „unmittelbar Wahrnehmbares“ sein, trotzdem die Physiologie uns lehrt, daß Innervationen stattfinden, gelangen sie doch nicht zu unserer Wahrnehmung.

Aber noch mehr: es ist eine unbestreitbare, jetzt von allen Physiologen anerkannte Tatsache, daß die Bogengänge sowohl bei willkürlichen als bei reflektorischen Bewegungen die Dauer und die Intensität der Innervationen regulieren und abmessen (Kap. III § 7/8). Mit anderen Worten: sie beherrschen vollkommen die Auslösung der Bewegungen. Wie sollten also die vermeintlichen Innervationsempfindungen ihrerseits zu Wahrnehmungen der Richtungs- oder gar Raumempfindungen dienen? Man kann ja unmöglich gleichzeitig Wirkung und Ursache dieser Wirkung sein! Trotz dieser evidenten Unmöglichkeit mochten die meisten Vertreter der empiristischen Theorie in der physiologischen Optik deren Annahme doch nicht entbehren.

E. Hering war wohl der einzige Physiologe, der die Annahme solch unwahrscheinlicher Vorrichtungen zu umgehen suchte, indem er den Nervenenden der Netzhaut die Fähigkeit zuschrieb, die Breite, Höhe und Tiefe direkt wahrzunehmen. Dadurch hat Hering gleichzeitig das Raumproblem auf den für den Naturforscher allein zulässigen Boden gestellt: ohne die Existenz spezieller Sinnesvorvorrichtungen für die Erkenntnis der drei Richtungen des Raumes ist in der Tat eine befriedigende Lösung des Raumproblems unmöglich.

Die verschiedenen Einwände, welche die Vertreter der empiristischen und der nativistischen Anschauungen gegen die Hypothesen von Hering und Helmholtz vorgebracht haben, sind bekannt und brauchen hier nicht erörtert zu werden. Diese Einwände sind gewichtig genug, um die Entscheidung zwischen beiden Hypothesen unmöglich zu machen. Die Heringsche Hypothese besitzt den Vorzug der größeren Einfachheit. Sie schien keiner weiteren Hilfshypothesen rein spekulativer Natur zu bedürfen und beschränkte ihre Erfahrungen zwar auf den Sehraum, vermochte aber diese viel ungezwungener für den wirklichen Raum zu verwerten. Trotz ihrer größeren Wahrscheinlichkeit hat sie wegen ihres Mangels an direkten Beweisen wenig Anhänger gefunden. Wundt hat in seinen Studien „Zur Theorie der räumlichen Gesichtswahrnehmungen" sowohl die Heringsche nativistische als die Helmholtzsche Lehre einer scharfen Kritik unterzogen und auch vom rein psychologischen Standpunkte aus deren Unhaltbarkeit zu erweisen gesucht. Um die räumlichen Wahrnehmungen der Netzhaut erklären zu können, sind beide Lehren gezwungen, zu Hilfshypothesen rein philosophischer Natur zu greifen, die entweder an sich höchst unwahrscheinlich sind (Hering) oder gar auf rein aprioristische Begriffe gestützt werden (Helmholtz, der das Prinzip der Kausalität als aprioristischen Ursprungs erklärte). Warum also nicht einfach die aprioristische Lehre ganz beibehalten? Auch die Rolle der Innervationsgefühle weist Wundt mit Recht zurück.

Leider ist es mit der empiristischen Hypothese von Wundt, die auf komplexen Lokalzeichen beruht, nicht besser bestellt als mit den anderen derartigen Lehren. Um sich davon zu überzeugen, genügt es, die Einwände, die Wundt gegen seine eigene Lehre vorbringt, näher zu prüfen. Um der Alternative der beiden gegnerischen Theorien zu entgehen, — die räumlichen Gesichtswahrnehmungen seien angeboren oder sie entständen aus der Erfahrung — greift Wundt zu einer dritten Möglichkeit: „die Möglichkeit nämlich einer Entwicklung unserer Wahrnehmungen, die der eigentlichen Erfahrung vorausgeht". Er bezeichnet seine Theorie als eine genetische oder richtiger als „die Theorie der komplexen Lokalzeichen". Die Vorzüge dieser Hypothese vor den früheren empiristischen sind mehr als problematisch, weil Wundt eben keine neuen Elemente weder in den Wahrnehmungen noch in der Erfahrung einzuführen vermochte. Er erhebt selbst gegen seine Hypothese den wichtigsten Einwand, der die früheren empiristischen Lehren zum Scheitern brachte: „Läßt es sich irgendwie verständlich machen, daß aus einer Verbindung verschiedenartiger Empfindungselemente eine Vorstellung hervorgeht, die in jedem der Elemente, so lange es isoliert bleibt, noch nicht enthalten ist?" Diesen besonders scharf von Lotze erhobenen Einwand zu entkräften ist Wundt nicht gelungen.... „Übrigens handelt es sich auch gar nicht darum", schreibt er, „den Raum aus dem Nichts hervorgehen zu lassen, sondern einzig und allein darum, ob in dem Zusammenwirken von inneren Tastempfindungen des Auges und Lokalzeichen der Netzhaut Motive einer extensiven Ordnung erhalten sind, die in jedem dieser Elemente für sich noch nicht vorkommen". Daß dies unmöglich ist, hat aber Wundt selbst in den vorhergehenden Kapiteln seiner Studie auf das evidenteste erwiesen, als er den nämlichen Einwand gegen die Theorie von Helmholtz wie überhaupt gegen alle empiristischen Theorien entwickelte.

Wie gesagt, hat schon Lotze in viel schärferer und geradezu unwiderleglicher Weise denselben Einwand den empiristischen Theorien in seiner letzten Schrift entgegengestellt, aus denen wir Kap. II § 2 mehrere Auszüge wiedergegeben haben. Auch Wundt gibt die große entscheidende Bedeutung dieser Lotzeschen Schrift zu. Der einzige Vorwurf der vielen Druckfehler, den er dieser in französischer Sprache erschienenen Schrift macht, ist wohl nicht ernst zu nehmen, übrigens auch nicht berechtigt.

Nur die Wahrnehmung der drei Richtungen durch die spezifischen Empfindungen der Ampullennerven, deren Existenz durch langjährige experimentelle Untersuchung erwiesen wurde, vermag den empiristischen Lehren des binokularen Sehens die ihnen mangelnde Quelle des Extensionsbegriffs zu liefern. Wäre Wundt, als er seine hier besprochene Studie gemacht hat, mit meinen Untersuchungen näher bekannt gewesen, so brauchte er nur die Wahrnehmung der drei Richtungen durch ein spezielles Sinnesorgan des Ohrlabyrinths in seine Theorie einzuführen, um sie auf unerschütterlicher Grundlage weiterentwickeln zu können.

Weder die Heringsche noch die Helmholtz-Wundtsche Hypothese kann gegen die festgestellte Tatsache aufkommen, daß Blindgeborene genaue Richtungs- und Raumvorstellungen besitzen! Vermochte ja der blindgeborene Saunderson sogar eine Geometrie zu schreiben; er lehrte Optik und reine Mathematik. Das Beispiel des erblindeten Eulers, der die Gesetze der Dioptrik und das Schleifen der Objektive lehrte, ist nicht minder entscheidend. Die Annahme, bei Blindgeborenen vermögen die Empfindungen der Tastorgane diejenigen des Gesichtssinns zu ersetzen, ist kaum ernsthaft zu nehmen. Das Auge unterrichtet uns über die Lage und Bewegungen äußerer Gegenstände im weiten Sehraume; die Tastorgane nur über die unmittelbar berührten Gegenstände im winzigen Tastraum. Was E. H. Weber als Raumsinn der Haut bezeichnete, ist meistens nur Ortssinn gewesen.

Blindgeborene führen, wie Donders gezeigt hat, ganz regelmäßige Augenbewegungen aus. Dies deutet schon darauf hin, daß diese Bewegungen nicht durch unsere Gesichtseindrücke ausgelöst zu werden brauchen. Wie verworren müßten auch bei einem solchen Blindgeborenen die Begriffe der Richtungen sein, wenn die „Innervationen" seiner Augenmuskeln mit Richtungsempfindungen verbunden wären! Der Ursprung dieser Begriffe mußte also notwendigerweise anderswo gesucht werden als in den Gesichts- und Tastorganen; dies war schon vor meinen Untersuchungen über das Ohrlabyrinth klar (siehe auch den Fall von Delbœuf im § 2 des Kap. III).

Das Auge ist auch aus mehreren Gründen viel weniger dazu angepaßt, als Organ für Richtungs- und Raumempfindungen zu dienen, als das Gehörorgan. 1. Der anatomische Bau und die Lage des Bogengangsapparates sowie die bekannte Lagerung der Nervenendigungen in den Ampullen und Otocysten in drei senkrecht zueinander gestellten Ebenen sind, wie schon mehrfach auseinandergesetzt wurde, ganz besonders für die Rolle eines Organs für den Raumsinn geeignet. 2. Der sogenannte N. acusticus besteht aus zwei ihrem Ursprunge, ihrer Struktur und ihrer zentralen Verbreitung nach ganz verschiedenen Nervenstämmen, dem N. vestibularis, den ich als N. spatialis bezeichnet habe, und dem N. cochlearis, dem eigentlichen Gehörnerven. Auch entwicklungsgeschichtlich unterscheiden sich diese beiden Nerven ganz gewaltig. Während das Ohrlabyrinth am frühesten bei den niederen Tieren aufzutreten pflegt, sollen nach Flechsig beim Menschen die zentralen Verläufe des rein akustischen Nerven sich erst später, und zwar erst nach der Geburt entwickeln.

Wie die leider nicht zu Ende geführte Untersuchung von Eichler in Ludwigs Laboratorium gezeigt hat, sind die Einrichtungen der Blutzirkulation im Bogengangsapparat ganz verschieden von denen in der Schnecke. Mit diesen Einrichtungen hängen wahrscheinlich die pulsatorischen Schwankungen der Endo- und Perilymphe zusammen, welche ich im Jahre 1878 zuerst beschrieben habe. Das Ohrlabyrinth besitzt also zwei morphologisch verschiedene und selbständige Sinnesorgane, von denen das eine für die Tonempfindungen, das andere für Richtungs- oder Raumempfindungen bestimmt ist (siehe unten Kap. VII über den Zeitsinn).

Der Vorwurf, welcher der Heringschen Theorie gemacht worden ist, es sei unzulässig, denselben Nervenfasern gleichzeitig zwei verschiedene Empfindungsweisen (Gesichts- und Richtungsempfindungen) zuzuschreiben, kann eben die Lehre vom Sitze des Richtungssinnes im Ohrlabyrinth nicht treffen.

3. Die Fähigkeit der Netzhaut, von der äußeren Welt Empfindungen zu erhalten, ist räumlich nur auf das vor ihr liegende Sehfeld beschränkt, während das Gehörorgan, dank der Kopfleitung imstande ist, gleichzeitig und bei unveränderter Stellung im Raume Erregungen von allen Richtungen des Raumes zu erhalten. Um in den verschiedenen Richtungen liegende äußere Gegenstände

auf die empfindlichen Stellen der Netzhaut einwirken zu lassen, müssen dagegen die Stellungen der Augen und eventuell die des Kopfes und des ganzen Körpers gewechselt werden. Der Vorzug des Hörraums vor dem Sehraum ist in dieser Beziehung ganz eklatant.

4. Endlich gibt es in der Funktionsweise des Gesichtsorgans, wie auch der meisten übrigen bekannten Sinne eine Eigentümlichkeit, von welcher das Gehörorgan frei ist. Bei Erregungen der Netzhaut, der Haut oder der Zunge wird gleichzeitig mit der Qualität der Erregung auch die Lage des Erregers empfunden. Dank der in 3. angegebenen besonderen Fähigkeit des Gehörorgans, von allen Richtungen des Raumes herkommende Erregungen gleichzeitig empfinden zu können, muß notwendigerweise die Lage des Erregers oder richtiger die Richtung, in der er gelegen ist, gesondert von der Qualität der Erregung empfunden werden. Wir nehmen den Ton sogleich wahr; von dem Orte, wo der Ton erzeugt wurde, erkennen wir zuerst nur die Richtung[1]). Die Ursache der Erregung sowie deren genaue Lage können wir erst nach genauerer Präzisierung dieser Richtung feststellen, und zwar mit Zuhilfenahme der anderen Sinnesorgane, in erster Linie des Gesichtssinnes[2]).

Der sich dabei abspielende physiologische Vorgang ist etwa folgender: Wir richten unseren Blick in die empfundene Richtung, um die Lage und das Wesen der Erregung, d. h. des ton- oder geräuscherzeugenden Objekts zu erkennen; die Erregung der Nervenenden der Ampullen löst zu diesem Zwecke Bewegungen der Augäpfel und eventuell des Kopfes und des Rumpfes aus.

In dieser Notwendigkeit für das Ohrlabyrinth, die Muskeln dieser Organe in Tätigkeit zu versetzen, liegt der genetische Grund für die Beherrschung der Nervenzentren dieser motorischen Apparate durch die Ampullennerven.

Seitdem diese gesetzmäßige Beherrschung in den siebziger Jahren festgestellt und beschrieben wurde, ist sie auch in den Vordergrund der meisten Beobachtungen am Bogengangsapparat getreten. Niemand wollte sich aber der mühevollen Aufgabe unterziehen, meine Versuche zu wiederholen resp. zu ergänzen, um eine genauere Deutung dieser Abhängigkeit der Augenbewegungen von den betreffenden Bogengängen zu ermöglichen. Man zog es vor, meinen Behauptungen vollen Glauben zu schenken und diese Gesetzmäßigkeit, natürlich mit Verschweigung meines Namens, als eine neu entdeckte Tatsache mitzuteilen, wobei die Deutung durch nichtssagende Bezeichnungen, wie z. B. die des Tonuslabyrinths, ersetzt wurde, die nur Verwirrung der Begriffe erzeugten.

---

[1]) Das Riechorgan bietet in dieser Beziehung eine Analogie mit dem Gehörorgan; darauf beruht vielleicht seine Fähigkeit, bei niederen Tieren gleichfalls für die Orientierung zu dienen (siehe Kap. IV § 8).

[2]) Über die Vorzüge des Ohrlabyrinths vor dem Auge als Maß- und Zahlvorrichtung siehe unten Kap. VII § 5.

Um zu einer richtigen Deutung dieser Abhängigkeit zu gelangen, gibt es nur den einen sicheren Weg, nämlich nach dem eventuellen Zweck der Erscheinung zu forschen. Die absolute Gesetzmäßigkeit sämtlicher Naturerscheinungen bedingt gleichzeitig deren Zweckmäßigkeit. Die mit Unrecht verschmähte Teleologie wird daher immer ein wichtiges Hilfsmittel für unseren Geist sein, um zum Verständnis verwickelter Naturerscheinungen zu gelangen.

Welchen Zweck kann nun die Einrichtung haben, daß jede künstliche Erregung eines Bogengangspaares regelmäßige Bewegungen der Augäpfel, des Kopfes und des Rumpfes in der Ebene dieses Bogenganges auslöst? Bei verschiedenen Tieren sind die Bewegungen des einen oder des anderen dieser Körperteile vorherrschend. Aber wie ich gezeigt habe, kann man jedes Tier zwingen, indem man die Bewegungen seines Körpers und Kopfes unmöglich macht, bei den erwähnten Erregungen nur Augenbewegungen auszuführen. Die Verstellung der Blicklinie ist also der erste Zweck aller dieser vom Bogengang ausgelösten Bewegungen. Daraus folgt: Die Richtung der Blicklinie hängt in gesetzmäßiger Weise von der Qualität der Richtungsempfindung ab, welche die Erregung der betroffenen Ampullennerven erzeugt. Darin allein liegt der ganze Sinn der gesetzmäßigen Abhängigkeit des okulomotorischen Apparates vom Ohrlabyrinth[1]).

Für Tiere sowie für den Naturmenschen ist es ein gebieterisches Erfordernis, die Ursache und den Abstand des geräuscherregenden Objektes zu erkennen, und dies sowohl für die Verteidigung als für den Angriff. Sobald sie dessen Richtung wahrgenommen haben, suchen sie mit Beihilfe des Sehorgans dieser Ursache nachzuspähen. Dabei erlernen sie allmählich, die zur Erreichung ihres Zweckes erforderlichen Muskelbewegungen auszuführen. So bildeten sich im Laufe von Jahrtausenden die reflektorischen Beziehungen zwischen den Ampullennerven und den motorischen Nerven aus, die in dem Mechanismus der Beherrschung der letzteren durch die ersteren ihren vollkommensten Ausdruck gefunden haben. Die Verteilung der Innervationsstärken zwischen den in Tätigkeit zu versetzenden Muskeln, die Aufhebung der Hemmungen von seiten der Antagonisten, mit einem Worte, das ganze Spiel dieses wunderbaren Mechanismus geschieht, wie früher (Kap. IV § 10) erläutert wurde, durch Ausschaltung von Widerständen, etwa in der Weise wie die Verteilung elektrischer Kräfte zwischen zahlreichen Leitern. Dem Zwecke der Selbsterhaltung entsprechend funktioniert zuletzt dieser Mechanismus in automatischer Weise: die Erregung der Ampullennerven vermag eventuell die erforderlichen Bewegungen auch auf rein reflektorischem Wege, ohne Beteiligung des Bewußtseins, auszulösen.

[1]) Die Irrlehre von der sogenannten kompensatorischen Natur gewisser Augenbewegungen verzögerte am längsten das klare Verständnis des ganzen Vorganges.

Die zeitliche Reihenfolge der sich dabei abspielenden Vorgänge zeigt, wie verfehlt es war, das Ohrlabyrinth als ein Sinnesorgan für die Stellungen des Kopfes oder für die Erhaltung des Gleichgewichts betrachten zu wollen. Es wäre dies auch eine ganz absonderliche Funktion. Die Erregung der sensiblen Nerven der Muskeln, der Haut, der Gelenke, der Sehnen usw. sollten statt direkt zum Bewußtsein zu gelangen, dies erst auf dem Umwege eines anderen peripheren Sinnesorgans tun!

Wie schon oben gezeigt wurde, ist es nicht weniger widersinnig, die Bewegungen, welche erst durch die Richtungsempfindungen hervorgerufen werden, als die Quelle unserer Wahrnehmung der Richtung zu betrachten. Schon E. H. Weber hat darauf bestanden, daß die feine Beweglichkeit erst dann zu gebrauchen ist, wenn wir sie mit Willkür auf bestimmte Punkte lenken können, was den Raumsinn schon voraussetzt.

In Wirklichkeit bestimmen wir die Lage unserer Körperteile im Raume mit Hilfe der Empfindungen des Ohrlabyrinths in derselben Weise, wie wir dies für die Lage der äußeren Gegenstände tun. Diese Empfindungen geben uns nur die drei Richtungen, die drei Koordinaten des Raumes an, die für die Lagebestimmung erforderlich sind[1]).

Diese bewußte Verwendung der Richtungsempfindungen des Bogengangsapparates zur Orientierung im Raume bedarf nicht notwendig der Beihilfe des Gesichtssinnes. Die Empfindungen der anderen sensiblen Gebilde des Körpers können genügen. Daher vermögen Blindgeborene sich zu orientieren, sowohl über die Verschiebungen ihrer einzelnen Körperteile als auch über die Bewegungen ihres ganzen Körpers im äußeren Raume. Im Gegenteil, bei erhaltenem Gesichtssinn und mangelnden oder gestörten Funktionen des Ohrlabyrinths ist eine vollkommene Orientierung in den drei Richtungen des Raumes unmöglich. Andererseits aber bezeugt die genaue Analyse der hier stattfindenden Vorgänge, die in den vorhergehenden Kapiteln auseinandergesetzt wurden, daß diese Orientierung wenigstens bei Wirbeltieren nur mit Hilfe der zur Wahrnehmung gelangenden Richtungsempfindungen möglich ist. Indem fast sämtliche Physiologen sich meiner Lehre von der Rolle des Bogengangsapparates bei der Orientierung angeschlossen haben, mußten sie gleichzeitig das Vorhandensein solcher Empfindungen anerkennen. Die Orientierung im Raume beruht eben, wenigstens zu Anfang, auf bewußten und überlegten Handlungen. Das Gegenteil behaupten zu wollen wäre ebenso unsinnig wie die Annahme, daß das bloße Vorhandensein eines Steuerruders oder einer Bussole auf einem Schiffe schon genüge, damit das Schiff seinen Weg finde.

Eine vollkommene Regulierung der Innervationsstärken der Augen- resp. Kopf- oder Körpermuskeln durch das Ohrlabyrinth muß

[1]) Diese Deutung der Rolle des Ohrlabyrinths habe ich im Gegensatze zu der Goltzschen schon im Jahre 1873 vertreten.

sowohl bei der Lokalisierung der äußeren Gegenstände im Sehraum als auch bei der Orientierung unseres eigenen Körpers stattfinden.

Die bloße Wahrnehmung dieser Innervationsstärken, wenn sie auch möglich wäre, würde für das bloße Augenmaß kaum von großem Nutzen sein. Wie schon in den §§ 7 und 8 des Kap. III auseinandergesetzt, sind die Abmessungen der Innervationen, ihrer Stärke und Dauer nach, eine der wichtigsten Verrichtungen des Ohrlabyrinths und seiner zentralen Ganglienapparate. Diese Abmessungen müssen selbstverständlich von einer ganz besonderen Präzision sein, wenn es sich um die Auslösung von Bewegungen der Augenmuskeln handelt. Die geringste Verschiebung der Augenachsen gegen die Achsen der Bogengänge spielt bei Abschätzungen des Augenmaßes natürlich eine große Rolle, eine viel größere jedenfalls als etwaige Empfindungen, die durch Zerrungen der Muskeln, Sehnen oder durch Veränderungen des Binnendruckes in der Augenhöhle erzeugt werden können.

Die drei Hauptebenen, welche die physiologische Optik als die des wirklichen Raumes annimmt, sind willkürlich gewählt worden. Bei unserem jetzigen Wissen der gesetzmäßigen Abhängigkeit der Augenbewegungen von den Bogengängen dürften die drei Ebenen der Bogengänge allein als die Hauptebenen des wirklichen Raumes gelten.

Die Drehachsen der Augäpfel müssen also auf das System der drei rechtwinkligen Koordinaten des Bogengangsapparates bezogen werden. „Denkt man sich, sagt Hering, daß der jeweilige Ort der Aufmerksamkeit bedingt ist durch einen psychophysischen Prozeß, so kann man diesen Prozeß zugleich als das physische Moment gelten lassen, welches die entsprechende Innervation auslöst“. Der psychophysische Prozeß, der unsere Aufmerksamkeit in Anspruch nimmt, ist die durch die Erregung der Ampullen erzeugte Wahrnehmung einer bestimmten Richtung; diese Erregung gibt also, wie man jetzt behaupten kann, das physische Moment ab, welches die Augenstellung verändert.

Die gesetzmäßige Abhängigkeit des okulomotorischen Apparates von dem Erregungszustande der Ampullennerven zeugt gegen die Annahme von Helmholtz „daß die Verbindung, welche zwischen den Bewegungen beider Augen besteht, nicht durch einen anatomischen Mechanismus erzwungen, sondern vielmehr durch den bloßen Einfluß unseres Willens veränderlich ist“ (S. 633 Phys. Optik 2. Auflage). Wenn jede Erregung eines Bogenganges gesetzmäßige Bewegungen der beiden Augen hervorruft, so beweist dies allein schon das Vorhandensein anatomischer Verbindungen zwischen den Bewegungsnerven der beiden Augäpfel. Noch überzeugender ist der Erfolg der Durchschneidung des anderseitigen Acusticus auf den Augennystagmus (Kap. I § 9). Der Wille beherrscht die Bewegungen der Augäpfel meistens nur dadurch, daß er die Nerven der Bogengänge beeinflußt. Der Widerspruch zwischen Helmholtz und Hering über die Realität der bekannten Beobachtung von Doppelbildern erklärt sich jetzt sehr leicht. E. Hering hatte in dieser Streitfrage Helmholtz gegenüber vollständig recht (siehe Herings Beiträge usw. Heft 4 S. 274).

Um genauer den Mechanismus feststellen zu können, durch welchen die Verschiebung der Augenachsen auf das Koordinatensystem des Bogengangsapparates uns in den Stand setzt, durch das Augenmaß den Ort des fixierten Objektes und den Abstand zwischen den gesehenen Objekten zu bestimmen, ist vorerst eine Revision der Gesetze erforderlich, welche die Bewegungen der Augäpfel in ihrer Abhängigkeit von den Bogengängen beherrschen. Und zwar muß diese Revision aus einleuchtenden Gründen mit Hilfe von Versuchen an Affen gemacht werden, die ich in meiner Arbeit von 1900 angegeben habe[1]).

Es bedarf wohl keiner besonderen Erörterung, um darzutun, daß die angeborenen Einrichtungen, auf welchen die Assoziation der Augenbewegungen beruht, in den Hirnzentren zu suchen sind, welche die Vestibularnerven mit den optischen und okulomotorischen Nerven verbinden. Die psychologischen Beziehungen zwischen den Begriffen der Richtung und des Abstandes werden durch die nämlichen Hirnzentren vermittelt, da diese beiden Begriffe in den Empfindungen des Raumsinns und des Gesichtssinns ihren Ursprung haben.

Die Begriffe der Richtung und des Abstandes wurden seit Jahrtausenden als Grundlagen zum Aufbau der Geometrie benutzt. In § 5 soll gezeigt werden, daß dies auch mit Recht geschah.

§ 3. Der bisherige Stand des Raumproblems.

A. Hat der Raum eine selbständige reelle Existenz, unabhängig von der sich in ihm bewegenden Materie, oder ist er mit der Materie resp. mit deren Bewegung identisch?

B. Worauf beruht die Notwendigkeit für den menschlichen Geist, den Raum als dreidimensional zu betrachten, und die Unmöglichkeit, die Empfindungen unserer Sinne in einer anderen als in dieser geometrischen Form zu ordnen?

C. Welches ist der Ursprung der geometrischen Axiome von Euklid und worauf beruht ihre apodiktische Gewißheit, da ihre Richtigkeit nie direkt bewiesen werden konnte?

In diesen drei Fragen ist das ganze Raumproblem enthalten, welches auch sonst seine besonderen Gestaltungen im Laufe der Jahrtausende waren. Philosophen, Mathematiker und Naturforscher suchten vorzugsweise die eine oder andere dieser Fragen zu lösen, je nach dem näheren Zweck ihrer Forschungen.

In der Einleitung zu diesem Kapitel wurde die Frage A schon erörtert, welche während Jahrtausenden ausschließlich die Philosophen beschäftigt hat, ohne je eine befriedigende Lösung zu finden. Für den Naturforscher, der sich nur mit Fragen, die der wissenschaftlichen Prüfung oder

[1]) Siehe auch meine letzte Mitteilung vom Jahre 1907 und Kap. VII.

Erkenntnis zugänglich sind, abgibt, bieten B und C allein ein hervorragendes Interesse. Wenn eine exakte Lösung dieser beiden Fragen indirekt auch für die Beantwortung der ersten rein metaphysischen Frage verwendet werden kann, indem sie diese wenigstens auf ihre wirkliche Bedeutung zurückführt, so kann er ruhig die weitere Entwickelung seiner wissenschaftlichen Errungenschaften der Zukunft überlassen. Früher oder später wird der Philosoph, welcher für das Wirkliche und Tatsächliche nicht die Mißachtung des Metaphysikers teilt, schon die richtige Ausnützung seiner wissenschaftlichen Ergebnisse finden.

Trotz der unendlichen Zahl der vorgeschlagenen Lösungen des Raumproblems kann man aber in den Beantwortungen dieser Fragen zwei streng gesonderte Kategorien unterscheiden, die empiristische und die nativistische. Locke, der darauf verzichtete, eine Definition des Raumes und der Ausdehnung zu geben, nahm die Existenz eines reellen leeren Raumes an, in welchem die Materie sich frei bewegt. Unsere Kenntnisse von diesem Raume sollen auf den Erfahrungen unserer Sinnesorgane, besonders der Gesichts- und Tastorgane beruhen.

Ein entschiedener Gegner angeborener Ideen, kann Locke als der Schöpfer der empiristischen Raumtheorie gelten. Berkeley verwarf den Begriff eines absoluten Raumes und behauptete, unsere Raumvorstellungen würden von den Erfahrungen über die Bewegung abgeleitet. „Ist es möglich, daß wir die Idee der Ausdehnung haben, ehe wir Bewegungen ausführen? Mit anderen Worten, kann ein Mensch, der niemals Bewegungen ausgeführt hat, sich Gegenstände vorstellen, die sich in einer Entfernung voneinander befinden?“ In der Formulierung dieser beiden Fragen sind in nuce so ziemlich die sämtlichen Lösungen des Problems enthalten, denen die modernen Vertreter der empiristischen Anschauungen, sowohl Philosophen als Mathematiker und Physiologen, huldigen, mit dem Unterschiede aber, daß die letzteren meistens die Realität des absoluten Raumes anerkennen.

Ein gewaltiger Fortschritt in der Behandlung des Raumproblems wurde gemacht, als Kant seine berühmte aprioristische Theorie der Raumvorstellungen formulierte. Zu dieser Formulierung ist er erst in den späteren Jahren seines Wirkens gekommen. Früher war Kant ein eifriger Verfechter des selbständigen Vorhandenseins eines absoluten Raumes, der eine von der Materie ganz unabhängige Existenz besitzt. Ja, die Existenz des objektiven Raumes betrachtete Kant in seiner im Jahre 1768 erschienenen Schrift „Von dem ersten Grunde des Unterschiedes der Gegenden im Raume“ als eine notwendige Vorbedingung für das Wesen der Materie. Aber schon im Jahre 1770 entwickelte Kant seine ganz entgegengesetzte Lehre, die ihre endgültige Gestalt in der „Kritik der reinen Vernunft“ (1781) erhalten hat. Diese Lehre beherrscht auch jetzt für die meisten Metaphysiker noch das ganze Raumproblem; sie soll hier mit den eigenen Worten ihres Schöpfers wiedergegeben werden (siehe auch Kap. II § 2).

„1. Der Raum ist kein empirischer Begriff, der von äußeren Erfahrungen abgezogen worden. Denn damit gewisse Empfindungen auf etwas außer mir bezogen werden (d. i. auf etwas in einem anderen Orte des Raumes, als darinnen ich mich befinde), imgleichen, damit ich sie als außer- und nebeneinander, mithin nicht bloß verschieden, sondern als in verschiedenen Orten vorstellen könne, dazu muß die Vorstellung des Raumes schon zum Grunde liegen . . ."

„2. Der Raum ist eine notwendige Vorstellung a priori, die allen äußeren Anschauungen zum Grunde liegt. Man kann sich niemals eine Vorstellung davon machen, daß kein Raum sei, ob man sich gleich ganz wohl denken kann, daß keine Gegenstände darin angetroffen werden . . ."

„3. Der Raum ist kein . . . allgemeiner Begriff von Verhältnissen der Dinge überhaupt, sondern eine reine Anschauung."

Als Hauptargument zugunsten der apriorischen Natur unserer Raumvorstellungen führt Kant die Apodiktizität der geometrischen Axiome an, die als absolut sicher gelten, ohne daß ihre Richtigkeit je bewiesen werden konnte . . . „Denn die geometrischen Sätze sind insgesamt apodiktisch, d. i. mit dem Bewußtsein ihrer Notwendigkeit verbunden; z. B. der Raum hat nur drei Abmessungen; dergleichen Sätze aber können nicht empirische oder Erfahrungssätze sein, noch aus ihnen abgeleitet werden."

Der große Vorteil der Kantschen Lehre besteht darin, daß sie das ganze Raumproblem löst oder, richtiger, zu lösen scheint. Die drei im Eingang dieses Kapitels formulierten Fragen werden mit einem Mal beantwortet. Ihre Hauptschwächen liegen darin, daß sie erstens nur eine Voraussetzung, ein Postulat ist, dessen Richtigkeit nicht bewiesen wird, und daß sie außerdem im Grunde nichts erklärt[1]).

Ein Postulat kann für den Philosophen und den Mathematiker für weitere Deduktionen und Ausführungen von großem Werte sein. Der Naturforscher, der den Mechanismus der Erscheinungen zu erklären sucht, muß Beweise für die Begründung des Postulats verlangen und wird der Entstehung und den organischen Ursachen der apriorischen Anschauungen nachforschen.

Die vermeintliche positive Stütze der Kantschen Lehre, die Apodiktizität der Axiome, kann bestritten werden und wurde, wie hier gezeigt werden soll, auch gegen Mitte des vorigen Jahrhunderts sowohl von Philosophen als von Mathematikern und Naturforschern energisch und nicht ohne Erfolg bekämpft. Diese Apodiktizität kann ihren Grund auch anderswo als in einer apriorischen Anschauung unseres Geistes haben.

Die der Kantschen entgegengesetzte Lösung des Raumproblems hat im vorigen Jahrhundert ihre systematische Entwicklung besonders durch J. Stuart Mill erhalten. Mit Recht bestreitet Mill, daß

---

[1]) Nicht ganz mit Unrecht verglich sie Nietzsche mit der Virtus dormitiva, durch welche die Molièreschen Ärzte die Wirkungen des Opium zu erklären meinten.

den mathematischen Wissenschaften eine größere Gewißheit als den experimentellen zukomme. Die rein mathematisch entwickelten Theorien würden erst durch die Erfahrung bestätigt und zur Gewißheit erhoben[1]).

Den Definitionen der Geometrie soll nur eine relative Richtigkeit zukommen. Die Axiome besäßen zwar volle Gültigkeit, das Gleiche sei aber auch für viele Wahrheiten der rein experimentellen Wissenschaften der Fall. Die Definitionen sind nach Mill nur Generalisationen gewisser Wahrnehmungen äußerer Objekte: der Punkt nur das „minimum visibile"; die eindimensionale Linie nur die Abstraktion eines Kreidestrichs oder eines gespannten Fadens; der vollkommene Kreis — die Erinnerung an die Durchschnittsfläche eines Baumes. Die Definitionen der Geometrie könnten daher nur eine approximative Gültigkeit beanspruchen.

Das Gewagte dieser Millschen Argumentation liegt auf der Hand. Die Definitionen der Euklidischen Geometrie beziehen sich auf einen idealen ausdehnungslosen Punkt, auf eine Linie, die eine Länge ohne Breite ist, auf eine ideale Gerade, die ins Unendliche verlängert werden kann usw. Die realen Linien, Punkte, Geraden usw., an denen unsere Erfahrungen gemacht werden, besitzen diese Eigenschaften nicht. Wie könnten denn aus der Idealisierung so roher Erfahrungen abgeleitete Schlüsse zu absolut richtigen Axiomen führen? Stuart Mill greift, um diesem Einwande zu entgehen, zur Assoziation von Ideen zwischen immer und ausnahmslos verbundenen Vorstellungen. Er muß aber zugeben, daß es sehr schwierig ist, Vorstellungen zu trennen, wenn die entsprechenden Empfindungen niemals gesondert dem menschlichen Geist dargeboten werden.

Die Möglichkeit, durch Idealisierung der an reellen Gegenständen gemachten Erfahrungen die Definitionen und Axiome der Geometrie abzuleiten, ist von Philosophen und Mathematikern, welche den empirischen Ursprung dieser Wissenschaften beweisen wollten, vielfach erörtert und immer bejahend beantwortet worden.

Bei der Abwesenheit eines Sinnesorgans, welches uns die Begriffe von idealen Linien, Punkten, Winkeln, Kreisen usw. geben könnte. war auch die Annahme einer solchen Möglichkeit für die Empiriker von unumgänglicher Notwendigkeit. Die Berechtigung einer solchen Annahme, wenn es sich darum handelt, den Ursprung der Axiome zu erklären, ist aber mehr als zweifelhaft. „Stammen die Axiome aus der Erfahrung?" schreibt F. Klein. „Helmholtz ist hierfür bekanntlich in nachdrücklicher Weise eingetreten.

[1]) Die Identität von Licht- und Elektrizitätswellen ist erst durch die genialen Experimente von Hertz mit Sicherheit festgestellt worden. Die elektrodynamische Theorie von Maxwell hat nur auf die Möglichkeit einer solchen Identität hingewiesen. Der größte und kompetenteste Bewunderer dieser Theorie, Boltzmann, hat in einem seiner wissenschaftlichen Vorträge fast mit denselben Worten dies zugeben müssen.

Aber seine Darlegungen erscheinen nach bestimmter Richtung unvollständig. Man wird, wenn man dieselben überdenkt, zwar gerne zugeben, daß die Erfahrung an dem Zustandekommen der Axiome einen großen Anteil hat, man wird aber bemerken, daß gerade derjenige Punkt bei Helmholtz unerörtert bleibt, der dem Mathematiker vor anderen interessant ist. Es handelt sich um einen Prozeß, den wir in genau derselben Weise bei der theoretischen Behandlung irgend welcher empirischer Daten nunmehr vollziehen, und der ebendarum dem Naturforscher völlig selbstverständlich erscheinen mag"[1]).

„Ich werde mich in allgemeiner Fassung so ausdrücken: Die Ergebnisse irgend welcher Beobachtungen gelten immer nur innerhalb bestimmter Genauigkeitsgrenzen und unter partikulären Bedingungen; indem wir die Axiome aufstellen, setzen wir an Stelle dieser Ergebnisse Aussagen von absoluter Präzision und Allgemeinheit. In dieser „Idealisierung" der empirischen Daten liegt meines Erachtens das eigentliche Wesen der Axiome . . ." So drückt sich F. Klein, einer der eminentesten Vertreter der Nicht-Euklidischen Theorien, aus. Wie alle Verteidiger dieser Theorien ist Klein kein Anhänger der Meinung, „als seien die Axiome nach ihrem konkreten Inhalte Notwendigkeiten der inneren Anschauung"; er muß also in gewissen Grenzen der Erfahrung und der Gewöhnung einen Anteil an dem Ursprung der Axiome zugestehen. Die Idealisierung der Erfahrungen ist für Klein aber bei weitem nicht so „selbstverständlich", wie sie z. B. Helmholtz erscheint. Ein Verfahren, das in der theoretischen Physik gang und gäbe ist, kann nicht ohne weiteres zur Begründung von Axiomen von „absoluter Präzision" gedient haben. Denn dadurch unterscheiden sich eben die Axiome von Euklid, daß sich ihre absolute Gültigkeit während Jahrtausenden bewährt hat, ohne je bewiesen worden zu sein, daß noch nie auch die geringste Tatsache konstatiert worden ist, welche mit ihnen in Widerspruch geraten wäre. In dieser tausendjährigen Bestätigung einen Beweis für die Berechtigung zu solcher Idealisierung bei der Aufstellung von Axiomen erblicken zu wollen, wie dies häufig geschieht, wäre auch dann kaum zulässig, wenn es absolut keine andere Möglichkeit gäbe, als durch Idealisierung den Ursprung der Axiome zu erklären. Da aber dies (siehe Kap. V) nicht der Fall ist, so beweist diese Bestätigung eben das Gegenteil: die Nichtberechtigung, die Axiome mit gewöhnlichen physikalischen Hypothesen, die einen zeitlichbeschränkten Wert besitzen, zu vergleichen.

Würden auch die eminentesten Mathematiker aller Zeiten so viel Zeit verwendet haben, um Beweise für das elfte Axiom von Euklid zu sammeln, wenn die bloße Idealisierung roher Erfahrungen zur Begründung von Axiomen genügt hätte? Mit Hilfe einiger Kreidestriche hätten sie sich ja das viele Kopfzerbrechen ersparen können. Es

[1]) Von mir gesperrt wiedergegeben.

wird in § 5 näher auseinandergesetzt werden, daß die psychischen Vorgänge, mit deren Hilfe der synthetische Aufbau der Geometrie aus den Definitionen und Axiomen von Euklid stattgefunden hat, der „Idealisierung" gerade entgegengesetzt waren; an realen geometrischen Figuren wurden nur die Sätze bestätigt, welche von vorher wahrgenommenen idealen Größen abgeleitet wurden.

Es hat nicht an Versuchen gefehlt, die zwischen den beiden sich gegenüberstehenden Theorien vorhandene Kluft durch vermittelnde Lehren zu überbrücken. Die Hegelsche Lehre von dem gemeinschaftlichen Ursprung unserer Raumvorstellungen von der Erfahrung und von aprioristischen Ideen sowohl wie das „Zusammenwirken" verschiedener Faktoren Herbarts gehören zu solchen mißglückten Versuchen. Sie vereinigten eigentlich nur die Lücken der empiristischen und aprioristischen Auffassungen.

Nach einer anderen Richtung hin versuchte einer der hervorragendsten Anhänger der empiristischen Theorien und Gegner der Kantschen Lehre, Taine, die Schwierigkeit zu umgehen. Nachdem er sehr weitläufig und mit großem Scharfsinn unsere geometrischen Anschauungen von Bewegungsempfindungen abzuleiten versucht, griff er endlich zu einer ganz anderen Vorstellungsweise: „Le temps est le père de l'espace!", was wohl sagen will, daß die Gleichzeitigkeit analoger sinnlicher Empfindungen die Vorstellung des Raumes gibt.

Diese Aushilfe ist aber nicht stichhaltig; eine solche Gleichzeitigkeit kann höchstens den Begriff der Entfernung oder des Abstandes liefern, aber nicht den eines Raumes und am wenigsten eines Raumes von drei Ausdehnungen.

Nur ein Philosoph hat im vorigen Jahrhundert versucht, die empiristische Raumtheorie mit Hilfe der Analyse der Bewegungen fester Körper direkt zu begründen, indem er von einer solchen Analyse den Ursprung der geometrischen Axiome ableitete: das war Ueberweg, ein Anhänger Benekes, der ein hervorragender Gegner der Kantschen aprioristischen Lehre war. Eine volle Lösung des Problems hat er freilich nicht geben können, weil eine solche ohne die Zuhilfenahme der Verrichtungen eines speziellen Sinnesorgans überhaupt unmöglich ist. Dagegen hat Ueberweg mehrere gewichtige Beiträge zu einer solchen Lösung geliefert, die einen bedeutenden Fortschritt ausmachen. Kaum 22 Jahre alt, hat er eine kleine Schrift verfaßt: „Die Prinzipien der Geometrie wissenschaftlich dargestellt" [1]), in der er die Grundformen der Euklidischen Geometrie und auch einige Eigenschaften des Raumes mit außerordentlicher Schärfe und wahrhaft genialer Intuition abzuleiten vermochte. Um seinen gewonnenen Sätzen „absolute Genauigkeit" beilegen zu können, war er natürlich auch gezwungen, zu deren Idealisierung seine Zuflucht zu nehmen. An sich selbst sind aber diese Sätze vollkommen

---

[1]) Diese wurde 3—4 Jahre später im Archiv für Philologie und Pädagogik, Bd. 17, 1851, veröffentlicht.

für die Bewegungen fester Körper gültig und sie haben, wie gleich gezeigt wird, auch glänzende Bestätigungen erfahren.

Der Ausgangspunkt Ueberwegs bei der Analyse der Bewegungen fester Körper war folgender:

„Ein materieller, fester Körper kann nach dem Zeugnis der Sinne (I), wenn er unbefestigt ist, überallhin gelangen, wo sich nicht schon ein anderer fester Körper befindet; (II) derselbe, an einer einzelnen Stelle festgehalten, kann sich nicht mehr unbeschränkt überallhin bewegen, ist aber doch nicht aller Bewegungen beraubt; (III) außerdem noch an einer zweiten Stelle festgehalten, kann derselbe an keiner Stelle mehr alle bei (II) möglichen Bewegungen machen, aber doch immer noch bewegt werden; (IV) wird aber eine dritte Stelle des Körpers befestigt, die bei (III) noch bewegt werden konnte, so wird alle Bewegung derselben überhaupt unmöglich.“

Wie W. Killing in der „Einführung in die Grundlagen der Geometrie“ zuerst hervorgehoben hat, sind diese Ausgangspunkte Überwegs mit den drei Annahmen ziemlich identisch, welche Helmholtz im Jahre 1867 bei seinen berühmten Untersuchungen über die Riemannschen Raumformen benutzte (siehe § 4), Untersuchungen, die später Sophus Lie in seiner Theorie der Transformationsgruppen weiter entwickelt hat.

Auch die Resultate, zu denen Ueberweg bei jener Analyse gelangt ist, decken sich so ziemlich mit denen von Helmholtz und Sophus Lie. So vermochte auch Ueberweg aus den Bewegungen fester Körper die drei Eigenschaften des Raumes, Gleichmäßigkeit, Kontinuität und Unendlichkeit, abzuleiten. Auch die Bedeutung der Gruppen, die er als Reihen bezeichnete, erkannte Ueberweg ganz richtig. Selbstverständlich sind die Methoden und die Beweisführungen von Helmholtz und Sophus Lie viel strenger und präziser entwickelt, als dies bei Ueberweg der Fall ist. Manches hat er nur geahnt, was seine Nachfolger streng bewiesen haben; seine Untersuchung ist aber deshalb um so bewunderungswürdiger[1]).

---

[1]) Die Untersuchung Ueberwegs ist ziemlich unbemerkt geblieben und er scheint selbst überrascht worden zu sein, als sie in französischer Übersetzung von Delbœuf dessen „Prolégomènes de la Géometrie“ hinzugefügt wurde. Wie aus seiner kurzen Notiz über Delbœufs Schrift hervorgeht, war Ueberweg über die Reproduktion seiner Schrift wenig erfreut. Der geringe Anklang, welchen sie gefunden, hat ihn vielleicht an deren Werte zweifeln lassen. Auch scheint er später selbst zur Überzeugung gelangt zu sein, es sei unmöglich, in den alleinigen Erfahrungen über die Bewegungen fester Körper die Grundlagen für die Lösung des Raumproblems zu finden. In dem diesem Problem gewidmeten Abschnitt seiner Logik erwähnt er nicht einmal seine Jugendschrift. Auch in seinem Grundriß der Geschichte der Philosophie ist von ihr keine Rede. Glücklicherweise hat Moritz Brasch in seinem Buche über Friedrich Ueberweg seine geometrischen Abhandlungen abgedruckt. Diese verdienen sicherlich eine ausführlichere Würdigung von seiten der Mathematiker und Philosophen.

In den folgenden Paragraphen wird noch mehrmals auf die Ueberwegsche Schrift zurückgegriffen werden. Deren synthetischer Teil ist von besonderem Werte gerade für meine jetzige Untersuchung, dank der entscheidenden Bedeutung, welche Ueberweg mit Recht dem Begriff der Richtung bei der Erklärung der Definitionen und der Axiome von Euklid beigelegt hat.

Aus Killings „Einführung" sollen hier nur einige Zeilen wiedergegeben werden: „Zudem zeigte Ueberwegs ‚Experiment' große Ähnlichkeit mit den ‚Tatsachen', von denen Helmholtz viele Jahre später ausging. Ob der letztere die vorliegende Arbeit gekannt hat, wird sich wohl nicht ermitteln lassen, nur ist es auffallend, daß Helmholtz häufig den Ausdruck ‚kugelige Flächen' gebraucht, wie Ueberweg von kugeligen Orten spricht" (S. 207).

Nachdem W. Killing auf die Rechte Ueberwegs in dieser für die Geometrie des Raumes so wichtigen Frage zuerst die Aufmerksamkeit gelenkt hatte, hat auch Wassilieff mehrmals die großen Analogien gezeigt, die in den Grundlagen und in den Ergebnissen zwischen den Resultaten Ueberwegs und denen von Helmholtz unzweifelhaft bestehen.

In meiner Schrift von 1903 (Beiträge usw. S. 249), habe ich in einer Berichtigung[1]) noch andere Beispiele der Identität in den Ausdrücken zwischen Ueberweg und Helmholtz gegeben.

So ist z. B. die Definition der geraden Linie, die Helmholtz in der zweiten Auflage der Physiologischen Optik S. 336 gibt, genau die zuerst von Ueberweg angegebene. Die Frage, ob Helmholtz die Arbeit von Ueberweg gekannt hat, scheint mir also nur bejahend beantwortet werden zu müssen. Am Ende der 50er Jahren dozierten Ueberweg und Helmholtz gleichzeitig in Bonn. Ueberweg, der, wenn ich nicht irre, im Jahre 1872 gestorben ist, war mehrere Jahre vor seinem Tode sehr leidend. Es ist also leicht möglich, daß der bekannte Vortrag von Helmholtz vom Jahre 1870 nicht zu seiner Kenntnis gelangt war. Möglich auch, daß Ueberweg die Absicht hatte, seine Rechte Helmholtz gegenüber zu wahren, als er an die Herausgabe einer neuen Bearbeitung seines wirklich genialen Werkes über die Geometrie schreiten wollte; leider wurde er durch seinen frühen Tod daran verhindert.

---

[1]) In einem Schreiben von Professor Killing, das zu dieser Berichtigung die Veranlassung gab, heißt es u. a. . . . .

„. . . Ich möchte nur über Ueberwegs Arbeit etwas sagen, da Sie mit Recht dieser Abhandlung große Bedeutung beilegen. Soweit ich die Literatur kenne, habe ich zuerst auf diese Arbeit als eine Vorläuferin der bekannten Helmholtzschen Abhandlung hingewiesen. Sie ist nur 17 Jahre älter als die Helmholtzsche Arbeit, ihrem Inhalte überaus verwandt, sogar in den Ausdrücken vielfach übereinstimmend, nur in den Beweisen leider ganz ungenügend. Wenn z. B. Ueberweg aus seinem ‚Experiment' die Dreizahl der Dimensionen herleiten will, schießt er weit über sein Ziel hinaus. Wassilieff ist erst durch mich auf die Arbeit hinwiesen, nachdem ich dieselbe, wenn auch nur kurz, in meiner ‚Einführung in die Grundlagen der Geometrie' besprochen hatte".

§ 4. Die Nicht-Euklidischen Raumformen.

Die Frage nach dem Ursprunge der Axiome von Euklid beschäftigte hauptsächlich die Mathematiker; und zwar waren ihre Bemühungen meistens darauf gerichtet, Beweise für das elfte Axiom, das der Parallelen, zu finden. „In der Theorie der Parallellinien", schrieb Gauss (S. 166), „sind wir jetzt noch nicht weiter als Euklid war. Dies ist die partie honteuse der Mathematik, die früh oder spät eine ganz andere Gestalt bekommen muß". Das elfte Axiom oder die fünfte Forderung, wie man jetzt mit Vorliebe sagt, lautet bei Euklid: „Werden zwei gerade Linien von einer dritten so geschnitten, daß die beiden inneren, an einerlei Seite der schneidenden Linie liegenden Winkel zusammen kleiner als zwei Rechte sind, so treffen diese beiden Linien genügsam verlängert an eben der Seite zusammen".[1] Die Notwendigkeit dieses Grundsatzes ist bei weitem nicht so selbstverständlich, wie die der übrigen Axiome von Euklid, die er als allgemeine Begriffe (notions communes) hingestellt hat. Sie bedarf also des Beweises. Aus den vergeblichen Bemühungen der Mathematiker, einen solchen Beweis zu finden, ist die Geometrie der Nicht-Euklidischen Raumformen entstanden.

Die Geschichte dieses Entstehens soll hier nur insofern berührt werden, als diese Geometrie für die Lösung des Raumproblems in Betracht kommt. Der französische Mathematiker Legendre suchte das Parallelaxiom durch den gleichwertigen Satz, die Winkelsumme eines Dreiecks betrage zwei Rechte, zu beweisen. Es gelang ihm, dabei den Nachweis zu geben, daß diese Winkelsumme nicht größer als zwei Rechte sein könne. Das Gegenteil, daß sie auch nicht kleiner als zwei Rechte sein kann, vermochte er nicht zu beweisen. In den dreissiger Jahren des vorigen Jahrhunderts wählte der geniale russische Mathematiker Lobatschewsky eine ganz andere Beweisführung. Er versuchte, ob durch die Entwicklung einer dem elften Axiom entgegengesetzten Forderung man nicht auf unüberwindliche Widersprüche stoßen würde und auf diesem Wege die Notwendigkeit dieses Axioms beweisen könnte. Bei seinen synthetischen Ableitungen gelangte Lobatschewsky aber zu dem überraschenden Resultat: es seien keine solchen Widersprüche vorhanden und es könne eine Raumform geben, in welcher die Winkelsumme eines Dreiecks kleiner sei als zwei Rechte, in welcher also das Parallelaxiom von Euklid und folglich sämtliche von ihm abhängigen geometrischen Sätze keine Gültigkeit hätten.

Fast gleichzeitig mit Lobatschewsky gelangte ein junger ungarischer Artilleriehauptmann, Johann v. Bolyai, angeregt durch

---

[1] Wo nicht das Gegenteil gesagt wird, sind die Zitate aus Euklid der Übersetzung von J. Fr. Lorenz (1781) entnommen. Dieselbe ist genau nach dem griechischen Text gemacht worden und wurde später (1808—1824) von Mollweide verbessert.

seinen Vater, einen Mitschüler und Freund von Gauss, zu demselben Resultat. So wurde die Geometrie der imaginären oder Nicht-Euklidischen Raumformen geschaffen[1]).

Im Jahre 1854 entwickelte Riemann die Möglichkeit noch einer anderen Raumform, der sphärischen, in welcher das Parallelaxiom gleichfalls ungültig sei und die Winkelsumme eines Dreiecks größer als zwei Rechte sein könne. In einer Variante dieser Raumform soll auch das zwölfte Axiom von Euklid — „zwei gerade Linien schließen keinen Raum ein" — keine Anwendung finden. Als Grundlage für seine analytischen Ableitungen benutzte Riemann einen algebraischen Ausdruck, das Krümmungsmaß von Gauss, das der Krümmung einer Fläche entspricht und durch den Abstand zweier in beliebiger Richtung von einander liegenden Punkte gegeben wird. Riemann stellte als Axiom auf, daß in jedem Raume, in welchem die freie Bewegung fester Körper möglich ist, dieses Krümmungsmaß überall einen konstanten Wert hat.

Die Riemannsche Raumform ist besonders von Helmholtz weiter untersucht worden. Ausgehend von drei Annahmen über die freien Beweglichkeitsbedingungen fester Körper, Annahmen, die identisch sind mit den von Ueberweg im Jahre 1850 gemachten (siehe oben S. 358), hat Helmholtz auf analytischem Wege die Bedeutung jenes algebraischen Ausdrucks (Krümmungsmaß) entwickelt, den Riemann als Grundlage genommen hat. Die von Riemann aufgestellte Forderung, der Raum dürfte als Zahlenmannigfaltigkeit angesehen werden, betrachtete dabei Helmholtz ausdrücklich als Axiom[2]).

Auf Grundlage seiner berühmten analytischen Untersuchungen (1868) gelangte Helmholtz zu Resultaten, die in dem Hauptsatze gipfelten, daß die Unterschiede der verschiedenen Raumformen sich durch ihre Krümmungsmaße kennzeichneten. Durch seinen Vortrag „Über den Ursprung und die Bedeutung der geometrischen Axiome", gehalten in Heidelberg im Jahre 1870, hat Helmholtz vermocht, die allgemeine Aufmerksamkeit auf diese neue Geometrie zu lenken. Die Nicht-Euklidische Geometrie nimmt jetzt als gleichberechtigt drei Raumformen an, die sich folgendermaßen kennzeichnen: 1. Der Euklidische Raum: Parallelaxiom gültig, also die Winkelsumme eines Dreiecks gleich zwei Rechten; Krümmungsmaß gleich Null. 2. Der Lobatschewskysche Raum: Winkelsumme eines Dreiecks kleiner als zwei Rechte; Krümmungsmaß besitzt negatives Vorzeichen. 3. Der

[1]) Über die sehr interessante Vorgeschichte dieser Geometrie, von Euklid bis Gauss, siehe das Werk von Stäckel und Engel, das mehrmals hier zitiert wird.

[2]) Nach Riemann soll der Raum ein besonderer Fall einer dreifach ausgedehnten Zahlenmannigfaltigkeit sein, in welcher sich das Quadrat des Bogenelementes durch eine quadratische Form der Differenziale der Koordinaten ausdrückt.

Riemann-Helmholtzsche Raum: Winkelsumme größer als zwei Rechte; Krümmungsmaß hat positives Vorzeichen. In einer Variante dieser letzteren Raumform vermögen auch zwei gerade Linien einen Raum zu umschließen. Die Euklidische Raumform soll nach Riemann ein ebener Raum sein; der Lobatschewskysche wurde von Beltrami als ein pseudo-sphärischer bezeichnet; der Riemann-Helmholtzsche ist der sphärische Raum. Im nächsten Paragraphen wird die Frage geprüft werden, inwiefern die Räume 2 und 3 als reell betrachtet werden können. Um dem nicht eingeweihten Leser die wahre Bedeutung der nicht-euklidischen Räume etwas verständlicher zu machen, sollen hier die Sätze 2 und 3 in nicht-mathematische Sprache übersetzt werden. Um die Möglichkeit eines Dreiecks nachzuweisen, in welchem die Winkelsumme kleiner als zwei Rechte sei, griff Lobatschewsky zu Dreiecken, deren Seiten nicht geradlinig, sondern nach innen gekrümmt sind: dies der Sinn des negativen Krümmungsmaßes. Den pseudo-sphärischen Raum, in welchem solche Dreiecke vorkommen können, hat Helmholtz mit Recht mit dem Innern eines türkischen Sattels verglichen. In dem Dreieck, dessen Winkelsummen größer als zwei Rechte sein sollen, sind dessen Seiten ebenfalls nicht geradlinig, sondern nach außen gekrümmt (positives Krümmungsmaß) angenommen. Daß in Dreiecken mit konkaven resp. konvexen Seiten die Winkelsumme kleiner resp. größer als zwei Rechte ausfallen muß, dies könnte man sich einfach durch entsprechende Zeichnungen anschaulich vorstellen. Inwiefern der Ersatz der geraden Linien der Dreiecke durch gekrümmte gestattet, die dabei erhaltenen Ableitungen als im Widerspruche mit den Gesetzen der Euklidischen Geometrie zu betrachten, wird im nächsten Paragraphen erörtert werden.

Daß die Schöpfung der neuen Geometrie einen großen Einfluß auf unsere Vorstellungen vom Raume haben müßte, schien selbstverständlich. Gauss, der die Möglichkeit einer Geometrie, welche von dem elften Axiom unabhängig wäre, vorhersagte, setzte sogar voraus, daß sie eine Lösung des Raumproblems zur Folge haben würde. In seiner Korrespondenz, welche die Notwendigkeit einer Nicht-Euklidischen Geometrie behandelt, findet man zahlreiche Andeutungen, in welchem Sinn diese Lösung geschehen wird. Es sollen einige solche Stellen hier wiedergegeben werden:

So schrieb Gauss an Olbers im Jahre 1817:

„Ich komme immer mehr zur Überzeugung, daß die Notwendigkeit unserer Geometrie nicht bewiesen werden kann, wenigstens nicht vom menschlichen Verstande noch für den menschlichen Verstand. Vielleicht kommen wir in einem anderen Leben zu anderen Einsichten in das Wesen des Raumes, die uns jetzt unerreichbar sind. Bis dahin müßte man die Geometrie nicht mit der Arithmetik, die rein a priori steht, sondern etwa mit der Mechanik in gleichem Range setzen . . .“

Aus den gesperrten Worten folgt also, daß Gauss den apriorischen Ursprung der Geometrie nicht anerkennen wollte. Er hielt an dem Standpunkt fest, den Newton mit folgenden Worten formulierte:

„Fundatur igitur Geometria in praxi mechanica et nihil aliud, quam Mechanicae universalis pars illa, quae artem mensurandi accurate proponit ac demonstrat“.

„. . . . Ich weiß nicht“, schrieb Gauß an Bessel, den 27. Januar 1829, „ob ich mit Ihnen je über meine Ansichten darüber gesprochen habe. Auch hier habe ich manches noch weiter konsolidiert, und meine Überzeugung, daß wir die Geometrie nicht vollständig a priori begründen können, ist, wo möglich, noch fester geworden. Inzwischen werde ich wohl noch lange nicht dazu kommen, meine sehr ausgedehnten Untersuchungen darüber zur öffentlichen Bekanntmachung auszuarbeiten, und vielleicht wird dies auch bei meinen Lebzeiten nie geschehen, da ich das Geschrei der Böotier scheue, wenn ich meine Ansicht ganz aussprechen wollte“.

„. . . . Nach meiner innigsten Überzeugung hat die Raumlehre eine ganz andere Stellung in unserem Bewußtsein a priori wie die reine Größenlehre; es geht unserer Kenntnis von jener durchaus diejenige vollständige Überzeugung von ihrer Notwendigkeit (also auch von ihrer absoluten Wahrheit) ab, die der letzten eigen ist; wir müssen in Demut zugeben, daß, wenn die Zahl bloß unseres Geistes Produkt ist, der Raum auch außer unserem Geiste eine Realität hat, der wir a priori ihre Gesetze nicht vollständig vorschreiben können“. (Brief vom 9. April 1830).

Gauss war also weder von der Notwendigkeit noch von der absoluten Wahrheit der Euklidischen Geometrie überzeugt. Der Raum besitzt eine Realität und nur die Zahl soll apriorischen Ursprungs sein.

In mehreren Schreiben wendet sich Gauss auch direkt gegen Kants Lehre, so z. B. am 6. März 1832 in einem Schreiben an Wolfgang von Bolyai:

„ . . . Gerade in der Unmöglichkeit, zwischen Σ und S a priori zu entscheiden, liegt der klarste Beweis, daß Kant Unrecht hatte, zu behaupten, der Raum sei nur Form unserer Anschauung. Einen anderen, ebenso starken Grund habe ich in einem kleinen Aufsatze angedeutet, der in den Göttingischen Gelehrten Anzeigen 1831 steht, Stück 4 p. 625 . . .“

Lobatschewsky, dem es gelungen ist, die Lösung zu geben, die Gauss angestrebt hat, war ähnlicher Ansicht über die Kantsche Lehre.

„Den geometrischen Begriffen selbst ist noch nicht die Wahrheit eigen, die man hat beweisen wollen, und die ebenso wie andere physische Gesetze nur durch die Erfahrung bestätigt werden kann, also zum Beispiel durch astronomische Beobachtungen“.

. . „In der Natur“, sagt ferner Lobatschewsky, „erkennen wir eigentlich nur die Bewegung, ohne die Sinneseindrücke nicht möglich sind. Alle übrigen Begriffe, zum Beispiel die geometrischen, sind künstlich von unserem Verstande erzeugt, indem sie aus den Eigenschaften der Bewegung abgeleitet sind, und deshalb ist der Raum an und für sich abgesondert für uns nicht vorhanden“. . . . „Ohne Zweifel werden immer die Begriffe zuerst gegeben sein, die wir in der Natur vermittelst unserer Sinne erwerben. Der Verstand kann und muß sie auf die kleinste Zahl zurückführen, damit sie dadurch der Wissenschaft als feste Grundlage dienen können“. . . .

Also genau wie Gauss nahm auch Lobatschewsky an, daß die geometrischen Wahrheiten aus der Erfahrung abgeleitet sind und daß ihnen keine apodiktische Gewißheit zukommt. Dagegen ist der Raum für Gauss eine Realität; nach Lobatschewsky kommt ihm keine „abgesonderte“ Existenz zu.

Ebenso entschieden hat sich Riemann zu Gunsten des empirischen Ursprungs unserer Raumvorstellungen ausgesprochen. Den Beweis dafür erblickt er darin, „daß eine mehrfach ausgedehnte Größe verschiedener Maßverhältnisse fähig ist und der Raum also einen besonderen Fall einer dreifach ausgedehnten Größe bildet“. Die Sätze der Geometrie sollen sich daher nicht aus allgemeinen Begriffen ableiten lassen, sondern diejenigen Eigenschaften, durch welche der Raum sich von anderen denkbaren dreifach ausgedehnten Größen unterscheidet, sollen nur aus der Erfahrung entnommen werden können.

In seinem erwähnten Vortrag sucht auch Helmholtz mehrmals die Sätze der Nicht-Euklidischen Geometrie als Argumente gegen den apriorischen Ursprung unserer Raumvorstellungen zu verwerten. „Wenn aber“, sagt er, „Räume anderer Art in dem angegebenen Sinne vorstellbar sind, so wäre damit auch widerlegt, daß die Axiome der Geometrie notwendige Folgen einer a priori gegebenen transzendentalen Form unserer Anschauungen im Kantschen Sinne seien“ (S. 22). Der rein empirische Ursprung dieser Axiome soll nach Helmholtz in ganz unzweifelhafter Weise durch die Möglichkeit bewiesen werden, uns pseudo-sphärische und sphärische Räume auszudenken, in denen die Axiome von Euklid keine Gültigkeit haben.

Sind nun diese übereinstimmenden Ansichten der Schöpfer der imaginären Geometrie auch wirklich berechtigt? Ist es ihnen gelungen, den apriorischen oder wenigstens den nativistischen[1]) Ursprung der Raumvorstellungen zu widerlegen resp. den empirischen zu beweisen? Mit anderen Worten: haben Gauss, Lobatschewsky, Riemann, Helmholtz und ihre Nachfolger wirklich vermocht, eine entscheidende Lösung des Raumproblems zu geben? Die Frage muß entschieden verneint werden. Weder über die Realität des absoluten Raumes noch über die Herkunft unserer Vorstellungen vom dreidimensionalen Raume hat die Nicht-Euklidische Geometrie irgend welche definitive Aufklärungen gebracht.

Nach Gauss ist der Raum eine Realität, nach Lobatschewsky ist „der Raum an und für sich abgesondert für uns nicht vorhanden“. Ja noch mehr; im Laufe der durch seinen Vortrag erzeugten Polemik mit Land, Albert Krause u. a. fand Helmholtz Veranlassung, sogar den Raum an sich für rein transzendental zu erklären. Nur für die Axiome wollte er noch den empirischen Ursprung beibehalten.

Irgend welche Aufklärung oder Beweise für diesen empirischen Ursprung vermochte aber Helmholtz nicht einmal für die Axiome

[1]) Diese beiden Hypothesen sind nicht notwendig identisch.

von Euklid zu geben. Denn die Bestätigungen dieser Axiome aus der Erfahrung, die er in großer Anzahl anführt, können ja nur für den physischen Raum gelten, den er von dem transzendentalen unterscheiden will. Dagegen bezeigen diese angeführten Erfahrungen geradezu, daß die Axiome von Riemann-Helmholtz über das Krümmungsmaß und den Raum als Zahlenmannigfaltigkeit mit ihnen in unversöhnlichem Widerspruche stehen.

„Alle Systeme praktisch ausgeführter Messungen", gibt Helmholtz zu (S. 23), „bei denen die drei Winkel großer geradliniger Dreiecke einzeln gemessen worden sind, also auch namentlich alle Systeme astronomischer Messungen, welche die Parallaxe der unmeßbar weit entfernten Fixsterne gleich Null ergeben, . . . bestätigen empirisch das Axiom der Parallelen und zeigen, daß in unserem Raume und bei Anwendung unserer Messungsmethoden das Krümmungsmaß des Raumes als von Null ununterscheidbar erscheint". Das Gleiche folgt auch aus den Behauptungen von Lobatschewsky: „J'ai prouvé ailleurs, en m'appuyant sur quelques observations astronomiques, que dans un triangle, dont les côtés sont de la même grandeur à peu près que la distance de la terre au soleil, la somme des angles ne peut jamais différer des deux angles droits d'une quantité, qui puisse surpasser 0,0003″ en secondes sexagésimales. Or, cette difference doit être d'autant moindre, que les côtés d'un triangle sont plus petits". Diese winzige Größe kann aber noch innerhalb der Grenzen der Beobachtungsfehler liegen.

Die Erfahrung lehrt also, daß in unserem Weltenraume das Parallelaxiom von Euklid absolute Gültigkeit hat[1]). Wie soll also die Nicht-Euklidische Geometrie, welche von diesem Axiom unabhängig ist, den empirischen Ursprung unserer Raumvorstellungen beweisen?

Übrigens, wenn der Raum eine bloße Zahlenmannigfaltigkeit wäre, so würde dies ja eher für den apriorischen Ursprung unserer Raumvorstellungen sprechen; denn daß „die Zahl bloß unseres Geistes Produkt ist", wurde mit Gauss von den meisten Mathematikern angenommen.

Bei der Unmöglichkeit, einerseits den wirklichen Ursprung der Axiome von Euklid zu demonstrieren, andererseits für die Axiome

---

[1]) Die Bezeichnung des Euklidischen Raumes als ebener Raum hat viele Schwierigkeiten verursacht. Helmholtz gesteht dies zu, indem er schreibt: „Wir werden nun weiter zu fragen haben, wo diese besonderen Bestimmungen herkommen, welche unseren Raum als ebenen Raum charakterisieren, da dieselben nicht in den allgemeinen Begriff einer ausgedehnten Größe von drei Dimensionen und freier Beweglichkeit der in ihr enthaltenen begrenzten Gebilde eingeschlossen sind" (S. 22). Um dieser, auch nach Killing unpassenden Bezeichnung aus dem Wege zu gehen, hat F. Klein die Euklidische Raumform die parabolische genannt; die Lobatschewskysche Raumform bezeichnet Klein als die hyperbolische, die Riemannsche als die elliptische.

von Riemann empirische Beweise zu finden, bestreiten Helmholtz und die meisten Nicht-Euklidianer die absolute Glültigkeit der Euklidischen Axiome, um so der Kantschen Lehre ihr Hauptargument zu entreißen. Und dies, trotzdem sie selbst neue und wertvolle Belege für deren Gültigkeit anführen, und nur, weil man imaginäre Raumformen ausdenken kann, welche vom Parallelaxiom unabhängig wären. Sind wir aber wirklich imstande, wie Helmholtz will, uns genaue Vorstellungen von pseudosphärischen und sphärischen Räumen oder, richtiger gesagt, von den Wahrnehmungen zu machen, welche wir erhalten würden, wenn wir plötzlich in solche Räume versetzt würden? Die Malereien, die Helmholtz von solchen Wahrnehmungen macht, sind, wie F. Klein ganz richtig sagt, „eine Mischung von wahr und falsch", können jedenfalls nicht als Beweise gelten für „die Reihe der sinnlichen Eindrücke, welche eine sphärische oder pseudosphärische Welt uns geben würde, wenn sie existierte" (Helmholtz).

Daß die Nicht-Euklidische Geometrie nicht imstande ist, die Frage nach den Ursachen zu beantworten, die uns zwingen, unsere Anschauungen auf einen dreidimensionalen Raum zu beschränken, dies geben ihre Vertreter ausdrücklich zu: „Anders ist es mit den Dimensionen des Raumes", sagt Helmholtz. „Da alle unsere Mittel sinnlicher Anschauung sich nur auf einen Raum von drei Dimensionen erstrecken und die vierte Dimension nicht bloß eine Abänderung von Vorhandenem, sondern etwas vollständig Neues wäre, so befinden wir uns schon wegen unserer körperlichen Organisation in der absoluten Unmöglichkeit, uns eine Anschauungsweise einer vierten Dimension vorzustellen" (S. 29).

Gauss war derselben Ansicht: „.... Was noch zu desiderieren wäre, ist der metaphysische Grund, warum es so ist, und damit auch die Erweiterung auf eine Geometrie von mehr als drei Dimensionen, wofür wir menschliche Wesen keine Anschauung haben, die aber, in abstracto betrachtet, nicht widersprechend ist und füglich höheren Wesen zukommen könnte" (Brief an Gerling, 8. April 1844).

Killing, ein überzeugter Nicht-Euklidianer, schreibt: „So sehr die Frage nach der Dreizahl der Dimensionen die Philosophen beschäftigt hat, ist es bisher nicht gelungen, einen von unserer Erfahrung unabhängigen tieferen Grund dafür anzugeben"[1]).

Trotzdem also die Schöpfer der Nicht-Euklidischen Geometrie die Kantsche Lehre vom apriorischen Ursprunge unserer Raumbegriffe bekämpften, waren sie gezwungen, auch in der Frage über die Herkunft der dreidimensionalen Anschauungen sich auf den Standpunkt Kants zu stellen.

Der eminente Mathematiker H. Poincaré, einer der Förderer der neuen Geometrie, hat in mehreren Aufsätzen über deren Stellung

---

[1]) In den drei Zitaten sind die Sätze von mir gesperrt gedruckt.

zum Raumproblem sich noch viel deutlicher im Sinne Kants aussprechen müssen.

Zum Ausgangspunkte seiner Betrachtungen über die Grundlagen der Geometrie nimmt Poincaré einerseits gewisse Voraussetzungen über die Bewegungsempfindungen hauptsächlich der Augenmuskeln, andererseits die Entwicklungen von Sophus Lie über die Gruppenbildungen bei den Bewegungen fester Körper.

Poincarés Voraussetzungen über die Bedeutung der Bewegungsempfindungen sind vom physiologischen Standpunkt aus völlig unzutreffend. Sie beziehen sich übrigens nur auf den Sehraum, nicht auf den wirklichen Raum. Unsere Erörterungen im zweiten Kapitel machen es überflüssig, hier auf diese Auseinandersetzungen näher einzugehen. Von Bedeutung für die uns beschäftigenden Fragen sind hauptsächlich die Schlüsse von Poincaré, weil sie evident beweisen, daß auch mit Zuhilfenahme der so bedeutungsvollen analytischen Studien von Sophus Lie über die Transformations-Gruppen es nicht möglich ist, die natürlichen Grundlagen der Axiome von Euklid und den Ursprung unserer dreidimensionalen Raumanschauung aufzuklären. „La notion de ces corps idéaux“ (der geometrischen Figuren), schreibt Poincaré, „est tirée de toutes pièces de notre esprit et l'expérience n'est qu'une occasion qui nous engage à l'en faire sortir“.

In einem ausführlicheren Aufsatze über denselben Gegenstand ist diese Auffassung noch kategorischer ausgedrückt: „Geometry is not an experimental science; experience forms merely the occasion for our reflecting upon the geometrical ideas which preexist in us“.

Dabei hebt Poincaré mit Recht hervor, daß er darin in voller Übereinstimmung mit Helmholtz und Sophus Lie sei: „I differ from them in one point only, but probably the difference is in the mode of expression only and at the bottom we are completely in accord“. Dieser Punkt betrifft folgenden Einwurf, den man Helmholtz und Lie gemacht hat: „But your group presupposes space; to construct it you are obliged to assure a continuum of three dimensions. You proceed as if you already know analytical Geometry“. Der Unterschied zwischen „presupposes“ und „preexists“ ist in der Tat unerheblich.

Die notwendige Rückkehr eines der hervorragendsten Vertreter der Nicht-Euklidischen Geometrie[1]) zu präexistierenden oder aprio-

---

[1]) Cayley und F. Klein machen insofern eine Ausnahme, als sie die metaphysische Frage von den Eigenschaften des Raumes durch die Frage nach dem Verfahren zur Ausmessung von Abständen ersetzt haben. Der kompetente Kenner der Lobatschewskyschen Schriften, Professor Wassilieff, versichert, daß auch Lobatschewsky „die Theorien über die Eigenschaften des Raumes nicht gebilligt haben würde“. Er würde die Weiterentwicklung seiner Geometrie in dem gleichen Sinne wie Cayley und F. Klein verfolgt haben.

rischen geometrischen Vorstellungen oder angeborenen „körperlichen Organisationen“ beweist zur Evidenz, daß es den Mathematikern ebensowenig wie den Philosophen der empiristischen Schulen gelingen wollte, mit Hilfe von Erfahrungen aus den Bewegungen fester Körper den Ursprung der Axiome von Euklid und den unserer dreidimensionalen Raumanschauungen zu erklären. Sie mußten, ebenso wie Kant, ihre Zuflucht zu apriorischen Auffassungen nehmen. Von den Vertretern der nichteuklidischen Raumformen hat sich H. Poincaré am entschiedensten zugunsten des apriorischen Ursprungs unserer Raum- und Zeitbegriffe ausgesprochen; er gerät dabei in Widerspruch mit den Begründern der neuen Geometrie. In seiner Schrift „La Sciene et l'Hypothèse“ leugnet er sogar die Existenz eines absoluten oder reellen Raumes: „L'espace absolu, c'est à dire, le repère auquel il faudrait rapporter la terre pour savoir si réellement elle tourne, n'a aucune existence objective. Dès lors cette affirmation: „La terre tourne“ n'a aucun sens, parcequ'aucune expérience ne permettra de le vérifier“. An einer anderen Stelle: „S'il n'y a pas d'espace absolu, peut-on tourner sans tourner par rapport à quelque chose?“ In der Tat, der Raum muß vorhanden sein, damit Bewegungen fester Körper möglich sind. Die Vorstellungen eines dreidimensionalen Raumes müssen schon gegeben sein, damit wir Bewegungen in ihm beobachten können. Dies ist an sich ganz richtig; aber wie läßt es sich erklären, daß Poincaré selbst zu Bewegungen und zu den Transformationsgruppen seine Zuflucht nimmt, um den Ursprung unserer dreidimensionalen Raumanschauung zu erklären? Ja noch mehr, er stützt sich dabei, wie schon gezeigt, auf die vermeintlichen, durch den gar nicht existierenden Muskelsinn hervorgebrachten Bewegungsempfindungen, in der irrtümlichen Annahme, daß die empirischen Theorien mit deren Hilfe die Bildung unserer sämtlichen Vorstellungen zu erklären vermögen. Solange die Existenz und die Verrichtungen eines besonderen Richtungssinnes, der uns diese Vorstellungen zu geben vermag, unbekannt waren, mußte Kants Lehre, trotz ihrer Lücken, als die einzig logisch voraussetzbare gelten.

„Selten vergeht ein Jahr, wo nicht irgend ein neuer Versuch zum Vorschein käme, diese Lücke auszufüllen, ohne daß wir doch, wenn wir ehrlich und offen reden wollen, sagen könnten, daß wir im wesentlichen irgend weiter gekommen wären, als Euklides vor 2000 Jahren war. Ein solches aufrichtiges und unumwundenes Geständnis scheint uns der Würde der Wissenschaft angemessener, als das eitle Bemühen, die Lücke, die man nicht ausfüllen kann, durch ein unhaltbares Gewebe von Scheinbeweisen zu verbergen.“

So sprach Gauss im Jahre 1816. Trotz der Schöpfung der Nicht-Euklidischen Geometrie behielten diese Worte in bezug auf das Raumproblem ihre volle Geltung bis zur Entdeckung eines speziellen Sinnesorgans für die Wahrnehmungen der drei Richtungen durch den Bogengangsapparat.

§ 5. Der physiologische Ursprung der Definitionen und Axiome von Euklid.

Verfolgt man die während der letzten Jahrhunderte sich wiederholenden Bemühungen, mathematische Beweise für die Axiome von Euklid oder für deren Unabhängigkeit voneinander zu finden, so begegnet man dem Begriffe der Richtung als Leitmotiv bei den meisten der vorgeschlagenen Lösungen. Bis zur Mitte des vorigen Jahrhunderts beherrschte dieser scheinbar so klare Begriff die Bestrebungen der Mathematiker und Philosophen. Sogar Lobâtschewsky, der erste Begründer der neuen Geometrie, machte noch den Versuch, mit Hilfe der Richtung das elfte Axiom zu beweisen, indem er die Parallellinien als Linien gleicher Richtung definierte[1]).

Im Nachlasse und Briefwechsel von Gauss taucht der Begriff der Richtung sehr häufig bei den Versuchen auf, eine Theorie der Parallellinien zu entwickeln. In den berühmten Aufsätzen von Sir John Herschel, erschienen im Quarterly Review, in denen er zugunsten Stuart Mills gegen Whewell in der Streitfrage über den Ursprung unserer Raumbegriffe Stellung genommen hatte, wird manchmal die Entscheidung in dem Begriffe der Richtung gesucht: „Nun ist die einzige klare Vorstellung, die wir uns von der Geradheit der Linie machen können, Gleichförmigkeit der Richtung, denn der Raum ist in der letzten Analyse nichts als eine Menge von Entfernungen und Richtungen".

Auch Ueberweg hat in seiner schon zitierten Arbeit beim synthetischen Aufbau der Geometrie mit Erfolg die „Richtung" als Grundlage benutzt. In neuester Zeit hat Riehl einen bemerkenswerten Versuch gemacht, mit Hilfe von Richtungsempfindungen das ganze Raumproblem zu lösen. Leider hat er die Richtungsempfindungen von den problematischen Bewegungsempfindungen abzuleiten gesucht und daran scheiterte sein Versuch. Den sonst ganz richtigen Gedanken Riehls hat unlängst (1890) Heymans von neuem aufgenommen. Meine Untersuchungen über die Existenz eines besonderen Sinnesorgans für die Richtungsempfindungen waren ihm aber unbekannt. Mit den Bewegungsempfindungen konnte er ebensowenig vorwärts kommen, wie sein Vorgänger.

Wenn die Verwendung des Begriffes der Richtung nicht vermochte, einen entscheidenden Erfolg in der Geometrie zu erlangen, so lag dies an der Schwierigkeit, eine genaue Definition der „Richtung" zu geben. Die Mathematiker legten aber merkwürdigerweise gerade auf diese Definition ein besonderes Gewicht. Gauss suchte gegen diese Tendenz zu reagieren, aber vergebens. Dies ist um so mehr zu bedauern, als, wie aus dem folgenden Zitate klar hervorgeht, Gauss den physiolo-

[1]) Swinden im Jahre 1700 und C. F. Jacobi im Jahre 1824 haben die gleiche Auffassung vertreten.

gischen Ursprung des Begriffes der Richtung sicherlich geahnt hat . . . „Der Unterschied zwischen Rechts und Links läßt sich aber nicht definieren, sondern nur vorzeigen, so daß es damit eine ähnliche Bewandtnis hat, wie mit Süß und Bitter. Omne simile claudicat aber; das letztere gilt nur für Wesen, die Geschmacksorgane haben, das erstere für alle Geister, denen die materielle Welt apprehensibel ist. Zwei solche Geister aber können sich über Rechts und Links nicht anders unmittelbar verständigen, als indem ein und dasselbe materielle, individuelle Ding eine Brücke zwischen ihnen schlägt, ich sage unmittelbar, da auch A sich mit Z verständigen kann, indem zwischen A und B eine materielle Brücke, zwischen B und C eine andere usw. geschlagen werden oder worden sein kann. Welche Geltung diese Sache in der Metaphysik hat, und daß ich darin die schlagende Widerlegung von Kants Einbildung finde, der Raum sei bloß die Form unserer äußeren Anschauung, habe ich succinct in den Göttingischen Gelehrten Anzeigen 1831, S. 635 ausgesprochen." (Brief an Schumacher vom 8. Februar 1846, S. 247).

Diese Worte des bedeutendsten Mathematikers des vorigen Jahrhunderts könnten als Motto dieses Paragraphen gelten; sie enthalten die wesentliche Grundlage der hier gegebenen Lösung des Raumproblems. Die drei Grundrichtungen: Sagittal, Transversal und Vertikal sind Grundempfindungen wie Süß und Bitter oder wie Rot, Grün und Violett. Die Brücken, welche erforderlich sind, um eine Verständigung zwischen den verschiedenen Geistern zu ermöglichen, die erste Vorbedingung für die wissenschaftliche Behandlung einer Frage, diese Brücken sind durch die Untersuchungen errichtet worden, welche die Existenz eines besonderen Sinnesorgans festgestellt haben, das dazu bestimmt ist, uns drei verschiedene Richtungsempfindungen zu geben.

Die Unmöglichkeit einer Verständigung über den Begriff der Richtung brachte es mit sich, daß in der zweiten Hälfte des vorigen Jahrhunderts dieser Begriff als eine der Grundlagen der Geometrie ganz zurückgestellt und bei der Lösung des Raumproblems durch den Begriff des Abstandes ersetzt wurde. Schon Proklos hat diesen letzteren Begriff für die Deutung des elften Axioms benutzt. Die Definition der parallelen Linien als Linien von gleichem Abstand (equidistante Linien) hat seither mehrmals die Geometer angezogen. Wenn der Begriff des Abstandes endlich den Sieg über den der Richtung davongetragen hat, so geschah dies teilweise dank der Physiologie oder richtiger der physiologischen Optik. Bei der Analyse der Bewegungen fester Körper kommt fast ausschließlich der Sehraum in Betracht und der Abstand als eine durch das Augenmaß bestimmbare oder, richtiger, wahrnehmbare Größe mußte bei der Verwertung dieser Analyse für die Erkenntnis des wirklichen Raumes notwendigerweise eine hervorragende Rolle spielen. Darum glaubte auch Helmholtz den Begriff der Richtung bekämpfen zu müssen. „Wie soll man aber Richtung definieren, doch wieder nur durch die gerade Linie; hier bewegen wir uns in einem Circulus vitiosus. Richtung ist sogar der speziellere Begriff, denn in jeder geraden Linie gibt es zwei entgegengesetzte Richtungen[1])".

Wenn eine Definition der Richtung auch in der Tat unmöglich wäre, so dürfte dies kein unüberwindliches Hindernis für die Verwendung des Begriffs der Richtung als Grundlage der Geometrie bilden[2]). Die analoge Schwierigkeit, andere Empfindungen, wie Rot, Grün und Violett resp. Blau genauer zu definieren, hat ja auch Young und Helmholtz nicht verhindert, die Farbenlehre aufzubauen. Um eine solche Verwendung fruchtbringend zu machen, sollte der Nachweis genügen: die Begriffe der Richtung beruhen ebenso auf sinnlichen Empfindungen, wie die Begriffe von Rot und Grün oder Süß und Bitter. Einen solchen Nachweis haben aber meine Untersuchungen in überzeugender Weise schon im Jahre 1878 geliefert.

Es soll nun hier der Versuch gemacht werden, die Definitionen und Axiome von Euklid auf ihren natürlichen Ursprung aus den sinnlichen Wahrnehmungen des Bogengangsapparates zurückzuführen. Weit davon entfernt, die Einzelheiten der nun folgenden Demonstration als endgültig hinzustellen, soll dieser Versuch nur dazu dienen, die Überzeugung zu wecken, daß die naturgemäßen Grundlagen der Geometrie von Euklid auf den sinnlichen Wahrnehmungen des Richtungssinnesorgans beruhen. Die weitere Ausnützung dieser Grundlagen von seiten kompetenter Mathematiker wird dann sicherlich nicht ausbleiben.

Es sollen daher hier nur einige der wichtigsten geometrischen Definitionen von Euklid berücksichtigt werden.

Die gerade Linie wird von Euklid definiert: „Eine gerade Linie ist diejenige, welche zwischen allen in ihr befindlichen Punkten auf einerlei Art liegt." (Lorenz.)[3]) Recta linea est, quaecunque ex aequo punctis in ea sitis jacet[4]).

Die französische Übersetzung, wie sie König ebenfalls nach dem griechischen Text gibt, hat den gleichen Sinn: „La ligne droite est celle qui est également située entre ses extrémités."

---

[1]) Letzteres beruht, wie schon oben gezeigt wurde, auf einer Verwechslung der Richtung als Eigenschaft des Raumes mit dem Sinne der Richtung, die nur eine Beziehung dieser Eigenschaft zu unserem „Ich" bedeutet.

[2]) Es gibt aber auch hervorragende Vertreter der Nicht-Euklidischen Geometrie, die es für deren weitere Entwicklung erforderlich halten, auch den Begriff des Abstandes aufzugeben. So schreibt Killing: „. . . Die Geometrie, gleichwie sie den Begriff der Richtung in dem vom Parallelaxiom geforderten Sinn hat aufgeben müssen, so auch den Begriff des Abstandes als Grundbegriff nicht wird festhalten können, und somit weit über Nicht-Euklidische Raumformen in engerem Sinne hinausgehen muß. . ."

[3]) Die von den Nicht-Euklidianern bevorzugte Übersetzung von Heiberg lautet folgendermaßen: „Eine Linie ist gerade, wenn sie gegen die in ihr befindlichen Punkte auf einerlei Art gelegen ist."

[4]) Der griechische Text Euklids lautet: Εὐθεῖα γραμμή ἐστιν, ἥτις ἐξ ἴσου τοῖς ἐφ' ἑαυτῆς σημείοις κεῖται. Clavius hat folgende Deutung dieser Definition vorgeschlagen: Nullum punctum intermedium ab extremis sursum aut deorsum vel huc vel illuc flectendo subsaltat."

Der Begriff der geraden Linie, welchen Euklid definieren wollte, erscheint ganz klar: eine Linie, die gegen alle ihre Punkte auf einerlei Art gelegen ist, will sagen, eine Linie, die nach keiner Seite hin ausbiegt, deren Punkte alle gleichmäßig, d. h. in derselben Richtung gelegen sind. Die gerade Linie ist die Linie einer Richtung.

Ueberweg glaubte dieser Definition eine strengere wissenschaftliche Begründung zu geben, indem er die Richtung aus der Bewegung fester Körper abzuleiten suchte: „Diejenige Linie, welche bei der Drehung um zwei ihrer Punkte in sich bleibt, heißt gerade."

An sich ist eine solche Definition schon zulässig, um so mehr als auch die Drehung eine Richtung voraussetzt. Sie ist aber für die hier in Betracht kommende Frage keinesfalls zutreffend. Wenn man dem Ursprung der Definitionen und Axiome von Euklid nachforschen will, dann ist es nicht gestattet, ihm einen Ideengang oder Voraussetzungen zuzuschreiben, die er schon darum nicht haben konnte, da sie erst im Laufe des vorigen Jahrhunderts entstanden sind[1]). Es ist sicherlich kein Zufall, daß Euklid im ersten Buche den Begriff der Bewegung ausgeschlossen hat. Die Begriffe der Richtung und der Lage genügten ihm vollständig, um die in diesem Buche vorkommenden Größen zu definieren und um gewisse Axiome, die er als allgemeine Begriffe (notions communes) auffaßte, zu formulieren.

Nur beim Axiom der Kongruenz soll Euklid zur Bewegung gegriffen haben. Aber auch dies ist mehr als zweifelhaft. Das achte Axiom lautet: „Quae sibi mutuo congruunt, sunt aequalia", d.h. „Größen, die aufeinander passen, sind einander gleich" (Lambert), oder „Was einander deckt, ist einander gleich" (Lorenz); „Les grandeurs qui conviennent sont égales et semblables et réciproquement" (König).

Von Bewegung ist hier keine Rede, höchstens von Umlegung[2]). Und auch dies ist problematisch. Wenn man Kindern die Geometrie lehrt, z. B. die Kongruenz der Dreiecke, so denkt doch niemand daran, das eine Dreieck auf das andere wirklich zu legen.

Die älteren Geometer haben viel richtiger die Kongruenz auf den Satz der Gleichheit[3]) (similitude) zurückgeführt, der uns direkt durch

---

[1]) Soll ja nach Poincaré Euklid sogar die Bildung von Gruppen, wie sie Sophus Lie entwickelt hat, geahnt haben!

[2]) „Euklid", schreibt Stäckel (S. 8), „hat gewiß absichtlich in dem ganzen ersten Buche den Begriff der Bewegung nur bei dem Beweise des ersten Kongruenzsatzes benutzt. Stillschweigend macht er hier sogar von der Umlegung Gebrauch. Sollte ihm entgangen sein, daß bei der Geometrie der Ebene zwischen Bewegung und Umlegung ein wesentlicher Unterschied besteht?" Dies ist eben Euklid so wenig entgangen, daß er sogar kaum von dem Begriff der Umlegung Gebrauch machte; von Bewegung ist in dem Kongruenzsatze aber keine Spur zu finden.

[3]) So z. B. König: „Pour Euclide congruence est une notion commune", die mit dem großen Prinzip der Gleichheit verbunden ist (6. Buch).

die Anschauung gegeben ist[1]). Wie sollen auch an Bewegungen realer Körper gemachte Erfahrungen zum Satze der Kongruenz führen? Wo sind denn solche Körper, die vollkommen kongruent oder auch nur vollkommen gleich wären? Eine vollkommene Kongruenz kommt eigentlich nur in unserem Bewußtsein zustande, und zwar meistens durch Verschmelzung zweier identischer Netzhautbilder oder durch Wahrnehmung identischer Eindrücke von zwei zwar verschiedenen, aber gleich erscheinenden Dingen.

Wie dem auch sei, bei der Definition der geraden Linie hat Euklid nur an Lage und Richtung gedacht. Darüber herrscht volle Übereinstimmung. Es handelt sich also bei unserem jetzigen Wissen über den Ursprung der Richtungsempfindungen nur darum, die Entstehung des Begriffs der geraden Linie als der Linie einer Richtung physiologisch zu begründen.

Es wurde im zweiten Paragraphen des Kap. VI die funktionelle Bedeutung der Beherrschung der Augenmuskeln durch die Bogengänge erörtert und gezeigt, warum eine jede Erregung der Ampullennerven gleichzeitig mit der Erzeugung einer Richtungsempfindung gewisse Augenbewegungen auslöst, welche die Blicklinie in die empfundene Richtung wenden (S. 347), d. h. zur Quelle dieser Erregung. Kann die Augenbewegung allein eine solche Richtung der Blicklinie nicht erzielen, so rufen die Ampullennerven auf reflektorischem Wege die erforderlichen Kopf- resp. Körperbewegungen hervor.

Der Weg, der von der Erregungsquelle zur Nervenstelle führt, wo eine bestimmte Richtung empfunden wird, gibt die gerade Linie dieser einen Richtung an; die Blicklinie veranschaulicht diese gerade Linie. Die ideale Richtung ist ihrem Wesen nach unbegrenzt. Dagegen ist die ihr entsprechende oder richtiger mit ihr zusammenfallende gerade Linie begrenzt, einerseits durch den Ausgangspunkt der Erregung, andererseits durch den Punkt, wo diese Erregung wahrgenommen wird. Sie ist gleich dem Abstande zwischen diesen beiden Punkten. Aber diese gerade Linie kann selbstverständlich in der ihr entsprechenden Richtung nach Willkür verlängert werden[2]).

Aus dieser durch den Ursprung der idealen geraden Linie bedingten Fähigkeit entstand die zweite Forderung von Euklid: jede begrenzte gerade Linie stetig in gerader Richtung zu verlängern.

Psychologisch könnte man also die gerade Linie etwa so definieren: die ideale gerade Linie ist die veranschaulichte Vorstellung einer empfundenen Richtung.

---

[1]) F. Klein hat gezeigt, daß man die projektivische Geometrie ohne Zuhilfenahme der Bewegung aufbauen könne, indem man sie durch die Vergleichung ersetzt. „Jede Strecke , jeder Winkel ist sich selbst kongruent" (Hilbert) dies wird doch nicht durch die Bewegung gelehrt.

[2]) Bei der Verlängerung dieser geraden Linie nach der Seite des letzteren Punktes ändert sich das Vorzeichen (oder der Sinn) ihrer Richtung (siehe § 2).

Die Entstehungsweise des Begriffs der geraden Linie bedingt es, daß die gerade Linie die kürzeste Linie zwischen zwei Punkten (Archimed) ist und rechtfertigt auch die Definition von Legendre: „La droite est le plus court chemin d'un point à un autre.“ Es wurde dieser Definition der Vorwurf gemacht, sie bedürfe noch einer Definition des „Weges“. Dieser „Weg“ oder Abstand fällt aber mit der „Richtung“ zusammen, wie wir sahen. Die Definition von Legendre entspricht daher noch viel enger dem physiologischen Ursprung der idealen geraden Linie. Die Definition der geraden Linie als des kürzesten Weges zwischen zwei Punkten muß für die Vertreter der Nicht-Euklidischen Geometrie sehr unbequem sein. Wie oben gezeigt wurde, beruht die Möglichkeit von Dreiecken, in denen die Winkelsumme kleiner oder größer als zwei Rechte sein soll, auf dem Ersatz der geradlinigen Seiten der Dreiecke durch gekrümmte. (Siehe oben.) Die Möglichkeit pseudo-sphärischer oder sphärischer Raumformen wird also im Grunde von der Annahme, daß in krummseitigen Dreiecken die Winkelsumme eine andere sein kann, erschlossen. Die Schwäche dieser Grundlage der imaginären Geometrie springt in die Augen. Helmholtz hat daher versucht, in seinem berühmten Vortrage vom Jahre 1870 den Zuhörern die neuen Raumformen, in denen die Axiome von Euklid ungültig sein sollen, dadurch mundgerecht zu machen, daß er die Definition der geraden Linie von Legendre, die gerade Linie sei der kürzeste Weg zwischen zwei Punkten, umkehrte. Für die Bewohner der Oberfläche einer Kugel gebe es viele kürzeste Linien zwischen zwei Punkten, also auch viele gerade Linien! Albert Krause hat schon den logischen Fehler solcher Umkehrung eines Satzes hervorgehoben. Alle Affen sind Tiere, deswegen sind aber nicht alle Tiere Affen. . .` Neuestens hat auch H. Poincaré in seinem Werke „La Valeur de la Science“ die Berechtigung eines solchen Ersatzes der geradlinigen Seiten der Dreiecke durch gekrümmte durch folgende Argumentation zu beweisen versucht: „Donner aux côtés des premiers (Dreiecke mit geradlinigen Seiten) le nom de droites, c'est adopter la géométrie euclidienne; donner aux côtés des derniers (mit gekrümmten Seiten) le nom de droites, c'est adopter la géométrie non-euclidienne. De sorte que, demander quelle géométrie convient-il d'adopter c'est demander à quelle ligne convient-il de donner le nom de la droite“. Poincaré fügt noch hinzu, daß man ebenso berechtigt ist, eine krumme Linie als gerade zu bezeichnen, wie man eine gerade Linie nach Belieben als A B oder als C D bezeichnen kann. Die ganze Frage wird also auf eine Art Wortspiel reduziert. Unter gerader Linie (ligne droite) wird in allen Sprachen seit Jahrtausenden eben eine Linie, die gerade ist, und nicht eine gekrümmte (curviligne) verstanden, welche der hier angeführten Definitionen dieser geraden Linie auch sonst angenommen wäre.

So weitgehende Schlüsse, wie sie die Nicht-Euklidische Geometrie über das Vorhandensein von Räumen mit n-Dimensionen abzuleiten pflegt, bedürfen einer ganz anderen Begründung als des Nachweises, daß die

Winkelsumme von Dreiecken kleiner oder größer als zwei Rechte sein kann in imaginären Dreiecken mit negativem oder positivem Krümmungsmaße. Zum Nachweise, daß die Netzhaut auch hören kann, würde es nicht genügen, im Sprachgebrauche das Wort Gesichtswahrnehmungen als identisch mit Gehörswahrnehmungen einführen zu wollen.

Euklid hat seine Definition nicht nur durch die eben zitierte zweite Forderung vervollständigt und präzisiert, sondern auch durch das zwölfte Axiom: „Zwei gerade Linien können keinen Raum einschließen", oder was dasselbe ist, können sich nur in einem Punkte schneiden.

Auch dieses Axiom bestätigt ebenso wie die zweite Forderung den physiologischen Ursprung des Begriffs der geraden Linie. Es folgt unmittelbar aus der Wahrnehmung der Richtung und aus ihrer Projektion nach außen[1]). Die verschiedenen Richtungsempfindungen treffen nur in unserem Bewußtsein zusammen. In welchem Sinne sie auch verlängert d. h. projiziert werden, sie müssen divergieren: die verschiedenen Richtungen schneiden sich nur einmal in unserem Bewußtsein.

Der überzeugende Beweis, daß der Begriff der geraden Linie als Linie der einen Richtung seinen Ursprung in den Wahrnehmungen des Ohrlabyrinths hat, wird durch die Tatsache geliefert, daß alle Tiere und Menschen, die ein normal funktionierendes Ohrlabyrinth besitzen — und nur solche — die gerade Linie als den kürzesten Weg kennen. Nur sie schlagen mit der größten Präzision die geradlinige Richtung ein, um am schnellsten zu ihrem Ziele zu gelangen. Man beobachte z. B. Brieftauben, wenn sie auf dem Heimweg begriffen sind, Hunde, wenn sie die Straße kreuzen oder um eine Straßenecke umbiegen, auf der Jagd gehetzte Tiere, die auf der Flucht begriffen sind, und man wird erstaunen, mit welcher Präzision sie jedesmal ihre Richtung wechseln und die Diagonale einzuschlagen verstehen, um ihren Weg abzukürzen. Kinder, die das Gehen erst zu lernen beginnen, machen die größte Anstrengung, um in gerader Richtung zu gehen, sobald sie zu einem Ziele gelangen wollen.

Dagegen bewegen sich Tiere, die kein Ohrlabyrinth besitzen, und wenn sie mit Hilfe ihrer Gesichts- und Geruchsorgane noch so vollkommen sich zu orientieren verstehen, wie z. B. Bienen und Ameisen, nur in Halbkreisen und in Bogen: die gerade Linie ist ihnen unbekannt[2]) (siehe Kap. IV § 8).

Bei der ersten Kategorie von Tieren vermögen angeborene oder erworbene Defekte des Bogengangsapparates die

---

[1]) Wie bei allen Empfindungen unserer äußeren Sinnesorgane.

[2]) Mit dieser Unkenntnis der geraden Richtung rechnen auch die meisten Fliegen- und Insektenfänger, die durch gewisse riechende Substanzen die Tiere durch eine relativ weite Öffnung in einen geschlossenen Raum locken: die gefangenen Tiere gehen um die Eingangsöffnung herum, ohne den Ausweg zu finden, weil sie die gerade Richtung nicht einzuschlagen verstehen.

Kenntnis der geraden Richtung aufzuheben, wie dies an gewissen japanischen Tanzmäusen, an Neunaugen[1]), an speziell operierten Tauben, Fröschen, Kaninchen usw. zu sehen ist, und zwar auch dann, wenn ihre Gesichtsorgane vollkommen intakt sind. Auch beim Menschen kann die Kenntnis der geraden Linie momentan oder auf längere Zeit aufgehoben werden durch Krankheiten des Ohrlabyrinths, durch Intoxikationen, ungewohnte Bewegungen, wie das Schaukeln, Drehungen um die Längsachse und alle anderen Störungen der harmonischen Beziehungen zwischen dem Raum- und Gesichtssinne. (Siehe Kap. II § 7 u. 8 und Kap. III § 4 u. 5.)

Die zahlreichen Versuche und Betrachtungen, welche diese Tatsachen in unzweifelhafter Weise festgestellt haben, lassen nur die eine Deutung zu: Der Begriff der geraden Linie, dieser fundamentalen Raumgröße der Geometrie, rührt von den Richtungsempfindungen des Ohrlabyrinths her.

Der Nachweis des natürlichen Ursprungs der von Euklid gegebenen Definition der geraden Linie ermöglicht auch, die Schwierigkeiten zu heben, welche seine Definition der Parallellinien bis jetzt geboten hat: „Parallel sind gerade Linien, die in derselben Ebene liegen und auf keiner der beiden Seiten zusammentreffen, soweit man sie auch verlängern mag."

Die Schwierigkeit lag hauptsächlich in der Unmöglichkeit, den Beweis zu erbringen, daß die gezeichneten Linien wirklich gerade Linien seien, die in einer Ebene liegen. Um zur Erklärung der Parallellinien zu gelangen, nehmen die Mathematiker zu dem Begriffe der Richtung oder dem des Abstandes ihre Zuflucht (siehe oben). Beide Begriffe sind, wie eben gezeigt worden, physiologischen Ursprungs und sind zugleich bestimmend für die Definition der geraden Linie von Euklid. Dadurch werden schon der natürliche Ursprung der Parallelen und auch die Berechtigung ihrer obigen Definition direkt bewiesen. Der physiologische Ursprung unserer Vorstellung der Parallelen wurde außerdem durch die an Menschen ausgeführten Versuche über die Täuschungen in der Wahrnehmung der Parallelrichtungen in ganz klarer Weise dargetan. Diese Versuche sind in § 12 des vorigen Kapitels ausführlich dargelegt. Sie sind sehr leicht ausführbar und ihre Ergebnisse sind von einer solchen Konstanz, daß jedermann sie wiederholen kann. Deren wichtigstes Resultat ist, daß unsere Wahrnehmung der Parallelrichtungen vorzüglich durch die Empfindungen der sagittalen Bogengänge gebildet werden, wahrscheinlich mit Zuhilfenahme der vertikalen. Und zwar in der Weise, daß identische Reize, die gleichzeitig die Nervenenden der rechten Sagittalen und linken Vertikalen (und vice versa) erregen, die Empfindung des Parallelismus er-

[1]) Solche ein- und zweidimensionale Wesen gibt es nicht. Wesen aber, die nur eine oder zwei Richtungen des Raumes kennen, bewegen sich nie geradlinig, sondern nur im Zickzack und in Kreisen (s. Kap. IV §§ 1—6).

zeugen. In Kap. VII wird die Ansicht ausgesprochen werden, daß die Wahrnehmung der Gleichzeitigkeit von Erscheinungen wahrscheinlich auf demselben Mechanismus beruht.

Demgemäß fällt es nicht schwer, sich zu überzeugen, daß Kinder und Erwachsene, wenn sie auch keinerlei geometrischen Unterricht genossen haben, sehr gut wissen, daß parallele Richtungen nicht zusammentreffen können. Eine bloße Nachfrage genügt, um zu zeigen, daß dieses Wissen nicht durch die Erfahrung erlangt ist, sondern auf einer direkten Anschauung beruht. Auch Tiere kennen diese Eigentümlichkeit der parallelen Richtungen. Man beobachte nur Spiele von Kindern unter sich oder mit Tieren oder auch Tiere, die der Verfolgung zu entweichen suchen. Das im Spiel oder im Ernst verfolgte Tier sucht bei der Flucht immer die gleiche Richtung wie das verfolgende zu bewahren, während im Gegenteil das verfolgende das verfolgte durch die Abweichung von der parallelen Richtung zu erwischen sucht. Wechselt ersteres die Richtung, so schlägt auch sofort das verfolgte diese neue Richtung ein, wobei es zugleich durch das Augenmaß den gleichen Abstand zu bewahren sucht. Geschieht das Spiel in einem beschränkten Raume, so sieht man die Verfolgung in Zickzacklaufen ausarten[1]).

Wenn die Spielenden oder Verfolgten nicht die Vorstellung hätten, daß bei Einhaltung der parallelen Richtungen ein Zusammentreffen unmöglich sei, so würde es den Verfolgten doch viel einfacher erscheinen, eine Richtung einzuschlagen, die der des Verfolgers entgegengesetzt ist. Von Idealisierungen oder Abstraktionen gemachter Erfahrungen kann wohl bei Tieren nicht die Rede sein: diese Überzeugung ist ihnen also direkt durch ihre Sinneswahrnehmungen gegeben. Es liegt hier ebenfalls ein Beispiel des Zusammenwirkens des Ohrlabyrinths mit dem Sehorgan vor, auf welchem die erforderliche Harmonie zwischen dem Sehraume und dem wirklichen Raume beruht. Die Begriffe der Richtung und des Abstandes sind die beiden natürlichen Grundlagen der Geometrie eben dank dieser Harmonie, ohne welche jede Orientierung und jede Lokalisierung unmöglich wäre. Da die den drei Ausdehnungen des Raumes entsprechenden Richtungsempfindungen die bestimmende Rolle bei der Orientierung spielen, so müssen die Bogengänge die Bewegungen der Muskeln beherrschen, welche die Lokalisierung in dem Seh- und Tastraume, die nur kleine Bruchteile des Weltenraumes sind, ermöglichen.

Bei den Erklärungsversuchen der Definition der Parallelen wurde außer der Richtung und dem Abstand auch der Begriff der Unendlichkeit der geraden Linie mehrmals herangezogen, wie er aus der zweiten Forderung Euklids folgt. Es ist schon gezeigt worden, daß die Berechtigung dieser Forderung auch in der Wahrnehmung der idealen Richtung liegt (siehe § 7 des folg. Kapitels).

[1]) Über das Zickzackspiel der Tiere siehe z. B. das interessante Werk von Groos: „Die Spiele der Tiere“.

Die Demonstration des physiologischen Ursprungs der Definitionen der geraden Linie und der Parallelen aus den Richtungsempfindungen könnte bei der grundlegenden Bedeutung dieser beiden geometrischen Größen für einen ersten Versuch genügen. Es soll aber noch gezeigt werden, daß auch der analoge Ursprung der anderen Definitionen von Euklid ohne Schwierigkeiten in derselben Weise sich herleiten läßt. Noch einige Beispiele sollen daher angeführt werden.

Der Winkel wird von Euklid folgendermaßen definiert; „Ein ebener Winkel ist die Neigung zweier Linien, die in einer Ebene zusammentreffen, ohne in gerader Linie zu liegen.“ Neigung kann keinen anderen Sinn haben wie Richtungsunterschied, da ja die Worte „nicht in gerader Linie“ nur eine Deutung zulassen, nämlich „nicht in einer Richtung“. Ueberweg, der auch in dem synthetischen Teil seiner sehr bedeutenden Arbeit soviel Beispiele wirklich außerordentlicher Intuition gegeben hat, formulierte die betreffende Definition Euklids folgendermaßen: „Der Unterschied der Richtungen zweier von einem Punkte ausgehender Linien heißt Winkel.“ Es genügte Ueberweg, den Begriff der Richtung bei der Ableitung der Euklidischen Raumformen im Geiste anwesend zu haben, um die richtige Formulierung zu treffen. Denn auch bei der jetzigen Kenntnis des physiologischen Ursprungs des Begriffes Richtung könnte man nicht zutreffender den Winkel definieren. Es ist kaum nötig, die Worte „von einem Punkte ausgehender“ durch „in einem Punkt zusammentreffender“ zu ersetzen; denn wir projizieren ja unsere Empfindungen nach außen.

Die Lage der Bogengänge in drei senkrecht zueinander stehenden Ebenen bedingt, daß die Anschauung des rechten Winkels uns unmittelbar gegeben ist. Daher geht auch die Definition dieses Winkels bei Euklid derjenigen der anderen Winkel (spitzen und stumpfen) voraus.

Die Definition der Ebene als Fläche, welche „zwischen allen in ihr befindlichen Linien auf einerlei Art gelegen ist“, wurde von allen Geometern als analog der Definition der geraden Linie aufgefaßt. Bei unserem jetzigen Wissen von der Entstehungsweise des Begriffs der geraden Linie liegt es nahe, den Begriff der Ebene auf die identischen Richtungsempfindungen sämtlicher in der Ebene eines bestimmten Bogenganges gelegenen Nervenenden zurückzuführen. Werden ja die Qualitäten dieser Empfindungen durch die gegenseitige Lage der drei Bogengänge in drei zueinander senkrechten Ebenen bedingt.

Die Begriffe der stumpfen und spitzen Winkel lassen sich folgendermaßen erklären: Spitze Winkel sind dadurch gegeben, daß die verlängerten Ebenen der vertikalen Kanäle (in der Mitte der Sella turcica) und die beiden Sagittalebenen (oberhalb des hinteren Randes des Foramen occipitale) sich kreuzen. Stumpfe Winkel werden durch die Ebenen des vertikalen und sagittalen Kanals jeder Seite gebildet.

Den Punkt definiert Euklid als etwas, „was keine Teile hat“. Statt dieser Definition wurden mehrere andere vorgeschlagen, wie z. B. „der Punkt ist die Grenze der Linie“ (Legendre), oder „die Stelle, wo zwei Linien sich kreuzen" (Blanchet). Nach den vorangegangenen Auseinandersetzungen über den Ursprung der geraden Linie bietet die Deutung dieser beiden Definitionen keinerlei Schwierigkeit. Möglicherweise ist aber dennoch die von Euklid gegebene Definition physiologisch die am meisten präzise. Es wurde dieser Definition der Vorwurf der zu großen Allgemeinheit gemacht; sie soll z. B. auch auf das Bewußtsein, die Intelligenz oder die Seele[1]) bezogen werden können. Dieser Vorwurf deutet aber vielleicht auf den wahren Begriff hin, der Euklid bei seiner Definition vorgeschwebt hat: der Punkt, wo alle Richtungsempfindungen zusammentreffen, ist eben das unteilbare Selbstbewußtsein. Das selbstbewußte Ich, in dem die Richtungen des Raumes sich kreuzen, ist das, was „keine Teile" oder „keine Ausdehnung" hat (siehe Kap. VII § 3).

Die Definitionen von Euklid sind also, wie ich glaube bewiesen zu haben, keine Postulate oder Hypothesen, wie viele Mathematiker gemeint haben, sondern der Ausdruck von Begriffen, die direkt durch die sinnlichen Wahrnehmungen eines besonderen Sinnesorgans gebildet sind. Die geometrischen Figuren sind ideale Raumgrößen und nicht geometrische Körper, wie die Empiristen sie zu bezeichnen pflegen. Sie entstehen auf Erregungen der äußeren Welt und werden bestimmt durch die Form unseres Empfindens. Die Axiome von Euklid sind unmittelbare Folgerungen aus diesen sinnlichen Wahrnehmungen, welche in den Definitionen mehr oder weniger präzise formuliert wurden. Sie sind so enge mit den sinnlichen Wahrnehmungen verknüpft, daß sie uns als durch direkte Anschauung gegeben erscheinen. Sie bedürfen keiner mathematischen Beweise, sondern nur Bestätigungen durch die Erfahrungen an realen Gegenständen. Euklid hat sie daher als allgemeine Begriffe (notions communes) hingestellt, ohne Beweise zu geben, die er für überflüssig hielt.

Der physiologische Ursprung der idealen Raumgrößen, auf welche sich die Axiome von Euklid beziehen, ist der Grund der apodiktischen Gewißheit, welche ihnen bis gegen die Mitte des vorigen Jahrhunderts auch von denjenigen Mathematikern zuerkannt wurde, die am eifrigsten bemüht waren, mathematische Beweise für das elfte Axiom zu suchen[2]). Die bloße Anschauung lehrte schon, daß, wenn zwei in einer Ebene liegende gerade Linien mit einer sie schneidenden geraden innere Winkel bilden, die kleiner als zwei Rechte sind, diese geraden Linien nicht parallel sein können, also bei ihrer Verlängerung sich nähern müssen. Daß sie, wenn genügend verlängert, nicht zusammentreffen, dies folgt aus dem Begriffe der parallelen Richtungen, wie ihn uns die sinnliche Wahrnehmung aufzwingt. Die Geometer, welche, wie Ramus, Clairaut u. a., immer behauptet haben, es sei

[1]) Siehe Delbœuf.

[2]) „Euklides ab omni aevo vindicatus," so lautet die berühmte Schrift von Saccheri, die eine Vorläuferin der Nicht-Euklidischen Geometrie ist.

unnütz, nach Beweisen zu suchen für etwas, was an sich vollkommen klar ist, hatten, ebenso wie Euklid, durchaus Recht.

Jetzt, wo die natürlichen Grundlagen der geometrischen Definitionen festgestellt sind, wo also auch die Berechtigung der Begriffe von der geraden Linie und den Parallelen nicht mehr bestritten werden kann, jetzt erlangen auch die vielen mathematischen Beweisführungen des elften Axioms, wie sie von Wallis, Saccheri[1]), Lambert u. a. gegeben wurden, ihre volle Gültigkeit.

Es kann daher dem von Riemann, Helmholtz u. a. gemachten Versuch, die Axiome von Euklid wegen der Nicht-Euklidischen Geometrie als nicht mehr absolut gültig hinzustellen, keinesfalls beigestimmt werden. Dieser Versuch verdankt wohl sein Existenz hauptsächlich dem Wunsche, der Kantschen Lehre ihr Hauptargument, die apodiktische Gewißheit der geometrischen Axiome, zu entziehen[2]). Aber wie aus der Feststellung der natürlichen Grundlagen dieser Axiome jetzt hervorgeht, hat diese Gewißheit einen ganz anderen Ursprung als die unserem Geiste innewohnenden apriorischen Ideen, nämlich den

---

[1]) Besonders die drei geometrisch-physikalischen Beweise von Saccheri.

[2]) Riemann stand bekanntlich ganz unter dem Einfluß der Herbartschen Anschauungen, die auch auf Helmholtz nicht ohne Wirkung geblieben waren. Es wäre aber von hohem Interesse zu erfahren, ob Helmholtz bis zu Ende an der in seiner Heidelberger Rede ausgesprochenen Ansicht festgehalten hat, die Nicht-Euklidische Geometrie habe das Raumproblem in einer Kant ungünstigen Weise entschieden. Es liegen mehrere Anzeichen vor, daß dem nicht ganz so ist. In der zweiten Auflage seiner Physiologischen Optik hat er nirgends der Nicht-Euklidischen Raumformen gedacht. Der Name Riemanns wird nur einmal auf Seite 336 im Vorbeigehen erwähnt, ohne Bezug auf die hier vorliegende Frage. Dagegen hat Helmholtz an den Kapiteln, wo die nativistischen und empirischen Raumtheorien diskutiert werden, in der letzten Auflage nichts geändert, mit Ausnahme eines Satzes, der sich eben auf Kant bezieht: „So betrachtete er namentlich die geometrischen Axiome auch als ursprünglich in der Raumanschauung gegebene Sätze, eine Ansicht, die ich zu widerlegen gesucht habe“ (S. 613), statt „über welche sich noch streiten läßt“ (1. Auflage S. 456). Wie Arthur König in seiner Einleitung sagt, lag es auch nicht in der Absicht von Helmholtz, irgendwelche Änderungen in diesem Teile (von S. 640 an) vorzunehmen. Im Jahre 1880 hatte ich mit Helmholtz eine mehrstündige Besprechung über meine Raumtheorie, die ja in vielen Punkten mit seinen Ansichten schwer zu versöhnen war. Die Beweisfähigkeit meiner tatsächlichen Ergebnisse gab er gerne zu. Sein Hauptargument gegen meine Lehre bestand darin, daß er die Möglichkeit von Empfindungen der Ausdehnungen nicht zugeben konnte, die zu sehr an die nativistische Lehre erinnern. Damals war nur der französische Text meiner Arbeit erschienen, in welchem, um das vieldeutige Wort Direktion möglichst zu vermeiden, meistens „sensations d'étendue“ statt „sensations de direction“ gesetzt war. Als ich Helmholtz auf diesen Umstand aufmerksam machte, riet er mir angelegentlichst, im deutschen Text nur von den ganz einwandsfreien „Richtungsempfindungen“ zu sprechen, die einem physiologisch klaren Begriff entsprächen. Diesen Rat des genialen Meisters habe ich seitdem auch genau befolgt.

unserer sinnlichen Wahrnehmungen. Die Notwendigkeit einer solchen Bekämpfungsweise der Lehre von Kant existiert also nicht mehr.

Daß sämtliche empirischen Beobachtungen und Erfahrungen die Gültigkeit der Euklidischen Axiome — und nur dieser — vollauf bestätigen, mußten ja, wie oben gezeigt, auch Riemann und Helmholtz zugeben.

Der vor Jahren gelieferte Nachweis, daß unsere Vorstellungen von dem dreidimensionalen Raume mit Hilfe der Richtungsempfindungen der Bogengänge gebildet werden, ist jetzt erweitert und vervollständigt worden: Die physiologischen Verrichtungen des Ohrlabyrinths geben die wichtigsten natürlichen Grundlagen der Begriffe ab, auf welchen die Euklidische Geometrie aufgebaut ist. Dies bildet eine scharfe Scheidewand zwischen dieser und der Nicht-Euklidischen Geometrie. Mathematisch mögen sich die Euklidischen von den Nicht-Euklidischen Raumformen nur durch das Vorzeigen ihres Krümmungsmaßes — oder, viel sicherer durch ihre Abhängigkeit oder Unabhängigkeit vom Parallelaxiom — unterscheiden. Physikalisch ist der Unterschied zwischen den beiden Geometrien ein ganz gewaltiger: die Euklidische Geometrie allein beruht auf unserer sinnlichen Erkenntnis. Nur ihre Sätze konnten daher durch die Erfahrung und durch Messungen im uns zugänglichen Raume bestätigt und bewiesen werden. Die „dem gesunden Menschenverstande scheinbar so widerstrebenden Gedankenbildungen“ (Stäckel) der Nicht-Euklidischen Geometrie sind, wie ihr bekannter Ursprung zeigt, reine Produkte der mathematischen Ableitungen von Gauss, Lobatschewsky, Bolyai, Riemann und Helmholtz. Sie sind also rein transzendentale Schöpfungen einiger hervorragender Geister. Ihre Raumformen sind imaginäre und der menschlichen Vorstellung nur sehr schwer, wenn überhaupt zugänglich. Sie widerspricht auch aller Anschauung. Die Bewegungsgesetze fester Körper im sphärischen und pseudosphärischen Raume sind zwar mit Zuhilfenahme variabler Gleichungen mit großer Präzision abgeleitet worden. Ob sie aber irgendwo verwirklicht sind, bleibt bis jetzt mehr als problematisch.

Von einer Gleichstellung der beiden Geometrien, oder gar von der Betrachtung der Euklidischen Geometrie als des Spezialfalles einer allgemeinen Geometrie, in der vom Parallelaxiom abgesehen wird (F. Klein, David Hilbert, H. Poincaré), kann daher keine Rede sein. Es mag analytisch zulässig sein, die einzelnen Axiome als unabhängig voneinander zu betrachten; physikalisch ist dies nach dem gemeinschaftlichen Ursprunge der Definitionen und Axiome von Euklid, besonders von der geraden Linie und den Parallellinien, sicherlich unstatthaft.

Unser logisches Denken beruht zum Teil auf den Begriffen, die der Euklidischen Geometrie als Grundlagen gedient haben, so wie diese Geometrie selbst die möglichst konsequente logische Entwicklung dieser Begriffe ist. F. A. Taurinus, einer der Vorläufer der neuen

Geometrie, sagte: „... Wenn die Vorstellung des Raumes als die bloße Form der äußeren Sinne betrachtet werden darf, so ist unstreitig das Euklidische System das Wahre“. Daß unsere Vorstellungen der geometrischen Größen wirklich diesen Ursprung haben, glaube ich zur Genüge festgestellt zu haben.

Wie eben gesagt, liefern die physiologischen Verrichtungen des Ohrlabyrinths die wichtigsten natürlichen Grundlagen der Euklidischen Geometrie. Diese Geometrie beruht aber nicht allein auf Axiomen und Definitionen, sie ist auch eine Lehre von Größen. Ihre Sätze konnten daher, wie gesagt, durch die Erfahrung und durch Messungen ausgeführt, in dem uns zugänglichen physikalischen Raume vollauf bestätigt werden und haben sich auch bis jetzt bei allen physikalischen und astronomischen Messungen als unbedingt zutreffend erwiesen.

Bei allen räumlichen Messungen spielt natürlich die Kenntnis der Zahl die Hauptrolle: wie schon im Kap. IV § 10 auseinandergesetzt wurde, verdanken wir diese Kenntnis ebenfalls dem Ohrlabyrinth, namentlich den in der Schnecke gelegenen Nervenendapparaten.

Der im Eingang des § 2 dieses Kapitels wiedergegebene dritte Satz meiner Lehre von den Verrichtungen des Bogengangsapparates zeigte, welch entscheidende Rolle dieser Apparat bei der Regulierung und Abmessung der Innervationen ihrer Intensität und Dauer nach zu erfüllen hat. In den vorhergehenden Kapiteln, besonders aber in den §§ 7 und 8 des Kap. III wurde der Mechanismus dieser Abmessungen, die in den Hirnzentren, welche die Endorgane der Vestibularnerven bilden, vor sich gehen, näher auseinandergesetzt. Zusammen mit den peripheren Enden dieser Nerven erfüllen sie Funktionen, die sie zu einem wahren Energiemeter gestalten. Der Bogengangsapparat liefert also die Grundlagen nicht allein für die Axiome und Definitionen der Euklidischen Geometrie, sondern auch für die Messungen der räumlichen Größen, mit denen sie zu tun hat. Ich konnte ihn daher mit Recht als das Organ des geometrischen Sinnes bezeichnen (1907). In Kap. VII wird ausführlich auf diese Verhältnisse zurückgekommen.

Hier sollen nur noch einige Worte der Topologie oder Analysis Situs, eines neuen Zweiges der Geometrie, der von Riemann, Cremona, Batti entwickelt wurde, gewidmet werden. Die Theoreme dieser Analysis sehen vollständig von jedem Maße ab. Sie beschäftigen sich ausschließlich mit den räumlichen Eigentümlichkeiten, die von den Größen ganz unabhängig sind. Wie sich H. Poincaré ausdrückt, würden diese Theoreme ihre volle Berechtigung behalten, auch wenn ihre Figuren von einem ungeschickten Zeichner ausgeführt wären, der alle Proportionen verwechselt hätte. Mit einem Worte: das Quantitative wird in diesen Theoremen ganz beiseite gelassen; daher genügen auch approximative Erfahrungen, um ihre Richtigkeit zu demonstrieren. Nun beweist gerade das wichtigste aller Theoreme dieser Analysis, daß der Raum nur drei Dimensionen besitzt; es ist also in voller Übereinstimmung mit der sinnlichen Erfahrung. (Die von Thales herstammende ionische Geometrie war eigentlich nur eine reine Topologie. Erst Pythagoras führte in die griechische Geometrie Maß und Zahl in Beziehung zu Linien und Flächen ein.)

Wenn dem so ist, dann beruht die Analysis Situs ausschließlich auf den Wahrnehmungen der Richtungsempfindungen, wie sie uns die Ampullennerven liefern. Die Erfahrungen der Otocysten (Messungen) und des Cortischen Organes (Zahl) sind bei dieser Geometrie der Lage ganz unbeteiligt. Mit Recht erkennt auch Poincaré an, daß für die Theoreme dieser Geometrie die Gültigkeit der empiristischen Lehren widerspruchslos anerkannt werden müsse. Leider beharrt dieser eminente Denker auf seiner Annahme, es bestehe keine Gleichwertigkeit zwischen den Beweisen unserer sinnlichen Erfahrung und denen unseres Verstandes. Er ist also noch mehr Kantianer als Kant selbst, der seinerseits erklärt hat: „Alle Erkenntnis von Dingen aus bloßem reinem Verstand oder reiner Vernunft ist nichts als lauter Schein und nur in der Erfahrung liegt Wahrheit."

Anhang.

In der Einleitung zum II. Kapitel zeigte ich (S. 48), daß Mach nach der Veröffentlichung meiner ersten Untersuchung über die Verrichtungen der Bogengänge sich sofort Rechenschaft gegeben hat, worauf sie eigentlich hinausging. In einer Mitteilung an die Wiener Akademie der Wissenschaften lud er mich zwar ein, meinen Gedanken, die Bogengänge seien Raumorgane, aufzugeben, teilte aber gleichzeitig seine Absicht mit, neue Versuche zu unternehmen, für welche er einen Ausgangspunkt wählte, „welcher nur zu sehr bewies, daß er im Grunde meine Anschauungen über die Bedeutung der drei Bogengänge als Empfindungsorgane für die drei Richtungen nicht nur verstanden, sondern auch sofort als richtig erkannt hatte!" In den folgenden Paragraphen desselben Kapitels war ich gezwungen, ausführlich diese Versuche Machs einer näheren Prüfung zu unterziehen, die in hohem Grade ungünstig für deren Ergebnisse ausgefallen ist. Sämtliche Voraussetzungen, auf welche er seine Versuchsmethoden gründete, haben sich als verfehlt erwiesen. Seine weitgehenden theoretischen Schlüsse über die Verrichtungen der Bogengänge mußten daher zu Irrtümern führen. Der Grundfehler aller seiner in dieser Richtung angestellten Untersuchungen lag darin, daß er die Verrichtungen eines so komplizierten Organes, wie das Ohrlabyrinth es ist, zu eruieren suchte, ohne selbst auch nur ein einziges Experiment an ihm auszuführen. Er theoretisierte auf Grund fremder Versuche, von deren Wert er sich keine Rechenschaft geben konnte, deren wahrer Sinn ihm also entgehen mußte.

In einer neuen Auflage seiner Bewegungsempfindungen, die erschienen ist, nachdem ich im Jahre 1878 die vollständige Haltlosigkeit aller seiner Ausführungen und Schlüsse einer schonungslosen Kritik unterzogen hatte, mußte er das Verfehlte seiner Hypothesen zugeben und auch anerkennen, daß die von ihm studierten Bewegungen nichts mit den Bogengängen zu schaffen hätten. Er nahm dann tatsächlich ganz meine Lehre an, leider ohne den Mut zu haben, auch ausdrücklich sich meiner Formulierung anzuschließen. Die heillose Verwirrung, die er in den Köpfen mehrerer seiner Anhänger dadurch erzeugt hatte, wurde in den ersten Kapiteln ausführlich dargelegt.

Leider erachtete es Mach für erforderlich, nachdem ich im Jahre 1901 die in diesem Kapitel wiedergegebene Untersuchung über die physiologischen Grundlagen der Geometrie von Euklid veröffentlicht hatte, auch diesmal meinen Fußstapfen zu folgen. Er veröffentlichte 1903 in „The Monist" einen Aufsatz „Raum und Geometrie vom Standpunkt der Naturforschung", der jetzt in seinem Band „Erkenntnis und Irrtum", umgeben von vielen anderen Aufsätzen über denselben Gegenstand, wieder abgedruckt ist. Er versuchte dabei nach seinen eigenen Worten „als Physiker zur sogenannten Metageometrie Stellung zu nehmen." In der Tat versuchte er, meinem Beispiele folgend, die im vorhergehenden § 4 kurz angegebene Geschichte der Entwicklung der Nicht-Euklidischen Geometrie etwas ausführlicher zu wiederholen[1]). Wie zu erwarten war, hat er auf diesem an sich schon so abstrusen und dunklen Gebiet sich, wie gewöhnlich, nicht als Physiker, sondern als Metaphysiker gezeigt und eine unentwirrbare Konfusion angerichtet. Wie er selbst in einer Notiz (S. 382) gesteht, hat Professor F. Brentano mündlich und brieflich Einwendungen gegen seine Ausführungen erhoben, die ihm zu denken geben, die er „jedoch jetzt, mit anderen Dingen beschäftigt, nicht genügend erwägen kann". Es wäre auch ganz nutzlos, hier seine unzähligen Versehen und Verwechslungen hervorheben zu wollen. Es soll nur durch einige Beispiele erläutert werden, wie verworren Machs Gedanken über die Grundbegriffe des Raumproblems sind. So z. B. sucht er die Raumempfindungen mit Farbenempfindungen zu vergleichen (er gebraucht nämlich fast ausschließlich den Ausdruck Raumempfindungen statt Richtungsempfindungen) und schreibt: „so sehen wir, daß den stetigen Reihen: oben—unten, rechts—links, nahe—fern die drei Empfindungsreihen der Farben: schwarz—weiß, rot—grün, blau—gelb entsprechen." Also nahe—fern sind bei ihm eine Kardinalrichtung, wie schwarz—weiß Grundfarben sind; er verwechselt den Abstand mit der Richtung, wie er Farbengemische oder die Abwesenheit von Farben und Licht für Grundfarben hält! In demselben Paragraphen will er den von mir aus zahllosen Versuchen abgeleiteten wichtigen Satz, daß wir Täuschungen nur über den Sinn oder das Vorzeichen einer Richtung (siehe § 2) unterliegen, wiedergeben und drückt sich folgendermaßen aus: „Denn psycho-physiologisch kann rechts—links ebensowenig mit oben—unten vertauscht werden, als rot—grün mit schwarz—weiß." ...

[1]) Ein amerikanischer Kollege schrieb mir nach dem Erscheinen des Aufsatzes in „The Monist": „Mach hat Ihre Geschichte der Nicht-Euklidischen Raumformen ins Hegelianische übersetzt und natürlich ganz unverständlich gemacht."

In einem anderen Aufsatz „Der physiologische Raum im Gegensatz zum geometrischen“, wo er viele meiner Ableitungen über die Bedeutung des physiologischen Raumes für die Geometrie als eigene Schlußfolgerungen wiederzugeben sucht, macht er fast auf jeder Seite zahlreiche Fehlgriffe. So lesen wir auf S. 340: „Es ist für uns wichtig, das Oben und Unten, Vorn und Hinten, das Rechts und Links, das Nah und Fern, als Beziehungen auf unsern Leib zu unterscheiden.“ Hier hat also Mach die drei Richtungen richtig erkannt, aber ihnen noch den Abstand, das Nah und Fern, als gleichwertig hinzugefügt!

Das Eigentümlichste an allen diesen Auseinandersetzungen über physiologische, psychologische und physikalische Räume ist, daß Mach fortwährend von Raum-Empfindungen, -Wahrnehmungen und -Vorstellungen spricht, ohne auch nur anzudeuten, worauf sie beruhen sollen. Die Kantsche Lehre weist er sehr energisch zurück. Nur an einer Stelle (S. 339) spricht er sich darüber folgendermaßen aus: „Was wir hier versuchen, ist allerdings keine eigentliche Theorie der Raumwahrnehmung, sondern lediglich eine physiologische Umschreibung des psychologisch Beobachteten. Diese Umschreibung aber scheint das zu enthalten, was mit einer nativistischen Auffassung des psychologischen Raumes, mit den Beobachtungen von E. H. Weber, mit dessen Theorie der Empfindungskreise, mit Lotzes Lehre von den Lokalzeichen, soweit dieselbe physiologisch ist, mit den Ansichten von Hering und mit den kritischen Betrachtungen von Stumpf vereinbar ist. Hiermit scheint sich die Aussicht zu eröffnen auf ein phylogenetisches und ontogenetisches Verständnis der Raumwahrnehmung, und wenn die betreffenden Verhältnisse einmal klargelegt sein werden, auch auf ein prinzipielles physikalisch-physiologisches Verständnis derselben“! Die Hunderte von Seiten seines unzusammenhängenden Geplauders, mit fortwährenden Zitaten unzähliger Autoren, die nichts mit der Forschung über den Raum zu tun haben, werden jedenfalls zu dieser Aufklärung nichts beitragen.

Es soll hier nur noch ein Zitat angeführt werden, welches Machs Vorstellung vom geometrischen Raume wiedergibt: „Wenn man einen unbefangenen aufrichtigen Menschen frägt, wie er sich den Raum, z. B. auf ein Descartessches Koordinatensystem bezogen, vorstellt, so wird er etwa sagen: „Ich stelle mir ein System von starren (formfesten), durchsichtigen, durchdringlichen, sich berührenden Würfeln vor, deren Grenzflächen nur durch schattenhafte Gesichts- und Tastvorstellungen gezeichnet sind, mit einem Wort, eine Art Gespenster von Würfeln. Über und durch diese Körpergespenster bewegt sich ein wirklicher Körper oder dessen Gespenst mit Wahrung seiner räumlichen Beständigkeit . . . hinweg, wenn wir praktische oder theoretische Geometrie oder Phoronomie treiben“ (S. 375). Ein paar Seiten weiter zitiert Mach folgende Worte von Kant: „Gedanken ohne Inhalt sind leer, Anschauungen ohne Begriffe sind blind.“ Man könnte glauben, daß Kant dieses Mach-Werk geahnt hatte.

§ 6. Die naturwissenschaftliche Lösung des Raumproblems.

Von den drei Fragen, die das Wesen des Raumproblems ausmachen (siehe oben S. 352), haben hier zwei ihre Lösungen gefunden, indem die Geometrie von Euklid auf ihre naturgemäße Begründung zurückgeführt worden ist. Der Euklidische Raum ist auch der physiologische Raum, d. h. die geometrischen Formen, welche Euklid behandelt, sind durch die Wahrnehmungen unserer Sinne, speziell des sechsten Sinns, des Richtungssinns, gegeben.

Die dritte Frage des Raumproblems, die über die reale Existenz des Raumes, braucht vom Naturforscher nicht erörtert zu werden; denn eine Verneinung dieser Frage würde die Negation der Existenz der Sinnesorgane, des menschlichen Verstandes und der des Naturforschers selbst involvieren. Das Kausalgesetz ist die erste Grundlage jeder menschlichen Erkenntnis. Es zwingt uns, die Existenz eines wirklichen, realen Raumes anzuerkennen, ohne welchen weder Bewegungen fester Körper noch irgend welche Empfindungen möglich wären.

Der Berkeleysche Phänomenalismus wird dem Naturforscher, trotz aller Bewunderung für den Scharfsinn seines Begründers, immer als unannehmbar erscheinen. Wenn es keine andere als psychische Wahrheit gäbe, so müßten alle Menschen in allem übereinstimmen. Man findet aber kaum zwei Metaphysiker, die über irgend eine erkenntnistheoretische Frage vollständig harmonieren.

Es ist daher sicherlich kein Zufall, daß die Physiologen erst für das Raumproblem tätiges Interesse gewonnen haben, seitdem Kant durch die Lehre von dem „Ding an sich" das Berkeleysche System mit den ersten Erfordernissen der menschlichen Vernunft versöhnt hatte.

Die Lehre von dem apriorischen Ursprung unserer Raumvorstellung gab wenigstens eine greifbare Unterlage für die naturwissenschaftliche Diskussion. Es wurde oben erwähnt, daß Kant zu dieser Lehre erst seine Zuflucht nahm, als er die Unmöglichkeit erkannte, aus der Erfahrung allein, soweit sie auf den Wahrnehmungen der bekannten fünf Sinne (eigentlich nur des Gesichtssinnes) beruhte, das Entstehen unserer Anschauungen von einem dreidimensionalen Raume abzuleiten.

Diese Unmöglichkeit hat auch die Schöpfer der Nicht-Euklidischen Geometrie zu Kants Lehre zurückgedrängt, trotzdem sie selbst sich als entschiedene Anhänger der empirischen Anschauungen erklärten[1]). Die Feststellung der Existenz eines speziellen Raumsinnes, dem wir die Wahrnehmungen der drei Richtungen des Raumes verdanken, hat diese Unmöglichkeit beseitigt. Angeboren, präexistierend sind nicht unsere Raumanschauungen oder geometrischen Ideen, sondern die Sinnesorgane, welche uns diese Anschauungen geben. Tiere benutzen die Wahrnehmungen der drei Richtungen des Raumes zur Orientierung ihrer Bewegungen und zur Lokalisierung der

[1]) Siehe oben § 4.

äußeren Gegenstände im Seh- und Tastraume. Der Mensch verwendet sie noch außerdem, um die Vorstellungen von den drei Ausdehnungen des Raumes und den drei Abmessungen fester Körper zu bilden. Auf das System der drei rechtwinkligen Koordinaten, das durch die Empfindungen der drei in zueinander senkrechten Ebenen gelegenen Bogengänge begründet ist, überträgt der Mensch die Empfindungen seiner anderen Sinnesorgane.

Die Worte Kants: „Der Raum ist nichts anderes als nur die Form aller Erscheinungen äußerer Sinne", können in dieser Fassung nicht mehr gelten. Physiologisch müßte der Satz jetzt folgendermaßen lauten: Die Eigenschaften des Raumes sind uns durch die Form der Wahrnehmungen der Richtungsempfindungen der Bogengänge gegeben. Die „körperliche Organisation", die Helmholtz als unumgänglich voraussetzte, um die notwendige Anschauung eines dreifach ausgedehnten Raumes zu erklären, beruht nicht nur auf den Funktionen des peripheren Bogengangsapparates allein, sondern auch auf dem Vermögen der Hirnzentren der Raumnerven, die Erregungen der letzteren in der Form von Richtungen dreier verschiedener Modalitäten wahrzunehmen.

Entsprechen die wahrgenommenen drei Richtungen des Raumes auch den drei realen Ausdehnungen des äußeren Raumes, oder sind die drei Dimensionen nur reale Eigenschaften fester Körper[1])? Der anatomische Bau und die gegenseitige Lage der Bogengänge scheint bei diesem Sinnesorgane wirklich auf eine gewisse Übereinstimmung zwischen der Natur unserer Perzeptionen und den Eigenschaften der „Dinge an sich" hinzuweisen. Ueberweg, der die Existenz des Organs für die Richtungsempfindungen nicht kannte, ahnte schon die Notwendigkeit einer solchen Übereinstimmung.

„Wären nun diese letzteren (die außerhalb seines Bewußtseins liegenden Dinge) anderen Gesetzen unterworfen als solchen, die aus der Natur des dem perzipierenden Wesen geometrisch-erkennbaren Raumes sich verstehen lassen, so würde dieses Wesen zwar eine in sich harmonische reine Geometrie gewinnen können, aber keine in sich harmonische angewandte Geometrie, keine auf die durch Sinnesaffektionen bedingte Erscheinungen passende geometrisch-physikalische Erklärung"...

Wie könnten auch alle bis jetzt ausgeführten physikalischen und astronomischen Messungen die Gesetze der Geometrie von Euklid bestätigen, wenn unsere Anschauungen der drei Richtungen des Raumes nicht realen Eigenschaften des wirklichen Weltenraums entsprächen?

Besitzt dieser Weltenraum nur drei Ausdehnungen oder hängt unsere Kenntnis dieser Anzahl nur von der beschränkten Organisation unseres Ohrlabyrinths ab? Könnten Geschöpfe mit einem System von vier Bogengangspaaren, für die vielleicht das vierrechtwinklige Koordinatensystem

---

[1]) Als solche Dimensionen betrachte ich, gemäß der Definition von Euklid (11. Buch), die Höhe, Breite und Tiefe, aber nicht die drei Begrenzungen: Punkt, Linie und Fläche der neueren Geometer.

von Weierstraß das normale wäre, sich auch eine Vorstellung von einer vierten Ausdehnung des Raumes (nicht der festen Körper) machen?

Wir vermögen wohl algebraisch dem Raume n-Ausdehnungen zuzuschreiben, aber wie Albert Krause ganz richtig sagte, „an dem Charakter der Raumanschauung als ein nur in drei zueinander rechtwinklig stehenden Richtungen Ausgedehntes ändert eine algebraische Methode, welche aus praktischen Gründen eine vierte Richtung mit behandelt, gar nichts“.

Wir dürfen dennoch nicht ein für allemal die obige Frage verneinen.

Wir sehen auch Ätherschwingungen nur von einer beschränkten Anzahl Wellenlängen und hören Luftschwingungen von nur wenigen Oktaven. Wir kennen aber Äther- und Luftschwingungen, welche die Netzhaut- resp. die Schneckennerven nicht zu erregen vermögen. Ja, wir vermögen sogar die unsichtbaren Hertzschen Ätherwellen zu hören, und mehrere Oktaven unhörbarer Luftschwingungen dank R. König an den Staubfiguren zu sehen. Warum soll sich daher auch die Vermutung von Newcomb nicht einst bewahrheiten können, daß die Gesetze der Bewegung in der vierten Dimension für die Bewegungen der Moleküle gültig seien? Hat ja Riemann in seiner berühmten Habilitationsschrift vom Jahre 1854 über die Hypothesen der Geometrie vorhergesagt, daß die Voraussetzungen seiner Geometrie für die Maßverhältnisse im unendlich Kleinen zutreffen werden. Das Unwahrscheinliche darf den Naturforscher nicht abschrecken; die meisten Entdeckungen der letzten Jahrzehnte waren nicht nur unerwartet, sondern auch unwahrscheinlich: deshalb haben sie sich dennoch bewahrheitet!

VII. Kapitel.

Der Zeitsinn und das Zahlenbewußtsein.

§ 1. Einleitung.

Alles in der Natur Geschehende, das zu unserer Wahrnehmung gelangt, besitzt räumliche und zeitliche Eigenschaften. Sämtliche Empfindungen unserer Sinnesorgane, ob durch äußere oder innere Reize hervorgerufen, werden daher räumlich und zeitlich wahrgenommen. Kant sagte mit Recht, daß wir nichts in der Außenwelt wahrnehmen können, ohne daß es zu einer bestimmten Zeit geschieht und an einen bestimmten Ort gesetzt wird. Das Gleiche gilt auch für die Geschehnisse in unserem eignen Leibe. Von der Voraussetzung ausgehend, daß man zur Erkenntnis des Wesens unserer seelischen Funktionen durch rein spekulative Geistesoperationen gelangen könne behandelt daher der Philosoph gleichzeitig das Raum- und das Zeitproblem. Die Aufgabe des Naturforschers ist eine viel bescheidenere. Er sucht die Gesetze der Welt der Wirklichkeit zu erforschen; die sinnliche Erfahrung ist daher ein unerläßliches Werkzeug seiner forschenden Tätigkeit. Er kennt die Fruchtlosigkeit aller bisher auf rein spekulativem Wege errichteten metaphysischen Systeme, die uns den Ursprung und das Wesen aller Dinge offenbaren sollten, und zieht es vor, auch die psychischen Prozesse zuerst gesondert und in ihren wahrnehmbaren Äußerungen der Beobachtung und dem Experiment zu unterziehen. Er schreitet erst zur Verallgemeinerung und zur Ableitung von Gesetzen, wenn er die Mechanismen der einfachsten Vorgänge erkannt und festgestellt hat.

Schon bei meinen ersten experimentellen Untersuchungen über die Verrichtungen der Bogengänge gelangte ich zu tatsächlichen Ergebnissen, die mich zur Überzeugung drängten, daß diese Verrichtungen in naher Beziehung zu der Bildung unserer Raumvorstellungen stehen müßten.

Nach genauer Feststellung der physiologischen Bestimmung des Bogengangsapparates als Sinnesorgans für die Wahrnehmung der drei kardinalen Richtungen des Raumes zog ich in den Bereich meiner Studien, die sich über drei Jahrzehnte ausdehnten, auch das eigentliche Raumproblem hinein.

Ein großes Hindernis stellte sich dem natürlichen Bestreben, gleichzeitig auch nach dem Ursprung unserer Zeitvorstellungen zu forschen, entgegen: der weitaus größte Teil meiner experimentellen Arbeiten am Ohrlabyrinth wurde an Tieren ausgeführt[1]). Tiere eignen sich aber sehr wenig für Versuche über Zeitwahrnehmungen oder auch nur Zeitempfindungen, weil wir über ihre Empfindungen überhaupt keinerlei direkte Auskunft zu erhalten vermögen. Als daher vor Jahren Aubert und Yves Delage an mich das Ansinnen gestellt hatten, daß, „da ich ein besonderes Organ für den Raumsinn bezeichne, ich auch ein solches für den Zeitsinn angeben müßte, für welchen die Vorstellung völlig der für den Raum, vom metaphysischen Standpunkte aus, vergleichbar ist", lehnte ich diese Aufforderung einfach ab, schon aus dem Grunde, weil metaphysische Forderungen für den Naturforscher überhaupt nicht maßgebend seien.

Erst beim definitiven Abschluß meiner langjährigen Studien über den Raumsinn und bei der endgültigen Gestaltung meiner Lehre wurde ich dazu gedrängt, die Frage nach dem Ursprunge unserer Zeitvorstellung einer näheren Prüfung zu unterziehen. Seit der im Beginne meiner Untersuchungen gemachten Feststellung, daß der Bogengangsapparat mit seinen zentralen Hirnganglien die wichtige physiologische Funktion ausübe, bei der Ausführung willkürlicher oder reflektorischer Bewegungen die Innervationen unserer Muskeln ihrer Intensität, Dauer und Reihenfolge nach zu regulieren und mit großer Präzision abzumessen, hat dieser Teil meiner Lehre sowohl durch meine eigenen als durch fremde Forschungen eine bedeutende Entwicklung erfahren. In den §§ 7—11 des Kap. III wurden diese Verrichtungen des Ohrlabyrinths ausführlich erläutert (siehe auch Kap. IV § 10).

Das Hauptergebnis aller dieser Forschungen bestand darin, daß in gewissen Nervenendapparaten des Ohrlabyrinths und in deren Hirnzentren wahre automatische Zählapparate vorhanden seien, die bei den Innervationen der motorischen Gebilde eine funktionelle Rolle von großer Tragweite spielen. Die Tätigkeit dieser vom Ohrlabyrinth beherrschten Zahl- und Meßvorrichtungen dehnt sich nicht nur auf die Bestimmung der Intensitäten der Innervationen aus, sondern auch auf deren Zeitfolge und Zeitdauer. Die Verrichtungen des Ohrlabyrinths umfassen also nicht allein die räumlichen, sondern auch die zeitlichen Vorgänge in unserer Bewegungssphäre. Diese Feststellung erforderte daher das Hineinziehen des Zeitproblems in den Bereich meiner Untersuchungen über das Ohrlabyrinth. Leider konnte die Anwendung experimenteller Methoden auf das Studium der automatischen Meßapparate der Innervationsdauer bis jetzt nur in ganz beschränkten Grenzen vorgenommen werden. An den Kontraktionen der Muskeln ist es sowohl bei Tieren als bei Menschen im hohen Grade schwierig, mit der erforderlichen wissenschaftlichen Ge-

---

[1]) Zu systematischen Versuchen an Menschen bin ich erst geschritten, als die wichtigsten Grundlagen meiner Lehre vom Raumsinn definitiv festgelegt waren.

nauigkeit die Werte dieser Zeitdauer der Innervationen zu messen. Wie schon im § 2 des Kap. VI klar genug dargetan wurde, erhalten wir keinerlei Empfindungen von den Innervationen der Muskeln. Weder der Laie noch der Physiologe vermag, auch nicht bei der gespanntesten Aufmerksamkeit, Spuren von unmittelbaren Wahrnehmungen solcher Innervationen zu erhalten.

Für die Physiologie der Zeitwahrnehmungen und der Bildung unserer Zeitvorstellungen war aber schon die bloße Feststellung der Existenz von Hirnzentren, deren Funktionen darin bestehen, automatisch die Zeitdauer und die Reihenfolge der Innervationen zu regulieren und abzumessen, von entscheidender Bedeutung. Von nicht minderer Tragweite war die Feststellung, daß diese messenden Hirnzentren bei der Ausübung ihrer Verrichtungen von gewissen Partien des Ohrlabyrinths beherrscht werden (Kap. IV § 10). Es soll im Laufe der folgenden Erörterungen gezeigt werden, daß wir berechtigt sind, die Erfahrungen, die wir durch die zahlreichen experimentellen Studien mehrerer hervorragender Forscher über die Zeitfolge und Dauer der Empfindungen unserer fünf speziellen Sinnesorgane gewonnen haben, fast vollauf für die analogen Vorgänge in der Bewegungssphäre zu verwerten. Diese beiden wichtigen Elemente unserer Zeitvorstellung beruhen nämlich auf den Verrichtungen der im Ohrlabyrinth enthaltenen Sinnesorgane für Richtung und Zahl.

§ 2. Die Generalsinne von E. H. Weber und Karl Vierordt.

Die Zeitfolge und die Zeitdauer bilden, wie gesagt, die wichtigsten Elemente der Zeitwahrnehmungen. Diese beiden Zeitwerte lieferten daher bis jetzt die Hauptobjekte der meisten experimentellen Forschungen, welche von Psychologen und Physiologen über die Zeitvorstellungen oder das Zeitbewußtsein angestellt wurden.

Die meisten dieser Forschungen bestanden in der Ausführung möglichst genauer Messungen der Zeit, welche zwischen der Reizwirkung und der wahrgenommenen Empfindung vergeht, der Dauer dieser Wahrnehmungen und ihrer eventuellen Nachwirkungen. Die Empfindungen, deren zeitlicher Verlauf bei solchen Messungen am häufigsten in Anspruch genommen wurden, waren die Tast-, Gesichts- und Gehörsempfindungen. Die Schwierigkeiten bei der Ausführung derartiger Meßversuche sind zweierlei Art: die Notwendigkeit ganz präziser Meßmethoden und die unvermeidlichen Komplikationen, die sich bei der Verwertung der erhaltenen Zahlenergebnisse einstellen, wenn es sich darum handelt zu entscheiden, ob diese Ergebnisse auf Rechnung der Sinnesempfindungen, die der Zeitmessung unterzogen wurden, oder auf die der Zeitwahrnehmungen selbst zu stellen sind. Zahlreiche psychologische Momente, wie z. B. die Einstellung der Aufmerksamkeit, die Spannung der Erwartung oder die Aufregung der Überraschung, der jeweilige physiologische oder pathologische Zustand der Versuchspersonen und besonders ihre spezielle persönliche Empfindlichkeit für die einen oder die anderen sinnlichen Eindrücke bringen es mit sich, daß die Vergleichung der bei den Meßversuchen erhaltenen Ergebnisse zuweilen auf unüberwindliche Hindernisse stößt.

Viel wichtiger aber für das erfolgreiche Forschen auf diesem Gebiete haben sich noch folgende zwei Faktoren herausgestellt: 1. die mehr oder weniger richtige Auffassung des Wesens der zeitlichen Wahrnehmungen und ihrer Beziehungen zu den Empfindungen der anderen Sinne, von der der Forscher bei der Anstellung seiner Meßversuche auszugehen pflegt; 2. die glückliche Auswahl des speziellen Sinnesorgans, das für die Messung der Zeitwerte benutzt werden soll. Es war daher für die Lehre von dem Zeitsinn ein besonders glückliches Zusammentreffen, daß Karl Vierordt, der zuerst in die Physiologie präzise Zeitmeßversuche eingeführt, gleich zu Anfang zwei außerordentlich gelungene Griffe gemacht hat. Bei der Auffassung der physiologischen Bestimmung des Zeitsinnes stellt er sich vollkommen auf den festen Boden, den E. H. Weber durch seine klassischen, während mehrerer Jahrzehnte verfolgten experimentellen Studien über den Raumsinn errichtet hat. Dies gestattete ihm gleichzeitig bei der Ausarbeitung seiner Versuchsverfahren die musterhaften Methoden nachzuahmen, denen Weber seine schönsten Erfolge verdankte. Wie wir gleich sehen werden, war sein zweiter Griff, nämlich die Wahl des Gehörorganes als vorzüglichsten Versuchsobjekts, an dessen Empfindungen er die zeitlichen Werte messen wollte, nicht weniger erfolgreich.

Bei der ganz außerordentlichen Bedeutung der Weberschen Lehre über den Raumsinn für die Vierordtschen Untersuchungen über den Zeitsinn ist es erforderlich, hier einige Hauptsätze dieser Lehre wörtlich wiederzugeben, so wie sie Weber in seiner letzten Schrift „Über den Raumsinn usw." der Sächsischen Gesellschaft der Wissenschaften im Jahre 1852 dargelegt hat:

„Der Raumsinn ist ein besonderer Sinn, aber nicht ein Spezialsinn, sondern ein Generalsinn". Mit diesen bedeutungsvollen Worten leitet E. H. Weber seine Schrift ein, die die vollkommenste Formulierung der Ergebnisse seiner während zweier Jahrzehnte verfolgten psycho-physiologischen Studien über die peripheren Sinnesorgane enthält. Er schließt seine Einleitung:

„Da nun die Wahrnehmungen des Raumes und der räumlichen Verhältnisse zu den allgemeinen Wahrnehmungen gehören und sich dadurch wesentlich von den Wahrnehmungen von Farben, Temperaturen, Druckempfindungen, Tönen und Gerüchen unterscheiden, die auf der Empfindung einer besonderen Klasse von Bewegungen beruhen, welche auf unsere Nerven wirken, so kann man wohl den Raumsinn einen Generalsinn nennen, zum Unterschiede von den genannten Spezialsinnen." (Berichte der Sächs. Gesellschaft der Wissenschaften S. 87.)

Die Versuchsmethoden E. H. Webers, mit deren Hilfe er „die Feinheit und die Schärfe" der räumlichen Wahrnehmungen der Spezialsinne untersuchte, bestanden in genauen und vergleichenden Messungen, ausgeführt ausschließlich an den Druck- und Temperaturempfindungen der Haut und an den Gesichtsempfindungen der Netzhaut. In Kap. VI § 2 haben wir schon einige Punkte der Weberschen Raumanschauungen näher erörtert; wir kommen noch unten auf seine anderen Gesichtspunkte zurück.

Karl Vierordt betrachtete den Zeitsinn ebenfalls als einen Generalsinn ganz in der nämlichen Auffassung, die E. H. Weber dieser Bezeichnung gegeben hat.

„An die wachsende Größe des konkreten Räumlichen und Zeitlichen knüpft sich die Vorstellung eines größeren objektiven Raumes, einer längeren objektiven Zeit; der Reiz ist für unsere Empfindung einfach gewachsen, ohne daß der sonstige Empfindungsinhalt ein anderer geworden ist oder doch zu werden braucht. Unsere räumlichen und zeitlichen Empfindungen haben keineswegs jenes vollständig subjektive Gepräge, wie die Empfindungen der Spezialsinne." Gegenständliches und Empfundenes resp. Wahrgenommenes sind auf dem Gebiete der Generalsinne wirklich und unmittelbar miteinander vergleichbar, weil sich beide wenigstens innerhalb gewisser Grenzen vollkommen oder doch annähernd decken und übereinanderlegen lassen." (S. 12.) „. . . Die spezifischen Empfindungen verschaffen uns außer dem qualitativen Empfindungsinhalt noch die Vorstellung verschiedener Intensitätsgrade. . . Soweit aber auch die Grenzen sein mögen, innerhalb welcher die Stärke dieser intensiven Empfindungen sich bewegt, so ist doch der Empfindende . . . nicht imstande, an dieselben einen genaueren Maßstab anzulegen. Dieses Licht kommt uns bloß viel stärker, nicht aber dreimal stärker vor als jenes. . . Die Spezialsinne haben also, wie E. H. Weber richtig hervorhebt, im allgemeinen keine Multipla der Empfindungen im wesentlichen Gegensatz zu unseren Raum- und Zeitwahrnehmungen. Diese Linie kommt uns nicht bloß länger, sondern doppelt so lang vor als jene; dieser Höreindruck macht uns bloß ein Drittel des zeitlichen Eindrucks wie jener usw. Die Generalsinne sind also mathematische Sinne; . . . die räumlichen und zeitlichen Größenwerte der Sinnesreize fallen uns sozusagen unmittelbar in unser Bewußtsein" [1]).

Karl Vierordt wählte also zum Ausgangspunkt seiner experimentellen Forschungen über unsere zeitlichen Wahrnehmungen die von E. H. Weber ausgebildete Auffassung des Raumsinnes. Wenn ich nicht irre, hat er auch zuerst das Wort Zeitsinn als Analogie zum Raum- und Ortssinne gebildet.

Vierordt schloß sich seinem berühmten Vorgänger auch in der Annahme an, daß es keine besonderen Sinnesorgane gäbe, die es dem Raum- und Zeitsinne gestatten, ihre physiologischen Verrichtungen als Abmesser der Empfindungen der fünf speziellen Sinnesorgane auszuüben. In dieser damals noch unvermeidlichen Annahme wurzelte die Schwäche der beiden Lehren. Für den Raumsinn hat E. H. Weber bekanntlich zu der Hypothese der Empfindungskreise gegriffen; die speziellen anatomischen Anordnungen der von den Zentralorganen ausgehenden Nervenfasern in den peripheren Tastorganen sollen dazu bestimmt sein, uns Eindrücke über die räumlichen Maße der Tast- oder Gesichtsempfindungen zu geben. Trotz der vielen Lücken dieser Weberschen Hypothese und der Angriffe ihrer anatomischen Unterlagen von seiten Köllikers,

[1]) Von mir gesperrt gedruckt.

Volkmanns u. a. mußte sie bei dem damaligen Zustande unserer Kenntnisse dennoch als bahnbrechend gelten. Dies um so mehr, als E. H. Weber während Jahrzehnten zahlreiche experimentelle Belege zugunsten der allgemeinen Richtigkeit seiner Auffassung des Raumsinnes geliefert hat. Besonders anerkennenswert ist es, daß Karl Vierordt sich von der Wahl des Ohrlabyrinths für seine Untersuchungen nicht dadurch hat abhalten lassen, daß E. H. Weber den Gehörs- und Geruchssinn aus dem Bereiche seiner Untersuchungen fast ganz ausgeschlossen hatte, und zwar weil sie von räumlichen Wahrnehmungen ganz frei seien. „Dagegen, sagte er, fehlen den Organen des Gehörs und Geruchs jene dem Raumsinne dienenden Einrichtungen und wir nehmen daher durch die Töne und Geräusche keine Gestalten wahr.“ Diese „Einrichtungen“ sind nämlich die Empfindungskreise der verschiedenen Regionen der Haut und der Netzhaut.

Auf den Zeitsinn ließ sich die Lehre von den Empfindungskreisen keineswegs anwenden und an eine andere physiologische Erklärung des Ursprungs der Zeitwahrnehmungen konnte Vierordt bei der Anstellung seiner Versuche ebenfalls nicht denken. Er begnügte sich deshalb damit, neue Meßmethoden zu schaffen und, dem Beispiele Webers folgend, ein reichhaltiges tatsächliches Material zur Stütze seiner allgemeinen Auffassung der physiologischen Bestimmung des Zeitsinnes zu sammeln. Nach dieser Richtung hin müssen seine Bemühungen und die seiner Schüler Camerer, Höring u. a. als geradezu bahnbrechend anerkannt werden. Die von Vierordt ausgearbeiteten Methoden sowie die erläuternden Betrachtungen, durch die er die Wahl der Zeitwerte, welche mit diesen Methoden gemessen werden sollten, begründet hat, konnten daher allen seinen Nachfolgern auf diesem Gebiete als Muster gelten. Die von diesen Nachfolgern bei ihren Meßversuchen benutzten Apparate zeichneten sich durch eine viel bedeutendere Präzision und Feinheit aus. Aber auch nur darin übertrafen sie die experimentellen Untersuchungen Vierordts. Indem nämlich die meisten von ihnen sich gleichzeitig von der Weber-Vierordtschen Auffassung der Generalsinne entfernt haben, stießen sie bei der Verwertung ihrer sehr wertvollen Meßergebnisse häufig auf unüberwindliche Hindernisse. Sie vermochten namentlich nicht immer Verwechselungen zwischen den speziellen Sinnesempfindungen, deren zeitliche Werte sie zu messen versuchten, und den Zeitwahrnehmungen selbst zu vermeiden. Daher die völlige Unmöglichkeit, eine lebensfähige Hypothese über den Ursprung und die physiologische Bestimmung dieser Wahrnehmungen zu geben (siehe §§ 6 und 7 dieses Kapitels).

Dem engeren Zwecke der folgenden Betrachtungen gemäß kann hier auf die tatsächlichen Ergebnisse der zahlreichen Forschungen auf diesem Gebiete, die seit Vierordt von Wundt, Exner, James und ihren Schülern sowie neuestens von F. Schumann, Meumann u. a. gemacht wurden, nicht näher eingegangen werden. Nur die Bedeutung der wichtigsten Zeitwerte, die Gegenstand ihrer sehr sorgfältigen Meßversuche waren, soll hier erörtert werden, insofern sie für die Lehre von dem Ursprunge unserer Zeitvorstellungen in Betracht kommen.

§ 3. Die Zeitfolge und die zeitliche Ausdehnung.

Von den Elementen der Zeitvorstellung gelangt die Zeitfolge am unmittelbarsten zu unserer Wahrnehmung. Welches ist nun der physiologische Ursprung ihrer Wahrnehmung? Wir empfinden die zeitliche Reihenfolge der äußeren und inneren Erscheinungen als in einer gewissen Ordnung oder Richtung aufeinander geschehend. Je regelmäßiger diese Erscheinungen vor sich gehen, um so leichter ist es für unsere Wahrnehmung, sie voneinander in ihren zeitlichen Intervallen zu verfolgen und zu sondern; daher nehmen wir am genauesten und unmittelbarsten die Tonempfindungen wahr. Physiologen und Psychologen stimmen darin überein, daß die Zeitfolge oder die Zeitordnung als eine Richtung oder als eine Ausdehnung zu betrachten ist. „Sie (die Zeit) hat nur eine Dimension; verschiedene Zeiten sind nicht zugleich sondern nacheinander, sowie verschiedene Räume nicht nacheinander sondern zugleich sind.“ So drückt sich Kant aus. Darin stimmen mit ihm auch die entschiedensten Gegner seiner Zeitauffassung überein; „die Zeit sei kein empirischer Begriff, der von einer Erfahrung abgeleitet worden, denn das Zugleichsein oder Aufeinanderfolgen würde selbst nicht zur Wahrnehmung kommen, wenn die Vorstellung der Zeit nicht a priori zum Grunde läge.“ Die Schwierigkeit besteht nur in der Frage, welche Richtung diese Längenausdehnung der Zeit wohl haben könnte. Nach einer genauen Analyse der meisten bei dieser Frage beteiligten Faktoren gelangte ich schon vor Jahren zu der Überzeugung, daß das Aufeinanderfolgen oder Nacheinandersein der Erscheinungen und Bewegungen nur durch die sagittale Richtung ausgedrückt werden könne; sie entspricht also der gleichnamigen Koordinate des Raumsinns. Selbstverständlich muß der 0-Punkt der Zeitkoordinate mit dem des rechtwinkligen Koordinatensystems des Raumes sich vollständig decken, da letzterer ja unserem unteilbaren und bewußten Ich entspricht. (Siehe u. a. Kap. VI § 2.) Nach meiner Lehre vom Raumsinn nehmen die Wahrnehmungen der Richtungsempfindungen einen wichtigen Anteil an der Bildung unseres Selbstbewußtseins und gestatten, daß wir unser Ich von der äußeren Welt als verschieden betrachten, oder wie Hensen ganz richtig meine Gedanken wiedergegeben hat, „daß wir nach unserem ursprünglichen Gefühle uns als Mittelpunkt erscheinen, um welchen sich alle Körper drehen“.

Vergangenheit und Zukunft, d. h. das Hinterunsliegende und das Bevorstehende, entsprechen der Richtung Hinten-Vorn. Hinter-uns und Vor-uns sind die beiden Richtungen der Zeit, die beiden Vorzeichen derselben Pfeilkoordinate. Mit anderen Worten: die Richtungsempfindungen des Bogengangsapparates, denen wir die Vorstellung des dreifach ausgedehnten Raumes verdanken, dienen ebenfalls dazu, die Vorstellung der einzigen Zeitausdehnung zu bilden.

Durch die so gewonnene Kenntnis der wirklichen Zeitrichtung ist uns das Verständnis des engen Zusammenhanges zwischen räumlichen und zeitlichen Anschauungen viel näher gerückt. Nur erscheint jetzt dieser Zusammenhang in etwas anderem Lichte, als er Kant und den Anhängern seiner aprioristischen Lehre vorgeschwebt hat. Man darf namentlich jetzt das Nacheinandersein der zeitlichen Erscheinungen und Bewegungen nicht mehr als in absolutem Gegensatz zu dem Nebeneinandersein der räumlichen betrachten. Es gibt einen Parallelismus der zeitlichen Erscheinungen (die Gleichzeitigkeit), der vollkommen dem Parallelismus im geometrischen Sinne entspricht; beide beruhen, unserem jetzigen Wissen nach, auf einer gleichzeitigen Erregung gewisser Bogengänge.

Auf die Bedeutung der Gleichzeitigkeit als konstanten und wichtigen Elementes unserer zeitlichen Wahrnehmungen hat von Psychologen besonders Meumann die Aufmerksamkeit gelenkt. Er hat in seinen trefflichen „Studien" die wahre Bedeutung der Gleichzeitigkeit zu würdigen gewußt. Daher kann die hier gegebene Aufdeckung des physiologischen Ursprunges dieses Zeitwertes manche seiner Auseinandersetzungen stützen.

Wie eben gesagt, stimmen die meisten Psychologen mit den Physiologen darin überein, daß die Kantsche Ausdehnung als die Zeitfolge darstellend aufzufassen sei. Dagegen wird die hier präzisierte Bedeutung dieser Ausdehnung als der Pfeilrichtung von vorn nach hinten entsprechend wahrscheinlich von manchem Psychologen beanstandet werden. Wie aus den vorhandenen Schriften und Studien über das Wesen unserer Zeitwahrnehmungen vorauszusehen, werden gegen meine Auseinandersetzung zweierlei Einwände erhoben werden. Der eine wird rein dialektischer Natur sein und hauptsächlich auf die Definition des Wortes „Gegenwart" und „Jetzt" oder auf die Unterschiede zwischen „Zeitlänge" und „Zeitstrecke" hinausgehen. Die „Gegenwart" als einen in kontinuierlicher Bewegung befindlichen Punkt zu betrachten, der die Zeitlinie erzeugt, könnte nach den Erörterungen von F. Schumann zu irrtümlichen Schlußfolgerungen führen. Man hat, schreibt er z. B., gefolgert: „Die Zeit besteht aus Vergangenheit und Zukunft, die durch den beweglichen Punkt des „Jetzt" getrennt sind. Da die Vergangenheit nicht mehr, die Zukunft noch nicht ist, so wäre die Zeit ein Wirkliches, das aus zwei Hälften besteht, die beide nicht wirklich sind." Eine derartige Folgerung beruht auf Schlüssen, die nur dem Scheine nach plausibel, in der Tat aber reine Sophismen sind. Die Beweglichkeit des Punktes ist eine überflüssige Voraussetzung, die durch die eben gegebene Auffassung des 0-Punktes der Zeitkoordinate hinfällig wird. Unser Selbstbewußtsein ist unveränderlich und unteilbar, nur die Inhalte des Allgemeinbewußtseins wechseln. Nur das vor uns Geschehene und nach uns Kommende ist beweglich; sie verlieren aber dadurch nicht im geringsten ihre Wirklichkeit. Nichts kann mit mehr Gewißheit das Recht der Wirklichkeit beanspruchen, als die Geschehnisse der Vergangenheit. Indem die zukünftigen Erscheinungen allmählich entstehen, werden sie verwirklicht, beim Übergehen in die Vergangenheit werden sie auf der Zeitkoordinate verschoben und wechseln ihr Vorzeichen[1]).

Der zweite Widerspruch wird gegen meine Ansicht erhoben werden: unser bewußtes Ich entspräche dem 0-Punkt der Zeitkoordinate. Sowohl Schumann, der in den letzten Jahren schöne Versuche über die Zeitwahrnehmungen ausgeführt hat, als auch andere Forscher auf diesem Gebiet betrachten die Gegenwart oder das „Jetzt" als eine Zeitstrecke, die etwa so lange dauert, wie das Wort ausgesprochen oder gedacht wird. Dies ist ja schon deswegen nicht statthaft, weil in solchem Falle die Bedeutung des gegenwärtigen Augenblicks in den verschiedenen Sprachen nur von der Länge dieses Wortes abhängen würde[2]). Man muß eben immer im Auge behalten, daß sowohl die drei Richtungskoordinaten des Raumes als auch die einzige Koordinate der Zeit sich nur auf unser bewußtes Ich beziehen, auf die wir gezwungen sind, räumlich und zeitlich unsere sinnlichen Wahrnehmungen zu übertragen. Was der absolute Raum oder die absolute Zeit sind, darüber braucht der Naturforscher ebensowenig Hypothesen zu bauen, wie etwa über den Ursprung des Universums. In das Bereich seiner wissenschaftlichen Untersuchungen gehören nur die Geschehnisse in der physikalischen Welt, die allein seinen bis zur höchstmöglichen Potenz gesteigerten Sinneswahrnehmungen zugänglich sind.

Wie im vorhergehenden Kap. VI § 5 erläutert, wird von einigen Philosophen auch der Ursprung des mathematischen Punktes auf unser bewußtes Ich zurückgeführt; auf diesen unteilbaren Punkt müßte um so mehr die zeitlichen Eindrücke des jeweiligen Augenblicks bezogen werden.

Erst nach dem Erscheinen meiner letzten Schrift „Das Ohrlabyrinth usw." (Pflügers Archiv. Band 118) wurde ich auf die bedeutungsvolle Untersuchung von Karl Stumpf „Über den psychologischen Ursprung der Raumvorstellung", die vom Jahre 1873 stammt und die mir leider bis jetzt ganz entgangen war, aufmerksam gemacht. Ein

---

[1]) Manche Psychologen betrachten unser Selbstbewußtsein, das bewußte Ich, als identisch mit dem allgemeinen Bewußtsein. Daher kommt es, daß sie das gleichzeitige Vorhandensein verschiedener Inhalte in unserem Bewußtsein nicht zulassen können. Diese Schwierigkeiten fallen weg, wenn man, was viel richtiger ist, diese beide psychologischen Elemente zu unterscheiden weiß. Die Beachtung der Gleichzeitigkeit ermöglicht eine solche Unterscheidung.

[2]) Im gewöhnlichen Sprachgebrauch aller Völker wird übrigens die kürzeste Zeitdauer gar nicht durch die Worte „jetzt" oder „gegenwärtig" bezeichnet. Schon K. E. v. Baer hat ganz richtig hervorgehoben, daß die kürzeste Zeitstrecke in den Sprachen der meisten Nationen durch die uns als die kürzest geltende körperliche Bewegung ausgedrückt wird, nämlich das Blinzeln der Augenlider: „Augenblick" in deutscher Sprache, „Mig" in russischer, „clin d'oeil" in französischer usw., das Wort „Momentum" stammt von „movere". „Punctum temporis" der Römer ist nach v. Baer vielleicht die Zeit, die man braucht, einen Stich zu empfinden.

Schüler Lotzes hat Stumpf mit großer Geistesschärfe und meisterhafter Beherrschung sämtlicher das Raumproblem betreffenden physiologischen Theorien eine sehr vollständige Darstellung seines damaligen wissenschaftlichen Standpunktes gegeben. Mit wahrer Genugtuung habe ich in dieser Schrift über die richtige Bedeutung der Vorstellungen von „Rechts“ und „Links“, „Oben“ und „Unten“, „Vorn“ und „Hinten“, die „alle unsere Raumvorstellungen noch in besonderer Weise determinieren“, Anschauungen gefunden, welche in ganz überraschender Weise denjenigen entsprechen, die ich mehrere Jahre später entwickelt habe. „Es ist für eine neue wissenschaftliche Lehre von großem Werte, wenn sie Anhaltspunkte und Stützen in den Forschungen hervorragender Geister früherer Perioden findet“, schrieb ich im Jahre 1900 bei Gelegenheit des Bekanntwerdens der Schrift von Spallanzani über seine Entdeckung eines Orientierungssinnes im Ohre bei Fledermäusen (siehe Kap. I, S. 8. u. ff.). Daher will ich hier wörtlich einige der Hauptsätze der Auseinandersetzungen Stumpfs zitieren, die sich zwar auf die drei Dimensionen des Raumes beziehen, aber die gleiche Bedeutung auch für die eine Dimension der Zeit haben.

„Wenn nach den vorangegangenen Erörterungen alles Räumliche schon in drei Dimensionen vorgestellt wird, so ist damit selbstverständlich nicht auch schon gegeben, daß wir diese Dimensionen als solche voneinander unterscheiden, noch auch, daß wir einen Punkt, den wir in dem räumlichen Gebilde besonders ins Auge fassen, in bezug auf seine Lage zu anderen hinsichtlich der drei Dimensionen bestimmen. Hätten wir nun nicht die Vorstellung unseres Körpers, so würden wir wahrscheinlich sehr spät erst durch wissenschaftliche Reflexionen zu beidem gelangen, und obendrein wären die Bestimmungen, zu denen wir so gelangten, keine anderen als die der analytischen Geometrie, d. h. wir würden uns ein Schema der drei Dimensionen durch aufeinander senkrechte Linien konstruieren und sodann an jeder dieser Linien zwei Seiten + und — unterscheiden, ohne daß dieselben eine andere Bedeutung hätten, als das Gegenteil voneinander zu sein. In Wirklichkeit machen wir aber ziemlich bald gewisse Unterscheidungen, die praktisch jenen mathematischen Distinktionen nicht bloß äquivalent sind, sondern mehr leisten als sie. Oben, unten usw. bezeichnen ganz bestimmte, nicht wie + und — beliebig vertauschbare Unterscheidungen“ (5. S. 306).

Diese Zeilen wurden vor dem Ausbau meiner Raumlehre auf den Grundlagen, die mir durch die Feststellung der drei spezifischen Richtungsempfindungen des Bogengangsapparates geliefert wurden, geschrieben. Stumpf suchte damals die Vorstellung der drei Richtungen durch Unterschiede unserer Hautempfindungen zu erklären, sein Gedanke erschien ihm daher nur als eine eventuelle Aushilfe. Jetzt, wo wir den wahren Ursprung unserer Fähigkeit wissen, Richtungsunterschiede der verschiedenen Teile des Körpers zu erkennen, jetzt kann man nicht genug die richtige Vorahnung der tatsächlichen Verhältnisse von seiten Stumpfs bewundern, besonders wenn man noch folgende Sätze berücksichtigt: „Nach diesen natürlichen Koordinatenachsen bestimmen wir denn auch die Lage des äußeren Objektes in ähnlicher Weise, wie die analytische Geometrie die Lage eines Punktes nach ihren künstlichen. Den Koordinatenanfangspunkt aber bildet das natürliche Raumzentrum. . .“

Wie dem auch sei, nach den bisherigen experimentellen Erfahrungen über den Ursprung unserer Richtungsempfindungen ist man schon jetzt zu der Annahme berechtigt, daß wir den Erregungen der sagittalen Bogengänge die Möglichkeit verdanken, die Zeitfolge oder, wie mehrere Psychologen sich ausdrücken, die Zeitordnung wahrnehmen zu können. Diese Wahrnehmungen bilden die eine Komponente unserer Zeitvorstellung. Auf die spezielle Frage, ob der 0-Punkt der Zeit- und Raumkoordinate mit dem bewußten Ich zusammenfällt oder nicht, die wesentlich psychologisches Interesse hat, wird noch wiederholt zurückgekommen werden.

§ 4. Die Messungen der Zeitdauer und der anderen Zeitwerte.

Die eine Komponente des sog. Zeitsinnes, die Zeitfolge, wird also mit Hilfe der Wahrnehmungen eines peripheren Sinnesorganes gebildet. Wie steht es nun mit den anderen Komponenten: der Dauer und der Geschwindigkeit? Die Geschwindigkeit ist zwar im Grunde nur eine Funktion der Zeitdauer; beide Zeitwerte können aber gesondert gemessen werden. Man muß daher zuerst erörtern, welcher von beiden den sinnlichen Wahrnehmungen zugänglicher ist, also leichter der experimentellen Prüfung unterzogen werden kann.

Eine solche Erörterung ist auch wesentlich mit der Frage nach dem Ursprung unserer Zeitvorstellungen verknüpft. Die scheinbar einfachste Auffassung des Ursprungs der Geschwindigkeitswahrnehmungen wäre in unsere Gesichtswahrnehmungen zu verlegen. Die Geschwindigkeit der äußeren Vorgänge springt geradezu in die Augen. Es ist daher nicht zu verwundern, daß mehrere Philosophen und auch Physiologen, wie z. B. Czermack in seinen „Ideen zu der Lehre vom Zeitsinn“, die Bildung unserer Zeitvorstellungen in den Gesichtseindrücken suchten. Dies schien um so verlockender zu sein, als man durch die Konvergenz der Augenachsen und durch die Akkommodation auch den Mechanismus der Geschwindigkeitswahrnehmung zu erkennen hoffte. So geschah es, daß auch Ludwig geneigt war, diese Auffassung als vollkommen begründet zu betrachten, „weil“, sagte er, „wir den Grad der Geschwindigkeit geradezu sehen.“ Einer solchen Auffassung stellen sich mehrere Einwände entgegen, sowohl weil sie die anderen Komponenten der Zeitvorstellung vollständig vernachlässigt, als auch, weil, wenn sie begründet wäre, wir dennoch die Zeitwahrnehmungen nicht als vorzugsweise von unserm Auge herstammend betrachten könnten. Seitdem in den Jahren 1875/76 festgestellt wurde, daß der okulomotorische Apparat in einer kontinuierlichen gesetzmäßigen Abhängigkeit von den Bogengängen steht, muß dem „Sehen der Geschwindigkeit“ eine ganz andere Deutung gegeben werden. Die Verstellung der Augenachsen, wie überhaupt sämtliche Bewegungen unserer Augenmuskeln, werden nämlich von den Erregungen der Bogengangsnerven beherrscht, die Messung der Geschwindigkeit unserer Zeitwahrnehmungen wird also in erster Linie vom Gehörs- und nicht vom Gesichtssinne ausgeübt.

Wundt weist die Geschwindigkeit als Zeitwert bei Messungen aus einem anderen Grunde zurück, nämlich weil eine solche Messung der sichtbaren Bewegung notwendigerweise zu einer Messung der räumlichen Ausdehnung führen muß. Die Möglichkeit oder sogar die Notwendigkeit, gleichzeitig die räumliche und zeitliche Ausdehnung an den Bewegungen zu messen, muß im Gegenteil eher als eine Erleichterung der Aufgabe des Experimentators und nicht als eine störende Komplikation betrachtet werden.

Diesen Vorteil hat Vierordt ganz richtig gewürdigt, als er seine Versuche mit Dr. W. Camerer in dieser Richtung ausgeführt hat. . . . „Bei der Wahrnehmung der Bewegung und der Schätzung der Geschwindigkeit, mit welcher dieselbe erfolgt, werden Zeit- und Raumsinn zugleich in Anspruch genommen“. . . (S. 119.) Vierordt gab dabei die einfache Formel $g = \frac{r}{z}$ zur Berechnung der Geschwindigkeit, wobei r das Verhältnis des durchlaufenen Raumes zur Längeneinheit, z das Verhältnis der dazu nötigen Zeit zur Zeiteinheit bezeichnen. Nur dürfen unserem jetzigen Wissen nach die bei den Messungen der Geschwindigkeit und der Zeitdauer erhaltenen Werte nicht mehr einfach dem Gesichtssinne zugute geschrieben werden. Bei der Ausnutzung der Versuchsergebnisse für die Theorie der Zeitwahrnehmungen muß auch der Mechanismus berücksichtigt werden, der uns gestattet, die sichtbare Geschwindigkeit zu messen.

Die schönen Erfolge, welche Vierordt und sein Schüler bei ihren bezüglichen Versuchen erzielt haben, veranlaßten seine sämtlichen Nachfolger auf dem Gebiete derartiger Forschungen, sich im allgemeinen der von ihm geschaffenen Meßmethoden zu bedienen, und zwar sowohl bei der Wahl der zu bestimmenden Zeitwerte, als auch bei der Auswahl der speziellen Sinnesempfindungen, deren zeitlicher Verlauf gemessen werden sollte. Leider haben die meisten seiner Nachfolger dabei aus dem Bereich ihrer Betrachtungen den Ausgangspunkt Vierordts ganz gestrichen, der ihn allein bei seinen Untersuchungen geleitet hat, nämlich die Webersche Auffassung der Generalsinne. Dadurch verloren sie die Möglichkeit, ihre Versuchsergebnisse in vollem Umfange zu verwerten. Wie schon in § 2 hervorgehoben, hatte Vierordt auch den sehr glücklichen Einfall, dem Gehörorgan bei seinen zeitlichen Messungen den Vorzug vor den anderen Sinnesorganen zu geben. Diese glückliche Wahl gestattete ihm auch, viel genauer die meisten Größen zu bestimmen, welche für die experimentelle Prüfung beim Studium der zeitlichen Vorgänge hauptsächlich in Betracht kommen. So gelang es ihm, dank der Wahl der Gehörsempfindungen für die zeitliche Messung der Zeitdauer, die wahre Bedeutung der Zeitunterschiede, des Rhythmus, des Taktes und der Zeitintervalle zu entwickeln. Die Vierordtsche Wahl dieser und ähnlicher Größen für seine Messungen war also im allgemeinen zutreffend. Weniger glücklich war nur die Einführung des Begriffs der Zeitschwelle und der Leere in den Bereich der zu messenden Zeitwerte. Wahrscheinlich wurde Vierordt zu diesem Mißgriff lediglich dadurch verleitet, daß er teilweise, dem Beispiele E. H. Webers folgend, den Ausdruck Zeitwahrnehmungen als gleichbedeutend mit Zeitempfindungen gebrauchte.

Die Zeitwerte, welche Vierordt bei seinen Messungen bestimmte, bezogen sich aber in der Tat nicht auf Zeitempfindungen, sondern auf die Wahrnehmung der zeitlichen Dauer der Gehörsempfindungen. Das gleiche findet natürlich statt, wenn die Zeitdauer der anderen sinnlichen Empfindungen gemessen wird. Die Reizschwellen beziehen sich aber nur auf die Reize, welche die betreffenden speziellen sinnlichen Empfindungen erzeugen, und keineswegs auf die vermeintlichen Zeitempfindungen. Diese einfache Überlegung haben auch viele Nachfolger Vierordts bei derartigen Messungen zu machen unterlassen. Wie gewöhnlich, wenn es sich um eine Verirrung handelt, ist Mach dabei mit schlechtem Beispiel vorangegangen; er hat nämlich das Wort „Zeitempfindungen“ in der falschen Auslegung verstanden und dementsprechend auch seine Messungen ausgeführt[1]). Ein bloßer Blick auf die erhaltenen Werte der Zeitschwellen in Tausendsteln einer Sekunde hätte schon genügen sollen, um Mach über den begangenen Irrtum zu belehren. Er erhielt nämlich beim Gehör 16,0, beim Getast 27,7, beim Gesicht 47,0. Diese weit auseinandergehenden Werte bezeugen klar genug, daß es sich um Reizschwellen der entsprechenden Sinnesempfindungen und keinesfalls um die der Zeitempfindungen handelt.

Wundt gibt ebenfalls zu, „daß die Zeitschwelle in erster Linie durch die physiologischen Eigenschaften der Sinnesorgane bedingt ist“. „Immerhin, fügt er hinzu, wird man sie, so gut wie die Raumschwelle, als eine psychophysische Größe betrachten müssen, da die Auffassung der Eindrücke als einer Succession doch zugleich eine psychische Tatsache in sich schließt. Dem entspricht denn auch die Beobachtung, daß gesteigerte Aufmerksamkeit und Übung verändernd auf die Schwelle einwirken.“ Letzteres ist schon an sich ganz richtig, ändert aber nicht im geringsten etwas an dem wahren Ursprung der Reizschwellen. Dem Weberschen Gedanken nach sind die Generalsinne dazu bestimmt, die quantitativen Eigenschaften der übrigen Sinne genau abzumessen. Sie sind also reine Meßapparate für Raum und Zeit. Daß dieser Gedanke vollkommen der physiologischen Wahrheit entspricht, ist für den Raumsinn durch die in den vorher-

---

[1]) Auf die vielen anderen Versehen der Machschen Anschauungen über den Zeitsinn, an denen er noch in seinem letzten Buche festhält, lohnt es sich nicht weiter einzugehen. Es genügt den Titel des betreffenden Abschnitts „die physiologische Zeit im Gegensatz zur metrischen“ zu zitieren, um zu sehen, wie himmelweit Mach noch jetzt von der wahren Erkenntnis des Zeitproblems entfernt ist.

gehenden Kapiteln mitgeteilten Untersuchungen zur Genüge klargelegt worden. Daß er auch für den Zeitsinn gültig ist, geht schon klar aus dem Ergebnis jener Versuche hervor, welche die zahlreichen Forscher bei ihren Messungen in den letzten Jahrzehnten ausgeführt haben. In meiner Mitteilung über den Ursprung der Zeitwahrnehmungen (1907) habe ich bereits die Bedeutung dieser Tatsache hervorgehoben; in § 6 komme ich ausführlicher darauf zurück. Die Reizschwellen, welche die Empfindungen der speziellen Sinne erzeugen, können uns selbstverständlich keinerlei Aufschluß über die Genauigkeit unseres physiologischen Zeitmessers geben; sowohl die Vierordtschen Versuche als die seiner Nachfolger verfolgten aber in Wirklichkeit nur den Zweck, die Genauigkeit des Zeitmessers zu prüfen. Ebensowenig wie der Wert eines Teleskops durch die Bewegungsgesetze der Planeten bestimmt werden kann, ebensowenig vermögen die Reizschwellen der speziellen Sinnesempfindungen das Funktionieren des Zeitsinnes zu beeinflussen. Sie sind nur imstande, Versuchs- und Beobachtungsfehler bei unseren Prüfungen zu erzeugen, wie dies ja auch der persönliche Fehler des Beobachters tut.

Noch nachteiligere Folgen für die Deutung der messenden Zeitversuche hat die Einführung des Wortes „Leere“ durch Vierordt gehabt. Auch darin wollte Vierordt dem Beispiele E. H. Webers folgen, welcher den Zwischenräumen in seinen Empfindungskreisen besondere Aufmerksamkeit geschenkt hat, für die er übrigens eine ziemlich befriedigende Erklärung geben konnte. Es gibt aber überhaupt keine Leere in unserer Empfindungssphäre. Es treten ebensowenig zeitliche Diskontinuitäten in unseren Empfindungen wie in allen übrigen Lebensvorgängen und in diesen letzteren ebensowenig wie in den Bewegungen der Planeten ein. Es gibt nur Schwankungen in den Intensitäten unserer Nerventätigkeit und der Fixierung der Aufmerksamkeit auf verschiedene Empfindungsqualitäten. In unser Bewußtsein gelangt abwechselnd die Wahrnehmung der einen oder der anderen sinnlichen Empfindung. Jede Erregung unserer Nerven ist ja nur eine plötzliche Steigerung ihres Erregbarkeitszustandes; dies hat Pflüger schon vor vielen Jahren festgestellt. Ganz unerregbar sind nur gelähmte oder tote Nerven. Am wenigsten kann man daher von reizfreien oder leeren Zeitperioden sprechen, wenn es sich um Gehörsempfindungen handelt (s. oben Kap. IV § 10 die Auseinandersetzungen von Hensen).

Besonders verwirrend wirkten diese vermeintlich reizlosen oder leeren Zeitintervalle auf die Erörterungen über unsere Zeitvorstellung vonseiten der Metaphysiker und Metamathematiker, die diese angebliche Leere zugunsten des apriorischen Ursprungs unserer Zeitanschauung im Sinne Kants zu verwerten suchten. So schrieb noch unlängst der berühmte Metamathematiker H. Poincaré: „Nous classons nos souvenirs dans le temps, mais nous savons qu'il reste des cases vides. Comment cela se pourrait-il si le temps n'était une forme préexistant dans notre esprit? Comment saurions-nous qu'il y a des cases vides, si ces cases ne nous étaient révélées que par leur contenu?". Solche „cases vides" existieren aber, wie gesagt, in unseren Hirnzentren keineswegs. Die darin aufgespeicherten Gedächtnisbilder vergangener zeitlicher Wahrnehmungen werden in unserem Bewußtsein willkürlich oder unwillkürlich mit ihrem vollen Inhalte, sowohl dem quantitativen als dem qualitativen, hervorgerufen. Die Vorstellung von der kontinuierlichen Reihenfolge der Empfindungen und deren Wahrnehmungen wird uns daher schon in der zartesten Jugend durch die Erfahrungen unserer sämtlichen Sinne gegeben. Es war ganz richtig, wenn Herbart erklärte, die Succession der Vorstellungen sei an und für sich durchaus nicht die Vorstellung einer Succession. Das verhindert aber nicht im geringsten, daß dank der Kontinuität der verschiedenen speziellen Empfindungen unsere Wahrnehmung der Zeitfolge gebildet wird.

Mehrere Psycho-Physiologen haben vergeblich versucht, diese vermeintlich leeren Intervalle durch irgend einen Inhalt auszufüllen: so suchte z. B. Münsterberg unsere Fähigkeit, die Zeitintervalle zu messen, durch die Empfindung der fortdauernden Muskelspannung zu erklären. Es ist ganz richtig, daß auch während der Ruhe die Muskeln in einem gewissen Spannungszustand, dem Tonus, verbleiben. Der Mechanismus dieses Tonus wurde in den §§ 7—9 des Kapitels III ausführlich behandelt. Wir sollen nun nach Münsterberg die Zeitdauer dieser tonischen Erregung im Intervalle zweier Muskelkontraktionen messen können. In dieser Form könnte der Gedanke Münsterbergs zulässig sein, aber nur in dem Falle, wenn wir überhaupt imstande wären, Muskelempfindungen oder irgendwelche Kontraktionswahrnehmungen zu erhalten. Nun haben wir schon zu wiederholten Malen im Laufe unserer Erörterungen dargelegt, daß wir keinerlei Muskelgefühle im gewöhnlichen Sinne dieses Wortes kennen; weder der Laie noch der Physiologe vermag, auch bei der gespanntesten Aufmerksamkeit, irgend welche Wahrnehmungen durch den problematischen Muskelsinn zu erhalten. Die Muskelempfindungen wurden auch zur Aushilfe bei der Erklärung unserer räumlichen Vorstellungen erfolglos herangezogen (s. u. a. Kap. VI § 2). Ebenso aussichtslos ist es, sie für die Wahrnehmungen der Zeitdauer verwenden zu wollen. Unsere Ganglienzellen messen zwar sehr genau die Zeitdauer der Innervationen der Muskeln, wie dies durch überaus zahlreiche Versuche dargetan worden ist (Kap. III §§ 7 bis 10). Diese Abmessungen werden aber rein automatisch von gewissen Teilen des Ohrlabyrinths (Otozysten), ohne zu unserem Bewußtsein zu gelangen, ausgeführt. Aber wie gesagt, das Mißlingen der Ausfüllungsversuche der leeren Intervalle ist belanglos, da derartige leere Intervalle überhaupt nicht existieren. Bei vollem Bewußtsein gibt es keine wahre Diskontinuität in den Zeitwahrnehmungen. Was im Schlaf vorgeht, davon erfahren wir etwas nur aus den zum Bewußtsein gelangenden Bruchstücken der Träume. Die zeitliche Aufeinanderfolge der Gedächtnisbilder erscheint uns von rasender Geschwindigkeit, wahrscheinlich weil die hemmenden Wirkungen der gespannten Aufmerksamkeit im Schlafe fehlen.

§ 5. Das Ohrlabyrinth als Sinnesorgan der Zeitwahrnehmungen.

Es wurde hier etwas länger auf die beiden von Vierordt in seinen Meßversuchen eingeführten irrigen Zeitwerte eingegangen, nur weil mehrere seiner Nachfolger auf diesem Gebiete ihnen eine ganz außerordentliche Bedeutung bei der Bildung unserer Zeitbegriffe zuerteilt haben. Diese kleinen Irrtümer vermindern nicht das große Verdienst, welches jener Physiologe dem Zeitproblem durch die Entdeckung des Ohrlabyrinths als des wichtigsten Organs für das Studium der Zeitwahrnehmungen erwiesen hat. Er hatte, wie gesagt, die Intuition, daß das Ohr die hervorragendste Rolle bei der Bildung unserer Zeitvorstellungen spiele. „Wir beginnen mit demjenigen Sinne, dessen Empfindlichkeit für Zeitgrößen und Unterschiede von Zeitgrößen bei jedem Menschen am meisten in Anspruch genommen wird, dem Hörsinn", so begründet Vierordt seine Wahl. Dadurch hat er die zu verfolgende Bahn gleichsam den künftigen Forschern vorgezeichnet. Nur wenige seiner Nachfolger versuchten, ihre Wahl des Gehörssinns für Messungen näher zu begründen[1]). Besonderes Interesse bietet die Art und Weise, wie Wundt die Wahl des Gehörorganes für die Erörterungen über die Zeitvorstellungen erklärt. „Während die zeitlichen Tastvorstellungen stets an die mechanischen Bedingungen der Bewegungsorgane und an die ihnen zugeordneten zentralen Regulierungseinrichtungen der Innervationen gebunden bleiben, bewegen sich die entsprechenden Gehörsvorstellungen von vornherein innerhalb viel weiterer Grenzen. Jeder mögliche Wechsel von Klang- und Geräuschformen, soweit er infolge irgendwelcher objektiver Bedingungen entsteht, und soweit ihm das Gehör gemäß den der Gehörsempfindung nach Intensität, Schwingungszahl und Dauer der Eindrücke gesetzten Grenzen folgen kann, bietet sich hier als Substrat auf das mannigfachste variierender Zeitvorstellungen" (S. 20, 5. Aufl. der „Grundzüge"). Die Schlußfolgerung des zweiten Satzes ist an sich ganz richtig. Dagegen zeigt die Voraussetzung, von welcher Wundt ausgeht, daß er die physiologischen Untersuchungen der letzten Jahrzehnte über das Ohrlabyrinth nicht genauer verfolgt hat. Es ist nicht zutreffend, daß unsere Tastempfindungen „an die mechanischen Bedingungen der Bewegungsorgane und an die ihnen zugeordneten zentralen Regulierungseinrichtungen der Innervationen gebunden bleiben". Tastempfindungen werden gelegentlich auch durch unsere Bewegungen erzeugt. Mit der Regulierung der Innervationen haben sie nur in dem in Kap. III § 7 u. 8 erörterten Sinne zu schaffen. Diese Regulierungseinrichtungen sind vielmehr an Verrichtungen unseres Gehörorgans gebunden, da sie nicht nur ihnen unterstellt sind, sondern auch räumlich und zeitlich von ihnen vollkommen beherrscht werden. Aber, wie gesagt, die Schlußfolgerung Wundts, sowie die von ihm darüber

---

[1]) Mach begnügte sich mit der einfachen Behauptung, der Gehörssinn sei der vornehmste Zeitsinn; diesmal irrte er nicht.

gemachten Ableitungen, mit Ausnahme der Erörterungen über die sog. Leere oder, wie er sagt, reizfreie Strecke, sind vollkommen zutreffend.

In § 2 des vorhergehenden Kapitels wurden die Hauptvorzüge des Ohres vor dem Auge bei der Bildung unserer Raumvorstellungen näher auseinandergesetzt. Hier soll ausführlicher dargetan werden, daß in gewissem Sinne die Vorzüge des Ohrlabyrinths für die Bildung unserer Zeitvorstellung nicht minder entscheidend sind. In dem Kapitel über die physiologischen Grundlagen der Geometrie von Euklid wurden besonders diejenigen Vorzüge des Ohres vor dem Auge bei der Wahrnehmung der Richtungen hervorgehoben, die in der Geometrie eine so entscheidende Rolle spielen. Die Vorzüge, welche das Ohr vor dem Auge als Meßapparat für die geometrischen Größen besitzt, wurden nur angedeutet, und zwar bei der Erörterung der Abstandsbestimmungen. Es wurde dabei daran erinnert, daß der okulomotorische Apparat, von dem das Augenmaß abhängt, vollkommen von den Innervationen der Bogengänge als Sinnesorgans für die Richtungsempfindungen beherrscht wird.

Die physiologische Bestimmung des Ohrlabyrinths als Meßapparates beruht aber nur in zweiter Linie auf den Verrichtungen der Bogengänge. Das wichtigste Element bei Ausführung von Messungen, sowohl der räumlichen als der zeitlichen, wird von der Zahlenkenntnis gegeben und diese Zahlenkenntnis verdanken wir wohl ausschließlich, wie dies schon im § 10 des Kap. IV bei der Differenzierung der verschiedenen Verrichtungen des Gehörorgans hervorgehoben wurde, der Schnecke. Die von der letzteren beherrschten automatischen Zählapparate spielen bei der Abmessung der Innervations-Stärke und -Dauer eine entscheidende Rolle.

Zu den Vorzügen des Ohres vor dem Auge, die es schon als Sinnesorgan für die drei Richtungsempfindungen besitzt, kommt also noch hinzu, daß es die peripheren Organe enthält, denen wir unser Zahlenbewußtsein verdanken. „Lehrreich ist in dieser Beziehung die Vergleichung von Auge und Ohr, schreibt Helmholtz, da die Objekte beider, Licht und Schall, schwingende Bewegungen sind, die je nach der Schnelligkeit ihrer Schwingungen verschiedene Empfindungen erregen, im Auge verschiedene Farben, im Ohr verschiedene Tonhöhen. Wenn wir uns zur größeren Übersichtlichkeit erlauben, die Schwingungsverhältnisse des Lichtes mit dem Namen der durch entsprechende Tonschwingungen gebildeten musikalischen Intervalle zu bezeichnen, so ergibt sich folgendes: Das Ohr empfindet etwa 10 Oktaven verschiedener Töne, das Auge nur eine Sexte, obgleich jenseits dieser Grenzen liegende Schwingungen beim Schall wie beim Lichte vorkommen und physikalisch nachgewiesen werden können. Das Auge hat nur drei voneinander verschiedene Grundempfindungen in seiner kurzen Skala, aus denen sich alle seine Qualitäten durch Addition zusammensetzen, nämlich Rot, Grün, Blauviolett. Diese mischen sich in der Empfindung, ohne sich zu stören. Das Ohr dagegen unterscheidet eine ungeheure Zahl von Tönen verschiedener Höhe. Kein Akkord klingt gleich einem anderen Akkorde, der aus anderen Tönen zusammengesetzt ist, während doch beim Auge gerade das Analoge der Fall ist" (1879). Noch ein anderer Vorteil des Gehörorgans vor dem Auge soll hier nach Helmholtz hervorgehoben werden: der Gehörnerv ist dem Sehnerv bedeutend überlegen in der Fähigkeit, dem Wechsel von starker und schwacher Intensität des Reizes schnell folgen zu können. Ein solcher Wechsel in der Intensität des Reizes entsteht, wenn annähernd gleich hohe Töne abwechselnd mit gleichen und entgegengesetzten Phasen zusammenwirken, worauf das Phänomen der Schwebungen beruht. Gleichzeitig ist jede Faser des Acusticus nur für Töne aus einem sehr engen Intervall der Skala empfindlich, während jede Sehnervenfaser durch das ganze Spektrum zu empfinden vermag.

Sämtliche hier hervorgehobenen Vorzüge des Ohres vor dem Auge bieten bei den künstlichen Messungen der Zeitdauer der Empfindungen bedeutende Vorteile. Der bedeutendste Vorzug aber, den die Gehörsempfindungen für die Wahrnehmung der Zeitdauer und deren genauer Abschätzung besitzen, liegt in dem Rhythmus und dem Takt der Schallerregungen. Die Succession von Gehörseindrücken gleicher Zeitdauer durch ebenso gleichmäßige Unterbrechungen sind auch für die unmittelbare Wahrnehmung der Zeitfolge von größter Bedeutung. Bei der Wahrnehmung der periodischen Succession von Gehörsempfindungen besteht der Vorzug des Ohres vor dem Sehen der Geschwindigkeit noch darin, daß, wie schon erwähnt, bei ihnen keinerlei meßbare räumliche Beimischung stattfindet, während die gesehene Geschwindigkeit einen Quotienten der Zeit auf der Raumstrecke bildet.

§ 6. Der Rhythmus und der Takt beim zeitlichen Ablauf von Sinnesempfindungen und Bewegungen.

Die Periodizität der Naturerscheinungen gab dem Menschen die erste Veranlassung zu Zeitwahrnehmungen. Der Sonnen-Auf- und -Untergang, die Ebbe und die Flut, der Wechsel von Tag und Nacht, die regelmäßige Wiederkehr der mit bestimmtem Temperaturwechsel verbundenen Jahreszeiten mußten sowohl beim Menschen als auch bei gewissen Tieren zur Wahrnehmung der Zeitfolge und der Zeitunterschiede führen. Auch die inneren Empfindungen lehrten den Menschen die Bedeutung der Periodizität erkennen. Die Rhythmizität der Herzpulsationen und der Atembewegungen, die Regelmäßigkeit in der Wiederkehr von Hunger und Durst sowie ihrer Stillung mußten notwendigerweise die Aufmerksamkeit des Menschen in Anspruch nehmen. Wilde bestimmen jetzt noch die Zeit nach der regelmäßigen Wiederkehr der Mahlzeiten (K. E. von Baer). Wie man sowohl an Haustieren, wie Pferden, Hunden usw., als auch an Zugvögeln, ja sogar an Fischen, die in Teichen künstlich gefüttert werden, beobachten kann, vermögen auch Tiere regelmäßig wiederkehrende Zeitperioden zu erkennen.

Die periodische Wiederkehr gewisser sinnlicher Wahrnehmungen in rhythmischen Intervallen zwingt notwendig unserem Bewußtsein die Vorstellung ihrer Gesetzmäßigkeit auf. Der Gedanke, solche regelmäßige, periodische oder rhythmische Erscheinungen als Einheiten für Zeitbestimmungen zu wählen, mußte daher schon vor Urzeiten dem Menschen gekommen sein. Natürlich nahm er dabei zuerst als Maßstab die kürzesten Zeitwerte, wie er auch bei räumlichen Maßen die kleinsten Strecken wählte, die sich ihm an seinem eigenen Körper oder in seiner Umgebung am leichtesten darboten. Der Fuß war bei allen Völkern das ursprünglichste und verbreitetste Raummaß. Für die Zeit wurde der periodische Wechsel von Tag und Nacht genommen. Karl Ernst v. Baer sprach die Überzeugung aus, daß das kleinste Zeitmaß, das wir eine Sekunde nennen und als künstliche Einheit benutzen, von unseren rhythmischen Pulsschlägen gewonnen ist; im vorgeschrittenen Alter schlägt das Herz annähernd 60mal in der Minute. Seitdem diese Überzeugung ausgesprochen wurde, hat sie durch die Beobachtung der rhythmischen Pulsationen an den häutigen Bogengängen (siehe u. a. Kap. I § 9) bedeutend an Wahrscheinlichkeit und auch an Interesse gewonnen. Wir vermögen nämlich diese Pulsationen auch entotisch wahrzunehmen und sie sogar für experimentelle Prüfungen zu verwerten (Kap. V § 10). Die Arteriosklerose soll die häufigste Ursache der Hörbarkeit der entotischen Geräusche sein: die Zahl von sechzig Herzschlägen in der Minute ist also von Baer nicht mit Unrecht angerufen worden.

Bei der allgemeinen Anerkennung der großen Bedeutung, welche die Periodizität und Rhythmizität der unseren Beobachtungen zugänglichen äußeren und inneren zeitlichen Vorgänge für den Zeitsinn besitzen, ist es leicht erklärlich, daß, dem erfolgreichen Beispiele Vierordts folgend, die meisten Forscher bei ihren experimentellen Messungen dieser Vorgänge dem Rhythmus und dem Takt besondere Aufmerksamkeit gewidmet haben. Nur war dabei die Wahl der rhythmischen Vorgänge nicht immer gleich glücklich getroffen. So z. B. stellte Wundt an die Spitze der rhythmischen Erscheinungen des menschlichen Körpers bei Versuchen über die Zeitwahrnehmung die normalen Gehbewegungen. Dies ganz mit Unrecht, und zwar aus folgenden zwei Gründen. Erstens sind unsere Gehbewegungen im normalen Leben meistens arhythmisch. Nur beim Studium des Mechanismus der Pendelbewegungen unserer Beine beim normalen Gehen (Gebr. Weber) werden unsere Gehbewegungen wirklich rhythmisch ausgeführt. Zweitens brauchen die Empfindungen, die bei unseren Gehbewegungen erzeugt werden, auch wenn unser Gang rhythmisch geschieht, noch keineswegs rhythmisch auszufallen. Wir empfinden nicht den Gang als solchen, sondern die Verzerrungen der Haut, die Dehnungen der Sehnen und Muskeln, die Reibungen in unseren Gelenken usw. Die Wahrnehmung dieser sehr mannigfaltigen Empfindungsqualitäten kann uns unmöglich die Vorstellung der Succession von rhythmisch sich wiederholenden Empfindungen liefern.

Die zeitlichen Vorgänge, welche sich bei den willkürlichen und reflektorischen Bewegungen unserer Körperteile abspielen, äußern sich hauptsächlich bei den Abmessungen der Dauer und der Reihenfolge der Innervationen der bei diesen Bewegungen beteiligten Muskeln. Diese Abmessungen werden unserem jetzigen Wissen nach von den Nervenenden des Ohrlabyrinths beherrscht und reguliert. Rhythmisch werden unsere Bewegungen aber nur dann, wenn sie, wie beim Marsch, beim Tanzen usw., durch rhythmische Gehörsempfindungen erzeugt und unterhalten werden. Die genaue Abmessung der Zeitdauer und der Reihenfolge der Innervationen muß zwar bei allen zweckmäßigen Muskelbewegungen stattfinden, arhythmischen und rhythmischen; aber nur wenn die Einwirkungen der Reize, welche die Innervationen erzeugen, in regelmäßigen Zeitintervallen geschehen, kontrahieren sich die innervierten Muskeln ebenfalls rhythmisch.

Bei den experimentellen Studien der zeitlichen Vorgänge kommen aber in erster Linie nicht die rhythmischen Bewegungen, sondern die rhythmischen Empfindungen in Betracht. Seit Vierordt die Gehörsempfindungen als die geeignetsten Objekte für derartige Studien gewählt hat, konnten sämtliche Forscher die Überzeugung gewinnen, daß zwischen diesen Empfindungen und unseren Zeitwahrnehmungen oder Zeitvorstellungen ganz eigentümliche Beziehungen vorhanden sein müssen, denen man bei den Tast- oder Gesichtsempfindungen nicht begegnet. Es ist schon oben gezeigt worden, daß das am unmittelbarsten wahrnehmbare Element unserer Zeitvorstellung, die Zeitfolge, auf der Verrichtung der Bogengänge beruht.

An diese letztere Beziehung hat bis jetzt noch keiner dieser Forscher gedacht. Dagegen erkennen sie übereinstimmend an, daß die mathematisch genaue Abstimmung der Reize, welche die Gehörsempfindungen erzeugen, von deren entscheidender Bedeutung bei den Zeitwahrnehmungen genügend Rechenschaft gibt. Die Intervalle, Pausen, Rhythmen und Takte, in welchen die Schallwellen auf unser Gehör einwirken, um harmonische Tonempfindungen hervorzurufen, gehorchen ganz bestimmten arithmetischen Gesetzen. Hätten die Nachfolger Vierordts auf dem Gebiete der Zeitforschungen seine Auffassung des Zeitsinns als Generalsinns, der dazu bestimmt ist, die Zeitdauer der Empfindungen unserer speziellen Sinne und unserer Bewegungen abzumessen und abzustufen, nicht ganz außer acht gelassen, so würden die zahlreichen und an sich meistens vollwertigen Ergebnisse ihrer Meßversuche schon längst zu klaren und sicheren Aufschlüssen über das Wesen und den Ursprung unserer Zeitvorstellungen geführt haben. Bei dem jetzigen Stande der Forschung über das Zeitproblem ist es dagegen fast unmöglich, trotz der merkwürdigen Übereinstimmung wenigstens in den Hauptzügen ihrer tatsächlichen Versuchsresultate, auch nur zwei Forscher zu finden, die nicht untereinander in grellem Widerspruche hinsichtlich deren Deutung stünden.

Glücklicherweise sprechen die übereinstimmenden Meßergebnisse derjenigen Zeitwerte, die bei Versuchen über Gehörsempfindungen gewonnen wurden, schon allein eine klare Sprache zugunsten der funktionellen Beziehungen[1]) unserer Zeitwahrnehmungen zu den Verrichtungen des Ohrlabyrinths. Die genaue Analyse der Elemente dieser Wahrnehmungen, der Zeitfolge und der Zeitdauer, und deren Vergleichung mit den zahlreichen experimentellen Erfahrungen über die Rolle des Ohrlabyrinths bei der Regulierung und Abmessung der Reihenfolge und Zeitdauer der Innervationen der Bewegungsorgane (siehe Kap. III §§ 7--10) liefern ebenfalls dafür eindeutige und zwingende Belege. Sie bezeugen in evidenter Weise, daß es dieselben Organe sind, welche die zeitlichen Vorgänge sowohl in unserer Empfindungs- als in unserer Bewegungssphäre beherrschen. Ja, noch mehr: die aus Tierversuchen gewonnenen Resultate über die Verrichtungen der verschiedenen Teile des Ohrlabyrinths berechtigen zur Annahme, daß die zeitlich mit solcher Feinheit und Schärfe genau abgemessenen Schallerregungen ihrem Ursprunge nach hauptsächlich dazu bestimmt sind, unsere motorischen Hirnzentren in den Stand zu setzen, die zweckmäßigen Bewegungen der verschiedenen Körperteile mit möglichster Ersparnis der aufgespeicherten Reizkräfte auszuführen.

Schon bei niederen Tieren wurde der Nachweis geliefert, daß zwischen den Erregungen der Nervenenden ihrer Otozysten und der Regulierung ihrer Bewegungen ein kausaler Zusammenhang von hervorragender physiologischer Bedeutung besteht.

Mit dem Fortschreiten der morphologischen Entwicklung und der physiologischen Differenzierung der einzelnen Partien des Ohrlabyrinths erreichen allmählich bei höheren Tieren die Beziehungen zwischen den Gehörsempfindungen und den von ihnen beherrschten Muskelbewegungen eine viel größere Vollkommenheit. Den Gipfelpunkt dieser Vollkommenheit erlangt beim Menschen die Herrschaft der Schallerregungen und Gehörsempfindungen über die willkürlichen Muskeln erst bei den Bewegungen der Augäpfel und bei der Bildung der Sprache: nirgends wird die funktionelle Bedeutung unserer Zeitwahrnehmungen und ihrer Herkunft von den Verrichtungen des Ohrlabyrinths in anschaulicherer Weise demonstriert, als in dem wunderbaren Mechanismus der menschlichen Sprache und Stimme.

Dies hat schon der geniale E. H. Weber vor 55 Jahren geahnt und mit meisterhafter Klarheit und Präzision ausgesprochen:

---

[1]) Es stimmten auch sämtliche Physiker und Astronomen, welche die sogenannte „physiologische Zeit" gemessen haben, darin überein, daß das Gehör mit der kürzesten Zeitdauer obenan steht. So z. B. dauerte diese Zeit 0,149 Sekunde beim Gehör, und 0,200 beim Sehen eines Funkens in den Messungen des Astronomen Hirsch. Das Ohr ist also für zeitliche Wahrnehmungen am empfindlichsten.

„. . . Die Taubgeborenen, welche ihre Stimme nicht hören, sind eben deswegen stumm, weil sie die Wirkungen mit dem Gehörorgane nicht wahrnehmen, welche die Bewegungen ihrer Stimmmuskeln hervorbringen, und weil sie daher nicht erlernen können, diejenigen Anstrengungen der Muskeln hervorzubringen, welche erforderlich sind, damit ein bestimmter Ton entstehe . . . Unter allen Muskeln haben wir die der Stimme und des Auges am meisten in der Gewalt. Wir können hier den Grad der Verkürzung der Muskeln und die dadurch entstehende Spannung, die wir hervorbringen, bis aufs feinste abmessen. Es handelt sich hierbei um so geringe Größen der Verkürzung der Muskeln, welche ein Mikroskop und ein Mikrometer erfordern würden, um sie mit Augen deutlich sichtbar und meßbar zu machen. Diese Abmessung geht bei den Stimmmuskeln desto mehr ins Feine, je feiner die Wahrnehmung der Töne durch das Ohr ist[1]). Welche geringe Abänderungen der Länge und der Spannung der Stimmmuskeln gehört dazu, damit der Ton von der erforderlichen Reinheit nicht um ein Merkbares abweiche, und dennoch bringt ein geübter Sänger ganze Reihen von Tönen sehr rein hervor."

Diese Zeilen sind der letzten Untersuchung Webers über den Raumsinn entnommen und wurden bei Gelegenheit seiner Demonstration, daß wir keine unmittelbaren Muskelempfindungen besitzen, sondern nur durch die Wirkungen ihrer Kontraktionen uns von ihnen Rechenschaft geben, geschrieben[2]) (siehe Kap. VI § 2).

Bei dem Einüben ungewohnter komplizierter Bewegungsformen, wie dies bei der ursprünglichen Bildung der menschlichen Sprache der Fall war, haben die Verrichtungen des Ohrlabyrinths notwendigerweise eine entscheidende Rolle gespielt. Ohne mathematisch genaue Abmessungen des zeitlichen Verlaufs der Innervationen von Muskelgruppen, die bei der Sprache beteiligt sind, wäre der Mensch ebenso wie die Tiere nicht über das Ausstoßen von unartikulierten Lauten hinausgekommen[3]). Beim Sprechunterricht von Taubstummen sucht der Lehrer die mangelnden Verrichtungen des Gehörssinnes durch Gesichtseindrücke zu ersetzen. Ganz analog handeln Tauben, denen man die beiden Bogen-

---

[1]) Von mir gesperrt wiedergegeben.

[2]) In der ersten Beilage zu den „Tatsachen der Wahrnehmung" (S. 49) gelangt auch Helmholtz, nach Erörterung der Bewegungen des Gaumensegels, Kehlkopfs und Kehldeckels und den dabei erzeugten Empfindungen zu dem Schlusse, daß, was wir unmittelbar wahrnehmen, nicht „die Innervationen eines bestimmten Nervs oder Muskels", sondern „die äußere Wirkung" seien.

[3]) Rawitz hat in seiner lehrreichen „Urgeschichte, Geschichte und Politik", Berlin 1903, die sehr geistreiche Idee entwickelt, die menschliche Sprache habe im Verein mit den Eindrücken des urzeitlichen Wanderlebens zur Bildung unseres Selbstbewußtseins, oder richtiger, unseres selbstbewußten Ich geführt. Im Verlaufe der Untersuchungen über die Verrichtungen des Bogengangsapparates und seiner Rolle bei der Bildung unserer Raum- und Zeitvorstellungen gelangte ich zur Überzeugung, daß das Bewußtsein unseres Ich im Gegensatz zur äußeren Welt uns durch diese Vorstellungen gegeben ist. Unser Selbstbewußtsein entspricht dem Nullpunkt des idealen rechtwinkligen Koordinaten-

gangsapparate zerstört hat: sie suchen mit Hilfe von Gesichts- und Tastempfindungen von neuem das Gehen zu erlernen, um die Beherrschung der Innervationen ihrer Muskeln bei willkürlichen Bewegungen wieder zu erlangen (s. Kap. I § 4 u. ff. und Kapitel III §§ 7 bis 10). Dies gelingt ihnen aber nur in sehr beschränkten Grenzen: der Ersatz der Funktionen des Ohrlabyrinths durch die Gesichts- und Tasteindrücke ist ein sehr unvollkommener, sowohl bei Wirbeltieren als bei Wirbellosen (3. Satz der Raumsinnslehre s. S. 341)[1]). Dies gilt nicht nur für die Orientierung im Raume, sondern auch in der Zeit, und zwar nicht allein für die Orientierung unseres Körpers, die nach Übung und Erlernen meistens rein automatisch-reflektorisch geschieht, sondern auch für die Orientierung unseres Geistes bei den bewußten Denkoperationen[2]). Daher die geistige Minderwertigkeit der geborenen Taubstummen.

Man darf in dem Einfluß der sichtbaren Taktbewegungen des Taktierstabes des Kapellmeisters auf das Tempo des Orchesterspiels (besonders der Streichinstrumente) keinen Widerspruch mit der sekundären Bedeutung des Gesichtssinnes bei der Regulierung des zeitlichen Verlaufs der Innervationen sehen. Dieser Einfluß beruht teilweise auf rein reflektorischer Nachahmung sichtbarer Bewegungen, zum größeren Teil aber auf der Reproduktion von Gehörseindrücken, die im Gedächtnis beim Einstudieren angehäuft wurden.

Das Wahrnehmen der Tonempfindungen ist bei weitem nicht eine notwendige Bedingung, damit das Ohrlabyrinth bei der Verteilung der Innervationen von Muskeln entscheidend eingreift. Bei den Schling- und Schluckbewegungen ist die genaue Abmessung von deren Dauer und Reihenfolge nicht minder erforderlich, als beim Sprechen und Singen; die Tonempfindungen bleiben aber dabei ganz unbeteiligt, die von dem Ohrlabyrinth beherrschten Zählvorrichtungen werden auf rein reflektorischem Wege in Tätigkeit versetzt.

---

systems, das durch die drei Richtungsempfindungen unserer Bogengänge gebildet wird (siehe Kapitel IV § 10 und oben § 3). Es besteht also eine bemerkenswerte Übereinstimmung zwischen der rein psychologischen Hypothese von Rawitz und den Ergebnissen meiner physiologischen Untersuchungen, die es verdient, weiter verfolgt zu werden.

[1]) Das Stottern beruht meistens auf bloßen Störungen in dem zeitlichen Verlauf der Innervationen sowohl der Sprach- als der Atemmuskeln. Die Therapie des Stotterns besteht daher hauptsächlich in der Ausführung regelmäßiger rhythmischer Atmungen und in Sprechübungen nach einem bekannten Takt und Rhythmus.

[2]) Die Beobachtungen, die W. Jerusalem an der blindtauben Laura Bridgman, die ihre Sinnesdefekte durch besondere Ausbildung ihrer Tasteindrücke zu ersetzen suchte, gemacht hat, bestätigen nur die Gültigkeit dieses Satzes. Ihr ganzes „Zeitbewußtsein“ beschränkte sich in der Tat nur auf das Erkennen bestimmter Zeitpunkte, wie Tagesstunden, Wochentage usw. durch gewisse Merkmale, auf welche ihre Aufmerksamkeit gelenkt wurde.

Der Rhythmus und der Takt der Schallerregungen ohne jede Beimischung von musikalischen Tonempfindungen genügen, um viele besonders schwere Muskelleistungen nur durch die Beeinflussung der Reizverteilung bei deren Innervation zu erleichtern, oft sogar erst zu ermöglichen, z. B. beim Heben großer Lasten, beim Schleppen von Schiffen, wie auch bei erschöpfenden Militärmärschen usw. Die Dauer der Reizauslösungen richtet sich nach dem Takt der rhythmisch ausgestoßenen Rufe und Schreie oder der durch das Stampfen der Füße erzeugten Geräusche.

Bei der großen Bedeutung der rhythmischen Bewegungen für die Bildung unserer Zeitwahrnehmungen ist es bedauerlich, daß bei den Meßversuchen der Psychologen den Herzpulsationen so wenig Aufmerksamkeit geschenkt worden ist. Durch die außerordentliche zeitliche Regelmäßigkeit seines Rhythmus, der während des ganzen Lebenslaufs ununterbrochen anhält, eignet sich das Herz ganz besonders für die Messung rhythmischer Zeitabschnitte. Wundt gibt freilich als Grund der Vernachlässigung der Herzpulsationen bei derartigen experimentellen Prüfungen den Umstand an, daß die Herzbewegungen „ebenso wie die Schwankungen anderer innerer Lebensvorgänge“ keine „Bewußtseinsdaten also keine Empfindungen und Gefühle“ mit sich führen sollen. Dieser Grund ist schon darum nicht stichhaltig, weil gerade das Herz auf Gemütsbewegungen am schnellsten durch Veränderungen seines Rhythmus reagiert, wenn auch diese Reaktion nicht immer zur bewußten Wahrnehmung gelangt. Letzteres bildet keineswegs ein unüberwindliches Hindernis für das Studium der zeitlichen Veränderungen des Herzrhythmus an Menschen und an Tieren. Die vielen Meßapparate, welche zur Aufzeichnung der räumlichen und zeitlichen Variationen der Pulsschläge dienen, gestatten dem Forscher, den Mangel der bewußten Empfindungen zu ersetzen. In vielen Fällen kann dieser Mangel sogar ein Vorteil bei der Deutung der Herzreaktionen sein, indem er die Beimischung sekundärer emotionaler Reaktionen verhindert[1]).

Die bis jetzt in dieser Richtung gewonnenen Erfahrungen beziehen sich hauptsächlich auf die Wirkungen harmonischer Tonempfindungen auf den Herzrhythmus, also auf rein emotionelle Reaktionen. Es wäre aber sicherlich von Interesse, zu eruieren, ob rhythmische Erregungen der Nervenenden des Ohrlabyrinths auch die Zeitfolge und die Dauer unwillkürlich sich zusammenziehender Muskeln, wie z. B. des Herzens, zu beherrschen vermögen, wenn keine musikalisch-ästhetischen Gefühle diese Erregungen begleiten.

Einige zufällig von mir gemachten Selbstbeobachtungen scheinen zugunsten einer solchen Möglichkeit zu sprechen, wenigstens wenn es sich um krankhaft erregbare Herzen handelt. In den Jahren 1893/94 wurde in der Nähe meiner damaligen Wohnung (rue Copernic) eine neue Dampfmaschine in einer pneumatischen Anstalt aufgestellt, die

---

[1]) Siehe Kap. III § 6 meiner „Nerven des Herzens“. Berlin 1907.

mit außerordentlichem Geräusche arbeitete. Während der nächtlichen Stille vermochte nun das Geräusch dieser Maschine so sehr den Rhythmus meiner Herzschläge zu beeinflussen, daß er fast mit dem Takt des Dampfmotors übereinstimmte. Von 80 in der Minute fielen meine Pulsschläge unter 60, wobei auch deren Stärke in schmerzhafter Weise zuzunehmen pflegte. Wegen der bedenklichen Verschlimmerung meines Herzleidens mußte ich mein Wohnhaus aufgeben. Seitdem habe ich ein paar mal ähnliche Beobachtungen auch in Hotels zu machen Gelegenheit gehabt, die eigene Motoren für ihre elektrische Beleuchtung verwendeten.

Diese Selbstbeobachtung muß zu großer Vorsicht mahnen bei Schlußfolgerungen über den Einfluß musikalischer Emotionen auf das Herz. So haben einige Beobachter etwas voreilig aus ihren Versuchsresultaten Schlüsse gezogen zugunsten der James-Langeschen Emotionslehre, weil zeitlich das Herz früher seinen Rhythmus änderte, als die Gefühle wahrgenommen wurden. Auch abgesehen davon, daß die erwähnte Lehre auf einem völligen Verkennen der wahren Wirkungsweise der Herz- und Gefäßnerven beruht (siehe den zitierten Paragraphen meiner Herznerven), verwechselten diese Beobachter die direkten Wirkungen des Rhythmus als solchen mit denen der Gefühle. Viele Personen, die für Musik völlig unempfindlich sind, zeigen beschleunigten Herzschlag nur als Folge des beschleunigten Taktes oder Tempos der Schallerregungen.

K. E. von Baer, der, wie oben erwähnt, den Ursprung der Sekunde als Zeiteinheit dem Rhythmus der Herzschläge zugeschrieben, lenkte gleichzeitig die Aufmerksamkeit auf den Einfluß, welchen die Häufigkeit dieser Schläge auf den zeitlichen Verlauf unserer Sinneswahrnehmungen unzweifelhaft ausübt. „Überhaupt scheint der Puls in gewisser Beziehung mit der Schnelligkeit von Empfindungen und Bewegungen zu stehen.“ Bei häufigerem Herzschlag lebt der Mensch „mehr in dem allgemeinen Zeitmaße, z. B. in einer Stunde“. Um seinen sehr richtigen Gedanken zu veranschaulichen, entwickelte v. Baer mehrere Beispiele, die eine sehr feine Auffassung des Wesens der Zeitwahrnehmungen bezeugen. (Welche Auffassung der lebenden Natur ist die richtige? usw. Rede, gehalten 1860.)

§ 7. Die Tonempfindungen und der arithmetische Sinn. Schlußwort.

„Sollte eine positive Beantwortung der viel diskutierten Frage über die Entstehung der Zeitempfindung der Wissenschaft jemals möglich werden, so würde das zu nichts Geringerem führen, als zur Erkenntnis der Natur und Wesenheit der Seele und ihrer Wechselbeziehungen zur Nerv- und Muskeltätigkeit; denn, die allmähliche Entstehung der Zeit-Empfindungen und -Wahrnehmungen begreifen, heißt nichts anderes, als die Psyche von ihren ersten Regungen an genetisch konstruieren". Mit diesen bedeutungsvollen Worten hat Vierordt vor fünfzig Jahren den letzten Paragraphen seines klassischen „Zeitsinnes" eingeleitet.

Die Aufgabe der Physiologie bei der Lösung eines Problems von so entscheidender psychologischer Tragweite besteht nach Vierordt in der Entscheidung der folgenden Frage: „Wie gelangt ein mit gewissen rudimentären an sich völlig unerklärbaren psychischen Anlagen und Eigenschaften ausgestatteter Organismus zur allmählichen Unterscheidung seines Ichs von der Außenwelt und zur Kenntnis der räumlichen und zeitlichen Beziehungen eben der Dinge dieser Außenwelt" (S. 182).

Was die „räumlichen Beziehungen" anlangt, so ist es nach Jahrzehnte lang fortgesetzten experimentellen Forschungen gelungen, eine befriedigende und anschauliche Lösung des psycho-physiologischen Problems zu geben; die sechs ersten Kapitel dieses Buches bezeugen dies zur Genüge. An der Hand der zahlreichen dabei gewonnenen tatsächlichen Ergebnisse und Erfahrungen versuchte ich in den vorhergehenden Paragraphen dieses Kapitels, den physiologischen Ursprung und die Bedeutung der zu unserer Wahrnehmung gelangenden Zeitwerte festzustellen und deren Anteil an der Bildung unseres Selbstbewußtseins aufzuklären. Die Erkenntnis der wahren Beziehungen zwischen den Schallerregungen einerseits und den zeitlichen Abmessungen der Reihenfolge und Dauer der Muskelinnervationen und der Empfindungen der speziellen Sinnesorgane andererseits haben es gestattet, den sogenannten Zeitsinn auf seine wichtigste funktionelle Bestimmung als Meßvorrichtung zurückzuführen.

Wie bei allen Meßvorrichtungen spielen auch beim Zeitsinn die Zahlen eine wichtige Rolle. Ohne Zahlenkenntnis oder Zahlenbewußtsein kann der Zeitsinn seine Bestimmung gar nicht erfüllen. Der Aufbau unserer Vorstellungen vom dreidimensionalen Raume beruht allein auf den Wahrnehmungen der drei Richtungen unseres Bogengangsapparates, ohne irgendwelche Intervention der Zahlen; wir können eine Geometrie ohne Größenlehre haben. Dem ist nicht so beim Zeitsinn. Nur die zu unserer unmittelbaren Wahrnehmung gelangende Zeitfolge (Zeitordnung, Aufeinanderfolge) bedarf der Wahrnehmung der Richtung. Ohne Zahlen gibt es keine Zeitwerte, ist also auch die Bildung unseres Zeitbegriffs oder unserer Zeitvorstellung unmöglich. „Bei der außerordentlichen Genauigkeit, mit welcher in den hier behandelten Vorgängen die Abmessung der Innervationen und auch die Wahl des Zeitpunktes, wo jede einzelne Innervation beginnen und enden soll, geschehen muß, handelt es sich meistens um infinitesimale Zahlen. Diese Abmessungen in den motorischen Hirnzentren, welche als Energinome und Energiemeter funktionieren[1]), erfordern eine viel größere Präzision, als die bei den künstlichen Messungen der Zeitwerte von seiten der Physiologen angewendeten" (1907).

---

[1]) Siehe Kap. III § 7 u. 8.

Versuchen wir, einen auch nur annähernden Begriff von dem Wesen der Rechenoperationen zu geben, die bei den zeitlichen Abmessungen der Innervationen in Betracht kommen.

Bei jeder zweckmäßigen Bewegung, und wäre sie auch nur so einfach wie die Hebung einer Last durch die Flexion unseres Armes, müssen Impulse einer größeren Anzahl von Muskeln zugesandt werden: den einen Muskeln, den Flexoren in dem gegebenen Beispiel, welchen die Hauptaufgabe zukommt, deren Antagonisten, welche die Übertreibung der auszuführenden Bewegung zu hindern haben, den Ab- und Adduktoren, die den Vorderarm, den Schultermuskeln, die den Oberarm fixieren, den Nacken- und Rückenmuskeln, die dem Kopfe und dem Oberkörper die günstigste Stellung gestatten, um die gewollte Arbeit mit möglichst geringem Aufwande von Reiz- und Muskelkräften zu vollziehen usw. Jeder einzelne der dabei beteiligten Muskeln muß bei seiner Innervation eine verschiedene Zahl von Auslösungsreizen in der Zeiteinheit erhalten. Die Momente, wo für jeden Muskel die Innervation beginnt, sowie die Zeitdauer, während deren sie anhalten soll, müssen ebenfalls genau bestimmt und abgemessen werden. Die arithmetischen Werte bei diesen Operationen bewegen sich dabei in den Grenzen von Tausendsteln einer Sekunde. Die „Feinheit und Schärfe", mit der die wunderbaren Rechenmechanismen der Rindensubstanz, die von den Nervenenden des Ohrlabyrinths beherrscht werden, bei Verteilung der Willens- oder Refleximpulse funktionieren, müssen also schon bei einfachen Bewegungen der Glieder- und Rumpfmuskeln ganz außerordentliche sein. Sie steigern sich bedeutend, wenn es sich um kompliziertere Bewegungen ähnlicher Muskelgruppen handelt, wie bei dem künstlerischen Turnen eines Akrobaten oder Seiltänzers, wo ein Irrtum in der Zeitdauer von einigen Tausendstel Sekunden verhängnisvoll werden kann und häufig auch wird.

Die Leistungen der Zählapparate unserer Ganglienzellen erheischen eine ganz außerordentliche Präzision, wenn es sich um die Innervationen der Sprach- und Stimmmuskeln oder gar um die der Augenmuskeln handelt. Hier handelt es sich nicht allein nur um Rechnungen mit ganz infinitesimalen Zahlen, sondern auch um die außerordentliche Geschwindigkeit, mit der diese Rechenoperationen ausgeführt werden müssen, damit sie ihr Ziel erreichen. Die Operationen selber beschränken sich wahrscheinlich auf die vier elementaren Regeln: Addition, Subtraktion, Multiplikation und Division. Sie werden nachgewiesenermaßen von gewissen sensiblen Endnerven der Teile des Ohrlabyrinths beherrscht und ausgeführt, bei Wirbellosen ausschließlich von den Otozysten, bei höheren Wirbeltieren, besonders aber beim Menschen auch durch die Schnecke. Schon Weber hat gezeigt, daß geübte Musiker noch einen Unterschied der Tonhöhe wahrzunehmen vermögen, welcher den Schwingungsverhältnissen 1000 zu 1001 entspricht. Das gibt $^1/_{64}$ eines halben Tones, was eine noch kleinere Größe ist, als der Abstand der Cortischen Fasern voneinander. Seitdem haben die zahllosen nach dem Vorgange Vierordts von Physiologen und Psychologen ausgeführten Meßversuche unserer Zeitwahrnehmungen übereinstimmend ergeben, mit welcher Feinheit wir auch die winzigsten Zeitunterschiede zu erkennen vermögen.

Diese Fähigkeit der Schnecke, mit solcher Präzision so feine Rechenoperationen zu beherrschen, zwingt zu der Annahme, daß letztere ein wahres arithmetisches Sinnesorgan ist, dem wir direkt die Kenntnis der elementaren Regeln der Rechenkunst verdanken. Da unsere Zeitwahrnehmungen mit Ausnahme der unmittelbaren Empfindungen der Zeitfolge auf dieser Zahlenkenntnis beruhen, so ist der Schluß berechtigt, daß der Zeitsinn in enger funktioneller Beziehung zum arithmetischen Sinnesorgan stehe.

Wie die drei Richtungsempfindungen der Bogengänge uns die Vorstellung eines dreidimensionalen Raumes ermöglichen, ja geradezu aufzwingen, so sind wir auch imstande, von den beiden Komponenten des Zeitbegriffes, nämlich der Richtung und der Zahl (bei der Zeitdauer), die erstere in den Bogengangsapparat, die zweite in die Schnecke zu verlegen. Auch das Organ des Zeitsinns hat seinen Sitz im Ohrlabyrinth. Der Begriff der Zeit wird gebildet durch Assoziationen in den Hirnzentren, wo die Wahrnehmungen der Richtungsempfindungen des Bogengangsapparates mit denen der Tonempfindungen der Cortischen Fasern, denen wir die Kenntnis der Zahl verdanken, zusammentreffen. Meine älteren Untersuchungen haben ergeben, daß der Bogengangsapparat als das geometrische Sinnesorgan betrachtet werden muß. Wir haben eben gesehen, daß das Cortische Organ das Recht beanspruchen kann, das Organ des arithmetischen Sinnes zu sein: mit einem Worte, das Ohrlabyrinth enthält zwei mathematische Sinnesorgane für Richtung — Raum und Zahl — Zeit (§ 10 Kap. IV und § 5 u. 6 dieses Kapitels).

Es ward noch bis vor kurzem auch von den Gegnern des apriorischen Ursprunges der Raum- und Zeitvorstellungen stillschweigend angenommen, daß der Begriff der Zahl ein bloßes Produkt unseres Geistes sei. Man gelangte zu dieser Annahme ohne weitere Beweisführung nur durch die außerordentliche Entwicklung der mathematischen Wissenschaften. Da diese Entwicklung unzweifelhaft auf geistigen Operationen beruhte, so schloß man, daß sinnliche Wahrnehmungen bei diesen Operationen, auch bei den einfachsten und ursprünglichsten, keinerlei Rolle spielen und auch nie gespielt haben.

Im vorigen Kapitel wurden mehrere Briefe von Gauss angeführt, worin er wiederholt, wenn auch nicht ohne Bedauern, sich dieser allgemein angenommenen Ansicht anschließt. So schreibt er: „. . . Nach meiner innigsten Überzeugung hat die Raumlehre eine ganz andere Stellung in unserem Bewußtsein a priori wie die reine Größenlehre . . Wir müssen in Demut zugeben, daß, wenn die Zahl bloß unseres Geistes Produkt ist, der Raum auch außer unserem Geiste eine Realität hat, der wir a priori ihre Gesetze nicht vollständig vorschreiben können“ (s. Kap. VI § 4). Gauss gibt, wenn auch „in Demut“, die allgemein herrschende Ansicht zu, die Zahl (also auch die Zeit) sei apriorischen Ursprunges.

Für den denkenden Naturforscher braucht die Frage nach der äußeren Realität der Zeit und der Zahl kaum diskutiert zu werden, beruht doch die ganze physikalische Weltordnung auf räumlich und zeitlich streng mathematisch geregelten Gesetzen. Wenn auch der physiologische Ursprung der sinnlichen Empfindungen und Wahrnehmungen von Raum, Zeit und Zahl uns bis auf meine Untersuchungen unbekannt geblieben war, so gestatteten doch tägliche zahllose Beobachtungen und Experimente die Gültigkeit dieser Gesetze, also die Realität der von ihnen beherrschten Erscheinungen zu demonstrieren.

Andererseits vermögen wir ebensowenig der Lehre von den Zahlen, d. h. der Arithmetik ihre Grundgesetze vollständig vorzuschreiben, wie der Geometrie. Die vier Regeln der Arithmetik besitzen ebenso ihre absolute Gültigkeit wie die Axiome der Euklidischen Geometrie. Durch geistige Operationen gewonnene Gesetze können aber auf absolute Gültigkeit nur dann Anspruch machen, wenn ihr Ursprung auf sinnlicher Erfahrung beruht und wenn sie auf experimentellem Wege bestätigt werden können.

In Wirklichkeit drängen uns die Zahlen die ihnen innewohnenden Regeln und Gesetze auf. Die ursprünglichen Fortschritte der Arithmetik bestanden darin, allmählich auf Grund der zu unserem Bewußtsein gelangenden Wahrnehmungen der Schallerregungen die ersten Elemente der Zahlenverhältnisse zu abstrahieren, sie ihrem wahren Wesen nach zu erkennen, sie auf die äußeren Vorgänge während Jahrtausenden anzuwenden und so zur Feststellung ihrer objektiven Regeln und Gesetze zu gelangen. Die vier elementaren Regeln der Arithmetik werden uns also durch die sinnlichen Wahrnehmungen der besonders auf gewisse Zahlen abgestimmten Nervenfasern des Cortischen Organs gegeben. Wir verdankten zuerst den Erregungen dieser Nervenenden die Fähigkeit, unsere Bewegungsimpulse abzumessen, die Phonetik zu bilden und unsere Sprache zu entwickeln. Es gehörten viele Jahrtausende dazu, ehe der Mensch die Tonempfindungen für die Musik verwendete und die Gesetze der Harmonie, die in den Zahlenverhältnissen der Schallerregungen gegeben sind, erkannte.

Mit anderen Worten: ebensowenig wie die Richtungsempfindungen des Bogengangsapparates ursprünglich zur Ausbildung der Euklidischen Geometrie als Wissenschaft bestimmt waren, ebensowenig hatten die harmonischen Tonempfindungen den Zweck, uns Mozarts Requiem, die Symphonien von Beethoven und die Messen von Bach genießen zu lassen oder die Gleichungen von Maxwell zu entwickeln. Sowohl der geometrische Sinn der Bogengänge als der arithmetische Sinn der Schnecke dienten zuerst zu unserer Orientierung in Raum und Zeit, zur Ausbildung unserer Sprache und Stimme; und erst nach Jahrtausenden onto-

und vielleicht auch phylogenetischer Evolutionen führten sie zur Bildung der mathematischen Wissenschaft, zur Schöpfung der bildenden Künste und der Musik.

Die zahlreichen in den letzten Jahrzehnten sich häufenden Entdeckungen in der Geschichte der mathematischen Wissenschaften bei den Chaldäern, Assyrern, Ägyptern und besonders den Griechen zeugen sämtlich klar genug zugunsten des empirischen Ursprunges unserer mathematischen Kenntnisse[1]). Auf die tatsächlichen Ergebnisse dieser neuen Forschungen kann hier, trotz des großen Interesses, das sie auch für den Naturforscher besitzen, nicht eingegangen werden. Aus dem reichhaltigen Material der Entwicklungsgeschichte der mathematischen Wissenschaften wollen wir hier nur dasjenige wichtige Ergebnis hervorheben, das unsere Lehre von dem sinnlichen Ursprung der Geometrie und der Zahlenlehre[2]) bekräftigt. Fast allseitig wird jetzt der empirische Ursprung der mathematischen Wissenschaften, hauptsächlich was die Geometrie und die elementaren Regeln der Arithmetik betrifft, anerkannt. Freilich verstehen die Mathematiker unter empirischem Ursprung nicht immer die Entstehung durch die Erfahrungen spezieller Sinnesorgane, wie dies der Physiologe zu tun gezwungen ist. Wie niemand[3]) vor mir auf den Gedanken gekommen war, die Richtungsempfindungen der drei Bogengänge als die Quelle des Ausdehnungsbegriffs zu betrachten, ohne den keine empirische Lehre unserer Raumvorstellungen aufrecht erhalten werden kann, so hat meines Wissens bis jetzt niemand, nicht einmal Helmholtz, die Vermutung ausgesprochen, daß wir in den Tonempfindungen eine Quelle für Wahrnehmungen besitzen, welche durch Abstraktion zur Bildung des Zahlenbegriffs führen müssen. Dies ist an sich noch viel überraschender, als die Kenntnis der Zahlen und der Grundregeln der Arithmetik sowie die Entstehung unserer Zahlenbegriffe den Empfindungen des Ohrlabyrinths zuschreiben zu können. Daß ein derartiger kausaler Zusammenhang nicht schon hunderten von Forschern in den Sinn gekommen ist, muß umsomehr Erstaunen erregen, als durch die Geschichte der ersten Entwicklung der Mathematik man häufig als Leitmotiv sowohl bei Philosophen als bei Mathematikern Betrachtungen über den wunderbaren Zusammenhang der Gesetze der

---

[1]) Siehe die Werke von Cantor, Couturat und besonders die neuesten Schriften von Paul Tannery.

[2]) Es wäre eine lohnende Aufgabe, für die Grundlagen der Zahlentheorie an der Hand ihrer geschichtlichen Entwicklung im einzelnen das Gleiche zu versuchen, was ich für die Grundlagen der Euklidischen Geometrie getan habe, mit genauester Berücksichtigung der Leistungen der Mathematiker (Galilei, Newton, Euler, Daniel Bernoulli u. a.) auf dem Gebiete der Akustik.

[3]) Nicht einmal Autenrieth, der die Bedeutung der morphologischen Lage der drei Bogengangspaare für die drei Kardinalrichtungen des Raumes auch experimentell nachzuweisen versucht hat; nicht einmal Venturi, der sogar ins Ohr das Organ des Raumsinns verlegte, ohne den Bogengangsapparat zu kennen (siehe Einleitung zu Kap. I).

Harmonie mit den Gesetzen der Planetenbewegungen findet. Pythagoras, der genau die gesetzlichen Verhältnisse zwischen der musikalischen Harmonie und den Seitenlängen der Streichinstrumente erkannte, sowie viele andere griechische Philosophen haben der Musik eine sehr weitgehende kosmogonische, ja sogar soziale Bedeutung zugeschrieben, und zwar nicht etwa der musikalisch-ästhetischen Genüsse wegen, die wir ihr verdanken, sondern ganz besonderer mystischer Kräfte halber, die den Zahlen innewohnen und eine universelle Tragweite besitzen sollen. Die Gesetze der Zahlen-Harmonie sollten die Welt beherrschen!

Diese mystischen Aspirationen sind aus Ägypten und Assyrien nach Griechenland zusammen mit den ersten Grundlagen der Geometrie herübergekommen. Ja sogar Confucius[1]) hat schon analoge Ansichten über die Musik und die Weltordnung geäußert[2]). Erst neuestens sollen assyrische Inschriften gefunden worden sein, welche bereits die berühmte Platonische Zahl darstellen und ebenfalls zu ganz mystischen Deutungen und Kommentarien geführt haben.

Überhaupt haben im Altertum sowohl Priester als Philosophen die Geometrie und die Lehre von den Zahlen als Wissenschaften betrachtet, die vor der Neugierde des Volkes geheim gehalten werden müssen. Am Eingang der philosophischen Schule von Plato prangten die Worte: „Niemand hat hier Zutritt, der nicht Geometer ist." Erst im 5. Jahrhundert v. Chr. gelangte die Geometrie von Pythagoras in die Öffentlichkeit, dank dem Verrat zweier seiner Schüler. Diese Geometrie, in der zuerst die Zahlenlehre auf Linien, Flächen und Volumen angewendet wurde, enthielt schon die Elemente der Euklidischen. Letztere ist unverändert und vollgültig bis auf die neueste Zeit übergegangen und wird trotz ihrer Anzweifelung in den letzten Dezennien und trotz der Angriffe von neugebildeten nicht-Euklidischen Geometrien noch viele Jahrtausende ihre volle Gültigkeit bewahren. Und zwar aus dem einfachen aber entscheidenden Grunde, daß ihre wichtigsten Axiome und Definitionen auf den Empfindungen und Wahrnehmungen eines speziellen Sinnesorgans beruhen (Kap. VI §§ 5, 6), wie die den analogen Ursprung besitzenden vier elementaren Regeln der Arithmetik ebenfalls ihre Gültigkeit immer behalten werden.

---

[1]) Die Chinesen achteten die Zahlenlehre besonders wegen ihrer Verwendbarkeit beim Handelsaustausch. Doch findet man auch bei chinesischen Gelehrten interessante Betrachtungen über eigentümliche Beziehungen der Zahlen zu geometrischen Figuren. So z. B. bedeutet bei ihnen keu-keu ein Dreieck, dessen Seiten gleich 3, 4 und 5 sind; ein Dreieck, dessen zwei Seiten 3 und 4 und die Diagonale gleich 5 ist, mache die Hälfte eines rechtwinkligen Parallelogramms aus. Die Fläche eines solchen Vierecks 3×4 ist gleich 12, wie die Summe von $3 + 4 + 5$. Aus der entsprechenden Figur leiten die Kommentarien der Y-King ab: $3^2 + 4^2 = 5^2$, und $3^2 + 4^2 + 5^2 - 1 = (3 + 4)^2$. (J. Sageret).

[2]) Vor kaum einem Jahrhundert entwickelte Fourier Parallelen zwischen der musikalischen und der sozialen Harmonie.

Während Jahrtausenden philosophierten Mystiker und Metaphysiker vergebens über die geheimen Kräfte der Zahlen und die Wunder der geometrischen Formen. Es genügte der experimentelle Nachweis, daß wir im Ohrlabyrinth Sinnesorgane besitzen, welche unsere ganze Bewegungssphäre[1]) beherrschen und durch Richtungsempfindungen und besondere Zählvorrichtungen uns die Orientierung in Raum und Zeit und die Bildung der menschlichen Sprache ermöglichen, um den mystischen Schleier zu lüften, der solange die Wahrheit unserem Geiste verhüllt hatte! Welch eklatanter Sieg der experimentellen Physiologie über die ewig sterile Metaphysik auch auf dem Gebiete der Psychologie!

Das Problem des Ursprunges unserer Begriffe von der Unendlichkeit des Raumes und der Zeit hängt eng mit den hier der Lösung entgegengeführten Fragen zusammen. Das wahre Hindernis, das sich unseren Vorstellungen von dieser Unendlichkeit entgegenstellt, ist, daß wir sowohl den winzigen Tastraum als den immensen Sehraum begrenzt wahrnehmen. Es wurde oben erwähnt, daß E. H. Weber dem Geruchs- und Gehörssinne auf Grund einiger Versuche jeden Orts- und Raumsinn abgesprochen hat, weil sie keine Gestalt bilden. Auch einige eminente Psychologen, wie z. B. Stumpf, glaubten, den Ton- und Gehörsempfindungen jede räumliche Qualität absprechen zu müssen. Dies rührte daher, daß wir die Grenzen des Hörraumes sowie des Geruchssinns nicht wahrzunehmen vermögen. In Wirklichkeit sind die räumlichen und zeitlichen Qualitäten des Gehörssinns dank den Richtungsempfindungen des Bogengangsapparates von viel größerer Bedeutung als die des Tast- und Sehraumes: diesen Empfindungen verdanken wir unsere Vorstellung oder richtiger den Begriff der Unendlichkeit des Weltenraumes: die Richtung ist ihrem Wesen nach unteilbar und unbegrenzt[2]). Den Ton- oder Schallempfindungen, insofern sie uns die Kenntnis der Zahlen geben, verdanken wir unseren Begriff der Unendlichkeit der Zeit, denn die Zahl ist ihrem Wesen nach unendlich entwickelbar.

Wenn der Geruchssinn nach E. H. Weber keine räumlichen Qualitäten erkennen läßt, so ist dem nicht so mit dem für die Orientierung in die Ferne dienenden Spürsinn, den ich ebenfalls in das Nasenlabyrinth verlegte. Auch der Spürraum erscheint uns unbegrenzt, also dazu geeignet, die Vorstellung oder den Begriff der Unendlichkeit des Raumes zu erzeugen. Wie bei anderen Sinnen, die wir bei Tieren höher entwickelt finden als beim Menschen, weil sie durch das Fortschreiten der

---

[1]) Erst in den Jahren 1876/77 habe ich der Pariser Akademie der Wissenschaften die ersten Mitteilungen über diesen Nachweis durch Claude Bernard vorgelegt. Aber schon in meiner Untersuchung vom Jahre 1873 ist dieser Einfluß des rhythmischen Gehörseindrucks auf unsere Bewegungen zu einem der Ausgangspunkte meiner experimentellen Forschungen genommen (s. oben und Ges. Phys. Ar. 1888.)

[2]) Siehe meine letzte Mitteilung vom Jahre 1907 in Pflügers Archiv. Bd. 118.

Kultur allmählich außer Gebrauch gekommen sind, ist dies auch bei dem Spürsinn der Fall. Sollte aber der von dem unlängst zu früh verschiedenen Psycho-Physiologen Vaschide ausgesprochene Gedanke, die Gerüche beruhten nicht auf Emissionen materieller Teilchen, sondern auf Vibrationen oder Undulationen, wie es wahrscheinlich ist, sich bestätigen, so wird der Spürsinn sicherlich zu interessanten Untersuchungen auch beim Menschen Anlaß geben. Dann wird der jetzt durch Boussolen, geographische Karten und Fahrpläne ersetzte Spürsinn vielleicht wieder zur Geltung gelangen.

Entschlossen, bis zum Schluß dieses Werkes den festen Boden der experimentellen Physiologie nicht zu verlassen, enthalte ich mich eines näheren Eingehens auf etwaige psycho-physiologische Hypothesen über das Wesen der Zeitwahrnehmungen, zu denen die vielen Meßversuche geführt haben. Diese Enthaltsamkeit fällt mir nicht schwer, weil die meisten Forscher der letzten Zeit die Aufstellung derartiger Hypothesen mit Recht für voreilig hielten. Schon Vierordt hat nach längerer Erörterung der sich gegenüberstehenden empiristischen und nativistischen Lösungen des Zeitproblems deren Unzulänglichkeit und Mängel erkannt. Er gelangte zu dem Entschluß, daß man vorläufig gezwungen sei, sich an die Kantsche Auffassung, „die Idee des Räumlichen und Zeitlichen sei eine reine Anschauung a priori“, zu halten. Vierordt war aber weit davon entfernt, unsere Zeit- und Raumvorstellungen als bloße „subjektive Kategorien unseres Bewußtseins“ aufzufassen, und hegte als wahrer Naturforscher keinerlei Zweifel an deren „objektiven Wesenheit“.

Die neueren Psycho-Physiologen, die sich den experimentellen Studien der Zeitwahrnehmungen gewidmet haben, erkennen bereits die Unmöglichkeit, lebensfähige Hypothesen aufbauen zu können. Sie begnügen sich damit, die Begriffe der Zeitwerte soweit wie möglich wissenschaftlich festzustellen, um ihre Versuchsergebnisse später sicherer verwerten zu können. Leider sind sie noch weit von einer Einigung über die Terminologie und die Definitionen der Zeitwerte entfernt. Was von den einen, wie z.B. F. Schumann, mit Recht als Zeitwahrnehmung bezeichnet wird, gilt für Wundt und leider auch für seinen ausgezeichneten Schüler Meumann als unmittelbare Zeitvorstellung. Nach längeren, wenig stichhaltigen Erörterungen über die Bedeutung der unmittelbaren Zeitvorstellung, aus welchen nur das eigentümliche Bestreben klar hervortritt, die „subjektive Zeitvorstellung“ dem durch Abstraktion gewonnenen Zeitbegriff des Naturforschers anzupassen, schließt Wundt, daß „die Zeitvorstellungen als regelmäßig fließende, aber in bestimmten Teilen ihres Abflusses stets simultan gegebene psychische Gebilde“ sich definieren lassen, „die teils nach dem Umfange eines solchen Gebildes, teils nach dem innerhalb eines gegebenen Umfanges stattfindenden Wechsel vergleichenden Maßbeziehungen unterworfen werden. Das so entscheidende natürliche Umfangsmaß der Zeitvorstellungen nennen wir Zeitdauer, die des Vorstellungsinhaltes Geschwindigkeit des Zeitlaufs“ (S. 87).

Wie schon manche früher aus Wundts Schriften über Raum[1]) und Zeit zitierten Erörterungen, so vermögen auch seine Auffassungen der unmittelbaren Zeitvorstellung weder den Physiologen noch den Psychologen völlig zu befriedigen[2]). Die Unmöglichkeit der Psycho-Physiologen, definitive Aufklärungen über den Ursprung und das Wesen unserer Raum- und Zeitbegriffe zu geben, darf nicht ihnen, sondern muß der physiologischen Psychologie selber zur Last gelegt werden. Die physiologische Psychologie beruht auf einem Gemisch von gewissen physiologischen Methoden, welche trotz der Feinheit der verwendeten Instrumente nicht immer präzise genug, und von psychologischen Definitionen und Diskussionsweisen, die für wissenschaftliche Ziele meist unzureichend sind. Die physiologische Psychologie war von Anfang an so lange zur Sterilität verurteilt, bis die Physiologie das Problem des Ursprunges unserer Raum- und Zeitvorstellungen gelöst hatte. Dies wurde schon von Vierordt klar erkannt.

Es sollen hier noch einige Worte über die differente Ausbildung der beiden gesonderten Sinnesorgane, des einen für die Bildung unserer geometrischen Raumformen, des anderen, dem wir die Zahlenkenntnis und die arithmetischen Regeln verdanken, hinzugefügt werden. Es ist eine allbekannte Tatsache, daß man unter den Mathematikern zwei ganz verschiedene Geistesanlagen zu unterscheiden vermag: die einen sind besonders für die Geometrie, die anderen für die Analyse begabt. Dies gilt nicht nur für ausgebildete Mathematiker, sondern auch für Anfänger in den mathematischen Studien. Lehrern der Mathematik ist die Erfahrung bekannt, daß beim Beginn des geometrischen Unterrichts ein Teil der Schüler viele Demonstrationen der Theoreme für überflüssig hält; sie fühlen aus reiner Anschauung deren Richtigkeit und sind über die Anhäufung der Beweise erstaunt. Solche Schüler tun sich später gewöhnlich auch durch Geschicklichkeit in geometrischen Zeichnungen und durch leichte Auffassung der Geometrie des Raumes hervor. Ein anderer Teil der Schüler dagegen zeichnet schlecht und begegnet großen Schwierigkeiten, um die projektivische Geometrie zu verfolgen, während er für arithmetische Rechnungen und algebraische Studien sehr begabt ist. Die Trigonometrie und die Theorien der Arithmetik üben gewöhnlich auf solche jungen Leute einen eigentümlichen Reiz aus. Diese Differenzen fallen natürlich bei hervorragenden Mathematikern erst recht auf. So z. B. waren von den Mathematikern der Neuzeit Riemann und Bertrand vorzugsweise Geometer. Sie bedurften der sinnlichen Anschauung, um ihre weitgehenden Deduktionen entwickeln zu können; andere dagegen, wie Hermite und Weierstraß, vermieden mit einer gewissen Scheu jedwede Veranschaulichung. Die abstrakte Analysis mit Hilfe von verwickelten Zahlengleichungen war das vorzüglichste Feld ihrer wissen-

---

[1]) Siehe z. B. oben Kap. VI § 2.

[2]) Wie soll z. B. eine subjektive unmittelbare Vorstellung von abstrakten objektiven Begriffen entstehen?

schaftlichen Forschungen. Ich hatte Gelegenheit, bei meinen beiden mathematischen Lehrern dieselbe Differenz zu beobachten. Prof. Zöllner, der mich in die analytische Geometrie eingeführt hat (Leipzig, 1867), war auch in seinen physikalischen und astronomischen Studien reiner Geometer. Boltzmann, der 1868 mir in Wien Privatunterricht in der Differential- und Integralrechnung erteilte, träumte nur von Gleichungen. Die Bewunderung der Gleichungen von Maxwell beherrschte sein ganzes Wirken in der Physik. Bei der jetzigen Gestaltung der Lehre von den Verrichtungen des Ohrlabyrinths kann man mit einiger Wahrscheinlichkeit voraussetzen, daß diejenigen, welche hauptsächlich Geometer sind, besonders fein empfindende Bogengangsapparate und dementsprechend auch sehr entwickelte Hirnzentren für die Wahrnehmung der Richtungsempfindungen besitzen. Dagegen werden Mathematiker, welche ihre Probleme nur mittels abstrakter Größen und analytischer Gleichungen zu lösen suchen, einen besonders feinen Bau der nervösen Gebilde der Schnecke und der entsprechenden Gehirnzentren aufweisen. Bei den ersteren dominiert die Tätigkeit des Vestibular-, bei den letzteren die des Cochlearnervensystems.

Nicht minder bekannt ist die Tatsache, daß sowohl musikalische als mathematische Begabung sich besonders frühzeitig bei Kindern zu offenbaren pflegen. So außerordentliche Beispiele von Frühreife, wie sie z. B. Pascal und J. Bertrand oder Mozart und Bizet gegeben haben, finden sich in keinem anderen Zweige der menschlichen Kunst oder des menschlichen Wissens. Der Fall von Jnaudi ist überall beschrieben und allgemein bekannt. Viel merkwürdiger aber sind die Beobachtungen an dem 4jährigen Knaben Otto Pöhler, die Stumpf mit großer Schärfe analysiert hat. Dieser Knabe zeigte außer einem für sein Alter ungewöhnlichen Gedächtnisse für Zahlen und ferner einem außerordentlichen Verständnisse für Zahlenverhältnisse, in Verbindung mit gewissen Gesichtseindrücken, auch ein ganz eigenartiges Verhalten zur Musik. Er besaß für Töne eine fast krankhafte Empfindsamkeit. Er unterschied sie sehr fein voneinander, nicht aber ihrer Höhe, sondern ihrem „Gewichte" nach; ein tiefer Ton wog 200 Pfund, ein hoher nur ein Pfund. (Sollte dies nicht auf dem Einfluß der Schallerregungen auf die Bewegungsorgane beruhen?) Das Rechnen war ihm ebenso peinlich, ja geradezu schmerzhaft, wie gewisse Musik. Er führte ungern Rechenoperationen aus, auch wenn er sie längst kannte, weinte beim Pianospielen und konnte keine Orgel und keine Militärmusik vertragen (Stumpf, Un enfant extraordinaire. Revue scientifique 1897).

Die Erklärung liegt auf der Hand: der musikalische und mathematische Sinn sind Verrichtungen desselben Organs. Mancher Laie mag es sonderbar finden, wenn leidenschaftliche Mathematiker von der Ästhetik der Zahlengruppen oder von der Harmonie der Gleichungen sprechen. Um dies richtig zu würdigen, bedenke man nur, daß wir von allen Sinnesorganen dem Gehörorgan die unmittelbarsten ästhetischen Genüsse verdanken.

Durch die Hineinziehung des Zeit- und Zahlenproblems in den Bereich der Untersuchungen über das Ohrlabyrinth ist an unserer Lehre von den Verrichtungen des Bogengangsapparates bei der Orientierung im Raume und als des Organs für den Raumsinn, so wie sie in den sechs vorhergehenden Kapiteln entwickelt und besonders in § 2 von Kapitel VI formuliert wurde, nicht viel wesentliches geändert worden. Es erübrigt daher nur noch, die Hauptpunkte der in diesem Kapitel entwickelten Lehre von den Verrichtungen des Ohrlabyrinths, die an der Bildung unserer Begriffe von Zeit und Zahl teilnehmen, in einigen Sätzen zu resumieren.

1. Die Orientierung in der Zeit und die Bildung unserer Zeitbegriffe beruhen ebenso wie die Orientierung im Raume und die Bildung unserer Raumvorstellungen vorzugsweise auf den Verrichtungen des Ohrlabyrinths.

2. Für die bloße Orientierung in der Zeit genügt die Empfindung der Zeitfolge, d. h. die unmittelbare Wahrnehmung der zeitlichen Richtung, in welcher die äußeren Erscheinungen, die wir durch die Empfindungen unserer fünf speziellen Sinne erkennen, verlaufen. Die Kenntnis dieser Richtung verdanken wir den Funktionen des Bogengangsapparates.

3. Die Dauer und die Geschwindigkeit, welche das bei weitem wichtigste Element für die Bildung unserer Zeitbegriffe abgeben, gelangen zu unserer Wahrnehmung durch annähernde Abschätzung oder genaue Abmessung der Zeitstrecken, aus denen die kontinuierliche Zeitfolge besteht.

4. Die Kontinuität unserer zeitlichen Wahrnehmungen beruht darauf, daß es keine freien Intervalle, d. h. keine Zeitleeren in den Erregungen und Empfindungen unseres sensiblen Nervensystems gibt. Dem Wesen dieser Wahrnehmungen entsprechend kann auch bei ihnen nicht die Rede von Reizschwellen sein.

5. Die Labyrinthteile, welche unsere ganze Bewegungssphäre durch Abmessung und Abstufung jener Intensität von Innervationen räumlich regulieren, die die Hirnzentren unseren Muskeln erteilen, beherrschen unsere Bewegungen auch zeitlich, indem sie genau die Zeitfolge und die Zeitdauer dieser Innervationen regulieren und abmessen (Kap. III, § 7—11, Kap. IV, § 10 und Kap. VII, § 4 u. 5). Auf der Feinheit und Schärfe dieser Regulierung und Abmessung beruht beim Menschen auch die Bildung seiner Sprache.

6. Die für die Abmessung der zeitlichen Vorgänge in unserer Empfindungs- und Bewegungssphäre erforderliche Zahlenkenntnis wird uns durch die arithmetisch genau abgestimmten Schallerregungen der Nervenenden in der Schnecke (und dem Sacculus?) geliefert (Kap. IV § 10, usw.).

7. In den Hirnzentren, wo diese Erregungen der Nervenenden übertragen und zu Messungen verwendet werden, besitzen wir wahre Rechenvorrichtungen. Die Schnecke darf daher als das arithmeti-

sche Sinnesorgan, analog dem geometrischen Sinne des Bogengangsapparates, bezeichnet werden. Was für den letzteren die Richtungsempfindungen, bedeuten für den ersteren die Tonempfindungen.

8. Durch die Lokalisierung des Raum- und Zeitsinnes im Ohrlabyrinth und durch die Aufklärung des wahren Mechanismus ihrer Verrichtungen hat die Weber-Vierordtsche Auffassung dieser Sinne als Generalsinne einen festen physiologischen Boden gewonnen.

Insofern diese Verrichtungen von den geometrischen und arithmetischen Sinnesorganen ausgeübt werden, erweist sich auch die von diesen Forschern ihnen beigelegte Bezeichnung „mathematische Generalsinne“ als auf einer richtigen Ahnung des reellen Tatbestandes beruhend.

9. Die Untersuchungen über die Entstehung unserer Vorstellung eines dreidimensionalen Raumes aus den Wahrnehmungen der drei Kardinalrichtungen durch die Erregungen der Ampullennerven haben mich schon vor Jahren zu der Behauptung veranlaßt, daß wir die Bildung unseres Selbstbewußtseins den Verrichtungen des Ohrlabyrinths verdanken. Der 0-Punkt des von ihnen gebildeten Descartesschen Koordinatensystems soll unserem bewußten Ich entsprechen. Die in den vorhergehenden Paragraphen festgestellte Lokalisation der Zeitwahrnehmung hat diese Entstehungsweise unseres Selbstbewußtseins bestätigt und deren psychologische Bedeutung wesentlich erweitert.

Es ist jetzt unbestreitbar, daß das Ohr das wichtigste aller unserer Sinnesorgane ist. Schon seine im Vergleich zu den übrigen peripheren Sinnesorganen bestgeschützte Lage im Schädel deutet daraufhin. Der so eigentümliche und verwickelte Bau seiner Schalleitungsvorrichtungen, besonders aber der wunderbaren und kaum zu entwirrenden Nervenendapparate des häutigen Labyrinths, von dem die Figuren der Tafel III nur annähernd eine Vorstellung zu geben vermögen, beweisen morphologisch die Mannigfaltigkeit seiner Funktionen. Als Organ des Raum- und Zeitsinnes eröffnet die Kenntnis der Verrichtungen des Ohrlabyrinths dem Naturforscher die Pforten, durch welche er zur Einsicht in das psychische Leben gelangen kann.

Literaturverzeichnis[1]).

A. g. P.	Archiv für die gesamte Physiologie (Pflüger).
A. A. P.	Archiv für Physiologie (u. Anatomie) v. du Bois-Reymond (Engelmann).
C. P.	Centralblatt f. Physiologie.
C. W.	Centralblatt für Medizinische Wissenschaften.
C. R.	Comptes Rendus de l'Académie des Sciences de Paris.
Ak. W.	Sitzungsberichte der Wiener Ak. d. Wiss.
Ak. Pr.	Sitzungsberichte der K. Preuß. Ak. d. Wiss.
B. S.	Berichte über die Verhandlungen d. Sächs. Gesell. d. Wiss.

Alexander (G.) und Bárány. Psycho-phys. Unters. über die Bedeut. des Statolithenappar. f. d. Orient. im Raume an Normalen und Taubstummen. Zeitschr. für Psych. u. Phys. d. Sinnesorg., Bd. 37, 1905, Leipzig.

Alexander (G.) und Kreidl. A. g. P. Bd. 82, 1901.

Aubert. Physiologische Studien über die Orientierung usw. Tübingen, 1888. — Archiv für patholog. Anatomie. Bd. 20, S. 381, 1860.

Autenrieth. Betrachtungen über die Erkenntnis usw. Reils Arch. 1802.

Baer (C. E. v.). Reden usw. Braunschweig, 1886.

Bastian (Ch.). Le cerveau et la pensée; vol. 1. Paris.

Bechterew. Die Empfindungen usw. A. A. P. 1890.

Beer (Th.). Vergl. physiol. Studien zur Statocystenfunktion. A. g. P. Bd. 72, 1899. — Die Akkommodation des Fischauges. A. g. P. Bd. 72, 1899.

Berkeley, G. Works edited by Fraser, vol. 3. Oxford 1871.

Berthold. Arch. f. Ohrenheilkunde. Bd. 9.

Bethe. Die Lokomotion der Haifische. A. g. P. 1898. Ibid. Bd. 76., 1899, (470—494). — Dürfen wir den Ameisen und Bienen psychische Qualitäten zuschreiben? Ibid. Bd. 70. S. 15, 1898.

Bloch. Dissertation. Dorpat. 1872.

Bornhardt, M. Zur Frage über die Bedeutung der Bogengänge usw. Dissertation. St. Petersburg 1875 (russisch).

Böttcher. Arch. für Ohrenheilkunde. Bd. 9.

Moritz Brasch. Die Welt- und Lebensanschauung Friedrich Überwegs. Leipzig 1889.

Breuer (J.). A. g. P. Bd. 48, 1891. — Über Bogengänge und Raumsinn. A. g. P., Bd. 68, 1897. — Jahrbücher der Gesellschaft der Ärzte. Wien, 1874 u. 1875. — Über die Funktionen der Otolithenapparate. A. g. P., Bd. 48, 1891.

Brown (Crum). On the sense of rotation, etc. Proceedings of the roy. Soc. of Edinb., VII, 1874. — The

[1]) Das Verzeichnis enthält die wichtigsten Untersuchungen auf diesem Gebiete, die im Text berücksichtigt worden sind.

relation between the movements of the head etc. Nature vol. 52, 1895.
Brück (Alfr.). A. g. P. 59, 1894.

Cuvier, G. Conjectures sur le sizième sens qu'on a cru remarquer chez les chauves-souris. Magaz. Encycl. de Millin. T. 6 p. 292.
Cyon (E. v.). Die Funktionen der halbzirkelförmigen Bogengänge. A. g. P., Bd. 8, 1873. — Physiol. Vorlesungen. Bd. 2. St. Petersburg 1873—1874 (russisch). — Methodik der physiol. Exper. und Vivisectionen. St. Petersburg und Gießen 1876. — Les rapports physiol. entre le nerf acoustique et l'appareil oculomoteur C. R. 1876. — Les organes périphériques du sens de l'espace. C. R. 1877. — Recherches expérim. sur les fonctions des canaux sémi-circulaires et sur leur rôle dans la formation de la notion de l'espace. Bibl. de l'école des Hautes - Études. Section des Sciences naturelles, vol. 18. Paris 1878. (Diese ersten vier Arbeiten wurden ins Deutsche übertragen in den Ges. phys. Arb. Berlin 1888, Hirschwald'scher Verlag). — Bogengänge und Raumsinn. A. A. P. 1897. — Die Funktionen des Ohrlabyrinths. A. g. P. Bd. 71, 1897. — Berichtigungen. A. g. P. Bd. 74, 1898. — Ohrlabyrinth, Raumsinn und Orientierung. A. g. P. Bd. 79, 1900. — Le sens de l'espace chez les souris dansantes japonaises. Cinquantenaire de la Soc. de Biol. 1899. — Le labyrinthe, le sens de l'espace et l'orientation. C. R. 1900. — Comptes rendus du XIII Congrès International de Paris, Section de Physiol. Séance du 17 Août 1900. — Le sens de l'espace. Dictionnaire de Physiologie de Ch. Richet, T. V. 1900. — Die physiol. Grundlagen der Geometrie von Euklid. A. g. P., Bd. 85, 1901. — L'orientation chez le pigeon voyageur. Revue scient. 1900. — Les bases physiol. de la géométrie d'Euklide. Revue philos. 1900. — La solution scientifique du problème de l'espace. Revue philosoph. 1902. — Beiträge zur Physiologie des Raumsinnes. Erster Teil. Neue Beobachtungen an den japanischen Tanzmäusen. A. g. P. 1902. — Beiträge z. Phys. des Raumsinns. 2. Teil. Ibid. Bd. 90, 1902. — Täuschungen in der Wahrnehmung der Richtungen. 3. Teil. Ibid. Bd. 94, 1903. — Nochmals der Raumsinn. A. g. P., Bd. 95, 1903. — Das Ohrlabyrinth als Organ der mathematischen Sinne für Raum, Zeit und Zahl. A. g. P., Bd. 118, 1907.
Cyon und Solucha. Arbeiten aus d. phys. Laborator. Mediz. Akad. St. Petersburg 1874 (russisch).
Czermak C. R. 1860. — Zu der Lehre vom Zeitsinn. Ak. W. Bd. 24.

Delage (Yves). Études expérim. sur les illusions statiques et dynamiques etc. Arch. de Zoologie expérim., IV, 1886. — Sur une fonction nouvelle des otocystes comme organes d'orientation locomotrice. Arch. de Zoologie expérimentale t. 5. 1887.
Delage und Aubert. Physiologische Studien über die Orientierung. Tübingen 1888.
Delboeuf. Revue philos. 1877. p. 172. — Prolegomènes philosoph. de la Géometrie etc. Liège 1860. — Psychophysique. Théorie générale de la sensibilité. 1883.
Dreyfus. A. g. P. Bd. 81, 1901.

Edinger (L.). Arch. f. Mikr. Anat. Bd. 73, 1901. — Neurologisches Centralblatt, Bd. 8—20.
Eichler. Die Wege des Blutstroms durch den Vorhof der Bogengänge

beim Menschen. Mitgeteilt von C. Ludwig. B. S., Bd. 21, 1893.
Euclide. Eléments de Géometrie. Traduit par Koenig. — Pierre v. Os. Paris 1772. — Elemente der Geometrie. Übersetzt von Lorentz. Berlin 1818.
Exner (S). Negative Versuchsergebnisse über das Orientierungsvermögen der Brieftauben. Ak. W., Bd. 102. H. 1.
Ewald (I. R.). Physiol. Unters. über d. N. Octavus. Wiesbaden 1892. — A. g. P. Bd. 60, 1895.

Flourens. Recherches expérimentales sur les propriétés et les fonctions du système nerveux dans les animaux vertébrés. 2. édition, Paris 1842. — Nouvelles expériences sur l'indépendance respective des fonctions cérébrales. C. R. t. 52, 1863.

Gaglio. Arch. p. le scienze mediche. 23, Nr. 3, 1899.
Gauss (C. F.). Werke Bd. 8. Leipzig 1900. Teubner.
Goltz. A. g. P., Bd. 3, 1870, 172. — Über die physiol. Bedeutung usw. A. g. P., Bd. 3, 1870.
Groos (Karl). Die Spiele der Tiere. Jena 1896.

Helmholtz. Physiol. Optik, 2. Aufl., 1896. — Vorträge und Reden, 4. Aufl. Bd. 2, Braunschweig 1896. — Über den Ursprung und die Bedeutung der geometrischen Axiome. Vorträge und Reden. Bd. 2, Braunschweig 1876. — Die Lehre von den Tonempfindungen. Braunschweig 1863. — Die Tatsachen der Wahrnehmung usw. Berlin 1879.
Hensen (V.). Wie steht es mit der Statocysten - Hypothese? A. g. P., Bd. 74, 1899, 22—43. — Vortrag gegen den sechsten Sinn. Archiv f. Ohrenheilkunde, 1893. — Über die akustische Bewegung im Labyrinthwasser. Münch. medic. Wochenschrift. Nr. 14, 1899. — Physiologie des Gehörs. Hermann's Handbuch der Physiologie, Bd. 3, Tl. 2, S. 121 u. ff. — Die Empfindungsarten des Schalls. A. g. P., Bd. 119, 1907.
Hering (E.). Beiträge zur Physiologie usw., Leipzig 1864 (1—5). — Der Raumsinn und die Bewegungen des Auges. Hermann's Handbuch der Physiol., Bd. 3, 1879.
Herschel (Sir John). Quarterly Review. Juni 1841. (In seinen Essays wiedergegeben).
Heymans (G.). Die Gesetze und Elemente des wissenschaftlichen Denkens. Leiden 1890.
Hönigswald (Richard). Zur Kritik der Mach'schen Philosophie. Berlin 1906. — Beiträge zur Erkenntnistheorie und Methodenlehre. Berlin 1906.

Jacobi (C. F.). De undecimo Euclidis axiomate indicium. Jena 1824.
James (W.). The sense of dizziness in deafmutes (Amer. Journ. of Otology 1882.)
Jurine. Experiments on Rats etc. Philos. Magaz. I.

Kant. Kritik der reinen Vernunft, Leipzig, 6. Aufl., 1818, 34. — De mundi sensibilis atque intelligibilis forma etc. 1770.
Killing (W.). Die Nicht-Euklidischen Raumformen etc. Leipzig 1895. — Einführung in die Grundlagen der Geometrie. Bd. 2, 1898.
Klein (Felix). Zur ersten Verteilung des Lobatschewsky-Preises. Kasan 1897.
Koenig. Contribution à l'étude expérimentale etc. Paris, F. Alcan 1897.
Krause Alb. Kant und Helmholtz. Lahr 1878.
Kreidl. Physiol. des Ohrlabyrinths auf Grund von Versuchen an Taub-

stummen. A. g. P., Bd. 51, 119—151. — Ibid., Bd. 70. 1898. — Weitere Beiträge usw. Ak. W. 1891. — Weitere Beitr. 1893.

Laborde. Essai d'une détermination expérim. et morphol. du rôle fonctionnel des canaux démi-circul. Bull. de la Soc. d'Anthropologie. t. 4, 1881.

Laudenbach. Zur Otolithen-Frage. A. g. P., Bd. 77, 1899, 131—321.

Lee (Frederik S.). American Journal of Physiologie, vol. 1, 1798. — Journal of Physiol. 1893.

Legendre. Nouvelle théorie des parallèles etc. Paris 1803.

Lewandowsky (M.). Über die Verrichtungen des Kleinhirns. A. g. P., Bd. 15.

Lie (Sophus). Theorie der Transformationsgruppen. Bd. 3, Leipzig 1895.

Lobatschewsky. Geometrische Untersuchungen zur Theorie der Parallellinien. — Neue Anfangsgründe der Geometrie. Vollst. Samml. der geometr. Abhandl. Kasan 1883—1886.

Loeb (Jacques). Der Geotropismus bei Tieren. A. g. P., Bd. 49, 175—190, 1891. — Der Heliotropismus der Tiere und seine Übereinstimmung mit dem Heliotropismus der Pflanzen. A. g. P. Bd. 90. — Einleitung in die vergleichende Gehirnphysiologie und vergleichende Psychologie. Leipzig 1899.

Locke (John). Essai sur l'entendement humain. vol. 1.

Longet. Nouvelles expériences relatives à la soustr. du liquide cérébrospinal. Ann. des sc. nature, (3), Zoologie, 4, 1845.

Lotze. Sur la formation de la notion de l'espace. Revue philosophique, 1877, Nr. 10.

Loewenberg. C. R., 6 juin 1870. — Über die nach Durchschneidung der Bogengänge usw. Arch. f. Augen- und Ohrenheilkunde von Knapp und Moos, Bd. 3.

Luciani (L.). Das Kleinhirn. — Ergebnisse der Physiol. 1904.

Ludwig (Karl). Lehrbuch der Physiologie des Menschen. 2. Auflage.

Lyon (E. P.). American Journal of Physiology, Bd. 3. 1899.

Mach (E.). Grundrisse der Lehre von den Bewegungsempfindungen. Leipzig 1875. — Beiträge zur Analyse der Empfindungen. Jena 1886. — Versuche über den Gleichgewichtssinn. Ak. W., 1874. — Erkenntnis und Irrtum. Leipzig 1905.

Meumann. Philos. Studien. Bd. 8. 10, 12. 1894.

Mill (John Stuart). System der induktiven und deduktiven Logik. Kap. 4.

Mosso (Angelo). I Manuscritti di Lazzaro Spallanzani existenti in Torino. Torino. 1899.

Mott und Sherrington. Proceed. of the R. Soc. of London. Vol. 57, 1895.

Mulder. Archiv für Ophthalmologie. Bd. 21, 1875.

Munk (Herm.). A. A. P. 1878. — Sehsphäre u. Raumvorst. Intern. Beiträge z. wiss. Med. Festschr. für Rudolph Virchow. 1891. — Über die Folgen des Sensibilitätsverlustes der Extremität für deren Motilität. Ak. P., Stück 48, 1903. — Über die Funktionen des Kleinhirns. Ibid. Stück 22, 1906. — Zweite Mitt. Stück 2. 1907.

Münsterberg. Beiträge zur experim. Psychol. Bd. 2, 1889.

Nagel. Zeitschr. f. Psychol. u. Phys. d. Sinnesorgane. Leipzig 1897.

Poincaré (H.). L'espace et la Géométrie. Revue de Métaphys. 1895. — On the foundations of Geometry. The Monist. Oct. 1898. — La science et l'hypothèse. Paris 1903. — La valeur de la science. 1905.

Preyer (W.). Die Wahrnehmung der Schallrichtung usw. A. g. P., Bd. 40, 1887, 596—623.

Purkinje (J.). Beiträge z. Kennt. d. Schwindels, usw. Prag. mediz. Jahrbücher, 1820; Beilagen zur Breslauer Zeitung, Nr. 86 u. Nr. 8, 1825 u. 1826.

Rawitz (B.). Das Gehörorgan d. japanischen Tanzmäuse. A. A. P. 1899. — Neue Beobachtungen über das Gehörorgan der Tanzmäuse. A. A. P. Supplement. 1901.

Ribot. Revue philosophique, 1878.

Riehl (Alois). Der philosophische Kritizismus, usw. Leipzig 1886—87, vol. II. — Philosophie der Gegenwart. 1903.

Riemann (B.). Über die Hypothesen, welche der Geometrie zugrunde liegen. Ges. Werke. Leipzig 1867.

Sachs (J. v.). Vorles. über Pflanzenphys. Leipzig 1887. 2. Aufl.

Sachs und Meller. Über die opt. Orient. usw. Graefes Arch. f. Ophthalmol. Bd. 52, S. 387.

Schiff (M.). Lehrbuch der Physiologie. Lahr 1858.

Schumann (F.). Beiträge zur Psych. d. Zeitwahrnehmung. Leipzig 1904.

Spamer. Experim. u. kritischer Beitrag, usw. A. g. P., Bd. 21. 1880.

Spallanzani. Oeuvres traduites par Senébier. Paris, an VIII, vol. 5.

Stäckel und Engel. Die Theorie der Parallellinien von Euklid bis auf Gauss. Leipzig 1895.

Stefani (A.). Studii sulla funzione dei canali etc. Lo sperimentale 1875. — Ulteriore communicazioni etc. Arch. p. l. scienze med. 1879. — Della funzione non-acustica etc. Atti del Reale Istituto Veneto di scienze etc. 1903.

Stein (St. v.). Die Funktionen des Labyrinths. Moskau, vol. 1 (russisch). 1891. Deutsche Übers. 1894.

Steiner (J.). Über das Zentralnervensystem, usw. Ak. Pr., 20. Mai 1886. — Die Funktionen des Zentralnervensystems und ihre Phylogenese. 1888.

Stern. Archiv für Ohrenheilkunde. November 1895.

Strehl. Physiol. des inneren Ohres. A. g. P. Bd. 61; 216, 235.

Stumpff. Über den psychol. Ursprung der Raumvorstell. Leipzig 1873. — Un enfant extraordinaire. Revue scientifique 1897.

Ueberweg (Fr.). Die Prinzipien der Geometrie wissenschaftlich aufgebaut. Arch. f. Philol. u. Pädagogik. Bd. 17. 1851. — Zeitschrift f. Philos. u. philos. Kritik. Halle 1860. — System der Logik u. Geschichte der logischen Lehren. 3. Aufl. Bonn 1868. — Grundriß der Geschichte der Philosophie. 7. Aufl. Bearb. v. M. Heinze. Leipzig.

Verworn (Max). Zeitschr. f. allg. Physiol. Bd. 1, S. 8 u. ff. 1902.

Vierordt. Der Zeitsinn. Stuttgart 1868.

Viguier. Le sens de l'orientation usw. Revue philosophique 1882.

Vulpian, Leçons s. l. phys. générale. Paris 1866. — Leçons sur la physiol. du système nerveux. Paris 1866.

Wassilieff (A.). Raum und Bewegung. Physik.-mathem. Jahrb. Moskau 1900 (russisch). — Nik. Paw. Lobatschewsky. Leipz. 1895. Teubner.

Weber (E. H.). Über den Raumsinn und die Empfindungskreise usw. B. S. Leipzig 1852.

Wundt (W.). Grundzüge der physiologischen Psychologie. 5. Aufl. Leipzig 1903. — Zur Theorie der räumlichen Gesichtswahrnehmungen. Philos. Stud., Bd. 14, 1898.

Erklärung der Tafeln.

Tafel I[1]).

Fig. 1. Die Kopfverdrehung einer völlig labyrinthlosen Taube 10 Tage nach der Operation. Ewald will sie auch bei der einseitig operierten Taube beobachtet haben; bei der zweiseitig operierten ist die Stellung des Kopfes die nämliche, nur schärfer ausgedrückt: der Schnabel mehr in die Höhe und nach hinten gerichtet, das Hinterhaupt fester gegen die Brust angelehnt (S. 24).

Fig. 2. Der Beginn der Kopfverdrehung bei einer rechts einseitig operierten Taube; sofort nach der Operation. — Fig. 3. Diese Taube 5 Tage nach der Operation. — Fig. 4. 10 Tage nach der Operation. — Fig. 5. 15 Tage nach der Operation. — Fig. 6. Eine labyrinthlose Taube (Kap. I § 5) beim Trinken. — Fig. 7. Eine labyrinthlose Taube auf einer Stange.

Fig. 8. Ein rechts einseitig operierter Frosch.

Fig. 9. Die Kopfwendung des Frosches nach rechts bei der Rotation nach links (S. 66).

Tafel II.

Die hintere Hälfte der Schädelbasis vom Menschen. Die drei Bogengänge sind in ihrer natürlichen Lage und Größe frei präpariert. S = Sagittalkanal, H = Horizontalkanal und V = Vertikalkanal. Nach einer photographischen Aufnahme gezeichnet (Kap. V, § 13).

Tafel III.

Fig. 1. Beträchtlich vergrößertes Modell des Ohrlabyrinths beim Menschen (ausgeführt von Tramond in Paris, siehe Kap. V, § 13). Die Bezeichnungen der einzelnen Teile ergeben sich aus Fig. 2.

Fig. 2. Schema des häutigen Labyrinths nach Hensen. S sagittaler (früher vorderer vertikaler), H horizontaler, V vertikaler (hinterer) Bogengang; n Crista acustica und deren Nerven, d Aquaeductus vestibuli mit seinen Schenkeln den Utriculus e und Sacculus f verbindend. Vom Sacculus f geht der Canalis reuniens g zum häutigen Schneckenkanal h, dessen Radix sehr schmal ist, der aber bis zum Cupelblindsack i sich mehr und mehr erweitert. Der Schneckennerv k tritt überall an den dem Zentrum der Schneckenspirale zugekehrten Rand des Schneckenkanals geradewegs heran; nur am Blindsack läuft

[1]) Die neun Figuren sind Ewalds „N. Octavus" entlehnt. Die Figuren 4, 5 u. 6 sind nach Momentphotographien gezeichnet.

er fast parallel mit dem Kanal und läßt hier das Helicotrema *x* als Verbindungsweg zwischen tympanaler und vestibularer Fläche des Schneckenkanals frei (Hensen, Physiologie des Gehörs, S. 68 in: Handbuch der Physiologie, herausgegeben von L. Hermann, Bd. 3, II. Teil).

Fig. 3. Häutiges Labyrinth der Columba domestica von der äußeren Seite und Fig. 4 von der Schädelhöhle gesehen, nach C. Hasse. *SB* Sagittalbogengang, *SA* Sagittale Ampulle, *HB* Horizontalbogengang, *HA* Horizontale Ampulle, *VB* Vertikaler Bogengang, *VA* Vertikale Ampulle, *u* Utriculus, *s* Sacculus, *ru* Recessus utriculi, *de* Ductus endolymphaticus, *c* Commissura, *lag* Lagena, *pb* Pars basilaris, *mr* Membrana Reissneri, *b* Vorhofsblindsack (C. Hasse, Die vergleichende Morphologie und Histologie des häutigen Gehörorgans der Wirbeltiere usw., 1873).

Fig. 5. Das häutige Ohrlabyrinth von Rana esculenta von der Schädelhöhle aus dargestellt, nach Retzius: *cs* canalis sagittalis, *as* ampulla sagittalis, *cv* can. verticalis, *av* amp. verticalis, *ch* can. horizontalis, *ah* amp. horizontalis, *u* utriculus, *ss* sinus utriculi superior, *sp* sin. utriculi posterior, *rec* recessus utriculi, *s* sacculus, *de* ductus endolymphaticus, *cus* canalis utriculo-saccularis, *mu* macula rec. utriculi, *mn* macula neglecta, *l* lagena cochleae, *pb* pars basilaris cochleae, *ppb* papilla basil., *rl* ramulus lagenae, *pl* papilla lagenae, *rb* ramulus basilaris, *rs* ramulus sacculi, *rav* ramulus amp. vertic., *ms* macula sacculi, *ras* ramulus amp. sagitt., *rn* ramulus neglectus (Die Anatomie des Frosches v. Alex. Ecker. 3. Abteilung, 1882).

Tafel IV und V.

Die auf diesen Tafeln abgebildeten Figuren sind den zitierten Arbeiten von Rawitz entnommen. Nach des Autors Angaben sind die Figuren der Taf. IV Reproduktionen von Photogrammen, die von Plastelinmodellen gemacht waren. Die Modelle waren nach den mittels der Bornschen Plattenmodelliermethode erhaltenen Wachsmodellen angefertigt (Vergrößerung 25—30). Die Figuren der Taf. V geben Zeichnungen von Wachsmodellen wieder. Die Modelle zeigten den Bogengangsapparat in 18—20facher Vergrößerung, die Reproduktion ist auf $^2/_3$ verkleinert.

Taf. IV. Die obere Figur zeigt das Modell von vorn, die untere von hinten. Es bedeutet: *C. s.* oberer (sagittaler) Bogengang, *C. p.* hinterer (vertikaler) Bogengang, *C. e.* äußerer (horizontaler) Bogengang, A_1 Ampulle des oberen Bogeng., A_2 Ampulle des hinteren Bogeng., A_3 Ampulle des äußeren Bogeng., * Kreuzung und Vereinigung von hinterem und äußerem Bogengange, ** Einmündungsstelle des oberen und hinteren Bogenganges, *U.* Utriculus, *Co.* Scala tympani cochleae.

Taf. V. Es bedeutet in den 3 Figuren: *C. s.* oberer (sagittaler) Bogengang, *C. p.* hinterer (vertikaler) Bogengang, *C. e.* äußerer (horizontaler) Bogengang, *, ** Ampullen, *** Einsenkung des äußeren Bogenganges in den Utriculus.

Additional material from *Das Ohrlabyrinth,* ISBN 978-3-662-40767-7, is available at http//extras.springer.com

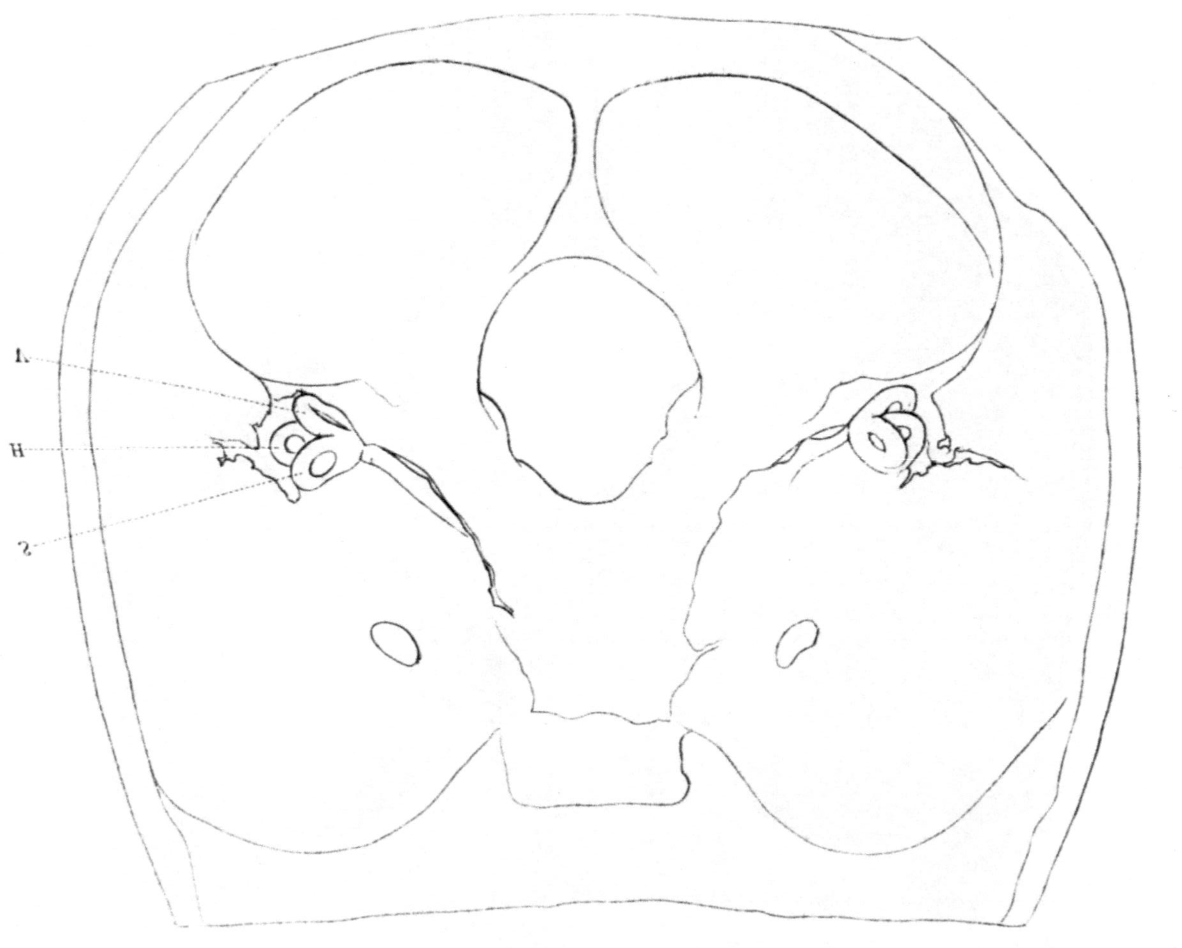
1.
H
2

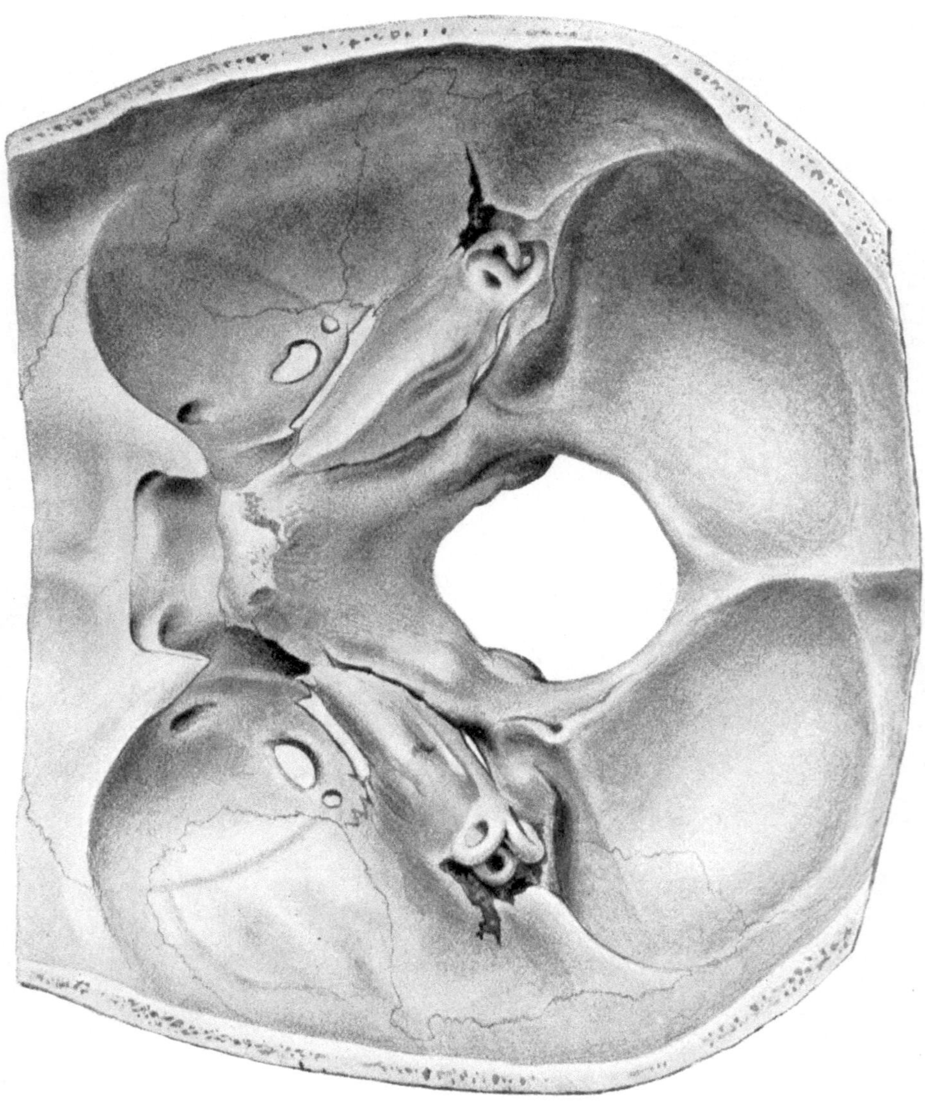

Verlag von Julius Springer in Berlin.

1

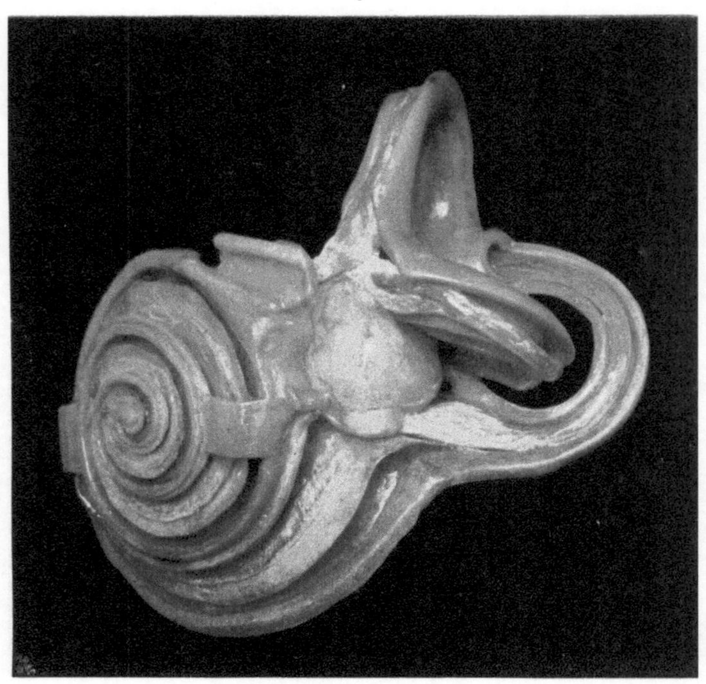

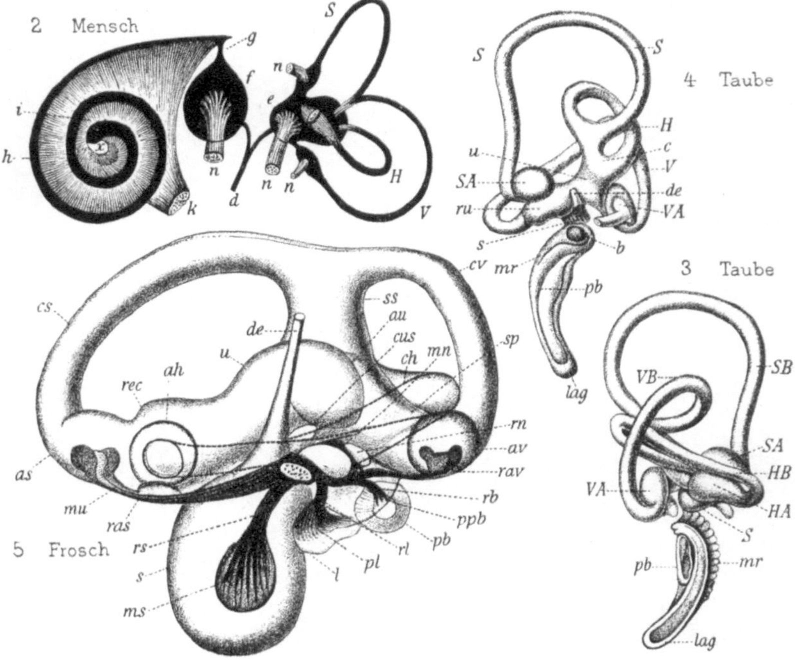

Verlag von Julius Springer in Berlin.

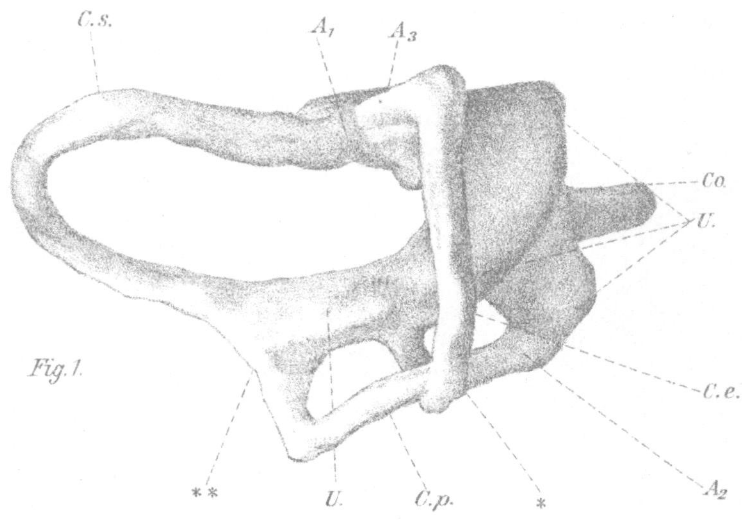

Fig. 1.

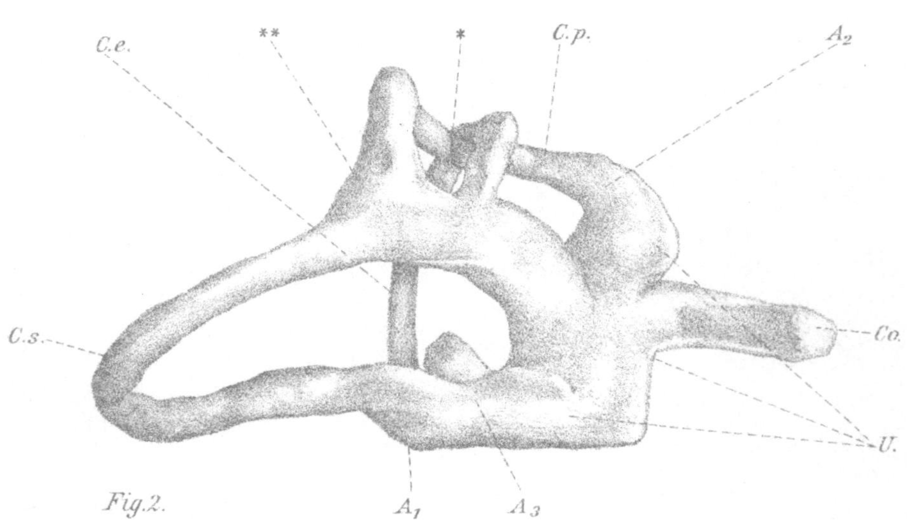

Fig. 2.

(aus Archiv f. Anat. u. Physiol. 1899)

Verlag von Julius Springer in Berlin. Lith. Anst. u. Steindr. v. C. L. Keller, Berlin S.

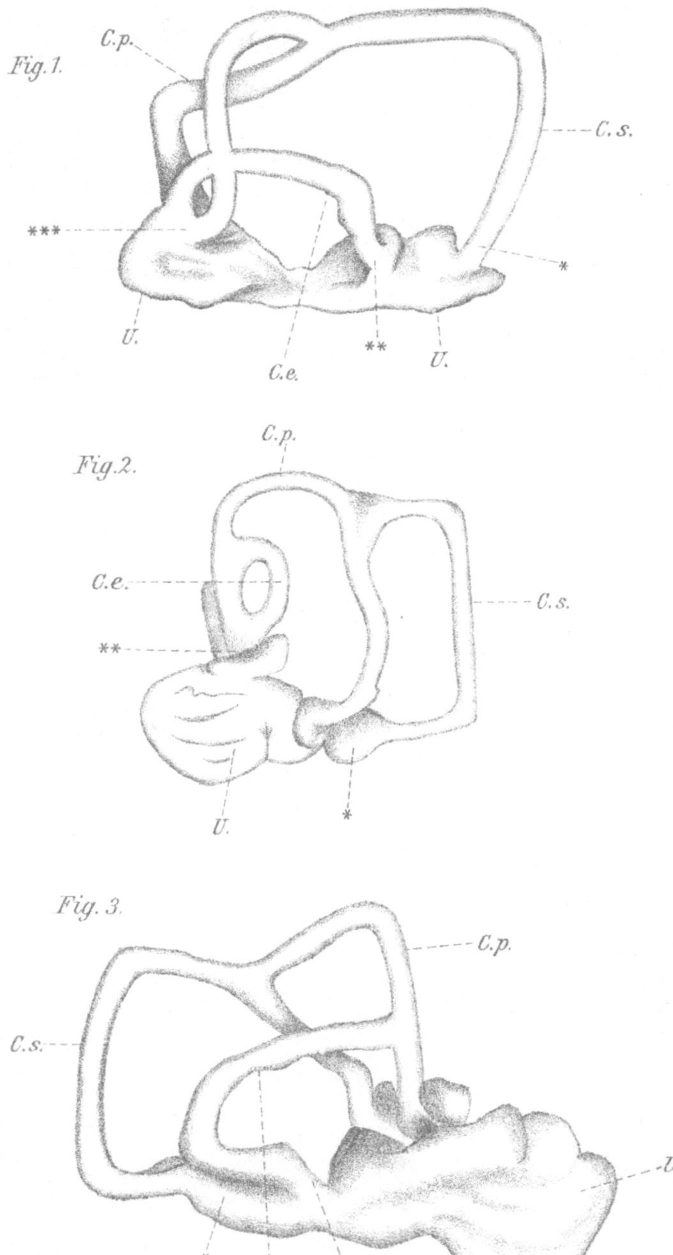

(aus Archiv f. Anat. u. Physiol. 1901.)

Verlag von Julius Springer in Berlin. Lith. Anst. u. Steindr. v. C.L. Keller, Berlin S.